众阅典藏馆

了凡四训

（明）袁了凡 著
李秀艳 主编

辽海出版社

图书在版编目（CIP）数据

了凡四训/李秀艳主编. —沈阳：辽海出版社，2016.7
ISBN 978-7-5451-3789-7

Ⅰ.①了… Ⅱ.①李… Ⅲ.①家庭道德—中国—明代 Ⅳ.① B823.1

中国版本图书馆 CIP 数据核字（2016）第 153908 号

了凡四训

责任编辑：	柳海松
责任校对：	丁　雁
装帧设计：	马寄萍
出 版 者：	辽海出版社
地　　址：	沈阳市和平区十一纬路 25 号
邮政编码：	110003
电　　话：	024-23284473
E－mail：	dszbs@mail.lnpgc.com.cn
印 刷 者：	唐山楠萍印务有限公司印刷
发 行 者：	辽海出版社
幅面尺寸：	145mm×210mm
印　　张：	48
字　　数：	710 千字
出版时间：	2016 年 10 月第 1 版
印刷时间：	2019 年 10 月第 2 次印刷
标准书号：	ISBN 978-7-5451-3789-7
定　　价：	168.00 元

版权所有　翻印必究

前　言

　　《了凡四训》又名《命自我立》，是中国明朝袁了凡先生，结合了自己亲身的经历和毕生学问与修养，为了教育自己的子孙而作的家训，教诫他的儿子袁天启，认识命运的真相，明辨善恶的标准，并含改过迁善的方法，以及行善积德等种种效验，以此自立自强，掌握自己的未来，改造自己的命运。

　　了凡先生姓袁，他的名字叫黄，字坤仪。他是当时江南吴江县人。他生于明世宗（世宗是明朝第十二代皇帝）嘉靖十四年，公元1535年。这样子，诸位就比较有清晰的概念。距离我们现在有500多年。《了凡四训》是一本改造命运的伟大学问之书，是一本人生必读的智慧之书！《了凡四

前 言

训》能带给改造命运的方法,能让我们心想事成。《了凡四训》能让我们内心变得更加强大,这些不仅需要丰富的知识,更需要谨严慎思的德行,明白这些,烦躁和困扰也就迎刃而解。

《了凡四训》本为明朝思想家袁黄的训子书,该书由四部分组成,分别是"立命之学"、"改过之法"、"积善之方"和"谦德之效"。四篇文章各自独立成文,而义理又一以贯之,讲述"趋吉避凶"的方法;强调命运掌握在自己手中,只要积善累德、谦恭卑下、感格上天,就能够求福得福,善报无尽。该书糅合了儒佛道三家的思想学说,运用因果报应、福善祸淫之理,阐明忠孝仁义、诸善奉行以及立身处世之学。通过对此书的阅读,我们可以对中国的传统文化有感性的认识,从而一窥儒、佛、道三家之学的梗概;同时也对我们个人品格的修养大有助益。

目 录

了凡四训

第一训　立命之学	3
第二训　改过之法	201
第三训　积善之方	377
第四训　谦德之效	632

附录　帝王将相家训

刘邦家训	761
刘庄家训	768
曹操家训	771
刘备家训	785
李暠家训	791
萧纲家训	802
李世民家训	806

目 录

赵匡胤家训 …………………………… 889

赵光义家训 …………………………… 898

赵恒家训 ……………………………… 904

赵祯家训 ……………………………… 908

赵顼家训 ……………………………… 918

《庭训格言》 …………………………… 923

《圣谕广训》节录 ……………………… 998

咸丰帝家训 …………………………… 1061

同治帝家训 …………………………… 1067

萧何家训 ……………………………… 1088

韦玄成家训 …………………………… 1091

平当家训 ……………………………… 1098

丁鸿家训 ……………………………… 1101

梁商家训 ……………………………… 1105

诸葛亮家训 …………………………… 1109

陆逊家训 ……………………………… 1117

王祥家训 ……………………………… 1120

荀勖家训 ……………………………… 1127

王僧虔家训 …………………………… 1130

徐勉家训 ……………………………… 1141

目 录

萧瑀家训 …………………………… 1156

李勣家训 …………………………… 1159

卢承庆家训 ………………………… 1163

李义琰家训 ………………………… 1167

张嘉贞家训 ………………………… 1170

姚崇家训 …………………………… 1173

韩滉家训 …………………………… 1183

元稹家训 …………………………… 1186

范质家训 …………………………… 1191

李沆家训 …………………………… 1199

王旦家训 …………………………… 1202

范仲淹家训 ………………………… 1207

贾昌朝家训 ………………………… 1214

欧阳修家训 ………………………… 1220

司马光家训 ………………………… 1226

范纯仁家训 ………………………… 1242

张居正家训 ………………………… 1246

瞿式耜家训 ………………………… 1253

李光地家训 ………………………… 1259

陈宏谋家训 ………………………… 1266

目 录

纪昀家训 …………………………………… 1271

倭仁家训 …………………………………… 1279

曾国藩家训 ………………………………… 1300

左宗棠家训 ………………………………… 1368

李鸿章家训 ………………………………… 1412

张之洞家训 ………………………………… 1505

了凡四训

第一训　立命之学

【阅读导航】

这一篇"立命之学",就是了凡先生把他自己改造命运的经过,同他所看到的一些改造命运的人的种种效验,告诉他的儿子。要儿子不要被这个"命"字束缚住,要竭力去做种种善事,不可以做坏事。"立"字是建立的意思,"立命"两个字,就是命不能束缚我,是我创造命运,命运掌握在我手里的意思。所以"立命之学",就是论立命的学问,讲立命的道理。若能够按照这个方法去做,就能得到一个快乐美满的人生。

【原典精读】

余童年丧父，老母命弃举业学医，谓可以养生，可以济人，且习一艺以成名，尔父夙心也。

【译文通解】

我童年的时候父亲就去世了，母亲要我放弃学业，不要去考功名，改学医，说学医可以赚钱养活家人，也可以救济别人。并且医术学得精，可以成为名医博得声名，这是你父亲一向的心愿。

【经典心裁】

了凡先生自己叙述，从小父亲就过世了，母亲叫他放弃"举业"。举业是读书求学从政，"弃举业学医"也就是放弃做官去学医。因为在中国封建社会里，读书求学目的是从政，放弃读书，就是放弃从政。"学医"可以养生，自己有一技之长，将来可以凭行医谋生，所以这里的"生"是指生活。同时又可以救人，"济"就是救济别人，这是很好的行业。

人生选择行业是很重要的。从前教书的先生，学生接受他的授教，没有规定学费多少，而是随便供给的。家里富裕的人就多送些，贫穷的人就少送些，只要至诚恭敬地表达尊师重道的心，学费的多寡不是很重要的。医生也是如此，只要尽心尽力地为人治病，至于报酬就随每个人的心意，因为他是以救人为目的的。所以在过去的社会里，教师和医生普遍地受到人们的尊重，道理就在于此。

"且习一艺以成名"，这个"艺"就是技艺。技艺如果专精，就可以成为一个名医博得声名。"尔父夙心也"，母亲告诉他，这是你父亲的愿望，于是，了凡先生就放下做官的念头开始学医。

【原典精读】

后余在慈云寺，遇一老者，修髯伟貌，飘飘若仙，余敬礼之。语余曰："子仕路中人也，明年即进学，何不读书？"余告以故，并叩老者姓氏里居。曰："吾姓孔，云南人也。得邵子《皇极数》正传。数该传汝。"余引之归，告母。母曰："善待之，试其数。"纤悉皆验。

【译文通解】

后来我在慈云寺,碰到了一位老人,相貌非凡,一脸长须,看起来飘然若仙,我就很恭敬地向他行礼。这位老人对我说:"你是官场中的人,明年就可以去参加考试,并考中秀才,为何不读书呢?"我就把母亲叫我放弃读书去学医的缘故告诉他。并且请问老人的姓名,是哪里人,家住何处。老人回答说:"我姓孔,云南人。宋朝邵康节先生精通皇极数,我得到了他的真传。照注定的数来讲,我应该把这个《皇极数》传给你。"因此,我就领了这位老人到我家,并将情形告诉母亲。母亲要我好好地待他。并且说:"这位先生既然精通命数的道理,就请他替你推算推算,试试看,究竟灵不灵。"结果孔先生所推算的,虽然是很小的事情,但是都非常地灵验。

【经典心裁】

这一段是叙述他改变命运的机缘。内容描述在慈云寺遇到一位老人,这个老人"修髯伟貌",

"髯"是胡须，从面颊两边垂下的叫"髯"，在下巴底下，嘴两边的叫"须"。这个人胡须很长，相貌庄严，个子高大，看起来不是一个凡人，所以叫"飘飘若仙"。老人仙风道骨，潇洒出众，没有一点俗气的样子，所以了凡先生对他非常尊重。

老人告诉了凡："你是将来要从政的人。""子"是对人的尊称，"仕"是做官。"仕路"就是官场，像现在的政界一样的意思。"明年即进学"，因为老人会看相，就叫他赶快去进学。"进学"，从前国家用人，都要经由考试来选拔人才，如果考上了秀才，就会派到县立的学校读书，所以叫作进学。老人说："你是从政之人，为何不赶快读书呢？""余告以故"，了凡就把母亲所说其先父希望他学医的原因，向老人说明，并且请教老人的姓名和住所。"里居"包括籍贯和住处，老人就告诉了凡先生，他姓孔，是云南人。

"得邵子《皇极数》正传"，"邵子"就是宋朝的邵康节，这是个绝顶聪明的人。《皇极数》就是《皇极经世书》，这本书也有相当的分量，收在《四库全书》里。它的内容，完全是依照《易经》

的理论来推算命运，它推算命运的范围非常广泛，整个世界国家的转变都有论定。朝代的兴亡、个人的吉凶，也可从数理上推断，是一种非常高深的学问。由此可知，每一个人，甚至每一桩事皆有定数，这就是佛法里讲的因缘果报。只要你起心动念，你就有定数；只要你没有心念，那你就超越数字、数量之外了。修行人往往能超越，为什么呢？因为他入定了。入了定，他的心就不起作用，没有任何念头；没有念头，就不落在数量里。由此可知，只要你有念头，就必定落在数量里。换句话说，遇到高明的人，他就能够把你的流年命运，推断得清清楚楚。

所以凡夫都有数，唯独超越三界——阿罗汉以上的圣者，就可以超越宿命人。那么在三界之内，色界、无色界的天人修成了四禅八定，能不能超过数量呢？的确，他在定中，数对他是失去了作用，但是这个失掉作用只是暂时的，并不是永远的。为什么呢？因为他的定力若消失，念头又起，就又掉到数里去了，想逃也没法逃出来。这就是他为什么永远都不能够脱离六道轮回的原因了。如果定功再进一步达到九次第定，永远保持不会退转，那他就超越数量了。这时他才能够脱离六道轮回，在佛法里称为圣人、阿罗汉。我们懂得了这个原理，就知道这个世界一切都是有定数的；既然有定数，那么我们就要用平常心来看这个世界，顺境不必欢喜，逆境也不要悲伤。为什么呢？一切都是注定的。

孔先生精通《皇极经世书》，是邵康节的传人，这也是代代相传，都是有师承的。他见到袁了凡，就把他看得很清楚，并且告诉他"数该传汝"：你跟我有缘分，我这一套学问应该传给你。可以说孔先生找到了传人。"余引之归"，了凡先生就请他到家里去坐坐。了凡很孝顺，告诉了他的母亲，他母亲教他好好接待孔先生，而且告诉他要算算命，试试看灵不灵。这是处世待人的良好态度，礼貌很周到。你所讲的到底是真的还是假的，我们要经过试验才行，绝对不是贸然接受。这一试是真的，大小事情他推算得都非常灵验，这样他的信心就产生了，对孔先生的建议也相信了。

【原典精读】

余遂起读书之念。谋之表兄沈称，言："郁海

谷先生，在沈友夫家开馆，我送汝寄学甚便。"余遂礼郁为师。

【译文通解】

　　我于是有了读书的念想。我和我的表哥沈称商量，表哥说："我的好朋友郁海谷先生在沈友夫家里开馆，收学生读书。我送你去他那里寄宿读书，非常方便。"于是我便拜了郁海谷先生为老师。

　　这是说生起读书进学的念头，往从政的道路做预备功夫。以前读书并不像现在有很多学校，清朝之前都是私塾教学，没有学校。国家只有大学，没有中学，必须在私塾里念得很好，才有机会考入大学，那时称太学，明、清时都叫国子监，相当于现代的大学，是国家办的。私塾是私人办的小规模学校，老师只有一个，学生通常只有二三十人。

　　正好了凡的表兄有一个朋友叫郁海谷，在沈友夫家里开馆教学。沈友夫大概是地方上相当富有的一户人家，因为家里很有钱，有几间空房子，用一间作教室，请老师教自己的子弟，亲戚朋友的子弟也可以到这里来上学。郁海谷先生此时正好在沈友夫家里开馆教学,他就拜郁海谷做老师,进学读书。

【原典精读】

孔为余起数:县考童生,当十四名;府考七十一名,提学考第九名。明年赴考,三处名数皆合。

【译文通解】

孔先生有一次替我推算我命里所注定的数。他说:在你没有取得功名做童生时,县考应该考第14名,府考应该考第71名,提学考应该考第9名。到了明年,果然三处的考试,所考的名次和孔先生所推算的完全相符。

【经典心裁】

孔先生算了凡的流年命运,告诉他,你明年去考童生(秀才),要经过好几次的考试。先要经过"县考",了凡先生应考中第十四名。县上面有府,府上面有省,这是明、清两代的制度。一个府大概管七八个县,主管称为知府。是在县之上,省之下。民国就把府废除了,改成行政专员。"府考"第七十一名,"提学考"第九名,"提学"相当于现在的省政府教育厅长,管一个省的教育。在地方上考试能考多少名、考得取、考不取,命里都注定了。到第二年去参加考试,果然没有错,都符合。

【原典精读】

复为卜终身休咎,言:某年考第几名,某年当补廪,某年当贡。贡后某年,当选四川一大尹,在任三年半,即宜告归。五十三岁八月十四日丑时,当终于正寝,惜无子。余备录而谨记之。

【译文通解】

孔先生又替我推算终生的吉凶祸福。他说:哪一年考取第几名,哪一年应当补廪生,哪一年应当做贡生,等到贡生出贡后,在某一年,应当选为四川省的一个县长,做县长三年半后,便该辞职回家乡。到了五十三岁那年八月十四日的丑时,就应该寿终正寝,可惜你命中没有儿子。这些话我都一一地记录起来,并且牢记在心中。

【经典心裁】

我们看这段话,不是只看了凡先生,而是看自己。哪一年、哪一月、哪一日、哪一个时辰生死都已注定了,怎么死法也注定了,一生全都是命里注定的,你怎么都逃不过定命。这是千真万确的事实,谁都没法子逃过。

因为孔先生给他算得这么灵,所以他就请孔先生算终身的命运,"终身休咎"就是一生的吉凶。孔先生把他的流年一直排到死,什么时辰死亡,历年考试能考取第几名,等等,都给他算了出来。

"某年当补廪","廪"是廪生,"补"是补缺,相当于现代所讲的公费学生。虽然是学生,但是领国家的津贴,每个月生活费由公家补贴。每一个县都有一定的名额,必须有缺了,你才能够替补上去。"某年当贡","贡"是贡生。廪生、贡生是明、清两代依学生的学识程度而设立的,不是学位,相当于我们现代的中学生、大学生,但是受到国家照顾,由国家发给生活费用。从前的生活费用是发米,而米多的、吃不完的可以卖钱,相当于实物配给。现代则用货币来代替食物，要方便多了。至于秀才、举人、进士，相当于我们现代的学位，好比是学士、硕士、博士。进士相当于博士，是最高的学位。贡后某一年他去做官了。"四川一大尹"，"大尹"相当于现代的县长，还有二尹、三尹。二尹相当于现代的主任秘书，三尹相当于现代所讲的科长。"在任三年半"，做够三年半的县长，就得辞职。为什么呢？寿命到了，五十三岁，寿命也不很长。"五十三岁八月十四日丑时"，就寿终正寝了。"惜无子"，可惜命里没有儿子。了凡先生把这些事情恭恭敬敬地记下来，给自己作一个参考。

【原典精读】

自此以后，凡遇考校，其名数先后，皆不出孔公所悬定者。

【译文通解】

此以后，凡是碰到考试，所考名次先后，都不出孔先生预先所算定的名次。

【经典心裁】

往后每次考试,都跟孔先生算的名次完全符合,一点也没差错。孔先生的确很高明,算得很灵。

【原典精读】

一独算余食廪米,九十一石五斗当出贡。

【译文通解】

唯独算我做廪生所应领的米,领到九十一石五斗的时候才能出贡。

【经典心裁】

"廪米"是廪生所得的俸米。一石是十斗。他说每个月领俸禄,你自己记住,等你领米领到"九十一石五斗",你就"出贡"了,就升级了,你就从廪生升到贡生了。升到贡生,廪米就不给了,廪生的缺就让别人来补了。

【原典精读】

及食米七十余石,屠宗师即批准补贡。

【译文通解】

哪里知道我吃到71石米的时候,学台屠宗师(学台:相当于现在的教育厅长)就批准我,补了贡生。

【经典心裁】

"屠宗师"就是当时的提学,相当于现代的教育厅长。他看袁先生的学问、品德还不错,建议要提拔他。出贡就是批准了"补贡",从廪生补贡生的缺了,也就是升级了。

【原典精读】

余窃疑之。

【译文通解】

我私下就怀疑孔先生所推算的,有些不灵了。

这下他怀疑了。孔先生这一着没算对。

【原典精读】

后，果为署印杨公所驳，直至丁卯年，殷秋溟宗师见余场中备卷，叹曰："五策即五篇奏议也，岂可使博洽淹贯之儒，老于窗下乎？"遂依县申文准贡，连前食米计之，实九十一石五斗也。

【译文通解】

后来，果然被另外一位代理的学台杨宗师驳回，不准我补贡生。直到丁卯年，殷秋溟宗师看见我在考场中的"备选试卷"没有考中，替我可惜，并且慨叹道："这本卷子所做的五篇策，竟如同上给皇帝的奏折一样。像这样有大学问的读书人，怎么可以让他埋没到老呢？"于是他依准县学的申请文书补我为贡生。经过这番的波折，我又多吃了一段时间的廪米，算起来连前所吃的71石，恰好补足，总计是90石5斗。

【经典心裁】

俸禄领到70多石的时候，屠先生就批准他补贡了。可能屠先生批准之后，也许就升官高迁，也许是调职了。"署印"是代理，教育厅长大概被调走了，现在有个代理教育厅长。这一位代理教育厅长不同意，把他驳了回去，不准他补贡，他还得继续去当秀才（廪生、贡生都是秀才）。一直到了丁卯年，殷秋溟宗师当提学，他看到"场中备卷"，这些考卷就是落第的、没有考取的卷子，还保存着。有些时候，主管的官员会把这些没有考取的卷子拿来重新看一看，希望发现遗漏的人才。如果真正是人才，他们还是要提拔的，怕的是一时差错遗漏了。

殷秋溟就看到袁了凡的考试卷。"五策"就是"五篇"，即是我们今天所讲的论文，5篇论文。殷先生看了非常满意，非常地赞赏，他说这5篇论文，就像是5篇奏议。"奏议"是臣子对皇帝的建议；国家施政应兴应革，他们都可以提出意见，上奏给朝廷，由朝廷来取舍。殷先生说这5篇确实就是奏议，可见袁先生见识很高，文章写得很好。因为一般对国家兴革提出建议，都是属于大臣的事情，不是小小的秀才能做得到的。大臣就是我们现在所谓的政务委员、国策顾问。袁了凡的文章居然可与他们相提并论,可见他的确是有学问。

"岂使博洽淹贯之儒,老于窗下乎?""博"是指见识广博,"洽"是说理非常清晰通达,"淹"是透彻,"贯"是文章无论理论、章法结构都有条不紊。能得此4个字的评语,定是上乘的文章,无论是思想理论、文章的结构,都是属于上等的。所以不能叫他终老于窗下,一生只做个秀才,应当把他选出来为国家服务。"遂依县申文准贡",就是交代当地的县政府,要把这个人提拔起来。"连前食米计之,实九十一石五斗也。"

从此处来看,屠宗师是很了不起的人,看到袁先生的卷子马上就想提拔他,可是杨先生把他驳回去了,这是因为两个人的看法不一样。袁了凡是有才干,可是从这里我们得到一个很大的启示,那就是有才还要有命。所以人的一生命运主宰了一切,命、时、因缘都有定数,这里面讲才、命、时。袁先生一定要遇到殷秋溟,他的因缘才成熟,这些我们都是应当明白的。

【原典精读】

余因此益信进退有命，迟速有时，澹然无求矣。

【译文通解】

我因为经受了这番波折，就更加相信：一个人的进退浮沉，都是命中注定的。而走运的迟或早，也都有一定的时候，所以把一切都看得淡然，不去追求了。

【经典心裁】

从此以后，袁先生真的觉悟、真的明白了。一个人一生的际遇，吉凶祸福、贫富贵贱都有命，都有时节因缘，不能强求的。命里面没有，怎么动脑筋也求不到；命里面有的，什么念头都不起，到时候自然来了。他从此以后就无求、无得、无失，心地真正地平静下来了。所以读《了凡四训》，学佛以后，我们可以称袁了凡在这一阶段，是一个标准的凡夫。而我们连一般的凡夫都不够标准。为什么呢？心不清净，一天到晚还胡思乱想。他的妄念没有了，对于一生的休咎，清清楚楚，明明白白。所以古德云："君子乐得为君子，小人冤枉为小人。"为什么呢？因为君子知命，知道"一饮一啄，莫非前定"；小人很冤枉，拼命地追求，不知道这是命里有的，努力拼命求得的，还是命里有的。你说冤枉不冤枉呢？这是指定数，一般人都在定数里。这个时候袁了凡只知道有定数，不知道定数之外还有一个变数，命运是可以改变的。

下一段是讲变数，讲立命的理论方法。要按照真正的理论方法去求，就能够改变命运，你想求什么就能够得到什么，一切都掌握在自己的手中。佛家所讲的"布施"，你想得到财富，就必须行"财布施"，想得聪明智慧，那就要行"法布施"；想长寿平安，那就要行"无畏布施"；这就是正确的创造命运的方法。按照正确的理论方法去求，都可以得到你所要得的，甚至连成佛也求得到，何况这些世间的小小福报？

【原典精读】

贡入燕都，留京一年，终日静坐，不阅文字。

【译文通解】

等我当选了"贡生",按照规定,要到京城的国家大学去读书。所以我在京城里住了一年。一天到晚,静坐不动,不说话,也不转动念头。凡是文字,一概都不看。

【经典心裁】

"燕都"就是现在的北京,元、明、清三朝首都都在北京。"留京一年",他出贡之后就到北京去了,在北京住了一年,"终日静坐,不阅文字",从这个地方,可以看到他的心地多么清净。心清净了自然就生智慧,一般人智慧不能呈现是因为心不清净。他之所以能够静得下来,是因为他对自己的命运完全知道,觉得想也没用处,所以什么都不想了,这样心就安定下来了。

【原典精读】

己巳归,游南雍,未入监,先访云谷,会禅师于栖霞山中,对坐一室,凡三昼一夜不瞑目。

【译文通解】

到了己巳年，回到南京的国家大学读书，在没有进国家大学以前，先到栖霞山去拜见云谷禅师，他是一位得道的高僧。我同禅师面对面，坐在一间禅房里，3天3夜连眼睛都没有闭。

【经典心裁】

在己巳年，他回到南方。"游南雍"，南雍是皇帝所办的大学，就是国子监，一个在北京，一个在南京，北京的称为北雍，南京的称为南雍，是国家办的两所大学。"未入监"，就是未入学。在还没有入学之前，先去拜访云谷禅师。"云谷会禅师"，"会"是他的法名，云谷禅师的法名叫"法会"，这是一位很有名的禅师，了凡先生到南京栖霞山，去拜见他。"对坐一室"，在禅堂里打坐。"凡三昼夜不瞑目"，也没有倦容。为什么呢？因为没有妄想，没有杂念，故能精神饱满。云谷禅师看到他这么年轻，有这样好的功夫，认为很难得。

【原典精读】

云谷问曰:"凡人所以不得作圣者,只为妄念相缠耳。汝坐三日,不见起一妄念,何也?"

【译文通解】

云谷禅师问我说:"凡人之所以不能够成为圣人,只因为妄念在其心中不断地缠来缠去。而你静坐3天,我不曾看见你起一个妄念,这是什么缘故呢?"

【经典心裁】

凡夫之所以不能够成为阿罗汉以上的圣人,原因在哪里呢?妄想太多了。《华严经》上说:"一切众生皆有如来智慧德相,但以妄想执着而不能证得。"病根就是在妄想,"妄念相缠",不得作圣。你坐在这里3天3夜,我没有看到你起一个妄念,这是为什么呢?

【原典精读】

余曰:"吾为孔先生算定,荣辱生死,皆有定数,即要妄想,亦无可妄想。"

【译文通解】

我说:"我的命被孔先生算定了,何时得意,何时失意,何时生,何时死,都有个定数,没有办法改变。就是要胡思乱想要得到什么好处,也是白想;所以就老实不想,心里也就没有什么妄念了。"

【经典心裁】

了凡先生是个老实人(老实最可贵)。他说:"因为我的命已被孔先生算定,一生的吉凶祸福都注定了,还有什么好想呢?想也没有用处,所以干脆就不想了。"知道53岁时的八月十四日丑时就要走了,所以生死是注定的。哪一年、哪一月、哪一天、哪一个时辰,人家都算定了,还有什么话好说?这是千真万确的事实,所以他就不打妄想了。

【原典精读】

云谷笑曰:"我待汝是豪杰,原来只是凡夫。"

【译文通解】

云谷禅师笑道:"我本来认为你是一个了不得的豪杰,哪里知道,你原来只是一个庸庸碌碌的凡夫俗子。"

【经典心裁】

一个人能够3天3夜不起一个念头,那是很了不起的功夫。但他这不是功夫,他是命给人算定了,所以云谷禅师就笑着说:"我还以为你是功夫不错的豪杰,原来你还是个凡夫。"

【原典精读】

问其故,曰:"人未能无心,终为阴阳所缚,安得无数?

【译文通解】

我听了之后不明白,便问他原因,云谷禅师说道:"一个平常人,不能说没有胡思乱想的那颗意识心;既然有这一颗一刻不停的妄心在,那就要被阴阳气数束缚了；既被阴阳气数束缚，怎么可说没有数？"

【经典心裁】

了凡先生就向云谷禅师请教："这是什么缘故？"这就说明数的道理，人为什么会有命运？为什么会落在数里？人如果到了无心，就超越数了。袁了凡先生有没有到无心？没有！他只是什么都不想，因为他觉得想也没用。他还有一个妄念，就是"我什么都不想了"，有这么一个妄念，还是有心，并不是无心。他常常心里有个念头："我一生都算定了，一生都清清楚楚、明明白白。"他并没有到真正的无心。既然没有到无心，决定为阴阳所缚，怎么会没有数？数就是数量，是以数学的原理来推演出过去、现在和未来。

甚深禅定不是一般世间人所有的。佛门里像黄檗祖师，他是在定中所见的境界。因为在禅定中，时空都突破了。时空突破了之后，过去、现在、未来自成一片，全部都看到，那是决定真实，一点都不会有差错。为什么？他看到未来的事，不是他推算的，而是眼前亲见，这要有相当功夫才行。所以靠数理来推论，我们世间凡夫做得到；现境界于现前，就不是世间凡夫所能做到的。在佛门至少要三果阿那含以上，他们有甚深的禅定，才能够见到过去、未来，这是不会有错的。

【原典精读】

"但惟凡人有数，极善之人，数固拘他不定；极恶之人，数亦拘他不定。汝二十年来，被他算定，不曾转动一毫，岂非是凡夫？"

【译文通解】

"虽说数一定有，但是只有平常人，才会被数所束缚住。若是一个极善的人，数就拘他不住了。因为极善的人，尽管本来他的命数里注定吃苦，但是他做了极大的善事，这大善事的力量，就可以使苦变成乐，贫贱短命变成富贵长寿。而极恶的人，数也拘他不住。因为极恶的人，尽管他本来命中注定要享福，但是他如果做了极大的恶事，这大恶事的力量，就可以使福变成祸，富贵长寿变为贫贱短命。你20年来的命都被孔先生算定了，不曾把数转动一分一毫，反而使数把你给拘住了。一个人会被数拘住，就是凡夫。这样看来，你不是凡夫，是什么呢？"

【经典心裁】

你从遇到孔先生，被他算命算定之后，距离现在已经20年了。这20年来，你的命运一点都没有改变，完全照着他给你算定的走，这不是凡夫，是什么？你的命运里每一年、每一月都没有加减乘除，这是标准凡夫。一个大善之人，命有没有？有，但改变了；大恶之人呢？也改变了，不会照原定的样子。由此可知他20年来没有行善，也没有作恶，他的命运完全照着孔先生所算定的走，是个标准凡夫。

【原典精读】

余问曰："然则数可逃乎？"

【译文通解】

我问云谷禅师说："照你说来，究竟这个数，可以逃得过去吗?"

【经典心裁】

了凡先生就问云谷禅师,难道命运可以改变?"逃"就是超越,那就是定数里面还有变数。孔先生给他算的是定数,变数则掌握在自己手上,这是孔先生不晓得的,不能推算的。

【原典精读】

曰:"命由我作,福自己求。诗书所称,的为明训。我教典中说:求富贵得富贵,求男女得男女,求长寿得长寿。夫妄语乃释迦大戒,诸佛菩萨,岂诳语欺人?"

【译文通解】

禅师说:"命由我自己造,福由我自己求。我造恶,就自然折福;我修善,就自然得福。从前各种诗书中听说的,实在是的的确确、明明白白的好教训。我们佛经里说:一个人要求富贵就得富贵,要求儿女就得儿女,要求长寿就得长寿。只要做善事,命就拘他不住了。要知道说谎是佛家的大戒,哪有诸佛菩萨还会乱说假话、欺骗人的呢?"

【经典心裁】

这是云谷禅师教导他改造命运,也就是跟他讲定数里有变数,这是袁了凡原本不知道的。云谷禅师承不承认有定数?承认。前面讲过:"人未能无心,安得无数。"世俗讲的命运,云谷禅师完全肯定、承认,确实有命运。但是命运自己可以改变,可以创造。所以佛家不是宿命论,佛家是创命论,由自己创造美好的前途。但是立命要靠自己,任何一个人都帮不上忙,没有人能够代替我们改造命运,要靠自己觉醒,靠自己改变。了凡是个读书人,所以就先用诗书里面的道理来开导他。

"命由我作,福自己求",这是儒家所讲的,《诗经》、《书经》中所说的。云谷禅师懂得,他说这是明明白白、的的确确的教训,这是事实。

再看看佛所讲,"我教典中说",云谷禅师是佛门大德,"我教典"就是佛教经典中所讲的。"求富贵得富贵,求男女得男女",命里没有儿子,你要求，就可能得儿子；"求长寿得长寿"，因为了凡先生短命，寿命只有53岁，这就是说，你求什么得什么，这是真的，一点都不假。

章嘉大师说过："佛氏门中有求必应。"但是章嘉大师有解释，有些人在佛门当中求，却求不得，是什么原因？那是不如理、不如法。懂理论、懂方法，如理如法的求，就有求必应。如理如法的求，还是得不到时，这是自己有业障，必须把业障消除，障碍没有了，就自得感应。这是章嘉大师说过的，没有求不到的。

从根本的原理来讲，世出世间法，都是"唯心所现，唯识所变"，我们一切的需求，就是求成佛也能成佛，都是根据"万法唯心"这个原理。《华严经》上说："应观法界性，一切唯心造。"所以我们"求"，基本的原理就是真如本性；方法最圆满、最恰当的就是佛陀的教诲。依据佛法的理论和教训去求，我们求不老、求不病、求不死，能不能求得到？绝对求得到，都在佛门之中；云谷传给了凡的只是极小的一部分，因为了凡的志向不大，只求世间的功名、富贵，所以云谷禅师只教他这个部分。云谷禅师圆了他的愿望,他想求得功名、富贵,就告诉他求得的方法。还特别告诉他,"妄语乃释迦大戒",戒律里有"四根本戒",就是杀、盗、淫、妄,所以妄语是佛家的根本大戒。佛怎么会妄语?怎么会骗人?换句话说,告诉了求男女得男女,求富贵得富贵,求长寿得长寿;这是事实,一定可以得到的。以后了凡依教修行,此三者果然如愿获得。

【原典精读】

余进曰:"孟子言:求则得之,是求在我者也。道德仁义,可以力求;功名富贵,如何求得?"

【译文通解】

我听了以后,心里还是不明白,又进一步问说:"孟子曾说:凡是求起来,就可以得到的。这是说在我心里可以做得到的事情。若是不在我心里的事,那么怎能一定求得到呢?譬如说道德仁义,那全是在我心里的,我立志要做一个有道德仁义的人，自然我就能成为一个有道德仁义的人，这是我可以尽力去求的。若是功名富贵，那是不在我心里头的，是在我身外的，要别人肯给我，我才可以得到。倘若旁人不肯给我，我就没法子得到，那么我要怎样才可以求到呢？"

【经典心裁】

这是进一步向禅师请教，说"孟子言，求则得之，是求在我者也"，《孟子》上有这么一句话，求而能得到，由于所求在我内心。但是了凡先生的想法是，"道德仁义，可以力求"，那是我本身的事情，我希望成圣成贤，在道德上是讲得通的。"功名富贵，如何求得？"功名富贵是身外之物，也能求得到？我没有功名，能求得功名？没有富贵，能求得富贵？这似乎是命里注定的，命里没有，哪里能求得到？"命里有的求得到，命里没有的到哪里去求？"这是一般宿命论，也就是命中的一个常数。常数是前生造作的因，这一生应得果报，殊不知常数里有变数，加上变数就会不一样。功名富贵我们的确可以求得到的。

【原典精读】

云谷曰:"孟子之言不错,汝自错解耳。汝不见六祖说:'一切福田,不离方寸,从心而觅,感无不通。'"

【译文通解】

云谷禅师说:"孟子的话不错,但是你解释错了。你没见六祖慧能大师说:'所有的福田,都决定在每人的心里。福离不开心,心外没有福田可寻,所以种福种祸,全在自己的内心。只要从心里去求福,没有感应不到的!'"

【经典心裁】

孟老夫子的话没错,"汝自错解耳",你自己错会了意思;你并没有真正理解孟子所说的,你的解释只对了一半,另一半你不晓得。对的一半是德性上,除了德性之外,还有事相上,你也可以求得到的。你不见六祖说:"一切福田,不离方寸,从心而觅,感无不通。"这话出自《坛经》。

《六祖坛经》、《金刚经》、《楞严经》,这三部经典自古以来在中国被大家公认是第一等的作品。《坛经》是中国人写的,所以对中国人来说,有一份特别亲切的感情在其中,当然它也实在写得很好,是整个佛法的纲要。我们不能把它单单看成是禅宗的经典,它是整个佛法的纲要,也可以说是六祖大师的修学心得报告。

六祖讲"一切福田,不离方寸","方寸"就是心地。"从心而觅,感无不通",要到哪里求呢?从心地里面去求。

【原典精读】

"求在我,不独得道德仁义,亦得功名富贵;内外双得,是求有益于得也。"

【译文通解】

"能向自己心里去求,那就不只是心内的道德仁义可以求得,就是身外的功名富贵也可以求到,所以叫作内外双得。换句话说,为了种福田而求仁、求义、求福、求禄,是必有所得的。求对于得到是有帮助的。"

【经典心裁】

这段教训非常重要,内求、外求都要从内心求,不要向外面求,向外面求就错了。所以佛法里讲,求什么得什么,都是从内心求,不是叫我们从外面求。外面求,一定得不到。为什么?外面是常数,外面不会变;心地是个变数,不是常数。

了凡先生20年来,心地算是清净,没有妄想。他的心是守定常数,不知变数,所以他这20年中的命运跟孔先生算的完全一样,连考试,都不会提前一名,也不会落后一名,因为他不懂变数的原理。

云谷禅师教他这个道理,——"求在我",在自己。道德仁义是内——德行的修养;功名富贵是外——生活上的享受,内外都得,这个求才真正叫作"有益于得"。《华严经》里面所讲的"理事无碍,事事无碍",那是究竟圆满的享受,内外皆得大圆满。那真是我们讲的事事如意,没有一样不称心。如果没有这样殊胜的果报,就不会有人学佛了。

学佛不是消极，是非常现实的。现在人讲"现实"，没有比学佛更现实，这是实在的，你看后就晓得了。一般讲现实，未必能得到现实；佛法里讲现实，是真正能够得到。须知佛陀教育之好，但是，实在讲，世间人对佛教误解了，错会了意思，不知道它的好处。能够真正体认了，才晓得佛陀的教学才是世出世间最圆满、最殊胜、最良好的教育，古今中外绝对找不到的，尤其是大乘佛法。

【原典精读】

"若不反躬内省，而徒向外驰求，则求之有道，而得之有命矣。内外双失，故无益。"

【译文通解】

"所以一个人，若不能自己检讨反省，而只是盲目地向外面追求名利福寿；但得到得不到，还是听天由命，自己毫无把握。这就合了孟子所说，求之有道，得之有命的两句话了。要知道纵然得到，究竟还是命里本来就有的，并不是自己求的效验，所以可以求到的，才去求，求不到的，就不必去乱求。倘若你一定要求，那不但身外的功名富贵求不到，而且因为过分地乱求，过分地贪得，为求而不择手段，那就把心里本来有的道德仁义，也都失掉了，那岂不是内外双失么？所以乱求是毫无益处的。"

【经典心裁】

　　这是指现代社会，大众所追求的，能不能求得到？求不到。纵然得到了，那也是命里有的；命里没有而得到的，这才叫作"求得"。命里有的你求得，那不算求得，因为不求也会得到。

　　譬如今天有人说做股票很赚钱，一年赚了几千万，这是命里有的，他得到了。命里没有的，你看多少人做股票赔钱，不是每个人都赚钱！若每个人都赚钱，股票谁赔钱？赌博赢来的钱还是命里有的，你说冤枉不冤枉？甚至于做小偷、做强盗得来的，还是命里有的。命里没有的，偷都偷不来。

　　古人明白这个道理，才说："君子乐得为君子，小人冤枉为小人。"为什么？没能逃过定命，没能逃过常数。所以人要是真正明白道理了，都会安于本分。安于本分，自己日子过得好，社会也安定，天下也太平，大家都没有争执了。

所以佛法教我们求命里没有的；常数里面没有的，我们能够求得到，这是属于变数。怎么求呢？要向内心里面求。我们看看今天的社会，就是这一段所说的，他不能够"反躬内省"——"反省"是向内心里面求觉悟，向内心里存养厚德。他不懂这个道理，每天动脑筋往外去求。这种求法，即使是"求之有道"，纵然你有方法、有手段、有计谋，可是怎么样呢？"得之有命"，你命里没有还是得不到，你得到的都是你命里的常数，命中有的。你说冤枉不冤枉？袁了凡懂得常数，所以他不操心，不用种种非常手段去求。他晓得有命，打什么样的妄想，用什么样的手段，命里没有，一定得不到。

"内外双失"，内是什么呢？心不清净；外面所求得不到，怎能不生烦恼？了凡居士这20年，"内"他没有失，"外面"他失掉了。因为他不想了，什么也不求了，"内"算是保持了心地的清净、平和，但是外面一切都是命运所安排的。一般人拼命向外驰求，见识比不上袁了凡。了凡先生得到一个心安理得，而一般人向外驰求的是心不安，得到的还是命里面注定的，这是"内外双失"。"故无益"，没有利益就是损失，结果必是有损无益。这一段开示的确把世出世间的现象完全道破了，我们明白了，就应该有所选择。

【原典精读】

因问："孔公算汝终身若何？"余以实告。

【译文通解】

云谷禅师接着再问我说："孔先生算你终身的命运如何？"我就把孔先生算我某年考得怎么样，某年有官做，多少岁就要死的话详详细细地告诉了他。

【经典心裁】

云谷禅师就再问他："孔先生给你算的终身流年休咎，算得怎么样？"他就老老实实地将孔先生所算的告诉了他。

【原典精读】

云谷曰:"汝自揣应得科第否?"

【译文通解】

云谷禅师说:"你自己想想,你应该考得功名么?"

【经典心裁】

云谷禅师反问他一句,这就是教他反省,找出恶痛的根源。"揣"是揣量,就是自己认真地去反省一下,应不应该得科第?

【原典精读】

"应生子否?"

【译文通解】

"应该有儿子吗?"

【经典心裁】

应不应该有儿子？你好好地反省反省，应不应该有？当然云谷禅师跟他谈话不会只有这么两句，但是这两桩事在了凡来讲是最重要、最关切的，所以提出这两条大的——他最关心的事情，其余的就不必提了。

【原典精读】

余追省良久，曰："不应也。"

【译文通解】

我反省过去的所作所为，想了很久才说："我不应该考得功名，也不应该有儿子。"

【经典心裁】

云谷禅师这一问，他想了很久，答复云谷禅师说："不应也。"他真正知道自己的病根，老老实实回答："不应该。"因为他老实，善知识遇到诚实人，他一定会爱护，才会给他指出一条明路。要是自大傲慢不诚实，人家对你笑笑就完了，不会认真教诲的。下面是了凡先生反省自己的缺点，这是立命的基因。

【原典精读】

"科第中人，有福相。余福薄，又不能积功累行，以基厚福。"

【译文通解】

"因为有功名的人，大多有福相。我的相薄，所以福也薄。又不能积功德积善行，成立厚福的根基。"

【经典心裁】

从政的人要有福，如果没福，老百姓就要遭难。一个人有福，全国的人民就都有福了。今天讲民主自由，大家都认为这是真理，是时代的潮流，任何一个人都不能够抵挡的。这个潮流是好还是坏，必须再看下面的结果才能够论断。在古时候的社会制度下，读书明理的人没有争执，做皇帝的人有的非常开明。我们读唐太宗的《贞观政要》，太宗的心胸之开明，真叫人佩服。他曾对别人说："做皇帝有什么好处？负这么大的责任。你想要做，我让给你做。"竟有这样大的心胸！他做皇帝并不是在那边享福，不是在那边作威作福，是替百姓做事，是替全国老百姓谋幸福，为国家选拔人才，这些人才是为社会、为人民服务的。

确实，从政的人都是有福的。他想想，说："我福太薄。"没福，"又不能积功累行"，不肯修福。"以基厚福"，"基"就是培植；不肯培植、不肯修福。没福不像做官的样子，不足以领导百姓、造福百姓。

【原典精读】

"兼不耐烦剧，不能容人。"

【译文通解】

"别人有些不对的地方，也不能包容。"

【经典心裁】

这个毛病就更大了。性情急躁，就是薄福之

相。前面是总说，后面是一桩一桩地来分析。确实没福——不耐烦！性情急躁。"不能容人"，心量狭小不能容人。不能容人当然就不能用人，不能够服人，这是一定的道理。

【原典精读】

"时或以才智盖人，直心直行，轻言妄谈。凡此皆薄福之相也，岂宜科第哉！"

【译文通解】

"有时候我还自尊自大，认为自己的才干、智力盖过别人。心里想怎样就怎么做，随便乱谈乱讲。像这样种种举动，都是薄福的相，怎么能考得功名呢！"

【经典心裁】

"直心直行"是当任意、纵情解释，也就是我们常讲的"使性子"。他高兴怎么做就怎么做，这也是别人所不能承受的。

"轻言妄谈"，言论不谨慎，随便说话，不负责任。

"此皆薄福之相也",这是薄福。真正有福的人莫不浑厚、老实,心胸广阔而能容人,言语动作缓慢。"缓"显得稳重。孔夫子说:"不重则不威。"稳重,其威德才能服人,才能够处世。了凡先生年轻时不够稳重,自己说自己没福,不应该中科第。下一段则说他不应该有儿子的原因。

【原典精读】

"地之秽者多生物,水之清者常无鱼。"

【译文通解】

"喜欢干净,本是好事;但是不可过分,过分就成怪脾气了。所以说越是不清洁的地方,越会多生出东西来。相反地,很清洁的水反而养不住鱼。

【经典心裁】

俗话说,地下不干净会长东西,会生五谷杂粮;水要是太清了就没鱼。为什么?鱼在清水里,它也知道会被人家捕去,所以它不会在清水里游。

也可以说地里头很干净没有秽物，是不会生长植物的。

【原典精读】

"余好洁，宜无子者一。"

【译文通解】

"我过分地喜欢清洁，就变得不近人情，这是我没有儿子的第一种缘故。"

【经典心裁】

袁了凡有洁癖。整齐、清洁是件好事情，但是太过分的清洁也是个毛病，一点脏东西都不能忍受的，这也不行。这是不应有子的第一个原因。

【原典精读】

"和气能育万物，余善怒，宜无子者二。"

【译文通解】

"天地间，要靠温和的日光，和风细雨的滋

润,才能生长万物。我常常生气发火,没有一点和育之气,怎么会生儿子呢?这是我没有儿子的第二种缘故。"

【经典心裁】

和气能兴家,俗话常说"和气生财",袁了凡没有财富,与这也有关系。他并不富有,家境清寒。他喜欢发怒,常常发脾气,看不惯的,看不顺眼的,他就要发作,不能容忍。这是没福,这是"宜无子者"的第二个原因。

【原典精读】

爱为生生之本,忍为不育之根;余矜惜名节,常不能舍己救人,宜无子者一二。

【译文通解】

仁爱,是生的根本,若是心怀残忍,没有慈悲,就像果子没有果仁一样,怎么会长出果树呢?所以说,忍是不会生养的根;我只知道爱惜自己的名节,不肯牺牲自己,去成全别人,积些功德,这是我没有儿子的第三种缘故。

【经典心裁】

"爱"是仁爱,能够推己及人。这些道理他晓得,但是自己做不到。为什么?他是个很刻薄的人,"忍"就是刻薄。换句话说,他爱惜自己的名节,不愿意帮助别人,这也是无子的一个原因。

【原典精读】

"多言耗气,宜无子者四。"

【译文通解】

"说话太多容易伤气,我又多话,伤了气,因此身体很不好,哪里会有儿子呢?这是我没有儿子的第四种缘故。"

【经典心裁】

前面是讲存心,以下则从生理上说。他反省说了六条原因,前面三条是从心理上讲的,不应该有儿女;后面是从生理上说的,也不应该有儿女。他喜欢说话,喜欢批评人,喜欢论是非,所以说他言语上常常喜欢强出头。这容易伤气,在生理上受伤害,这是"宜无子者"的第四个原因。

【原典精读】

"喜饮铄精,宜无子者五。"

【译文通解】

"人全靠精、气、神三种才能活命;我爱喝酒,酒又容易消散精神;一个人精力不足,就算生了儿子,也是不长寿的,这是我没有儿子的第五种缘故。"

【经典心裁】

不但喜欢高谈阔论,还喜欢喝酒,大概酒量也不错。饮酒过度会伤神,"精"是精神;伤精神,对于身体健康有很大的妨碍。

【原典精读】

"好彻夜长坐,而不知葆元毓神,宜无子

者六。"

【译文通解】

"一个人白天不该睡觉,晚上又不该不睡觉;我常喜欢整夜长坐,不肯睡,不晓得保养元气精神,这是我没有儿子的第六种缘故。"

【经典心裁】

他晚上不睡觉,一定是找朋友聊天,喝酒作乐,不知道保养。想必了凡先生的身体相当虚弱,他不知道保养身体。

【原典精读】

"其余过恶尚多,不能悉数。"

【译文通解】

"其他还有许多的过失,说也说不完呢!"

【经典心裁】

想想自己一身的过失毛病,确实是太多了,好像数也数不尽。他为人真正诚实，这叫"忏悔"，发露忏悔。自己身心的毛病都能够对人说出来，坦诚地说出来，毫无隐瞒。佛门讲"忏除业障"，这样才能够真正把自己的业障除掉。能够发现自己的种种弊病，这叫"开悟"。觉悟之后能够把这些毛病改正过来，这叫"修行"。一般人修行，修什么行？自己有什么毛病都不知道，从哪里修起呢？"修"是修正，"行"是错误的行为；把错误的思想、行为改过来，这叫"修行"。所以修正行为第一要紧的，就是要知道自己的错误行为，才能改过自新。了凡先生很了不起，云谷禅师一追问，他认真地反省，就把自己心行的毛病一桩一桩地找出来，这是后来他能够改造命运的根本原因。

他凭什么能改造命运呢？我们为什么不能改造？我们对于自己的毛病一无所知，从哪里改起？人家一反省，毛病就明明白白地摆在面前，然后再一桩一桩地把它改掉。所以内里求德行，外面求富贵、求儿女，样样都得到了。他不是从外面求的，我们看他并没有在送子观音前面烧香跪拜，求菩萨送一个儿子。他求功名、富贵也不是在佛菩萨面前去祷告求的。现在人拜神求神都是错了！哪里能求得到？寺庙香火鼎盛，一天到晚不知道有多少人去求富贵、求男女，而得来的全是命里有的，不求也会得来。还以为是神赐给他的，神对他特别有恩惠，实在是冤枉！所以学佛的人一定要明理，如理如法地去求，就是云谷禅师所讲的"内外双得"，没有得不到的。

【原典精读】

云谷曰："岂惟科第哉？世间享千金之产者，定是千金人物；享百金之产者，定是百金人物；应饿死者，定是饿死人物！天不过因材而笃，几曾加纤毫意思。即如生子，有百世之德者，定有百世子孙保之；有十世之德者，定有十世子孙保之；有三世二世之德者，定有三世二世子孙保之。其斩焉无后者，德至薄也。"

【译文通解】

云谷禅师说："岂止是功名不应该得到，恐怕不应该得的事情，还多着哩！当知有福没福，都是由心造的。有智慧的人，晓得这都是自作自受；糊涂的人，就都推到命运头上去了。譬如这个世上能够拥有千金产业的，一定是享有千金福报的人；能够拥有百金产业的，一定是享有百金福报的人；应该饿死的，一定是应该受饿死报应的人。比如说善人积德，上天就加多他应受的福；恶人造孽，上天就加多他应得的祸。上天不过在他本来的质地上加重一些罢了，并没有一丝一毫别的意思。就像生儿子，也是看下的种怎样，种下得厚，结的果也厚；种下得薄，结的果也薄。譬如一个人，积了百代的功德，就一定有百代的子孙，来保住他的福。积了十代的功德，就一定有十代的子孙，来保住他的福。积了三代或者两代的功德，就一定有三代或者两代的子孙，来保住他的福。至于那些只享了一代的福，到了下一代，就绝后的人，那是他功德极薄的缘故，而恐怕他的罪孽，还积得不少哩！"

【经典心裁】

云谷大师这些开导非常重要，绝对不能看作是迷信。如果看作迷信，实在讲不是云谷迷信，是我们自己迷信。自己迷了，不相信别人之言，不相信事实的真相，是自己迷惑颠倒。前面云谷禅师教袁了凡真实地反省检讨，了凡才真正知道自己的过失很多。"知过能改，善莫大焉"，世间最大的善行就是改过。

我们在《无量寿经》里也读到，佛告诉我们，纵使供养无量无边的圣人——这是大善，还不如自己回头来认真修行。认真修行就是改过自新，我们古圣先贤所讲的，改过是大善，中外的圣人都有共同的见解。

云谷在此就讲到"岂惟科第哉"，岂止是功名？求取功名是要靠积德，是要靠过去生中的修积，才能够得到科第。"世间享千金之产者"，这是讲富贵。家财万贯，一定是富贵之人，他才能够享受富贵。富贵不是随便可以得来的，佛门里说，这一生中得大富是因前生财布施修得多。我们这一生贫困是因前生没有大修财布施的果报。财富能不能勉强得到呢？不可能是得不到的。如果勉强去求，灾祸跟着就来了。"祸福无门，唯人自召"。我们看中国古人造字，学问都很大，"祸"跟

"福"两个字很像，就差那么一点点，真是失之毫厘，差之千里。这些都是教我们先知道因果，然后我们求功名、求富贵，才能够如理如法，没有一样求不到的。

"千金"是说大富，"百金"是讲中富，必定他们前世都种了善因，所以是大富之人，或是中富之人。"应该饿死的人"，是他前世作恶多端，不修布施，贪妒吝啬所致。世间有没有这样的人？有。我们也曾见过一毛不拔，一点好事都不愿意做的人。他劝人布施，自己却不肯布施。这样的人，我们知道，来生必得贫穷的果报。因缘果报是自作自受，绝没有个主宰在支配。如果说有个主宰在支配，这是错误的看法。

"天不过因材而笃"，世间人常以为一切皆是天意安排，其实不然，里面真正的原因是自己的造作，绝对不是天意，天没有意思。只有大圣大贤有真实的智慧，能把这些事相和事实真理看得清清楚楚、明明白白。这一段是讲富贵贫穷都有定命，下面是讲儿女也有定命，这是世间人的两桩本事。

"即如生子，有百世之德者，定有百世子孙保之。"中国的大德——印光大师常称叹的有两个人。第一是孔老夫子,所修的是"百世之德"。孔夫子所念都是利益国家、利益百姓,没有一丝一毫为自己着想。他一生从事教学,把自己的理想抱负传给学生,是中国历史上最伟大的教育家。孔子的子孙一直到今天,已经 70 多代了。孔德成先生在全世界还受到大众的尊敬。不但是中国人,甚至外国人——像美国人,一听到他是孔老夫子的后代,特别加以礼敬,特别招待他。种善因得善果,于此显见。

"有十世之德者,定有十世子孙保之。""十世之德",在中国历史上,帝王将相建立一个政权能够传十几代,像清朝传了 10 代——从顺治到宣统。如果祖先不积德,那是不可能的!今天的人不相信这些事情,认为是自己有能力、有权谋、有智慧,这些想法都错误了。祖宗积德,及本身宿世的德行,感应道交,有同样德行的人到了一家,才能够保得住。

小而言之,我们家庭的事业能够传多少代?我们举个例子,像台湾同仁堂。同仁堂原来是在北京,也是祖先积德,这个堂号做了100多年——百年老店,他传了多少代!老祖宗存心仁慈,开药店是以救人为目的,利润不在乎,只要生活能够维持,店面能够维持下去就可以。不是以赚钱为目的,不是以个人享受为目的,是以利益社会,帮助苦难的众生为目的。他存这个心,所以他能够维系100多年。如果子子孙孙不变祖先的宗旨,他的公司行号必然能够不断地延续下去。不像现在许多人开公司,开不到两三年就倒闭了,这就是德薄。

"有三世二世之德者",能够传三世、二世,也"定有三世二世子孙保之。""其斩焉无后者,德至薄也。"我们中国俗话常说:"不孝有三,无后为大。"这是德很薄,以至于他不能传下去了。过去社会对这些事很重视,现在观念完全改变了,甚至于有许多年轻的夫妇,他们不要儿女,嫌儿女麻烦。现在社会的结构跟从前不一样了,现在有社会福利。美国或加拿大,谁养老?国家养老,不需要靠儿女养老,所以他可以不要小孩。65岁退休了,国家有养老金,按月送来,这是现代的社会福利制度比从前好,从前老人唯有儿女来抚养,现在的社会逐渐趋向于由国家、由政府来照顾。但是因果的原则是不会变更的。

养儿防老这是世俗的观点。年轻人发心出家，父母亲友总是想尽办法来阻挡，原因在于他不晓得，还守着旧观念——无后为大。佛法是看三世——过去、现在、未来，他看到整个宇宙，实在是认清宇宙本来面目。我们世俗人看的只是宇宙中的一部分，看不到全体，而且只看到很小的一部分。在十法界里只看到人法界；人法界里面只看到现前，看不到过去、未来，所以眼光没有佛菩萨那样透彻。家里面如果有人出家，那真正是第一大喜事、第一殊胜之事。

可是出家一定要认真修行，出家修行要是没有结果，于家庭没有损害，于自身必定堕落。佛家常说，"施主一粒米，大如须弥山；今生不了道，披毛戴角还"，这是很严重的问题。了道的确很不容易，你修行要有一定的成就，决定要证果，至少也要决定往生净土，超出三界。譬如小乘一定要证得须陀洹果以上，虽没有出三界也不要紧。为什么？证得"位不退"，就算是圣人了。以后天上、人间七次往来，决定证阿罗汉果，时间虽然长，不堕三恶道，算是有成就了。

以这个标准来看，在大乘佛法里面最低限度，也要把见思烦恼断一部分——也就是八十八品见惑断掉，才算是成就。八十八品见惑没有断掉，这一生就没有成就，这是我们必须要认清楚的。八十八品见惑断掉，在大乘圆教里是初信位，小乘是初果位，不达到这个标准不算成就，还是要六道轮回。六道轮回就要还债，十方的供养你必须要一一偿还。人家不是白白地供养你，一定要偿还。如果证得小乘初果、圆教初信位，供养的人都有福了，也不要还债，他的确种在福田上了。依此标准来看，我们这一代的出家人做不到，谁有能力可以得到？

做不到还有一个方法——求生净土。求生净土，一定要能往生，若不能往生还是不行。实在讲求生净土，比断八十八品见惑容易得多了。生西方净土，八十八品见惑一品不断都没有关系，所谓带业往生。只要具有真正的信心、真实的愿行，老实念佛，没有一个不成就的。这在我们的《无量寿经》、《弥陀经》上看得清清楚楚的。所以发心出家,一定要成就的。

【原典精读】

"汝今既知非,将向来不发科第,及不生子相,尽情改刷。"

【译文通解】

"你既然知道自己的短处,那就应该把你一向不能得到功名,和没有儿子的种种福薄之相,尽心尽力改得干干净净。"

【经典心裁】

这是云谷禅师教给了凡先生改造命运的方法,对着袁了凡的习气毛病来下药——应病与药。他已经知道自己的毛病习气,所以教他要"尽情改刷","改"是改过,"刷"是刷洗,"尽情改刷"是真正的修行,并不是天天念经、拜佛、念咒这些形式上的功夫——修行一辈子还要搞六道三途,都叫形式。形式的目的无非是提醒自己,是表演给别人看的,引发别人觉悟,真正目的在此也。个人修行不重形式,重在发现自己的毛病,这个叫"开悟";把自己的毛病改正过来,就叫修行的"功夫"。所以最要紧的是,自己能心平气和来反省检点,把自己的毛病习气找出来。"寻出"就是寻找,找出自己的病痛,找出自己过失到底在哪里,这样"便有下手处",你才知道如何去修正,怎样去改过。"用全神全力反转来","神"是精神——用全副的精神、全副的力量,"反转来",把它转过来。下面举出几个例子教我们。

"悭贪者转之以施舍",譬如"悭贪","悭"是悭吝;我们有的不肯施舍给别人,有的希望贪得。如果我们有这个毛病,"转之以施舍",用布施的方法把它改正过来。我有的别人没有,人家向我要,我很慷慨、很大方,能送给别人。或者我看到别人有急需,他还没有向我要,我就主动地布施给他,这是修福。

"布施"有财布施、法布施、无畏布施这三大类。法布施是我们以智慧、技术去帮助别人,或者是教导别人。别人不会的我们会,我们要热心地去教他,使他也有这种能力,或启发他的智慧,这叫法布施。无畏布施是帮助别人身心安稳。他心有不安、有恐惧,我们帮助他,使他身心安稳,这叫无畏布施。譬如有人害怕走夜路、怕鬼,我们有时间就送他回家,跟他做伴,他就不怕了,这属无畏布施。

又如现在年轻的学生,都要去服兵役,服兵役也是无畏布施。为什么呢?军人保护这个地区国家百姓的安全,使之不受外面敌人的干扰侵害,这自然是属于无畏布施,所以三类布施的范围非常广泛。佛告诉我们财布施得财富,法布施得聪明智慧,无畏布施得健康长寿。

台湾放生的风气很盛,放生也是属于无畏布施,但是现在放生有很多流弊。因为大家拼命去放生,有些商人拼命去捕捉鸟兽(你不放生他就不去捕捉了);这样的心态、行为就不是无畏布施,而是戕害众生,好心也变成了造恶业。放生应该是我们去买菜时看到很多活泼的动物,推想它一定可以活得下去的,就买来放生,这是慈悲救苦。我们还听说有很多鸟兽公司,卖的都是自己饲养的动物,绝对没有野地谋生的能力,一旦被放生到野外，绝对是死路一条，这些我们都要知道。所以说在菜市场偶尔发现肯定能活下去的动物，才可买去放生。放生的仪式，给它念阿弥陀佛，念三皈依就很好了。

"愤激者转之以和平"，这是讲性情。容易发脾气，容易急躁，这是大毛病。了凡患了这毛病，云谷禅师在此地劝他"转之以和平"；和气心平，心地平静，你的态度自然就温和了。这在德行上也是一个重要的项目，无论是佛家、儒家都讲求。孔夫子的学生赞叹孔子的德行有五种——"温、良、恭、俭、让"。第一就是温和，这是学生们对老师的评语——温是温和；良是善良；恭是恭敬，无论对人对事他都谨慎恭敬；俭就是节俭、不奢侈，生活很朴实；让就是礼让，孔夫子事事都让别人，绝不会与人相争。这是夫子之美德，是做人的典范。

"虚夸者转之以切实"，这就是喜好夸大的毛病，为人不实在。如果知道这些事实，别人对我们说的话自然要打折扣，因为不诚实，我们就难以取信于人，所以绝对不能够浮夸，一定要诚实。

"浮嚣者转之以沉定"，"浮嚣"就是我们常讲的心浮气躁；心浮就要以"沉定"来对治；要沉着，心要清净，要能定得下来。

"骄慢者转之以谦恭"，世出世间实在没有一样值得骄傲，有什么值得骄傲的？事情做好了，是本分的，是应该的；做不好要处分。诸佛菩萨一切恭敬，孔孟亦无不敬。我们比起佛菩萨相差太远了！所以对人一定要谦恭有礼，要谦虚，要恭敬，兼与敬都是陞德。

"惰逸者转之以勤奋"，世出世间法如有懈怠懒散的毛病，一定不会有成就的。所以一定要精进，要努力，要把精神提起来。释迦牟尼佛在世时，阿那律陀懒散的毛病就很严重，被佛呵斥一顿之后，他真的振奋起来，七天七夜不眠不休，结果把眼睛搞坏了。佛很慈悲地教他修"乐见照明金刚三昧"，以后他得了"半头天眼"，不用肉眼比别人看得还清楚，他能看到三千大世界。所以人一定要发愤，要振奋起来。懒惰，做一切事情都不能成就；不但是佛法不能成就，世间法也不能成就，一事无成。古今中外，世出世间哪一个有成就的人是懒惰的人，是散漫的人？没有！

"残忍者转之以仁慈,怯退者转之以勇进"。"怯退"是退步、退转。这也是大病,必须要勇猛精进。

这些毛病都是了凡先生自己叙述出来的。前面说过,各人有各人的病痛,如果我们也像他这样改进,自己的病痛要想一想,用方法来对治。下文是云谷禅师教他修持的几个重要纲领。

【原典精读】

"务要积德,务要包荒,务要和爱,务要惜精神。"

【译文通解】

"一定要积德,一定要对人和气慈悲,一定要替人包含一切,而且要爱惜自己的精神。"

【经典心裁】

"务"是务必,一定要"积德",断恶修善。"积德",世出世间法都以这个为基础。前面讲的"享千金之实"、"有百世之德",如果不是认真断恶修善积德，怎么能做得到？孔子受一国人尊敬，释迦牟尼佛受全世界人尊敬；一个是积世间的大德，一个是积世出世间的大德。

"务要包荒"，是讲心量要拓开，要能够包容。不能包容，我们自己的烦恼就多，对于佛法的修学造成了障碍。我们是修"觉、正、净"，如果心不得清净就不会觉悟，我们的见解也就会有偏差。正知正见、大觉大悟，一定是以清净心为基础。所以要能包容，世出世间一切法不必认真计较。《金刚经》上说得好："一切有为法，如梦幻泡影。"一切法不是真实的。就是世间一切境界，古人也说是："过眼云烟。"这种看法跟《金刚经》非常接近。有什么值得计较的？何必把它放在心上，妨碍了自己的清净心。

"务要和爱"，这是了凡最大的弊病。一定要和气，一定要能够博爱，就是佛法讲的慈悲。佛讲的慈悲是平等的，所以叫"大慈大悲"。儒家讲仁爱，仁爱跟佛法的大慈大悲确实相当接近。孔老夫子说："仁者无敌。""敌"就是敌对。这世间还有跟我对立的，那就不是仁爱了，仁爱是没有敌对的；没有敌对就是佛法里面讲的大慈大悲。虽然儒家讲的话不一样，其实里面的内容是相同的，这是我们要学习的，真正有利于自己的。

净宗讲"一心不乱"，有了对立，一心绝得不到。有对立是二心，就是有对峙。六祖大师讲"本来无一物"，有一物存在就不是真心，所用的还是妄心。心里果然清净，绝对没有相对的。没有对立的，真心才能显露，清净心才能现前，净宗所讲的一心不乱，我们才能获得。

不要说真正的一心不乱，就是相似的一心不乱——功夫成片，也是从这里下手的。念佛的人念了多少年，功夫成片没有得到，就要找出毛病在哪里？将病根找出来了，然后再把病根消除，障碍就没有了，功夫就可以成片了，功夫成片就决定往生。功夫到何种程度自己晓得，清清楚楚、明明白白，不必问别人。功夫成片，是凡圣同居土，事一心不乱是生方便有余土，理一心不乱是生实报庄严土。品位与功夫正好成正比。

功夫成片里面也有高下不等，所以有九品。上三品的都能自在往生，中三品的都能预知时至。上三品的自在往生，就是想什么时候往生，就什么时候往生；暂时不想走，也可以随意多住几年，一切皆能随心所欲，确实能做得到。一心不乱功夫更高了，因为事一心、理一心都不是我们凡夫一生中能达到的，但是功夫成片则人人可以做到。所以要想这一生自在往生，想什么时候去就什么时候去，我们一般凡夫也可以做得到。这就是凡圣同居土里的上三品往生，是功夫成片带业往生的。

"务要惜精神"，要爱惜精神。因为了凡喜欢彻夜长坐，不知道保养身体，所以精神很差，因而对于身体精神的保养要重视。上面大师所讲的都是针对了凡的开示。

【原典精读】

"从前种种，譬如昨日死；从后种种，譬如今日生；此义理再生之身也。"

【译文通解】

"从前的一切一切，譬如昨日，已经死了；以后的一切一切，譬如今日，刚刚出生；能够做到这样,就是你重新再生了一个义理道德的生命了。"

【经典心裁】

过去的事情已经过去了,不要后悔,不要再去想它,要紧的是改正现在的,修正未来的。所以,"疑"跟"悔"都是烦恼,在《百法》里是隶属于 26 个烦恼的心所。佛不叫我们常常去想过去。尤注说:"此至人造命诀也。""至人"是一个有高度智慧的人,真正觉悟的人。改造命运的秘诀,就是这一段的开示,其精要就是从"务要积德"到"义理再生之身"六句,确是改造命运的秘诀。

尤居士此节小注说得好:"改造命运第一步功夫,便是痛改前非。——积习悉皆扫除,——病根悉皆拔去,时时处处常自警觉,严自克治。保善天真,如保赤子。改造命运全权在己,不属造化,即上文所谓极善之人,数固拘他不定是也。"

"积习"就是习气,如前面所讲的坏习惯,要"悉皆扫除"。

"——病根悉皆拔去,时时处处常自警觉,严自克治",对待自己要严格,不要常常原谅自己;常常原谅自己,前途就有限了。律己要严,对人要宽;对人要宽厚,对自己要严厉。要克服自己的毛病,对治自己的习气。

"保善天真","保"是保护,"善"是纯善。什么叫"天真"?心里面一念不生就是天真。天天在打妄想,天真就失掉了。天真就是真心,真心就是清净心。

"如保赤子",好像慈母照顾婴儿一样,要全心全力、全副精神去照顾起心动念。"改造命运全权在己,不属造化",改造命运之事完全在我自己,与诸佛菩萨与天地鬼神毫不相干。所以真正把这本小册子明了了,从今以后你也不要再去看相、算命、看风水,这些都用不着了。仔细反省一下自己的命运就知道了,怎样去改造,也晓得了,不会再受别人的欺骗了。

"即上文所谓极善之人,数固拘他不定是也。"前面云谷禅师说,什么样的人叫"极善之人"?我们净宗讲极乐世界"诸上善人",这个"上善之人"就是"极善之人"。哪一类的人是"上善之人"呢？能够改过的人就是"上善之人"。西方极乐世界的人天天都反省、改过，一直到没有过可改了，那是成功。

等觉菩萨还有过失，什么过失？一品生相无明没断，就是他的毛病，就是他的过失，他还要改过自新。由此可知，等觉菩萨还要改过，何况我们！我们看到这里应该觉悟了，修行修什么？就是改过。从现在起发心改过，一直到等觉菩萨还是改过，过失都没有了，就成佛了。有过失就不能成佛，所以菩萨叫"觉有情"，菩萨是有情众生，不过他觉悟。觉悟，就是知过能改。我们凡夫有情不觉，不觉就是不知过、不悔改，认为自己样样都是对的。想想自己有没有毛病？想了半天，一个毛病都没有。所以常说凡夫没有毛病，菩萨毛病很多。菩萨常常检点，知道自己毛病很多，不断在改，三大阿僧祇劫都还没改完。你想想看，这毛病有多少？凡夫居然没毛病，这怎么得了：这就是什么叫作"觉"，什么叫作"不觉"。知道自己一身毛病的人这是觉悟的人，就是我们佛家讲的菩萨；不知道自己毛病的人就是佛家讲的凡夫。这很好懂，菩萨不是神，菩萨是一个知道自己毛病的人、常常改过自新的人。

如果我们能更进一步，不但改过自新，又能发阿弥陀佛之愿，即是改造命运最殊胜的方法。我们天天念《无量寿经》，把《无量寿经》念得很熟，但这只是初步功夫。第二步功夫就是拿《无量寿经》当作一面镜子，每念一遍就是照一次，照一次就是对照一下，去寻找自己的毛病。我们照镜子晓得哪个地方脏了，赶快把它洗净，洗净就是修正。心里面肮脏不能觉悟，要读经，经典是一面镜子，拿这个镜子照一照，知道我们心里哪些地方有毛病，赶紧把它改过来。所以第一步是念熟，第二步是依教奉行，就是依照《无量寿经》来修行。

修行第一要"发愿"。阿弥陀佛四十八愿，仔细想我们有没有？我们要把四十八愿变成自己的愿心，让咱们跟阿弥陀佛是同心同愿，真正的同志。同愿、同志就是一个人，换句话说，你也变成了阿弥陀佛的化身。所以阿弥陀佛是榜样，我们要照这个样子来塑造自己，把自己改变成跟阿弥陀佛一模一样——心一样、愿一样。你想想，这样你怎么不能往生?绝对往生!心愿相同了,然后言阿弥陀佛之言,言语相同了,平常处事、待人、接物,念念不忘阿弥陀佛,念念不忘劝人念阿弥陀佛,这就是言阿弥陀佛之言,行阿弥陀佛之行。

我们的身、语、意三业都像阿弥陀佛,就是阿弥陀佛的化身,就是阿弥陀佛乘愿再来。这比"义理再生之身"高明得多,这是即身成佛,成了阿弥陀佛了,把我们凡夫身摇身一变,成了阿弥陀佛再来。本来我们是业报身来投胎的,现在一变,变成了阿弥陀佛乘愿再来,这是改造命运最殊胜、最上乘的方法。

【原典精读】

"夫血肉之身,尚然有数,义理之身,岂不能格天!"

【译文通解】

"我们这个血肉之躯,尚且还有一定的数;而义理的、道德的生命,哪有不能感动上天的道理?"

【经典心裁】

其实这里面的重点是讲妄念——妄想执着。身与数实在讲不相干,真正有关系的是心。身是受心的影响,主要的是心地。凡夫的心地,总而言之是自私自利。这是凡夫心,一定堕在数里。如果拿佛法来讲,若用意识心,亦绝对堕落在数里,也就是用八识,八识是有为法。佛菩萨为什么能超越?因为他转八识成四智,他不用八识,所以不落在数里面。

"义理之身",自己觉悟之后,用的是觉心。前面"血肉之身"用的是迷情,如果用的是觉智,"岂不能格天"!

尤注说:"精诚所至,金石为裂,此至诚所以格天也。"这有一个典故。汉朝名将李广,有一次行军时,路边草很深,草里面有一块大石头,他看错了,以为是一只老虎。他拔弓箭射它,用的力很猛,箭射去插得很深。可下马一看是一块石头,自己也很惊讶!想:"我的力量有这么大,箭能插得这么深!"但再射一次就射不进去了;这才知道是

"精诚所至"。正像罗什大师7岁时举大铁钵一样，没有心、没有念头时把它举起来了。再一想："我人这么小怎么能举得动？"再举就举不动了。李广把石头当成一只老虎，不知道它是石头，知道以后箭再也射不进去了。这是比喻一个人以真诚之心，真诚没有妄念，所以金石为开。

由这两则小故事也能证实《华严经》讲的"事事无碍"。事事无碍的心清净到相当程度，才没有妨碍；如果心不清净，事事都有障碍，所以触事成障。心地清净就没有障碍了。

"至诚所以格天"，"格"当作感格、感应讲。儒家讲的格物，"格"是格斗，"物"是物欲。我们要舍弃欲望，不会被欲望所转，这叫"格物"。"天"就是数，就是定数，此处讲"格天"，也就是我们讲的命运以至诚感格而改变了命运，转移了命运。至诚就是真心，至诚心就是《观无量寿经》讲的菩提心——至诚心、深心、发愿回向心。

【原典精读】

《太甲》曰："天作孽，犹可违；自作孽，不可活。"

【译文通解】

《尚书·太甲篇》上面说道:"上天降给你的灾害,或者可以避开;而自己若是做了孽,就要受到报应,不能愉快心安地活在世上了。"

【经典心裁】

"太甲"是商朝时候的皇帝,在早年也是胡作妄为,以后得大贤伊尹的教导,他改过自新。这几句话是他改过自新之后,对于伊尹感谢的话。

"天作孽,犹可违",天命所做的不善是可以改变的,我们修善积德就可以改变。"天"就是指天命,天命也就是"数",我们一般讲的命运——是可以改造的。

"自作孽,不可活","自作孽"是这一生自己造作的不善。"天作孽"是宿世的,过去生中所造的恶业。这一世所得的不善果报可以改,这就是宿命可以改;现在造的罪业,那就没办法了。现在继续再造,你不会改过。过去有恶因,现在再加恶缘，必定结恶果；过去有恶因，现在断恶缘，虽有恶因不结恶果，这是一定的道理。改造命运的原理就在"缘"上——"因缘果报"，"因"是过去生中所造的，没有法子改变，能改变的在"缘"。譬如说我们种瓜种豆，瓜与豆的种子是因，不能把瓜子变成豆，也不能把豆子变瓜，因是定数。我们今天想要瓜，还是想要豆，就在缘上加以决定。我们想要豆，把豆的种子种下去，瓜的种子收藏起来，它就不会结瓜。结果需要缘，缘有土壤、肥料、阳光、空气、水分，等等，这些缘都具足，它一定会长得很好。若不想要它结果，虽然有因，只要把缘断了，譬如瓜子放在茶杯里，放100年也不会长成瓜。为什么？它没有缘。

所以过去虽然造作恶因，这一生中不造恶业，断恶修善，恶的缘就没有了。过去生中总有善因，一个人哪有一生作恶没有做善的？找不到！一生都行善，没有一点恶，这种人也找不到。所以生生世世我们所造的业都是善恶混杂，恶多少是有的，或者是恶做得多，善做得少。恶做得多不要怕，只要今生不再作恶，恶缘断了，虽然是少善，少善也会开花结果,所以一定要断恶修善。

"自作孽"就是现在还继续不断去造恶业,恶的果报一定眼前,所以"自作孽,不可活"。"天作孽"是过去生人所做的,这是我们可以改造的;眼前再要不断地造作恶业,那就没法子改造了。

【原典精读】

诗云:"永言配命,自求多福。"

【译文通解】

《诗经》上也讲:"人应该时常想到自己的所作所为,合不合天道。很多福报,不用求,自然就会有了。因此,求祸求福,全在自己。"

【经典心裁】

"诗"是《诗经》,"五经"与"十三经"里都有《诗经》。《诗经》里面有句话说:"永言配命,自求多福。""永"是永恒的意思;"配命"就是"上合天心"。这两句话就是佛家早晚课诵真正的目的。早课是提醒自己,晚课是反省、检点自己，这样早晚课做得就有意义了。在佛陀的时代，早晚课的内容就是三皈依。早晚课所念的词句是出自《华严经·净行品》——"自皈依佛，当愿众生，体解大道，发无上心。"早晚都一样。现在我们所见的课诵本是古德所编的，内容适合于当时在一起共修的大众，这对于我们自己修学恰不恰当？不恰当就要修正。根据什么修正？针对我们的毛病来修正，则课诵对于我们才有大利益。拜忏也是如此。如果天天拜忏，心还是不清净，业障不但不能消除，还在增长。就跟生病吃药一样，如果这些药用下去之后没有收到效果，生病的人就得赶紧换个医生，另外换处方才好。诵经、拜忏是治我们的心病，治我们的烦恼，若没有效，就要想方法对治。所以夏莲居士所编的《宝王三昧忏》，比起其他忏本更契合于现在众生的一般毛病，诸位仔细看看就晓得，里面许多文句讲的是我们现前的病痛。因此早晚课诵要根据自己的病痛来选定。

早晚课诵都念《无量寿经》，就是修定。如果没有这么长的时间来做课诵，可以在早晨念第六章——四十八愿；晚课念三十二至三十七章，这六章都是讲因果报应，希望自己能改过自新。早课提醒，晚课反省，这才是"永言配命，自求多福"。

此地听讲的"天心"就是自性，所以"天"不是指天地、天神，就是自己的真如本性。与自性相应，与真心相应，这是第一善。也就是《无量寿经》中讲的8个自然，都是这个意思。

【原典精读】

"孔先生算汝不登科第，不生子者，此天作之孽，犹可得而违。"

【译文通解】

"孔先生算你，不得功名，命中无子，虽然说是上天注定，但是还是可以改变的。孔先生给你算命，你命里没有登科的福报、没有儿子。这是你过去生中所造的业，所积的恶业，前世所修的不善，但是可以改造。就是命运是有，但不是定命，不是一成不变的；以前是常数，现在再造的是变数。"

【原典精读】

"汝今扩充德性，力行善事，多积阴德。"

【译文通解】

你只要将本来就有的道德天性，扩充起来，尽量多做一些善事，多积一些阴德。

【经典心裁】

云谷禅师非常具体地指出来，如何改造自己的命运。改造命运一定要晓得从心地上改——"扩充德性"就从这里改。由此可知，从外面改、外面求，则是云谷讲的"内外双失"。现在有人改风水，改个门，改个窗，改个位置，莫不是内外两失。表面上好像是有得，其实还是命里有的，依然还是个常数，不是变数。

要知道从心里面改，从观念上去改，就是断恶修善。"多积阴德"，"阴德"是自己多做好事，不需让人知道，这叫阴德。做了一点好事，就到处宣扬，受人赞叹，果报就报掉了；一面做一面就报掉了,德积不住。做好事没有人知道,很好;做了好事还有人骂你更好——骂你是给你消业。罪业恶报都消掉了,好的、善的都藏在那里没动,善是愈积愈多,恶是愈消愈少。今天做好事遭人家毁谤而不甘心,做了好事为什么还遭恶报?其实那才是善报。做了好事人家马上表扬,什么好人好事……眼前都报掉了。所以善一定要累积,就是藏起来不让人知道,这才是真正的好事。

【原典精读】

"此自己所作之福也,安得而不受享乎?"

【译文通解】

"这是你自己所造的福,别人要抢也抢不去,哪有可能享受不到呢?"

【经典心裁】

你自己这一生所造的善业,当然你自己享受。佛经里讲"因果通三世",我们这一生的果报,是前生修的;这一生修的,来世得果报。如果你修得很积极，修得太多了，等不到来世，眼前就报了，是这么个道理。了凡先生后半生的命运全部改变了，就是这个道理。他积的善太多了，不等到来世，现在就得果报。

【原典精读】

"易为君子谋，趋吉避凶；若言天命有常，吉何可趋，凶何可避？"

【译文通解】

"《易经》上也有为一些宅心仁厚、有道德的人打算，要往吉祥的那一方去，要避开凶险的人、凶险的事、凶险的地方。如果说命运是一定不能改变的，那么吉祥又何处可以趋，凶险又哪里可以避免呢？"

【经典心裁】

"易"是《易经》，《易经》可以说是中国古代最早的一部哲学书，里面有甚深的哲理，教人成贤成圣，而且着重在数学的探讨上。内容有六十四卦，每一卦有六爻，共有三百八十四爻。从这里面去推衍阴阳刚柔的变化，能够知道过去未来的一切事相。小到个人，大至国家、世界的变化，都可以从这里面推衍出来。这是自然的因果律，也就是它所能推算得出来的。但是云谷禅师的超越数，它就没有办法推断。所以它能推断的是常数，没有办法推断变数，其目的是教人"趋吉避凶"。常数是定数，《易经》知道有变数。但是人的心境，一念善就是加，一念恶就是减，天天都有加减乘除。如果加减乘除的幅度不大，于常数没有太大的变化，那么命运就会被人算得很准。了凡先生被孔先生算定之后，他20年不增也不减，完全相符，一点也不错的。凡夫一般总是有变化的——一念善，一念恶……不像了凡先生不想做善事，也不作恶事，始终保持一个常数，所以他的命运还是相当准确的，如果变化大就超越了。因为超越常数，所以"吉可以趋"，"凶可以避免"，就是自己可以争取的意思。

尤注说："因为诸行无常，所以一切得失苦乐境界，都觉得非常活变，可以随着各人行为，把他加减乘除去来。""行"是思想、见解、行为,这不是一个常数,所以一切得失苦乐境界都觉得非常活变,可以随着各人行为,把它加减乘除去来。常数是因,变数是缘,改造命运的关键在"缘"上。佛法对缘非常重视,所以讲"天地万物,因缘所生"。因缘所生着重在缘——缘生法。因为缘是变数了,因是常数,掌握这个变数,自己就可以改造命运了。自己就可以循着自己的理想、自己的愿望,得到殊胜圆满的结果。佛在经上也给我们说"无常、无我、涅槃",懂得这个原理,人可以成圣、成贤,可以成阿罗汉、成菩萨、成佛,都是基于这个原理来说的。

【原典精读】

"开章第一义,便说积善之家,必有余庆。汝信得及否"

【译文通解】

"《易经》开头第一章就说:经常行善的家庭,必定会有多余的福报,传给子孙;这个道理,你真的能够相信吗？"

【经典心裁】

由此可知，《易经》了解世间宇宙人生的常数，但是它也知道这里面有变数。掌握了变数，小则可以改造自己的命运，大则可以代世界国家谋求永久的安定和平。这一部书真正是了不起，很可惜现在几乎变成了看相算命的书，实在太可惜了！正如同梅光羲居士在《无量寿经》序文中说："《弥陀经》本来是帮助我们了生死、出三界、成佛作祖的一部书，现在变成为人送终的经卷，这实在是太冤枉了！"《弥陀经》沦落到这种地步，就像《易经》沦落到看相、算命、看风水一样，太可惜了！《易经》确实是指导人生幸福、世界安定和平的一部哲理书。《易经》教导我们改造命运，就是"积善"。积善当然先要改过，改过而后积善，这样的人家"必有余庆"。云谷禅师问了凡："你能不能相信？"

【原典精读】

余信其言。

【译文通解】

我相信云谷禅师的话。

【经典心裁】

袁了凡之所以能改造命运,关键所在,就是闻到善言他能够深信,这就是大善根、大福德,他遇到云谷这是因缘。佛经上讲的"善根、福德、因缘",这三个条件具足,他的命运怎么会不转?绝对能转过来的。

尤注说:"闻善言而生疑谤者,是为罪恶之相,故曰疑为罪根。""善言"是圣教,世出世间圣人的教诲,后人称之为经典。经典所说就是真理,永远不变,超越时间,超越空间。超越时间就是几千年前所说的道理,几千年之后还是这个道理,永远不变的;在中国是这个道理,拿到外国去还是这个道理,这是超空间。超时间、超空间,这才称之为经典。

所以听到这些话,知道这些世出世间的圣人,他们的著作教训绝对不是经验累积的。经验累积有时候还有差误,还有不适时宜。佛经是从真如本性流露出来的真言,不是经验的累积;历史教训是经验的累积,经典著作是真性的流露,所以超越时空,是绝对的真理。你能相信,绝对得利益、得好处;不相信,这种殊胜的功德利益,是你当面错过。所以佛法讲"疑是罪根",是根本烦恼。根本烦恼有6个——贪、嗔、痴、慢、疑、恶见,"恶见"是错误的见解。尤注说:"闻善言而起敬信者,是为福德之相,故曰信为福母。""母"是比喻能生的意思,世出世间的福德都是从"信善言"而生的。你能深信圣言,你能相信圣教,无量无边的福德是从这里生出来的。了凡先生很难得,听到云谷的开导他就深信。

【原典精读】

拜而受教。因将往日之罪,佛前尽情发露,为疏一通。先求登科,誓行善事三千条,以报天地祖宗之德。

【译文通解】

我向他拜谢,接受他的指教。同时把从前所做的错事，所犯的罪恶，不论大小轻重，到佛前去，全部说出来。并且做了一篇文字，先祈求能得到功名，还发誓要做3000件的善事，来报答天地祖先生我的大恩大德。

【经典心裁】

"拜而受教"，在此处我们见到了凡尊师重道的真诚表态，并不是随便说："我相信，我一定照做。"然后过了两天都忘掉了，他是认真地去做。下面是了凡先生自己的叙述，从此把从前种种的习气、种种的毛病在佛前尽情发露，丝毫不隐瞒。而且"为疏一通"，"疏"就是疏文。述说自己种种过失的情形，向佛菩萨陈白，这是表示自己真心忏悔，求佛菩萨为作证明。《宝王三昧忏》里有不少文字，跟了凡先生的疏文相同。

尤注说："朱子家训有云，恶恐人知便是大恶。"自己的缺点，自己的毛病不要怕人知道。真正聪明智慧的人，自己的弊病越多人知道越好；人家批评一句，人家责骂一句，业障就消了。如果把自己的毛病隐藏起来，不让人家知道，恶就越积越大，后来的果报不堪设想！所以有过失不要隐藏，别人说出来，自己要感谢。纵然没有过失，人家冤枉了我们也好；冤枉我们也是替我们消业，不必去辩白、辩护。常常为自己辩护，自己真的有毛病人家就不说了，那个恶就大了。唐太宗之所以能成为历史上贤明的帝王，就是他不护短。任何人可以当他面说他的过失，他以帝王之尊却不责备人。为什么？他要知过改过。

了凡先生发愿"先求登科"，这"科第"是他命里没有的。命里没有而求得，那才是真正求得的。"誓行善事三千条，以报天地祖宗之德"，"天地"是讲神明；发愿行善事3000条，以报答天地神明和祖宗之德。

【原典精读】

云谷出功过格示余。

【译文通解】

云谷禅师听我立誓要做3000件的善事，就拿了功过格给我看。

【经典心裁】

云谷禅师赠送"功过格"给了凡先生。对于什么是"功德",什么是"过失",列出具体的条目。

【原典精读】

令所行之事,逐日登记。

【译文通解】

叫我照着功过格所订的方法去做,所做的事,不论是善是恶,每天都要记在功过格上。

【经典心裁】

教导袁了凡先生依此修行,每天反省检点,有过失要记下来,修的善事也要记下来。

【原典精读】

善则记数,恶则退除。

【译文通解】

善的事情就记在功格下面,恶的事情就记在过格下面。不过做了恶事,还要看恶事的大小,把已经记的功减除。

【经典心裁】

"功过格"在明朝末年很流行,有一些读书人以此来修身,佛门里也有。莲池大师就编有功过格,名称叫"自知录",完全是以佛法善恶的标准,提供给四众弟子作为断恶修善的标准。功过格流传到现在有很多种,可以给我们做参考。了凡先生距离我们现在有500多年,时代背景跟现在不一样,生活方式也不相同。换句话说,许多事项上的标准不一样。我们要守住它的原理原则,要用智慧,然后细想在当前的社会里,我们应该怎么做。目前还没有人给现代编一个功过格,现在所流行的都是古代的功过格,我们要晓得它的精神之所在。

【原典精读】

且教持准提咒,以期必验。

【译文通解】

并且还教我念准提咒,更加上了一重佛的力量,希望我所求的事,一定会有效应。

【经典心裁】

"准提菩萨"是观世音菩萨在密教里的化身。为什么云谷禅师不教他念经,要他念咒?念咒的目的是要恢复清净心,不要胡思乱想。咒没有意思,没有办法想意思,直念下去,念久了心就清净了,其目的在此。所以念经、念咒、念佛,目的都相同,这要应机施教。因为如果教了凡念经,他会想经中的意思,所以教他念咒。佛门里也说:"念经不如念咒,念咒不如念佛。"都是讲求实行。

我们今天缺乏以往的基础教育,能做的就是古德所讲的"亡羊补牢"。所以学佛的头几年着重在背书——背诵《无量寿经》。尤其是年轻人,20岁以前是求学最好的黄金时代,能把这部书背得很熟,一生受用无穷。这种做法是一举四得:第一、中国语言不会忘掉,尤其是海外的侨居子弟,使他不忘本；第二、能够认识中国文字；第三、目的是通达文言文；能通达文言文，这是自己一生真实的本钱，他有能力阅读《四库全书》——就是我们中国五千年传下来的这些经典，这是古圣先贤智慧经验的结晶，可以吸收都变成自己的学问；第四、也有能力读佛经，作为学佛的基础。佛法是无上究竟圆满的智慧，所以背诵经典是根本的基础，非常重要。能断恶修善，又有作心地功夫，就是修清净心。"以期必验"，所求必定可以得到。

【原典精读】

语余曰："符箓家有云，不会书符，被鬼神笑；此有秘传，只是不动念也。执笔书符，先把万缘放下，一尘不起。从此念头不动处，下一点，谓之混沌开基。由此而一笔挥成，更无思虑，此符便灵。

【译文通解】

云谷禅师又对我说，"有一种画符箓的专家曾说：一个人如果不会画符，是会被鬼神耻笑的。画符有一种秘密的方法传下来，只是不动念头罢了。当执笔画符的时候，不但不可以有不正的念头，就是正当的念头，也要一齐放下。把心打扫得干干净净，没有一丝杂念，因为有了一丝的念头，心就不清净了。到了念头不动，用笔在纸上点一点，这一点就叫混沌开基，因为完整的一道符，都是从这一点开始画起，所以这一点是符的根基所在。从这一点开始一直到画完整个符，若没起一些别的念头，那么这道符，就很灵验。

【经典心裁】

"符箓"是道教的一种法术，类似佛门里的念咒。"不会书符"，就是不会画符。"被鬼神笑"，不会画符的人，画的符不灵，鬼神都笑话他。"此有秘传"，这符要怎样画才灵？秘诀是"只是不动念也"，就是不动念头，"念头不动处，下一点，谓之混沌开基，由此而一笔挥成，更无思虑，此符便灵。"画符的秘诀就在此，你懂得秘诀，也就会画符了。

你要是懂得这个原则，念咒也是如此。有人念咒很灵，念大悲咒很灵，有人念得不灵。秘诀在哪里？就在此地。他念咒从头到尾没有一个杂念，这就灵了。如果念咒当中有一个妄想、一个杂念，这咒就不灵了。所以咒愈长愈难念，愈不容易灵验。楞严咒非常之灵，而现在念楞严咒的人很少有灵验的。为什么呢？念楞严咒时不知道打了多少次妄想——有一个妄想就不灵了，何况有很多妄想，当然不灵！

　　同样的道理，念经也是如此。念一部《无量寿经》，如果没有一个妄想，那了不得！必定跟十方三世一切诸佛感应道交。所以我们读经要以清净心、平等心、真诚心、恭敬心去念就有感应了；一面念一面妄想是不可能有感应的。

　　由此可知咒愈短愈好念，愈短我们摄心就比较容易。而这一句"南无阿弥陀佛"更短了，如果嫌这个还长，莲池大师告诉我们念"阿弥陀佛"4个字。念这4个字没有一个妄念，这4个字就灵验了。就好像我们这里打电报给阿弥陀佛，电报打去，那里就收到了。如果加一个妄念，他就收不到，没有感应。这段开示的道理很重要。

【原典精读】

"凡祈天立命,都要从无思无虑处感格。"

【译文通解】

"不但画符不可夹杂念头,凡是祷告上天,或者是改变命运,都要从没有妄念上去用功夫,这样才能感动上天。"

【经典心裁】

"祈"是祈祷,或者是向佛菩萨祈祷,或者是向天地鬼神祈祷。"都要从无思无虑处感格","感格"就是感应、灵感,这是非常重要的开示。"要从无思无虑处",使心地真正清净,没有一个妄念——就是真诚心、清净心、恭敬心。我们祈求佛菩萨定要如此用心,至诚恭敬地去祷告,才有感应。原理如是,怎么会没有感应?我们中国人祭祀祖先;在祖先神位前祷告,也是这个原理,心不清净祷告是没用处的。所以古代祭祀,这是大典,主祭者要沐浴斋戒3天。这3天修清净心,自己关在一个小房子里,把一切万缘放下。我们佛家讲"观想",祭神如神在,到祭祀时,确实他的祖先神灵来了。

所以要知道,寺院里供奉的是佛菩萨,但佛菩萨在不在?不一定在,不是说佛菩萨形象供着就在。如果这个寺院里面,四众同修,心地真诚清净,佛菩萨就在;如果心地不清净,往往有一些妖魔怪就冒充佛菩萨来作祟了。这事《楞严经》上讲得很清楚。所以寺院里不一定是真有佛菩萨的。

【原典精读】

"孟子论立命之学,而曰:夭寿不二。夫夭与寿,至二者也。当其不动念时,孰为夭,孰为寿?"

【译文通解】

"孟子讲立命的道理,说道:短命和长寿没有分别。乍听之下会觉得奇怪,因为短命和长寿相反完全不同,怎么说是一样呢?要晓得在一个妄念都没有时,就如同婴儿在胎胞里面的时候,哪晓得短命和长寿的分别呢？等到出了娘胎，渐渐有了知识，就有了分别的心；这时，前生所造的种种善业恶业，都要受报应了，那也就有短命和长寿的分别了。因此，命运是自己造的。

【经典心裁】

这是孟子所说的，"夭"是短命，"寿"是长寿，这是迥然不同的两桩事情，为什么说是"不二"？我们起了妄念，有分别，有执着，这是"二"；如果不分别，不执着，就"不二"了。

"当其不动念时，孰为夭，孰为寿？"可见得是"从无思无虑处"才能看到不二。夭与寿不二，这是举一个例子；世出世间一切法都是不二的，佛法中所谓"入不二法门"。不二法门是《维摩诘经》上讲的，不二法门也就是净宗所讲的一心不乱，也是《华严经》所讲的一真法界，这是诸佛如来果地上的境界。这里孟子也说到不二法门，可见都是地上菩萨的境界。

【原典精读】

"细分之，丰歉不二，然后可立贫富之命。"

【译文通解】

"如果把立命这两个字细分来讲,那么富和贫要看得没有两样,不可以富的仗着有钱有势,随便乱来,穷的也不可以自暴自弃去做坏事,尽管穷,仍然应该安分守己地做好人;能够这样,才可以把本来贫穷的命,改变成富贵的命。本来富贵的命,改变成更加富贵,或者是富贵得更长久的命。"

【经典心裁】

这里讲到安身立命,心安住的所在叫作"立"。"富贵安于富贵,贫贱安于贫贱",社会就安定了,天下就太平了;在生命之中、生活里面,都能够得到乐趣。乐趣是什么?没有妄想,没有忧虑,没有烦恼。乞丐可以说贫贱到了极处,他要真正能够知命,他也会很自在、很幸福、很快乐。

民国初年,有一个真实的故事。在江苏,当时有一个乞丐,白天出来讨饭,晚上就在破庙里睡觉,生活过得很自在、快乐。以后他的儿子做生意发了财,在地方上很有声望,很有地位,别人见他父亲还在外面讨饭，就骂他："你这做儿子的真不孝！有这么多的财富，怎么可以让你父亲在外面讨饭呢？"儿子听了也很难受，就派很多人到处去找，把父亲找回来了，在家里供养。他父亲在家里住了一个多月，又偷偷地跑出去讨饭。人家就问他："你在家里享福不好吗？"他说："不自在，我白天游山玩水，晚上到处为家，生活多么自在，快乐无比！在家里受人供养，简直受罪！"他能在贫贱上立命，真正放得下，是真自在！财、色、名、食、睡，一点都不动心，心地清净安乐。看这个社会，就像看戏一样；社会上的人天天追逐名闻利养，社会大众演戏，他在一旁看戏。这个人确实不是普通人，这真正是智慧立命的好样子。人生在世，追求幸福美满的人生，但幸福美满不是财富，也不是地位。所以要知命，要能够顺应——"恒顺众生，随喜功德"，这才能真正幸福美满。

【原典精读】

"穷通不二，然后可立贵贱之命。"

【译文通解】

"穷与通,要看得是没有两样,不发达的人,不可因为自己不得志,就不顾一切,随便荒唐;发达的人,也不可仗势欺人,造种种的罪业,越是得意,越是要为善去恶,广种福田。能够这样,才可以把本来穷苦的命,改变成发达的命,本来发达的命,就会更加发达了。"

【经典心裁】

"贵"是富贵,能够安于富贵;"贱"是贫贱,能够安于贫贱。"贫富"是从财富上说的,多财是富,少财为贫。"贵贱"是从社会地位上说的,贵是地位高的,贱是地位低的。

【原典精读】

"夭寿不二,然后可立生死之命。人生世间,惟死生为重,曰夭寿,则一切顺逆皆该之矣。"

【译文通解】

"命中长寿的人,不要认为自己有得活,就拼命造孽，作奸犯科，犯邪淫。要晓得长寿得来不易，更应该做好人，才可以保住他的长寿。能够明白这个道理，才可以把本来短的命变成长寿，本来长寿的命，变得更加长寿健康。人生在这个世界上，只有这生与死的关系最为重大，所以短命同了长寿，就是最重大的事情。既然说到这最重大的短命同了长寿，那么此外一切顺境、富有和发达；逆境、贫穷和不发达，都可以包括在内了。短命和长寿，要看得没有两样，不可说我短命，不久就要死了，趁还活着的时候，随便作恶事，糟蹋自己。要晓得既然已生成短命，就更加应该做好人，希望来生不要再短命，一生或许也可以把寿命延长一些。孟子讲立命的学问，只讲到短命和长寿，并没讲到富和贫，发达和不发达，就是这个道理。

【经典心裁】

"生死自在"就把所有顺逆境界包括了，无论处顺境、处逆境，无不自在，正是所谓头头是道，左右逢源，得大自在，这是真正的人生。真正真实的幸福，没有大学问，没有真正的功夫做不到。由是可知唯有"觉者"才能安身立命。迷的人没有法子，天天胡作妄为，愈陷愈深。所以佛常常在经上说之为"可怜悯者"，真正可怜！

【原典精读】

"至修身以俟之，乃积德祈天之事。"

【译文通解】

"孟子所说的'修身以俟之'这句话，是说自己要时时刻刻修养德行，不要做半点过失罪恶。至于命能不能改变，那是积德的事，求天的事。"

【经典心裁】

"俟"是等待，"修身"等待我们的命运改变、改造。改造命运并不是一天、两天可以做得到的，是与时间之累积，勇猛精进，并且与自己的勤、惰、迷、悟有很大的关系。一定要觉而不迷，正而不邪，还要勇猛精进，再假以时间，一定能得到效果。

【原典精读】

"曰修，则身有过恶，皆当治而去之。"

【译文通解】

"说到修字，那么身上有一些过失罪恶，就应该像治病一样，把过失罪恶要完全去掉。"

【经典心裁】

"修"就是修正。"行"就是行为，思想、见解、造作，这些都属于行为。"身"包括心、包括语。身、语、意三业有过失、有恶意、有恶行，要把它改正过来。"治"就是对的，要用方法对治。

【原典精读】

"曰俟，则一毫觊觎，一毫将迎，皆当斩绝之矣。"

【译文通解】

"讲到俟，则是要等到修的功夫深了，命自然就会变好,不可以有一丝一毫的非分之想,也不可以让心里的念头乱起乱灭,都要完全把它斩掉断绝。

【经典心裁】

"觊觎"是非分希望善报、善果早一点来,这个心是妄心,这一念是障碍。古人说:"只问耕耘,不问收获。"你只要勤于耕耘,自然有收获,何必要天天去求?这是把实修的方法教给我们——什么都不要求,只管断恶修善,到最后什么都得到了。不必求,样样都得到了;有求反而得到有限,求一桩,就得一桩,多可悲!若不求就样样都得到了。为什么说不求样样都得到?因为你不求,样样都是性德显露,与性德相应,所以样样都得到。若有所求,则修德不与性德相应,故所得者有限。

实在讲,了凡先生他所得到的是修德,还不是性德,因为他还是有所求——先求功名,然后再求儿女。他有求,求一样就得一样。如果他一点希求的念头都没有,准去修身积德,则他样样都圆满。他没有求寿命,寿命也延长,他的寿命只有53岁,以后活到74岁。

"觊觎"是非分的希望,要把一念非分希望的心除悼。"将迎",就是我们今天所讲的"攀缘",把攀缘的心也要去掉。"皆当斩绝之矣",把它断除,不再安丝毫非分的希望。唯一的希望就是我们的生活能过得很安稳,三餐吃得饱、睡得好、穿得暖,这就够了!衣食不缺,生活安稳,小房子住得很舒服,费用少,生活容易。一般人要求奢侈、豪华,讲求派头,不知道要付出多少的辛劳,这是得不偿失。自己纵然有能力、有福报,也应当给大家共享,那你的福报就是积德——积百世之德,你的子子孙孙都享受不尽。所以有余福一定给大众去享受,这才是真正聪明有智慧的人。所以一定要有耐心,何必求福报提前到来。

【原典精读】

"到此地位,直造先天之境,即此便是实学。"

【译文通解】

"能够做到这种地步,已经是达到先天不动念头的境界了。到了这种功夫,那就是世间受用的真正学问。"

【经典心裁】

"实学"是真实的学问。"直造先天之境",就是佛法讲的"返本还原",也就是说自性流露。不是凡夫的境界。这里面有真乐,法喜充满,真正是离苦得乐,这是觉悟的人所求的。

【原典精读】

"汝未能无心,但能持准提咒,无记无数,不令间断,持得纯熟,于持中不持,于不持中持。到得念头不动,则灵验矣。"

【译文通解】

"平常时一般人的行为,都是根据念头转的,凡是有心而为的事,不能算是自然。你现在还不能做到不动心的境界,你若能念准提咒,不必用心去记或数遍数,只要一直念下去,不要间断。念到极熟的时候,自然就会口里在念,自己不觉得在念,这叫作持中不持；在不念的时候，心里不觉得仍在念，这叫作不持中持；念咒能念到这样，那就我、咒、念打成了一片，自然不会有杂念进来，那么念的咒，也就没有不灵验的了。但是这种功夫，一定要通过实践，才能领会到的。"

【经典心裁】

这是教他"戒、定、慧"三学一次完成的修行方法，这叫"圆修圆证"——《华严经》上讲的"一即一切，一切即一，一修一切修"，秘诀还是"无记无数，不令间断"，这就是常讲的不间断、不夹杂，这个功夫很重要。要不要记数？云谷禅师教他不必记数，只要求不间断。古德有很多要求我们从记数下手，原因是什么？我们懈怠懒惰。所以每一天老老实实地定一个数字，一天念一万声，一定要念满一万，来对治懈怠懒惰的毛病。不记数，有时候就忘掉。像了凡这样的人非常老实、认真，教这种人可以不必记数，记数反而是夹杂。他真学、真做、真精进，所以就教给他不间断、不夹杂。法门平等，无二无别，关键就是要一门深入。古人从读经下手的非常普遍，不管是念经还是念咒、持名，都要以清净心、平等心、恭敬心一直念下去，这样才能得到真正的受用。

"汝未能无心，但能持准提咒，无记无数，不令间断。""无心"两个字很重要，这两个字是关键的所在。"无心"就是没有妄想、分别、执着。袁了凡虽然和云谷禅师两个人在禅堂里，3天3夜不起一个妄念，但他没有到无心的程度。他只是用一点信心把烦恼伏住，不是定功；他相信一切皆是命运，相信因果报应。所以云谷禅师教他更进一步，要"修定"。持准提咒是修定——妄想、执着没有了，真性就显露出来了。佛在大乘经上常说的"法尔自然"，就是净宗所讲的一心不乱，这是佛门里面修证的目标，也就是圆满真实的功夫。功夫到了，"于持中不持，于不持中持"，就是我们常讲的"念而无念，无念而念"，念一句佛号如此，念经也是如此。我们念《无量寿经》——念而无念，无念而念，念经一样达到功夫成片，一心不乱。可见得方法、手段不相同，原则、原理、目标完全是相同的。到念头不动的时候，感应自然就现出了。

所以做功夫，大致上分三个等级——上乘的功夫，理一心不乱；中等的功夫，事一心不乱；下等的功夫，功夫成片。修学一定从功夫成片，再提升到事一心不乱，晋级到理一心不乱。所以我们功夫达到第一个阶段时，不可终止，不要满足，满足就不能提升了。

功夫成片的上乘，已有生死自在的可能——想哪一天走，就哪一天走；想什么时候走，阿弥陀佛就什么时候来接引你。虽到这个境界——生死自在，最好还在世间多住几天，为什么？经上讲娑婆世界修行一天，等于西方世界修100年，住在这个世界磨炼磨炼。第二个更大的意义是多劝几个人往生。我们自己去了很好，若是能带一批人去，那不是更好！所以就不妨把目标着重在帮助别人，在化他。"自行化他"，功德是圆满的，这样才能报答佛菩萨的深恩大德，帮助佛接引众生，有求必定有得，也就是"灵验"。

【原典精读】

余初号学海，是日改号了凡。

【译文通解】

我起初的号叫作学海,但是自从那一天起就改号叫作了凡。

【经典心裁】

古人跟我们现在不一样,有名、有字、有号。"名"是父母取的,不能改变。要是把自己的名字改掉了,这是大不孝。父母给你取的名,就是父母对你一生的期望,你把名字改掉,对于父母的希望忽略了,这是真正的不孝。古时候名、字之外还再用"号"。用号的人在社会上是比较有身份、有地位的了。

古人成年之后,没有人再称他的"名"了。这是对他表示尊敬。男子20岁行冠礼;在没有行冠礼之前,大众皆可以称他的名,行了冠礼之后,表示他已成年了,如果还称他的名就是对他不尊敬。那要怎样称呼呢?就是在行冠礼时,他的同辈、兄弟、同学、朋友送他一个"字",从此以后称他的字,不称他的名,一生都是如此。纵然将来做官,朝廷上皇帝也称他的"字",不称他的"名"。若称名,必是他犯法有罪了,他要被判刑罚罪。这些称呼上的常识,不可不知道。

若对他更恭敬,"字"也不称了,称他的"号",或是出生地名——他是某一地方出生的,表示这个地方出了这样一位受尊敬的大人物。称地名是最尊敬的。譬如清朝的李鸿章,当时很受大众尊敬,名、字、号都不称了,称他"李合肥"——他是合肥人。佛门里也是如此,到达最尊敬的时候,名、字、号都不称了,往往称寺庙或地名。像我们称智者大师为"天台大师"——他居住在天台山;"慈恩法师"——是慈恩寺的窥基大师。

"了凡"、"学海"皆是他的号,这是很尊敬的称呼。他的名,终其一生只有两个人称他。一个是父母,父母一生称你名,不称你的字;你的祖父母、伯叔都要称字,这是对你尊重客气。除父母之外,另一个就是老师称名。所以对老师、父母是一样的尊敬,父母之恩和老师之恩是同等的。只有父母、老师可以称名,皇帝都不称名。但是对于长辈，自己要称名，表示恭敬。对于平辈可以称字。这些称谓我们要晓得，不能搞错。佛门里同有内号、外号——内号就是法名，外号是字，还称名、称字。

【原典精读】

盖悟立命之说，而不欲落凡夫窠臼也。从此而后，终日兢兢，便觉与前不同。前日只是悠悠放任，到此自有战兢惕厉景象，在暗室屋漏中，常恐得罪天地鬼神；遇人憎我毁我，自能恬然容受。

【译文通解】

因为我明白立命的道理，不愿意和凡夫一样。把凡夫的见解，完全扫光，所以叫作了凡。从此以后，就整天小心谨慎，自己也觉得和从前大不相同。从前尽是糊涂随便，无拘无束；到了现在，自然有一种小心谨慎、战战兢兢、戒慎恭敬的景象。虽然是在暗室无人的地方，也常恐怕得罪天地鬼神。碰到讨厌我、毁谤我的，我也能够安然地接受，不与旁人计较争论了。

【经典心裁】

　　这一段是说他改过自新的决心和行持。首先他把别号改了,以前他的别号叫"学海",从这以后就改成"了凡","了"是明了,"凡"是凡俗;现在对于世俗之间的事情他都明了,也就是觉悟的意思——真正晓得命运是自己可以改造。道理、方法他都懂得了,从此以后不会再走宿命论这条道路。

　　决心改过之后,气象就不相同了,也就是日常生活的感触不一样了。他说从此终日能提高警觉。"兢兢"是警觉的状态,不像从前迷惑颠倒。以前是"悠悠放任","悠悠放任"是很随便的意思,就是过一天算一天。日子怎么过的?不晓得。没有理想,没有方向,像俗话讲的"醉生梦死"。这样一定被命运拘束,不能创造自己光明的前途。改过之后,"到此自有战兢惕厉景象"。拿现在的话讲,改过自新后的意识形态不一样,也就是说对于宇宙人生的看法转变过来了。从前的看法是一切命中注定的,还有什么转变的呢?没有法子。现在晓得,命运可以自己改造,这个观念转变过来了,比以前显得更积极、更发愤、更乐观。

"在暗室屋漏中,常恐得罪天地鬼神",这一句非常重要,一般人所以不能改过自新,就是不晓得这个事实。为什么《无量寿经》念多了,真正体会到这种情形,会比袁了凡还要来得谨慎。因为西方极乐世界的人数绝对没有法子计算,就是集合全世界的电脑来计算,也算不出来。他们每一个人的神通道力都像阿弥陀佛一样,天眼洞视、天耳彻听、他心遍知。我们一举一动,甚至心里面起个念头,他们都知道。不要说做坏事,就是起个恶念,阿弥陀佛、观音、势至、西方世界的大众们没有一个不知道,能瞒过谁?

这是讲独居无侣,人目所不见处,他也是规规矩矩、谨谨慎慎,不敢起一个恶念,这才真正做到了克己的功夫。我们想求生西方极乐世界,想成就自己的德行,如果还是自己欺骗自己,那怎么能成就呢?孔夫子说:"君子慎独。""慎"是谨慎,"独"是独自一个人。独居也决定不放逸,这叫真正做功夫。一般人懈怠、放任的习气太重,就是随便惯了。在大众中比较谨慎收敛一点；人见不到的地方他就放逸了。

为什么从前寺院丛林的修行，一定要广单，不可以一个人住一个房间？一个人一间寮房是不可能有成就的。睡广单就是"依众靠众"，十几个人睡在一个房间里，我们今天称为"睡通铺"，睡觉时也不能随便乱动。用这个方法，目的在使人不可以有丝毫放纵，这样来历练自己。现在的社会跟从前的社会不一样，每一个人都不愿意约束自己，一定要享受舒服。

寺院里也有单独的房间，是专为年老的修行人而设的，因为他的行动不方便。大家在一起过团体生活，行动都要一致，年老的人，体力衰弱，行动不便，才给他一间寮房。寺院里面身份地位比较高的，琐碎的事情多——像住持、当家师，什么事情都要过问，也要单独一个房间，便利于办事。

所以真正修行，六和敬里的"身和同住"，绝对不是一个人一个房间。如果说是两三个人住一个房间不方便，我不愿意跟他住，有这种念头，念佛功夫成片绝对得不到。为什么呢？心不平等，心不清净，还有嫌弃。这怎么能成就？修行在哪里修？就在这个地方修。在极不平等的环境里面修自己的清净心、平等心，这叫修行。不愿意跟人相处，这就是过失，就是毛病。了凡先生发现他自己的毛病，就要痛改前非，把毛病改过来。我们现在有这个毛病，不但不改，还要继续去培养，怎么能成功呢？

所以僧团里首先要求我们修学的就是"六和敬"，"六和敬"就是大众在一块共修的基本戒条，个人所遵守的就是"五戒十善"。在从前，寺院丛林里面以《沙弥律仪》做基础——"十戒二十四门威仪"。现在不要求那样苛刻了，我们只要求五戒十善就够。出家、在家都应当如此，规矩不能再降低了。团体生活就要求六和敬，把我们的毛病习气都修正过来，不讨厌别人，不怨憎别人。

"遇人憎我毁我"，"毁"是毁谤；不要跟他计较，不要把他放在心上。"自能恬然容受"，"恬"是安然。由此可知，他的心境相当平静，不像从前心浮气躁，一点点委屈都受不得。现在可以受委屈了，这就是他修行的功夫在增长，这就是效果。所以一个修道的人,一个真正学佛的人,要学着跟任何人都能相处;跟佛菩萨能相处,跟妖魔鬼怪也能相处,在任何境界里,都是怡然自得。

我们看《六祖坛经》,六祖大师在黄梅证的果位我们不晓得,但最低限度也应该是圆教初住菩萨,只会比这个更高,不会比这个更低。他是明心见性的人——初住以上的菩萨,这还得了!他去侍候那些打猎的人。打猎,天天杀生造恶,他眼睛看到,耳朵听到,还要替那些猎人烧饭,侍候这些猎人。猎人是他的主人,他是猎人队里的仆人,猎人要吃肉,他也要侍候。不是短时间,是15年!我们能忍受得了吗?而他在那个环境里怡然自得,不起心、不动念、不分别、不执着,15年是六祖真正的修行。他在黄梅是开悟了,"悟后起修",他在一切顺境、逆境里面修清净心、平等心、大慈悲心。没有别的,就是修这三样。

我们今天与人相处,是不是在顺、逆境界里面,物质环境、人事环境里修清净心?如果不是修清净心,就没有修行,于自己一点利益都得不到。那不是学佛,那是搞"佛学"。每天在文字纸堆里去钻,也能说得天花乱坠,烦恼天天增加,将来的前途依旧是往生三途六道。这就错了!真正修行人绝不执着文字——离言说相、离名字相、离心缘相。他求的是心地清净、心地平等。清净心、平等心就是真心,就是本性,他所求的是明心见性。

我们念佛人也是这个目标,我们求功夫成片。"成片"就是心地清净平等,平等就是一片,清净就是一片,心里面没有界限。换句话说,还有分别执着就不能成片;有界限,就不能成片。离开一切分别执着,功夫才可以成片,这叫真正修行。他有了这样的功夫,功夫并不很深,稍稍上轨道了,感应就现前。

【原典精读】

到明年,礼部考科举。

【译文通解】

从我见了云谷禅师的第二年,到礼部去考科举。

【经典心裁】

明、清的"礼部"相当于现在的教育部。"科举"是国家举办的考试,相当于现在的高普考。民国的高普考是考试院负责的,从前考试跟教育都是礼部掌管,礼部的职权相当于现在的教育部。

【原典精读】

孔先生算该第三,忽考第一,其言不验,而秋闱中式矣。

【译文通解】

孔先生算我的命,应该考第三名,哪知道忽然考了第一名,孔先生的话开始不灵了。孔先生没算我会考中举人,哪知到了秋天乡试,我竟然考中了举人。这都不是我命里注定的,云谷禅师说:命运是可以改造的。这话我更加地相信了。

【经典心裁】

他命里注定的是第三名,现在跟命里的就不一样了。他行善积德,他的名位从第三名提高到第一名。"其言不验",这就跟定命不一样了,这就是变数——他尝到了——确实有变数,而不是定数。"而秋闱中式矣",古时候大考都定在秋天,"闱"是闱场、考场;他考中了,就是考中了举人。了凡先生的命里,原本只有中秀才的份。因为命里讲,他没有科第,科第最高的是进士。以后他发愿求中进士,也被他求到了,那是他命里没有的,这才是求到的。

【原典精读】

然行义未纯,检身多误,或见善而行之不勇,或救人而心常自疑,或身勉为善而口有过言,或醒时操持而醉后放逸,以过折功,日常虚度。

【译文通解】

我虽然把过失改了许多,但是碰到应该做的事情,还是不能一心一意地去做,即使做了,依然觉得有些勉强,不太自然。自己检点反省,觉得过失仍然很多。例如看见善,虽然肯做;但是还不能够大胆地向前拼命去做。或者是遇到救人时，心里面常怀疑惑，没有坚定的心去救人。自己虽然勉强做善事，但是常说犯过失的话。有时我在清醒的时候，还能把持住自己，但是酒醉后就放肆了。虽然常做善事，积些功德；但是过失也很多，拿功来抵过，恐怕还不够，光阴常是虚度。

【经典心裁】

这段所叙述的几桩事，都值得我们参考，值得我们效法。"行义未纯"，"义"是道义，或者说得更浅一点就是义务。帮助别人，不要求报酬的，这是义务。儒家教我们的五伦十义，由此可知，"行义"是性德。父母对于儿女的爱护教导是义务，儿女对于父母孝顺也是义务。兄友弟恭，乃至于朋友有信——这都是义务。义务就是应当这样做的，人与人之间应该要互爱，应该要互敬互助，了凡先生懂得，虽然是做，但做得不纯，里面掺杂个人利害。我去帮助他，对我自己不利！这一考虑就不纯了，也不能够尽心尽力去帮助别人。这是自己反省，虽然做了，但做得不够。

"检身多误","检"是检点,反省自己的毛病,过失还是很多。下面举几个明显的例子,或者是"见善而行之不勇",儒家所讲"成人之美",美就是善;我们遇到了人家做好事要帮助、要成就他。为什么?一件善事对于整个社会、乡里都有好处。譬如道路坏了,这人要发心修补,我们见到了,就要尽心尽力地帮助他,把这件善事做好,便利于大众。类似这种对于社会有利益,对大家有利益、有帮助的事情,我们都要帮助他。了凡先生也能够随喜去做,但是做得不够勇猛。也就是说没有尽心尽力,只稍稍地做了一点。这就是反省自己的过失。

"或救人而心常自疑",别人有苦难,要去帮助他——应不应该帮助他?如果在今天的社会,求帮助的人很多,我们常常遇到。而且求帮助的人当中,有很多是来骗钱的。骗了之后他到外面去吃喝嫖赌,那就有罪过了。所以行善的确不容易,行善真正要有智慧、要有慈悲。智慧能明察,能判断应不应该做;慈悲是真正的动力。他确实有苦难,我们一定要尽心尽力去帮助他;如果他用欺骗的手段,我们一眼看穿,我们要教导他。如果他并不是很衰老,也并不是有病,身体健康强壮,应该劝导他,教导他从事正当的行业,不要用这种方式来讨生活。

"或身勉为善而心有过言",所以改过自新不是猝然成就的,是要一段相当长的时间,不断去改;初期这些现象,决定是免不了的。身虽然善,能够合于礼法,但是口里面的言语还会有过失——口不择言,这是习气。自古以来,所谓言语是祸福之门,不能不谨慎。孔夫子教学的四科,第一个科目就是德行。德行是做人的根本,就是今天讲的教育中的德育。第二个科目就是言语。孔夫子多着重言语——说话要有分寸,说话不能伤人。言语伤人,是不知不觉的,但人家怀恨在心,将来的报复是没有办法预料的,往往许多的怨仇、误会都是从这儿来的。这个事情麻烦大——"说者无心,听者有意",所以不可不谨慎。少言就寡过,何必多说话呢?尤其修行人求心地清净,自行化他,一句"阿弥陀佛"就行了。人家给我们讲再多的是非,我们一句也不要答复他只念"阿弥陀佛!"他再讲就还念"阿弥陀佛!"听几句就念几句"阿弥陀佛"。听完之后,他讲什么我们不晓得,我们就念"阿弥陀佛!"我们把这句"阿弥陀佛"给他,他讲的那些东西我没听进去。这样好,所以语言少好!袁了凡是有言语多的毛病。

"或醒时操持而醉后放逸",就是清醒时能注意自己的言行,很守规矩,很如法;但他喜欢喝酒,酒喝醉了,就又放逸了,毛病就出来了。酒是佛法的大戒,五戒里有酒戒。但是诸位要晓得,佛为什么要戒酒?就是酒醉后乱性。如果我们饮酒不至于醉,酒有开缘,可以喝的,但绝对不能喝醉。戒律讲得很严格,是滴酒不沾。为什么?怕我们止不住,感情用事,没有理智,一杯接着一杯,那麻烦就大了,那绝对是破戒。郑玄是东汉大儒,是马融的学生。马融在当时也是一位了不起的大学问家。但是马融的心量不大,学生成就若是超过他,他心里就不甘心,想派刺客把学生杀死。所以郑玄后来离去时,马融带着学生到十里长亭送行,他实在是不怀好意,令同学们每人敬酒3杯,郑玄喝了300杯(300杯的典故就是从这里来的)。希望把他灌醉，在路上好下手。哪里晓得郑康成的酒量很大，300杯喝下去，小小的礼节都不失。李老师说，如果人人的酒量都像郑康成，释迦牟尼佛这条戒就不用制定了。

释迦牟尼佛为什么制定这条酒戒？我们要了解制戒的意义。学佛的同修如果在烹调时用作料酒，是不会醉人的，调味是可以的。如果年岁大、体力衰，他血液循环慢，酒可以帮助血液循环，每餐饭喝一杯酒，这也是可以的，这是开缘，不是破戒。同样道理，佛门忌五辛，五辛里尤其忌大蒜。五辛是大蒜、葱、荞头、韭菜、兴渠。佛为什么禁止我们吃呢？《楞严经》上说得很好，修行最重要的是清净心，功夫不到家，饮食会影响心理、生理。功夫到家，心理作得主宰，境随心转，那就事事无碍；如果还是心随境转，这是有障碍。佛跟我们说："生吃助长肝火，容易发脾气；熟吃增长荷尔蒙，容易引起性冲动。"所以佛制禁食都有道理的。换句话说，不管生吃、熟吃，它都增长烦恼，所以禁止。

有一些在家的同修说："五辛不能吃，我们对吃素的兴趣都没有了。"要明白佛制禁食的用意，五辛若当作料配菜不起作用；像炒一盘菜里面加一两个大蒜，是起不了作用的。所以要明理，佛法是很讲道理的，也要晓得佛法是活用的，合情、合理、合法，通人情、通道理的。受了戒也有开缘，你才能度很多人，自己也欢欢喜喜地跟大众在一起。所以在某一个场合里，需用智慧观察，通权达变，要利用机会把佛法介绍给大众，因为他们能闻到佛法是很难得的。我们在饮食之间就把佛法的大道理告诉他，他听听也种了善根，所以这是机会教育。

"以过折功，日常虚度"，功与过两相比较，每天的过多功少，没进步！光阴空过了。

【原典精读】

自己巳岁发愿，直至己卯岁，历十余年，而三千善行始完。时方从李渐庵入关，未及回向。庚辰南还，始请性空、慧空诸上人，就东塔禅堂回向。

【译文通解】

从己巳年听到云谷禅师的教训，发愿要做

3000件的善事；直到己卯年，经过了10多年，才把3000件的善事做完。在那个时候，我刚和李渐庵先生，从关外回到关内，没来得及把所做的3000件善事回向。到了庚辰年，我从北京回到了南方，方才请了性空、慧空两位有道的大和尚，借东塔禅堂完成了这个回向的心愿。

【经典心裁】

己巳（隆庆三年，即1569年）至己卯（万历七年，即1579年）经历11年，许求取科举之愿，要行3000件善事，3000件善事11年才圆满。"时方从李渐庵入关，未及回向"，这是因为他在外面服务，曾经一度在李渐庵的军中办事，任参谋一样的职务，跟着军队到处行军，没有机会回向。"庚辰南还"，第二年才有机会。"始请性空、慧空诸上人，就东塔禅堂回向。"这就是他己巳年所许的愿圆满了，真正做到了，最后回向。因为他许愿时自己写了疏文，表示要认真改过自新，积功累德。现在他修积的功德，3000件善事做圆满了，回向报恩，他的愿求也果然得到了。

【原典精读】

遂起求子愿，亦许行三千善事，辛巳生男天启。

【译文通解】

到这时候，我又起了求生儿子的心愿，也许下了3000件善事的大愿。到了辛巳年，生了儿子，取名叫天启。

【经典心裁】

他命里没有儿子，想发愿求得儿子，他求到了——"求有益于得也"，真正是他修来的。"辛巳生男天启"，他许愿下3000件善事，3000件善事还没有圆稿，他就生了儿子。因为他发这个愿，第二年就生儿子了（天启是他的大儿子）。所以真正发愿，一发愿就有感应。当然3000件善事他一定会兑现的，虽然还没有修完，儿子已经得到了。跟前面一样，前面礼部考试，他3000件善事还没有圆满时，居然就考中第一名，命里注定是第三，他考中第一名,这是感应道交,不可思议。

【原典精读】

余行一事,随以笔记,汝母不能书,每行一事,辄用鹅毛管,印一朱圈于历日之上。

【译文通解】

我每做了一件善事,随时都用笔记下来;你母亲不会写字,每做一件善事,都用鹅毛管,印一个红圈在日历上。

【经典心裁】

每天行善,做一桩好事他就记下来,夫妻两个都行善。他太太不认识字,不能记,就用鹅毛管蘸着印泥,在家里用的日历本子上,每做一桩好事,就印一个红圈。

【原典精读】

或施食贫人,或买放生命。

【译文通解】

或是送食物给穷人,或买活的东西放生,都要记圈。

【经典心裁】

这是举两个例子。"或买放生命",这就是放生。今天我们发心放生,要记住不要受骗。很多发心放生的人都到鸟兽公司去买,他们是专门捕捉来给你放生的,你不放生他就不捕捉了;你愈放得多,他们越加拼命去捕,这不是放生,是害生,这是绝对错误的。不但没有功德,还有过失——罪过。所以佛教讲放生,是在日常生活中,买菜时偶然看见的(不要故意去找,故意去找就是攀缘)。偶然之间发现了,这个动物活活泼泼,判断它可以活命,如果买去放生它活不成,就不必了,不如拿这个钱做其他的功德。所以一定要有智慧,不可以感情用事。

我们宣扬吃素,劝人不杀生,劝人爱护动物,都是放生修学的意义,不一定买动物去放才叫放生，那就搞错了。像丰子恺的《护生画集》，能多印多流通——他画得很好，里面题的词，内容也非常好。但是他里面的题词多半是用文言文，如果能发心把它改写成白话文，再把画面改成彩色，再标上注音符号，多印给中、小学生，让他们从小培养爱护动物的观念，这就真正能收到放生的效果。所以要多方面去着眼，广泛去修学，不能死在一句话里面。须知"放生"二字含义很广很深；"布施"有财、法、无畏多种，义实深广不可思议。

【原典精读】

一日有多至十余圈者。

【译文通解】

有时一天多到十几个红圈呢！也就是代表一天做了十几件善事。

【经典心裁】

了凡夫妇断恶修善，显然比过去进步多了。在过去一天难得做一件好事，好几天才做一桩，所以

3000件善事10年才完成——一年365天，10年3650天，可见得一天做一件善事，还有600天没有做善事。现在一天居然做了十几桩善事，比从前是大有进步了。改过自新、断恶修善真正不容易，你看了凡夫妇的确有毅力、有耐心，看他们这样努力，就会晓得精进不懈的修善不容易。要是没有毅力，没有决心，毛病习气不容易断除，这就是菩提道上进得少、退得多的道理。

【原典精读】

至癸未八月，三千之数已满，复请性空辈，就家庭回向。九月十三日，复起求中进士愿，许行善事一万条，丙戌登第，授宝坻知县。

【译文通解】

像这样到了癸未年的八月，3000条善事的愿，方才做满。又请了性空和尚等，在家里做回向。到那年的九月十三日，又祈求中进士的愿，并且许下了做一万条善事的大愿。到了丙戌年，居然中了进士，吏部就补了我宝坻县知县的缺。

【经典心裁】

发愿的时候是庚辰，即1580年，"癸未"，即1583年，从庚辰到癸未，才4年3000件善事就圆满了。前面3000件善事11年才圆满，第二次发的愿4年就圆满了。"复请性空辈，就家庭回向。"请法师们到自己家里的佛堂来做回向。

"九月十三日，复祈求中进士愿，许行善事一万条"，他命里没有进士，所以现在要求中进士。命里面没有儿子，他得了儿子，这是他自己在这一生当中求得来的。命里没有进士的学位，他能得到的话，这也是一个变数。云谷禅师教给他的完全兑现了，有了灵验。现在他许愿行善事一万条，"丙戌登第"，从癸未年的九月十三日发愿，到丙戌（万历十四年，即1586年）只有3年，他果然中了进士，"登第"就是进士及第。命里没有的，他又得到了。

"授宝坻知县"，朝廷分发他去做宝坻县的知县，这也是他命里没有的。他命里讲的，是到四川一个县做县长，命里没有说在京城附近。宝坻是京城附近，当时的首都是在北京，宝坻县距北京很近，在北京的东南方，现在属于河北省。

【原典精读】

置空格一册，名曰"治心编"。晨起坐堂，家人携付门役，置案上，所行善恶，纤悉必记。夜则设桌于庭，效赵阅道焚香告帝。

【译文通解】

我做宝坻县的知县时，准备了一本有空格的小册子，这本小册子，我叫它"治心篇"。意思就是恐怕自己心起邪思歪念，因此，叫"治心"二字。每天早晨起来，坐堂审案的时候，叫家里人拿这本治心篇交给看门的人，放在办公桌上。每天所做的善事恶事，虽然极小，也一定要记在治心篇上。到了晚上，在庭院中摆了桌子，换了官服，仿照宋朝的铁面御史赵阅道，焚香祷告天帝，天天都是如此。

【经典心裁】

这是叙述他做了官之后，用什么样的态度来处理公务，替老百姓造福。县长是朝廷选的，不是老百姓选举的。这个县长好！他确实断恶修善，积功累德。从做了县长开始，他每天准备一本册子——空白的本子，名"治心编"。这是对治心理、检点起心动念善恶的记事本。

"晨起坐堂"，每日处理公务，审问案子。因为从前的知县就相当于现在的县长，不但要管理县的行政，而且还要管县的司法；就是县里最高的司法官，案件都需要他来审查。不像现在行政、司法分开了，司法由法院法官处理。从前县长还要管司法、管审案，这叫"坐堂"。

"家人"，家里的佣人；这本册子都随身携带。"门役"，是县政府的当差。门役就将这一册记事本放在他办公桌上。他每天做的善事，做的恶事，大小事都登记在其中。因为他许愿要做一万条善事，所以小善、大善都要登记，看看到什么时候这一万条善事才能圆满。晚上他还要设香案，就是在庭院里摆一个香案，把一天所做的事情向天帝、鬼神报告，不敢隐瞒在心里。

"效赵阅道焚香告帝"，仿效古人的做法，使得自己真正忏悔，身心清净，丝毫不敢隐瞒，这是佛家所讲的"发露忏悔"。

【原典精读】

汝母见所行不多，辄颦蹙曰："我前在家相助为善，故三千之数得完。今许一万，衙中无事可行，何时得圆满乎？"

【译文通解】

你母亲见我所做的善事不多，常常皱着眉头对我说："我从前在家，帮你做善事，所以你所许下3000件善事的心愿，能够做完。现在你许了做一万件善事的心愿，在衙门里没什么善事可做，那要等到什么时候，才能做完呢？"

【经典心裁】

从前没做官，工作不会太忙，所以太太帮助做善事容易。现在做官，住在官府里面——等于现在的公家宿舍。从前做官的住家与老百姓是不接触的，尤其是眷属和外面不接触，家人无法帮助他行善。想一想，所许的一万条善事要到哪一年才能圆满呢？这使他的太太发愁担忧。

【原典精读】

夜间偶梦见一神人，余言善事难完之故。神曰："只减粮一节，万行俱完矣。"

【译文通解】

在你母亲说过这番话之后，晚上睡觉我偶然做了一个梦，看到一位天神。我就将一万件善事不易做完的缘故，告诉了天神，天神说："只是你当县长减钱粮这件事，你的一万件善事，已经足够抵充圆满了。"

【经典心裁】

他白天动这个念头，晚上就有感应。晚上做梦，梦到一位神人，他就跟神明说："我许的一万条善事，在公务当中修积善事，反而不及从前便利，这一万条善事很难圆满。"神就告诉他："如果你做好减粮这件事情，你的一万条善事都做圆满了。"

【原典精读】

盖宝坻之田,每亩二分三厘七毫。余为区处,减至一分四厘六毫,委有此事,心颇惊疑。

【译文通解】

原来宝坻县的田,每亩本来要收银两分三厘七毫,我觉得百姓钱出得太多,所以就把全县的田清理了一遍;每亩田应缴的钱粮,减到了一分四厘六毫,这件事情确实是有的;但也觉得奇怪,怎么这事会被天神知道,并且还疑惑,只有这件事情,就可以抵得了一万件善事呢?

【经典心裁】

他做了县长之后就把田租减少了。前一任知县,收租是按照每亩田二分三厘七毫这个数字来收租的。"余为区处,减至一分四厘六毫,委有此事,心颇惊疑。"神怎么知道我减租?想想真的有这一桩事。他减租税的幅度很大,所以全县的农民都得到他的好处。这一个县何止一万农民得到他的好处？一万件好事不就做圆满了嘛！所以他自己也怀疑，怀疑两桩事情：第一，我做事情，神怎么会知道？第二，做这一桩事情会有这么多、这么大的功德吗？所以诸位要晓得，俗语常讲："公门好积德。"一般人修大福德没有机会，袁了凡要没有做县长，他想做一万条善事那要多少年！今天他有这个机会，能够利益万民，一桩善事就抵得过一万桩善事。

公门里积德容易，造罪也容易；一个政策如果不便利于老百姓，对老百姓有损害的，这一桩事就是一万条罪过。祸福确实是在一念之间！地位愈高，祸福造作的范围就愈广泛。一个国家的领导人，一个政策，一个善行，于全国老百姓有帮助，那就行了千千万万条的善事；一个政策有害于老百姓的，那他就做了亿万条的恶事。一般人没有这个机缘——不在位，行善、造恶都很有限，都不太大；得到这个地位，有这个机会，造恶、造善都不能不谨慎。行善，前途绝对光明；造恶，必堕三途苦报。为什么呢？他所造作的都比一般人来得深广，影响也大得多。

【原典精读】

适幻余禅师自五台来，余以梦告之，且问此事宜信否？师曰："善心真切，即一行可当万善，况合县减粮，万民受福乎？"

【译文通解】

那时候恰好幻余禅师从五台山来到宝坻，我就把梦告诉了禅师，并问禅师，这件事可以相信吗？幻余禅师说："做善事要存心真诚恳切，不可虚情假意，企图回报。那么就是只有一件善事，也可以抵得过一万件善事了。况且你减轻全县的钱粮，全县的农民都得到你减税的恩惠，千万的人民因此减轻了重税的痛苦，而获福不少呢！"

【经典心裁】

他刚做了这个梦不久，恰巧碰到从五台山来的幻余禅师，了凡就把这件事情向他请教，并且问他："这个事情能不能相信？如果真的有这么一回事情，那实在是好！所许的一万条善事就圆满了；如果不能相信，这一万条善事得慢慢去做。"法师就告诉他，"善心真切"，确实是"行可当万善"。

这道理在《华严经》上，所谓"修一切修"，这是华严"事事无碍"的修学。为什么说一修可以一切修呢？如果这一修是见性的话，那就一切修了；这一修没有见性，那一等于一，一不等于二。如果一修要见性的话，一就是无量，无量就是一。

什么是心性？我们举一个浅显的例子来说。净宗讲的"清净心"，心地清净，没有一样不是，何止万善！一句"阿弥陀佛"称为万德洪名，我们逐渐明了事实真相，才觉得蒲益大师的话很有道理。他告诉我们，一句阿弥陀佛，无量无边的法门都包含在里面，万行都在其中。他说："岂知念得阿弥陀佛熟，三藏十二部极则教理，都在里许。千七百公案、向上机关，亦在里许。"前一句是把教下都包括了；这一句"千七百公案"，是禅宗也包括了。宗门教下，都在这句佛号里面。又说："三千威仪，八万细行，三聚净戒亦在里许。"持戒也在里面了。持戒就是守法，包括世出世间一切法。

什么法门都在一句阿弥陀佛圣号里面——"一即一切，一切即一"，许多人不懂得。修到心地清净，那就是佛门讲的法门无量，都圆满了——圆修圆证。多少人尚不知道这一句阿弥陀佛的好处！

所以我们起心动念，诸佛菩萨、天地鬼神没有不知道的。这一念从真性里生出来，特别着重在真心；真心没有界限，真心没有边际，行再微小的一桩善事，与真心相应，再小的善也是尽虚空、遍法界。了凡还没到这个境界，了凡只是在事柜上利益了一县的老百姓。

"善心真切，即一行可当万善"，这是理。"况合县减粮，万民受福乎？"这理论了凡先生还不会，他的万善圆满是在事上修的。如果从性上修，就是真心上修，那一善是尽虚空、遍法界，不只是万善。纵然我们在街上遇到一个乞丐，布施他一块钱，这一块钱的功德"称性"。为什么？因为当时你没有人、我的分别，没有分别"他"是乞丐，"我"是能布施的人——能所双忘、三轮体空。一块钱的布施功德是尽虚空、遍法界，因为是性德的显露。今天布施千万、亿万，不如真心人布施一块钱的功德大。为什么？你布施千万、亿万是从意识心上布施的。意识心是有分别、执着、界限的，你突破不了这个界限。真心人一块钱虽少，他没有分别、执着，没有界限，就和虚空法界完全相等，这是不一样的！所以诸佛菩萨修功德，我们没有法子跟他比，原因是用心不一样。境随心转，我们的心量很狭小，修再大的福德，分别执着的界限画在那里出不去。菩萨、阿罗汉边界没有了，所以他的一点点善事，就是无量无边地扩展出去了，达到尽虚空、遍法界。头一句讲的是理，我们要晓得这道理，念念功德圆满——圆遍法界，遍满十方，这个意境就不是凡夫所能想象得到的。了凡先生是从事上修的，事上修便利于万民。

【原典精读】

吾即捐俸银，请其就五台山斋僧一万而回向之。

【译文通解】

我听了禅师的话，就立刻把我所得的俸银薪水捐出来，请禅师在五台山替我斋僧一万人，并且把斋僧的功德来回向。

【经典心裁】

很难得，他立刻就能够将自己的俸禄捐献出来，到五台山去斋僧，供万人大斋。常讲"千僧斋"，他要打"万僧斋"，满他这一万条善事的大愿。"斋僧"就是请出家人吃饭。明、清时代四大名山出家僧众经常都有几万人，五台山一万人是少的，人数最多的是普陀山，普陀山僧众大约有三四万人。在明、清佛法相当兴盛时，峨眉、九华大约有一万多人。所以他到那里去斋僧。

尤注说："足见其人当机立断慷慨布施，无丝毫牵强吝情处，宜其受福无量也。""宜"是应该。这样慷慨大方布施，没有一丝一毫怀疑、没有一丝一毫吝啬，自己所有的马上能够拿出去。了凡先生是个清官，不贪一污。清官俸禄能有几何？这次请客，请一万人吃饭，大概把他那一点俸禄积蓄全部都拿出来了。他出身清寒，尤其相信因果报应，绝对不敢取一分非法之财，所以这是很难得的，一般人做不到的。一般人虽做好事,总是抽出几分之几,有100块钱,拿出一块钱做好事就觉得很满意了。不像袁先生,全都拿出来,这是很难得的。

【原典精读】

孔公算余五十三岁有厄。

【译文通解】

孔先生算我的命,到53岁时,应该有灾难。

【经典心裁】

就是53岁寿命就完了。而且算得很准确,是八月十四日丑时,这一年有灾难,这一年过不去。

【原典精读】

余未尝祈寿,是岁竟无恙,今六十九矣。

【译文通解】

我虽然没祈天求寿,53岁那年,我竟然一点病痛都没有。现在已经69岁了(多活了16年)。

【经典心裁】

他写这篇文章时69岁。53岁那一年他没有求长寿,那一年也过来了,也没有什么灾难。没有求长寿,寿命延长了。由此可知,世间法里最大的就是生死大事,也就是寿命。连寿命都可以求得,何况其他的呢?功名、富贵、儿女,都可以求得到,这个求要如理如法地求,要从至心上求,从自己心地上求,没有一样求不到的。如果撇开了心地,从外面去求,那就是前面云谷禅师所说的"内外双失"。所以佛门讲的是求福、求慧、求生净土;中国世俗所讲的是求福、求寿、求儿孙。多福、多寿、多儿孙,世间人求这个确实求得到,没有求不到的。我们知道了凡确实是添福、延寿、添丁,完全超出了他命里的常数,这是他一生修得的,不是命里注定的。

【原典精读】

书曰:"天难谌,命靡常。"

【译文通解】

书经上说:"天道是不容易相信的,人的命,是没一定的。"

【经典心裁】

"书"是《尚书》,五经里的一部书。《尚书》是中国最古老的历史典籍,记载上古时代的典章制度。这两句话,"文见《尚书》《咸有一德篇》",《尚书》里面的一篇。"天"是讲天命,也就是我们讲的定命。我们命运被人算定了,落在数里。"谌"就是信的意思;天命难信。也就是常数是有的,但很难相信。为什么?它有变化。虽是一个常数,但它天天都有加减乘除。了凡先生断恶修善,恶的天天减少,善的渐渐在增加。做了知县,减粮这一节,这是乘法不是加法。这一乘,一万条善事没几天就做完了、圆满了。这就不是一一相加,是乘法。如果造大恶,那一下就除掉,不是一桩一桩减。所以我们起心动念,所作所为,的确有加减乘除,这就是很大的变数;常数有,变数就难信。常数绝对是有,但不是呆板的,是会变的。

"命靡常",《太上感应篇》明白地告诉我们:"祸福无门,惟人自召。"祸福都是自己行业感得的果报。

【原典精读】

又云:"惟命不于常。"

【译文通解】

又说:"人的命没有一定,是要靠自己创造的。"

【经典心裁】

这一句话也是《书经·上周书·康诰篇》里所说的,也是说天命无常。告诉我们修德的重要,变数胜于常数。

【原典精读】

皆非诳语。

【译文通解】

这些话,一点都不假。

【经典心裁】

古圣先贤这些教训都是真实的,所以我们尊称为"经典"。"经典"就是我们现代人所讲的真理,绝对是真实,不会改变的。这些教训应用在现代,还是真实的;若不信,凭着自己的意思,胡作妄为,只有增加过失。眼前纵然得到一点好处——何况所得到的还是命中有的,若不知修德,所得也保不住了,不但财富不能常保,寿命都保不住。命都保不住了,财富再多又有什么用?这个社会随时都有灾难,随时都可以把命丢掉。你想想看,其他的还有什么意义?纵然得到了也没有意义。《普贤菩萨行愿品》里说得很好,一个人在临命终时什么都带不去,你的家亲眷属、地位、权势、财富,没有一样你能够带得去的。能够带得去的是"十大愿望",愿望常随不舍,引导你到西方极乐世界去。

佛门也说:"万般将不去,唯有业随身。"这是很重要的警语。既然晓得业随身,业会随着我们走,就应该要努力修善因,不要带着恶业走。带恶业,我们就由恶业引导堕三恶道;善业引导生三善道；念佛的净业引我们到西方极乐世界。比较比较、衡量衡量，我们就清楚了，这一生中应该要做些什么？所以眼光要看远一点，要看大一点，不要在眼前斤斤计较，不要计较这一生的得失。这一生时光非常短促，如果我们能在这一生中，多做一点好事、多利益一切众生，这个功德就大了！

古圣先贤的话，我们读了要能够相信、能接受，依教奉行，所得的功德利益是自己受用不尽的。你不相信，认为那是神话，靠不住，那是自己的业障。这样无比殊胜的因缘，就当面错过了。

【原典精读】

吾于是而知，凡称祸福自己求之者，乃圣贤之言。

【译文通解】

我由此方知，凡是讲人的祸福，都是自己求来的，这些话实在是圣贤人的话。

【经典心裁】

这是了凡先生真正觉悟的话。大圣大贤有真实的智慧，把事实真相看得清清楚楚，佛菩萨是圣人当中的圣人。

【原典精读】

若谓祸福惟天所命，则世俗之论矣。

【译文通解】

若是说祸福，都是天所注定的，那是世上庸俗的人所讲的。

【经典心裁】

这是讲常数。以前孔先生给他算命是世俗之论，云谷禅师教他改造命运是圣贤之言。晓得这个道理，你还需要去算命吗？还去看相，看风水吗？不要了！相信圣贤之言，命运完全掌握在自己的手中，要自己开拓美好的前途。

【原典精读】

汝之命未知若何？即命当荣显，常作落寞想。

【译文通解】

你的命,不知究竟怎样?就算命中应该荣华发达,还是要常常当作不得意想。

【经典心裁】

了凡先生的命是被人算定了。他的儿子没有给人算过,不知道他的定命是如何,实在讲也不需要算了。"即命当荣显,常作落寞想",以下这一段开示,非常重要,是他教导儿子:纵然你命里将来是大富大贵、达官显要,也要常作落寞的想法。"落寞"即是不得志。为什么要作此想?因为以后纵然发达了,人也要谦虚,能够礼让,不会以富贵对别人起一种傲慢的念头。自己能谦虚,这是培养自己真实的福德。

【原典精读】

即时当顺利,当作拂逆想。

【译文通解】

就算碰到顺当吉利的时候,还是要常常当作不称心、不如意来想。

【经典心裁】

样样事都很顺利时，也常常要想着遇到许多的困难。就是在顺利当中，还是要谨慎，还是要小心，不敢大意。诸葛亮一生成功就是在此——诸葛一生做事小心谨慎。

【原典精读】

即眼前足食，常作贫窭想。

【译文通解】

就算眼前有吃有穿，还是要当作没钱用，没有房子住想。

【经典心裁】

眼前衣食不缺乏，相当的丰富，可是一定要知道节俭。如果在富贵时能常常守住这一点，德行、善行都能够增长，中国历史上的范仲淹就是如此。范仲淹出身非常清寒，年轻时在寺院里念书没有东西吃，每一天煮一锅粥（稀饭），把粥画成四格，每餐吃一块，过着这样贫困的生活。到以后发达了，做了宰相，一人之下万人之上，他的生活方式还是保持从前穷秀才的样子，没有改变多少，只是小幅度调整。他收入多，就想到很多贫苦的人，把他的收入救济那些贫苦的人。看他的传记，得知他曾养活300多家。一个人的收入养活了300多家，你就晓得300多家也只能糊口而已，都过着很贫穷的生活。如果过得很富裕，他哪有能力养活300多家！

　　这是我们中国人中的大贤，印光大师赞叹——孔夫子之后就是他。他的子子孙孙一直到民国初年都不衰，这是他培育"百世之德"，才有百世的子孙保之。中国世家第一个是孔夫子，第二个是范仲淹。范家800年不衰，都是积德积得厚，真正修行，真做：能够把自己的福报分给别人去享受，这是大福报。福报不要享尽了，分些给别人享，后福就无穷了。一直到民国初年时，范家的子孙都能守住家风，都很好，在中国历史上像这样大德的人家不多。印祖在《文钞》里说还有一个，清初一位叶状元，这个人直到清末年时，他的家业300年不衰。由此可知，断恶修善、积功累德，才是人生第一大事。

【原典精读】

即人相爱敬，常作恐惧想。

【译文通解】

就算旁人喜欢你，敬重你，还是要常常小心谨慎，做恐惧想。

【经典心裁】

俗话讲"受宠若惊"，别人爱护我们是好，但是我们要自己想一想，我们有什么地方值得人爱护？值得人敬仰？要唯恐自己的德能不够，有这样想法才好——时时能回头，进德修业，不负众望。

【原典精读】

即家世望重，常作卑下想；即学问颇优，常作浅陋想。

【译文通解】

就算你家世代有大声名,人人都看重,还是要常常当作卑微想。就算你学问高深,还是要常常当作粗浅想。

【经典心裁】

这些都足以戒除自高傲慢。慢是很大的烦恼,慢与贪、嗔、痴有连带的关系,了凡从这里着眼下手,确实是断烦恼的好方法。断尽烦恼,性德才能够显露,这是真正修德有功。

【原典精读】

远思扬祖宗之德,近思盖父母之愆;上思报国之恩,下思造家之福;外思济人之急,内思闲己之邪。

【译文通解】

讲到远,应该要想把祖先的德气,传扬开来;讲到近,应当想父母若有过失,要替他们遮盖起来；这里即是说明孔子的"父为子隐，子为父隐"的大义所在；讲到向上，应该要想报答国家的恩惠；讲到对下，应该要想造一家的福；说到对外，应该要想救济别人的急难；说到对内，应该要想预防自己的邪念和邪想。

【经典心裁】

这以下的文字是这三思的总结，非常重要。立命的关键就在于此。我们心里思的什么，想的什么，这是进德修善的关键。中国过去的教育，说的是人与人的关系，人与天地万物的关系。教你常常想，"远"要如何荣宗耀祖，"扬"是显扬祖宗之德。自己在社会上，道德、学问、事业能为社会大众所尊重，是祖先之光荣。今天社会努力精进的动力是什么？是名利。大家拼命去做，为什么？钱财在那里鼓励，在那里推动。如果没有钱财，谁肯去做？大家都不愿去做了！从前人努力勤奋工作，他的动力是孝道，他想到祖宗，想到父母——我一定要努力修善积德，使我的父母有面子，我的祖宗很光荣，这个动力比名利高尚得多。这是我们中国几千年来的文化传统,佛法也是建立在孝道的基础上,所以对于祖宗的祭祀,祠堂的建立,都非常重视,这是中国文化的大根大本。人能够孝亲,能够不忘本,自然能够心正行正,不会做坏事。

"近思盖父母之愆","愆"是过失。儿子孝顺,儿子对社会有贡献,父母纵然有一点小的过失,社会人士也会把它忘掉。父母有这么一个好儿子,大众都赞叹他的父母了。这是孝子。

"上思报国之恩",国家对人民有君亲师的使命,保障人民安居乐业,国民应为国家尽忠。

"下思造家之福"。"家"是家庭,但不像现在的小家庭。从前的家是家族,内外眷属,是一个大的家族。为子弟的要常思造整个家族之福,不是一个小家庭之福。所以一人有福,一个家族皆能享受。

"外思济人之急",从社会来着想,要尽心尽力替社会服务,为社会大众造福。在今日社会,最急者无过于伦理道德教育之复兴与发扬光大。

"内思闲己之邪。""闲"是防止;防止自己的过失。"邪"就是邪知邪见;我们对妄想要知道防止，绝对不可有非分之想，起心动念都要知道本分。人人都能知道本分，能够守住本分，于是社会祥和，天下太平。《孟子》所谓"君子务本，本立而道生。"本是本分，守本分就是要尽义务。儒家所讲的本，是指五伦十义，就是要尽到我们在社会、在人生应该尽到的义务。应当做到的这些事情要认真去做，要努力去做，为社会、为家庭造福。

【原典精读】

务要日日知非，日日改过。

【译文通解】

一个人必须要每天知道自己有过失，才能天天改过。

【经典心裁】

"日日知非"就是觉悟，佛家所说的"开悟"——始觉、本觉、究竟觉。始觉就是"日日知非"，"始"是开始，是天天开始，所以从初发心到等觉菩萨，都是始觉。天天发现自己的过失、自己的毛病，发现了就改，这叫真正的修行——修正自己的见解、思想、行为，日日改过，这就是大圣大贤的真实修务。

【原典精读】

一日不知非，即一日安于自是；一日无过可改，即一日无步可进。

【译文通解】

一天不知道自己的过失，就会一天安于自己的境况。如果每天都无过可改，就是每天都没有进步。

【经典心裁】

我们要想改造命运，想离苦得乐，这几句话是关键、是锁钥，非常重要。一般人一生当中不能成圣成贤，修行得不到一个结果，毛病就犯在此地。天天知道自己的过失，就是天天始觉。一发现就把它改正过来，这叫功夫。真的改过，这是功夫得力。不必多，一天真的能知一过失，改一过失，三年之后你不是圣人就是贤人,这一点都不假。一天改一条过失,一个念佛人3年之后,不是上品往生,也是中上品往生,这是修学成佛做祖,你肯不肯认真去做?一天一条过失都没有发现,这是迷惑颠倒。不知道自己的过失,当然就无过可改,哪有进步!不进则退,自然堕落。"安于自是"——自以为是,是最可怕的生活。

【原典精读】

天下聪明俊秀不少,所以德不加修、业不加广者,只为"因循"二字,耽搁一生。

【译文通解】

天底下聪明俊秀的人实在不少,然而他们道德上不肯用功去修,事业不能用功去做;就只为了"因循"两个字,得过且过,不想前进,所以才耽搁了他们的一生。

【经典心裁】

这是真的,聪明睿智的人很多。"所以德不加修,业不加广者,只为"因循"二字,耽搁一生。""因循"是放逸、懒散、偷安,日子得过且过,就是我们常讲的混日子。这样一天天混下去了,这样过生活,就是定命。你命里面注定的——怎么生、怎么死,死了以后要到哪一道去,全按照定数安排。这就是云谷禅师讲的凡俗之人、庸俗之人,完全照着命运去走,也是佛在经里所讲的"可怜悯者"。他教他儿子这一段,确实是世出世间用功,都离不开的原则。

【原典精读】

云谷禅师所授立命之说,乃至精至邃、至真至正之理,其熟玩而勉行之,毋自旷也。

【译文通解】

云谷禅师所教立命的许多话,实在是最精、最深、最真、最正的道理,希望你要细细地研究,还要尽心尽力地去做,千万不可把大好的光阴虚度过去。

【经典心裁】

了凡先生将云谷禅师教他改造命运的理论与方法,写出来传授给他的儿子,希望他也依照这个方法来修学。了凡先生依此修学,得到了很好的效果,所以对云谷禅师所说的理论与方法深信不疑。

"至精至邃","精"是精华、精纯、精彩到了极处;"邃"是深远、真实,绝对正确。"熟玩而勉行之","熟玩"就是把它读熟深思,细细去体会。常常思惟,常常去想,你会得到其中的法味,然后把它变成自己的行为,努力去做。

"勿自旷也","旷"是光阴空过,谓不可虚度这一生。

【拓展阅读】

　　1. 名字与命运

一

袁学海最初的名字叫袁黄。

袁黄祖上的情况无从考证,因为他们故意隐瞒了，只知道曾经做过朝廷很大很大的官，光田地就有600多亩。

别人家有人做过大官，八辈子后都还要津津乐道，甚至夸大其词，一有机会就炫耀：给你说吧，我们家太爷爷过去当过省长，家里老有钱了！即使像屈原那样高洁的人，也忍不住要在《离骚》开篇就说："我是高阳帝的后裔啊（帝高阳之苗裔兮）！"

但为什么袁黄家要隐瞒呢？是低调吗？

不是！

是要保命！

因为他祖上做了大官后，不知到了哪一辈，因为名字没取好，或者是乱改了名字，总之，心没有因名字而敞亮，懵懵懂懂地跟错了人，站错了队，站到了朱棣的对立面，结果被当了皇帝的朱棣满门抄斩。

袁黄的祖上作为一条漏网之鱼逃了出来。

想到一夜之间，全家老老少少几十口人被杀，他也不愿独活，遂写了一首《绝命词》，投江自尽。据说那首《绝命词》是这样写的：

北风萧萧秋水绿,木落松陵野老哭。周武岂不仁,乃耻食其粟。生无益于时,九死又奚赎?吾将从彭成,宁葬江鱼腹。

从这首绝命词可以看出,袁黄的祖上不仅有文化,还很有种,竟然敢替建文帝打抱不平,与他叔叔朱棣作对,颇有当年荆轲刺秦王的范儿——风萧萧兮易水寒!

所幸的是,这个有种的人并没葬身鱼腹,被一个渔民从江中救了起来。

从此隐姓埋名,逃匿到吴江。

逃匿嘛,自然是悄悄地进庄,打枪的不要。既不敢张扬,也不敢四处去倒腾生意,只能龟缩在那里,用逃命时仓皇携带出的那些古董、字画和金条慢慢度日。

渐渐地,坐吃山空,家道败了。

当然,即使家败了,也还是要供孩子读书的,因为读书可以做官,做官可以重新光宗耀祖。(看来他们藏匿得很成功,抑或那时的政治气候比较宽松,不像有些时候,要追查祖宗十八代)

最初，袁黄的爹也是这样想的：再穷不能穷教育，再苦不能苦孩子！绝不能让孩子输在起跑线上！

可后来却变了卦。为什么要变卦呢？

没办法呀，实在是太穷了，穷得都揭不开锅了，不仅请不起名师上不起名校，甚至连农民工子女学校都上不起。

他爹撒手人寰的时候，望着孤儿寡母，家徒四壁，眼泪吧嗒吧嗒流了下来，长太息以掩涕兮："罢了，罢了，还是让吾儿学医去吧，既可以赚钱维持生计，又可以治病救人，弄好了，还能成为神医。"（当然，不是张悟本那种）

他爹最后给儿子留下的遗产是：替他做了新的职业规划——当医生，争取做一个像张仲景那样的神医。

成为医生，这是当时不能读书做官的人退而求其次的理想的职业规划。连范仲淹那样的人都说："不为良相，当为良医。"

正当袁黄怀着当神医的梦想还没有成为神医的时候，遇见了一位神人。

那天，不是初一，就是十五，在一个名叫慈云寺的地方，香客络绎不绝，香烟缭绕。寺庙门前热闹非凡，人山人海，有耍猴的、卖狗皮膏药的、乞讨的……十三四岁的袁黄也跻身其中，蹲在地上，摆一个摊，叫卖些山药呀、枸杞呀、何首乌呀什么的。

一位老人缓缓走了过来，仔细打量这位卖药的少年。

那眼神就像医院里体检时的 X 光一样，似乎能够穿透五脏六腑，破译生命的密码。

袁黄被这束无形的强光所震慑，转过头来，看见老人身材魁梧，仙风道骨一般，一边捋着长长的胡须，一边惊讶地注视着自己。

对于十三四岁的孩子来说，脑海中一定少不了很多幻想，越是穷人家的孩子，幻想越稀奇古怪，比如挨饿的时候，幻想白胡子神仙下凡给自己白面馒头；挨打受辱的时候，幻想披红风衣的超人把对方揍个半死；身处危险的时候，幻想蜘蛛侠拉自己一把。

袁黄仰视这位老人，心中又惊又喜：莫非今天遇见了神仙？他停住声嘶力竭的叫卖声，恭恭敬敬地站起身来。

"你怎么会在这里？"神仙问道。

袁黄很激动，也很困惑。激动的是因为神仙说话了；困惑的是因为他听不懂神仙的话。

"我天天都在这里呀！我不在这里，应该在哪里呢？"他心里嘀咕。

"你应该在学校读书！"神仙斩钉截铁。

袁黄觉得神仙的话很怪，自己有些听不明白，就小心翼翼地将神仙引至家中，想让母亲听一听。

见到袁黄的娘后，神仙做了自我介绍："我姓孔，来自云南，对《易经》颇有研究。我看你儿子是读书做官的命。"

一听这话，袁黄头脑中那些五彩缤纷的幻想一下子破灭了。

原来不是神仙，只是个半仙！

他有些失望，有些沮丧。不过，很快一个更实际的想法冒了出来。半仙也行呀，没准儿自己是大富大贵的命，不然怎么独独盯上自己呢？

要不算一算，他心里想。

算算就算算，他母亲心里想。

且慢，还是请孔老先生先算一算过去吧！母亲若有所悟，看来姜还是老的辣。

孔老先生笑了笑，掐指算了起来。

算过之后，母子俩惊讶万分——准，真准！

袁黄按捺不住了，赶紧算算将来吧。

孔老先生又掐指算了起来："你明年去考秀才，在县上考试的排名是第十四名，在市上考试的排名是第七十一名，在省上考试的排名是第九名。"

母子二人十分激动，也有些怀疑，不过他们更想用实际行动去验证。

在半信半疑中，袁黄收起那些山药、枸杞和何首乌，也收起学医的心，准备入学读书。由于这时袁黄已经入赘到浙江嘉善，遂决定以嘉善考生的名义报考（也许，那时嘉善的高考录取分低，入赘总该有点便宜占），并改名为"学海"。

估计"学海"这个名字多半是孔半仙给取的，又多半出自这样一副对子：书山有路勤为径，学海无涯苦作舟。

取这个名字,是要表明这样的心迹:好好学习,天天向上,在浩浩荡荡的考试大军中,逮谁灭谁,做一个人见人怕的学霸。

算完命,取完名,孔老先生便扬长而去,至于吃没吃饭,收没收钱什么的,《了凡四训》中没说,我们也就不得而知了。

就这样,作为"袁黄"的这个人已经悄悄退去,而作为"学海"的这个人,他的命运开始扬帆启程。

那么,究竟是什么样的命运在等待着他呢?

二

真是令人难以置信。

第二年袁学海去参加考试,正如孔老先生所算,一丝一毫不差,一一应验。

学海高兴得屁颠屁颠的。学海的娘激动得双手合十,忙念阿弥陀佛,继而又抬头凝视远方,轻轻呼唤:"孩子他爹呀,咱们家祖坟上终于冒烟了!"

泪,两行带着激动、喜悦和憧憬的泪从她脸上流了下来。

学海到底考了啥？母子俩如此激动。

秀才！

至于吗？考个秀才就高兴成这样？！

各位有所不知，那时，秀才可不是一般人，不比现在的大学生一年好几百万，满大街都是。过去的秀才很稀罕，社会地位也比较高。秀才不仅摆脱了平民的身份，还有很多特权，比如，别人都要服徭役，秀才可以免一人徭役；别人见了县太爷要下跪，秀才可以不跪。（看来明朝也很尊重知识，尊重人才）

据说，当年朱元璋与别人争天下时，把杭州城围得水泄不通，城中的守军为了保证粮食供应，就把百姓往城外赶，而朱元璋为了消耗敌军的粮食则下令：百姓一律不许出城，回去吃敌人的粮食！

成千上万的人进不了城，也出不了城，就在双方交战的中间地带，不是被杀死，就是被饿死。

不过，凡事都有个例外，朱元璋的这道命令也有一个例外：秀才可以放行！

张三是种地的，对不起，回去找死吧！

李四是戴眼镜的，你走吧，好好活着，将来俺们得了天下，需要你！

这个事例，再一次有力地证明了这条真理：知识改变命运！

当然，秀才不仅有很多实惠，更重要的是开启了一扇通往荣华富贵的大门，再往上走，可以成为廪生。廪，是粮仓的意思。廪生，就是指吃粮仓里的粮食的学生，即吃皇粮的，俗称"铁饭碗"。成为廪生，吃喝就不愁了，每年每月国家都会按时给你粮食或银子。你什么事情都可以不做，只管读书就行。

廪生再进一步，就是贡生。贡，是上贡的意思。即你已经成了一件宝贝，地方政府不敢私藏了，要把你上贡给朝廷。

贡生可以到北京的国子监进修，如果考上举人，就有资格做官。如果连续几次都考不上，组织部门也会调阅你的档案，酌情处理，把你列为后备干部，运气好，还会被委派去地方做官。

那时候，贡生的运气总是很好，因为明朝的管理能力很差，但统治能力却很强。统治能力强的标志，就是不管三七二十一，只要不听话，统统的砍了，有时一个案子能杀几万名官员，腾出几万个位置。这时由于萝卜太少，坑太多，贡生就可以乘机捡漏，当个县令县宰一类的小官。与此同时，明朝还有一项制度，父母死了，官员必须辞职，回家守孝，这样也就腾出了位置。所以，那时不管是真是假，官员对父母都很孝顺，生怕他们身体不好，死得太早，影响了自己的官运。（在这方面孔子是有远见的，他的办法是"父母在，不远游"，你想呀，你千辛万苦走到了宰相这个位置，父母突然死了，一敲回车，白干了。还是父母不在，干着踏实）

举人再进一步，就是进士。成为进士，就相当于在中组部挂了号，当官是迟早的事情。如果在进士之中，你的成绩排在前三名，跻身成为状元、榜眼和探花，那么，你就成了皇帝眼中的红人，弄顶乌纱帽，就如同笼子里捉一只鸡！

所以，对读书人来说，他们梦寐以求的就是考试、冲关，不断往上升，成为进士，最好连中三元！（那概率比中5个亿的彩票还要难上数百倍）

然而，无论前途多么灿烂，第一步必须考上秀才，拿到入门的通行证。

所以，虽然秀才是小知识分子，却是进士的种子。

当然，并不是每一粒种子最后都能结出果实，有些会被虫子咬烂，有些会被大风刮走，有些会被鸟雀啄食，但是总会有一些种子能够开花结果。

学海坚信自己一定是那颗能够修成正果的种子。

人性有很多弱点，最大的一条是贪。

秀才学海在孔老先生的掐算下，既然打开了通往未来的这扇大门，就想再往里多偷看几眼，不，最好是将自己全部的命运一览无余！

激动了一宿之后，第二天，学海出门了，他要去找孔老先生。

"来了，我觉得这几天你该来了！"孔老先生说。

学海对孔老先生的话一点儿也不惊讶，他是半仙嘛！

"是不是想算一算一生的命运？"

学海点了点头。

孔老先生用捋完长胡须的手，掐算起来。

当命运的大门吱扭一声，慢慢被推开的时候，学海有些紧张，有些害怕，不过，更多的是兴奋，他的心怦、怦、怦直跳！

很快，一张清晰的命运图呈现在他面前：

某年某月的某一天，你将考第几名，升学为廪生，成为带薪读书的人。

某年某月的某一天，你将升学为贡生，作为宝贝上贡给朝廷。

成为贡生后，某年某月的某一天，你将被组织部门选派到四川一个县去当县长。

在任3年半后，退休，回乡。

53岁这一年阴历八月十四凌晨，寿终正寝。

可惜，没有后代。

就这些，完了！学海心里想。

是呀，完了！孔老先生说。

由于紧张和兴奋，学海没有仔细分析孔老先生推算出的命运图，只记住了自己能当县太爷这件事。

县太爷那可不是一般人，是土皇帝，每天自己坐轿，别人抬轿，除了秀才，全县的百姓见了都要给他下跪，多威风，多有面儿啊！

他小心翼翼地将命运图牢牢记在了心里。

三

回到家中，夜深人静时，躺在床上，袁学海从记忆中掏出那张命运图来仔细分析。越分析，越觉得不对劲儿。

升为贡生后，孔老先生为什么没说举人、进士的事呢？

妈呀！我没有中举。

学海醒悟过来，自己忙活一辈子，居然没中举，混得连范进同学都不如。

再看那个县长，自己没考上举人，以贡生的身份去当县长，明显是组织部门照顾，捡漏得来的。

捡漏就捡漏吧，过程不重要，只要能达到目的就行。但当县长的时间太短了，只有3年半，屁股还没坐热,就退休了。

天呀!我 53 岁就死了,还没后代,连一个端灵牌、摔瓦罐的人都没有,这也太凄凉了吧!

八月十四这天死,这不明摆着说:我躲得过初一躲不过十五吗?

……

苍天啊,大地啊,我的命咋这么苦啊!

年轻人的心中原本有缤纷的梦想,灿烂的憧憬。比如,小伙子梦想将来的媳妇比林志玲还会撒娇,比范冰冰还漂亮;姑娘梦想意中人像都教授那样帅气。但是,当现实终于把那个人推到面前时,不免令人失望:怎么会是他/她呀!这么矮,这么黑,这么胖,还没房没车没有钱……难道我要和这样一个人共度一生?

这就是现实,冰冷的现实,无情地浇灭了心中那个热气腾腾的梦想。

现实与理想的巨大落差,犹如一道悬崖,人站在悬崖边上:是跳呢,还是不跳呢?

当残酷的现实突然被呈现出来的时候,任何人都难以接受。

理想要西瓜,现实是芝麻。

理想要芝麻,现实是一闷棍。

在这难以接受的命运面前,学海像所有正常人一样,心里一定会经历下面五个阶段——

第一个阶段:否认!

第二个阶段:愤怒!

第三个阶段:讨价还价!

第四个阶段:悲伤!

第五个阶段:接受!

否认,是不相信自己的命运,或者只相信好的,不相信不好的。就像妻子开始听说丈夫有外遇时,第一反应是否认,不愿意承认:胡说什么,我丈夫才不会呢!

是人,都会这样:当不幸的事情发生时,总是心存侥幸,希望事情是这样的,希望事情不是这样的。

希望是什么?

希望是很好的早餐,却是最糟糕的晚餐。

这句西方谚语说的是，人如果总是用希望来掩盖事实，开始虽然舒适，最终却令人失望。当然，这话说得还算文雅。如果用鲁迅先生的话说，就重口味了：

希望是什么？是娼妓；
她对谁都蛊惑，将一切都献给；
待你牺牲了极多的宝贝——
你的青春——她就弃掉你。

鲁迅把掩盖事实的希望比喻为"小姐"，她迷惑你、引诱你，最后却抛弃你。从鲁迅用词之尖酸刻薄，可见他对这种情形的深恶痛绝。

不过，需要注意的是，人为什么会这样呢？无非是想从心理上欺骗自己。

恰如一位诗人所表达的：**人类无法忍受太多的真实！**

否认，是接受残酷现实的第一个心理阶段。

现在的学海就是这样，他心里想：不会这样吧，一定是孔老先生搞错了。他是人，又不是神，是人就要出错。

也许，他漏掉了某个细节，没准儿掐指一算的时候滑了一下，错掐了一个节骨眼。

没错！

一定是！

细节决定成败！

这个细节太重要了。漏掉这个细节，便漏掉了自己人生中本来应该具有的辉煌！

但是，现实是无情的，命运亦是无情的，它们对待人就像对待刍狗一样——天地不仁，以万物为刍狗；圣人不仁，以百姓为刍狗。

命运的车轮并没有照顾学海的感受，也不是他希望的那样，而是继续冷漠地，大摇大摆地，按照孔老先生算定的轨迹前行：

某年某月，考试排第几名！

某年某月，有什么事情发生！

……

虽然，有时候，看到学校里那些花白头发的人还在为秀才的身份努力奋斗，而自己年纪轻轻就成了秀才，多少感到一些安慰。人就是这样，比上不足,比下有余。自己没鞋穿,心里难过,看见一个没脚的,心里就好受多了。但年轻人往往不习惯于向下看,他们更倾向于往上看,往前看。

一看到上面举人的队伍中有范进,一想起那张命运图,学海便立刻难受起来,心如刀绞!

继而一股怒火,腾的一下从心中升起:去××的,老子偏不信这个邪!

学海进入了第二个心理阶段:愤怒!

他不甘心!

他还年轻,还有的是时间创造属于自己的未来!

他愤怒!

对自己的命运愤怒,对孔半仙愤怒,凭什么范进都能够中举,偏偏我不行。(不是在追求幸福,而是在追求比别人幸福)

他要挣扎!

他要与命比一比——到底是我硬,还是我的命硬。

现在,他已经有力气扛起一麻袋苞米,他相信自己也将有能力挣脱命运的缰绳!

袁学海，他行吗？

2. 人是耗子，命是猫

一

在接受残酷现实的过程中，每个心理阶段都有可能经历很长的时间，有的甚至一辈子都滞留在某一个心理阶段，无法走出来。

"否认"这个阶段，是对现实的逃避。

"愤怒"这个阶段，是对命运的抗争。

对袁学海来说，否认这一关很容易过，毕竟他是一个诚实的人，一个敢于接受现实和真相的人。但"愤怒"这一关，却不容易过。因为他天生就有一股子不服输的精神，他要使出全身的力气去挣扎，去打败自己的命运。

寒窗苦读，一载，又一载！

大考小考，一次，接一次！

不服气的袁学海从少年变成了青年！

现在，按照那张命运图，他已经成为廪生，"铁饭碗"也端了很多年，但是，命运的轨迹似乎没有丝毫要改变的迹象!

他唯一能够做的事情就是心中憋着一股气,愤愤不平,天天背复习资料、记单词,心想,高考多一分,干掉1000人,最后干掉一切对手,改变自己的命运。

功夫不负有心人,不久,一个人的出现预示着他的命运开始发生了改变。

这个人姓屠,是浙江省的学政,相当于现在省教育厅厅长。一天,闲来无事,屠厅长就去翻看考生的试卷(很敬业),翻到袁学海的试卷时,眼前一亮,觉得这个考生的文章不错,应该把他提升上来。

他给嘉善县教育局下了一道文书,大致内容是:这个人是人才,你们地方上就不要藏了,赶快把他进贡上来。

听到这个消息,学海很激动,也很兴奋。

在那张命运图中,孔老先生算他吃皇粮要吃到91石5斗的时候,才能升学成为贡生,而现在他只吃了70多石,就成了贡生。

这充分证明孔半仙算得不准,自己有更远大的前程，也意味着自己已经挣脱了命运的缰绳，获得了解放。

他那个高兴啊，解放了的天是明朗的天，解放了的人呀好喜欢！

但后面的事实证明，他高兴得太早了！

没高兴几天，一个坏消息传来：屠厅长调走了，高升了，现在是一位姓杨的代理厅长（学政）。

学海心存侥幸：人家屠厅长文书都下了，他是高升，又不是双规，一个代理厅长怕是不敢驳屠厅长的面吧！

当秘书把袁学海的卷宗，送到省教育厅杨代理厅长的办公室时，轻声说道："这是前任已经定了的事情！"

什么？前任？

现在，我在这里，一切都得按我说的规矩办！

看来这个秘书还是嫩了点，没有弄明白官场有一个潜规则：新官不理旧事！

怎么办？秘书还站在那里等指示！

驳了！代理厅长斩钉截铁。

什么？驳了！

学海怎么也不相信（又回到否认的心理阶段）。

他在县教育局门前，缠着一个小公务员（差役）不放。

大哥！你就别跟着我了，真的被驳了！没戏了！你就死了这条心吧！

袁学海垂头丧气地回到学校，他那颗被屠厅长鼓捣热的心，就像一块石头沉进了河底，哇凉哇凉。

小人物的命运总是这样：大人物一句话，你可以往上升；大人物一句话，你也可以往下沉！

屠厅长一句话想把他往上拉，杨代理厅长一句话又把他拉了下来。学海感觉自己就像是一根木头，屠厅长、杨代理厅长分别是两个拉锯的木匠，一上一下，锯断了自己的前程。那纷纷落下、撒满一地的锯末啊，是粉碎了的梦想、希望和憧憬。

袁学海很愤怒，也很难受。

在难受到了极点的时候，他也会进行自我安慰："还想咋的，全县吃皇粮的廪生只有20位，你就知足吧!"

照理说,他是应该知足的,不久后发生的一件事,也证明他已经混得相当有头有脸了,没必要再为自己的命运愤愤不平了

那天,一位穿着制服的衙门差役来了:"请问这是袁秀才家吗?"

"我就是!"袁学海开门回答。

"通判大人有请,明天早上到衙门走一趟。"

"什么事呀?"

"到了,你就知道了!"说完,差役匆匆离去,神情十分紧张。

袁学海倚门临风良久,不知道究竟发生了什么事情。

通判是掌管粮运、水利、诉讼和监察官员的,承担着公安局、检察院和法院的一些工作。袁学海纳闷,他们找我会是什么事情呢?难道是自己东窗事发了?可我没干过什么坏事情呀,考试的时候也没有作弊。可是没干坏事情为什么公安局会找我呢?

没做亏心事,也怕鬼敲门。

袁学海心想，如果不是坏事，就一定是好事。会不会是自己要出贡了，特批的？不会呀！如果是，那也该由教育局来通知。

一夜没睡踏实，第二天一早，袁学海就到了衙门。

只见衙门外站着一群人，黑压压的，有当地的土豪乡绅、名医巨商、和尚道士，还有就是像他这样的廪生。总之，当地有头有脸的人都在这里。

看见袁学海来了，一个熟悉的廪生说："学海兄，听说了吗？这倭寇太厉害了。"

一位身穿绫罗的土豪接过话说："可不是，一小股50多人的倭寇从沿海登陆后，居然能深入腹地，一路杀人越货，如入无人之境，杀人如麻，太吓人了。"

另一位乡绅模样的人说："就是这么一小股倭寇，竟然越过杭州，经淳安（海瑞当过官的地方）进入安徽，逼近芜湖，围绕南京转了一个圈，十几万明军都没围住，还真让他们给跑了。"

"跑到哪里去了？是不是冲嘉善来了？"袁学海很是惊讶和不安。

另一位身穿绸缎的土豪感慨道:"真悬呀,这股倭寇从南京外围一路经宜兴退回武进,擦着边从吴江和嘉善路过。"

一位医生模样的人说:"造孽呀,这帮混蛋虽然被消灭了,却杀死了我们4000多人!"

什么?50个人杀死了我们4000人,还是在咱们的地盘上!

"他们怎么这么厉害呢?"袁学海心中疑惑。

"听说他们有新式武器,那武器前面就像鸟嘴一样,叫鸟铳,100米开外,一响一个准儿,比弓箭厉害多了!"(当时大多数武器在50米外不能造成致命伤害)

"那我们今天是来……"

还没等袁学海说完,另一位廪生忙说:"通判大人是请我们来出谋划策的,以防倭寇再次袭击。"

袁学海明白了,这是一次紧急召开的全县各界代表大会,邀请了社会各行各业的贤达人员参加。在惊讶和不安之余,他也很自豪——自己已经混成了社会贤达人员。

不一会儿,通判大人出来了,他说:"各位社会闲杂人员……不,不,各位社会贤达人员,报告大家一个好消息,朝廷已经派戚继光将军来浙抗倭了,我们要上下齐心,抓紧防务。现在,请随我登船巡查咱们嘉善的防务,希望多提宝贵意见。"(通判大人由于经常与社会闲杂人员打交道,对"社会贤达人员"这个词还不太熟悉,容易说错)

22岁的袁学海跻身在全县的贤达人员中,青年才俊,意气风发,显得是那么突出,与通判大人站在船头上指点江山,看哪里的城墙应该加固,哪里的山头应该加派岗哨……那一刻他竟完全忘记了那张命运图。

一股热血在胸中激荡,他真想弃文从武,拿起刀枪跟这帮乌龟王八蛋干。

不过,这些倭寇怎么会突然冒出来呢?

日本究竟是一个什么样的国度?

此时世界格局究竟如何?

这些问题,对于那时的他来说,简直是一团迷雾。

他不清楚这时丰臣秀吉正在统一日本,也不清楚统一后的日本会把魔爪伸向另一个国家——朝鲜。

当然，更不清楚在他所处的时代还将有一场旷日持久的抗日援朝战争。

那时的他，心中只有一个目标：读书，考试，做官，不断挣扎，不断奋斗，并由此改变孔老先生算定的命运。

二

那次与通判大人同船巡防务之后，处在"愤怒"这一心理阶段的袁学海着实高兴了很久。小镇上的人都在议论：你们知道吗，袁秀才可不是一般人，连通判大人都高看他几眼。

这件风光的事就像一坛老酒，他时不时会舀一壶出来喝两盅，陶醉一番。

但是，酒总是会喝完的，人总是会清醒的。

当喝光了那坛老酒之后，孔老先生的命运图又清晰地出现在他的脑海中。只要那张命运图一出现，他的心中便立刻充满愤怒，他心有不甘，又无法挣脱。

他不断地劝说自己:"人有千般命,命命不相同,你的命不是最好的,但也不是最差的呀,总比那个姓吴的童生强吧,快50岁了,还没考上秀才。"

"知道吗?你最大的问题,就是人心不足蛇吞象,你就认命吧!"

"什么?你还想斗赢命,拉倒吧,别做梦了!"

在心潮的起起伏伏中,袁学海又窝在了那里,他唯一的选择,只有一个字:熬!

熬到孔老先生算定的那一天!

但是,那一天真的会来吗?

熬是艰难的!

在熬的日子里,作为廪生的袁学海有时会摇身一变,变成一位精于算计的商人,他与之讨价还价的老板,名字叫命运!

我说,命老板,你看这样行不行,我让一步,少活一天,你给我来个举人呗!

怎么?不行啊!那就两天,行不?

袁学海近乎哀求,不断压低价格,一直退让到3年。打住,赔本了,不能再低了,自己的命本来就短,没有多少本钱,无法豪赌,不能像有些人那样——我用青春赌明天!

当然,有时,他也会孤注一掷,豪气冲天:好吧,命老板,全听你的,只要活得精彩,自己什么都愿意!

……

这种情形很有点像现在的一些年轻人,心里想:苍天啊,给我100万吧!我宁愿拿一个肾换!

可像一些到寺庙里烧香拜佛的人跪在菩萨面前:"阿弥陀佛,大慈大悲的观世音菩萨啊,我给你烧一炷香,你让我怀个娃呗,等愿望实现后,我再给你重塑金身。"

这不是礼佛,是行贿,是在与菩萨讨价还价!

可是,现在,袁学海正由"愤怒"的心理阶段转入这个讨价还价的阶段,即第三个阶段。

讨价还价的心理,就像小孩子缠着娘要糖吃一样,拽着娘的裤腿不放,又哭又闹,又踢又跳,大有不达目的,誓不罢休的架势。

但大错特错了:命,不是你娘;运,不是你爹。

爹娘爱你，疼你。

命运对你没有半点怜惜之意。

因为命运明白：人狡猾狡猾的，年轻的时候，你想以身体换金钱、名誉和地位，等老了，你指定会变卦，又想用这些东西换回你的健康和生命。

命运不仅冷酷，也很聪明，它才不会上你的当。

它会对你磨磨叽叽的讨价还价不理不睬，继续按照自己的节奏前进！

……

在熬和讨价还价的岁月里，学海有时也不免会担心：孔老先生会不会算得不准，自己会不会一辈子都出不了贡，只能当一个廪生！

三

事实再一次证明：袁学海的担心是多余的！

熬到35岁这一年，杨厅长走了（没准儿进去了），省教育厅又来了一位新厅长（提学），名叫殷秋溟。（人事变动够频繁的）

这个厅长的名字取得很好：溟是大海的意思，

大海里有什么？水呀！秋天的水是什么样的？清澈啊！沉静啊！透明啊！

这个名字呈现出的志向是：心要像秋水一样透亮，胸要像大海一样宽广，不像杨厅长那样糊里糊涂，有眼无珠，心胸狭窄！

一天，殷厅长闲来无事，也去翻阅那一摞业已发黄的考生试卷（又是一个敬业的官），翻到袁学海的试卷时，不禁拍案叫绝："匪夷所思，匪夷所思啊，这么开阔的视野，这么深刻的思想，这么优秀的文章，居然没被录取，这是人才啊，人才难得啊！我能让这样的人在寒窗下孤老终身吗？不，绝对不行！"

果然有眼光，还有大海一样的胸襟，不辜负"殷秋溟"这个名字！

第二天一早，殷厅长就把秘书叫来，还是那位秘书，不过，老了不少（原来他也在熬啊，看来熬的人真多）。

立即，马上，给嘉善县教育局发一个文书，让他们把这个袁学海贡上来，十万火急，一刻不许耽误！

殷厅长的指示明确、简短、有力!

拿到升学通知书的袁学海,也学起孔老先生的模样,用手指掐算起来,二五一十,三五一十五……算完,不免一惊:前前后后加起来,自己所吃的皇粮,这一年这一月这一天,不多不少,正好是91石5斗,与孔老先生算的一模一样,严丝合缝。

袁学海又喜又惊又悲——

喜的是自己终于出贡,可以去北京了!

惊的是孔老先生算得真准,准得令人心惊胆战!

悲的是这辈子没辙了,就这样了,只能按照那张命运图亦步亦趋,中不了举人,也活不长,还没有后代!

袁学海的心在一喜一惊后,陷入彻骨的凄凉。这时,他进入了第四个心理阶段——悲伤。

回想这些年的经历,他悲伤地哀叹:命是一只黑猫;人是一只耗子。

猫逮耗子时,不会一上来就紧紧抓住耗子不放,而是抓住以后,先松开猫爪,让耗子跑几步,接着再抓住，接二连三，如此反复……直到这只耗子没有了任何幻想、念想和理想，累得筋疲力尽之后，猫才会最终把耗子弄死！

袁学海觉得自己就是那只可怜的耗子，屠厅长的出现，本以为可以挣脱命运的黑猫，谁知还没蹦跶几步，命运又让那个姓杨的把他逮了回来，让他继续按照既定的轨道旋转！

当袁学海被巨大的悲伤、哀伤和忧伤淹没之后，终于悟出一个道理：别跟命争，争也白争。

与其像逃命的耗子白白耗得筋疲力尽，不如老老实实听天由命。

这个领悟让袁学海进入了第五个心理阶段——接受！

他像变了一个人似的，再也不挣扎，不折腾，彻彻底底地认命了。

他的心完完全全死了！（余因此益信进退有命，迟速有时，澹然无求矣）

一个心死了的人，还能够死灰复燃吗？

第二训　改过之法

【阅读导航】

第一章是讲因果的理论，以下两章就讲命运怎么改法——恶要怎么改？善要怎么积？两章完全着重在行动。前一章是建立改造命运的信心，信了以后要去做；要怎么做法，在这一章里，会有详尽的解释。

【原典精读】

春秋诸大夫，见人言动，亿而谈其祸福，靡不验者，左国诸记可观也。

【译文通解】

在东周的春秋时代,各国官吏相互往来频繁,学问与阅历都很丰富,因此仅凭观察一个人的言语举止,就能推测出他的吉凶祸福,没有不灵验的。这种事在《左传》、《国语》等各类记载史实的书中都能看得到。

【经典心裁】

从此处可见古人学问的真实。《春秋》是鲁国的历史书,孔夫子当年把它进行了整理,做成了定本流传于后世。这部书有3个人注解,流传最广的是左丘明注的《左传》。今天所看到的《左传》就是左丘明所注解的《春秋》。(《春秋》是孔子整理的,并不是孔子作的。原来有很多材料,孔子重新整编,左丘明再加以详细的解释。)除《左传》之外,还有《公羊传》、《榖梁传》。在这3种注解里注得最好、文章也好、记载也很翔实的,是左丘明的《左传》。现在所流传的《十三经》,3种传都在其中。

"见人言动,忆而谈其祸福,靡不验者",这是说古人听到别人的谈话、举止动作,就能判断此人的吉凶祸福,而且判断得很正确,后来就都应验了。小则能预见一个人成功失败,大则能看出国家的兴衰。这是确实的,我们在"左国"(《左传》和《国语》两部史书)读到很多。他们有这种观察能力,就是懂得因果报应的道理。你的言善、行善,稳重厚道,就可以判断你有福,这个人有前途;言语刻薄,行动轻浮,这人会没前途。即使现在很得意,那也是昙花一现。这一举一动都可以看得出一生的吉凶祸福,所以心行言动不可以不谨慎。

【原典精读】

大都吉凶之兆,萌乎心而动乎四体。

【译文通解】

大概说来,一个人在尚未发生事情之前,预先显露出的吉凶祸福现象,都是发自他的内心,而表现于外在的行为。

【经典心裁】

这不只是理论，也是事实。一个人、一个国家都是如此——事还没有形成，它就有吉凶的预兆，这种预兆都是在起心动念处，在所作所为处。所以头脑冷静、很有理智的人，能够观察得出来，预知未来的变化。他从众人心行中就能看到国家兴亡——"国者人之积"，你看这国家上上下下的人，他们每天想些什么，他们每天做些什么，就知道这个国家有没有前途，知道这个国家的兴亡；我们一个家庭里的人，想的是什么，念的是什么，做的是什么，从中也就可知这个家庭的兴衰了；个人的吉凶祸福也在乎个人的行为。这些都有预兆。预兆很明显，看得清清楚楚，都显露出来，所以对一个有智慧、有学问的人是隐瞒不过的。

【原典精读】

其过于厚者常获福，过于薄者常近祸，俗眼多翳，谓有未定而不可测者。

【译文通解】

凡是待人处事比较稳重、厚道的人,常常能够获得福报;而行为不庄重、过分刻薄的人,常常会招致灾祸。一般的凡夫,学问不深、见识浅陋,没有识人之明,就像是眼睛得了眼翳病一般地看不清楚,却说祸福没有一定,是无法推测得出来的。

【经典心裁】

"厚"是厚道,厚道的人,心地厚道,行为厚道。能够损己帮助别人,这是厚道。对自己可以刻薄一点,对别人要好一点,这种人一定有后福。"过于薄者常近祸",对待别人刻薄,贪图自己的享受,这个人将来必有灾难。"俗眼多翳",俗人看不出这个预兆,像眼睛被遮住一样。

"谓有未定而不可测者",好像一切吉凶祸福没法子预测,看不出来,其实吉凶祸福的预兆都摆在眼前。什么人才去看相算命?就是此处说的"俗眼多翳"之人才会找人给他算算命、看看相。

下面这一段就很要紧,是我们应当留意、要修学的。

【原典精读】

至诚合天。

【译文通解】

一个人如果能以至诚之心待人,那他的心就与天道相吻合。

【经典心裁】

这是大原则——我们一个人处事、待人、接物要用真心,不欺骗自己,不欺骗任何一个人。"至诚合天"中的"天"就是佛法讲的真如本性。日常生活中妄念不生,常常保持着正念现前。那么现在这人纵然受苦受难,毕竟苦难很快就要过去,大福报要来。所以世出世间的大根大本就是真诚。儒家讲学养,八条纲目里"诚意、正心"是重心,"格物、致知"是达到诚意、正心的手段,这两条不能做,虽然想诚意,也诚不了,就是做不到

"至诚"。格物,物是什么?物是五欲六尘。财、色、食、睡要放下,如果不能淡薄,你的心会被心面境界所动,怎么诚得了?纵然不能把整个欲望舍掉,也要看淡。凡夫天天在打妄想,其实妄想无济于事。不如把这些妄想舍掉,把五俗六尘种种的享受舍掉一些,多替别人想想。我们有福,把福报都给别人去享,这个福报就大了,我们明白这个道理之后就要真做。

净空学佛,最初得力的就是《了凡四训》,朱镜宙老居士将此书赠送给我。我读了之后,想想年轻的时候和了凡先生一样,他有的毛病我都有。我也是短命,过去多少看相算命的,连甘珠活佛都说我短命,我相信。所以算命的说我过不了45岁,我很相信。因此,我出家学佛就把时间表定到45岁,因为我只有这么多的时间好修(我没有求长寿)。果然45岁那年得了一场病。当时,基隆大觉寺灵源老和尚举办结夏安居,灵老请我讲《楞严经》,我只讲了3卷,就生病了。自己想想寿命到了,所以也不找医生,也不吃药,天天在家念佛等往生。病了一个多月,也没有往生!病好了!这些年来依照这个方法修行，愈修行愈灵验，愈有信心。现在什么都舍了，舍干净就更自在了。

所以"舍"才会有"得"，没有"舍"就没有"得"。我们中国人说"舍得"，"舍得"这个名词是从佛经里来的。你能舍才能得，不能舍什么都得不到。这篇改造命运的文章也就是叫我们"舍"；求呢？求也有助于得也。怎么求？舍了就得了，你所求的都能得；首先要把妄想、执着舍掉。"至诚合天"是从根本上舍，舍自私自利——将利益自己的念头舍得干干净净，起心动念都是利益大众、利益社会、利益众生，这个人后福自然无穷。

【原典精读】

福之将至，观其善而必先知之矣；祸之将至，观其不善而必先知之矣。

【译文通解】

一个人福报将要到的时候，只需看他所做的善行，就必能预先得知；灾祸将要降临时，只需看他所做的恶行，也必定能够预先推测得到。

【经典心裁】

所以吉凶祸福都有预兆。福将要来了，看他的善心、善行——他能把自己的利益分给别人共享，这是善行，于是晓得他的福报快到了。若只顾自私自利，夺取别人的利益，自己的利益与福报不肯与别人分享，他的福报是会享尽的。享尽了就没有了！灾祸就来了！所以只要看到他想的不善、做的不善，就知道他的灾祸快来了。小到一个人、一个家庭，大到一个社会、一个国家，乃至于整个世界，都可以从这个原理来观察。只要很冷静、很细心，没有看不清楚的。所以吉凶祸福、世界的安定动乱、国家的兴衰都可以预知。

【原典精读】

今欲获福而远祸，未论行善，先须改过。

【译文通解】

现在如果想得到福报而避开灾祸，在还没有讲到行善之前，就必须先从改正过失开始做起。

【经典心裁】

前面了凡举出吉凶祸福都有预兆。无论个人、家庭、国家,乃至于全世界皆是如此。这些预兆,唯有心地很清净的人看得清楚。有定功的人,不仅是佛门,就是道家、儒家、读书人,心比较清净的,也都能看得出来,定功愈深看得愈远。所以佛经里常常告诉我们,阿罗汉能知过去五百世、未来五百世,这是我们每一个众生的本能——本有的能力,应当如此。现在能力丧失了,就是因为心乱了;被妄想、分别、执着、烦恼搞混浊了,使这个能力失去。佛法教我们的是要把心地上的障碍、污秽去掉,恢复我们的本能而已。

前面说的道理明白了,要从哪里下手呢?这里开始给我们讲真正用功下手的方法。我们每个人都想求福、求慧,都希望远离灾难,想得到幸福。"福"是从"行善"得来的——行善是因,得福报是果。可是业障要是没有除,福也不容易得到,所以先要把业障去掉。求有理论、有方法,世间一般人都在事相上求,都在常数里面求,那怎么可能求得到？现在虽然知道有变数，给我们带来了很大的希望，可是毕竟变数并没有立刻现前！如何能达到这个目的？先要修清净心。什么是善？心地清净是第一善。心地不清净，纵然修善，善里面有掺杂、不纯，所获得的福报很有限。就是讲消业障，也消得不够彻底，消得不很多。

由此可知，心地纯善、纯净非常重要。如何使自己心地恢复到清净？那就要改过，将自己的心地真正做一番洗刷的功夫。所以此处教导我们，"未论行善"——我们还没谈论行善、修善的方法之前；"先须改过"，"须"是必须，这个字非常的肯定。那么过要怎么改法？这里提出几条纲领，这些纲领非常重要。

【原典精读】

但改过者，第一，要发耻心。

【译文通解】

但是改正过失的方法，第一，要发起羞愧心。

【经典心裁】

中国古圣先贤教导我们"知耻近乎勇"——儒家讲的大智、大仁、大勇。什么人是大勇？唯有知"耻"，才能真正改过自新，才能发愤向上。人要不知耻，那就没有前途了。我们不要跟一般人比。把标准提高一点，跟谁比？跟诸佛菩萨比。佛菩萨也是人，我也是人，为什么他能成佛菩萨，他能得到不生不灭，我们还要搞六道轮回？这是大耻辱！

【原典精读】

思古之圣贤，与我同为丈夫，彼何以百世可师？我何以一身瓦裂？

【译文通解】

试想，古代的圣贤跟我们一样是个男子汉，他们为什么能够千古流芳，成为大众学习的榜样；而我为什么一事无成，甚至到了声名败坏的地步呢？

【经典心裁】

如果我们能常常这样想,这样反问自己,"耻心"就能生,就是改造命运的开端,也是改造命运的动力。什么力量在推动?这是原始动力,不可思议的动力。了凡先生在此地所说的多半是世间法,世间有大圣大贤——孔子、孟子、周公、伊尹,都是我们中国古圣先贤。他们是大丈夫!我也是大丈夫!(此地的"丈夫"没有男女之分,能为人之不能为,谓之大丈夫)他是人!我也是人!他能做得到,我为什么做不到?要从这个地方去反省。

世出世间,别人成阿罗汉、成菩萨、成佛了,他们过去生中有无量劫,我们过去生中也有无量劫;为什么别人生生世世修行,成菩萨、成佛,我们生生世世修行,还是搞六道轮回?这实在是奇耻大辱:世间的耻辱跟这是不能比的。"百世可师"——世出世间圣人都是天人师,佛十个德号里的"天人师"——此处的"师"就是典型、模范。他可以做一切众生的模范,做一切众生的好榜样。再想想自己则是"身瓦裂","瓦裂"是比喻,就是造恶业受恶报。

了凡先生的好处就是他对于自己的过失,丝毫都不隐瞒。他所讲的不是一般人的过失,是自己的过失。他发现了,能痛改前非,这是他的长处。他之所以能成就,关键就在此地。

【原典精读】

耽染尘情,私行不义,谓人不知,傲然无愧,将日沦于禽兽而不自知矣。

【译文通解】

这都是由于过分沉溺于逸乐,受到世俗欲望的染污,并且偷偷地做些不合乎道义的事,还以为别人不晓得,而表现出傲慢的样子,毫无一点羞愧心;就这样日益沉沦下去,逐渐变成禽兽之流,但自己却不能发觉。

【经典心裁】

第一个大病:耽染尘情。"耽染"就是贪爱、贪恋，是清净心受了染污。"尘情"是五欲六尘；五欲是情，尘是指六尘，尘也是代表染污的意思。我们坐的桌椅如果一天不擦，上面就有灰尘，天天去擦拭是为除去污物。我们的清净心也被欲尘染污了——财、色、名、食、睡，是五欲，起贪、嗔、痴、慢、疑，这就是染污。所以佛把外面境界——色、声、香、味、触、法，叫作六尘，就是这些染污我们的清净心，如果我们要恢复自性清净心，这就是病根。要恢复自性清净心，就要把这些尘情放下。世间人最难的就是放下！能放下一分，心就清净一分；放下两分，心就清净两分。菩萨所以有51个等级，实在就是因为尘情放下多寡不同，而分为51个等级。51分尘情都放下了，丝毫尘情都不染了，就叫成佛。若还有一分未放下，就是等觉菩萨。这个"尘情"就是业障。

  净宗讲"带业往生"，所谓带业往生就是放下一些，没有放得干净，还留一部分。过去有人主张净土法门不是带业往生，是"消业往生"，震撼了全世界的念佛人。这种说法是错误的，与经义完全不相应。虽然在净土诸经里面找不到"带业往生"

这4个字，可是意思非常的俱足。读《无量寿经》，得知如果不带业，业都消了才往生——既然业都消了，何必要往生？等觉菩萨还带一品生相无明，就是尘情还没有断干净，还带一分业，所以菩萨叫"觉有情"。"有情"是什么？还有尘情；完全没有，就成佛了！

严格来讲，心地纯净的只有一个人——佛，除佛之外，绝对没有心地纯净的。等觉菩萨还有一分生相无明，菩萨有尘情，但是没有前头那两个字——"耽染"。所以他叫"觉有情"，他是觉悟的有情。我们凡夫就是"耽染"很重，这个我们一定要知道。

"带业往生"是祖师根据经义说出来的，与经义绝对没有违背，我们要相信。尤其净土法门，一品惑没有断也能往生。在过去、在现代我们看到许多念佛往生的人，这是真实的见证，这是证明。所以有些偏差的言论，我们要有能力辨别，不要受它的影响，要"依法不依人"，那是人说的，我们要依照经典来修学。

"不义"就是不应该做的，不合理、不合法、不合人情、不合道德、不合风俗习惯，这都叫不义。自己做不应该做的事情，以为别人不知道——实在讲是有些人不知道。哪些人呢？迷惑颠倒的人、心里蒙蔽的人。聪明正直、心地清白自在的人知道，这样的人绝对瞒不过他，何况还有天地鬼神。鬼神有五通（鬼神五通是报得的，不是修得的）；鬼神都知道，诸佛菩萨就更不必说了——我们六道凡夫起心动念，他们没有不知道的。所以我们念了经论与圣贤典籍之后，真的是寒毛直竖，没有丝毫能隐藏得住，想想还是发露忏悔才对。为什么？他们都知道了。我们不揭发他也知道，还不如自己说出来好一点，我们心地比较能够得到一点平安。

"傲然无愧"，这个"傲"是傲慢，没有惭愧之心。"无愧"就是我们俗话说的"麻木不仁"，没有一点羞耻心，没有一点惭愧心；再说个不好听的，就是所谓"丧失天良"。做坏事常常还受良心责备，这人还是好人。虽然他外面瞒人，在自己心里常常感到不安，这种人还有救。做了坏事麻木不仁，这种人就没救了。若是尚有羞愧之心，这是有救的，可以回头的。

傲然无愧之人。"将日沦于禽兽"，他现在虽然是有人身的样子，他所造的恶业将来必定使他堕三恶道——他自己不知，诸佛菩萨、天地鬼神皆知道。在他运衰时，妖魔鬼怪会来欺负。妖魔鬼怪欺负人，要看什么样的人——将来生入天道以上的，他不敢欺负，对于善人不但不敢欺负，他还恭敬；对于造恶的人则常常讽刺他、讥笑他、欺负他，因为恶人虽然现在是人身，将来必堕恶道。

这些道理、这些事实只有真正学佛的人明了，明了之后，起心动念、一切行为自然就谨慎了。我们这一生不但肯定不能堕恶道，也肯定不能再搞轮回。如果我们不想再搞轮回，只有一条路——求生净土。所以对于取净土，一定要下很大的决心。净土如何取得？心净则土净——信愿持名、修清净心，也就是说"耽染尘情"要远远地把它舍离。当然不可能完全舍掉，完全舍掉就成佛了。我们舍的愈多愈好，不需要牵挂的就尽量不要去牵挂，把牵挂的念头转变成念阿弥陀佛；把自己身家的利益——身是本人，家是我的家庭，也就是起心动念都是念自家的利益的念头转变为利益一切众生，这样我们心就清净了。

　　佛菩萨与众生的差别，就在佛菩萨起心动念是想一切众生，没想自己；众生起心动念先想自己，不想众生。如果念念都想一切众生的利益，我执不刻意断，自然就渐渐没有了。我执要是没有了，在念佛功夫上就得"事一心不乱"，往生品位就高了，可生"方便有余土"，决定往生。我们要从这个地方下功夫，要认真地去做，所以眼光要远大，不要仅仅看这一生，不要只看眼前。我们眼前乃至于这一生，是非常之虚幻无常的。经上讲的没错："凡所有相，皆是虚妄。"要知道诸法无常，不值得我们去牵挂。在我们身旁的家亲眷属，我们要教他正法，要劝他如理如法地修学。

　　曾经有一位同修，他很着急——他的小孩子想到国外去留学，出国留学很不容易。他自己住在巴黎，他问我怎么办？我就教他，把一切妄念放下，全家念《无量寿经》、念阿弥陀佛，一定有感应。他说："这不行！我一定要把这件事情办妥，我的心才能放得下，才来念经、念佛。"我说："你如果是这样想法,你这一辈子都没有指望。"他问:"为什么?"我说:"你的方法用错了,你今天所思考运用的方法,是你自己的业力,你没有三宝加持的力量。"会用三宝的力量,把自己的力量舍掉——我自己力量做不到,我用清净心求三宝加持,会有不可思议的力量,这个才重要!就是此地讲的,我们要用变数,不用常数;常数是命中注定的,变数是自己创造命运。

　　创造命运要从心地里面求,这个心是真心,不是妄心。成天胡思乱想的,那是妄心,妄心是在常数上,不是在变数上。一用真心,常数就改变了,我们在佛经上、在《了凡四训》里看得清清楚楚。所以求佛菩萨怎么个求法?不是跟佛菩萨谈条件——求佛菩萨保佑我发财,给我赚100万,我供养你50万,我们两个对分。这不行,佛菩萨怎么会答应你这个条件。所以世间一般人想利用佛菩萨,想利用三宝的力量谈条件——许愿都是谈条件的,这很有限,这是错误的,没有条件好谈的。最要紧的是恢复自己的清净心,这有最根本的理论依据。就如佛法中所说,六祖也讲得很好:"何期自性,本自具足;何期自性,能生万法。"这已说明一切都是现成的,向自性里面求,没有求不到的——有求必应——因为自性本来具足,自性能生万法。三宝不过是给你做一个助缘而已,求得也是我们自性本有;自性里没有,三宝也帮不上的。"佛氏门中有求必应",你若完全相信,一点都不怀疑,会要求什么得什么——求成佛都可以得到,何况其余的呢?所以大家一定要明理,"求",一定能得到。世间人不知道,运用自己的聪明智慧,这就是佛经里面讲的"世智聪辨"。这不是求取功名富贵,实在讲是在造罪业(他自己还不晓得)。就是求得的,还是命里有的,你说这多冤枉!他所造作的罪业,将来必定有果报。

佛法里讲十法界,十法界中每一界又有十界,所以叫"百界千如"。我们现在是在人法界,这一法界里就有十法界。我们现在一心一意思念佛求生净土,我们现在是在佛法界——念佛是因,成佛是果。现在修成佛之因,现在就在佛法界;我今天念菩萨,我今天修六度万行,就是菩萨法界;我今天念仁义道德,就是人天法界;我今天想尽方法想去赚钱，贪这个世间的物质享受，这是饿鬼法界；见到一切人、一切事都不顺眼，是地狱法界；糊里糊涂、迷惑颠倒、过一天混一天是畜生法界。虽然现在都是人身，已经可以给我们分成10个不同的样子了。诸佛菩萨、天地鬼神看到我们的样子，他就知道是佛，还是菩萨，或是其他，他们清清楚楚、明明白白，所以每一界里都有十界。我们自己明白这个道理，知道这个事实真相，就晓得该如何去选择，这个选择权的确操在自己手上。

【原典精读】

世之可羞可耻者，莫大乎此。

【译文通解】

世界上各种可羞可耻的事情，都没有比这个更大的了。

【经典心裁】

人家成佛、成菩萨，我们还在搞三恶道、搞六道轮回,这是太可耻了!世间"可羞可耻者",没有比这个更大了。

【原典精读】

孟子曰:"耻之于人大矣。"以其得之则圣贤,失之则禽兽耳,此改过之要机也。

【译文通解】

孟子说:"耻这个字对于一个人,关系实在是太重大了!"因为若能知耻,就可以成就圣贤之道;如果不知羞耻,那就只能像个禽兽罢了。这些话都是改正过失的重要诀窍呀!

【经典心裁】

"耻"这个字与人的关系太大了,为什么?"知耻",这个人可以成圣成贤;"不知耻",必定沦落三途。你看这个字与一个人的前途关系多么重大!

"以其得之则圣贤","得之"就是知耻;知道羞辱就发愤雪耻图强,能振奋起来。

"失之则禽兽耳","失"就是不知耻;不知耻就是小人,胡作妄为。在佛法讲,不知耻才会搞贪、嗔、痴、慢;知耻的人绝对没有贪、嗔、痴、慢,他晓得贪心堕饿鬼,嗔恚心堕地狱,愚痴堕畜生,有什么值得傲慢的?跟佛菩萨比差太远了!所以这些烦恼心自然就消失了。

"此改过之要机也","要"是重要,非常重要的枢机,也就是关键。把它摆在第一——要知耻。说得粗俗一点,就是善行善果不如人知羞耻,知耻一定奋发自强。希望发最上乘者,一起来组成一个"知耻学社",提倡知耻运动,唤醒大众,共创人类之和平福祉。

【原典精读】

第二,要发畏心。天地在上,鬼神难欺。

【译文通解】

第二,要发起敬畏的心。须知,天地鬼神都在我们的头顶上监察着,他们是难以欺骗的。

【经典心裁】

"畏"是畏惧。人常怀有畏惧之心，那是一种很大的控制力量，使自己不敢作恶。他有所恐惧，他怕什么？

"天地"是指天神与鬼神。在我们上面的诸天神有天眼通，我们一切动作他们皆看得很清楚；地下则有鬼神，鬼也有五通，能力虽然比不上天神，但他们的感触比我们一般人要强。鬼的智慧比不上我们，但是他能见、能听，这些能力比我们强（也许你不相信，而认为鬼神有五通，应该是他们的聪明智慧比我们强才对）。现在科学家已经测验出来，很多动物它们的器官很特殊，譬如说狗——它的鼻子比人灵，我们觉察不出来的味道，它可以觉察得出来；狗的耳朵也比我们灵。它是畜生，它没有我们聪明。畜生里尚且有许多种能力超过我们，何况鬼神呢？所以鬼有五通是可以相信的。那他为什么还受苦难？因为他智慧不如我们，福德多数不如我们。所以天上地下有鬼神，我们一举一动他们都清楚。

【原典精读】

吾虽过在隐微，而天地鬼神，实鉴临之。重则降之百殃，轻则损其现福，吾何可以不惧？

【译文通解】

我们纵然在幽暗之处犯过，大家虽然不容易发觉，但天地鬼神却像镜子般地照着我们，看得非常清楚。所犯的罪业若是重大，必定会降下许多灾祸；就算是轻的过失，也会减损现有的福报。我们怎么可以不惧怕呢？

【经典心裁】

我们纵然在很隐秘的地方，也就是说没有人看到的地方，做一点小小的过失，天地鬼神有天眼，我们的墙壁障碍不住，他们看得清清楚楚。真正可怕：这些众生的神通不是小的，因为距离我们很近，他们全都能看到。"鉴"就是看到，"临"就在我们面前。我们看不到他，他实际就在我们面前，他看我们看得清清楚楚。佛菩萨则更不必说了。佛菩萨是大慈大悲,看到我们做什么坏事,他心清净,他不会找我们麻烦;可是鬼神不一样,鬼神是凡夫,看到我们作恶,他生气,有时要找我们麻烦。佛菩萨无所谓,但护法神是众生,他看不顺眼,也要找你麻烦。因为护法神是凡夫,他没有成佛、成菩萨。鬼神更是凡夫,所以"重则降之百殃,轻则损其现福,吾何可以不惧!"我们有重大的罪恶,这些鬼神就要来惩罚我们,这就遇到一些灾难灾殃了。轻的就是我们常说的折福。要是真正明白这个事实,怎么能不怕!

所以《无量寿经》里有好几段经文,读了真正叫人敬畏。西方极乐世界人数无量无边,个个"天眼洞视"(洞视就是没障碍,一点障碍都没有),"天耳彻听",能力是尽虚空、遍法界——十方一切诸佛刹土,我们肉眼看不见的,他看得见;我们耳朵听不见的,他听得见。所以想想我们还有什么地方能隐瞒极乐世界的诸上善人?连那些人都不能隐瞒,又如何能瞒过阿弥陀佛、观音、势至呢?没有法子隐瞒:我们真正明白这一桩事实,则深知念佛求生净土,形式上的回向和不回向是没有什么关系的。我们的心愿他们都知道，不必嘴里讲："我要求生净土！"他们早就知道，起心动念时他们就晓得了。好好地念阿弥陀佛，这是真话，其他的废话可以不必讲了。求一心不乱、求上品上生、求生西方极乐世界，这才是第一等大智、大福德人。

【原典精读】

不惟此也。闲居之地，指视昭然，吾虽掩之甚密，文之甚巧，而肺肝早露，终难自欺，被人觑破，不值一文矣，乌得不懔懔？

【译文通解】

不只如此！就算是在没有人在的地方，神明仍然清清楚楚地看着人们的一切作为；我们虽然掩盖得非常隐秘，文饰得非常巧妙，但是内心的种种意念，早就显露出来了，神明全都看得很清楚，终究还是难以自我欺瞒。如果被人看破了，就会变成一文不值，怎么可以不时常存着敬畏之心呢？

【经典心裁】

前面所讲是在一般时处，这里是讲我们一个人在私室独居时。一个人在自己房间里关起门来，有时就不检点了，可以马虎随便一点了，不知"慎独"功夫要紧。因为有人在，自己总会约束一点，没有人在就放逸了。李老师讲过，古时候，好像是郑康成（郑玄）跟一些同学们在一起，有一次大家自我反省，提出自己有什么过失，把过失说出来。每位同学反省时都能把自己的缺点说出很多，唯独郑玄想不出来。最后大家问他："你再想想！"他说："我在想！"又想了很久，想出来了——有一次上厕所时没有戴帽子，这就是我的过失。可见古人慎独的功夫，在自己房间关着门，衣服都要整齐，像见宾客一样的慎重。现在人会说何必这样做作？古人就是这样做，这叫"慎独"。在他们的观念中，纵然是掩盖得很严密，天地鬼神也会见到，如果马虎一点、随便一点就是失礼。隐秘之处也如临天地鬼神，所以态度是恭恭敬敬，不敢有一点放逸。"闲居"是指私人的卧房，在这里面也是"指视昭然"，虽在私室中，亦如十目之所监视、十手所指——就像大庭广众之下一样的检点、一样的谨慎，不敢随便。

"吾虽掩之甚密，文之甚巧"，"文"是文饰，就是掩盖自己的过失，还用花言巧语去掩饰，其实是掩饰不住的。"掩"就是骗人、自欺欺人。实在是"肺肝早露"，"肺肝"是内脏，一般人看不到，可是天地鬼神都看得清清楚楚，是用这个来比喻。比喻我们在暗室，在卧室里面，一举一动、起心动念，天地鬼神没有不知道的。我们以为掩藏得很密，那不过是自欺欺人——其实早就被人看破了，看破了就一文不值。想到这里，怎么不害怕！

【原典精读】

不惟是也。一息尚存，弥天之恶，犹可悔改。

【译文通解】

不仅这样！一个人只要还有一口气存在，就算犯了满天的大罪恶，都还可以悔改。

【经典心裁】

人知耻,就有敬畏之心,就能改过,就能灭罪。我们讲"忏除业障",学佛的人天天去拜忏,拜了一辈子不仅业障没消除,却愈拜愈多,原因在哪里?他不晓得从哪里去忏悔。今天在寺院拜忏,就是此地讲的"文之甚巧";他不是真忏悔,而是在掩饰他的罪恶性,罪恶愈积愈重,所以愈拜忏愈多,真正修行是知耻、畏敬,我们能够在念头上转就好了。

"一息尚存",只要一口气没有断。"弥天之恶","弥天"就是大恶,佛经里所说的五逆十恶——必堕地狱。这样的人在一口气没断时,还有没有救呢?还有救——"犹可悔改"。他还能改过自新。他要是真正地知耻,真正地生敬畏之心,悔过发愿求生西方,一念、十念决定往生。

我还在《无量寿经》、《观无量寿经》读到,在印度、在中国,在过去都有这种实例。譬如唐朝时的张善和,他是屠夫,临终十念即往生。在古印度有阿阇世王,我们在《观无量寿经》里读过,他杀父亲、害母亲、破和合僧,也是无恶不作(《大藏经》里面有一部《阿闍世王经》,释迦牟尼佛专讲这个人的因缘果报),他在临命终时,一口气还没断,他真正忏悔了,一心念佛求生净土,他往生的品位是"上品中生",实在不可思议!

所以我们才晓得往生极乐世界有两种方式:一种是我们平常积功累德,平常修行往生的;另外一种是作大恶的人,临终忏悔往生的。所以我们不可轻慢造作罪业的人,说不定他在临终时忏悔的力量强,往生的品位比我们还要高,这是很可能的。我们俗话说:"浪子回头金不换"——浪子一回头比一般好人还要好,平常一般好人比不上他,就是这么一个道理。所以对于恶人不可以存轻慢之心。

知道这个道理之后,我们绝对不能存侥幸的心——造恶临终忏悔还可以往生,我现在多造一点恶不要紧,临终时还来得及。我们要是存这个心就坏了,存这个心可以说绝对堕三途。诸位要知道,临终忏悔往生是很不简单的事情!表面上看是一生,其实他过去生中善根、福德不知道有多么厚:只是在这一生当中他迷了,临终时他又醒过来了,这才行！过去生中没有深厚的善根（大家可以去参观病院，你就晓得了），几个人在临命终时头脑清醒？这是第一个条件。如果临命终时昏迷了，求忏悔的念头忘掉了，那不就往恶道去了！我们明了事实真相，决定不敢存这个念头。为什么？太难！太难了！真是千万人中，难得有一个临终时清清楚楚、明明白白的。这是第一个条件，没有这个条件就办不到。我们能保证自己临终时头脑清楚吗？第二要遇善知识。第三要立刻回头，一心忏悔，念佛求生净土。我们能保证临终时这些条件都能俱足吗？若不能，还是老老实实，平常积功累德，这才稳当可靠。净宗是万人修万人去的法门，但是尤注说得好："放下屠刀，立地成佛。苟有悔罪之心，便开自新之路。"这要愈早愈好，愈早觉悟愈好。赶紧回头，不要再造恶业了！

【原典精读】

古人有一生作恶，临死悔悟，发一善念，遂得善终者。

【译文通解】

古人有一辈子都在作恶,到了临命终前却能悔悟过来,萌发一个善的念头,于是得到了善终的果报。

【经典心裁】

这种例子很多,世俗、佛门中都有,如前所说。近代我们见得到的,比如美国首都华盛顿的周广大的往生。他虽然不是一个作恶的人,但给我们证明,临终遇到佛法,一念十念是可以往生的。周广大是一个经商的好人,不是个恶人。他一生没有遇到佛法,临终前3天才听到善友说西方净土。他听了很欢喜,没有丝毫怀疑就接受了,就发愿求生净土,一心念阿弥陀佛,这是他过去的善根现前。一发愿求生,他病痛就没有了,这是佛法讲的华报。真心一发,三宝就加持,虽然有病,没有痛苦;虽然病重,精神提得起来。从本身上来讲是自己的愿力、法喜——人逢喜事精神爽,特别有精神,这是本身的力量;另外是阿弥陀佛威神加持,所以他能提得起精神来念佛。念了3天佛，他看到西方三圣从云端下来，接引他往生。这是最近发生的事，如何不信？

诸位要晓得修行重实质，不重形式。周先生没有听过经，也没有读过经，没有受过三归，也没有受过五戒，不过是善友劝他念一声阿弥陀佛。真的！阿弥陀佛西方三圣就接引他往生。修行重实质、重心地、重真心。

尤注说："修不嫌早，悔不嫌迟。临终安详，超拔之征。"临终悔过还是来得及的。凡是临终死得好，他来生去处一定好，这是可以断定的——好死好生，是有一定的道理。所以人"好死"在我们中国是五福之一，五福最后一条是"考终"，这是讲死得安详，没有痛苦，他来生决定是生三善道，绝对不会堕三恶道。

【原典精读】

谓一念猛厉，足以涤百年之恶也。譬如千年幽谷，一灯才照，则千年之暗俱除。故过不论久近，惟以改为贵。

【译文通解】

这就是说,只要能够发出一个勇猛坚决的善念,就足以洗刷一生所积下的罪恶呀!譬如上千年的幽暗山谷,只要有一盏灯光照射进去,那么这千年来的黑暗就可以完全除去。所以过失不论是久远前犯的,还是最近才犯的,只要能够改过,就是最可贵的。

【经典心裁】

这个事实儒、佛都说,可见得它是真的,绝对不是假的。改过要勇猛,真正勇猛地去改过,纵然是大恶,纵然是久恶,都能忏除。"念猛厉",就是真实的忏除业障,所以"足以涤百年之恶也","涤"是洗刷干净,"百年"是讲长久累积的恶业,都可以忏除洗净。

"譬如千年幽谷",千年的黑洞,我们点一盏灯,黑暗就没有了,就照亮了。"灯才照,则千年之暗俱除",就是把你勇猛改过的这一念心比喻成为灯、光明,这一念心就能够把长时间的积恶都洗刷掉。所以过失不论大小、不论久近,是"以改为贵"。我们一定要改过。

佛法里常讲:"法器难得。"如果不是法器,绝对不能续佛慧命。器是器皿,譬如这个杯子一定要干干净净,我们盛水才能饮用。如果这个茶杯不干净,里面有一点毒药,你盛满一杯水喝了,是要中毒的,毒就是恶业;要成法器,就是先要把我们的恶业淘汰尽,我们接受的佛法才能自利、利他。

前面讲修福,为什么先要改过?这就是先使自己成为一个法器。诸佛菩萨、天地鬼神赐福,我们才能接受——真正是福,不会变质。如果自己接受的器皿不净,烦恼重重,恶业很多,佛菩萨给我们的福会变成更毒的药,怎么能受得了!这就是先要改过自新,然后才能修福的道理。过要是不改,我们修的福是弥增大恶。为什么?没有福报,造的恶小,没有能力造;福报大,造的恶就更重更大,将来堕地狱堕得更深!堕得更苦!世间贫穷人,纵然想造罪恶性,造不大;富贵人造的恶就比平常人的都大,这也是一定的道理。明了修福先要改过,就是先要消灾。先不要求福,先消灾,然后修的那个福才能真正得到受用。如果自己积习不消除，我们就去修福，福来了往往造更大的罪业。真正善知识，真正好老师，传不传这种学生？不传，为什么不传？这是害他！这就是佛门讲的，他不是法器——不是法器不能传法。不是说这个人很聪明、很有智慧，能举一反三就是法器，不是的。若这个人心地清净、善良，没有贪、嗔、痴、慢，这是法器，再笨都不怕。我们看倓虚法师《影尘回忆录》后面有个晒蜡烛的出家人，他真是笨头笨脑，一点智慧都没有。但是他心地清净，他老实，他没有坏心眼。老和尚看中他了，他是法器，叫他去拜佛，去拜阿育王寺释迦牟尼佛的舍利，一天拜三千拜。他拜了3年，开悟了，悟了以后能作诗、作偈，辩才无碍，后来讲经说法，广受人欢迎。虽然自己有成就，但生活很节俭，对人非常谦虚有礼。这就是法器，是真实的福报！所以传法能成就人，也会害人。自古以来，世出世间的善师、好老师，传法是要选择人才的。选人的标准，是德行第一，其他的不考虑，因为其他可以培养。所以我们自己如果想真正成材，在这一生真正往生，能够自利、利他，一定要从改过下手,这就是"惟以改为贵"。

【原典精读】

但尘世无常,肉身易殒,一息不属,欲改无由矣。

【译文通解】

但是我们现在所处的这个世间,一切都不是恒常不变的;我们的肉体也是很容易死亡的,只要一口气不来,呼吸停止了,这个肉身就不再归我所有。到这个时候,就算是想要改过,也没有办法了。

【经典心裁】

这四句是劝勉我们要把握时间及时改过。世间无常,佛经上讲:"人命在呼吸之间",一口气不来就是隔世,想改也来不及了。知道这确实是人生第一桩大事,就要认真地去做,把握机会、把握时间,天天反省、天天改过,才是真正的修行。修行——就是修正行为,就是把自己错误的行为都修正过来。现在有许多人，以为修行就是每天念念经、拜拜佛、念念佛，就叫作修行。这样做与自己的恶习气毫不相关，完全流于形式，不起作用。我们念经是修行，念一个小时，这一个小时没有妄想，精神集中在经文上，甚至连经文的意思都不要去想，因为想还是打妄想。所以修行的目的就是修"清净心"，把妄想止住而已。念经、念咒、念佛都是这个目的，这是"修心"。心清净了，身就清净。

我们这些年来，真正体会到心清净、身清净就不会生病（平时饮食起居要谨慎）。身清净，境界清净就没有忧虑，没有烦恼；也因此年岁虽长，不会有疾病，不会衰老。李炳南老居士是最好的榜样，他天天讲经说法，还有很多应酬，但这么大的年岁，还保持健康长寿而不生病，六根聪明不输给年轻人，就足以说明他的心清净、身清净。

【原典精读】

明则千百年担负恶名，虽孝子慈孙，不能洗涤；

【译文通解】

到了这种地步,在明显可见的世间果报上,将须担受千百年的坏名声而遭人唾骂,虽然有孝子慈孙这些善良后代,也洗刷不掉这种恶名。

【经典心裁】

一个人作恶不知道忏悔,不知道改过,恶名流传到后世,孝子贤孙都没有办法为他洗涤。中国历史上,大家晓得曹操不善,其实秦桧才是真不善;这个恶名,后世子孙再怎么好,也不能从历史上替他洗刷掉。

【原典精读】

幽则千百劫沉沦狱报。

【译文通解】

幽冥的果报则是,在看不见的阴间之中,还要在千百劫的长时间里,沉沦到地狱里受到折磨。

【经典心裁】

这是我们肉眼看不到的——恶业必堕地狱，堕地狱是很可怕的事。佛经上讲地狱，时间长短有很多种的讲法。最浅显的，像李老师在《十四讲表》里所列的，那是我们很容易理解、很容易懂的，也是根据佛经上说的——地狱的一天等于我们人间的2700年。中国人常自夸有5000年历史，若在地狱才不过两天。你想地狱有多么邪念，自然就不会作恶，这是一定的道理。所以改过要从心上改起。心善了，言语、行为自然都善；心不善，言语、行为装得再善，也是假的，不是真的。

【原典精读】

第三，须发勇心。人不改过，多是因循退缩，吾须奋然振作，不用迟疑，不烦等待。

【译文通解】

第三，要发起勇猛的心。人在犯过之后，不能够改正的原因，大都因为得过且过、退堕畏缩。我们必须在明白过失以后，立即痛下决心改正过来，不可以延迟、疑惑，更不应当犹豫不决、东等西等，不敢下定决心。

【经典心裁】

勇于改过。前面第一条讲"知耻近乎勇"，知耻是开悟自觉，不知耻是迷惑颠倒，所以知耻是开悟的条件，勇猛是功夫的条件。知耻是从内心里觉悟——内心里真正觉悟了；畏惧是外力的加持，使我们不敢做坏事——就是自性里面的甚深惭愧。知耻是真正"惭心所"，畏惧是"愧心所"，惭愧是两个"善心所"。《百法明门》里11个善法中，就有"惭愧"。人能有惭愧心，必定有成就。印光祖师一生自号"常惭愧"，就是他常常怀着"知耻畏惧"的心情来修持，所以才能勇猛精进。才能真正做到，"须发勇心"。

"因循"就是得过且过，我们常说混日子、混时间，"退缩"，不进则退，这有一定的道理。不求长进，没有进取的心——进取须是在德行上。现代人也是勇猛精进——他是求五欲六尘，在贪、嗔、痴、慢上勇猛精进而未知后果之可畏。世出世间圣人教我们要将手指斩掉！为什么？不斩掉，毒一散开，必死无疑。这是比喻要下定决心，断一切恶。每天昏沉，提不起精神，是业障现前；妄念很多、烦恼很多、忧虑很多、牵挂很多，样样不能顺心，不能称意，都是业障现前的相。佛门常讲"业障"，什么是业障，我们自己要知道，自己要看得清楚。晚上睡觉做噩梦，是业障；生活习惯没有规律，是业障。要认真反省，要警惕，能把这些过失都改过来，业障就消除了。业障少的人，必然法喜充满、身心轻快、没有负担。业障少就是烦恼少；烦恼少，心地自然清净，常生智慧，于世出世间法，身心世界就看得清清楚楚、明明白白。自己要有决心，要能省察——先要把自己的过失找出来，勇敢地把它改正过来。不要犹豫，不要害怕。"小者如芒刺在肉，速与抉剔；大者如毒蛇啮指，速与斩除，无丝毫凝滞。此风雷之所以为益也"，末后这一句是引用《易经》"风雷益"这个卦相。《易经》有六十四卦，"风雷"这个卦相就是"利益"，也就是今天所说的果断、决心。人能有果断、决心、改恶修善，说做就做，这才能得到真正利益。没有犹豫，立刻改过自新，就是《易经》里"风雷"这一卦里所显示出的卦相。

【原典精读】

具是三心，则有过斯改，如春冰遇日，何患不消乎？

【译文通解】

如果具备这三种心——耻心、畏心和勇心，那么一旦发现犯了过失，就能够立即改正，如同春天冰雪遇到了太阳，还怕能不消除吗？

【经典心裁】

改过自新必须要具备这"三心"——知耻心、敬畏心、勇猛心。知耻是自觉——"惭心所"，敬畏是"愧心所"，具足惭愧，才产生出勇猛心来改过。由此可知，过失为什么改不掉？原因就是没有耻心与畏心，没有力量产生勇猛心。勇猛心是从知耻、敬畏里生出的，人不知耻也不怕别人笑话他，就没有办法修善了！如何培养"三心"？我们现在为什么在所有经典里，选择《无量寿经》来让大家受持？别的经不是不好，只是没有《无量寿经》讲得圆满。《无量寿经》是事、理、因、果面面都说到了，分量也不多，现代人容易受持，何况这是一切经典的精华！

我们现在的《早晚课诵》，是专为净宗学会同学印的课诵本。以前的课诵本是古德所编的，他们编的课诵本用来治当时人的毛病，果然有效；我们现在的病跟从前人不一样，所以早晚课我们要修订。早念《无量寿经》第六章，以求与佛同心同愿；晚课念其中三十二到三十七章，这六章是讲五恶、五痛、五烧，就是改过自新。每天念一遍，反省我们现在的毛病，认真地改过自新。念此六章经就是忏悔文，念了要警惕、要觉悟、要痛改前非，以求与佛同解同行，这样课诵就得到效果。所以要具足三心。如春冰遇日，何患不消乎？具足三心，有过即改，就像春天的冰——春天天气暖和了，冰薄了，没有冬天结得那么厚。"遇日，何患不消乎？"太阳出来冰就化掉了——就是智慧增长，业障消除了。

【原典精读】

然人之过，有从事上改者，有从理上改者，有从心上改者；工夫不同，效验亦异。

【译文通解】

然而一般人的过失，有从犯过的事实本身上戒除的，有从认识其中的道理而改正的，也有从心念上来改正的；所付出的努力程度不一样，因此所得到的效果也就有所不同。

【经典心裁】

尤注说："发耻、畏、勇三心为改过之因，示事理心三路详改过之法。"前面说的是理论，现在给我们讲方法。方法归纳起来有三大类，这三大类功夫不一样，改过的效果也不相同。先讲"事"——从事上改。

【原典精读】

如前日杀生，今戒不杀；前日怒詈，今戒不

怒；此就其事而改之者也。

【译文通解】

譬如以前杀害生命，现在戒除不再杀了；以前发怒骂人，现在也都戒除不再发怒了；这是就所犯的事情而将它改掉。

【经典心裁】

"怒"是发脾气，"詈"是骂人。喜欢发脾气，喜欢骂人，恶言侵犯别人。"此就其李而改之者也"，这完全是从事相上改——把毛病找出来一样一样地改过。了凡先生从前也是在事上改，你看他行3000件善事，11年才圆满，那么长的时间，收到的效果也不太大。第二次他用了4年的时间行3000件善事，求得一个儿子，费的时间还是长。实在讲，得效果如愿所求，这皆是从事上改的。

佛门里面，从事上改的就是"持戒"。大乘八宗、小乘二宗，大小乘的修学都是从"戒行"上做起——是从事上修的。尤其是小乘戒——小乘戒是论事不论心。大乘戒就不一样了，大乘戒如梵网戒。《梵网经》并没有完全翻译成中文，这是一部很大的经，传到中国来也只翻了全经中最重要的一品——《心地戒品》两卷，上卷是讲菩萨心地，下卷是讲菩萨戒行。实在讲，重要的是在心地，上半部改过自新，从心上改；下半部是从事上改。当然，从心上改而能兼事是最上乘的。

【原典精读】

强制于外，其难百倍，且病根终在，东灭西生，非究竟廓然之道也。

【译文通解】

但是这只是从外在来勉强约束，会比从根本上自然改正还要难上百倍；而且犯过的根源仍然存在，东边勉强把它消灭后，西边却又冒了出来，实在不是彻底扫除干净的方法。

【经典心裁】

病根是心！"东灭西生，非究竟廓然之道也"，不是"廓然之道"——这不是根本之计。这是治标——头痛医头，脚痛医脚，病根还在，没有拔除。换句话说，身很像那么一回事了，心不清净；外表像样，心地不然，这在佛门里讲是小乘人。所以小乘人很固执，确实妄想可以伏住一些，分别、执着则很坚固，没有办法舍掉。

【原典精读】

善改过者，未禁其事，先明其理；如过在杀生，即思曰：上帝好生，物皆恋命，杀彼养己，岂能自安？且彼之杀也，既受屠割，复入鼎镬，种种痛苦，彻入骨髓；己之养也，珍膏罗列，食过即空，疏食菜羹，尽可充腹，何必戕彼之生，损己之福哉？

【译文通解】

善于改过的人，在没有禁止事相前，先明白其中的道理。比如犯了杀生之恶，就思量，上天喜好滋育万物，万物都眷恋自己的生命，杀他的性命来养活我，自己的内心怎得安宁？而且当它被杀时，既已受到宰割，在尚未断气之前，却又将它放进锅鼎中去烧煮，种种的痛苦穿透进入骨髓里面。人们为了滋养自己的身体，各类珍贵肥美的东西摆满眼前，尽情地享受，却未曾想到这些美食吃过以后，也都会化成粪渣排出，到最后一切都是空的。实际上蔬菜类的素食菜汤，就已经足够让人填饱肚子、供给能量，来养活自己，何必一定要去杀害它们的生命，来折损自己的福报？

【经典心裁】

这一段是从理上改。我们要知道事实真相，想想它的道理，我们自然就不忍心吃众生肉了。前面不明道理，很勉强地做，这势必很难——强制执行，心不悦服，自然跟自己在斗争，相当痛苦，明理就可以将之化解。所以常常要想到——"上帝好生"，这是自然的。尤其现在科学也逐渐明白这个道理，所以讲自然生态平衡，自然生态就是此地讲的"上帝好生"之德。自然生态一定是均衡的，自然生态之平衡若被破坏，整个世界众生都遭难。所以有智慧的人不会破坏自然生态。

其实人在一切动物中是最坏的、最残忍的、最恶的。老虎、毒蛇只有在饥饿时，才伤害其他的动物。它吃饱了，别的动物在它旁边走来走去，它动也不动，由此可知，它杀生是不得已。人不一样，人并不是到逼不得已才杀害众生，而是任意地残杀；畜生实在很少造恶业。我们想想，人造的恶业是一切畜生都做不到的，造的罪业太大了！因此，在六道中我们有什么值得骄傲！

堕畜生道很苦，但它不造业，它在消业障；我们得人身若不学佛，人身有什么好处？天天在那里造罪业。畜生消业，我们造业。它的罪业消了，它就出头了，生三善道；我们造业，业果熟时我们入三恶道。它们准备出来，我们准备进去，有什么值得骄傲的？这些都是事实真相，我们一定要明了。何况一切众生都贪生怕死，我们杀害它，是它没有能力抵抗。所以说弱肉强食——因为没有法子抵抗。虽然不能抵抗，它能甘心吗？它要是不甘心，怨恨一定存在，能免得了冤冤相报吗？

有一位同修来问我："超度婴灵（堕胎）有没有效？"

我告诉他："没效！你以为超度就没事了？"

他说:"那万一这小孩生下来是个残障,那不是很痛苦?不如就叫他不生。"

"我们要晓得,生一个残障小孩,那是来讨债的。你欠他的债,还不让他来讨,还要杀他一条命。换句话说,你过去欠他的债,现在再加上命债,以后更不得了!现在科学家只看到跟前这一段,不知道后世的因果——,因果通三世,这决定是大罪。"

他说:"小孩还没有成形,只怀一、两星期。"

我说:"不行!神识一投胎他就来了,成形不成形没有关系。他一投胎,他就找上你了,你跟他过去世就有瓜葛了——所谓报恩、报怨、讨债、还债。如果他是来报恩的,你把他杀害,恩将仇报,以后变成仇人;明明是孝子贤孙来报恩的,你杀害了他就变成仇人、冤家了!这还得了?不得了!你做一点功德,花几个钱,安个牌位就能超度?没这种事:那是骗自己,安慰自己,不是事实。"

所以诸位能真正看到前后因果——太可怕了:可以不慎重,不能不明理,不可以不晓得事实真相。杀害众生来养自己,这是大过失,现在人认为这是正常的。有些宗教还认为是上帝供给他吃的。如果说这些众生都是给我们吃的,上帝就不称其为"上帝"了!上帝又哪里谈得上有"好生之德"呢?这一个错误的观念,使我们造作许多的罪恶,自己都不知道,这就是知见上的错误。一切众生被杀害时,被屠割时,你看到那状况——惨叫的音声,这就是它不服气。佛经里讲:"人死为羊,羊死为人",生生世世互相杀害报复。所以吃它半斤,还它八两;欠钱的还钱,欠命的还命,这是因果定律。

  我们真正的相信、真正的肯定,我们绝对不会有一念杀害众生之心。为什么?我不希望将来世世偿命。我们绝对不会贪图不义之财。为什么?知道将来世世要还债。明白这个事实真相,人自然就安分守己、本本分分了。这绝不是消极、绝不是退转,是奋发精进,创造自己美好的前途。这一世好,来世更好,求得生生世世都好。没有智慧,不知道事实真相,是决定求不到的。

  这一段文讲肉食,我们看到众生被杀害,那种痛苦的状况——"彻入骨髓",杀了它,拿来养自己,怎么忍心?何况"食过即空"。众生贪图美味,但无论怎样去烹调,知道味道、享受味道的就是舌头,舌头以下就不知道了。为了三寸舌不知杀害多少众生!不晓得造下多少罪业!

而"疏食菜羹,尽可充腹",要是说素食没有营养,吃素食长寿的人很多,吃素食健康的人很多;从小吃长斋的出家人,肥肥胖胖的、满面红光的多的是,怎么可以说没有肉食就没有营养?这都是错误的观念。杀害众生,吃它的肉养自己,不但跟众生结冤仇,还损自己的福报。一个真正的聪明人,绝对不肯干这种事情。

【原典精读】

又思血气之属,皆含灵知,既有灵知,皆我一体。

【译文通解】

还须想到,凡是有血有气之类,都具有灵性知觉;既然是有灵性知觉,那么都与我们人类没有两样。

【经典心裁】

一切动物不但有生命,也有"灵"性,跟我们人没有两样。除了佛菩萨之外,谁知道"皆我一体"?

【原典精读】

纵不能躬修至德,使之尊我亲我,岂可日戕物命,使之仇我恨我于无穷也?一思及此,将有对食伤心,不能下咽者矣。

【译文通解】

就算我们不能够敬肃地修养到至高的德行,使它们来尊敬我、亲近我,怎么可以天天杀害动物的生命,使它们与我结下冤仇,永无止境地恨我呢?想到这种道理,每当面对着满桌的血肉之食时,自然会发出悲伤怜悯之心,不忍再咽食下去。

【经典心裁】

了凡先生一定是全家吃素,因为他晓得道理,他知道事实真相。现在人还有些错误的观念——我们大人吃素,认为小孩太小了,怕他营养不良,还要多少给他一点肉食。这个观念是错误的,这是怕他的业障太少,冤家债主太少了,多让他结一点怨业,如此而已。若跟他讲,他不相信,还毁谤我们——头脑太旧了,不懂得科学,不懂得营养。其实不然,他真的错了!所以觉悟要趁早,愈早愈好;小孩愈小吃素愈好,他的福德根基厚。这正像《无量寿经》和《阿难问事佛吉凶结》所讲的"先人无知""先人"就是长辈;没有智慧,使我们不知不觉中犯下了过失,造了很多的罪业。单饮食这一条就不得了,罪业就很重了。

【原典精读】

如前日好怒,必思曰:人有不及,情所宜矜,悖理相干,于我何与?本无可怒者。

【译文通解】

譬如以前喜欢发脾气,就应该想到:每个人

都会有短处，这在情理上来说，本来就应该加以怜惜、原谅；若有人违反情理而来冒犯我，那是他自己的过失，跟我有何关联呢？这本来就没有什么可怒的。

【经典心裁】

过去喜欢发脾气，嗔恚心重。如果自己能认真反省，所谓"人非圣贤，孰能无过"，别人有过失，我自己也有过失；我不能原谅别人的过失，别人能原谅我的过失吗？想到这个地方，就不会有责备人的心了，反而有怜悯之心。"矜"就是怜悯。他无知、愚昧，才会犯过；对于真妄、邪正、是非、利害，没有能力分辨，所以不能改过自新，不能断恶修善，应当要怜悯他，不要去责备他，这是佛菩萨处事、待人、接物的态度。

"悖理相干，于我何与？"即使是无理的冒犯，与我也不相干。

"本无可怒者"即使相犯，我们的清净心永远不接受侵犯的——清净心里本来无一物。我们今天处事、待人、接物，可惜没有用清净心，用的是妄想心；妄想心不是自己。佛门所求的"父母未生前本来面目"——本来面目是真心、是清净心。清净心里一念也不生，清净也绝对不受外境的干扰，所以与我无关，何必去计较？何必去执着？离开一切分别、执着、妄想，诸位想想，哪一物与我们相干？所以"本无可怒者"。

这都是从理上去观察，所以说"心安理得"——道理明白了，心就安了，不会受外境所动了。外面什么境界，内心都不为所动——顺境里不起贪心；逆境里不起嗔恚心。顺逆境界里都能够保持自己的清净、平等、慈悲，这是真正的改过。

【原典精读】

又思天下无自是之豪杰，亦无尤人之学问。行有不得，皆己之德未修，感未至也。吾悉以自反，则谤毁之来，皆磨炼玉成之地；我将欢然受赐，何怒之有？

【译文通解】

还要想到，天下没有自以为是的英雄豪杰，也没有怨恨别人的学问；如果所做的事情不能称心如意，那都是自己的德行修得不好，涵养还是不足，感动人的力量还是不够呀！这些都应该自我反省，那么对于各种外来的毁谤与伤害，都将成为磨炼我们、成就我们的助缘；因此，我们要欢喜地接受这种赐教，还有什么可以发怒的呢？

【经典心裁】

这是教我们从心地上改，在方法上，这是最上乘。《华严经》说善财童子五十三参，"历事练心"——就是从心地上改过修行，所以要自己认真去反省。

"天下无自是之豪杰"，"英雄豪杰"在佛门里就是佛、菩萨。佛是英雄，菩萨是豪杰。出人头地，一般人做不到的，他能够做得到，这叫英雄。所以佛的大殿叫"大雄宝殿"，"雄"是英雄——大英雄宝殿，就是这个意思。常人做不到的

——不能改过自新,佛能改过自新,佛能把所有的毛病都改正了,这才是英雄,这才叫豪杰!所以没有自以为是的佛菩萨,大圣大贤没有一个不谦虚的,没有一个不忍让的;廉敬是性德的流露。

"亦无尤人之学问"真正有学问的人不会怨天,不会怪人。学问是智慧,是从真性里流露出来的,儒、佛都是如此。儒家讲智慧也是从本性里流露出来的,所以儒家讲"诚意、正心"。诚意就是真心——是从真诚心里流露出来的,这是智慧,这叫学问。所以一个有学问、有智慧的人不会怪人,不会怨天尤人。"行有不得,皆己之德未修,感未至也","得"就是成就。在日常生活中,我们的言行还会有人批评,还会有人毁谤,这就是"不得"。不要怪别人,反过头来想自己,是自己的德学没有成就,还不能感动那些人。

所以"悉以自反",人家骂我、诽谤我、批评我,都接受过来;不但没有报复的意念,还生感激之心。为什么?他提供这些宝贵资料让我回过头来反省——有则改之,无则加勉。我没有过,也不怪他;如果有的,赶紧改过自新。善财童子五十三参,他就用这方法,把一身的毛病改得干干净净,最后成佛了。

五十三参讲,"历事练心",事就是日常生活,与一切人、事接触,这一切的一切,都提供自己反省。把外面的境界,无论是任何人都看作是老师,是佛菩萨给我的教训,我要认真去反省,认真去修学;学生只有自己一个人,除自己之外,都是我的老师,都是我的善知识,都是佛菩萨;他们没有过失,只有我一个人有过失。善财童子就是这样即身成佛的。你看《华严经》,善财童子并没有换一个身,他是肉身成佛——从凡夫一直修到究竟圆满的佛果。他怎么修的?就是这么修的。如果我们学会这个本事,学会这个方法,我们这一生当中也必定是肉身成佛。修行首先决定不怨天、不尤人,看别人不顺眼,就是自己业障现前;别人是佛、是菩萨,没有一点毛病,我看不顺眼,是我的业障,是我的毛病。

六祖大师讲得很好:"若见他人过,自过则

相左。"左是堕落，看到他人的过错是自己的业障现前，就要堕落。又告诉我们："若真修道人，不见他人过失。"善财童子是真正修道人，没有见到一个人有过失。他只见自己的过失，反省改过自新都来不及了，还有什么时间看别人的过失？看不到！所以眼睛看到一切人都是贤人，都是佛，都是菩萨，自己也就成佛、成菩萨了；看到别人还有过失，就是自己的过失现行、业障现行。所以佛眼睛里看一切众生都是佛，凡夫看诸佛菩萨都是凡夫，就是这个道理。所以最上乘的改过自新是从心地上改。

"谤毁之来"，是好事。自己有毛病，自己不容易发现，自己找都找不到，别人替我们找到，告诉我们，你看省了多少事！所以应当把它接受过来，这就是我"磨炼玉成之地"。他来帮助我，他是善知识，我们要用这样的心态来接受。"何怒之有？"你怎么可以愤怒？怎么可以不接受？还要生报复的心——罪过大了！他对你是大恩大德之人，你还要用报复心来对待他，这个罪过重大！

我们中国圣人讲孝,说孝道就会想到舜王。在中国历史上,没有一个不承认他是大孝——孝感天地。他这大孝,是什么人成就的?他的父母、兄弟成就他的。他母亲死了,父亲娶了一个后母,后母虐待他,父亲又听后母的话,后母又生了一个弟弟,一家3个人欺负他,不但欺负他,还时时刻刻都想置他于死地。这样的狠毒!他没有因此怨恨这3人,反而总是自己常常在反省:"为什么我得不到父母、弟弟的欢心?"总是想自己有过失,没有见到别人有过失。天天在反省自己的过失,念念反省总是自己不对,从来没有想到他父母、弟弟存心不好,对不起他。以后尧王知道他这些事情,就把王位让给他,把自己两个女儿嫁给他,请他来继承王位——他能感动一家人,将来就能感动天下。

在佛经里我们看到"忍辱仙人";忍辱仙人谁成就他?歌利王成就了他。《金刚经》上虽然说到,但没说清楚,《大涅槃经》里讲得清楚。"歌利王"是梵语,翻成中文是"暴君"——所谓的无道昏君,梵语就叫"歌利王"。仙人在山中修行，他无缘无故地发脾气，把仙人凌迟处死；忍辱仙人丝毫怨恨的心都没有——"忍辱波罗密"圆满了，看不到外面有恶人，看不到外面有一桩恶事。诸位想想，他的心清净到什么程度？这是我们要学习的。学佛要学什么？就是学这个。

也许你说我们连善恶都不分，不是麻木不仁了？十法界因因果果摆在面前，清清楚楚、了了分明，但心里头干干净净，一点执着都没有；不是对外头不清楚，样样都清楚，可是绝对没有丝毫分别、执着。所以在他，"自受用"里是万法皆如；"他受用"时，因为众生有烦恼，必须要跟他讲层次、跟他讲原则，那是对众生说的。对自己——我、人、众、寿四相皆无，一切平等，绝对没有一丝一毫差别；从平等法里面建立差别法，是为了帮助别人。所以差别就是无差别，因为差别不是自己用的，是"他受用"。众生没有见性，要叫他断恶修善；自己入这个境界了，无有恶可断，也无有善可修，自己得到清净平等，契入一真境界——"无修无证"；"无修无证"里面，修证的事还照做，这就是空、有两边都不住。如果入了这个境界——事相上的修持都没有了，就落在"空"；执着在事相上不明究理、不见本性，就在"有"。他"空"、"有"两边都不住，像大势至菩萨所示现的，"都摄六根，净念相继"；"都摄六根"不落有边；"净念相继"不落空边，这叫中道——空有两边不着。所以心地清净平等，万法一如，这一句阿弥陀佛，一天到晚还是不中断，还是照念不误——空有两边都不住。这是我们要学习的，这是真正的修行，真实的修行。

【原典精读】

又闻谤而不怒？虽谗焰熏天，如举火焚空，终将自息。

【译文通解】

再者，听到别人的毁谤而不发怒，虽然这些坏话说得像火焰薰满天空，也只不过像痴人般地拿着火把，想要焚烧虚空一样，最后将会自己熄灭、停止的。

【经典心裁】

这不但是理,也是事。别人诽谤我们、侮辱我们,我们如果心不动、不理会,自然就没有事了。他骂我们,我们不要回答他。他骂!我就听;骂了几个钟头,骂累了就不骂了。谁吃亏?他吃亏。他口不断在动,很疲倦了;我们心清净,若无其事。这个方法对治是非常有效的。

我十几岁在学校念书,就学会这套本事,我这套本事其实是跟我一位同学学来的。年轻的我在学校念书时跟了凡先生一样刻薄——喜欢挖苦人、戏弄人。可是我遇到一位同班同学——这位同学是我的大善知识。我处处欺侮他,大庭广众之中常拿他来取笑,他从来对我一句话不回,整整过了一年,我被他感动了。这个人真正了不起,真是打不还手,骂不还口。我从他那里学到这套本事,一生都很受用。所以不管人家怎么样毁谤、怎么说,到最后都烟消云散,而对自己内心的修养也增加了。如果讲福报——一般人对你更加赞叹,某人真有修养:如果不是这些人来侮辱、诽谤,你的忍辱功夫就不能现前。他是来成就你修功的,何必不收?是送好礼来给我们的。

我们在一个机关团体里面,有这样的人对付我们,我们能以很清净的心应他,长官也欣赏你,同事也佩服你,你的升迁机会就提早了。他送这么多好处给你,你为什么不要?你要对他恶言相报时,则两个人程度一样高。

我们从前在学校里,两个同学吵架,老师往往是一起处罚——两个都跪着!我们心里很不服气!明明我有理,为什么老师也叫我跪?到以后才晓得,凡是会打架、会吵骂的,程度都是一样高;一个高一个低绝对打不起来、骂不起来的,这个很有道理。遇到这个情形,修养程度的高下马上看出来。所以遇到这些事,要晓得他是来送好礼给我的,他是我们的恩人,不可以恩将仇报。第一,是来测验自己修养功夫。第二,很现实的福报马上就来了——他不是坏人,是好人,是真正的好人,不要错怪了他。

【原典精读】

闻谤而怒，虽巧心力辩，如春蚕作茧，自取缠绵，怒不惟无益，且有害也。

【译文通解】

若是听到毁谤就动了怒气，虽然费了巧妙的心思，努力为自己辩护，那就像春天的蚕儿吐丝作茧一样，只会将自己缠缚住。所以，发怒不但对自身没有好处，而且还会有害处。

【经典心裁】

这一段所说的不但是世间法，出世法里也非常重要。菩萨六度，有两条是关键。第一、是"布施"。布施是修福，人不能没有福，佛是更不可以无福。我们称佛为"二足尊"，足就是满足、圆满。佛是智慧圆满、福报圆满，世出世间论福报没有超过佛的。所以求福、求慧是应当的——我们自性里本来具足了无量无边的福慧。布施有三种：就是财布施得财富，法布施得智慧，无畏布施得健康、长寿。这都是一切众生所追求的,佛告诉我们种善因必定能得善果。第二、是"忍辱"。忍辱能够保持,如果只有修施福,而没有忍辱,修积的福德保不住。《金刚经》上说"一切法得成于忍"。这一切法是指世间法、出世间法,要想保全,忍辱波罗密就不能不修。经上常说"火烧功德林"。什么火?嗔恚之火。若一发脾气,功德就没有了,所以功德的修积相当不容易。如果你想修积功德,想想上次是几时动过嗔恚心,一念嗔心起,火烧功德林;念佛人若在临命终时发脾气,那就完了。这就是说明,为什么人临终时,佛法教我们 8 个小时内不要去碰他;因为一个人虽然断气了,8 小时之内,神识没有离开,你去触摸他,怕他发脾气。这时若发脾气,丝毫的功德都没有了,所以功德很难修积。福德则不会失掉,功德随时可以失掉。

功德是什么?功德是清净心,是定,是慧。诸位想想:一发脾气哪有定和慧?定、慧都没有了。至于福德,是我们讲的财富、聪明(世间的聪明是法布施的果报)。我们念佛,所修积的功德就是一心不乱、功夫成片。一发脾气,功夫成片没有了,一心不乱更没有了!所以要晓得功德很难保持,一定要有高度的警觉。

我们修行,在菩提道上——就是修行过程之中,冤家债主常常会来作对。为什么?他们的报复心很强烈,看到我们修行要成就了,成就之后他就永远不能再报复了;所以总是想尽方法来障碍、来阻扰。这些障碍、阻扰的方法,就是叫我们自己把自己的功德毁掉。自己要不肯毁掉,任何外面的境缘对我们是无可奈何的。

所以有些人有"境缘"。"境"是环境,"缘"是人事。物质、人事环境常常叫我们不满意。不满意就发脾气,一发脾气就把自己的功德烧掉。谁叫我们不满意?可能都是冤亲债主在那里作祟。借着人事、物质环境的缘,他在挑拨。所谓说话的人也许是无心的,我们自己听了有意——自己听了就不舒服、就难过。不要说表面上发作,你心里稍有恚意功德就没有了。只是小小的嗔恚,为什么功德就没有了?因为清净心失掉了,这是必须要明了的。所以世出世间法的成就都在忍辱,都在定功。"定",不但是出世法修行的枢纽,世间法也少不了的。

"闻谤不怒"这是定,这是智慧——定慧现前;"闻谤而怒",那是业障现前。从这里可见到,我们是定慧现前,还是业障现前?自己要清楚。

这些境界好不好,对修行人来讲,是好的:常常有人来找麻烦,有些事叫自己不如意——这是好境界。若不从这种境界里去修,"定"从哪里修得成功?所以逆境、逆缘现前,正是自己修"忍辱波罗密"的时候,修忍辱波罗密的机会来了!所以感谢都来不及,怎么可以抱怨?怎么可以发脾气?这正是锻炼自己功夫的时候。

古人锻炼一个学生,首先用的方法,就是教他修"忍辱波罗密"。看到这个人是个法器——就是可以教的学生,对他就没有好脸色。会处处有意去找麻烦,好像很讨厌,这是看他能不能忍受,有意折磨他;他若不能忍受,离开了,就算了!不能忍辱就不能成就,虽然其他的方面很优秀,不能忍辱其成就也有限。

我们在《禅林宝训》里看到，有一位老和尚折磨他的学生，就是完全不讲理的。一见面就骂、就呵斥。有一次洗脚，把洗脚水就泼在学生的身上，学生还是不走，还是要赖在这个地方。以后老和尚实在生气了，赶走！不让他住在这里。学生没法子，不能住了！于是他就住到远远的走廊下。老和尚讲经说法时，他在窗户外一心谛听，不让老和尚看到。过了一年，老和尚要传法、要退休，要推选一位新的住持来继承他，大家不晓得老和尚要选什么人，老和尚要大家把在外面听经的那个人找过来，传法给他，把主持的位让给他。大家才晓得，这么多年来老和尚是为了要锻炼他。如果我们遇到小小不如意，就想掉头而去不愿接受磨炼，也就绝对不会有成就；即使其他方面再优秀，也不能成就。世出世间法成败关键就是忍辱——他能忍，他就有定；他有定，他就有真智慧，不会被外境所动摇。

有时候，我们看某人很优秀，在这儿住了没多久他走了，常住的人笑笑，无所谓。受不了折磨，不能成就。不能成就的人常住多一个、少一个,一点关系都没有。所以有些眼光短浅的人认为某人是个人才,走了可惜!这是看得近,往深远处一看,不是如此。真正是人才——他有定功、有智慧。惟有定、慧才能续佛慧命,才能住持佛法;没有定绝对没有慧,定的前方便是"忍辱波罗密"。先有忍而后才有定,没有忍哪里来的定?这是我们一定要知道的。

一个真正智慧的人,他知道这是个真正道场,是有道学可以学的,打都打不走。他没有学到手,怎么肯走?什么样的侮辱都甘心承受。为什么?必须学到手之后才肯走,没有学到手是绝对不肯走的!这是真正求学的人!假使有小小的一点不如意,他掉头就走,不能忍辱——没有用处的,不必去留他。

这一段文字非常的重要,息谤息争的妙法——就是根本不把它放在心里,再怎样的诽谤也就消失了。所以诽谤来,不可以争、不可以辩,愈辩就愈像此地讲的"春蚕作茧,自取缠绵"。用不着辩的!冤枉了!冤枉也用不着辩。

所以说"怒不惟无益,且有害也"。害是太

大太大。如果做事，上司对于一个易怒之人是不会重用的，也不会提拔的。一个长官考核部属，往往在生活中，从他待人接物之处观察。这个人值不值得栽培？这个人有没有前途？易怒之人没有什么大前途，不值得栽培的，因为怒会害事。

【原典精读】

其余种种过恶，皆当据理思之。此理既明，过将自止。

【译文通解】

至于其他的种种过失和罪恶，都应当要依据客观的道理来认真思考。这种道理若是能够明白，过失自然就会停止，不会再去违犯。

【经典心裁】

这四句是改过自新的最高原理、原则，大乘佛法就用这个方法，所以成就快速。小乘人改过是在事相上，事相就是枝枝叶叶，一个事情错了，下一次不要再错了。枝枝叶叶上改——难！

而且很苦，时间很长，不容易收到效果，不如前面讲的从理上改。理上改比事上改高明多了！这是一般讲的大乘权教菩萨，权教菩萨从理上改。大乘实教（实是真实）法身大士从心上改——心是根本，万法唯心。

【原典精读】

何谓从心而改？过有千端，惟心所造。

【译文通解】

怎样叫作从心地上来改过呢？人们所犯下的过失，其项目虽然有千种之多，但都是从心里造作出来的。

【经典心裁】

"过有千端，惟心所造"，善业、恶业都是心造的，十法界依正庄严全是心造的。《华严经》说得好："应观法界性——就是十法界依正庄严，性就是本体，体即是心——一切唯心所造。"大乘菩萨到地狱里度众生，用什么方法进入地狱？

打开地狱之门？就是这一句偈。我们看《地藏经》，破地狱门，就是《华严经》这首偈。地狱是什么？"唯心所造"。明白这个道理，地狱原本没有门，但可以自由通达。

所以改过从心地上改，修善从心地上修。若从心地上修，就是很小很小一桩善事，像我们在路上遇到讨饭的，布施一文钱，这一点点小善的功德也是尽虚空、遍法界。为什么？这是自性大慈悲心的显露，心量是无量无边。因为是从心地上修的，福就是那么大，称性的。所以从事上修的善小，性德未显，得的福报也小。

怎样从心地上改？就是真心改。真心想要改，真心修善，真心断恶，这就是从心地上用功。心地法门没有什么应该不应该，理上还有条件，心地上功夫是不谈条件的。所以纯真无妄，一丝一毫的善也称性。改过要从心地上去改，因为"一切唯心造"。

【原典精读】

吾心不动，过安从生？

【译文通解】

如果能够不起心动念,过失将从哪里产生出来呢?

【经典心裁】

这是最高的原理——心清净了,无量劫来的罪业都没有了。要怎样达到"心不动"?不动心就是"禅定",在念佛法门里称"一心不乱"。诸位要晓得,若得一心,罪业都消除了;起心动念,罪业又现行了。

譬如看电视,把电视机关起来,电视画面就没有了,荧光屏上干干净净,一打开画面又出现了。众生心中业相亦如是,心定的时候一切业相都不现行,心动时业障又现行了。我们要明白这个道理,知道修清净心,清净心是心里一念不生,禅宗六祖所谓"本来无一物,何处惹尘埃"。要晓得业障是在妄心里,真心里面没有,真心本来清净,现在还是清净。

像我们戴眼镜,眼睛本来清净,我们戴上眼

镜，镜片上落有灰尘，看到外面模模糊糊的，这不是眼睛有毛病，是镜片上的毛病。所以我们讲业障，业障在哪里？业障是镜片上的一污物，眼睛并没有障碍，大家要懂得这个道理。要是能把眼镜去掉，不但污物除尽，镜片也不要了——则净眼明见，好比明心见性就成佛了；你若戴上眼镜，隔着一层障碍看，就是凡夫，就是有情众生；除去障碍就是诸佛如来。

我们现前用什么心？用妄心，不是用真心——真心没有障碍。我们用肉眼来看一切，是戴上了妄心镜片看东西，透过一层"妄"来看外面的境界。这个"妄"就是八识五十一心所，这是重重污染的镜片。我们是透过八识五十一心所接触外面的境界，所以外面境界也变了，变成"六尘"了。如果不用八识五十一心所看外面的境界，外境即非六尘，而是"真如本性"。见性见色性，闻性闻声性，转六尘为真性——明心见性，见性成佛。

现在的大麻烦就是我们没办法把眼镜去掉——八识五十一心所没有办法除掉。佛家修学的宗旨都是教我们把这个东西舍掉——"转识成智"。智是真性起用，识是迷了真性的作用，就是八识五十一心所起作用，这是在功夫上说的。权教以下皆用八识五十一心所，阿罗汉、辟支佛、权教菩萨因此不能见性成佛。所以忏罪，有从事上忏，有从理上忏，没有办法从心上忏。为什么呢？他不知道心在哪里。如《楞严经》所说，你看阿难尊者那么聪明，心在哪里都不晓得，都找不到。楞严会上一开头，释迦牟尼佛问阿难，心在哪里？阿难找不出来，不知道心在哪里。不晓得什么叫作"心"，你从哪里忏起？

　　大乘实教菩萨，在圆教讲就是初住以上——《华严经》上讲的41位法身大士，他们修的忏悔法，就是从心地上忏悔。诸位读《华严经》就很清楚，特别是《善财童子五十三参》。你看善财童子怎么修？53位善知识，代表圆教初住一直到等觉菩萨。这些菩萨示现在人间，男女老少各行各业都有，人家是怎么修的？佛法真正讲修行，有理、有事，还做出样子给我们看，没有比《四十华严》更好。《华严经》纵然不能全读，40卷完整的《普贤菩萨行愿品》确实很重要。要晓得大乘最殊胜、最高级的佛法,如何应用在我们现代人的生活上,这是真实修行的一部好书,真正值得提倡。

依照这个原理、原则,古德常常开导我们,教我们修行要"发菩提心,一向专念"。你想想看,这"一向专念"有没有道理?教你一天到晚念这一句"阿弥陀佛",把一切的妄念归成一念。这一句"阿弥陀佛"是善还是恶?非善非恶,善、恶两边都离开了,与心性相应了。善、恶是两边,识心所里面才有两边,真心里没有两边。所以这一句"阿弥陀佛"念久了,自自然然就明心见性了,这是八万四千法门以外,修明心见性最殊胜的方法。

万一用的功夫不够:见不了性也没关系,可以见阿弥陀佛,见了阿弥陀佛之后一定会见性。这是方便,是任何一个法门里面所没有的。其他的法门不见性,就不能算是成就;念阿弥陀佛不见性,见到阿弥陀佛就算是成就。从心地修——现在教给你一心念佛,就是从心地起修。你一心念这句"阿弥陀佛",什么罪业都消除了。阿弥陀佛哪有罪业？这句"阿弥陀佛"是真善，真善不是善恶之善；善恶之善是相对的善，不是真善。真善是离开相对——绝对的大善。

【原典精读】

学者于好色、好名、好货、好怒种种诸过，不必逐类寻求。

【译文通解】

一个追求学问的读书人，对于爱好美色、喜得浮名、贪爱财物、喜欢发怒等种种过失，不必一项一项地去寻找改过的方法。

【经典心裁】

这是举几个例子来说。过失有千万条，"不必逐类寻求"。学戒律的，从事上修的，他就要想：一天有多少过失？哪些事错了？慢慢在那里想，再一条一条改；天天要反省，还要搞功过格去记。这种对于很执着的人有效，非常有效！一切众生根性不相同，这与过去生中习气有关系。大乘菩萨根性的人，绝对不干这种事情；小乘根性的人很欢喜，很受用。小乘根性的人叫他不用这种方法，他没办法。每个人的根性不相同，因此所用的对治理论与方法也不一样。

在中国大乘根性的人多，这是事实。像南洋、泰国、锡兰，小乘根很多，以其世代相传都是小乘法，都是样样要分别、执着、计较。他从事相上断恶修善；大乘是从理论上、从心地上断恶修善。从心上修，是从根本上下手，不必要在枝节上寻求了。

【原典精读】

但当一心为善，正念现前，邪念自然污染不上。

【译文通解】

只要能够一心三思地发善心、做好事，时时观照自己的心思，等正大光明的心念涌现，那么自然就不会被偏邪的恶念所沾染。

【经典心裁】

这个方法好！简单明了，但如果没有真实智慧，你还是做不到。为什么？因为怀疑。以为自己一身的罪业，这样做能消除吗？他怀疑、不相信、不接受。甚至于听我们讲："你一心念阿弥陀佛，求生西方极乐世界。"他以为一身的罪业很重，怎能往生净土？哪有脸见阿弥陀佛？不但没有脸见阿弥陀佛，连寺院大殿塑的佛像他都不敢进去拜；总是认为自己罪业太重了，我怎么好意思见佛！这样根性的人，就教他用"事上忏"，他相信，他知道一条罪业，他能改一条，他的心能安，这样就很好。

能够接受净土法门，真的是经上所说的"大善根、大福德、大因缘"。不是最上乘根性的人，不可能接受念佛法门。因为接受念佛法门，无始劫以来的罪业，念佛就消除了。西方极乐世界诸上善人聚会一处，生到西方极乐世界就是诸上善人之一——文殊、普贤、观音、势至诸上善人，你往生到那里，就跟他们是同等人物。小乘根性的人不敢承当,怎么敢跟观音菩萨并肩携手!所以念佛法门——黄老居士的《无量寿经注解》里讲是度上上根的人。什么人是上上根?能信、能愿、肯念佛的人是上上根。禅宗六祖大师是度上上根人,殊不知净宗的上上根超过禅门上上根。六祖大师度的上上根还保不住,还会退转;净宗的上上根人肯定不退转,圆证三不退。六祖大师的上上根,只是证三不退,不是圆证三不退。所以说在一切法门里,确实无与伦比。念佛法门殊胜!遇到念佛法门幸运!也是自己生生世世修学的善根福德累积成熟,不是偶然得来。你很幸运,你的运气好。不是这样的,是多生多劫善根、福德、因缘在这一生成熟,我们才遇到。

"一心为善","一心"就是绝对没有二念。"正念现前",这个"正念"是第一念、绝对正念、无上正念——就是念这句"阿弥陀佛",一心一意去念佛,一心一意求生西方净土。改过最妙的方法、灭罪消业障极妙的方法,就是"无念"。无念是无妄念,不是无正念;正念要没有了,那就堕到无明了。所以是无妄念,妄念就是分别、执着。这功夫不是普通人能做得到的，但是在念佛人来讲，是人人都可以做得到。

什么是"正念现前"？就是这一句"阿弥陀佛"。这一句"阿弥陀佛"就是最真实的正念、无上的正念，要把它认清楚！这一生中唯一的一桩大事，就是保持正念现前，希望自己不要落在邪思邪念上，念念都是阿弥陀佛，二六时中不间断。诸位如果能够从这个地方下手，3个月即见效。你一天到晚保持着"阿弥陀佛"这一念，有这一念，当然你的妄念就少了。妄念不可能没有，一定是有的。有，不要怕！阿弥陀佛这个念头占得多，妄念就占得少；十个念头里有六七个是阿弥陀佛，有三四个妄念，不在乎！没有关系！你不念阿弥陀佛，就全是妄念。念上3个月就有效果——阿弥陀佛之念多了、妄念少了、心自在了。心里安宁了、法喜现前了，这就是业障消除的现象。本来是忧郁烦恼、前途黯淡；现在欢喜，显得有智慧，生活有情趣、有信心，前途充满了光明，与从前不一样了。

要继续念上半年，效果更大，信心更坚定。

真正想到西方极乐世界去，3年是可以成就的。自古以来往生西方极乐世界，用3年工夫成就的人不知道有多少。有一类根性的人，说："这个法门不能修！3年就死了，这不行！"那还谈什么呢？所以说真的，有许多人不敢修，不敢修的人贪恋六道，舍不得六道轮回。这就是眼光短浅，不知道到了西方极乐世界受用自在快乐，人间天上、诸佛世界皆不能比。这样好的地方不想去，还愿意在这里受苦受难，那还有什么话说？就不必讲了！

　　真正有志气、有眼光的人不能不晓得，我们一心三思求生净土，求见阿弥陀佛，才是究竟圆满的成就。自是身心世界一切放下，永离一切分别、执着，再没有一桩事情值得牵挂，值得留恋的，生活随缘而不攀缘，你说多自在！多快乐！自己真正成就了。这是世人想不到的——转烦恼为菩提，生死自在——不是我们寿命到了才往生，而是随意往生，想去就去。如果你觉得在这世界上还需要住几年，也不妨多住几年。只有一个道理——还有些人与我有缘，要我劝他们一同去，所以那时住在世间是来度众生；如果为自己，则早到西方极乐世界去了。留在此地，是为了帮助一切众生，为了宣扬这个法门。假如念佛法门有人继承，有人在这里继续宣扬，那我把担子交给他，就可以先去了，大事因缘让给他们去做，何等的自在！所以诸位要晓得，"3 年成就往生"的是他没有法缘，没有法缘他就绝对走，他绝对不会在这地方多耽误一天。不能走那是没有法子，无可奈何，能走的人绝对是走了。

诸位只要真的这样念法——不怀疑、不夹杂、不间断、一心称念，3 年一定成功。你看谛闲老和尚有一位徒弟，就是一句"南无阿弥陀佛"，他什么都不懂。出家剃了头，老和尚不准他去受戒；他不认识字，也不要他去听经；甚至于不要他住寺院里，住院里跟大家一块工作，他年岁大了恐怕他受不了；别人会欺侮他，他要不能忍耐，天天发脾气，就不好了。因此把他送到宁波乡下没有人住的小庙，让他一个人住，一天到晚念阿弥陀佛，这样念了 3 年，预知时至往生。他凭什么本事？就是"一心为善，正念现前"。真正做到了老实念佛！不是平常人能够跟他相比的。他成功了，他只有往生，因为他没有能力去弘法利生——他不识字，没有基础，他念佛成功就走了。他没有生病，没有痛苦，自己知道什么时候走，而且站着走，走了以后还站了3天，等谛闲老和尚给他办后事。不简单！不容易！这是我们念佛人的榜样。你说这个法门不好，哪一个法门能有这个样子给我们看呢？哪一个法门临走的时候，清清楚楚、明明白白，站着走，走了以后还站了3天，等人家替他办后事，这是我们真正的见证。

我教给诸位的方法，就是"一心念佛"。我们身体还在这个世间，不能没有生活，当然要工作；工作放下来就念佛。工作时专心去工作，工作一放下来，佛号马上就提起来。甚至于在工作时，只要不用思考，也可以念佛；或者是放录音带的佛号，工作时可以听佛号。若工作需用思考，就放下佛号专心思考；不用思想时，工作也可以念，也可以听佛号。把念佛当作我们一生中的第一桩大事，其余的都是鸡毛蒜皮，不值得牵挂的——这就是从心地上改、从心地上忏罪。会修行的人一定是把根本抓住，从根本修。

【原典精读】

如太阳当空，魍魉潜消，此精一之真传也。

【译文通解】

这就好像炎热的太阳，在空中普照着大地，所有的妖怪自然就会隐藏、消失，这是改过最精诚专一的真正妙诀。

【经典心裁】

"魍魉"就是妖魔鬼怪。光天化日之下，妖魔鬼怪不能出现。"此精一之真传也"，我们讲改过自新，这是精华，"一"是纯一，"精"就是精纯——这是"真传。"诸佛如来确确实实有真传之宝。可惜很多人不相信。《弥陀经》、《无量寿经》是诸佛如来度众生成佛道的唯一真传，几个人相信！

【原典精读】

过由心造，亦由心改，如斩毒树，直断其根，奚必枝枝而伐，叶叶而摘哉？

【译文通解】

人的过失是由心所造作的，所以也应当从心地上来改正；就如同要斩除毒树，必须直接砍断它的根，不让它再度发芽，何必一枝一枝地去砍伐，一叶一叶地去摘除。

【经典心裁】

"枝枝而伐"就是一枝一条地砍下来，叶子一片片摘下来，这譬如从事上改。事上改的是枝枝叶叶，心上改的是连根拔除，所以要知道改过的诀窍。诀窍在哪里？我们要用什么方法来改？蕅益大师的开示，诸位若能熟记，依教奉行，就是从心地上改——确实无量劫所有的罪过都改掉了，这一句"阿弥陀佛"将一切罪业全都改掉了；世出世间一切善法，一句"阿弥陀佛"都圆修了。一修一切修，一改一切改，就用这一句阿弥陀佛，不可思议！大家要深信。有许多人怀疑，恐怕这个法门不太可靠，或者还有比这个更好的。我听了笑笑，跟他合掌念"阿弥陀佛"就好了：不可受他的影响。

【原典精读】

大抵最上者治心，当下清净。

【译文通解】

大抵最高明的改过方法，是从修心下功夫，当下就可以使心地清净。

【经典心裁】

从心上改，这是"最上"，"当下清净"。就是我刚才跟各位讲的，你如果能够一切放下，一句阿弥陀佛念下去，3个月，6个月，你的心就清净了，效果就现前了。纵然弘法学讲经，我也常勉励大家学讲一部经。你每天念一部经，读一部经，三五个月心即得到清净；若同时看很多经，三五年得不到清净心，没有用处。这个秘诀就是"专精"，知道的人也不多。

真正学佛，愈学心愈清净，愈学烦恼愈少，愈学无明愈薄、智慧愈长、容光焕发、身体健康，这才是功效！所以要牢牢记住莲池大师讲的："三藏十二部，让给别人悟"。我们办图书馆，书是给别人看的，不是给自己看的，大家要记住！为什么要给他看那么多书？因为他不相信！不相信，就给他去看。他要走广学的路，让他走；我们走专精的路，跟他不一样。他们改过从枝叶上改、从事上改；我们改过是从心地上改。从此处就看出，智慧不相同，见解不一样。

【原典精读】

才动即觉，觉之即无。

【译文通解】

每当心里刚动了个坏念头时，就能够立刻觉察到，然后马上让这种念头消失，过失自然不会再产生。

【经典心裁】

这是讲从心上改的。"动"就是烦恼，就是业障；"动"是心动了，心里有念头，心里有妄想。才有妄想、才有念头，马上就知道，知道了即转成阿弥陀佛。我们六根接触六尘境界，心一动，不管你是欢喜、是厌恶，不管是善念、是恶念，只要念头才动，第二念就转为"阿弥陀佛"。真正修行人念6个字、4个字"阿弥陀佛"都可以。妄念一动，第二念"阿弥陀佛"就是"觉"，觉而不迷。第一念迷，第二念觉；觉要快速，绝对不能让迷继续增长，效果就大了，这是真正的大智慧。

如果你能坚持半年、一年，智慧开了，眼睛就放光——六根聪利，世出世间法一接触就通达、就明了。人家要看多少书、看多少资料，还要找多少世界的资讯，才能够判断，还未必然能够判断正确；你什么都不要，你一看就明了、就通达，绝对正确，没有错误。这种本事世间人没有，这是佛菩萨的本能——佛教给我们求真实智慧！

发心弘经，最要真诚、清净、慈悲，不必还要找参考资料来研究怎么讲法。不要落到第六意识，这样也许错解了如来真实意。我说过很多次，经典是没有意思的。我们在这里想经中意思三世佛皆喊冤枉！所以只要老老实实去念，不要求意思。没有解释、没有讲法，老老实实念，把心念清净了，自性里的智慧就能现出来。人家要来问经义，你跟他讲，讲出来的是"无量义"。不求意思，"无量义"都显示出来了，无量义是你自性里的智慧显现。所以展开经本，深讲、浅讲、短讲、长讲，自会恰到好处。讲完了之后，人家问你："你讲些什么？"真的不晓得，真的不知道。为什么呢？你不问，什么意思都没有；一问，即生起来了。生起无量义是"他受用"，没有意思是"自受用"。"自受用"就是清净心、一念不生，唯有一句阿弥陀佛。讲经说法是他受用，不是自受用。所以讲出去之后何必还要记住我讲些什么？不知道，心才干净！

永远保持清净心，清净就是"觉"；污染是

"动"。心动就是染污了,换句话说,你心里有念就是染污,无念就是本觉;念这一句"阿弥陀佛"就是始觉合本觉。念佛法门确实不可思议:念这一句"阿弥陀佛"念念都是始觉合本觉,这是真正修行!

所以经只要念《无量寿经》或《阿弥陀经》就可以了,两种都念也行,其他的实在没有必要了!为了要讲经,要利益别人,可以念《无量寿经》的注解,念《弥陀经》的注解——《阿弥陀经疏钞》、《阿弥陀经要解》。《疏钞》尚有《演义》,非常圆满,正是蕅益大师所赞叹的——博大精深。念《弥陀经疏钞演义》就等于念了一部《大藏经》,因为莲池大师引经据典,遍及世出世法,实在是非常丰富。蕅益大师的《要解》有圆瑛法师的《讲义》、宝静法师的《亲闻记》。弘扬净宗,依这四本注解就够了,《无量寿经注解》是黄念祖老居士写的。这四种你把它念通了,不但所有净土经论全通,连这一部《大藏经》也通达了,无论哪一宗哪一派没有一样不通。不能搞多,搞多了心一定杂,心杂乱自然不生智慧。所以诸位发心弘扬净宗，这4本书就够了，多一样都不要看。不要说我看得少，我没有材料讲，没有材料少讲一点：何必一定要充数呢？愈少愈精，愈精愈妙，不浪费听众的时间；若搜集好多材料，凑起来像大拼盘，吃了什么味道也不是，浪费自己的精神，也耽误别人的时间，这是过失！

【原典精读】

苟未能然，须明理以遣之；又未能然，须随事以禁之。以上事而兼行下功，未为失策，执下而昧上，则拙矣。

【译文通解】

如果做不到这种境界，就必须明了其中的道理，以便将坏念头打发。若再办不到，那就只好在恶事将犯时，以强制的方式来禁止自己犯过。如果能以上乘的治心功夫，并且兼用明理与禁止两种较下乘方式，来约束自己的念头，这也不失是个好方法；若只是执着于下乘方式，而不知道用上乘的方法,那实在是太愚笨了。

【经典心裁】

假使我们做不到最上的治心,那就不得已而求其次——"须明理以遣之",遇事冷静地想它的理;通情达理以后,人心自然就平息了,妄念就会减少,愤怒可以化除。

"又未能然"这是对初学的人讲。初学的人对理也搞不通,怎么办?就要在事上加以禁止,寻枝摘叶,一条一条来对治;不对治会出麻烦,会造成更重的罪业,招来更苦的果报。所以对初学的人,要求他严守戒律,因为他还不能明理;戒律的精神就是"防非止过"。

"以上事而兼行下功,未为失策",已经很清净心、已经明理的人,他在事相上,都能受持,这是最好的。确实自行化他——自己心地清净了,又做了一个榜样给初学的人看,所以说是"未为失策"。

"执下而昧上,则拙矣",有一些人死在戒律条文里,执着在事上修学,不能把自己的境界向上提升，这是愚昧笨拙之人。其实戒律是活的；持戒清净要明理，更要求的是清净心。持戒的目的在得定，定就是清净心。要是执着在事上修，则不能得定——天天分别事相、执着事相，怎能得定？离开分别、执着才能得定。定还是手段，所以执着在定还是不行，还是开不了智慧。

二乘人执着在"定"。佛在《楞严经》里讲阿罗汉的境界，阿罗汉所证的是"九次第定"——偏真涅槃的境界"内守幽闲"。"守"就是执着、放不下，守着幽闲的境界——"犹为法尘分别影事"，他还是分别执着"灭法尘"。譬如讲断烦恼，小乘人完全从"事"上断，有时亦兼"理"，而非从"心"上断。所以断见思烦恼，需要天上人间7次往来，经上讲"其难如断40里瀑流"——四十里瀑布，一下挡住叫它不流，你看多么难！从"事"上去修就这么困难，此是前面讲的寻枝摘叶。

要把树砍掉，怎么砍法呢？先把叶子一片一片摘下来，再把枝条一条一条砍掉，慢慢再去挖根，这种事情多麻烦；树是除掉了没错，费的工夫太大了！聪明人只要把树根挖掉，树叶自然就枯掉了，何必枝枝叶叶去断？所以聪明人是从根本上拔除，愚人是从枝叶上去折伐，这是比喻改过应从心上改。

【原典精读】

顾发愿改过，明须良朋提醒；幽须鬼神证明。一心忏悔，昼一夜不懈，经一七、二七，以至一月、二月、三月，必有效验。

【译文通解】

但是发愿改过，明中需要好朋友监督提醒，暗中则要鬼神来做证明。心念精诚的去忏悔，昼夜都不懈怠，经7天、14天乃至一个月、两个月、3个月，一定会有效果和证验。

【经典心裁】

我们要发耻心（知耻）、畏心、勇猛精进心，这三心是改过的"亲因缘"，还得加上"增上缘"。就是要有好的同参道友提醒我们，在外面帮助一把,这是明的"增上缘"。因为已有一念善心、一念真心想改过自新,诸佛菩萨欢喜,一切善神恭敬赞叹;所以冥冥当中会有佛菩萨保佑,龙天善神拥护。可见得一念善心确实有不可思议的感应;因缘俱足,就要真正在事上去修改。

"一心忏悔,昼夜不懈",如果一懈怠又造罪恶了,绝对不能懈怠!所以念佛堂最好的是佛号昼夜都不断。古德祖师的念佛道场,分4个人为一班,4个人在佛门称"一众"轮班念佛,所以佛号昼夜不间断;晚上轮班,白天大众依仪规一起念。

现前我们虽然没有殊胜的因缘,可是可以利用录音带,跟着录音带念,也跟大众一样。佛号声音不要太大,太大会吵到别人,自己能清楚听到就好,晚上睡觉都开着。有时做梦也听到,梦中也念佛了,就是古人讲的,你在睡觉时听到打鼓,做梦时在打雷,就是这个道理。睡觉时听到念佛好像在佛堂跟大众打佛七念佛一样,这样子好了!

"经一七"打佛七，不如找几位志同道合的莲友，找个清净地方打佛七，在自己家里好好地念7天7夜。佛七是连晚上都不能中断的，不是说白天念，晚上不念，这不叫佛七。实在讲，一开始念不要念7天，7天一般人受不了；先念一天一夜，24小时，念个几次，觉得很受用，再念两天两夜、3天3夜，渐渐地把时间延长。所以真正修行，能在一个星期念3天3夜，每一个星期念一次；或者做不到的话，则每星期念一次，一天一夜，功德都很殊胜，非常受用。书上主要讲的就是改造命运，有求必应。我们想求一个道场，求一个修学环境，应该也是求得到的。这样的功夫能坚持到一月、二月、三月，就有了效验。

【原典精读】

或觉心神恬旷，或觉智慧顿开，或处冗沓而触念皆通。

【译文通解】

到了这个阶段，或者会感觉到精神舒适，心

境开阔；或者感觉到智慧突然大开，一闻千悟；或者处在烦琐忙碌之中，却能够触类旁通，顺利完成。

【经典心裁】

以下举几则明显效验的例子。如过去总是闷闷不乐，现在心开意解，快乐了，这就是有效验。

"或觉智慧顿开"，过去好像糊里糊涂的，现在觉得聪明了，不糊涂了。

"或处冗沓而触念皆通"，"冗沓"是很繁杂不容易解决的事务。现在遇到了事情，很容易就把它解决了；别人觉得很麻烦，他很容易就解决了。我们现前同修当中就有——把事情接过去，人家觉得很麻烦，他也没操什么心就摆平了。

【原典精读】

或遇怨仇而回嗔作喜。

【译文通解】

或者遇到以前的冤家仇人，却能将嗔恨转化，心生欢喜。

【经典心裁】

以往跟你过不去，对你很不满意的人——冤家对头，现在对你印象好了，态度转变了。这都是自己修学的功德，潜移默化而使其有感动。"仁者无敌"这是福德、智慧之相。

【原典精读】

或梦吐黑物；或梦往圣先贤，提携接引；或梦飞步太虚；或梦幢幡宝盖，种种胜事，皆过消罪灭之象也。

【译文通解】

或者梦到吐出因过去造作的恶业形成的污秽黑物，而顿生清凉；或者梦见古圣先贤来帮助接引，前程光明；或者梦到在太空中飞行漫步，自在逍遥；或者梦见各类庄严的旗帜，以及用珍贵的珠宝所装饰的伞盖。像这些殊胜的情况，都是过失消除、罪业灭去的象征！

【经典心裁】

"黑物"是染污、业障。从前噩梦很多,而且梦得乱七八糟,现在这些现象没有了。纵然有梦,也是清清楚楚,就像白天遇事一样,这是好事。"或梦往圣先贤,提携接引",学佛的人,梦见佛菩萨讲经说法,教导修行,是好事情。"或梦飞步太虚,或梦幢幡宝盖,种种胜事,皆过消罪灭之象也",这些无论是在现实的生活中,或是在梦中的感应,都是业障渐渐消除,福祉渐渐显现出来的象征。

【原典精读】

然不得执此自高,画而不进。

【译文通解】

但不可以因此执着在这些境界中,自以为程度很高而不再努力求进步。

【经典心裁】

"高"就是傲慢。业障才消,若生骄慢则又

堕落，绝对不可自高傲慢。"画而不进"，"画"是划界限，到此为止就满足，那你以后永远不会再进步了。应当要不断再用功，更求进步，永远没有止境——生到了西方极乐世界还是天天求进步。怎么可以知足？在物质、精神生活上，我们应知足；进德修业、断烦恼求智慧，永远不能知足，要勇猛精进。

【原典精读】

昔蘧伯玉当二十岁时，已觉前日之非，而尽改之矣，至二十一岁，乃知前之所改未尽也。及二十二岁，回视二十一岁，犹在梦中；岁复一岁，递一递改之。行年五十，而犹知四十九年之非，古人改过之学如此。

【译文通解】

从前春秋时代，卫匡的贤大夫蘧伯玉，在20岁的时候，就已经能够时时反省、觉察自己以往的过失，而完全地改正过来。到了21岁，知道自己以前的过失尚未完全改掉；及至22岁，回头检点21岁时的自己,就如同身处梦中一般,还会糊里糊涂地犯过。这样一年又一年地逐步改正过失,直到50岁那年,还察知过去49年自己尚存的过失。古人对于改过之学的学习态度,就是这么认真、严格。

【经典心裁】

卫国大夫蘧伯玉,是春秋时的一位大贤人,才20岁时就觉悟了,就知道自己的过失,发愿改过自新。

"至二十一岁,乃知前之所改未尽也",这就证明前面一句话,"不得执此自高,画而才进"——蘧伯玉做不了。他年年月月不断地在反省,不断地在改过,21岁时觉得20岁时的毛病虽然已改,但还有太多的过失。

"及二十二岁,回视二十一岁,犹在梦中;岁复一岁,递递改之",这是年年改、月月改、天天改。

"行年五十,而犹知四十九年之非,古人改过之学如此"。蘧伯玉这段故事,是讲古人改过这样的认真,有这样的恒心、毅力,证实他的忍辱、精进功夫,足为后人效法。冒吾辈身为凡流,过恶猬集;而回思往事,常若不见其有过者,心粗而眼翳也。

【原典精读】

像我们这种庸碌的凡夫所犯的过失,就像是刺猬身上的毛一般,丛集于一身,但回想以前所做过的事情,却常会像是看不到有什么过失一样;这实在是由于太过粗心大意,不晓得要仔细去省察,眼睛像是生了翳病一般,看不清楚自己的过失呀!

【译文通解】

了凡告诉他的儿子,看看古人,再回过头来想想自己。我们是凡夫,凡夫的过恶太多了。"猬"是刺猬,是一种动物,全身都长着刺,若遇野兽侵害它时,它的刺完全竖起来——保卫自己。"猬集"比喻我们过恶之多。

"而回思往事,常若不见其有过者",想想今天、想想昨天、想想去年、想想过去，好像没有什么大错。没有做过什么错事，这是什么原因呢？

"心粗而眼翳也"，我们的心太粗，我们的眼睛有翳，看不到自己的过失。看不到自己的过失，就不会改过，就永远不会有自拔出头的日子。所以莲池大师教初学的人，用"功过格"来检点自己的过失；发现自己的过失很多，才真正害怕了。但是改的方法，必定要从心上改。以心上改为主，事上改为辅；正助双修，理事兼修。

【原典精读】

然人之过恶深重者，亦有效验：或心神昏塞，转头即忘；或无事而常烦恼。

【译文通解】

但是，一个人如果过失、罪恶较为深重，也会出现一些征兆，以作效验：有的心思封闭、精神昏沉，对所交付的事情转身就忘记；有的虽然没有什么可以烦恼的事，却常现出一副烦恼相。

【经典心裁】

我们学佛,实在得到一点利益,不但业障重看得出来,小小业障也能看得出来。不仅是对别人,自己小小业障也能觉察到。

"或心神昏塞,转头即忘","心"是心思,"神"是精神。就是精神提不起来,做事情或者读书,记忆力丧失了,很容易忘事。尤其是年轻人,忘事居然跟老年人一样,这是业障,老年人真正有修行的,到了八九十岁还是一样不会忘事。

"或无事而常烦恼",没有事就想事,这是业障。过去已经过去了,你想它做什么?明天还没到,想也是妄想。有的人很会想,想过去、想未来,一天到晚在想——叫无事生事,这个是业障。

【原典精读】

或见君子而赧然消沮;或闻正论而不乐;或施惠而人反怨;或夜梦颠倒,甚则妄言失志;皆作孽之相也。

【译文通解】

有的遇到品德高尚的人,却显出难为情、见不得人的样子,提不起精神;有的听到圣贤之道,心里却不欢喜;有的在布施恩惠给别人时,反而招致对方的埋怨;有的夜里梦见一些颠颠倒倒的噩梦,甚至经常语无伦次,失去了正常的模样;这些都是因为过去造作罪孽,所应现出来的表征。

【经典心裁】

"赧然"是不好意思;见到正人君子不好意思,心里有愧疚。心地正大光明,见什么人也不会有这种态度!"消沮"是精神颓丧,就是精神提不起来,萎靡而不能够振作。

"或闻正论而不乐",不喜欢佛法的道理和孔孟的教诫。清朝早期在宫廷里面都念《无量寿经》,后来慈禧太后听了就不舒服,把念《无量寿经》废除了。大概听取五恶、五痛、五烧不是味道,这就是业障现前!

"或施惠而人反怨",你好心对待别人,送别人礼物,人家不但不感谢,还怨恨你。

"或夜梦颠倒,甚则妄言失志","妄言"这是大的业障;"妄言失志"是精神分裂,胡言乱语,词不达意,业障相当严重了。"皆作孽之相也",都是造作恶孽的象征。

【原典精读】

苟一类此,即须奋发,舍旧图新,幸勿自误。

【译文通解】

如果一出现与此类似的情况,就应该振作精神,舍弃过去不好的思想行为,力图开辟崭新而正确的人生大道,希望你不要耽误自己的前程。出现这些现象,就要认真忏悔,要奋发把旧习气革除,不能再因循苟且。如果不改过、不自新,前途就没有了!所以一发现有这些现象,立刻就要回头,回头是岸,不可自己误了自己的一生。

真正把自己的毛病习气革除了,才可以接受教诲,修善积德。如果不是真正的法器,教他是没有用处的；特别是在教学、传法上，一定要传给有条件的人——佛门称为"法器"——过失少、心地清净、勇于改过、有智慧的人，才是法器。若是一身毛病，如果你传授法给他，将来造恶业更重：他要不得法，则害人少，造业也小；他要是多学了一些，本事大了，能力强了，坏事做得更多、做得更重——那老师就看错人了！所以传法要认识人，非其人不传，这不叫"吝法"，如果是个法器，你不肯传，叫作"失人"。不是法器，不能传；是法器，一定要传给他。

下面讲"积善之方"，积善之前先改过，使自己有能力具备接受大法的条件。先暗养资格，然后才接受大法。

【拓展阅读】

3. 落叶飘飘

一

心如死灰的人，最擅长做的一件事情，就是飘！

一片树叶落下来，飘呀飘。

一张随手扔掉的纸屑，飘呀飘。

一只随便被遗弃的塑料袋，飘呀飘。

贡生袁学海也像这些没有生命的东西一样，飘呀飘，飘到了北京的国子监。

如今，他的心已经死了，整天除了飘之外，不读书，不修身，不养性，宛如一具僵尸。不过，心如死灰的人除了能飘之外，还有一个本事，能坐。没风的时候，落下来的树叶能在一个犄角旮旯待上很久很久，一动不动。袁学海也是这样，终日无所事事，枯坐在快捷旅馆内，无欲无求，成了一个超级宅男。

当然，那年考试自然是名落孙山。

为什么呢？

因为那张命运图中没有，他中不了举人！

别的考生名落孙山后，不是垂头丧气、捶胸顿足，就是咬牙切齿："草泥马，老子明年还来，砸锅卖铁都要考上！"

当然，也有像张继那样的文青，一言不发，默默卷起铺盖卷，走人！

他走呀走!

走到姑苏城外一个寺庙,夜不能寐,那淡淡的忧愁,像弥漫在天地间薄薄的雾气,挥之不去,遂写下这样的诗句:

月落乌啼霜满天,
江枫渔火对愁眠。
姑苏城外寒山寺,
夜半钟声到客船。

多么凄美的意境!多么令人难以忘怀的画面啊!相信没几个人能记住那年的高考状元是谁,但大家都记住了这首诗——《枫桥夜泊》。

然而,名落孙山的袁学海却与众不同,他不哭不闹,不吵不告,该吃吃,该喝喝,该睡睡,十分淡定,跟没事人似的。因为他知道自己的命,也认了命。

到了36岁的时候,"北漂"已经整整一年的袁学海又要"南漂"了——方向:正南!

目标:南京的国子监!

还没飘到南京国子监的时候，不知道从哪里刮来一阵风，竟然把他吹到了南京郊外的栖霞山中，让他飘荡的路线突然拐了一个弯。更没想到的是，这个弯居然拐出一段奇遇，是料事如神的孔老先生万万没有料到的。

我们说，这时的袁学海心如死灰，没有生命的激情，失去感受力，更失去了创造力，就像一根木桩杵在那里，不，更像一块石头待在那里，默默地等死。用英国历史学家汤因比的话说，他不折不扣是"一种毫无意义的存在"。

袁学海飘到栖霞山中，看见青山绿水之中有一山谷，山谷之中有一茅屋，茅屋之中有一位老僧，正端坐在那里打坐。他也跟着坐下来。

这一坐不得了，他们竟然对坐了3天3夜。

那阵势，十分像金庸的武侠小说《射雕英雄传》里的老顽童周伯通，坐在地上与别人打赌，看谁坐的时间久，谁先动，谁输。

袁学海没有输，输的是那位老僧。

老僧缓缓从地上站起身，掸了掸3天3夜落在僧衣上的尘埃，说道："普通人之所以是普通人,是因为他们心中有太多的妄想,我看施主坐了3天3夜,心中没有一丝一毫的妄念,这是为何呢?"

袁学海如实相告,说自己的命早就被孔老先生算定,什么时候生,什么时候死,什么时候得意,什么时候失意,都是命中注定的。命里有的,不想,自然会来;命里没有的,想也白想,所以干脆就不思不想了。

听完这些话,老僧哈哈大笑起来:"我还以为你是定力了得的英雄豪杰,原来不过是一个庸庸碌碌的凡夫俗子!"(我待汝是豪杰,原来只是凡夫)

那笑声,震荡着房梁,撞击着房顶,在禅房内久久回响。笑得袁学海心里发虚发慌,不,笑得他毛骨悚然。

他诚惶诚恐地问道:"禅师,你说的这话是,是,是……什么意思呢?"

老僧声如洪钟:"**命是什么?是心!心不变,命不变。心变,命亦变!**"停顿了一会儿,老僧继续说道,"这20年来,你的命被孔老先生算定,你想过没有,自己的心变过吗?"

老僧的话就像一根长长的银针,一下子扎在袁学海的命脉上,他浑身打了个激灵,猛然醒悟:这回自己应该是真的遇见真正的高人了。

然而,这位老僧果真是一位高人吗?

他的出现,真的能改变袁学海的命运吗?

二

老僧名叫云谷禅师。

关于他的相貌,是不是有白胡子呀,是不是仙风道骨呀,是不是还会腾云驾雾呀,《了凡四训》中没有任何记载。高人就是高人,不会编一些虚假的学历,弄几缕长长的胡子,或者戴一副金丝边眼镜……这些都是道具,用来包装自己,演戏给别人看的。

云谷禅师不用包装,不用化妆,他心里有真东西。

也许,有人会说,不对,他也有包装,只不过没有用马云的布鞋,或者张悟本的唐装,他用的是名字。"云谷"这个名字,就是他对自己进行的包装。如果非要这样说不可，也没有办法。

事实上，"云谷"这个名字不是包装，包装最根本的目的是为了给别人看，就像有些女性今天拉个双眼皮，明天弄个假眉毛，不仅为悦己者容，也为讨厌自己的人容——我偏要捯饬自己，气死你。

这位老僧取名"云谷"，不是为了取悦于别人，是要表达这样的志向：心，像深山中的峡谷一样通透、空明，没有挂碍；人，像蓝天下的白云一样悠闲、从容，飘来飘去，自由自在。

想象一下，坐在深山的空谷中，耳畔溪水哗哗流淌，清新湿润的空气洗涤着心肺，你心无挂碍，抬头望着蓝天，看云卷云舒。

这该是何等自由，何等悠闲，何等幸福的一幅图画啊！

云谷禅师正是这样。

不过，当初，云谷禅师可没有现在这般自由。刚参加工作的时候，单位（寺庙）给他安排的工作是赶经忏、放焰口。

赶经忏就是敲着木鱼念着经,超度亡灵。

放焰口就是超度那些地狱里的饿死鬼。

总而言之,他就是单位里一个打杂的,被别人支配来支配去:来,帮我复印一下;去,帮我拿一下快件。

云谷心想:靠,我投简历、面试,过五关斩六将,好不容易进单位(寺庙),难道就为了这个?

云谷像所有刚参加工作的年轻人一样胸怀大志,不过,他的大志与一般人不同。一般人的大志不是做大官,就是成为像马云那样的大富豪,或者像陈欧那样,搞个聚美优品到美国上市。他的大志是悟透生死。(既然出了家,应该以了生死大事偏重)

但凡胸有大志的人最后大多一种结局——辞职,走人,创业!

云谷在19岁的时候,也选择了辞职。

这么年轻就敢辞职,看来的确有远见,有胆识,不像很多人,捧着一个"铁饭碗"犹豫来犹豫去:是走呢,还是留?一直犹豫到花白了头,还待在原地。

云谷不是这样，因为他已经看清楚自己在这里混到头，也顶多是一个职业驱鬼的，这不是他想要的。云谷没像一些人那样，夜里想着千条路，白天依然卖豆腐。他没玩虚的，玩的是真的。他真的走出了那个寺庙，走进了无比宽广的世界里。

不知道走了多久，他走到一个地方，遇见一位名叫法舟的禅师。

"法舟"这个名字很有意思：舟是做什么的？渡人的；法是指佛法；"法舟"意即用佛法做成的舟。

这个名字表明他的职业是一位艄公，工作范围就是每天划着一条渡船在江中来来回回，摆渡那些陷入困境的人。所不同的是，别人渡人用的是木船，他用的是佛法。

一天，法舟禅师看见20岁的青年云谷徘徊在河边，愁眉紧锁，很是苦恼，就想摆渡他。

法舟禅师说："年轻人，有什么烦恼说出来，看我能不能帮你。"

云谷回答道:"我心里很纠结,不知自己究竟应该念《金刚经》,还是应该念《华严经》?"

20岁是人生最迷茫、最纠结的时候,这时的人懵懵懂懂,似懂非懂,常常在十字路口不知道该如何选择。所以,他们最需要高人指点迷津。

法舟禅师对云谷说:**"念什么经不重要,重要的是要弄明白这个念经的人是谁,即念佛者是谁?**(念佛审实话头)"

云谷一听这话,心一下子敞亮起来。

一直以来,云谷都想从外面的世界中去寻找生命的答案,却不知一切答案皆在自己心中。

弄明白自己的心,就弄明白了自己是谁;弄明白自己是谁,也就知道自己该念什么经,该做什么事,该走什么路。

在外面的世界中,云谷常常被大河阻隔,望着滔滔河水,他纠结、痛苦、徘徊。

现在,顺着法舟禅师指点的方向,在绝望的大河边,他隐隐约约看见一条渡船缓缓划过来。那是一条希望的船,拯救的船,看着这条船,云谷感动得热泪盈眶,难以自持。

他终于明白任何向外的行走，都是为了走回内心。

　　弄懂自己的心，就弄懂了这个世界。

　　实际上，法舟禅师的话与古希腊哲学家苏格拉底的话有着惊人的相同，苏格拉底说：人应该弄明白自己是谁？从哪里来？要到哪里去？

　　真是太神奇了。

　　苏格拉底说的白话恰恰可以用来注释"念佛者是谁"这句古文，而且很准确，一丝一毫都不差！

　　人们不禁心生疑问：难道法舟禅师在明朝的时候偷学过西方哲学？难道禅宗与西方哲学是亲戚？

　　这些问题太深奥了，还是留给那些皓首穷经的专家去解决吧！

　　我想说的是，人心毕竟都是肉长的，在内心深处不管是西方人，还是东方人都是一样的，关键看自己是不是英雄，只要是英雄，就会所见略同。

……

自从接受了法舟禅师的点拨之后，云谷就像魔怔了一般，整天都在想：我自己是谁呀？怎么会在这里？为什么要念经？

不管白天还是夜晚，不管吃饭还是睡觉，不管上厕所还是去佛堂，这3个问题都一刻不停地缠绕着他，追逐着他。

一天，他吃完饭之后，也不知道碗里已经没有了米饭，还傻傻地端着一个空碗使劲地扒，扒着扒着，忽然手中的碗哧溜一下掉在地上，啪嚓一声，碎了！

伴随着碗碎的声音，云谷的心怦然打开，如梦醒一般。

他，大彻大悟了！

三

大彻大悟的青年云谷变成了云谷禅师。岁数变了，但他的理想没变，依然是悟透人生。当然，在领悟人生的同时，他也会顺便做一些兼职工作，比如像法舟禅师那样渡几个人。至于名望、身份、金钱和地位什么的,全都不在他的眼里。

这个世界就这么奇妙,越不想出名的人,声名传播得越远。

云谷禅师虽然足不出户,每天端坐在那里,一动不动参悟内心。既没有上网去寻求点赞,也没有一个劲儿搞绯闻上头条,但他的名声却越来越大,想见他的人也越来越多。多得都快招架不住了,甚至影响了他的主业。

怎么办呢?

躲呗!

他开始是躲进报恩寺内的佛笼子里整整3年。可是,最后还是被那些四处追寻的粉丝找到。粉丝们蜂拥而上,这个想要个签名,那个想留个合影。看来这个地方也不能待了。

怎么办?

继续躲!

这一回,云谷禅师躲得更远了,他躲进了南京郊外的栖霞寺。

栖霞寺是南朝开山建的寺,当时梁武帝命雕

工在山崖上凿出很多佛像，命名千佛岭，后来历代王朝都加以赏赐，并封赠农田，但到明代时，这座寺庙已经荒废很久，大殿变成了野兽的巢穴。

云谷禅师一看，这里清静呀，那些粉丝肯定找不到。他深爱这里的幽雅静谧，便铲除乱草，在千佛岭下盖了一间小茅屋，住在这里，整天不出山。

你不出去，并不意味着别人不进来。

不过，第一个进入云谷禅师茅屋的并不是粉丝，是一个小偷。

那天夜里，一个小偷潜入云谷禅师的茅屋，偷走了他的衣物，结果被附近的农民抓住送来交给云谷禅师发落。没想到云谷禅师不但没有把小偷送到官府治罪，还请他吃饭，又让他随心所欲地拿了些东西走。

云谷禅师的这一行为颇有些像雨果《悲惨世界》中的那位主教，当劳改释放犯冉·阿让偷了他的银器被抓住时，他居然说那些银器是自己送给小偷的，避免了冉·阿让再去服终身苦役。

主教的行为深深震撼了冉·阿让，也从此改变了他的命运。

最后，冉·阿让成为一名富翁，一个杰出的慈善家，一个真正高尚的人，几乎是一个圣人。

当然，偷云谷禅师东西的那个小偷最终如何，我们无处知晓，但是，这件事却暴露了云谷禅师的行踪。

你们知道吗？那座荒废的寺庙旁来了个和尚，居然请偷他东西的小偷吃饭，还让小偷随心所欲拿自己的东西。有的人笑这个和尚傻，不是装傻，是真傻。也有的听后感动不已：高僧啊！这是真正的高僧！

那么，他到底是谁呢？

仔细一打听，原来是云谷禅师，那些粉丝又开始远道追来了。

一天，云谷禅师的茅屋来了一位特殊的粉丝，名字叫陆五台，是个大官，级别相当于副部级。

"陆五台"这个名字一听就与佛教圣地五台山有很深的关系。一个当官的取一个与佛教有关的名字说明了什么呢？说明他想先修心后当官，先内圣后外王。不像一些官员，不修身、不齐家，只靠行贿和权术就想永远安康，结果丢掉了官职，搞破了家庭，锒铛入狱。

"陆五台"这个名字好就好在他想用一颗佛心去当官做人。

果不其然，最后他当上了太宰，整天与徐阶、高拱和张居正这些人拿个笏板，站在一起。

太宰，不是太宰人的意思，而是一个官职的名称，也叫吏部尚书，掌管全国大小官吏的任免、升降和调动。从这个角度来看，用"宰"字很准确，他确实能够主宰官员的命运。

关于"陆五台"这个人，我们在后面还会说到。

陆五台见到云谷禅师，觉得他的气度和面貌与众不同，暗暗称奇，就在山中与云谷禅师朝夕相处了两天。离别的时候，他想送点东西给云谷禅师。送什么呢？想来想去，还是重新修复栖霞寺吧，并请云谷禅师担任寺庙的CEO（方丈）。

云谷禅师接受了重修寺庙的大礼，却坚决辞谢了寺庙CEO的职位，他推荐河南嵩山少林寺的善老和尚担任。云谷禅师的确有眼光，在善老CEO的带领下，栖霞寺很快又恢复了过去的光景，大殿庄严富丽，禅堂典雅幽静。

这一下，栖霞寺热闹了起来，来挂单的云水僧，来烧香的香客，来追星的粉丝，络绎不绝。

云谷禅师又要躲了！

但往哪里躲呢？

跑得了和尚，跑不了庙。

看来寺庙是无法躲了，他只能躲进深山老林。

最后，云谷禅师躲进了人迹罕至的栖霞山中，自己盖了一间茅屋，坐在潺潺流水的空谷中，望着悠悠的白云。

他成了真正的云谷！

四

云谷禅师是真正的高僧，真正的高僧一不图名，二不图利，图的是内心清净。

在这个世界上有两类高人，一类是享洪福的，另一类是享清福的。

享洪福的高人具有超常的勇气，能承受别人

无法承受的压力。享清福的高人具有超凡的智慧，能忍受别人忍受不住的寂寞。

但大部分人却是这样的：想享洪福却没有那份勇气去承受压力，想享清福却又没有智慧悟透人生，不愿意抛弃名利去忍受寂寞。

云谷禅师是享清福的人，一个人形单影只生活在深山中，对别人来说，这是难以忍受的寂寞和孤独，但他却其乐融融。

享清福的人需要独处。

很多人，身在曹营心在汉，嘴上说享清福，心中却想让别人羡慕他、崇拜他、点赞他，离开了这些，他们便心里发慌，没着没落。

比如，很多人有了响动之后，生怕别人不知道，逢人便说：知道吗？我上个月炒股挣了十几万块！知道吗？我最近买了一套房，或者一辆车！看，我这次去法国买的这个LV包如何……倘若不说，如同穿着漂亮衣服走夜路没有人看见，他们就会憋得难受，感到扫兴、孤独和寂寞。

如果把这样的人放进深山老林中，估计会

憋疯。

为什么呢？因为他们无法独处。

独处是需要智慧悟透人生的。

独处是不需要攀比和炫耀，不需要别人知道的。

独处关心自己的内心，不关心别人的评价，就像深山中的花朵，绽放不是因为别人的欣赏，凋谢也不是因为别人的嘲讽，它们就在那里幸福地享受着生命的过程。

对别人是难以忍受的孤独和寂寞，对于能独处的人来说，则是难以言说的幸福。

云谷禅师就是这些人中的高人。

也许，有人怀疑，你说云谷禅师是高人，怎么证明呢？他一没有著书立说，留下评职称的论文（秘籍）；二没有创立自己的队伍（门派）；三没有创建自己的根据地（寺庙）。你凭什么说他是高人呢？

的确如此，由于云谷禅师不是那种到处显摆的人，没有留下什么东西，但是，不要忘了他曾经度过一个人，从这个人身上，我们可以清清楚楚看见他是一位难得的高人。

云谷禅师即使躲进白云生处，仍然还是有粉丝找到他。对于这些粉丝，不论贫贱，不论富贵，也不论是否是僧侣，只要你找到他，二话不说，一块蒲团"噗"的一声扔在地上，意思是"坐"——盘腿而坐，反观你的"本来面目"。

很多时候，一坐就是一整天一整夜，一句话都不说。

如果来人开口，他第一句话便是："你日常做什么勾当？"

这是在提醒你：自己是谁，从哪里来，要到哪里去？

这天，一个19岁的年轻人由于对工作单位（寺庙）很不满，想要辞职，便找到云谷禅师。（注意，又是20岁左右，最容易迷茫，最需要指点迷津的时候）

坐完之后，没等年轻人回过神来，云谷禅师就快速地问道："你是什么的干活？"

年轻人抢答："寺庙跑龙套的！"

云谷禅师又迅速地问："为什么又不想干

了呢?"

年轻人又飞快抢答:"无聊又庸俗!"

……

这一问一答,语速超快,具有机锋。

在禅宗的对话里,讲究不按套路出牌,用意是要打破人的惯性思维,直指内心,明心见性(我很怀疑,云谷禅师对袁学海的笑恐怕也是故意的,藏着机锋)。

所以,很多时候,他们讲得很热闹,咱们听得很糊涂。就像《智取威虎山》里的土匪对黑话——

一个问:"天王盖地虎!"

一个答:"宝塔镇河妖!"

一个问:"怎么又黄了?"

一个答:"防冷涂的蜡!"

……

至于具体说的是什么,只有明白人才知道,不是明白人,自己掉了脑袋都不知道为什么。

快速说过机锋之后,对于这位想要跳槽的年轻人,云谷禅师又用一般人都能听懂的话和语速说:"你既然知道寺庙这种单位也很庸俗,就应该找到属于自己的那一片净土。"

听完这话,年轻人心中一颤,这位老僧坐时稳重如山,沉默不言,一旦说话,便如空谷传音,醒人耳目。他突然觉得面对这位老僧就像面对高峰峻崖一样,有不寒而栗之感。

他小心翼翼地问:"这片净土在哪里呢?"

云谷禅师又一字一句地慢慢说出6个字:"你自己的心中!"(必以悟心为主)

什么?

我自己的心中?

年轻人惊讶得几乎快跳了起来,他被云谷禅师的话深深地震撼了。

云谷禅师继续说,所谓悟心,是深入自己的心,找到那片净土,明心见性。

明心见性是禅宗核心中的核心。

法国大作家雨果说:"世界上最浩瀚的是海洋,比海洋更浩瀚的是天空,比天空更浩瀚的是人的心灵。"

然而,人心总是会被各种各样的妄念笼罩,

以至于看不清本来面目。

"明心",是删除妄想,看清自己本来的心,这种情形就像北风吹散雾霾,露出蔚蓝色的天空:哎呀,原来没有PM2.5的天空这么美丽,风轻云淡;原来没有妄念的内心这么澄明,这么辽阔,比大海还浩瀚!

删除妄想、雾霾散去之后,世界的本来面目便呈现了出来。我们看见了清晰的山,清晰的楼,以及自己清晰的样子。

这就叫"见性"。

性,是自性、本性,真正属于你的那些独一无二的东西。

妄念和雾霾都没有了,你真正的本性就呈现出来了。这时,你知道自己是谁,从哪里来,要到哪里去,以及来到这个世界所肩负的使命。

你按照自己这个真正的本性去行动,去努力,去奋斗,就能够心想事成。

云谷禅师对这位迷茫的年轻人说:"深入你的内心吧,将内心呈现出来,以后不管你从事什么工作,也不管你念什么经,你都不要忘记念经的这个人是谁。"

……

云谷禅师语重心长的话语，犹如强劲的春风，吹化了年轻人心中的坚冰。

这时在他的眼中，云谷禅师那座不寒而栗的山峰，春风过后变得满目青翠，那么爽心悦目，那么和蔼可亲，他亲近这位老人，宛如婴儿依傍慈母。

临别之际，老人问他："你将来有什么打算呢？"

年轻人回答说："云游四方，到各地去旅游！"

老人对年轻人说："旅行好哇，现今越来越多的年轻人喜欢走出门，用行走接触这个世界，用脚步丈量这个世界，用旅行认识这个世界。不管是读万卷书，还是行万里路，**一切对外面世界的认识，最终都是为认识自己；任何向外的行走，最终都是为了走回内心**。千万不要忘记旅行也是一种修行，不要白白浪费自己的草鞋钱啊！"（古人行脚，单为求明己躬下事……慎毋虚费草

鞋钱也)

年轻人依依不舍,流着眼泪拜别了云谷禅师!(予涕泣礼别)

云谷禅师站在山头上,望着这位年轻人渐渐远去。

但这位年轻人却悄悄地藏了起来,他想再多看一眼像慈父一样的老人。

当他看见云谷禅师转过身去,拄着拐杖,慢慢往回走的时候,一个大大的背影——像朱自清看见的那个背影——永远留在了他的心中。

……

若干年后,一个名字响彻大江南北——憨山德清,他就是那个19岁的年轻人!

五

"憨山德清"这个名字取得好。注意啊,这不是一个日本名字,与韩国名字也不沾边,不用担心他们会拿去申遗。它是一地地道道的中国名字。

"憨山德清"最初的名字,叫"德清",前面并没有"憨山"二字。

"德清"这个名字，源自"人有德行，如水至清"，意思是，人的品德要像水一样清澈透明。这两个字很可能是他母亲取的，他母亲是一位虔诚的佛教徒。

自从流泪拜别云谷禅师后，德清就一直在想：我自己是谁呢？是水吗？我心中到底隐藏有怎样的秘密？

他想呀想，走呀走！

有时一个人踽踽独行在羊肠小道，有时又与两三好友结伴在名刹古寺。

不知道走了多少路，穿烂了多少双草鞋，直到走到五台山。

那天，德清走到五台之一的北台，看见一座山峰风景奇秀，憨态可掬，一问才知名叫憨山。

站在憨山脚下，德清就像当年陶渊明"采菊东篱下，悠然见南山"一样，猛然醒悟，发现了自己内心的秘密。

他看着憨山，只觉一股难以言说的东西在心中翻滚，这种感受如同陶渊明的感受——此中有真意，欲辩已忘言。

看着看着，他的内心不禁激动起来，耳边又响起云谷禅师的话：明心见性！

自己的内心是什么样的呢？这些年来踏破铁鞋无觅处，而现在它却呈现在面前。原来这座憨山就是自己的内心。

找到憨山，就如同找到了内心深处那个真实的自己，德清情不自禁地写下了这样的诗句——

遮莫从人去，聊将此息机。

遮莫，就是不必；息机，就是熄灭机心；机心，就是机械之心，可以引申为充满妄想之心，耍小聪明之心。

这两句诗的意思是，不必人云亦云，跟在别人的屁股后面，拼命活给别人看，仰望憨山，我将熄灭一切妄想，活出最真实的自己。

从此，德清便在自己的名字前加上"憨山"二字，以表明心迹：像憨山一样憨态可掬，大智若愚，不在乎别人怎么看我，怎么评价我，也不在乎别人誉我,还是辱我。别人骂我傻,我不理睬,别人说我呆萌,我也不为所动。我就是我,一个特别的我,一个与众不同的我!

别人笑我太疯癫,我笑他人看不穿。

用"德清"这个名字时,这个人并不出名,用"憨山德清"这个名字时,这个人便名噪海内。

看来人不行,的确应该改改名。

也许对于算命的孔老先生来说,他会掐指算什么金呀、木呀、水呀、火呀、土呀什么的,说"德清"这个名字好是好,可惜五行中缺土,"憨山"这个名字中有山也就有了土,五行全了,人才能有所作为。就像一些人选择房子,总想选择有山有水的地方,因为有山有水才有好风景。

但用云谷禅师的话说,真正重要的并不是这些,而是要用名字呈现内心。

什么样的名字,表明什么样的心境。

什么样的心境,带来什么样的命运。

憨山德清的命运就像他的名字一样,表面很

憨很傻，实际上则达到了人生的大境界。

说憨山德清的命运很憨，是有迹可查的，因为他总是替人背黑锅、吃挂落儿。

憨山德清背的黑锅很沉，还不能放下，因为他替的这个人是皇太后——朱翊钧的生母——神宗慈圣太后。而让他背黑锅的则是皇帝朱翊钧本人。

原来皇太后喜欢佛法，常常派人到五台山请憨山德清做佛事。

皇太后嘛，毕竟不是一般人，那时又没有八项规定，场面搞得很大，银子花得猛了些，亏空了。

皇帝朱翊钧看着账本上那个大大的赤字，气不打一处来，恨得直咬牙，可是花钱的是自己的亲生母亲呀，总不能对母亲发脾气吧，那是不孝！

但是，皇帝的这口恶气必须得出。

怎么个出法呢？

皇帝想来想去，想到了憨山德清："你给老子弄了这么大一个红字，老子就让你背一个大大的黑锅。"

最后皇帝给憨山德清安了一个罪名——私创寺院。

我去,这是什么罪名,难道和尚不建寺庙,你让他去开歌厅不成?这个罪名就相当于学生私自读书,员工私自上班,家庭主妇私自煲汤一样滑稽可笑。

不过,什么罪名并不重要,重要的是能判刑就行,憨山德清被捕下狱,最后被判充军广东雷州。

雷州如今是一个风景美丽的旅游胜地,在明朝可是犯人的流放地,后来张居正的儿子也被流放到这里,还遇见了汤显祖。当然,这是后话。

在这个世界上有很多牛人,一出门前呼后拥,有低头带路的,有赔着小心拎包的,还有弯腰开车门的,但这之中绝大多数都是因为手中有权,或者有钱,如果剥去权力和金钱,那么他们还剩些什么呢?会不会还有那么多趋炎附势的人?

但是,憨山德清不是这样。

万历二十三年,当憨山德清被捕充军的消息

传遍京城的时候，整个北京城震惊了，人们纷纷走出家门，市民来了，僧人来了，很多官员也换上便装来了……几乎是倾城而出，流泪泣送这位憨人。

但是这位憨人早就悟透了人生，悟透了生死。

过去，皇太后宠他时，他是自己。

今天，皇帝辱他时，他还是自己。

不像我们很多人，得意的时候，是大爷，失意的时候，是孙子，一生都在大爷和孙子之间变换角色，从来就没有当过自己。

憨山德清不这样——

你见，或者不见

我就在那里

不悲不喜！

……

他就像五台山北台上的憨山一样，永远是一个样子。

……

憨山德清经过南京的时候,他的母亲在江上迎接他,母子相见甚欢,母亲声音清亮,内心没有一丝一毫的忧虑。

戴着镣铐的憨山德清问母亲:"当您听说儿子面临生死劫难的时候,难道一点都不担心吗?"

母亲回答说:"我年纪一大把都不曾忧虑自己的生死,又怎会忧虑你呢?"

临别时,母亲对他说:"你要自爱,不要为我担心,今日我就与你做生死离别!"

憨山德清很感动:"如果普天下的母亲都能有这样的见地,人怎能不悟透生死呢?"

有的人丢了官位,没了钱财,人们视之如粪土,其实这并不能怪人们,因为他们以前就是粪土,只不过用权势和金钱涂抹了一层金灿灿的光辉。当那一层光辉散去,人们便看见了他们本来的面目。

同样,有的人即使成为囚徒,人们依然把他视之为珍珠,因为他们本来就是珍珠,不会因外面的风吹草动失去自己的价值。

憨山德清恰恰是这样的人。

在憨山德清充军的路途中，人们常常看见这样奇怪的情景：成千上万的官员和百姓都在迎送一个囚徒，一程又一程。更令人惊讶的是，有时，几万人坐在一个地方一动不动，全神贯注，听一个穿着囚服的和尚讲禅经。

憨山德清，一个如雷贯耳的名字，一个万众敬仰的人。

憨山德清的名字不仅在当时振聋发聩，后来更是令人仰慕。

崇祯皇帝给他的评价是："耆老和尚，何等行状？撑持法门，已做栋梁。受天子之钳锤，为佛祖之标榜。"

这个评价很有趣，说憨山德清是佛教的栋梁，不过，最有趣的是这两句——"受天子之钳锤，为佛祖之标榜"，意思是，我爸爸的爸爸神宗皇帝朱翊钧当时整他、辱他，把他弄去充军，那是在培养他、锤炼他，正是因为有了这样的钳锤，他才能成为佛祖的标榜！（真××能说，把别人整成那样，还说是为别人好，真应了那句话，感谢折磨你的人）

梁启超对憨山德清的评价是，如果说六祖慧能创建了禅宗，那么，他就是中兴了禅宗。

著名书法家启功先生对他的评价是："憨山清后破山明，五百年来见几曾。"意思是，在500年的历史长河中，像憨山德清这样的高人也没有几个。

……

对憨山德清的评价很多，都很客观，也都实事求是，不像崇祯皇帝那样不敢正视历史。

一个不敢正视历史的人注定不敢正视现实。

一个不敢正视现实、不敢实事求是的人，注定会被摧毁！

当崇祯皇帝自己把自己挂在煤山的大树上时，他是否明白了上面这个道理呢？

不过，这个道理憨山德清是明白的，他曾说人最可怕的就是自己欺骗自己，不实事求是。原话是这样的："宁可上负佛祖，下负我憨山老人，不可自负……"

……

憨山德清，这个名字，这个人，宛如一座难

以逾越的山峰,矗立在明朝的历史中。

但是这个人从哪里来的呢?

他起根发芽的地方在哪里呢?又是谁给予了他指引?

没错,就是在栖霞山中,就是那位叫云谷的禅师。

现在,袁学海正坐在云谷禅师的对面。

他的命运会出现奇迹般的改变吗?

4. 疗伤栖霞山

一

当憨山德清含泪拜别云谷禅师,离开栖霞山5年之后,另一个人又飘到栖霞山中,坐在了云谷禅师对面。

他就是袁学海。

虽然袁学海比憨山德清岁数大,但遇见云谷禅师的时间却整整晚了5年!

也就是说,虽然他早就来到人生的渡口边,却一直没有找到渡他的人和船,还很有可能被别人忽悠了，一直在那里转圈圈。

这些年来，袁学海的心路历程应该是这样的——

开始，他站在人生的渡口边，走过来，走过去，徘徊，再徘徊。

他一次次眺望远方，希望能看见渡船的桅杆。

但那条船一直没有出现。

后来，天，渐渐变凉了，他终于看见了远处那期待已久的桅杆，近了，又近了……

但当他终于看清楚之后，才发现那是一队南飞的大雁。

又一次被命运捉弄之后，他心中那条渡船深深地沉进河底。

黑夜渐渐笼罩着大地、水面以及那一大片枯黄的芦苇。

一个孤零零的身影仍踟蹰在河边。

现在，他心如死灰，彻底认命了，什么也不期待，什么也不想了。

河边那个孤独的身影啊，多么像1800多年前汨罗江边的屈原,心中有不尽的悲伤、无限的抑郁和彻底的绝望。

但不同的是他没有选择跳河,而是做了另一个选择:时而像凋零的树叶一样飘落,时而像顽石一样打坐。

……

一般来说,任何一个人一生之中都有 7 次机会遇见自己的贵人,最少的也有 5 次。

这些生命中的贵人往往并不是那些给你钱财的人,而是那些给你心灵指引的人,即度你的人。

对袁学海来说,如果孔老先生算一次机会,已经被用掉了,那么他至少还有 4 次机会。

可是时光如水,白白流淌,今年他已经 36 岁了,距离死也就只剩下 17 年。

难道渡他的那个人和那条船一辈子都不会出现吗?

必须注意,敢渡人的人未必是你的贵人。

在生活中有很多好为人师的人,喜欢指指点点,给别人指路带路,或者帮别人渡河,但实际上他们并不知路在何方，抑或自己还在河的这边，并没有渡过去，也不知道水深水浅。这样一来，他们给别人指路就变成了打麻将时的试炮，先让对方去试一试行不行，或者让对方先渡一渡，看水深不深。

所以，这些带路人总是会把人带进沟里，抑或看见你在河中央快被淹死时，他们撒丫子就跑。

一个还没自渡的人，是没有资格渡人的。

就像一些在讲坛上唾沫四溅的人，整天忙着给别人指点迷津，忙着渡人，但实际上他们还没有自渡。一个已经渡过河的人，一定是气定神闲，心有归宿的，绝对不会今天在国内耍大牌，明天在国外乱发脾气。

这些还没有自渡的人，所谓的渡人，从根本上来看，无非是要踩着别人的身体让自己渡过去。

云谷禅师不是这样，他是已经自渡的人，并且属于骨灰级。

用武侠小说的笔法来描述，他是绝顶的武功

高手，级别相当于东邪西毒南帝北丐。

而袁学海呢？一个小白，顶多算个菜鸟，在一次次与命运的PK中受了内伤，还中了剧毒，最后落荒而逃到栖霞山，遇见了云谷禅师。

云谷禅师一看："哎呀，这是内伤啊，可伤得不轻，还中了剧毒！"

接下来，他便要用自己高深莫测的内功，逼出伤者体内的剧毒，给他疗伤。

不过，最贴近云谷禅师身份的恐怕不是渡人的艄公，或什么疗伤的武功高手，应该是心理学大师。

在我看来，禅宗不应该是宗教的一个派别，应该是一门特殊的心理学。

禅师也不是什么宗教信徒，应该是心理学家，或者心理医生，就像弗洛伊德和荣格那些人一样。只不过各自用的教材不同，一个用的是《梦的解析》和《无意识过程心理学》，一个用的是《心经》和《坛经》。

尽管搞心理学的人很多，但真正的高手并不多。用崔永元的话说，在中国真正合格的心理医生不会超过梁山好汉的人数。

　　崔永元是谁呀？

　　病人呀！而且病得不轻。

　　病人是最有资格评价医生的，就像顾客最有权利评价商品，群众最有权利评价领导一样。

　　事实上，长期以来，在中国搞心理学的人可以分成5个层次——

　　第一个层次是圣人。比如老子、庄子、孔子、孟子、六祖慧能、朱熹、王阳明等。这些都是心理学某一流派的开山鼻祖，不仅有高深的理论，还有丰富的临床经验，更创立了自己的心理学流派，有成千上万的弟子，数以亿计的粉丝。他们本人一般不直接做心理咨询，有心理问题的人，只需要通过读他们的著作，就能够解决问题。

　　第二个层次是高人。比如法舟禅师、云谷禅师和憨山德清等，具有丰富的临床经验，通过聊天（心理咨询）治好过很多人，当时名气很大，口碑很好，粉丝很多，可惜没有留下太多的理论，没有创立自己的心理学流派，也没有成群结队的弟子，属于心理学大师一级。

第三个层次是平常人。这个层次的人很多，他们有心理医生的执照，出诊的频率很高，忙来忙去，整天都在搞心理咨询，对什么潜意识呀、精神分析呀、认知疗法呀、人格分裂呀等术语十分熟悉，常挂在嘴边，让病人觉得很有水准，但在职业生涯中没能治好过几个人，但也没治坏过几个人。这些人基本属于那种死读书、读死书的一类。

第四个层次是用合法身份害人的人。这个层次的人不少，他们有合格的心理医生执照，但医术很差，很多心理学术语都不清楚，病人问起时，才忙着上网去查；抑或自己本身就有心理疾病。一个自己有心理问题的人，又怎能解决别人的心理问题？所以，他们在职业生涯中没治好过一个人，却坑害过不少人，属于职业害人精。

第五个层次是在雍和宫或白云观附近摆摊算卦、取名字的。"嗨，那位先生，对，就是你，过来，过来，你最近可能……"或者："喂，这位女生，我看你印堂发黑，可能要遭厄运，要不，我给你破一破……"

这个层次的人更多，他们没有心理医生执照，也不专业，只是看了几本读心术或微表情的书，纯粹是利用人们的心理来骗人，是公安机关应该打击的对象。因为他们总是能把一个正常的人忽悠得神经兮兮，诚惶诚恐的，吃不下饭，睡不着觉，最后真的落下心病。

在各大寺庙周围都有很多没有执照的搞心理学的人，在利用别人的心理骗吃骗喝。比如，前几年在五台山，你到五爷庙去烧香，问："师傅，这香怎么……怎么请呀？"

"1500，三炷！"冰冷的山西口音。

妈呀，这也太离谱了，别的地方才15块。

能不能便宜点呢？

"这里是五台山，不讲价！"接着发出声音的山西人摆出一个Pose——头颅高昂，望着虚无，一动不动，就像一尊雕塑，一尊佛的雕塑，并释放出这样的肢体语言："小子，你竟敢与佛讲价钱，活腻味了不成！"抑或是："看见没，佛祖生气了，后果很严重！"

人的内心往往很脆弱，尤其是在敞开心扉的

那一刻。这时人们会想："天呀，我怎能与佛讲价钱呢？万一得罪了佛，回去的时候山路崎岖出了车祸怎么办？"

于是硬着头皮慷慨解囊。

但值得注意的是，这个人的钱包打开了，他的心却关闭了。

最后的结果是，俺惹不起你，总躲得起你吧！

从此以后，这个人再也不敢去五台山了，甚至一看见别的寺庙也走得远远的。

实际上，如果你的心理足够强大，或者真懂一点心理学，这时完全可以径直上去，轻轻拍一拍山西人的肩："大哥，累不？要不放松点！"这意思是，你是你，佛是佛，你不是佛，佛不是你，你不要装佛。

你一定要心里明白，是他在敲竹杠，不是佛在乱要钱。

他与佛没有一毛钱关系，顶多是落在佛像上的一只苍蝇。

至于你回去是不是会出车祸这一类心理活动，也大可不必挂在心上，因为佛祖不会那么小气，如果他真那么小气，你也不必拜他了，还不如回家好好巴结自己的上司，讨好自己的老婆。

更何况你别忘了在禅宗这门心理学中，很多呵祖骂佛，砍了佛像当柴烧的人，最后都能修成正果！

佛从来就不在外面，一直在你心里。

你贴近自己的心，就是贴近了自己心中的佛。

心理学是什么？是一门让人敞开心扉、进入内心的学问。

所以，心理医生是真正的人类灵魂的工程师。

用美国杰出心理医生斯科特·派克的话说："心理治疗，其实是一条成为圣人的路。"由于在这条路上行走的人很少，所以他将自己的书取名为《少有人走的路》。

事实上，只有高尚的人，才能成为优秀的心理医生。

云谷禅师是一位高尚的人，也是一位杰出的心理医生，通过聊天（心理咨询），他让憨山德清几近圣人，那么，现在，他通过聊天（心理咨询）又将使袁学海成为什么样的人呢？

二

云谷禅师是一位杰出的心理医生。

袁学海是他的病人。

那么,这个病人得了什么病呢?是抑郁症、躁狂症、神经官能症,还是人格失调症呢?

这些都不是。

他得的是自闭症。

什么?自闭症?!

有没有搞错,他怎么会自闭呢?

一点没错,他就是自己把自己封闭了起来,心如死灰。

当然,有心理问题的人,一般都不愿意承认,总是闪烁其词,回避自己的症结,所以,心理医生往往很难找到他们的病根。

但云谷禅师是什么人呀?心理学大师啊!他有着丰富的临床经验,仅仅凭借袁学海算命这件事情,以及他打坐的情形,就可以判断他自闭了。

封闭他的正是那张命运图,那张图宛如一根

这样的止水，是不折不扣的一池子臭水，就相当于一个人关闭了所有门窗，把自己封闭在一间黑屋子里，不见阳光，也没有新鲜空气进入，只能反复呼吸自己所排出的恶臭的气息。

袁学海正处在这样的状态中。

如何才能把袁学海从自闭的状态中拉出来呢？

云谷禅师知道第一步是要捅破那层窗户纸，炸掉那道阻断心河的堤坝。

当然，这是一个高难度的危险动作，弄不好，对方会逃避得更厉害，封闭得更厉害，从而令病情加重。

火候啊，火候！

一定要掌握好火候。

不能急，也不能拖；不能重，也不能轻。

太重了，一把锤子敲不开一朵莲花；太轻了，隔靴搔痒，不起作用。

在这方面，儒家心理学鼻祖孔子是很有经验的，他说一个人如果不到焦头烂额时，你不要去启发他；一个人如果不到穷途末路时，你不要去帮助他（不愤不启，不悱不发）。

他还说如果你想劝某个人,劝一次就够了,如果对方不听,就算了;说多了,对方会反感,你也自讨没趣(忠告而善道之,不可则止,毋自辱焉)!

孔子这些话不愧为心理咨询时的金玉良言。

很多人不明白这些道理,掌握不好火候,或者不闻不问,听之任之,或者不到劝的时候一个劲儿地猛劝,整天都在对方耳朵边喋喋不休,弄得对方很烦,结果不是搞得父子母女关系很紧张,夫妻关系很紧张,就是朋友之间反目成仇!

心理咨询最关键的是要掌握好时机!

什么时候是好时机呢?

就是对方焦头烂额、穷途末路的时候,用西方心理医生的话说,就是一个人心灵破碎的时候。

人在什么时候最容易听进别人的话,不是在他最牛×的时候,是在他最倒霉的时候。

最牛×的时候,春风得意,左右逢源。这个时候的人最容易心高气傲,得意忘形,很少能听进别人的意见,更不需要别人的劝告。

得很准，但他的潜意识也一定会反抗。

要不然，他怎么会不知不觉飘到栖霞山来呢？谁能说这不是潜意识的一种指引呢？

飘到栖霞山本身说明在潜意识深处，他渴望获得帮助，渴望挣脱命运的束缚！

只不过，这是下意识的行为，他自己并不是很清楚。

袁学海现在的这种心理，恰恰符合孔子所说的那种"愤"和"悱"的状态。

所谓"愤"，就是事情令人搓火，在心中横亘很长时间一直得不到解决，现在到了非解决不可的地步了，不解决这个问题，人就受不了，要爆炸了！

所谓"悱"，就是郁闷到了极点，不吐不快，但想说又说不出来，很拧巴，很难受，很别扭。

种种情形都传达出一条信息：火候到了，是时候捅破袁学海心中那层窗户纸，炸开堰塞湖了！

谁来干这件危险的事情呢？

非云谷禅师莫属！

用什么工具来干呢？

云谷禅师首战用的是——笑！

笑，相当于二炮，先隔空用导弹进行狂轰滥炸，摧毁那道横亘在他心河上的堤坝。

当袁学海说自己是因为孔老先生那张命运图才变得心如止水后（吾为孔先生算定，荣辱生死，皆有定数），云谷禅师笑了，他哈哈大笑了。

那笑声在茅屋中久久回荡，笑得袁学海手足无措，心里发毛。

那笑声，不是嬉笑，不是嘲笑，是有深意的。

心理咨询常常这样，乘对方没有防备的时候，迅速采取一个动作，突然袭击对方的痛处——病根，以图连根拔除，收到奇效。这种情况很像过去没有麻药时的拔牙，牙医说，嘿，你看那边谁来了，是不是你女朋友呀？当你仔细看那位美女是不是自己女朋友时，牙医以迅雷不及掩耳之势，一举拔掉了你的蛀牙。

当然，在禅宗心理学中，对此也有一个专业术语，叫当头棒喝。

注意，不一定用棒，也不一定用喝，根据具

体情况，什么都可以用，不过，用得最多的还是——笑。

禅宗心理学的创立就源于一个笑——拈花一笑，以心传心！

云谷禅师的哈哈大笑，确实收到了奇效。

那道封闭心河的堤坝开始松动了，摇晃了，眼看就要垮塌了，云谷禅师并没有就此罢手，他还要补一刀——继续派飞机轰炸。

云谷禅师的轰炸机，不是轰炸是一句话——我待汝是豪杰，原来只是凡夫。

这句话很厉害："我还以为你是什么英雄豪杰，原来只是一个凡夫俗子。"先把袁学海捧到天上，后又把他摔到地上，这一捧一摔，明显含有嘲笑和讽刺的味道，但正好对症下药。

医生常常采取这样的手段，比如一个人总是疑神疑鬼，一会儿怀疑自己是不是有心脏病，一会儿又怀疑自己是不是有艾滋病，最后跑到一位当医生的朋友那里去检查。医生朋友忙活半天，发现什么病都没有，佯装生气，骂他一句：赶紧滚吧，我看你是有钱撑的，整个一神经病！

挨完骂后，这个人释然了，心里舒坦了，什么症状都消失了。

很多时候，骂和嘲笑，也是最好的医药。

云谷禅师用二炮（哈哈大笑）和轰炸机（嘲讽的话），三下五除二，彻底炸开了袁学海心中的堰塞湖，敞开了他的心扉。

四

当一个人终于打开自己封闭已久的心扉时，一定会有很多疑问。如果这些疑问得不到令人信服的解释，他很快又会重新关闭心扉。

以后再想打开，难度就更大了。

这是一个稍纵即逝的机会，云谷禅师当然不会让它白白溜走。

袁学海的疑问来了："禅师，为什么您说我是凡夫呢？"

看来，袁学海很在意那个英雄豪杰的称谓，或许他自己本身就认为自己是英雄，只不过命不好而已。

云谷禅师说，命由心生，有什么样的心，就

有什么样的命。

心不变,命也就不会变。

心变了,命也就变了。

那些凡夫俗子几十年来,用同样的心,重复同样的动作,当然只能得到同样的结果。这些人的命是很容易被孔先生这样的人算出来的。而他们自己也只能按照这一命运轨迹亦步亦趋。如此一来,命运就变成了一根结结实实的麻绳,捆住了他们的人生。

不过,这根命运的麻绳只能捆住凡夫俗子。

你看那些大善之人,不畏艰险,勇往直前,他们不断拓展自己的内心,不断让心智趋于成熟,由于心在不断变化,这根命运的绳子怎能捆住他们呢?

你再看那些大恶之人,没有信仰,没有道德底线,他们的良心不断泯灭,人格不断沦陷,什么事情都敢干,什么钱都敢拿,什么人都敢杀,这根命运的绳子也拘他不定。(相当于游戏中开了外挂,或者人打了鸡血,抑或像欧阳锋练功走火入魔一样,能力超强,人却废了)

袁施主,你20年来,两耳不闻窗外事,一心只想考功名。心不曾动一丝一毫,当然会被孔先生算定。你不是凡夫,是什么呢?

袁学海挨了云谷禅师的骂后,心松动了。他有些激动,有些怀疑,也有些不敢相信。

他惊讶地问道:"难道命运还可以改变?不是说人的命天注定吗(然则数可逃乎)?"

这个疑问在袁学海的心中发酵了很多年,到底命运可不可以改变呢?他由否定到肯定,又由肯定到否定,最后再由否定到肯定,令他备受折磨。

今天,这个问题又被提出来了。

他希望能获得一个满意的答案。

云谷禅师抓住机会,引经据典,力证命运是可以改变的。

"永言配命,自求多福"——这是《诗经》说的,意思是,你自己完全可以扼住命运的咽喉!

"一切福田,不离方寸,从心而觅,感无不通"——这是《坛经》说的,意思是,一切荣华富贵,一切吉凶祸福,皆在心中,从心中去寻求,是很灵验的。

……

云谷禅师说得有理有据,袁学海有些相信了,不过,他还需要保证。

一个心中充满怀疑的人,是最需要保证的。

这种心理如同一位女生敞开心扉,在即将跟定男朋友,把一切都献给对方时,迫切希望男朋友能做出保证一样:"你说,说你只爱我一个,永不变心!"

云谷禅师对袁学海的内心洞若观火,在他迫切需要保证的时候,及时给予了他。云谷禅师说:"你就放心吧,难道这些流传千年的经典还会撒谎骗你不成?出家人是不打诳语的,佛祖不会骗你,菩萨也不会骗你,我更不会骗你,这都是真的(夫妄语乃释迦大戒,诸佛菩萨,岂诳语欺人)。"

云谷禅师的这一通保证够可以的,连佛祖、菩萨都用上了,相当于有些人说"向毛主席保证"云云。(电影《霍比特人》中的矮人喜欢用自己的大胡子做保证。)

听完云谷禅师的保证之后,袁学海踏实了很多,不过,由于多次受伤,他害怕了,害怕这是又一次忽悠。

还记得那位屠厅长吗?

屠厅长一句话让袁学海的心腾空而起,而杨厅长一句话又让他从半空中跌下来,摔个半死。

真应验了股市中那句话:横着有多长,竖起有多高;爬得有多高,跌得有多惨!

现在,袁学海心中的堰塞湖已经被云谷禅师炸开,那一潭死水慢慢流动起来。

这是又一次忽悠吗?

这一次,他会不会摔得更惨?

五

云谷禅师搅动了一潭死水。

令心如死灰的袁学海有了一线生机,重新燃起对生命的热情。

但是,一个内心多次受伤的人,对于突然而至的好事,总是持谨慎乐观的态度。他还想把这件事扎得更瓷实些。

又问道:"你是说,举人、进士什么的,我也可以靠自己的力量求得?"

云谷禅师心想:好家伙,够顽固,够狠,病得真不轻,我都做了那样的保证,他还有疑虑。

不过,作为杰出的心理医生,他是有耐心的。

他又派出地面部队,坦克、装甲车一齐上,还有狙击手跟进,继续清理袁学海心中的疑虑。

云谷禅师说:"关于由改变心到改变命,我想你是一个读圣贤书的秀才,还是以圣人的话来说吧!你一定知道孟子这段话——故天将降大任于斯人也,必先苦其心志,劳其筋骨,饿其体肤,空乏其身,行拂乱其所为。所以动心忍性,曾益其所不能。"

云谷禅师不慌不忙,很有耐心。

对于孟子这段话,很多人都能倒背如流,但未必人人都能理解其中的精髓。

云谷禅师慢慢分析。

如果把考上举人、进士当成是上天赋予你的任务,那么,你首先就要改变自己的心,让自己的心与这个当举人、进士的命相配。

什么心，配什么命。

如果你没有举人、进士的心，也就没有举人、进士的命。

如何来改变心呢？

先要吃苦受累，忍饥挨饿，承受很多的烦恼和痛苦。这样做是为何呢？比如你吧，寒窗苦读20载，究竟是为了什么？

是为了这个"空乏其身"。

什么是"空乏其身"？就是清空内心，删除那些乱七八糟的杂念、幻想和妄想。

袁学海说，我以前不是没有幻想、没有妄想吗？

错！

云谷禅师说，你虽然没有了幻想和妄想，但是你也没有了生命的热情和激情，这与一块石头有什么两样，与死人又有什么区别？

这不是活着，是没死！

云谷禅师接着说，要改变心，必须先清空心。

清空心，不是心如死灰、无欲无求，是要让

你看见自己最真实的心,并将它呈现出来。

一般人看不到自己最真实的心,是因为有太多的妄念。

这些妄念就像天空中的滚滚乌云,遮住了红红的日,蔚蓝的天,明亮的月。

如果经历一系列的"苦"、"劳"和"饿"之后,清空内心,你就能看见最真实的心,以及属于自己的朗朗乾坤。

如果你看见自己最真实的心,知道哪些事情可以做,哪些事情不可以做,非礼勿视,非礼勿听,非礼勿言,非礼勿动……这就叫"行拂乱其所为"。

如果你"行拂乱其所为",泰山崩于前而色不变,麋鹿兴于左而目不瞬,就可以获得超越常人的定力。

你有了定力,也就有了智慧(定生慧)。

你有了智慧,也就有了能力。

这就叫"动心忍性,曾益其所不能"——没有外挂,没有打鸡血,本身具有的能力。

由于你改变了自己的心,能力也就随之增强,能够做以前不能做的事情，承担以前不能承担的责任，这样一来，你的命运也就改变了。

……

袁学海因惊讶而张开的大嘴，半天合不拢，就像一个大写的英文字母 O 一样，悬在鼻梁与下巴之间。

天外有天，人外有人。

袁学海以前听说的皆是"书中自有黄金屋，书中自有颜如玉"这类大道理，耳朵都快听出老茧了。

而今天这些话，36 年来，他闻所未闻。

虽然孟子那段话，从小就能背诵，却从来不知道里面还蕴含有那么深刻的道理。

他以前曾抱怨：为什么听过很多道理，却依然过不好这一生？现在才知道：如果自己一直重复同一种错误的行为，就不可能获得正确的结果。而这种错误的行为不是源自别处，正是源自内心。

袁学海所有的疑虑被彻底清除掉了，心中燃起熊熊烈火。

从来就没有什么救世主,也不靠神仙皇帝,要创造人类的幸福,全靠我们自己……

袁学海心想:靠,怕什么,把炉火烧得通红,让思想冲破牢笼,我失去的是锁链,得到的将是崭新的人生!

这一回,他豁出去,真的要拼了!

了凡四训

众阅典藏馆

（明）袁了凡 著

李秀艳 主编

辽海出版社

第三训　积善之方

【阅读导航】

本篇讲述种德立命、修身治世的学问。改过之后,还要努力地积善,才能够真正改造命运、营建幸福美满的人生。

【原典精读】

易曰:"积善之家,必有余庆。"昔颜氏将以女妻叔梁纥,而历叙其祖宗积德之长,逆知其子孙必有兴者。

【译文通解】

《易经》上说:"积善的家庭,一定会有很多福分喜庆的事。"例如，从前有个姓颜的人家，要把他的女儿，许配给孔子的父亲，他们将孔家所做的事情，一件一件都提出来，觉得孔家祖先所积的德多而且长久，所以预知孔家的子孙，将来必定会大发。后来果然生出了孔子。

【经典心裁】

开端引用《易经》来作为积善理论的依据。积善的人家一定有余庆，他一生享受不尽，留给子子孙孙享之，其中有很深的道理。

"昔"是过去。古人跟今人真的不一样，中国自古以来，婚嫁是父母之命、媒妁之言，这比现代自由恋爱，说老实话，有好处，好处是什么？真正有学问、有道德的父母，不会把你配错；坏处是若父母没有受过教育，无知无识，可以把女儿卖掉，所以儿女不甘心、不情愿地勉强凑合，这是缺点，但是不可以不知道，它有绝对的好处。

"叔梁纥"是孔子的父亲，孔子的母亲姓颜，这里的"颜氏"就是孔子的外公。他把女儿嫁给孔子的父亲——你看！不是随便嫁的。他看出孔氏一家人代代都积德、代代修善，这家庭里子孙一定有发达的,所以他将女儿嫁给孔家是有道理的。

"历叙其祖宗积德之长",他们一家人的长处就是修善积德。"逆知"就是预知,就是根据他们祖宗积德,晓得他们家里将来一定有好子孙,会兴旺的,这才把女儿嫁给叔梁纥,生了孔子。所以"父母之命、媒妁之言"在中国自古以来成就的幸福家庭很多。

古代的执政者,只要掌握政权,大的是帝王,统治国家;小的县市长、乡镇长,——我们一般讲的政务官,在他们的职责范围里有三句话——作之君、作之亲、作之师。"作之君",君是领导人,你是这个地区的领导人;"作之亲"你是这个地区百姓的父母,你要把百姓当作子弟来看待,要照顾他,要爱护他,要养育他;"作之师",师是模范,他们不懂,你要教导他。现代民主制度,没有这三条。所以"君、亲、师"3个人的责任集中在执政者身上——如能尽职,功德不可思量。

【原典精读】

孔子称舜之大孝,曰:"宗庙飨之,子孙保之,皆至论也。"试以往事征之。

【译文通解】

还有,孔子称赞舜的孝,是不平凡的孝顺,孔子说:"在宗庙祭祀他,子孙一定兴盛不衰,都是正确的结论。"试举一些往事来证明。

【经典心裁】

前面依据《易经》叙述孔夫子的家世,再说到孔夫子对于舜王的赞叹。舜是中国历史上第一个大孝之人——只见自己过,不见别人过。在佛法来说,他是地地道道的修行人。《坛经》上说:"若真修道人,不见他人过。"舜确实做到了,所以他积的德"子孙保之"。这些话"皆至论也",也就是我们今天讲的真理。

我们从历史事实上看到,以下了凡先生所举的人、所举的事,都是当朝的——就是明朝——距离他只几十年的事情,说出来大家都知道;善有善报,勉励人要修善,要积善。

【原典精读】

杨少师荣,建宁人。世以济渡为生。久雨溪涨,横流冲毁民居,溺死者顺流而下,他舟皆捞取货物,独少师曾祖及祖,惟救人,而货物一无所取,乡人嗤其愚。逮少师父生,家渐裕,有神人化为道者,语之曰:"汝祖父有阴功,子孙当贵显,宜葬某地。"遂依其所指而窆之,即今白兔坟也。后生少师,弱冠登第,位至三公,加曾祖、祖、父,如其官,子孙贵盛,至今尚多贤者。

【译文通解】

有一位做过少师的人,姓杨名荣,是福建省建宁人。他家世代是以摆渡为生。有一次,雨下得太久,溪水满涨,水势汹涌横冲直撞,把民房都冲垮了,被淹死的人顺着水势一直漂下来。别的船都去捞取水中漂来的各种财货,只有少师的曾祖父和祖父,专门去救水里漂来的灾民,而财物一件都不捞,乡人都偷笑他们是傻瓜。等到少师的父亲出生后,家道也渐渐地宽裕了。有一位神仙化做道士的模样向少师的父亲说:"你的祖父和父亲,都积了许多阴功,所生的子孙应该发达做大官。可以将你的父亲葬在某一个地方。"少师的父亲听了,就照道士所指定的地方,把他的祖父和父亲葬下。这座坟,就是现在大家所知道的白兔坟。后来少师出生了，到了20岁就中了进士。一直做官，做到三公里面的少师。皇帝还追封他的曾祖父、祖父、父亲，与少师一样的官位。而且少师的后代子孙，都非常兴旺，一直到现在还有许多贤能之士。

【经典心裁】

我童年时在建瓯住过6年，常和同学们到杨荣家去玩。他们的房子古色古香，门口有两个石狮子，挂着灯笼，像庙堂一样。明朝时的"建宁府"就是现在的建瓯县，在延平北面，建阳南面，属于闽北，距离浙江很近，从建瓯到金华大约有300里。

"世以济渡为生"，他家里的先人是划渡船谋生的。

"久雨溪涨"，建瓯有一条河，就是闽江，一直经过南平，从福州出海。雨下多了，河川就泛滥，成为水灾。

"横流冲毁民居，溺死者顺流而下"，这是讲水灾相当的严重。

"他舟皆捞取货物"，别人在大水灾中，就捞取东西，趁机会发一笔横财。

"独少师曾祖及祖",只有他的曾祖父及祖父。"惟救人,而货物一无所取",父子两个划了船专门救人,对于漂流的货物,看都不看一眼,只顾救人。"乡人嗤其愚",乡人们都讥笑他说:这样好的发财机会,不多捞一点而去救人,真是愚痴。

"逮少师父生",到杨荣的父亲出生。"家渐裕",家庭生活环境慢慢好转了。诸位想想:划渡船,一天能收入几文钱?还有坐渡船的身上实在没有带钱,也不能不渡。所以渡钱多半是随意给——船旁边摆一个小的盘子,并没有刻意规定渡船要收多少钱,学生坐渡船都不用付钱。这是从前福建常见的情形。这就是善因定有善报。

后来,"有神人化为道者,语之曰:'汝祖父有阴功,子孙当贵显,宜葬某地。'遂依其所指而窆之,即今白兔坟也。"风水不是假的,但是没有善福也得不到。而且风水好坏,一定是按照个人的福德因缘,自自然然的,纵然有人指点,那只是一个增上缘;如果没有这个福分,指点你得到风水不但没有福,祸害反而来了,这是没有福分享受。所以看到了福报来了不要欢喜,为什么呢?想想自己能不能消受得了?

了凡四训 贰

《了凡四训》中的道理，真的一点也不错，确实一个普通的凡夫"一饮一啄，莫非前定"。你不懂得这个道理，不晓得改过，不晓得修善，你的命运里有没有变数，只是常数。唯有真正懂得积善改过，那就有变数了；真正改造了命运、创造了命运。我们在这一生，看到许多的事，儒、佛所讲的道理完全证实了。

"后生少师，弱冠登第"，"弱冠"是20岁，"冠"是男子20岁行冠礼，21、22、23岁都叫弱冠。也就是他年纪很轻，22岁即中得进士——进士及第。这是过去最高的学位，等于现代的博士，拿到博士学位了。

"位至三公"他以后做官，做到了少师。"三公"就是太师、太傅、太保。少师、少傅、少保，也是三公，位置比太师、太傅、太保稍微低一点。以现代的地位相比，大概是国策顾问的地位，也就是皇帝的顾问，皇帝有什么困难的事情要向他们请教，所以地位很高。

"加曾祖祖父如其官"，古时候做官的确是荣宗耀祖。他的父亲、祖父、曾祖父虽然是一介平民，他现在做到这样高的官位，皇帝要追封他的祖父、曾祖父，也跟他的官爵一样。他的曾祖父、祖父，朝廷也封为少师——这是古代的荣宗耀祖。政府表扬好人好事是我们今天奖励行善常用的方法。实在讲，古时候这种表扬比我们现在的表扬有力量，教育的意义更深。因为子孙对国家有贡献，国家对他的恩惠可以追加到他的远祖。今天表扬好事是对你个人而不及尊长，古代的追封加到曾祖三代如其官。在我们凡夫肉眼看来，好像人已死了多少年了，这有什么意义？其实不然。这里含有教育的深意，使其知自己成就，亦必赖祖宗之积德修善，报在子孙之事实。明乎此，焉有不肯修善之理？此事若就佛法中讲六道，帝王的追封，不管他在哪一道，荣耀实际上他也能得到。他如果是在鬼道，一切鬼王都尊敬他；他是大善人，必定受天帝鬼神的尊敬。所以这种教育的意义，实际的功德是不可思议的。

"子孙贵盛，至今尚多贤者。"因为世代积德积得厚，杨荣以后杨家就变成世家。一直到了凡这个时候，他们家里还有贤人，既贵且盛。

【原典精读】

鄞人杨自惩，初为县吏，存心仁厚，守法公平。

时县宰严肃，偶挞一囚，血流满前，而怒犹未息，杨跪而宽解之。宰曰："怎奈此人越法悖理，不由人不怒。"自惩叩首曰："上失其道，民散久矣，如得其情，哀矜勿喜；喜且不可，而况怒乎？"宰为之霁颜。家甚贫，馈遗一无所取，遇囚人乏粮，常多方以济之。一日，有新囚数人待哺，家又缺米，给囚则家人无食；自顾则囚人堪悯。与其妇商之，妇曰："囚从何来？"曰："自杭而来，沿路忍饥，菜色可掬。"因撤己之米，煮粥以食囚。后生二子，长曰守陈，次曰守址，为南北吏部侍郎；长孙为刑部侍郎，次孙为四川廉宪，又俱为名臣。今楚亭、德政，亦其裔也。

【译文通解】

浙江宁波人杨自惩，起初在县衙做书办，心地非常厚道，守法公平，做事公正。当时的县官，为人严厉方正，有一次偶然打了一个囚犯，一直打到血流到地上，县官还是不息怒，杨自惩见了就跪下，替囚犯向县官求情，请县官宽谅那个囚犯。县官说："你求情本来没有什么不能放宽的，但是这个囚犯，不守法律，违背道理，不能教人不生气啊！"杨自惩一边叩头一边说："在朝廷中已经没有是非可言了，政治一片黑暗、贪污、腐败，人心散失已经很久了，审问案件若是审出实情，尚且应该替他们伤心，可怜他们不明事理，误蹈法网，不可以因为审出了案情，就欢喜。若是存心欢喜，恐怕会把案件忽略弄错。若是生气，又恐怕犯人受不住打，勉强招认，容易冤枉人。既然欢喜尚且不可，又怎么可以发火呢？"那县官听了杨自惩的话，非常感动，面容立即和缓下来，不再发怒了！讲到杨自惩的家里，是很穷的；但是他虽然穷，别人送他东西，他一概不肯接受。碰到囚犯缺粮，他却常用各种方法去弄一些米来，救济他们。有一天来了几个新的囚犯，没有东西吃，非常地饿，他自己家里刚巧也欠米。若是拿来给囚犯吃，那么自己家人就没得吃了；如果只是自家吃，那么囚犯又饿得很可怜。没有办法，便同他的妻子商量。他的妻子问他说："犯人从什么地方来的？""从杭州来的。沿途上熬饿，脸上饿得没有一点血色；就像一种又青又黄的菜色，几乎可以用手捧起来。"妻子听了也很可怜他们，于是夫妇俩就把自己所存的一些米，煮了稀饭给新来的囚犯吃。后来他们生了两个儿子，大的叫作守陈，小的叫作守址，做官一直做到南北吏部侍郎，大孙子做到刑部侍郎，小孙子也做到四川按察使。两个儿子，两个孙子，都是名臣。而当今有两个名人楚亭和德政，都是杨自惩的后代。

【经典心裁】

"鄞"是浙江宁波，在明朝称"鄞县"。杨自惩先生，"初为县吏"在县政府里当差——相当于现在科长、科员这样的职位。他"存心仁厚，守法公平"，即这个人心地厚道，正直清明。

"时县宰严肃，偶挞一囚，血流满前，而怒犹未息"。从前县长兼理司法（现在是政务跟司法分开了，司法由法院、法官负责），县长就是法官，他要兼理司法。有一个罪犯，问口供不说实话，狡辩。县长就发脾气生气了，给他用刑，打得很重，血流满地，可是县长的怒气还是没息。

"杨跪而宽解之"，杨自惩看到这种情形，就替囚犯求情。宰曰："怎奈此人越法悖理，不由人不怒。"这个囚犯犯的罪很重，让人很是生气，不得不怒。

"自惩叩首曰：'上失其道，民散久矣，如得其情,哀矜勿喜;喜且不可,而况怒乎?'宰为之霁颜。"其实说这样的话要有相当的胆识,这是直谏!如果长官不接受,怪罪下来,很是麻烦。假如这个长官相当贤明、明理,他不会怪罪;这是提醒他。"上失其道","上"是指政务官,不敢指皇帝,也就是指省市县长。国家的政治教育没有办好,这叫"失道"。"道"是什么?道就是君、亲、师。我们做地方官员主持政务,没有做到亲、师的本分,没有真正爱护老百姓,百姓犯过了,是我没有教育好,这就是"上失其道"。"民散久矣","散"是指无所适从,无有依靠。政教要上轨道了,老百姓皆有一个原则可以依靠。

中国从刘邦建立政权之后,罢黜百家,独尊孔孟,制定教育政策,用孔孟的思想教导百姓。在这以前,春秋战国诸子百家,学说之多教人无所适从。诸子百家留下来的典籍,每人都有自己的主张,每人有一套说法,看看都很有道理。这么多的主张,这么多的讲法,我们到底依哪一个?所以一定要在诸子百家里选择一家。大家都觉得他的主张可以接受,各种不同的民族也能够适应,于是就取儒家这一家为主,以诸子百家来辅助,就这样确立了国民教育的宗旨。

　　我们的传统主流是孔孟，从汉高祖制定一直到清朝都没有变更，自然成了中华民族的道统。孔孟教给我们五伦十义，这是我们要遵守的原则，这就是道。五伦讲人与人的关系——最小的指居住在同一个房间的夫妇。丈夫要怎样做好丈夫的本分，妻子要怎样做好妻子的本分；分就是义务，你要尽到你的义务——夫妻和合是家庭兴旺的基础。室的外面就是家——家中上有父母，下有儿女，中有兄弟。每个人的身份不相同，义务责任就不一样。每个人应尽自己的义务职责，这叫"天职"，不是别人派给你的，这就是"道义"，天然的叫"道"。家之外是社会、国家——上有领导人是国君；下有被领导的人，那就是臣，平辈的有朋友。"五伦"是夫妇、父子、兄弟、君臣（领导与被领导）、朋友；从内向外扩展，则"四海之内皆兄弟"，所以五伦是一个民族国家的大团结。我们这一个国家，就是一个大家族——"中华民族"，这是道。

　　古圣先贤心目中从政者即是伟大人物，称为"大人"——负有对人民教育、养育、领导之天职。教导人民、教他一举一动，使他的见解、他的思想、他的思考有个范围（伦理道德），不能超越这个范围，人怎么会作乱！怎么会做坏事！然后再加以道德（忠孝仁爱信义和平）的熏陶。儒家基本教育的目标是"格物、致知、诚意、正心、修身、齐家、治国、平天下"现代学校已经不教这些课目，疏忽人文而重科技，老百姓的思想、见解、所作所为没有一个准则了。这就是教我们看到别人犯罪，回头想想是自己为官做得不够好。

"如得其情哀矜勿喜"，对于他犯罪的动机、犯罪的行为，我们真正知道了，要同情他，要哀悯他，不能因破案而欢喜。为什么不能欢喜？因为我们自己的责任没有尽到。

"喜且不可，而况怒乎？"破案尚且不可欢喜，又怎么可以发脾气！从前做官、做县市长，至少要是个举人（其实大多数县市长都是进士及第的），所以一提醒，他马上就觉悟了。

"宰为之霁颜"，这是很有胆识的劝谏，而县官一经提醒就觉悟了，就息怒了。从这个地方我们能见到杨先生的智慧、德性、见地，都很了不起。所以他在公门好修行，多行善事。

杨先生"家甚贫"，在从前做官若只靠俸禄，是不会发财的,所以退休后真是两袖清风——一生清贫的人非常之多。如果做官告老还乡而富有的,大多是贪官污吏。否则钱从哪里来?因为以前念书人不会去做生意。如果官做大了,对国家有大的贡献,那么国家有奖励,如送你多少田宅,这能相当的富有。如果是平常一个官吏告老还乡,都是相当清寒,何况杨先生只是县政府里的一个小职员。

"家甚贫,馈遗一无所取",他从不接受人家送礼。有人要拜托他,尤其是犯了案子的人(犯法的囚犯),总想说一点人情,能够得到好一点的照顾,或者刑罚判得轻一点——可能他的职位掌管这些事,于是人情就免不了。但他总是秉公处理,不接受别人送的礼,十分清廉,很难得!

"遇囚人乏粮,常多方以济之",从前囚犯的粮食很少,有时在递解的路上常常缺乏粮食,没东西吃。杨先生总是尽心尽力,设法救济他们。

"一日,有新囚数人待哺,家又缺米,给囚则家人无食;自顾则囚人堪悯。与其妇商之,妇曰:'囚从何来?'曰:'自杭而来……'""杭"是现在的杭州,杭州到宁波有相当长的一段距离。囚犯戴着手镣脚铐等刑具,都是步行,这样一天能走多远?一天能走五六十里已是相当辛苦了；而从杭州走到宁波，要好多天才能走得到。

"……沿路忍饥，菜色可掬"，沿途没东西吃，饿了好多天，很可怜。夫妻商量一下，家里米少，都送给他们，自己就没得吃；自己吃了，他们就没得吃了，怎么办？煮粥！分一半给他们。

"后生二子，长曰守陈，次曰守址，为南北吏部侍郎"，以后他生两个儿子，这是夫妻积德，报在儿孙。"吏部"相当于现在的内政部。从前的中央政府只有六个部，现在则有十几个；以前部的职权比现在部的职权要大（像前面讲的礼部，就兼现在教育部和考选部的职权）。"吏部"是管行政的，职权也比现在大。"侍郎"就是我们现在讲的政务次长——副部长。部长在那时候叫"尚书"；侍郎是次长，就是副部长。通常副部长有两位——"左右侍郎"，像我们现在部里也是两位次长——"政务次长"与"常务次长"。

"长孙为刑部侍郎"，"刑部"就是现在的法务部、司法行政部。这两个部的职权，都在从前的刑部。

"次孙为四川廉宪"，"廉宪"相当于行政专员，比省长小一级，比县市长高；大概管七八个县到十几个县的地方行政首长。

"又俱为名臣"，治理地方非常有成绩，很有声望地位。

"今楚亭、德政，亦其裔也。""今"就是现在。楚亭先生也是做官的，也是非常之清廉，是他们家的后人。这是夫妻两个积德，子子孙孙都好！

【原典精读】

昔正统间，邓茂七倡乱于福建，士民从贼者甚众。朝廷起鄞县张都宪楷南征，以计擒贼，后委布政司谢都事，搜杀东路贼党。

【译文通解】

从前明朝英宗正统年间，有一个土匪首领叫作邓茂七，在福建一带造反。福建的读书人和老百姓，跟随他一起造反的很多。皇帝就起用曾经担任都御使的鄞县人张楷，去搜剿他们。张都宪用计策把邓茂七捉住了。后来张都宪又派了福建布政司的一位谢都事，去搜查捉拿剩下来的土匪，捉到就杀。

【经典心裁】

"正统"（1436—1449），是明朝英宗的年号。"邓茂七倡乱于福建"，就是造反、叛变。"士民从贼者甚众，朝廷起鄞县张都宪楷南征，以计擒贼，后委布政司……""都宪"是官名；"楷"是他的名字；"布政司"相当于现在的民政、财政厅，主管一省的行政和财政。

【原典精读】

谢求贼中党附册籍，凡不附贼者，密授以白布小旗，约兵至日，插旗门首，戒军兵无妄杀，全活万人。后谢之子迁，中状元，为宰辅；孙丕，复中探花。

【译文通解】

但是谢都事不肯乱杀，怕杀错人。便向各处寻找依附贼党的名册，查出来凡是没有依附贼党，名册里还没有他们姓名的人。就暗中给他们一面白布小旗，约定他们，搜查贼党的官兵到的那天，把这面白布小旗插在自己家门口，表示是清白的民家，并且禁止官兵乱杀。因为有这种措施而避免被冤杀的人，大约有一万人之多。后来谢都事的儿子谢迁，就中了状元，官做到宰相。而且他的孙子谢丕，也中了探花，就是第三名的进士。

【经典心裁】

这一段是讲不妄杀所得的果报。我们看看世界的历史，凡是统军的大将，后代有好果报的人很少。为什么呢？杀业太重了、结的冤仇太多了。做将军有好后代的，在古代历史上恐怕很少见到，他是其中一个得善报的。因果报应最明显的是唐朝的大将郭子仪，他的后代能保全，是做将军时积善德所致。宋朝的时候，曹彬、曹翰都是赵匡胤手下的大将。曹翰的后代就很差，没有传到第三代，女儿沦落为娼妓，家败人亡；曹彬是很仁慈的将军，不妄杀，后代都很好。所以做将军的人如果军纪不严，士兵骚扰百姓，都是他的罪过。张楷这个人很聪明，只要不是拥护叛党的，都教他们示以区别，在剿叛的时候就可以不误伤人命；其子孙的功名富贵，证明了善因善果，丝毫不差。

【原典精读】

莆田林氏，先世有老母好善，常作粉团施人，求取即与之，无倦色。一仙化为道人，每旦索食六七团，母日日与之，终三年如一日，乃知其诚也。

【译文通解】

在福建省莆田县的林家，他们的上辈中，有一位老太太喜欢做善事，时常用米粉做粉团给穷人吃。只要有人向她要，她就立刻给，脸上没有表现出一点厌烦的样子。有一位仙人，变作道士，每天早晨向她讨六七个粉团。老太太每天给他，一连3年，每天都是这样的布施，没有厌倦过，仙人就晓得她做善事的诚心了。

【经典心裁】

"莆田"属于福建的一个县，在福州的北面。这也是先人积善的事例。她每天做一点吃的东西——粉团，布施给穷人。她并没有什么希求，每天做，谁要吃都给，很难得！此事偶尔为之容易，长久心愿难发。她就能乐此不疲地布施给别人。有个仙人化成老道,每天早晨都到她那里去要六七个粉团,老太太待他3年如一日,才晓得老太太确实是诚心诚意做好事、做善事。真诚是积德,布施是积善。她也没什么希求,只是帮助一些贫困之人。

【原典精读】

因谓之曰:"吾日食汝三年粉团,何以报汝?"

【译文通解】

就向她说:"我吃了你3年的粉团,要怎样报答你呢?"

【经典心裁】

老道就告诉她:"我每天都跟你要粉团,吃了3年,怎么报答你呢?"

【原典精读】

"府后有一地,葬之,子孙官爵,有一升麻子之数。"其子依所点葬之。

【译文通解】

"这样吧,你家后面有一块地,若是你死后葬在这块地上，将来子孙有官爵的，就会像一升芝麻那样的多。"后来老太太去世了，她的儿子依照仙人的指示，把老太太安葬在那里。

【经典心裁】

道士会看风水，他说："你家里有一块地，风水很好。葬在那儿，你的后代，做官的人数有一升芝麻那么多。"芝麻粒很小，一升芝麻你想有多少！

"其子依所点葬之。"以后老太太死了，她的儿子就依照老道所指点的墓穴，把她葬在那个地方。

【原典精读】

初世即有九人登第，累代簪缨甚盛，福建有无林不开榜之谣。

【译文通解】

林家的子孙第一代发科甲的，就有9人。后来世世代代，做大官的人非常多。因此，福建省竟有一句："如果没有姓林的人去赴考，就不能发榜"的传言。意思是讲：林家考试的人多，并且都能考中，所以到发榜，榜上就不会没有姓林的人。表示林家有功名的人很多。

【经典心裁】

第一代家里就有9个人做官，可见老太太好善积德，子孙很多。"累代簪缨甚盛"，"簪缨"就是指古时候的贵人，他的帽子里插着花。"福建有无林不开榜之谣"，这一句话是真的，福建的林家可以说是全省第一个大家族，非常兴旺。这是讲诚心施食的果报。

【原典精读】

冯琢庵太史之父，为邑庠生。隆冬早起赴学，路遇一人，倒卧雪中，扪之半僵矣，遂解己绵裘衣之，且扶归救苏。

【译文通解】

冯琢庵太史的父亲，在县学里做秀才的时候，有一个非常寒冷的冬天清早，在要去县学的路上，碰到一个人倒在雪地里，用手摸摸，几乎快要冻死了。冯老先生马上就把自己穿的皮袍，脱下来替他穿上；并且还扶他到家里，把他救醒。

【经典心裁】

这是说救人一命的善报。"太史"一职任职在翰林院,就是院内的"翰林",相当于现在国家研究院的院士。这是冯琢庵的父亲过去做秀才的时候("庠生"就是秀才),一天早起上学,在路上遇到一个人,在大雪之中冻伤倒了。我们可以想象,这个人必定已是贫病交加。他看到以后用手去摸他,几乎快要冻死了。赶紧把他救起来,又把自己身上的衣服脱下来给他穿,带回家去救活了。

救冻一定要有常识,北方人都知道,南方人不晓得。救冻是要用凉水——用凉的毛巾给他摩擦,使他体内的寒气能散发出来。

【原典精读】

梦神告之曰:"汝救人一命,出至诚心,吾遣韩琦为汝子。"及生琢庵,遂名琦。

【译文通解】

冯老先生救人后,就做了一个梦,梦中见到一位天神告诉他说:"你救人一命,是完全出自一片至诚的心来救的，所以我要派韩琦投生到你家，做你的儿子。"等到后来琢庵生了，就命名叫作冯琦。因为他是宋朝一个文武全才的贤能重臣韩琦投胎转世的。

【经典心裁】

看到可怜人，不管是什么人，出于诚心来救人一命，是为大善。"吾遣韩琦为汝子"，"韩琦"是宋朝的大将，也是名臣——韩魏公，在中国历史上是有名的。这位神人就把韩琦介绍到他家里投胎来了。"及生琢庵，遂名琦"，这是救人一命得到好儿子。这里也说明了六道轮回转世投胎的事实，古人皆深信不疑。

【原典精读】

台州应尚书，壮年习业于山中。

【译文通解】

浙江台州有一个应大猷尚书，壮年的时候在山中读书。

【经典心裁】

"习业"就是读书。从前读书人多半都在寺院里读书,只有寺院才有多余的房间,才有图书室。藏经楼里不但收藏佛经很完备,世间的四书五经、诸子百家,寺院里也大都有典藏,藏经楼就是图书馆。从前地方上没有图书馆的设置,所以寺院就是学校,藏经楼就是地方上的图书馆。念书的人多半选择在寺院,寺院环境幽静,都在山林之中,是读书修学的好场所。

【原典精读】

夜鬼啸集,往往惊人,公不惧也。一夕闻鬼云:"某妇以夫久客不归,翁姑逼其嫁人,明夜当缢死于此,吾得代矣。"

【译文通解】

夜里头,鬼常聚在一起鬼叫来吓唬人,只有应公不怕。有一夜,应公听到一个鬼说:有一个妇人,因为丈夫出远门,好久没回来,她的公婆判断儿子可能已经死了,所以就逼这个妇人改嫁,但是这个妇人却要守节，不肯改嫁。所以明天夜里，她要在这里上吊，我可以找到一个替身了。"凡是上吊或者是淹死的人，如果没有替身，便无法投生，所以叫替死鬼。

【经典心裁】

古人认为人鬼杂居。如果人烟稀少，或者气不旺盛的时候，往往就有很多鬼出现。"公不惧也"，应先生心地清净、正大光明，他对于这些妖魔鬼怪毫不在乎，也不害怕。"一夕闻鬼云：'某妇以夫久客不归，翁姑逼其嫁人，明夜当缢死于此，吾得代矣。'"凡是自杀的都要有替身，才能再去投胎；如果没有替身，他也相当苦。他吊死的地方，还得另有一个人吊死他才能得自由。现在有些车祸也是如此，他不是自杀的，是偶发事件，是横死的，也都要有替身。横死是很不吉利的，所以我们要留意一下，某个地方常常容易出车祸，那是那个地方有冤鬼，他在那里等待找替身。

这是一个吊死鬼找替身，他预先就晓得了。他说某个人家，先生在外面做生意，很久没有回来，家人不知道他死活，逼着他太太改嫁。太太不甘心，想寻短见,明天要在这里上吊。这个吊死鬼说:"我有机会了!她明天可以来代替我了。"这话被应先生听见了。

【原典精读】

公潜卖田,得银四两,即伪作其夫之书,寄银还家。其父母见书,以手迹不类疑之,既而曰:"书可假,银不可假;想儿无恙。"妇遂不嫁。其子后归,夫妇相保如初。

【译文通解】

应公听到这些话,动了救人的心,偷偷地把自己的田卖了4两银子,还马上写了一封假托她丈夫的信,并把银子寄回家的事写在信上说明。这位外出人的父母看了信以后,因为笔迹不像,所以怀疑信是假的。但是后来他们又说:"信可以是假的,但是银子不能假呀!一定是儿子很平安,才会把银子寄回来。"他们这样想以后,就不再逼媳妇去改嫁了。后来他们的儿子果然回来了,这对夫妇得以保全,像从前新婚时一样,好好地过日子了。

【经典心裁】

这是人命关天的大事,但他只是个穷秀才,哪里有钱呢?迫不得已赶紧回去卖田,得到4两银子,又赶紧造了一封假的书信,送到妇人家里去。

"其父母见书,以手迹不类疑之",这封信不是他儿子亲笔写的,一看就晓得。既而曰:"书可假,银不可假。"哪会有人送钱来呢?这个钱不是假的,所以说"想儿无恙"。"妇遂不嫁。其子后归,夫妇相保如初。"此后没过多久,他儿子果然回来了。这是保全了一个家庭的完整,功德很大。应先生当时做这个事情,也不是想去做功德,只是同情、怜悯人家。他是发自真心地去帮助她,救她一命,保全这个家庭,没有想到什么功德不功德,仍继续到寺里去念书。

【原典精读】

公又闻鬼语曰:"我当得代,奈此秀才坏吾事。"旁一鬼曰:"尔何不祸之?"曰:"上帝以此人心好,命作阴德尚书矣,吾何得而祸之?"

【译文通解】

某天晚上,应公又听到那个鬼说:"我本来可以找到替身了,哪知道这个秀才坏了我的事啊。"旁边一个鬼说:"喂!你为什么不去害死他呢?"那个鬼说:"天帝因为这个人心好,有阴德,已经派他去做阴德尚书了,我怎么还能害他呢?"

【经典心裁】

好不容易等到一个替死鬼,可以有人来代我了,却被这个秀才把事情搞坏了。"旁一鬼曰:'尔何不祸之?'"旁边有一个鬼就说了,你为什么不去报复他?一曰:'上帝以此人心好,命作阴德尚书矣,吾何得而祸之?'"从这里我们就知道,鬼神所以作祟、能害人,也是他罪有应得。他要没有罪业,鬼神想害他也害不了,对他无可奈何!俗话说:"人有三分怕鬼,鬼有七分怕人。"我们怕鬼,那是很冤枉的,鬼怕人比我们怕他还要厉害!所以只有自己做了亏心事,才怕鬼,鬼才会欺负你。如果你心地光明磊落,这些妖魔鬼怪绝对不会作祟的。这些事情像纪晓岚的《阅微草堂笔记》、蒲松龄的《聊斋志异》,还有中国的二十五史里面也记载了很多。在民国初年出版的《历史感应统纪》,都是讲二十五史所记载的因果报应之事。"上帝以此人心好,命作阴德尚书矣,""上帝"是指天帝;"以此人心好",看到这个人心好;"命作阴德尚书矣",已经委派给他做阴德尚书;"尚书"就是现在的部长,他以后果然做到尚书。他听到鬼神的对话,已经预知自己前途。

【原典精读】

应公因此益自努励,善日加修,德日加厚。遇岁饥,辄捐谷以赈之;遇亲戚有急,辄委曲维持;遇有横逆,辄反躬自责,恬然顺受。子孙登科第者,今累累也。

【译文通解】

应公听了这两个鬼所讲的话以后,就更加努力,更加发心,善事一天一天去做,功德也一天一天地增加。碰到荒年的时候,每次都捐米谷救人;碰到亲戚有急难,他一定想尽办法帮助人家渡过难关;碰到蛮不讲理的人,或不如意的事,总会反省,责备自己有过失，就心平气和地接受事实。因为应公能够这样做人，所以他的子孙得到功名、官位的，一直到现在还有很多。

【经典心裁】

"横逆"就是别人非礼他、侵犯他、侮辱他，他都能反省。"怡然顺受"，"怡然"是心平气和，没有一点浮躁，不与人计较，绝对没有报复的心理，能够容忍。"子孙登科第者，今累累也"，不但自己做到部长这么高的地位，子子孙孙得到功名做官的也有很多，而且也都非常之贤善。这是救急全节——保护一个家庭的完美，所获得的果报。

【原典精读】

常熟徐凤竹栻，其父素富，偶遇年荒，先捐租以为同邑之倡，又分谷以赈贫乏。

【译文通解】

江苏省常熟县有一位徐凤竹先生，他的父亲本来就很富有，偶然碰到了荒年，就先把他应收的田租，完全捐掉，作为全县有田的人的榜样，同时又分他自己原有的稻谷，去救济穷人。

【经典心裁】

常熟县在江苏省。"徐凤竹栻"，"凤竹"是他的字，古人都称字，"栻"是他的名。(名只有父母老师可以称，但为写传记时，他的名讳写在字下面，称"徐凤竹栻"。"其父素富"，他的父亲相当富有。"偶遇年荒"，地方上有灾难，年荒就是收成不好。"先捐租以为同邑之倡"，"倡"就是提倡，希望富有的人家都能跟进。可见他们田地很多，田地给农民种，地主收租；荒年收成不好，他捐租——就是今年的稻租他不要了，使农民的生活能过得下去。地主不要租金，农夫还能勉强维持得下去，这是很难得的一桩善事。"又分谷以赈贫乏，不少富有的人家，都有仓库，是蓄存稻米的，他却能把自己家里仓库打开来，把粮食分给贫困的人家，救济急难。

【原典精读】

夜闻鬼唱于门曰："千不诳，万不诳，徐家秀才，做到了举人郎。"相续而呼，连夜不断。是岁，凤竹果举于乡。

【译文通解】

有一天夜里,他听到有一群鬼在门口唱道:"千也不说谎,万也不说谎,徐家秀才,快要做到了举人!"那些鬼连续不断地呼叫,夜夜不停。这一年,徐凤竹去参加乡试,果然考中了举人。

【经典心裁】

住在乡村里,这些鬼怪的事情时有所闻,有的时候还可以见到,鬼说的话有时也听得很清楚。"千不诓,万不诓,徐家秀才做到了举人郎。"鬼在外面唱。"相续而呼,连夜不断。是岁,凤竹果举于乡。"这一年凤竹果然中了举人,果然应验了。

【原典精读】

其父因而益积德,孳孳不怠。修桥修路,斋僧接众,凡有利益,无不尽心。后又闻鬼唱于门曰:"千不诓,万不诓,徐家举人,直做到都堂。"凤竹官终两浙巡抚。

【译文通解】

他的父亲因此更加高兴,努力不倦地做善事,积功德；同时又修桥铺路，施斋饭供养出家人；碰到缺米缺衣的人，也接济他们；凡是对别人有好处的事情，无不尽心地去做。后来他又听到鬼在门前唱道："千也不说谎，万也不说谎，徐家举人，做官直做到都堂！"结果徐凤竹做了两浙的巡抚。

【经典心裁】

善有善报，确有效验，明白人更努力去修善。"后又闻鬼唱于门曰：'千不诳，万不诳，徐家举人，直做到都堂。'""凤竹官终两浙巡抚。""都堂"是掌理刑事的，好比现在的高等法院大法官这样的地位。"凤竹官终两浙巡抚"，最后他的官阶做到"两浙巡抚"，"巡抚"就是现在的省主席。这是灾难中真心赈济贫困的果报。

【原典精读】

嘉兴屠康僖公，初为刑部主事。宿狱中，细询诸囚情状，得无辜者若干人，公不自以为功，密疏其事，以白堂官。后朝审，堂官摘其语，以讯诸囚，无不服者，释冤抑十余人。一时辇下咸颂尚书之明。

【译文通解】

浙江省嘉兴县有一位姓屠名叫康僖的人,起初在刑部里做主事的官,夜里就住在监狱里。并且仔细地盘问囚犯,结果发现没罪而被冤枉的,有不少人;但是屠公并不觉得自己有功劳,他秘密地把这件事,上公文告诉了刑部堂官。后来到了秋审的时候,刑部堂官,把屠公所提供的话,拣些要点,来审问那些囚犯。囚犯们都老老实实地向堂官供认,没有一个不心服的。因此,堂官就把原来冤枉的,因为受刑被逼招认的,释放了10多人。那个时候京里的百姓,都称赞刑部尚书明察秋毫。

【经典心裁】

帮助别人平反冤狱,这是很难得的。审判案子,再小心、再谨慎,冤枉人是难免的。由此可知,做法官、做律师很难很难;冤枉人纵然不是有意的,仍是有很大的过失。

屠康僖先生为人非常难得——他要使囚犯里减少冤狱,为此他自己跑到监狱里面,跟囚犯混在一起,了解他们真实的情况。有些人在大堂审讯之下真是丧魂失魄，真实的情况不敢说出来（从前大堂里的威严跟现在比起来，那真是不一样）。从前审案多半在清晨天没有亮的时候，法堂里面阴森森的，真有阎罗王审案一样的味道，气氛看了叫人害怕；所以把囚犯在那时候拉到大堂里，像拉他们去见阎罗王一样，跟现在完全不相同。

"刑部"就像现在的法务部、高等法院。"主事"相当于现在的科长，地位并不很高。他到监狱里面去打听囚犯的真实状况；并且自己不居功，把情况写出来给"堂官"（堂官就是刑部的尚书），功劳都归他的长官，长官当然很欢喜！长官在早晨审案时，就预先知道实际情况，再一桩一桩地审问，果然平反了十几个人。皇帝乘坐的轿子叫"辇"，"辇下"就是京师，从前叫作京城，现在称作首都。"咸颂尚书之明"，没有一个不赞叹刑部尚书公正廉明的。

【原典精读】

公复禀曰："辇毂之下，尚多冤民，四海之广，兆民之众，岂无枉者？宜五年差一减刑官，核实而平反之。"尚书为奏，允其议。时公亦差减刑之列。

【译文通解】

后来屠公又向堂官上了一份公文说:"在天子脚下,尚且有那么多被冤枉的人,那么全国这样大的地方,千千万万的百姓,哪会没有被冤枉的人呢?"所以应该每5年再派一位减刑官,到各省去细查囚犯犯罪的实情,确实有罪的,定罪也要公平;若是冤枉的,应该翻案重审,减刑或者释放。尚书就代为上奏皇帝,皇帝也准了他所建议的办法;就派减刑官,到各省去查察,刚巧屠公也被派在内。

【经典心裁】

京师是皇帝所在之处,首善之区;这个地方政治清明,应该是全国的模范,所以叫"京师"。"师"就是师范的意思,做其他地方的模范。"四海之广,兆民之众,岂无枉者?"京城还有这么多冤枉的人,何况其他的地方呢?京师以外其他的城市,冤枉的人一定不少。"宜五年差一减刑官,核实而平反之。"这是他的建议——以为至少每隔5年,朝廷应委派一位官员,重新把老案子审查一下。"核实平反",平反冤狱。这个建议非常好。"尚书为奏,允其议",刑部尚书就把这个意见禀告皇帝,皇帝就批准了。"时公亦差减刑之列",刑部尚书对他非常之好,知道他是廉明公正、存心仁厚之人;这个制度建立之后,国家就有了减刑官,刑部也派屠康僖为减刑官的一员——每个人分配几个县市去审理案件。

【原典精读】

梦一神告之曰:"汝命无子,今减刑之议,深合天心,上帝赐汝三子,皆衣紫腰金。"是夕夫人有娠,后生应埙、应坤、应埈,皆显官。

【译文通解】

有一天晚上屠公梦见天神告诉他说:"你命里本来没有儿子,但是因为你提出减刑的建议,正与天心相合;所以上帝赐给你3个儿子,将来都可以做大官,穿紫色的袍,束金镶的带。"这天晚上,屠公的夫人就有了身孕,后来生下了应埙、应坤、应埈3个儿子,果然他们都做了高官。

【经典心裁】

他命里没有儿子,像袁了凡先生一样,他是求子得子的,屠先生是积功累德得子的。

【原典精读】

嘉兴包凭,字信之,其父为池阳太守,生七子,凭最少,赘平湖袁氏,与吾父往来甚厚,博学高才,累举不第,留心二氏之学。

【译文通解】

有一位嘉兴人,姓包,名凭,字信之。他的父亲做过安徽池州府的太守。生了7个儿子,包凭是最小的。他被平湖县姓袁的人家,招赘做女婿。他和我父亲常常来往,交情很深。他的学问广博,才气很高,但是每次考试都考不中。于是他对佛教、道教的学问,很注意研究。

【经典心裁】

"池阳"就是现在的安徽池州。"太守"是地方行政首长。"生七子,凭最少,赘平湖袁氏","平湖"也是地名，包凭入赘在平湖的袁家。"与吾父往来甚厚，博学高才，累举不第，留心二氏之学""二氏"就是佛教、道教。包凭去考举人，每次都没有考取，就显得消极——学佛、学道，天天跟出家人、道士一块交游；跟袁了凡算是世交，他们平时都有往来。

【原典精读】

一日东游泖湖，偶至一村寺中，见观音像，淋漓露立，即解囊中得十金，授主僧，令修屋宇，僧告以功大银少，不能竣事。复取松布四匹，检箧中衣七件与之，内纻褶，系新置，其仆请已之，凭曰："但得圣像无恙，吾虽裸裎何伤？"

【译文通解】

有一天，他向东去泖湖游玩，偶然到了一处乡村的佛寺里，因为寺内房屋坏了，看见观世音菩萨的圣像，露天而立，被雨淋得很湿。当时就打开他的袋子，有10两银子，就拿给这寺里的住持和尚，叫他修理寺院房屋。和尚告诉他说：修寺的工程大，银子少，不够用，没法完工。他听后，又拿了松江出产的布4匹,再拣竹箱里的7件衣服给和尚。这7件衣服里,有用麻织的料做的夹衣,是新做的;他的佣人叫他不要再送了,但是包凭说:"只要观世音菩萨的圣像,能够安好,不被雨淋,我就是赤身露体又有什么关系呢?"

【经典心裁】

　　这是真诚施金修建佛寺的事。他屡次参加考试都没有考取,对于仕途心灰意冷,由于家境很不错,能过得去,所以就学佛、学道去了。他偶然在一个乡下村庄见到一座佛寺,看到观音像被雨淋。由此可知,这座佛寺年久失修,下雨才会漏,观音像才会被雨淋到。他看到这情形,想要修寺,把自己的钱袋打开("囊"就是钱袋)里面还有10两银子,全都送给"主僧"(就是寺里的住持),请他把观音殿修一修。主僧告诉他:"修殿10两银子不够。"10两银子,在从前是相当大的数字了。由此可知,大概是古寺,有相当的规模。他听了这个话,再把身上所带的4匹布捐出来,还有行李里面("箧",就是竹子编的藤箱子),有几件好的衣服也叫和尚拿去卖,卖了钱拿来修佛寺。衣服里面有一件袷衣(纻褶就是新的袷衣），料子非常好，当然价钱也相当高。他的仆人就跟他讲："这一件还是留下来吧！"他说："只要佛寺能修好，观音圣像不被雨淋，我自己就是裸露、赤膊也无所谓。"

【原典精读】

僧垂泪曰："舍银及衣布，犹非难事。"

【译文通解】

和尚听后流着眼泪说："施送银两和衣服布匹，还不是件难事。"

【经典心裁】

舍财施济，在有钱的人家，不是难事。

【原典精读】

"只此一点心，如何易得！"

【译文通解】

"只是这一点诚心，怎么容易得到呀！"

【经典心裁】

他的真诚心——只顾到佛像,没有想到自己,这点心意太难得了!

【原典精读】

后功完,拉老父同游,宿寺中,公梦伽蓝来谢。

【译文通解】

后来房屋修好了,包凭就拉着他父亲同游这座佛寺,并且住在寺中。那天晚上,包凭做了一个梦,梦到寺里的护法神来谢他。

【经典心裁】

佛寺修好以后,他是功德主,寺里邀请他去;他就请父亲一道去。"宿寺中",晚上就住在寺里面。"公梦伽蓝来谢","伽蓝"是护法神,护法神在晚上托梦向他道谢。

【原典精读】

曰:"汝子当享世禄矣。"后子汴,孙柽芳,皆

登第,做显官。

【译文通解】

说:"你做了这些功德,你的儿子可以世世代代享受官禄了。"后来他的儿子包汴、孙子包柽芳都中了进士,做了高官。

【经典心裁】

这是一念真诚心修补佛寺感得的善报——也是报在子孙,足见善恶行业是同体的。

【原典精读】

嘉善支立之父,为刑房吏,有囚无辜陷重辟。

【译文通解】

浙江省嘉善县有一个叫作支立的人,他的父亲,在县衙中的刑房当书办。有一个囚犯,因为被人冤枉陷害,判了死罪。

【经典心裁】

"嘉善"是地名,在现在的浙江。"支立之父,为刑房吏,有囚无辜陷重辟。"有一个囚犯,被判了重刑,但是支立的父亲知道他是冤枉的。

【原典精读】

意哀之,欲求其生。

【译文通解】

支书办很可怜他,想要替他向上面的长官求情,宽免他不死。

【经典心裁】

刑房吏(支立的父亲)看到他非常可怜,想方法去开脱他的罪责。

【原典精读】

囚语其妻曰:"支公嘉意,愧无以报。明日延之下乡,汝以身事之,彼或肯用意,则我可生也。"

【译文通解】

那个囚犯晓得支书办的好意之后,告诉他的妻子说:"支公的好意,我觉得很惭愧,没法子报答。

明天请他到乡下来,你就嫁给他,他或者会感念这份情,那么我就可能有活命的机会了。"

【经典心裁】

支立的父亲知道这个人冤枉而怜悯他,想方法开脱他的刑罪。这是一桩好事情,不但救得一个人,也救了这个人一家。这个囚犯就在妻子来探监的时候告诉她:"支公嘉意,愧无以报。"支公有这么好的心意,知道我冤枉,要开脱我的罪,可我没有法子报答他。他说:"明日延之下乡,汝以身事之,彼或肯用意,则我可生也。"他判的罪可能是死刑,或是无期徒刑,是很重的罪。支立的父亲,晓得这个事情,有意替他办,所以囚犯嘱咐他的妻子:"你去好好侍奉他,他能够多帮点忙。"

【原典精读】

其妻泣而听命。及至,妻自出劝酒,具告以夫意。支不听,卒为尽力平反之。囚出狱,夫妻登门叩谢曰:"公如此厚德,晚世所稀,今无子。

【译文通解】

他的妻子听了之后,没别的办法,就边哭边答应了。到了明天,支书办到了乡下,囚犯的妻子就自己出来劝支书办喝酒,并且把她丈夫的意思,完全告诉了支书办。但是支书办没有这样做,不过还是尽了全力,替这个囚犯把案子平反了。后来,囚犯出狱,夫妻两个人一起到支书办家里叩头拜谢说:"您这样厚德的人,在近代实在是少有,现在您没有儿子。

【经典心裁】

把支先生请到他家里去。"妻自出劝酒,具告以夫意。支不听,卒为尽力平反之。"这是出于道义,他从事这个职务,是他应尽的责任。支公没有儿子,家境也并不怎么好——在公家做事,真正拿薪水、不贪污,生活的确是相当清苦。囚犯出狱后,夫妻就一同前来拜谢支先生。

【原典精读】

"吾有弱女,送为箕帚妾,此则礼之可通者。"

【译文通解】

"我有一个女儿,愿意送给您做扫地的小妾。这在情理上是可以说得通的。"

【经典心裁】

他说你们夫妻结婚这么多年,没有儿子,我有一个女儿成年了,愿意送给你做妾,希望能够给你绵延后代。这在礼法上是可以讲得通的。

【原典精读】

支为备礼而纳之,生立,弱冠中魁,官至翰林孔目。

【译文通解】

支书办听了他的话,就预备了礼物,把这个囚犯的女儿迎娶为妾,后来生了一个儿子叫支立,才20岁考试就高中了,官最后做到翰林院的书记。

【经典心裁】

支立的父亲娶囚之女为妾,果然生了儿子——也就是支立。"弱冠中魁,官至翰林孔目","弱冠"是20多岁;"中魁"就是考试高中。以后官做到"翰林孔目","孔目"是官名,相当于现在的主任秘书；"翰林院孔目"就好像现在"中央研究院"的主任秘书，地位也相当高。

【原典精读】

立生高，高生禄，皆贡为学博。禄生大纶，登第。

【译文通解】

后来支立的儿子支高，支高的儿子支禄，都是贡生。而支禄的儿子支大纶，也考中了进士。

【经典心裁】

这皆是救护无辜，而感应得的善报。

【原典精读】

凡此十条，所行不同，同归于善而已。

【译文通解】

以上这十条故事，虽然每人所做的各不相同，不过行的都是一个善字罢了。

【经典心裁】

在这一章里面,了凡先生举了10个"积善得善报"的例子。这么多人,可见得不是偶然的,而且这些人年代距离都很近,其中还有一两个,跟了凡先生家里有关系、有往来。可见得,"善有善报,恶有恶报"绝对真实,一点都不假。

【原典精读】

若复精而言之,则善有真有假,有端有曲,有阴有阳,有是有非,有偏有正,有半有满,有大有小,有难有易,皆当深辨。为善而不穷理,则自谓行持,岂知造孽,枉费苦心,无益也。

【译文通解】

若是要再精细地加以分类来说,那么做善事,有真的,有假的;有直的,有曲的;有阴的,有阳的;有是的,有不是的;有偏的,有正的;有一半的,有圆满的;有大的,有小的;有难的,有易的。这种种都各有各的道理,都应该仔细地辨别。若是做善事,而不知道考究做善事的道理,就自夸自己做善事，做得怎样有功德，哪里知道这不是在做善事，而是在造孽。这样做岂不是冤枉，白费苦心，得不到一些益处啊！

【经典心裁】

修善最重要的是出于真诚而无所求，这是真善。有条件的善，不但不是善，反而是造恶。譬如我们这个时代不少人——尤其是佛教徒，不明白佛陀教化众生破除妄想执着的道理，他们来佛寺烧香拜佛，都是有所求而来的；他要没有所求，就"无事不登三宝殿"。他在佛菩萨面前许愿烧香拜佛，求佛菩萨保佑，目的达到之后再来还愿供养奉献——谈条件，把佛菩萨当作什么了！不但心不诚，且把佛菩萨当作恶势力包庇者，岂非罪过！

支立的父亲，是正人君子，囚犯那种做法，就等于把他当作小人看待。支立的父亲不生气，仍旧帮他忙，真是难中之难。所以他得的果报是应当的。前面举10个例子，现在再讲道理，也就是积善的事和理不可以不知道。

【原典精读】

何谓真假？昔有儒生数辈，谒中峰和尚。

【译文通解】

怎么叫作真假呢？从前在元朝的时候有几个读书人，去拜见天目山的高僧中峰和尚。

【经典心裁】

先说真假——什么是真善？什么是假善？"中峰和尚"是元朝时候人，我们对他应该相当熟悉，因为常常拜读的《三时系念》就是中峰和尚编辑的，这是专修净土的一个方法。那时有一些读书人去拜访中峰禅师。

【原典精读】

问曰："佛氏论善恶报应，如影随形。今某人善，而子孙不兴；某人恶，而家门隆盛，佛说无稽矣。"

【译文通解】

问说："佛家讲善恶的报应，像影子跟着身体一样，人到哪里，影子也到哪里，永远不分离。这是说行善，定有好报，造恶定有苦报，绝不会不报的。

为什么现在某一个人是行善的,他的子孙反而不兴旺?有某一个人是作恶的,他的家反倒发达得很?那么佛说的报应,倒是没有凭据了。"

【经典心裁】

佛家常讲,道家也讲:"因果报应,丝毫不爽。"他们说"今某人善,而子孙不兴",这是讲现世,现前的善人子孙不好;"某人恶,而家门隆盛",恶人反而"家门隆盛"。他们就说:"佛说无稽矣!"佛法说的果报与事实不符。拿这个问题来向中峰禅师请教。

【原典精读】

中峰云:"凡情未涤,正眼未开,认善为恶,指恶为善,往往有之。

【译文通解】

中峰和尚回答说:"平常人被世俗的见解所蒙蔽,这颗灵明的心,没有洗涤干净,因此,法眼未开,所以把真的善行反认为是恶的,真的恶行反认为它是善的,这是常有的事情。

【经典心裁】

一般人是肉眼凡夫——你的俗情,你的心地不干净;就是妄想执着还很多,没有慧眼,看不到事实真相。"认善为恶,指恶为善",善恶颠倒了,这就叫迷惑颠倒。"往往有之",不但这样的人在世间确实有,而且还很多。禅师客气,不说很多,说有这种人就是了。

【原典精读】

"不憾己之是非颠倒,而反怨天之报应有差乎?"众曰:"善恶何致相反?"

【译文通解】

"并且看错了,还不恨自己颠颠倒倒,怎么反而抱怨天的报应错了呢?"大家又说:"善就是善,恶就是恶,善恶哪里会弄得相反呢?"

【经典心裁】

他不晓得自己反省,自己不辨是非,反而怨天尤人,说老天报应不公平。众曰:"善恶何致相反?"世间迷人,为什么把善看成恶,恶看成善?

【原典精读】

中峰令试言其状。一人谓詈人殴人是恶,故敬人礼人是善。

【译文通解】

中峰和尚听了之后,便叫他们把所认为是善的、恶的事情都说出来。其中有一个人说:骂人、打人是恶;恭敬人、用礼貌待人是善。

【经典心裁】

中峰禅师就叫他们自己说说。一个人就讲"詈人殴人是恶","敬人礼人是善"。这是那些学生自己说的,他们善恶标准在此地——骂人、打人是恶;恭敬人、对人有礼是善。

【原典精读】

中峰云:"未必然也。"一人谓贪财妄取是恶,廉洁有守是善。中峰云:"未必然也。"众人历言其状,中峰皆谓不然,因请问。

【译文通解】

中峰和尚回答说:"你说的不一定对啊!"另外一个读书人说:贪财、乱要钱是恶;不贪财、清清白白守正道是善。中峰和尚说:"你说的也不一定是对啊!"那些读书人,把各人平时所看到的种种善恶的行为都讲出来,但是中峰和尚都说:"不一定全对啊!"那几个读书人,因为他们所说的善恶,中峰和尚都说他们说得不对,所以就请问和尚,究竟怎样才是善?怎样才是恶?

【经典心裁】

中峰禅师说:"你的标准不可靠。"一个人又说:贪赃枉法是恶,廉洁有守有为的是好。中峰禅师又说:"未必然也。""众人历言其状,中峰皆谓不然",这些标准禅师皆不同意。"因请问",于是大家就请问老和尚,我们的标准你不同意,那把你的标准讲给我们听听。

【原典精读】

中峰告之曰:"有益于人,是善,有益于己,是恶。"有益于人，则殴人、詈人皆善也；有益于己，则敬人、礼人皆恶也。

【译文通解】

中峰和尚告诉他们说："对别人有益的事情，是善；做对自己有益的事情，是恶。"若是做的事情，可以使别人得到益处，哪怕是骂人、打人，也都是善；而有益于自己的事情，那么就是恭敬人，用礼貌待人，也都是恶。

【经典心裁】

这是佛法讲的标准。"有益于人，则殴人詈人皆善也"，打他、骂他都是善。"有益于己，则敬人礼人皆恶也"，所谓有意讨好、巴结、谄媚之类是也。

【原典精读】

是故人之行善，利人者公，公则为真；利己者私，私则为假。

【译文通解】

所以一个人做的善事，使旁人得到利益的就是公，公就是真了；只想自己要得到利益，就是私，私就是假了。

【经典心裁】

这就找到一个真正的标准，这个标准就是存心利益社会大众，为一切众生造福，这是善。为大家造福，自己还要得相当的报酬，这是善里夹杂着恶——善不纯。先讲真善、假善，后面还讲圆满的善、不圆满的善掺杂在一起；有半满、有圆满，有纯、有杂，都要搞清楚。所以诸佛菩萨、世间圣贤没有想到自己，完全是利益众人，那是真善，那是圆满的善。世间的人，不说别人，我们说范仲淹。范仲淹的行善、积善就是真实，就是圆满，是我们的好榜样。他从来没有替自己着想，也没有替儿女打算一下，一心三思只知为国家、为社会造福，连自己的身家都忘掉了。我们读他的传记，可知他自己积善，一家积善，子孙皆知行善。自己做到宰相，5个儿子中，有两个做过宰相，一个做过御史大夫。可他死后却买不起棺材。钱到哪里去了？全都拿来做社会福利事业了。所以印光大师赞叹他，说他的德行仅次于孔夫子。他的家庭一直到民国初年——800年不衰，子子孙孙都好，这是积德积得厚。

我们今天行善，拿出自己百分之二一的力量来行善，已经觉得我是善人了！而且还要舍一得万报！大家到佛寺来烧香布施，为什么？这个利润最大——一本万利。所以到佛门里来烧香拜佛，心想这是一本万利的生意（今天布施一块钱，明天得一个彩票中一万块），是这种心态到佛门里布施修善的，冤不冤枉？把佛菩萨看得真连小人都不如了。所以有很多人到佛门时，你看他很虔诚拜佛念佛——但是他自己不好，他的家庭后世都不好，真正的原因在此。好像不是有心把佛菩萨看成一个坏人，看成一个接受贿赂的人，可是有意无意地，他就是这种心态；虽然不明显，还是有这个心态。这是绝大的错误。我们在公家办事，要去拜托人，要送红包；所以跟佛菩萨打交道也送红包——接受拜托的都不是好人，那佛菩萨也接受红包，收受贿赂，也就不是好人，这个罪就重了！

【原典精读】

又根心者真，袭迹者假；又无为而为者真；有为而为者假；皆当自考。

【译文通解】

并且从良心上所发出来的善行是真，只不过是照例做做就算了的是假；还有，为善不求报答，不露痕迹，那么所做的善事，是真；但是为了某一种目的，企图有所得，才去做的善事，是假；像这样的种种，自己都要仔细地考察。

【经典心裁】

"根心"，是从真诚里发心的，这是"真善"，我们跟人家去做，不是发自于真心，这是"假善"。"无为"就是没有希求，没有希求的善是真善；行善而有所求就不是真善，就是"有为"了。"皆当自考"，自己要考量。

什么是真善？什么是假善？我们一定要从心地里面去区别，才知道自己是不是在行善。贪财、妄取是恶，而中峰禅师说"未必然也"，如果取得是为了做好事、利益众生，这也是善，不能算是恶。

常常有一些经商的来找我说："五戒里的不妄语他们不能持；因为做生意天天打妄语，希望把别人荷包里的钱，骗到自己的荷包里来，不打妄语怎么做生意？"我说："真正行菩萨道，未尝不可以。"现代的人，你劝他行善，他不肯；骗他，他却肯。问题在哪里？在于我们自己不是菩萨心。如果用这种手段（当然这是一种非常手段），把他的钱财骗来了，替他做好事，你是行菩萨道；如果把他的钱骗来自己贪图享受，就是恶了。凡夫不知道做好事，不知道行善，我们替他修善、替他修福，这是好事。所以单单看表面，确实善恶难分。善恶在心地——积大善、建大功都要从心地上去修。尤其是大菩萨，在外表上不露痕迹，不注重小节，纯粹是利人济世，所以他的观点，确实跟普通人不一样。

【原典精读】

何谓端曲？今人见谨愿之士，类称为善而取之。

【译文通解】

怎样叫作端曲呢？现在的人，看见谨慎不倔强的人，大都称他是善人，而且很看重他。

【经典心裁】

"端"，是端庄正直，"曲"，是委曲婉转。今人见谨愿之士，类称为善而取之"，见到唯命是从的、恭恭敬敬顺从的人就认为这个人是好人。现在一般在位有权的人，想用人，都喜欢用这种人。为什么？他听话，叫他怎样，他就怎样；认为这是好人，喜欢用这种人。所谓愿意用"奴才"，奴才听话，一天到晚对你很恭敬，侍候你舒舒服服的。

【原典精读】

圣人则宁取狂狷。至于谨愿之士，虽一乡皆好，而必以为德之贼；是世人之善恶，分明与圣人相反。

【译文通解】

然而古时的圣贤，却是宁愿欣赏志气高、只向前进的人，因为这种人才有担当、有作为，可以教导他，使他上进。至于那些看起来谨慎小心却是无用的好人，虽然在乡里，大家都喜欢他；但是因为这种人的个性软弱，随波逐流，没有志气，所以圣人一定要说这种人，是伤害道德的贼。这样看来，世俗人所说的善恶观念，分明是和圣人相反。

【经典心裁】

大圣大贤用人，不用乡愿、谨愿。乡愿之士，是一般人讲的好人。圣贤所用的人才，往往倔强、傲慢，有时候还很无礼。为什么？他有一技之长，值得骄傲，有时候不一定能顺你的意思。可是这样的人能干、能办事。那个老好人（人是好人），不能办事，墨守成规，不能自动自发地做事情。所以圣贤人"宁取狂狷"，狷之人勇于进取，不拘小节。

"至于谨愿之士，虽一乡皆好，而必以为德之贼"，这种好人往往不明事理、不辨是非，所以是"德之贼"。"德"是风俗道德，往往都被他们不知不觉当中破坏了。

"是世人之善恶，分明与圣人相反。"大圣大贤的善恶标准跟世人的善恶标准不一样；即使在佛门中，大乘的善恶标准跟小乘的就不一样。小乘着重在事相上，所以小乘人守戒守得很严格，一点都不敢犯；大乘人你看他好像是不拘小节（小乘人看不起大乘人），大乘戒在心地，小乘戒在事相。

前面讲的三种改过之法，小乘从事上改，大乘从心上改，不一样。所以小乘就是"谨愿之士"，大乘是"狂狷之人"，成就也不相同。譬如说大乘好像是不持戒，其实不然——他心地清净平等，人家往生能瑞相，站着走、坐着走、不生病；小乘之人往往还是手忙脚乱。这就能看到结果。中国历代大乘修学，明心见性、了生死、出三界确实不少！诸位在《高僧传》、《神僧传》、《居士传》、《善女人传》都能看到。《善女人传》是专记在家女居士修行成就的。所以小乘不了解大乘，就是因为是、非、善、恶的标准不相同。

【原典精读】

推此一端，种种取舍，无有不谬。天地鬼神之福善祸淫，皆与圣人同是非，而不与世俗同取舍。

【译文通解】

俗人说是善的，圣人反而说是恶；俗人说是恶的，圣人反而说是善。从这一个观念，推广到各种不同的事情来说，俗人所喜欢的，或者是不喜欢的，完全不同于圣人。那还有不错的吗？天地鬼神庇佑善人报应恶人，他们都和圣人的看法是一样的，圣贤以为是对的，天地鬼神也以为是对的；圣贤以为是错的，天地鬼神也认为是错的，而不和世俗人采取相同的看法。

【经典心裁】

这是真善、假善，圣人能很清楚地辨别。天地鬼神与圣人的标准相同，而不与世俗的标准相同。为什么？因为天地鬼神与圣人的用心见解是一样的。

【原典精读】

凡欲积善，决不可徇耳目，惟从心源隐微处，默默洗涤。纯是济世之心则为端，苟有一毫媚世之心即为曲；纯是爱人之心则为端，有一毫愤世之心即为曲；纯是敬人之心则为端，有一毫玩世之心即为曲；皆当细辨。

【译文通解】

所以凡要积功德，绝对不可以被耳朵所喜欢的声音，眼睛所喜欢的景象所利用，而跟着感觉走；必须要从起心动念隐微的地方，将自己的心，默默地洗涤清净，不可让邪恶的念头，污染了自己的心。所以全是救济世人的心，是直；如果存有一些讨好世俗的心就是曲；全是爱人的心是直，如果有一丝一毫对世人怨恨不平的心就是曲；全是恭敬别人的心就是直,如果有一丝玩弄世人的心,就是曲;这些都应该细细地去分辨。

【经典心裁】

我们真正要发心断一切恶,修一切善。发心度自己,首先不可"徇耳目",就是绝对不可贪恋五欲六尘,一定要看淡。五欲六尘看不淡,你的自私自利断不了!自私自利的意识是恶业的根源,由恶根所做的一切善,善也变成恶了。这就是为什么世间人讲的那些善,中峰和尚都不同意;不同意的根源就是你还有私心。有私心所做的一切善事,都希望获得自私的利益,这个善就不真、不纯。所以先要把五欲六尘看淡,然后逐渐舍掉,不受五欲六尘干扰,这样才从"心源隐微处"——没有人见到的地方、念头才动的地方,就要觉察。

"洗涤"就是洗心。也是《无量寿经》讲的"洗心易行","易"是换、改变——改变我们从前不善的行为,心地干净、光明,才充满智慧。

"纯是济世之心",只有一个念、一个心,利益一切众生,帮助一切众生,帮助他明理,帮助他破迷开悟。他只要明理,破迷开悟了,他自然就会知道要断恶，要修善。所以佛法在世间的第一大功德，就是帮助人认识宇宙人生的真相。都认清了，十法界你愿意去哪个法界，随心所欲，佛不干涉，佛也不勉强；佛不是说"佛"好，你们都成佛，佛没有这样要求！佛希望你们成佛，但是绝不勉强你们。愿意来生做人，佛就教你做人的道理；愿意到三恶道，就搞贪、嗔、痴，到三恶道。佛不会去阻挠我们，也不会帮助我们，佛只教人破迷开悟。这是纯真，所以这个叫"端"。

"苟有一豪媚世之心即为曲"，"媚"，简单地说，就是巴结讨好群众之心，取得世间名闻利养；就是以不正当的手段求取名闻利养为目的。他所做的一切善事、善行都是"曲"，不是端。

"纯是敬人之心则为端；有一豪玩世之心即为曲，皆当细辨"，处世的态度应当谨慎，慎就是慎重。待人、接物、处事都要用谨慎恭敬的态度，玩世不恭是错误的，不可以不辨别清楚。

【原典精读】

何谓阴阳？凡为善而人知之，则为阳善；为善而人不知，则为阴德。

【译文通解】

什么叫作阴阳呢?凡是一个人做善事被人知道,叫作阳善;做善事而别人不知道,叫作阴德。

【经典心裁】

"何谓阴阳?"这一条也很重要。古圣先贤都叫我们要积阴德,什么是阴德?"凡为善而人知之,则为阳善;"你所做的善事、善行,大家都知道,人人看到都赞叹你——赞叹就是福报。政府表扬,送个匾额给你挂着(你是好人,你做了很多好事),果报都报掉了!

"为善而人不知,则为阴德。"所以诸位要晓得,无论做多少善事,不必要让人知道,则善果永远就积在那里,而不求现报,叫"积善"。别人知道了,善就积不住,随修随报,到后来一点善果都没有了,反而造了很多恶。恶慢慢积,愈积愈多,后果就不堪设想。

【原典精读】

阴德天报之,阳善享世名。名,亦福也。名者,造物所忌，世之享盛名而实不副者，多有奇祸。人之无过咎而横被恶名者，子孙往往骤发，阴阳之际微矣哉！

【译文通解】

有阴德的人，上天自然会知道并且会报酬他的。有阳善的人，大家都晓得他，称赞他，他便享受世上的美名。享受好名声，虽然也是福，但是名这个东西，为天地所忌？天地是不喜欢爱名之人的。在世界上享受极大名声的人，而他实际上没有功德，常会遭遇到料想不到的横祸；并没有过失差错，反倒被冤枉，无缘无故被人栽上恶名的人，他的子孙，常常会忽然间发达起来。这样看来，阴德和阳善的分别，真是细微得很，不可以不加以分辨啊！

【经典心裁】

"阳善享世名。名，亦福也。"现在我们讲知名度，知名度就是"名"。人贪名、好名！名也是福报之一，为善以此报掉了。而且"名者，造物所忌"，造物，是讲天地鬼神，上天容易忌讳声名。

"世之享盛名而实不副者，多有奇祸。" "奇祸",就是有非常的灾难。你的名跟你的德行不相符,实祸随之而来。

"人之无过咎",这个人没有什么过失。

"而横被恶名者",别人都嫌弃他、冤枉他、侮辱他,但他并没有什么过恶。

"子孙不往往骤发,阴阳之际微矣哉!"所以积功累德,自己默默地去做,知道的人愈少愈好;也不必要人家赞叹恭敬。人家愈是不满意,愈是忌妒、毁谤愈好。为什么呢?因为这些毁谤、障碍,是来消自己罪业的。罪业都报掉了,你的善德愈积愈厚,后来果报就大。所以"子孙往往骤发","骤发"就是突然发达。细观今日台湾许多发达者,其先人多类此。明白这个道理,我们才真正晓得阴德之可贵。

【原典精读】

何谓是非?鲁国之法。鲁人有赎人臣妾于诸侯,皆受金于府,子贡赎人而不受金。

【译文通解】

什么叫作是非呢?从前春秋时代的鲁国定有一种法律,凡是鲁国人被别的国家抓去做奴隶,若有人肯出钱，把这些人赎回来，就可以向官府领取赏金。但是孔子的学生子贡，他很有钱，虽然也替人赎回被抓去的人，子贡却不肯接受鲁国的赏金。他不肯接受赏金，纯粹是帮助他人，本意是很好的。

【经典心裁】

"是非"很难辨别，因为我们世间人的标准，跟圣贤人的标准也不相同。

"鲁国之法"，即春秋时候鲁国的法律。

"鲁人有赎人臣妾于诸侯，皆受金于府"，"府"是官府。这些人为什么会到诸侯家里面去做臣妾呢？（"臣妾"就是佣人。）他们都是有罪、犯法的人，分发在达官显要家中服劳役。只要有人肯拿钱把他赎回来，就等于替他缴罚金，他就可以恢复自由，这是好事情。政府奖励社会上有钱的人多做一些好事，能帮助这些人恢复自由，让他改过自新，重新做人。

"子贡赎人而不受金。"子贡在诸侯家里，把佣人赎回来，但政府的奖励他不接受。

【原典精读】

孔子闻而恶之，曰："赐失之矣！"夫圣人举事，可以移风易俗，而教道可施于百姓，非独适己之行也。今鲁国富者寡而贫者众，受金则为不廉，何以相赎乎？自今以后，不复赎人于诸侯矣。

【译文通解】

但是孔子听到之后，很不高兴地说："这件事子贡做错了。"凡是圣贤无论做什么事情，都是要做了以后，能把风俗变好，可以教训，引导百姓做好人，这种事才可以做；不是单单为了自己觉得爽快称心，就去做的。现在鲁国富有的人少，穷苦的人多；若是受了赏金就算是贪财；那么不肯受贪财之名的人，和钱不多的人，就不肯去赎人了。一定要很有钱的人，才会去赎人。如果这样的话，恐怕从此以后，就不会再有人向诸侯赎人了。

【经典心裁】

子贡不接受政府的奖励，孔子听了很不高兴，说："赐失之矣！""赐"是子贡的名字，老师叫学生是称名字。说："赐，你做错了！"

"夫圣人举事，可以移风易俗，而教道可施于百姓"，这就是圣人的是非观念，跟世人不一样。他看的是整个社会,希望建立良好的风俗习惯、道德标准;圣人的教导是为普通老百姓建立的,不是为个人。如果单就个人来讲,子贡这种做法是难能可贵、值得赞叹的,但是他把习俗、习惯破坏了,他的过失在此。

"非独适己之行也",不是为某个人。

"今鲁国富者寡而贫者众",在当时,鲁国社会上贫穷的人多,富有的人少。实行这个政策,对百姓有鼓舞的作用,今天子贡不接受奖励,大家称你是好人;以后有人做这件事情,政府的奖励,他们也就不敢接受了。一接受,人家就说是为图奖励而做的,于是大家都不愿做了,那么政府这个好的制度就被破坏了。如果要鼓励一般人都行善事,子贡应当要接受政府奖励,不是为了个人,而是为社会大众。这是圣人与常人见解的不同处。

【原典精读】

子路拯人于溺,其人谢之以牛,子路受之。孔子喜曰:"自今鲁国,多拯人于溺矣!"

【译文通解】

子路看见一个人,跌在水里,把他救了上来。

那个人就送一只牛来答谢子路,子路就接受了。孔子知道后,很欣慰地说:"从今以后,鲁国就会有很多人,自动到深水大河中去救人了。"

【经典心裁】

牵一头牛给子路,感谢他的救命之恩,子路就接受了。孔夫子知道了很欢喜,赞叹子路说:"从今以后,鲁国人多拯人于溺矣!"人有急难的时候,勇于救人的人就多了。为什么?被救的人一定感谢,救人的人他也会接受感谢,这是鼓励大家救助灾难。

【原典精读】

自俗眼观之,子贡不受金为优,子路之受牛为劣。孔子则取由而黜赐焉。乃知人之为善,不论现行,而论流弊;不论一时,而论久远;不论一身,而论天下。

【译文通解】

这两件事,用世俗的眼光来看,子贡不接受赏金是好的,子路接受牛,是不好的。不料孔子反而称赞子路,责备子贡。照这样看来,要知道一个人做善事，不能只看眼前的效果，而要讲究是不是会产生流传下去的弊端；不能只论一时的影响，而是要讲究长远的是非；不能只论个人的得失，而是要讲究它关系天下大众的影响。

【经典心裁】

这是孔子的真实教诲，应当切记，深思笃行。

"孔子则取由而黜赐焉"，孔子的看法跟世间人刚好相反，他赞叹子路，而不赞成子贡的做法，这是有很深的道理的。

"乃知人之为善，不论现行，而论流弊；不论一时，而论久远；不论一身，而论天下。"大圣大贤，眼光看得远大，看得深微；凡夫眼光浅近，只看眼前，不知道人的行为对于后世的影响。我们要为整个社会、国家乃至于整个世界来设想，于后世的历史来观察，这样你的看法就完全不相同了，你就会知道孔夫子的看法是正确的。所以善恶不能只看眼前现行，还要晓得它对历史、对后世久远的影响，是正面的，还是负面的。

【原典精读】

现行虽善，而其流足以害人，则似善而实非也。

【译文通解】

现在所为,虽然是善,但是如果流传下去,对人有害,那就虽然像善,实际还不是善。

【经典心裁】

从现行表面上看是善,实际上不善;在一个人是善,在一时是善,在一个社会是不善,在后世是不善。所以佛法里面讲善恶就不讲一现行一。今世善不是真善;后世善、生生世世都善,佛说这是善。现在是善,来世不善,后世不善,要到三途地狱去,这不是善;这一世善,来世善,后世更善,这才叫作真善。

【原典精读】

现行虽不善,而其流足以济人,则非善而实是也。然此就一节论之耳。他如非义之义,非礼之礼,非信之信,非慈之慈,皆当抉择。

【译文通解】

现在所行,虽然不是善,但是如果流传下去,能够帮助人，那就虽然像不善，实际却是善，这只不过是拿一件事情来讲讲罢了。说到其他种种，还有很多。例如：一个人应该做的事情，叫作义，但是有的时候，做该做的事，也会做错，做了反而坏事。譬如坏人，可以不必宽放他，有人宽放他，这事情不能说不是义；但是宽放了这个坏人，反而使他的胆子更大，坏事做得更多；结果旁人受害，自己也犯罪；倒不如不要宽放他，给他儆戒，使他不再犯罪的好。不宽放他，是非义，使这个人不再犯罪，是义，这就叫作非义之义。礼貌是人人应该有的，但是要有分寸，用礼貌对待人，是礼；但若是过分，反而使人骄傲起来，就成为非礼了，这就叫作非礼之礼。信用虽要紧，但是也要看状况，譬如：顾全小的信用，是信；要顾全小信，却误了大事；反而使得大信，不能顾全，此变成非信了，这就叫作非信之信。爱人本来是慈，但是因为过分的慈爱，反而使人胆子变大，闯出大祸，那就变成不慈了，这就叫作非慈之慈。这些问题，都应该细细地加以判断，分辨清楚。

【经典心裁】

像子路接受人家的牛，好像是不善；"而其

流足以济人，则非善而实是也"。"然此就一节论之耳"，这是一桩事情来说明，什么叫"是"，什么是"非"。

"他如非义之义，非礼之礼，非信之信，非慈之慈，皆当抉择。"什么叫"道义"？什么是"礼敬"？什么是"信用"？什么是"慈爱"？这里都有"是"有"非"，如果不能辨别，往往自以为行善，其实造了大恶。讲修福，没有智慧的人怎么修福？想修福就要有福、要有慧；没有福慧，想修福也修不到福。

【原典精读】

何谓偏正？昔吕文懿公初辞相位，归故里，海内仰之，如泰山北斗。有一乡人，醉而詈之，吕公不动，谓其仆曰："醉者勿与较也。"闭门谢之。逾年，其人犯死刑入狱。吕公始悔之曰："使当时稍与计较，送公家责治，可以小惩而大戒；吾当时只欲存心于厚，不谓养成其恶，以至于此。"此以善心而行恶事者也。

【译文通解】

什么叫作偏正呢？从前明朝的宰相吕文懿公刚

刚辞掉宰相的官位，回到家乡来，因为他做官清廉、公正，全国的人都敬佩他，就像是群山拱卫着泰山，众星环绕着北斗星一样。独独有一个乡下人，喝醉酒后，谩骂吕公。但是吕公并没有因为被他骂而生气，并向自己的仆人说："这个人喝酒醉了，不要和他计较。"吕公就关了门，不再理睬他。过了一年，这个人犯了死罪入狱，吕公方才懊悔地讲："若是当时同他计较，将他送到官府治罪，可以借小惩罚而收到大儆戒的效果，他就不至于犯下死罪了。我当时只想心存厚道，所以就轻易放过他；哪知道，反而养成他天不怕地不怕的亡命之徒的恶性。他以为就算是骂宰相，也没什么大不了，一直到犯下死罪，送了性命。"这就是存善心，反倒做了恶事的一个例子。

【经典心裁】

吕文懿公告老返乡，就是现在讲的退休。古代的制度，宰相就相当于现在的行政院长。虽然退休，他的德望功勋为世人所敬仰。"泰山北斗"比喻高。

"有一乡人，醉而詈之，吕公不动，谓其仆曰：'醉者勿与较也。'闭门谢之。"同乡有一个人，喝醉了酒，牢骚满腹，遇到吕先生就骂。吕先生做过宰相，度量大，有涵养，不跟他计较，对自己的佣人说："他喝醉了，不要跟他计较。"关上家门不再理睬他。

"逾年，其人犯死刑入狱"，过了一年，听说这个人犯了重罪，判死刑入狱了。

"吕公始悔之"，吕老先生才后悔，上一次遭遇的事情处置错了。说："使当时稍与计较，送公家责治，可以小惩而大戒。"当时如果跟他计较，捉他去监牢关几天，使他收敛一点，可能不至于犯今日之死罪。

"此以善心而行恶事者也。"这种例子太多了——善心造了大恶。尤其是现在一些年轻的父母，溺爱儿女；到儿女长大了，不孝顺父母，为非作歹，才晓得自己大错特错了！小孩就是要从小教起——少成若天性。小时候如果不严加管教，长大了就没法子教了；必然是背叛父母，父母对他稍微有点不好，他就不满意。这还得了！从前中国古老的刑罚里有一条叫"亲权处分"——是父母说我这儿子不孝，你把我的儿子判死刑，杀了他！法官马上判，什么都不要审了！"亲权"是第一等处分，所以从前儿女怕父母。父母若告状,法官不审就定案了。父母说给他坐3年牢,马上就批准。为什么?那是"父母之命",没话讲的,不必审,大家认为这是绝对正确的。哪个做父母的不爱儿女呢?父母不爱你,你在社会上就不能做人了,社会自然也不要你了。"亲权处分"好像在民国二十几年还有,以后废除掉了。有这一条法律,的确儿子不敢不孝。不孝,国家法律要治罪的;而且还没有办法请律师,都不能请的——亲权没有辩护的。这是真正值得我们去反省深思的。

【原典精读】

又有以恶心而行善事者。如某家大富,值岁荒,穷民白昼抢粟于市;告之县,县不理,穷民愈肆;遂私执而困辱之,众始定,不然几乱矣。

【译文通解】

也有存了恶心,反倒做了善事的例子。如有一个大富人家,碰到荒年,穷人们大白天在市场上抢他家的米;这个大富人家,便告到县官那里,县官偏偏又不受理这个案子,穷人因此胆子更大,愈加放肆横行了。于是这个大富人家就私底下把抢米的人捉起来关押,还出他的丑,那些抢米的人,怕这大富人家捉人,反倒安定下来,不再抢了。若不是因为这样,市面上几乎大乱了。

【经典心裁】

遇到荒年收成不好,"穷民白昼抢粟于市","粟"就是粮食,贫民到处去抢粮。

"告之县,县不理",到县政府告状,县政府怕群众暴乱,不敢受理。

"穷民愈肆",抢劫的风气愈来愈盛,县官也管不了。怎么办呢?

"遂私执而困辱之,众始定",他自己把这些抢劫的人抓来,私自用刑,把事情平定了。如果事情不平定,"几乱矣",几乎地方就要发生动乱,不能收拾了。这是以恶心、恶行,对社会做了一桩好事。

【原典精读】

故善者为正,恶者为偏,人皆知之。其以善心而行恶事者,正中偏也;以恶心而行善事者,偏中正也。不可不知也。

【译文通解】

所以善是正,恶是偏,这是大家都知道的。但是也有存善心,反倒做了恶事的例子,这是存心虽正,结果正成偏,只可称作正中的偏;不过也有存恶心,反倒做了善事的例子,这是存心虽偏,结果反成正,只可称作偏中的正。这种道理大家不可不知道。

【经典心裁】

什么叫"正"?什么叫"偏"?善心是"正",恶事是"偏","人皆知之"。"其以善心而行恶事者,正中偏也。"像前面所说的吕老先生,就是以善心做了一件恶事,这就是"正中偏"。

"以恶心而行善事者,偏中正也。不可不知也。"但是善恶的标准都要从对社会、对世道人心之影响而论断。如果说他们来抢我家的粮食,县官也不管;我家里佣人多,我们组织起来反抗,把暴民制止,用刑罚加之于他们——这是私刑,不是一件好事,但是为了保护自己的生命财产,他却做了一桩善事?这对社会安定帮助很大——使暴民不至于为害地方,引起整个社会的动荡不安。这是为了私心替大众做了一桩好的事情,这个是"偏中正"。

【原典精读】

何谓半满?易曰:"善不积,不足以成名;恶不积,不足以灭身。"书曰:"商罪贯盈,如贮物于器。"

【译文通解】

什么叫作半满的善呢?《易经》上说:"一个人不积善,不会成就好的名誉;不积恶,则不会有杀身的大祸。"《尚书》上说:"商朝的罪孽已经盈满了,如同器皿中盛满了东西。"

【经典心裁】

这是古圣先贤的教训,后人尊称为经。这个教训是真理,超越时间,超越空间。"积善成名,积恶灭身",绝对真实、正确。

【原典精读】

勤而积之,则满;懈而不积,则不满。此一

说也。

【译文通解】

如果你很勤奋，天天去储积，那么终有一天就会积满。如果懒惰些，不去收藏积存，那就不会满。所说的积善、积恶，也像储存东西一样。这是讲半善满善的一种说法。

【经典心裁】

比如有一个器皿，我们要想在里面存东西，存久就满了；如果不存，它不会满的。这就是要知道积善的重要，而不可积恶以自取灭亡！

【原典精读】

昔有某氏女人寺，欲施而无财，止有钱二文，捐而与之，主席者亲为忏悔；及后入宫富贵，携数千金入寺舍之，主僧惟令其徒回向而已。因问曰："前施钱二文，师亲为忏悔，今施数千金，而师不回向，何也？"曰："前者物虽薄，而施心甚真，非老僧亲忏，不足报德。今物虽厚，而施心不若前日之切，令人代忏足矣。"此千金为半，而二文为满也。

【译文通解】

从前有一户人家的女子,到佛寺里去,想要送些钱给寺里,可惜身上没有多少钱,只有两文钱,就拿来布施给和尚。而寺里的首席和尚,竟然亲自替她在佛前回向,求忏悔灭罪。后来这位女子进了皇宫做了贵妃,富贵之后,便带了几千两的银子来寺里布施。但是这位主僧,却只是叫他的徒弟,替那个女子回向罢了。那个女子不懂前后两次的布施,为什么待遇差别如此之大,就问主僧说:"我从前不过布施两文钱,师父就亲自替我忏悔。现在我布施了几千两银子,而师父不替我回向,不知是什么道理?"主僧回答她说:"从前布施的银子虽然少,但是你布施的心,很真切虔诚,所以非我老和尚亲自替你忏悔,便不足以报答你布施的功德。现在布施的钱虽然多,但是你布施的心,不像从前真切,所以叫人代你忏悔,也就够了。"这就是几千两银子的布施,只算是半善;而两文钱的布施,却算是满善,道理在此。

【经典心裁】

这是佛家的公案。从前有一位女居士到佛寺里想布施，但没有钱。"止有钱二文，捐而与之"，只有两文钱（从前两文钱是很少很少的），她拿去捐在佛寺里做功德。"主席者亲为忏悔"，"主席"就是佛寺的方丈，因她心诚，亲自给她忏悔，给她祝福。"及后入宫富贵"，没想到这个女子的命还不错，以后进入到宫廷里面，做了皇帝的妃子——变富贵了。

"携数千金入寺舍之"，带了几千两的银子到寺院来做佛事。

"主僧惟令其徒回向而已"，主持老和尚没有亲自给她回向，只叫他的徒弟给她拜忏消灾回向。

因问曰："前施钱二文，师亲为忏悔，今施数千金，而师不回向，何也？"老和尚很有道德，不像现在，有许多不如法的事情。从前有道德的人不论施财多少，但看修福的人心是否真诚。如果是真心修福，再少的钱都要亲自给他主持；如果心地不是很虔诚，则用不着老和尚亲自去操心。这老和尚就告诉她，曰："前者物虽薄，而施心甚真"，从前你虽只施两文钱,但是你的心真诚,"非老僧亲忏,不足报德";今日你得到富贵,施金虽多,而施心不切。这是她从前心真,真诚地在三宝里修福,老和尚亲自给她修忏悔;她这是舍一得万报,她真的得到了。

现在她已经富贵了,但对于佛法上那种虔诚的心,被富贵荣华淹没了,退转了。"今物虽厚,而施心不若前日之切,令人代忏足矣!"我派徒弟代表我替你忏悔就够了!其实老和尚这个举止就是唤醒她,真正是大慈大悲——机会教育,教她真正回头。这个人是个可救之人,不是不可救。

"此千金为半,而二文为满也。"从前施二文,她的福报是圆满的;现在布施千金,得到的福报是一半——不圆满。所以诸位同修要知道,我们修福,念念圆满,确实不在乎施钱多少,不在乎做得多少;心真切,尽心尽力就是念念圆满。

【原典精读】

钟离授丹于吕祖,点铁为金,可以济世。吕问曰:"终变否?"曰:"五百年后,当复本质。"吕曰:"如此,则害五百年后人矣,吾不愿为也。"

【译文通解】

汉朝人钟离权把他炼丹的方法,传给吕洞宾,用丹点在铁上,铁就能变成黄金,可拿来救济世上的穷人。吕洞宾问钟离说:"变了金,到底会不会再变回铁呢?"钟离回答说:"500年以后,仍旧要变回原来的铁。"吕洞宾听了说:"像这样就会害了500年以后的人,我不愿意做这样的事情。"

【经典心裁】

中国人很尊敬"八仙",吕洞宾是其中一位,汉朝钟离权也是一位。吕洞宾当年跟钟离权学点铁成金术,钟离权告诉他:"点铁为金,可以济世。"你"点铁成金"可以帮助一些贫困人,帮助他发财,帮助他富有,解决他的贫困问题。

"吕问曰:'终变否?'"吕洞宾问:"此金以后会不会再变为铁?"钟离权告诉他:"五百年后,当复本质。"500年后金才会变成铁。吕祖说:"如此,则害五百年后人矣!吾不愿为也。"虽然利益现在的人,但害了后人,这个事情做不得!我们看看现代人,现前只要能得到便宜,他怎会想到后来会害人?

由此可知，世道人心发生了怎样的变化。

【原典精读】

曰："修仙要积三千功行，汝此一言，三千功行已满矣。"此又一说也。

【译文通解】

钟离权教吕洞宾点铁成金，不过是试试他的心而已。现在知道吕洞宾存心善良，所以对他说："修仙要积满3000件功德，听你这句话，你的3000件功德，已经做圆满了。"这是半善满善的又一种讲法。

【经典心裁】

道教讲："修行要积三千功德。"就是说要做3000件好事，就有资格修道。道教的条件比佛法的条件宽得多了。佛法的条件比这个要严，佛法是清净心才能入道，才能成为一个法器；道家的条件是修3000件善事，他不是讲清净心，是讲善心，是真正的善心，才有资格传道给你。所以他的条件是善心、善人；佛法的条件是清净心——比善还要难修。

他这样的存心，3000件功德圆满了。他不害一切众生，实在讲超越了3000件善行，一念就圆满了。像了凡先生做的减租一事，他这一念，一万条善事就圆满了。这是在心地上修。

【原典精读】

又为善而心不著善，则随所成就，皆得圆满；心著于善，虽终身勤励，止于半善而已。譬如以财济人，内不见己，外不见人，中不见所施之物，是谓三轮体空，是谓一心清净，则斗粟可以种无涯之福，一文可以消千劫之罪。

【译文通解】

一个人做善事，而内心不可叨念，仿佛自己做了一件不得了的善事；能够这样，那么就随便你所做的任何善事，都能够成功而且圆满。若是做了件善事，这个心就牢记在这件善事上；虽然一生都很勤勉地做善事，也只不过是半善而已。譬如拿钱去救济人，要内不见布施的我，外不见受布施的人，中不见布施的钱，这才叫作三轮体空，也叫作一心清净。如果能够这样地布施，纵使布施不过一斗米，也可以种下无边无涯的福了;即使布施一文钱,也可以消除一千劫所造的罪了。

【经典心裁】

尽心尽力就是"圆满",心与力都没有尽,还留一部分,这个善是"半善"。所以积功累德一定要尽心尽力。世间人不了解事实真相,对于圣教怀疑,就是烦恼里"贪、嗔、痴、慢、疑"的"疑"。你说的,我们听了也信;叫我们修善、布施,总是要留一点,总是不能全心全力地布施。想到若是全都布施了,明天生活怎么办?这是心里面有"疑",不能果断,无有智慧,所修的善都是半善,都不是满分的善。所以往往修善得不到好的果报,也不能立刻得到果报。你要晓得原因在哪里。

如果你真正肯修,对于圣教完全明了、信从,一点也不怀疑。(但是世间人讲你傻!你迷信!我们有时想想,讲的也似有道理,因而善心不敢发、善事不敢为,你的善心已为邪见所转了)果然相信,果然肯做,果报是显著的,不只像《了凡四训》所说的,是真实不可思议!读了这本书,你绝对要深信,你要有胆量承当。只要真心去做,舍一何只得万报？这一点都不错。如果贪着"舍一得万报"才发心，那不是真心；虽然舍尽了，当然还是可以得到——得到的是"半"，不是"满"。

舍财绝对得财富，舍法绝对得智慧，无畏布施绝对得健康长寿。因缘果报是真理——天经地义。真心去做，不求富贵，不求财富，也不求聪明智慧，也不求健康长寿——什么都不求，你得到的必定是样样都圆满。这多自在，有求的心还是能得到，但得到的不圆满。为什么呢？因为你一无所求，你的心纯真，你行的善称性；性德流露，果报不可思议，其受用就是西方极乐世界、华藏世界。诸佛净土，皆从性德流露出来；有一念希求，不称性了，你所得的功名富贵、健康长寿是修来的——修来的会失掉，是有限的、有范围的、有大小的、有长短的，是享受得尽的。

惟有性德：它跟真如本性一样——不生不灭、无有穷尽，这才叫真正自在。要不是一个大福大智的人，谁肯把自己的利益舍得干干净净？没有人愿意这样做的。所以真正的大福，唯有诸佛菩萨在修；二乘人都不能修，二乘人怕麻烦。譬如度众生，我好心去帮助他，他不接受，还要毁谤侮辱，算了，不度他，这就不行了，这就不圆满了。菩萨则不然，他知道众生的烦恼习气，种种忤逆，菩萨也不在意，还是很耐心、很慈悲地去度他。所以菩萨用心跟阿罗汉、辟支佛不一样。阿罗汉、辟支佛还是用意识心；佛菩萨是用真心。你要求真正的富贵，其实富贵不是求来的，本性里本来俱足。诸佛教人无非是开发自性真实富贵，就是明心见性。

所以佛弟子的修学目标，其中一个就是回向实际，开发自性。自性里什么都俱足，我不向外求，只求开发自性。自性里有无量的智慧、无量的宝藏，取之不尽，用之不竭。每个人都有自己的宝库，都是世出世间最富有的，可惜自己不晓得；唯有最聪明的、最富有的佛陀，教我们开发自性。因此佛的恩德就无比了，佛的恩德第一大。这些真实的道理、事实的真相，我们一定要知道。

用真心，确实"斗粟可以种无涯之福"，"粟"是粮食，"斗粟"是一斗粮食，可以造没有边际的福。因为它称性。

"一文可以消千劫之罪"，以一文钱供养三宝，能消千劫之罪。《楞严经》上说得很好，末法时期"邪师说法，如恒河沙"。表面很像佛教，实际里面所作所为是妖魔鬼怪。我们今天要想种福、修德，到哪里去种？万一这寺院是妖魔鬼怪，我们不但福没种上，可能还要作恶！诸位要晓得，佛法讲的是"心地法门"。如果你是真心来拜佛，这个佛就是阿弥陀佛，就是释迦牟尼佛，是自己真诚心的感应。我的心正，纵然是邪魔外道的庙我也去拜，也正是佛菩萨，也是正神；我心不正，虽然是正法道场，我去拜，所感应的也是妖邪。

若说末法时期没有地方好修行，那就错了！真正道场是在心地。《维摩诘经》上讲"真心是道场"、"清净心是道场"、"慈悲心是道场"；道场在心里。我心有道，我到哪里都有道场；我的心正，到什么地方都是正法；这才叫"境随心转"，外面境界都随我心转变。诸位同修果能明白这个道理，认真修学，大家都修，则社会有福，国家有福了。

【原典精读】

倘此心未忘，虽黄金万镒，福不满也。此又一说也。

【译文通解】

如果这个心，不能够忘掉所做的善事；虽然用了20万两黄金去救济别人,还是不能够得到圆满的福。这又是一种说法。

【经典心裁】

"未忘",就是没有把这些妄想杂念除掉;纵然是"黄金万镒"拿来布施,所得的福都不是圆满的。这是讲半"满"。

【原典精读】

何谓大小?昔卫仲达为馆职,被摄至冥司,主者命吏呈善恶二录,比至,则恶录盈庭,其善录一轴,仅如箸而已。索秤称之,则盈庭者反轻,而如箸者反重。仲达曰:"某年未四十,安得过恶如是多乎?"曰:"一念不正即是,不待犯也。"

【译文通解】

怎么叫作大善小善呢?从前有一个人,叫作卫仲达,在翰林院里做官,有一次鬼卒把他的魂引到了阴间。阴间的主审判官,吩咐手下的书办,把他在阳间所做的善事、恶事两种册子送上来。等册子送到一看,他的恶事册子,多得竟摊满了一院子;

而善事的册子，只不过像一支筷子那样小罢了。主审官又吩咐拿秤来称称看，那摊满院子的恶册子反而比较轻，而像一支筷子那样小卷的善册子反而比较重。卫仲达就问说："我年纪还不到40岁，哪会犯了这么多的过失罪恶呢？"主审官说："只要一个念头不正，就是罪恶，不必等到你去犯，譬如看见女色，动了坏念头，那就是犯过。"

【经典心裁】

福善有大有小。古人有个故事，从前"卫仲达为馆职"，"馆职"，——一种是教书的先生，一种是服务于政府机关，如翰林院类者。"被摄至冥司"，有一天他被小鬼抓去见阎罗王，阎罗王就审判他，叫判官把他的档案拿出来。

每一个人一生都有善、有恶，就有善、恶两本记录；在阎罗王、鬼王那里都有档案，故了凡先生教我们要发"敬畏之心。"档案拿来之后，看到记录恶的不只一本，搬了一大堆出来，都是他造恶的记录。而作善的记录却"如箸"。他一生做的善就只有一卷；所造的恶有几十本之多。把他造的恶和善称称，看哪个重？结果所造的恶还不重；恶是很多,可能是没有大恶。就好像记过一样,小过记了很多,没什么大过失;所以一个大善就抵"盈庭"之小恶。这一称,阎罗王也欢喜了,这个人毕竟还是一个善人。

所以仲达就问了,他说:"我年未40,这一生怎么会造这么多的恶业过失?"阎罗王就告诉他,"一念不正"就是恶,不是说做了恶事,那才叫恶。一个念头恶,鬼神就给你记一笔。虽然这一生作的恶不多,但恶念很多,还好他造有一大善业。

【原典精读】

因问轴中所书何事?曰:"朝廷尝兴大工,修三山石桥,君上疏谏之,此疏稿也。"仲达曰:"某虽言,朝廷不从,于事无补,而能有如是之力。"曰:"朝廷虽不从,君之一念,已在万民;向使听从,善力更大矣。"故志在天下国家,则善虽少而大;苟在一身,虽多亦小。

【译文通解】

因此,卫仲达就问这善册子里记的是什么。主审官说:"皇帝有一次曾想要兴建大工程,修三山地方的石桥。你上奏劝皇帝不要修，免得劳民伤财，这就是你的奏章底稿"。卫仲达说："我虽然讲过，但是皇帝不听，还是动工了，对那件事情的进行，并没有发生作用，这份疏表怎么还能有这样大的力量呢？"主审官说："皇帝虽然没有听你的建议，但是你这个念头，目的是要使千万百姓免去劳役；倘使皇帝听你的，那善的力量就更大了！"所以立志做善事，目的在利益天下国家百姓，那么善事纵然小，功德却很大。假使只为了利益自己一个人，那么善事虽然多，功德却很小。

【经典心裁】

这一卷善的内容是"朝廷尝兴大工，修三山石桥，君上疏谏之，此疏稿也"。皇帝想大兴土木，他看这是没有必要的，就建议皇帝不要做劳民伤财的事。皇帝没有理会他，还是照做。这一卷就是他上疏的文稿。

仲达曰："某虽言，朝廷不从，于事无补，而能有如是之力。"我虽然建议了，但没有用处，于事无补，朝廷还是照做了。鬼王说："朝廷虽不从，君之一念，已在万民"，可见善恶是在念头。你当时这一念不是为自己,是真正爱护老百姓,你发的这一念在万民,多少老百姓得利益!何况兴这么大的工程,是用老百姓所纳的税,能够节省不必要的开支,对老百姓都有利。所以这一念,你想想看,影响力有多大!虽然没做,他的心是真实的,是圆满的。

所以"向使听从,善力更大矣",如果朝廷照你的建议去做,那你的善就更大了!虽然没做,你的善还是很大。

"故志在天下国家,则善虽少而大;苟在一身,虽多亦小","大、小"差别是在这里,就看发心是不是真实;是为天下国家,还是为自己家庭。我们明白道理之后,就知念经、念佛回向,常常为某一个人回向修一福,希望三宝加持,让他能得利益——这是小善,利益很小。他是不是真正能得到?还不一定。如果遇到这样情形,家亲眷属有困难,或者有病痛,我们念经、念佛回向十方法界;希望一切众生没有病痛、没有苦难,都能得到平安利益,你家里的人就得真实利益。为什么?你心太大了!读《地藏经》光目女、婆罗门女为母发愿事便知。

世人常说:"我修的功德都给别人,我自己得不到,修这个做什么?"这是心量太小。在佛菩萨面前祷告，祷告了半天都不灵，原因就是心量太小了！完全是自私自利，不晓得把自己修行的功德，大到十方法界。功德的回向众生，犹如传灯一样；以我的灯火，点燃别人的灯火，如是光光互照，光明增盛，实无损于自己，而有大利于自己。故佛教人必应将自己修正功德回向法界众生、菩提、实际，才能显证圆满佛性。

我们中国文化的命脉，大根大本是"祠堂"、"文言文"。中国之所以成为一个文明古国，几千年来都不衰，不被灭亡，伦常才是根本。文言文不能断，文言文断了以后，中国人将会有很大的苦难，真正是陷于万劫不复。另外还有"大乘佛法"。这三样能保住，不但国家民族有前途，世界也有大光明。

【原典精读】

何谓难易？先儒谓克己须从难克处克将去，夫子论为仁，亦曰先难。

【译文通解】

怎么叫作难行易行的善呢？从前有学问的读书

人，都说克制自己的私欲，要从难除去的地方先除起。孔子的弟子樊迟，问孔子怎样叫作仁？孔子也说，先要从难的地方下功夫。孔子所说的难，也就是除掉私心；并应该先从最难做、最难克除的地方做起。

【经典心裁】

首先引古圣先贤的教训告诉我们。我们的烦恼习气很重，哪一种最重就先把它断除；最难断的能断，小的毛病就不难克服了。断恶修善要知道下手处。孔夫子论"仁"——就是仁爱，说到"先难"，下面举几个例子来说明。

【原典精读】

必如江西舒翁，舍二年仅得之束修，代偿官银，而全人夫妇。

【译文通解】

一定要像江西的一位舒老先生，他在别人家教书，把两年所仅得的薪水，帮助一户穷人，还了他们所欠公家的钱，从而免除他们夫妇被拆散的悲剧。

【经典心裁】

"必"是必定。这是一个很好的榜样——难行能行、难舍能舍。"修",原来是干肉;"束"是一束,一把没有几条。古代做学生的每逢过年过节都要送给老师一点微薄礼物;礼不能缺。以后凡是学生对老师的供养通称"束修",不一定都是干肉。古代教书的所在都称"私塾",学生的人数不定,有三二十个人就相当多了,少的只有十几个人,所以老师得到的供养微薄。两年的积蓄,他能拿出来,"代偿官银,而全人夫妇",这是很不容易做到的,江西舒老先生做到了。

【原典精读】

与邯郸张翁,舍十年所积之钱,代完赎银,而活人妻子。

【译文通解】

又像河北邯郸县的张老先生,看到一个穷人,把妻儿抵押了,钱也用了;若是没有钱去赎回,恐怕妻儿都要活不成了。于是就舍弃他10年的积蓄，替这个穷人赎回他的妻儿。

【经典心裁】

一个是舍两年的待遇，一个是舍10年的积蓄——都是赎官银。这就是欠了公款，或者是判了刑罚坐牢，拿这个钱去赎，救济陷于苦难的一家人。

【原典精读】

皆所谓难舍处能舍也。

【译文通解】

像舒老先生、张老先生，都是在最难处，旁人不容易舍的，他们竟然能够舍得啊！

【经典心裁】

因为人在世间，必须依赖财物生活，所以舍财是一桩很难的事情；尤其是把全部的财物都舍尽了，这很不容易！这就是向"先难"处去做，就是克己。

【原典精读】

如镇江靳翁,虽年老无子,不忍以幼女为妾,而还之邻,此难忍处能忍也。

【译文通解】

又像江苏省镇江的一位靳老先生,年老没有儿子,虽然他的穷邻居,愿意把一个年轻的女儿给他做妾,愿能为他生一个儿子。但是这位靳老先生不忍心误了她的青春,还是拒绝了,就把这女子送还邻居。这又是小难忍处,而能够忍得住的事呀!

【经典心裁】

"镇江",过去是江苏省省会。靳老先生年老无子;在过去有置妾的习俗,再娶一个,来传宗接代,这是人伦之大事。邻居家里有一个女孩子年龄很小,送来给他做妾。因为年龄相差太悬殊了,他不忍心,就送她回家了。虽然没有儿子,他也觉得无所谓,总不能耽误人家一生的幸福。这也是"难忍处能忍"。

【原典精读】

故天降之福亦厚。

【译文通解】

所以上天赐给他们这几位老先生的福，也特别的丰厚。

【经典心裁】

有这样的善行，必然有善报，一定是有善果的。

【原典精读】

凡有财有势者，其立德皆易。易而不为，是为自暴。贫贱作福皆难，难而能为，斯可贵耳。

【译文通解】

凡是有财有势的人要立些功德，比平常人来得容易。但是容易做，却不肯做，那就叫作自暴自弃了。而没钱没势的穷人，要做些福，都会有很大的困难，难做到而能做到，这才真是可贵啊！

【经典心裁】

这就是"难、易"。明白这个道理，我们要把握修善积德的机会；机会失掉了，以后想做也没有缘分去做了。财富不能常保；人的运气5年一转，一生当中有最好的5年，也有最坏的5年。好运如果是在晚年，才是真正的好运；如果5年最坏的运在晚年，此时体力衰退，再加上困苦艰难就很可怕了。所以少壮时有福最好能舍，奉献给社会大众共同享受，舍了以后命里还有。明白这个道理，年轻体力还够，福报来时我不去享受，就把享受福报延后了；不好的我先受了，好的留在后面，后福就好了。所以一定要知道修晚年的福报。

"有势"，就是有地位、有权势。有权积德就很容易，帮助别人往往是轻而易举的事。所以有权势的时候，不可以拿着权势去欺压别人，应当以权势多做善事，多积阴德。"易"而不肯做是自暴自弃；贫贱修福就一难一没有财、没有力量，修福就难，难而能做，那是非常之可贵。

【原典精读】

随缘济众，其类至繁，约言其纲，大约有十：

第一、与人为善，第二、爱敬存心，第三、成人之美，第四、劝人为善，第五、救人危急，第六、兴建大利，第七、舍财作福，第八、护持正法，第九、敬重尊长，第十、爱惜物命。

【译文通解】

这就是佛门里常讲的"随喜功德"——随缘随力地帮助社会大众。"其类至繁"，随缘的功德太多太多了，略举十大类。第一与人为善，第二爱敬存心，第三成人之美，第四劝人为善，第五救人危急，第六兴建大利，第七舍财作福，第八护持正法，第九敬重尊长，第十爱惜物命。

【经典心裁】

我们为人处事，应该遇到机缘，就去做救济众人的事。不过救济众人，也不是容易的事，救济众人的种类很多，简单地说，它的重要项目，大约有10种：第一，与人为善。看到别人有一点善心，我就帮他，使他善心增长。别人做善事，力量不够，做不成功，我就帮他，使他做成功，这都是与人为善。第二，爱敬存心。就是对比我学问好、年纪大、辈分高的人，都应该心存敬重。而对比我年纪小、辈分低、景况穷的人，都该要心存爱护。第三，成人之美。譬如一个人，要做件好事，尚未决定，则应该劝他尽心尽力去做。别人做善事时，遇到了阻碍；不能成功，应想方法，指引他、劝导他使得他成功；而不可生己心妒心去破坏他。第四，劝人为善。碰到作恶的人，要劝他作恶绝对有苦报，恶事万万做不得。碰到不肯为善，或只肯做些小善的人，就要劝他行善绝对有好报，善事不但要做，而且还要做得多、做得大。第五，救人危急。一般人大多喜欢锦上添花，而缺乏雪中送炭的精神；而当他人遇到最危险、最困难、最紧急的关头，能及时向他伸出援手，拉他一把，出钱出力帮他解决危急困境，可以说是功德无量，但是不可以引以为傲！第六，兴建大利。有大利益的事情，自然要有大力量的人，才能做到，一个人既然有大力量，自然应该做些大利益的事情，以利益大众。例如，修筑水利系统、救济大灾害，等等。但是没有大力量的人，也可以做到的。譬如，发现河堤上有个小洞，水从洞里冒出，只要用些泥土、小石，将小洞塞住，这堤防就可以保住，而防止了水灾的发生。事情虽然小，但这种功效也是不可忽视的。第七，舍财作福。俗语说："人为财死"，世人的心总爱钱财，求财都来不及，还愿意去舍财济助他人吗？因此，能舍财去消除别人的灾难，解决他人的危急；对一个常人而言，已不简单，对穷人来说，则更加了不起。如按因果来讲，"舍得，舍得，有舍才有得"，"舍不得，舍不得，不舍就不得"。做一分善事就会有一分福报，所以不必忧愁我们会因为舍财救人，而使自己的生活陷于绝路。第八，护持正法。这种法，就是指各种宗教的法。宗教有正，有邪，法也有正，有邪，邪教的邪法最害人心，自然应该禁止。而具有正知正见的佛法，是最容易劝导人心，挽回良善风俗的。若是有人破坏，一定要用全力保护维持，不可让他破坏。第九，敬重尊长。凡是学问深、见识好、职位高、辈分大、年纪老的人，都称为尊长。自己都应该敬重，不可看轻他们。第十，爱惜物命。凡是有性命的东西，虽然像蚂蚁那样小，也是有知觉的，晓得痛苦，并且也会贪生怕死。应该哀怜它们，怎可以乱杀乱吃呢？有人常说，这些东西，本来就是要给人吃的。这话是最不通的，而且都是贪吃的人所造出来的话。以上所讲的10种，只是大概的说明，下面是分别举例比喻。

【原典精读】

何谓与人为善？昔舜在雷泽，见渔者，皆取深潭厚泽，而老弱则渔于急流浅滩之中。

【译文通解】

什么叫作与人为善呢？从前虞朝的舜，在他还没有做君主之前，在雷泽湖边看见年轻力壮的渔夫，都拣湖水深处去抓鱼；而那些年老体弱的渔夫，都在水流得急而且水较浅的地方抓。

【经典心裁】

"何谓与人为善？"了凡先生举了一个例子，教导我们怎样跟大众在一起，在一个团体里面带头诱导人人修善。

"雷泽"是地名，在现在山东省。在古时候渔猎是生活里一个重要的部分。"深潭厚泽"，就是鱼多的地方。年老的人因为好的捕鱼地区被年轻人霸占了，没有办法跟他们争，所以就在浅水和急流处捕鱼。水流急，鱼停不住，浅滩水少，鱼也比较少，不比水深的地方，鱼都在那里游来游去，较容易抓。那些年轻力壮的渔夫，把好的地方都占去了。

【原典精读】

恻然哀之。往而渔焉，见争者，皆匿其过而不谈；见有让者，则揄扬而取法之。期年，皆以深潭厚泽相让矣。

【译文通解】

舜看见这种情形，心里面悲伤哀怜他们。就想了一个方法，他自己也去参加捉鱼，看见那些喜欢抢夺的人，就把他们的过失掩盖起来，而且也不对外讲；看见那些比较谦让的渔夫，便到处称赞他们，拿他们做榜样，并且学习他们谦让的模样。像这样，舜抓了一年的鱼，大家都把水深鱼多的地方让出来了。

【经典心裁】

舜看到这样的情形心里很难过。"往而渔焉，见争者，皆匿其过而不谈"，他用的方法很巧妙，"见有让者，则揄扬而取法之"。他有智慧、有耐心、善巧方便，和他们一起捕鱼；实际上的目的并不是去打鱼，而是想感化这一批人。见到大家相争，他不说一句话；如果当中有一两个相让的，他就很赞叹。他用这个方法——"隐恶扬善"。

"期"，就是一年之后，"皆以深潭厚泽相让矣"。一年之后就没有相争的，只有相让的，果然真的被他感化了。

我们看古圣先贤——作恶，不要说他，让他自己慢慢去反省、去觉悟，这才是正确的。人都有天良，只是一时为利欲蒙蔽而已；只要有善巧方便去帮助，没有不觉悟的。舜用这种方法，把这一群捕鱼的人感化了。看下文就知道舜的用心。

【原典精读】

夫以舜之明哲，岂不能出一言教众人哉？乃不以言教，而以身转之，此良工苦心也。

【译文通解】

舜的故事，不过是用来劝化人，不可误解是劝人抓鱼。要知道抓鱼是犯杀生的罪孽，千万不可以做啊！那么像舜那样明白聪明的圣人，为什么不说几句中肯的话，来教化众人，而一定要亲自参与呢？要晓得舜不用言语来教化众人，而是拿自己做榜样，使人见了，感觉惭愧而改变自己的自私心理，这真是一个用心良苦的人，所费的苦心啊！

【经典心裁】

舜不是说一篇大道理，劝导这些人；他用的是身教，自己做榜样来劝别人。虽然时间长一点，但是效果会相当的深远，因为言教不如身教，此正是他明哲处。

【原典精读】

吾辈处末世，勿以己之长而盖人，勿以己之善而形人，勿以己之多能而困人。收敛才智，若无若虚；见人过失，且涵容而掩覆之。

【译文通解】

我们生在这个人心风俗败坏的末世时代，做人很不容易。因此，旁人有不如我的地方，不可以用自己的长处，去盖过旁人；旁人有不善的事情，不可以用自己的善，来和别人比较。别人能力不及我，不可以用自己有的能力,来为难别人。自己纵然有才干聪明,也要收敛起来,不可以外露炫耀,应该像是没有聪明才干一样,看到别人有过失,姑且替他包含掩盖。

【经典心裁】

"末世",就是佛法的末法时期。"勿以己之长而盖人,勿以己之善而形人,勿以己之多能而困人",这是要痛戒的。自己有长处,用长处去欺压别人,就是世间人讲的"值得骄傲"这句话。能够"收敛才智,若无若虚;见人过失,且涵容而掩覆之",才是真正的修养。自己有才智要藏一点、收敛一点,不要太露锋芒。古德常说:"大智若愚。"凡是露锋芒的,纵有才智,也没有多大作为。一个真正有大作为的人,他绝对不像一般人显示那样浅薄,必然是浑厚老成。我们用包涵的态度对人——隐人之恶,扬人之善,才是真实持戒修福之人。

【原典精读】

一则令其可改,一则令其有所顾忌而不敢纵。见人有微长可取,小善可录,翻然舍己而从之,且为艳称而广述之。

【译文通解】

像这样，一方面可以使他有改过自新的机会，另一方面可以使他有所顾忌而不敢放肆。若是扯破面皮，他就没有顾忌了。看到旁人有些小的长处，可以学的，或有小的善心善事，可以记的；都应该立刻翻转过来，放下自己的主见，学他的长处；并且称赞他，替他广为传扬。

【经典心裁】

"纵"，是放纵。能够收到这样好的效果（人人不敢放纵），舜的所作所为就是很好的证明。"见人有微长可取"，"微长"就是小善。"小善可录，翻然舍己而从之，且为艳称而广述之。"人家有善行，我们高兴而且加以赞扬。

过去我初见李老师时，他曾教导我："不要说人家的过失。"隐恶，这句话我懂。他又说："不要赞叹别人。"我不明白，心里就很疑惑。说人家的短处，这是不好的事情；赞叹别人是好事，为什么不可以赞叹别人呢？后来李老师解释说："赞叹别人比说人家的过失,害处还要大。"怎么会有害?他说:"赞叹别人要有智慧,没有智慧的赞叹反而会害人的。人家有一点小小的能力,你就拼命去赞叹他,过分的赞叹,使那个人听到之后得意忘形,认为自己很了不起,就不会再有进步了。不进则退,岂不是你害了人家?"我想想,的确有道理。所以我们要小心谨慎,不能够以善心做了坏事。从这一段来看,我们才真正体会到舜王用心之苦;他用一年的时间,把这地方坏的习俗移转过来。

【原典精读】

凡日用间,发一言,全不为自己起念,全是为物立则,此大人天下为公之度也。

【译文通解】

一个人在平常生活中,不论讲句话或是做件事,全不可为自己,发起一种自私自利的念头;而要全为了社会大众设想,立出一种规则来,使大众可以通行遵守,这才是一位伟大的人物,这才是把天下所有的一切,都看作是公而不是私的度量呢!

【经典心裁】

"则",就是榜样,就是原则。都是为社会、为地方、为大众做榜样。

"此大人天下为公之度也。"什么人才叫"大人"?以天下为公的人才叫"大人";念念都是为自己的人叫作"小人"。所以小人为私,大人为公。佛菩萨称之为"大人",你看看《八大人觉经》——菩萨八种大觉;"大人"就是佛菩萨。这一节说的就是菩萨道、菩萨行。

【原典精读】

何谓爱敬存心?君子与小人,就形迹观,常易相混。

【译文通解】

什么叫作爱敬存心呢?君子与小人,从外貌来看,常常容易混淆,分不出真假。

【经典心裁】

"形迹",就是外表。君子和小人,如果只从外表上来看——常常会搞错，常常会相混，实在不容易分辨。

【原典精读】

惟一点存心处，则善恶悬绝，判然如黑白之相反。

【译文通解】

只有这一点存心，君子是善，小人是恶，彼此相去很远，他们的分别，就像黑白两种颜色，绝对相反不同。

【经典心裁】

若从心地上来看，小人和君子就截然不同了。

【原典精读】

故曰："君子所以异于人者，以其存心也。"

【译文通解】

所以孟子说："君子与常人不同的地方，就是他们的存心啊！"

【经典心裁】

儒家讲"君子贤圣",佛门里讲"诸佛菩萨",他们与一切凡夫所不同的,就是"存心",形迹很难区别,所以我们往往把圣人看错了!在佛门里,像过去浙江天台山曾出现寒山、拾得、丰干3位和尚。《天台山志》上记载,在当时一般人看这3个人是疯疯癫癫的,认为他们有神经病,不正常,没人理会他们,所以形迹上怎么看得出来呢?丰干是在水碓房里舂米的,就是禅宗六祖惠能大师在黄梅的那一份工作。丰干是阿弥陀佛的化身,阿弥陀佛在厨房舂米来供养大家;寒山、拾得是等觉菩萨——文殊、普贤化身的,在厨房里烧火,就是在厨房里打杂的,做这种苦事。打赤脚,穿得破破烂烂,疯疯癫癫的,所以没人瞧得起他们。在形迹上,肉眼凡夫确实很难判别,实际上他们3个人是圣人应化——这是丰干说出来的。

当时有一位地方官吏闾太守,在上任的路上,母亲生了病,他很着急,请了很多医生都没能治好。后来丰干去找他说:"你家里有个病人,我有方法把她治好。"治好之后,太守对他非常感激。看他是出家人,便问他在哪一个宝刹?

他说:"我在天台山。"间太守就向丰干请教:你们的宝刹,有没有圣贤人住在那里?"

丰干说:"有文殊、普贤两位菩萨在。"

太守说:"我怎样亲近?"

丰干说:"一个叫寒山,一个叫拾得。"

太守上任没几天就去朝山,参拜这两位大菩萨。结果见他们是在厨房打杂的,疯疯癫癫的;可是太守一见到就顶礼膜拜。两个人根本不理,转头就跑。太守派人去追,看看他们到哪去了?结果看到他们跑到山边,两座山就打开了,两个人一直退到里面,山就合起来,两个人都不见了。最后他们还说:"弥陀饶舌。"于是太守等人才晓得丰干原来是阿弥陀佛!阿弥陀佛多事,把他们两个身份说出来了——3位是圣人。寺院里面每半月诵戒,是很重要的法事,先前寒山、拾得却时常在门口讥笑,所以寺院里的人都不喜欢他们。到最后才晓得是佛菩萨化身应现在此地,这个时候大众才生愧心,原来阿弥陀佛、文殊、普贤每天都来侍候他们的饮食。这是佛菩萨跟常人"存心"不相同处。

【原典精读】

君子所存之心,只是爱人敬人之心。盖人有亲疏贵贱,有智愚贤不肖,万品不齐,皆吾同胞,皆吾一体,孰非当敬爱者?

【译文通解】

君子所存的心,只有爱人敬人的心。因为人虽然有亲近的、疏远的;有尊贵的、有低微的;有聪明的、有愚笨的;有讲道德的、有下流的;有千千万万不同的种类,但是这些都是我们的同胞,都是和我们一样有生命、有血有肉、有感情,哪一个不该爱他敬他呢?

【经典心裁】

普贤十大愿,第一愿就是礼敬诸佛,"盖人有亲疏贵贱,有智愚贤不肖,万品不齐,皆吾同胞,皆吾一体,孰非当敬爱者?"这是从"理"上来观察;"事"上确实有亲、疏、贵、贱,有智、愚、贤、不肖,但都是我们的"同胞"。

所以明白这个道理,这个事实真相,才晓得真正是"皆吾同胞，皆吾一体"，佛说"尽虚空、遍法界就是一个自己"。所以佛的慈悲是"无缘大慈，同体大悲"，就是这样建立的。哪一个不应该礼敬，不应该爱护呢？人人都应该敬爱，事事物物我们都应该要敬爱。

【原典精读】

爱敬众人，即是爱敬圣贤；能通众人之志，即是通圣贤之志。

【译文通解】

爱敬众人，就是爱敬圣贤人；能够明白众人的意思，就是明白圣贤人的意思。

【经典心裁】

从前读书明理的人"敬圣敬贤"，跟我们现代社会贪、嗔、痴、慢不断增长的人"敬圣敬贤"，在思想、心态上不一样。从前人敬圣敬贤，是因为圣贤是我们的模范，取"见贤思齐"的意思；现代人敬佛、敬菩萨、敬鬼神，是希望佛菩萨、鬼神多让他赚一点钱，其目的在此。"通圣贤之志"，圣贤之志就是为众生造福。哪一个不希望得到安和乐利？中国人常讲的五福——人人都希望自己有福，希望自己长寿、富贵、健康、幸福，这是世间人的希望。但是这些都是善因善果；希望得好的果报，但是忘了好的果报是要好因缘才结得的。若不修好因，不结善缘；希求好的果报，是绝对不能得到的。圣贤人希望每一个人都得到殊胜的果报，所以圣人之志就是群众之心。只是圣人有智慧，群众迷惑颠倒，所以圣人教导大众修善积德，才能使人人皆得到好的果报。修善积德从"爱敬"开始。先学爱人、敬人；爱物、敬物；爱事、敬事，对于人、物、事要真正"爱敬"。所以菩萨修行原则，第一条就是"礼敬诸佛"。我们读《礼记》，第一句话"曲礼曰：毋不敬"。就是教"敬"，"毋不敬"就是一切恭敬。要从这里下手。

【原典精读】

何者？圣贤之志，本欲斯世斯人，各得其所。吾合爱合敬，而安一世之人，即是为圣贤而安之也。

【译文通解】

为什么呢？因为圣贤人本来都希望世界上的人，

大家都能安居乐业，过着幸福美满的生活。所以，我们能够处处爱人，处处敬人，使世上的人，个个平安幸福，也就可以说是代替圣贤，使这个世界上人人都能够平安快乐了。

【经典心裁】

圣贤、佛菩萨只有一个想法、一个心愿，就是教导一切众生"各得其所"。聪明杰出的人，诱导他成佛作祖；没有这个大志，他希望得到什么，都祝福他、帮助他能够如愿，这是圣贤之志。所以要心存爱敬。

【原典精读】

何谓成人之美？玉之在石，抵掷则瓦砾，追琢则圭璋。

【译文通解】

什么叫作成人之美呢？举例来说，若是把一块里面有玉的石头，随便丢掉抛弃，那么这块里面有玉的石头也只不过是和瓦片碎石一样，一文不值了；若是把它好好地加以雕刻琢磨，那么这块石头，就成了非常珍贵的宝物圭璋了。

【经典心裁】

"成",是成就。别人有好事,我们在帮他成就,这也是性德。"玉之在石,抵掷则瓦砾,追琢则圭璋。"这是举一个比喻。"玉"是石头里面最精最美的,加以琢磨就变成玉器;"圭璋",是古时候的信物。在古代——尤其是上古,玉做成"璧",璧是圆形的,中间有个孔;"圭"是手上拿的。当对的用途,就像我们现在记事用的记事本子,是做备忘之用。"圭"大,"璋"比较小。这些玉器在故宫里可以看到,有商周的、秦汉的,历史的价值都非常高。

【原典精读】

故凡见人行一善事,或其人志可取而资可进,皆须诱掖而成就之。或为之奖借,或为之维持。

【译文通解】

一个人也是如此,也全是靠劝导提引。所以看到别人做一件善事,或者是这个人立志向上,而且他的资质足以造就的话，就应该好好地引导他，提拔他，使他成为社会上的有用之材；或是夸赞他，激励他，扶持他。

【经典心裁】

也就是我们今天所讲的"培育人才"。看到这个人心地很善良、很忠厚，或者志向纯正可取，我们应当要帮助他、成全他。"皆须诱掖而成就之"，就是要诱导他、成就他、教养他、培训他。《华严经五十三参》是很好的榜样，你看善财童子自己以学生身份去参访善知识。他是我们的前辈，是我们的长者，纵然他年岁很轻，但他的道理、学问是我们所尊敬的，我们应当跟他学习。他见到善知识先是礼，善知识一定会问他，你从哪里来的？你到这里来做什么？你有什么需求？53位善知识，所问与善财对答完全相同。所以这句话给我们的印象非常深刻，前后重复了数十遍。第一句是："我已经发阿耨多罗三藐三菩提心，立志要成就无上菩提（阿耨多罗三藐三菩提就是无上正等正觉），但是我不晓得怎样修持？怎样存心？所以到这里来请教。"发心就是此地讲的"立志"。志可取、又好学的人，我们遇到了一定要尽心尽力地帮助他。所以有志向、有目标的人，不论世间、世出世间都是有前途、有成就的；遇到这样的人，就是俗话常讲的"遇英才而育之"。你真正遇到这样的材料，就要设法去帮助他、成全他！

"或为之奖借"，"奖"，是奖励。"或为之维持"，"维持"，就是在他有困难的时候帮助他，使他能安心于学业和道业。

【原典精读】

或为白其诬而分其谤，务使之成立而后已。

【译文通解】

若是有人冤枉他，就替他辩解冤屈，来替他分担无端的毁谤，可以设法代替他，顶替他被毁谤的事实，减轻他所受的毁谤，这样叫作分谤；务必要使他能够立身于社会，而后才算是尽了我的心意。

【经典心裁】

世出世间贤者在修行过程中免不了遭忌妒、毁谤，往往会给他带来困惑；有时世出世间贤者在修行过程中免不了遭忌妒、毁谤,往往会给他带来困惑;有时候足以教他退心,那就很可惜了!这时我们要替他分忧,要帮他洗刷冤情,成就他,以"务使之成立而后已"为目标;如此成全人便是大学问、大智慧、大福德之相。这个人将来在社会上建功立业,是帮忙照顾他的人给他的;他将来有多少的功德,照顾他、帮助他的人也是跟他同等的。在中国古代,"荐贤受上赏"——你替国家推荐一位贤人,国家对你的奖赏是最高的,为什么?因为这位贤人为国家建功,替国家服务,为老百姓造福,都是因你推荐的,等于就是你造的。所以在过去中国社会,确实能举贤能、举贤良、举孝廉;把人才发掘出来,推荐给朝廷、推荐给国家。

好人为什么还有人找麻烦?俗话常说"好事多磨",多魔障!你作恶——魔就喜欢作恶,他不但不会障碍你,还会帮助你;你做好事,恰恰跟他相反,他看了不顺眼,所以来找麻烦。一方面是魔来找麻烦,另一方面是自己生生世世的冤家债主,看到你修行,将来你超越六道轮回——过去世你欠他的命没有还,欠他的债也没有还,怎么可以跑掉呢?他不甘心!不甘心就要来障碍你,所以菩提道上磨难重重。

无始劫以来自己所造无边的业障,要怎样免除呢?我们每天将所做的功课回向冤亲债主,把所修学的功德都分享给他们。诸位要知道,全给他们就是自己圆满的功德:我们要什么?什么也不要。不发这样的愿心,你想在菩提道上没有障碍,相当不容易;所以发这个愿心,最好能依照《金刚经》的理论方法,要真正依教奉行,真实地去做。

【原典精读】

大抵人各恶其非类。

【译文通解】

大概通常的人,对那些与他不同类型的人,都不免有厌恶感,譬如小人恨君子,恶人恨善人。

【经典心裁】

一般人,跟他同类的就喜欢。学佛的同修彼此见到特别亲切,对于不学佛的人就有距离、有界限。尤其是在家庭中,父母没学佛,兄弟姊妹没学佛;你吃素,他们不吃素,这一家人就会闹得鸡犬不宁。

这是我们的错,自己要深深反省。最大的错在哪里?家里的人为什么反对你学佛?因为看到你的同修道友到家中来,亲密超过了家人,你喜欢同道比喜欢母亲还多了!母亲一看,她心里当然不舒服——嫉妒。你要以爱护同道的心去爱护你的家人,家人就不会有反对的。所以往往学佛搞得家庭不和。

自己都不知道反省,不晓得原因出在哪里;我们在旁边明眼观察,看得清清楚楚。问题出在哪里?实在应当反省,一反省就找出来了。我们的同修到家里来,对我们的父母尤其要更尊敬、更孝顺,那你的家人也更快乐了。不但不反对,还觉得学佛好,学佛很不错,甚至会鼓励你的亲戚朋友都去学佛了。所以家庭里面亲属之间,不能用"言教要";学舜王,要用"身教",做出来给家人看。他们看到确实是好,自然就会给你宣传。

【原典精读】

乡人之善者少,不善者多。善人在俗,亦难自立。

【译文通解】

在同一个乡里的人,都是善的少,不善的多。

正因为不善的人很多，善的人少，所以善人处在世俗里，常常被恶人欺负，很难立得住脚。

【经典心裁】

善人是一类，不善的人是一类。不善的人多，势大；善人少，势力孤单。"善人在俗，亦难自立。"善人要做好事不容易，恶的势力很大，绝对造成了障碍。佛门中自从释迦牟尼佛示现，代代都不免有这种情形。禅宗六祖惠能大师得法之后，明心见性了，还在猎人队里躲藏15年。为什么？忌妒、障碍。所以"善人在俗"，有些一生遇不到机缘，只好"独善其身"。如果要教善人能"兼善天下"，我们有智慧、有福德的人，一定要帮助他。

【原典精读】

且豪杰铮铮，不甚修形迹，多易指摘；故善事常易败，而善人常得谤；惟仁人长者，匡直而辅翼之，其功德最宏。

【译文通解】

况且豪杰的性情大多数是刚正不屈，并且不注意修饰外表，世俗的眼光，见识不高，只看外表，就说长道短，随便批评；所以做善事也常常容易失败，善人也常常被人毁谤。碰到这种情形，只有全靠仁人长者，才能纠正那些邪恶不正的人，教导指引他们改邪归正，保护、帮助善人，使他成立。像这样辟邪显正的功德，实在是最大的。

【经典心裁】

"铮铮"，就是响亮的意思。"豪杰"，是指他的聪明、智慧、才干超过别人。在地方上大家都知道他，即我们现代人讲的"知名度"很高——这些人有专长、有才干。但他生活马虎、随便，不太讲究，不拘小节，这样就容易得罪人。我们学佛对佛一定要恭敬，对三宝要恭敬；但是有一些小节也不要过分地重视，太重视会影响你的修行。恭敬心是应当有，但是看到别人无礼，我们也不要挂在心上，修行要抓到真正的纲领；真正的纲领是"心净则土净"，二六时中只有一句阿弥陀佛，其他的都不重要！年纪大、体力衰，诵经就不一定要跪着，不需要拘执形式；求心里与阿弥陀佛不相舍离，才是重要！喜欢怎么念就怎么念，喜欢跪着念、坐着念、捧着经走着念都可以。可以躺着听（放录音带）——佛力不够，躺在床上安安静静地听。躺在床上听念佛、听念经，功德都是相等的。躺着不可以出声念，会伤气、伤身体。

　　大乘佛法是开放的，的确是自由自在，没有拘束的。所有一切规矩仪式，是做什么用的呢？是唱戏表演做给别人看的——身教，启发别人的恭敬心，启发别人的道念，为大众做一个好样子，用意在此。

　　小乘着重在形式上，大乘往往就没有拘束了。大乘佛法论"心"不论事，小乘法是论"事"不论心。英雄豪杰他们不拘小节，往往容易得罪人，容易招惹是非，所以"善事常易败"，好事多磨。好人容易遭受别人的毁谤，遭受别人的指责，在这时候，仁人长者，有智慧、有福德的人，应当帮助他，排除他的困难，使他将来在社会上有成就，这个功德是最大的。因为不只是替他个人成就，也是替社会、替国家造福，为一切众生造福，这个功德就大了。

　　由此可知，如果在佛门里，我们能够培养一位法师，功德之大，很多人不晓得。以为修个庙，多出钱，多做好事的功德最大。其实那个大是有限的，不见得是真正大，有些是善心却做了恶事；唯有培养人才，这个功德才是真大！

佛法的人才最为困难！他的志一定是上求佛道、下化众生；他的心清净平等、大公无私——这是佛门的人才必须具备的条件。如果发现有这样的人才，我们要尽心尽力地扶助他。他将来成就了，帮助他的人的功德和他一样大。

【原典精读】

何谓劝人为善？生为人类，孰无良心？世路役役，最易没溺。凡与人相处，当方便提撕，开其迷惑。譬犹长夜大梦，而令之一觉；譬犹久陷烦恼，而拔之清凉，为惠最溥。

【译文通解】

什么叫作劝人为善呢？一个人既然已经生在世上做了人，哪一个没有良心呢？但是因为汲汲地追逐名利，弄得这世间忙碌不堪，只要有名利可得，就昧着良心，不择手段地去做，那就最容易堕落了。所以与别人往来相处，时常要留心观察这个人，若是看他要堕落了，就应该随时随地提醒他，警告他，开发他的糊涂昏乱。譬如，看见他在长夜里做了一个浑浑噩噩的梦，一定要叫唤他，使他赶快清醒；又譬如看他长久陷落在烦恼里，一定要提拔他一把，使他头脑转为清凉。像这样以恩待人，功德是最周遍、最广大的了。

【经典心裁】

人没有不向善的；再恶的人，他口里也说要修善、要行善。由此可知，善心、善行是人的天性，就是佛法里所讲的"性德"。既然善心、善行是性德自然的流露，为什么还会作恶？仔细研究，不外乎两个原因，第一是内里的烦恼、习气；第二是外有恶缘，人才会造恶。虽然造恶，不被良心谴责的人很少；作恶，他知道不对，会受良心的责备，可惜他没有善友提醒他、帮助他回头，于是愈迷愈深、愈陷愈重，这种情形往往有之。

了凡先生在此，也说得很清楚："世路役役，最易没溺。"在世间营生，为了生活、为了家庭、为了事业，都会受环境的影响，尤其是一个不良的社会风气。像目前各地赌博风气太盛，绝对不是一个好现象。多少年轻人沉迷于此，对他本身、家庭、社会,皆是非常不利的,有识之士都能觉察。可是时势所趋,这个不好的风气,实际上会逐渐遍布到全世界。尤其是大众传播工具发达,所以受影响的面就更大了,时间也就更长了。我们遇到亲戚朋友,要能够善于开导他,尤其是这一部《了凡四训》,所说的全是真理、真事。

所以"凡与人相处,当方便提撕",佛法讲善巧方便,使对方欢喜、乐于接受,真正达到警觉的目的。"开其迷惑",用比喻来说,像"长夜大梦"忽然醒觉过来了,佛门里面叫"开悟",悟后就是"修"。又好比"久陷烦恼",我们能把烦恼拔除,得到清凉自在,就是"智慧";"烦恼"就是迷惑。"惠",就是对别人最有利益、最大的帮助。

【原典精读】

韩愈云:时劝人以口,百世劝人以书。

【译文通解】

从前韩文公曾说:以口来劝人,只在一时,事情过了,也就忘了;并且别处的人,无法听到。以书来劝人,可以流传到百世,并且能传遍世界;所以做善书，有立言的大功德。

【经典心裁】

这是讲善巧方便法。"一时"，是当世。我们分析事理，劝导别人，令他觉悟，这是"口说"，只是有利于当世。如果我们要想劝导广大的群众，乃至于后世之人，最好的工具就是"书"，能够保存得久远。这是劝我们把善言、善行记录下来，才能流传久远。

像了凡先生这4篇文章，原先只不过是给他儿子作警诫而已，并不是要流传到后世，普遍劝导大众的。但是他的德泽，今天流传得这样广大、普遍，这是他没想到的；虽然无心，但做了大善：后世依照他的教训修学，改造命运、离苦得乐的人非常之多，都是受了凡先生之惠。了凡先生这本小册子，就是劝人为善的典型；是他一生改过自新的心得，传给他的子孙，希望他们记住，理解而效法。这是积善里面最有效、最显著、最深广的大善。实在讲这桩事我们人人可行；你说我没有文学基础，我不能写作，其实不然。我们每天所见的，耳朵所听的，能够一天记一两条，你能记录下来，也和这个教训相差无几。由此可知,"劝人以口,劝世以书",不是件难事,只要真正肯发心。

【原典精读】

较之与人为善,虽有形迹,然对症发药,时有奇效,不可废也。

【译文通解】

劝善同与人为善相比,虽然较注重形式的痕迹,但是这种对症下药的事,时常会有特殊的效果,这种方法是不可以放弃的。

【经典心裁】

佛教化众生用4个原则摄受众生(摄受就是感化诱导),称为"四摄法。"第一、"布施"。布施是与他结缘、与他有恩,彼此先结个善缘,说话、办事他才能相信,而喜欢参与。第二、"爱语"。爱语若是完全说他喜欢听的话,那就错了,爱语一定要善巧方便。前面中峰禅师就说过,真正爱人,打他、骂他也是善。但是在责备他的时候,要顾及他是否能承受;不能承受,过分的责备是得不到效果的。

凡是责备人最好不要有第三者在场,人都顾全面子,面子下不去,他会起反感。这些都是善巧方便。第三、"利行"。我们所作所为必定于他有真正的利益。第四、"同事"。与他共同来做一桩事,以身教去感化。

佛接引一切众生,不外这四个原则,也可以说是手段。劝人为善是言教,与人为善是身教,不同的地方就在此地。

【原典精读】

失言失人,当反吾智。

【译文通解】

如果出现劝人言语不对机,或者当劝未劝失去忌讳的过失,都应该反省我们的智慧是否足够。

【经典心裁】

可与之言而不与之言,是"失人",这个人是可教之材,你不去教导他,这是"失人";不是这个材料,偏偏去教导他,他不能理解,不能接受,这叫"失言"。迎宾待客,与人相处,要用智慧去观察，使我们在一生当中"不失人"也"不失言"。六祖大师在《坛经》里讲得很好，可以接受的应当给他说法，不能接受的就合掌令欢喜。

【原典精读】

何谓救人危急？患难颠沛，人所时有。偶一遇之，当如痌瘝之在身，速为解救。或以一言伸其屈抑；或以多方济其颠连。崔子曰："惠不在大，赴人之急可也。"盖仁人之言哉！

【译文通解】

什么叫作救人危急呢？患难颠沛的事情，在人的一生当中，都是常有的。假使偶而碰到患难危急的人，应该将他的痛苦，当作是发生在自己的身上一样，赶快设法解救，看他有什么被人冤屈压迫的事情，或是用话语帮助他申辩明白，或是用种种的方法来救济他的困苦。明朝的崔子曾经说："恩惠不在乎大小，只要在别人危急的时候，赶紧去帮助他就可以了。"这句话真正是仁者的话呀！

【经典心裁】

人一生当中往往会遭遇到不幸的事，尤其是在战乱时,遭受颠沛流离之苦,谁都不能保证明天生活怎么样。所以从我10岁开始,家里就训练我们有能力照顾自己的生活,以防万一不幸散失——妻离子散时,还可以生活下去。还有,自己一个人在山林中要有求生的本能。

现在是太平盛世,尤其是现在的儿童,受父母的溺爱,但世界会不会永远像这样安定和平下去?如果深入研究世界情势,前途实在并不乐观!这种"患难颠沛",如果在中年或者晚年遇到,就非常不幸。"当如痌瘝之在身",如果我们见到遇难的人,就像病痛在自己身上一样,所谓是"切肤之痛",一定要伸出援手去帮助他,这就是"无畏布施"。他有苦难、有恐怖时,"速为解救"。

或者是"以一言伸其屈抑,"抑"就是受压迫;"屈"是冤枉。这是他的苦难,帮助他申冤,帮助他平反。

"或以多方济其颠连。""颠连"就是连续的颠沛流离。如果灾难很大,自己的力量不够,我们发起大众的力量来救灾。崔子说:"惠不在大,赴人之急可也。"这是仁者,是真正慈悲长者之言。恩惠不在大,要救急;救急不救贫。贫困的人要帮助他有谋生能力，应当帮助他独立，这是最大的恩惠。

【原典精读】

何谓兴建大利？小而一乡之内，大而一邑之中，凡有利益，最宜兴建。

【译文通解】

什么叫作兴建大利呢？讲小的，在一个乡中，讲大的，在一个县内，凡是有益公众的事，最应该发起兴建。

【经典心裁】

"乡"是乡村，"邑"是城镇。小则为一乡谋幸福，大则为一县、一市谋幸福，就是现在所讲的社会福利事业。政府应该做，每一个老百姓有力量的都应该做——造福乡里。

"凡有利益，最宜兴建"，只要利益一个地方的，都应该努力去做。诸位要有个概念——大家有福，自己才有福；若大家没福，只一个人有福，灾难也免不了了。中国俗话说："一家饱暖千家怨。"如果我们把自己的福分给大家享，这个社会就安定，天下太平,这是真正的福报。真正有福报是要与大众共享,这是大智慧、大福德之报。今日"兴建大利",无过于尽心尽力宣传《了凡四训》。

【原典精读】

或开渠导水;或筑堤防患;或修桥梁以便行旅;或施茶饭以济饥渴。随缘劝导,协力兴修,勿避嫌疑,勿辞劳怨。

【译文通解】

或是开辟水道来灌溉农田;或是建筑堤岸来预防水灾;或是修筑桥梁,使行旅交通方便;或是施送茶饭,救济饥饿口渴的人。随时遇到机会,都要劝导大家,同心协力,出钱出力来兴建;纵然有别人在暗中毁谤你,中伤你,你也不要为了避嫌疑就不去做;也不要怕辛苦,担心别人忌妒怨恨,就推托不做,这都是不可以的。

【经典心裁】

中国过去以农立国,水利灌溉是最重要的工程建设。"或筑堤防患,低洼的地方,筑堤预防水灾。

"或修桥梁以便行旅；或施茶饭以济饥渴。随缘劝导，协力兴修，勿避嫌疑，勿辞劳怨。"不为自己，是为公众、为地方造福，纵然有一些挫折，也不能妨碍自己的善行——不为一切阻碍所折挫，善事才能真正圆满。初做事时不免有反对的意见，做成功之后大家才深受利益，才知道好处，才感激。所以眼光要远大，有智慧、有爱心、有毅力，善事才能成就。善的标准是利他——利益众生是善；自利就是不善，中峰禅师所说的善恶标准在此。

【原典精读】

何谓舍财作福？释门万行，以布施为先。

【译文通解】

什么叫作舍财作福呢？佛门里的万种善行，以布施为最重要。

【经典心裁】

这就是修福。"释门万行，以布施为先。""释门"就是佛教，佛陀教导人修行的方法很多，所以叫"万行"——无量无边的行门。所谓"法门无量"，"法"是方法，"门"是门径；修行的方法门径无量无边。佛陀为了教学方便，将它归纳成六大类，就是"六度"——大乘常讲"六度万行"。这六大类再要归纳，实在讲就是一个"布施"。"布施"有财布施、法布施、无畏布施三大类。"六度"都不出布施的范围，像持戒、忍辱可以那些菩萨们有真正智慧。"内舍六根，外舍六尘"，"六根"是眼、耳、鼻、舌、身、意；"六尘"是外面境界——色、声、香、味、触、法。诸位同修想一想，这些怎么能舍得掉？所谓"舍"，不是在事上舍，事上的肉身怎么舍得掉？肉身不要了也不能解决问题。看到这一句，我要学菩萨道——"内舍六根"——是从心意上舍，就是内舍分别、执着，外不为尘境诱惑。《金刚经》云："不取于相，如如不动。""如如不动"是内舍六根，"不取于相"是外舍六尘；内外俱舍，则明心见性，见性成佛。

　　过去生生世世迷惑颠倒有生死，从这一生起不再造生死业了。所以智者当舍娑婆，念佛往生净土。"往生"是活着去的，不是死后去的——是活着亲见阿弥陀佛来接引，我跟他去的。如果死了以后才去，说老实话，超度还真没效。所以超度的效果是有限的。超度不能超度到西方，只能说使神识减少痛苦。像宝志公是观世音菩萨化身，超度梁武帝的妃子，也只能超度到忉利天，夜摩天以上都没办法了；不可能超度到西方极乐世界。虽然每次超度都希望他一愿生西方净土中——那只是我们的心愿，事实上他去不了，往生须要靠自己的信愿行。因此一定要趁着自己身体健康认真修学，要认真去念阿弥陀佛，求生净土！

"舍"，是从心地上舍，就是心不牵挂五欲六尘，也不牵挂自己的身体，身心都不牵挂。凡夫妄想、执着很重，身心世界都不牵挂确实是难，妄想会常常来。净宗修行方法就是转换观念，教你牵挂阿弥陀佛！把念头一转，身心世界就舍掉了，专门去想阿弥陀佛、念阿弥陀佛，这才是真正的菩萨行。

【原典精读】

一切所有，无不舍者。苟非能然，先从财上布施。

【译文通解】

一个人所有的一切，没有一样不可以舍掉，能够如此,那就身心清净,没有烦恼,就如同佛菩萨了。若是不能什么都舍,那就先从钱财上着手布施。

【经典心裁】

"一切所有",《金刚经》云:"凡所有相,皆是虚妄。"故教人都要舍掉,心里面都不要挂念。"苟非能然",如果我们做不到,"先从财上布施"。舍财不为财物所诱惑,我们的心就不会被财物所控制。

【原典精读】

世人以衣食为命,故财为最重。吾从而舍之,内以破吾之悭,外以济人之急,始而勉强,终则泰然,最可以荡涤私情,祛除执吝。

【译文通解】

世间人都把穿衣吃饭,看得像生命一样重要,因此,钱财上的布施也最为重要。如果我能够痛痛快快地施舍钱财,对内而言,可以破除我小气的毛病;对外而言,则可救济别人的急难。不过钱财不易看破,起初做起来,难免会有一些勉强,只要舍惯了,心中自然安逸,也就没有什么舍不得了。这最容易消除自己的贪念私心，也可以除掉自己对钱财的执着与吝啬。

【经典心裁】

佛陀教人了生死、出三界，超凡证圣，就是用此法。初舍的时候，总是有点勉强，舍了很难过，舍了之后还后悔。须是有智慧、有决心慢慢地养成施舍习惯，就自然了。每一个人修学都会经历这样的过程，到最后烦恼决定减轻，贪吝逐渐就淡了。对于一切财物受用，没有把它放在心上，心就自在了。心得自在，身也自在，性德便逐渐透露出来了，就会得大自在。尤其是"因果定律"，世出世间法都不会变更的；财布施愈多，你财富也愈多。财从哪里来的？连你自己都不晓得。法布施愈多，聪明智慧愈增长。所以不要吝财、不要吝法。吝财，得贫穷的果报；吝法，得愚痴的果报。不肯修无畏布施得的是病苦、短命的果报。富贵五福都是从布施得来的，布施是因。我们要想得好的果报，就要修因；有因才有果。不肯修因妄想得果报，无有是处。

【原典精读】

何谓护持正法？法者，万世生灵之眼目也。不有正法,何以参赞天地?何以裁成万物?何以脱尘离缚?何以经世出世?

【译文通解】

什么叫作护持正法呢?法是千万年来,有灵性的有情生命的眼目,也是真理的准绳,但是法有正有邪,如果没有正法,如何能够参加帮助天地造化之功呢?怎样会使得各式各样的人以及种种的东西,都能够像裁布成衣那样地成功呢?怎样可以脱出那种种的迷惑,离开那种种的束缚呢?怎样可以建设整理世上一切的事情,和逃出这个污秽世界,这个生死轮回的苦海呢?这都需要靠正法,这才有了光明的大路可走。

【经典心裁】

"正法"就是大圣大贤以真实智慧亲证之法,如儒佛大法。"法者,万世生灵之眼目也。不有正法,何以参赞天地?何以裁成万物?何以脱尘离缚?何以经世出世?"这是先把护持正法的重要性说出来。

"护持正法",在中国首先要护持孔、孟、老、庄，若不在这上面打基础，佛法就没有根。袁了凡时代没有问题，那是明朝，念书人没有不读孔子书的，"四书"、"五经"、诸子百家，都有相当的基础。今天佛法衰败到这个地步，原因在哪里？这才是根本之根本。儒家教我们做人，人都做不好了，还能做菩萨？还能成佛？佛菩萨是建立在人道的基础上的，因此"四书"纵然不能完全读，《大学》、《中庸》、《论语》是非读不可的。《大学》、《中庸》、《论语》只有整个"四书"分量的一半而已，应当要熟读，才知道怎么样做人。这是佛法的基本，根本的根本。古今注解里面好的，我们把它汇集起来，普遍地来流通。我们过去印的本子是石印的本子，没有版权的，是朱熹注的《四书集注》。这应当提倡，要从我们自己本身去做。

所以学佛的人一定要念"四书"。实在讲，能念一遍四书，能懂得中国的历史文化，爱国家、爱民族的心才能真正生得起来。现在有些人把国家民族忘掉了，这是教育的失策，也是教育的失败。科技再发达，如不知道做人的教育，古人说："人与禽兽相去几希？"人也是动物之一，如果不知道道德、仁义，那么人与禽兽差不了好多。人是一切动物里面最坏的动物，最残忍的动物；所以要救度一切众生，先要救人。人要能从恶转过来向善，一切众生都幸福了，他们才能真正各得其所，这是圣贤教化众生的目标。

"正法"，包含儒、佛的道统，真正是万世生灵之眼目。"不有正法，何以参赞天地？"天地有养育万法之功德。天生之，地养之；天地有养育万物之恩。人如果能明白这个道理，不但不会破坏自然生态，而且会协助自然生态，使它更为圆满，一切众生都能够各得其所，这就是"参赞天地"。"参"是参与，"赞"是赞助。天地功德多大！真正有道德、有学问的人，可以参与赞助天地化育。世间大圣大贤与诸佛菩萨皆是此类。佛门讲："若能转物，则同如来。""转物"是转变自己的观念、自己的念头，舍私欲而能够与天地日月合其光明，参与化育，这是自行化他的真实功夫。然后全心全力地帮助一切众生——"裁成万物"。像诸佛菩萨弘法利生，指导众生舍妄证真，真正利益众生，才是"陶铸群伦"。"群伦"是指九法界的众生；"陶"是陶冶，"铸"是铸造。能跟天地造化一样，成就一切万物，这个功德就大了！"脱尘离缚"，就是断烦恼、开智慧，转迷成觉。

"经世出世"圣贤的行为是众人的模范，圣贤的言语教训是经典，他们的言行都是超时间、超空间的；他所说的话，他的行为、思想、言论，无论在什么时候、无论在什么地区，都是绝对正确没有错误的，这叫"经世圣贤事业"。佛经超越时空，3000年前释迦牟尼佛这样教导当时的人；3000年后的今天我们展开经典，觉得佛所讲的句句都有道理，应当依教奉行。尤其是净土宗经典，决定一生得生净土，超越世间，这叫"出世"。佛当年在印度说法，传到中国来；中国跟印度不一样，他的言行适合印度也适合中国。现在我们把它搬到欧洲、美洲也都适合，这叫"经世出世"。同样的，孔孟思想就是这一部"四书"，是中国文化的结晶。孔孟是2500年以前的人，他们所讲的东西，对于国家、社会、家庭，以及个人有决定的利益。"四书"拿到外国跟外国人讲，外国人听了也都点头，也都认为是对的，这就是超越时空了。所以孔孟、老庄的思想也是超时间、超空间，是真正的经典之作、经世之学。当然，经世之学古今中外都有，但是我们仔细比较一下，最精彩的无过于孔孟、佛菩萨。

佛教里的经典，实在讲无过于《无量寿经》，这是佛法里登峰造极的一部经典。中国固有传统之精华是"四书"，所以朱子的功德也是不可思议！"四书"的内容很像《华严经》。《华严经》里面有理论、有方法也有表演——就是把理论、方法做出来给人看。"四书"就是这个编法。《中庸》是理论，《大学》是方法，《论语》跟《孟子》是孔夫子与孟夫子一生所做的，就是把理论、方法应用在生活上、事业上，在处事、待人、接物上做出来给我们看。所以《论语》跟《孟子》就跟《华严经》的五十三参一样，做一个榜样给我们看；理论与方法是《大学》、《中庸》两篇。所以"四书"的框架结构跟《华严》完全相同。朱子是一个学佛的人，佛学造诣很深，是不是受《华严经》的启示，编成这个教材就不可得知了，但是它确确实实像《华严经》。

前面一段讲的是经世，是为世间做出一个标准，一个典范。再说到"出世"，实际上出世间与世间并没有界限。世出世间的差别，就在迷、悟，一念迷了就是世间，念觉就是出世间。

【原典精读】

故凡见圣贤庙貌，经书典籍，皆当敬重而修饬之。

【译文通解】

所以凡是看到圣贤的寺庙、图像、经典、遗训，都要加以敬重，至于有破损不完全的，都应该要修补、整理。

【经典心裁】

圣教就是圣人的教化、圣贤人的教育，与世道人心、风俗习惯、社会的安和乐利、大众的幸福，有非常重要的关系，自古贤哲们把它比作"人天眼目"。我们应当如何来护持？寺院是佛陀教育的机构，学校是世法教学的场所，必须要维护。

中国教育是发展理性、启发智慧，使接受教育的人明白伦理、知道道义；使他彻底认清人与人的关系，人与物的关系，人与天地、大自然间之关系，做一个顶天立地之人，我们才有幸福可言，国家、民族才有真正的前途，这才是教育。民国初年废除了读经，当时多少贤哲痛心疾首。那时所造的因，我们今天尝到了恶果；尝到恶果还不觉悟，怎么得了！这样的心态足以亡国灭种。这是我们废除读经的后果，是摧毁了正法！所以儒家、道家的道统不能维护，大乘佛法也绝对不能建立。佛法在中国2000年，能发扬光大，就是因为建立在儒、道的基础上，今天把根挖掉了，基础挖掉了，所有一切佛法全是空谈。

古时候读书，书本不是自己的，不可以写字做记号。书本用后还要流传给后人去念，自己需要的话可以抄一本。从前印刷术不发达，得到一本书是相当的珍贵，这是教我们要珍惜、要尊重、要爱护。古书如破损，须知修补翻印流通，方不至于失传——功德最大。

【原典精读】

至于举扬正法，上报佛恩，尤当勉励。

【译文通解】

而讲到佛门正法，尤其应该敬重地加以传播宣扬，使大家都重视，才可以上报佛的恩德，这些都是应该加以全力去实践的。

【经典心裁】

这一句是教我们要弘法利生，把儒、佛的教化发扬光大，普遍利益一切众生，这是真正的"上报佛恩"。要做到这一点，有两桩事情要先做：第一，要替佛教培养弘法的人才。第二，要建立弘法的道场，使这些弘法的人才能有良好的修学环境。现在弘法人才少，与其求人，不如求己。请别人发心，人家未必肯发心；你既然请别人发心，为什么不回头来请自己发心？这比求人要方便多了。建大道场是希望多数人有机会来接触佛法、理解佛法；而现在最理想的道场，无过于电视台，把佛法送到每个家庭里面去。我们礼请很多的善知识，选择利益社会的经论，轮流来讲。佛法建立在儒、道的基础上，应该先讲"四书"，再讲大乘佛法，才得受用，讲佛法才不是空谈。所以要想提倡佛道，要先提倡中国固有的文化传统。这也是培养人才、建立道场。建道场不是希望诸位花那么多的钱去盖个庙，庙盖好了之后，里面必然又是绘彩鎏金，钱花得没有意义。学了佛，有了智慧总要明了，钱财是过眼云烟，再多的钱财，只是给你看看而已。你们想一想，哪一张钞票你们拿去收在家里保存？哪里是自己的？自己的应该保存着，不应该给别人；一到手马上就给别人了，真是过眼云烟，所以不要把它看重！

有一位同修移民到国外，他做股票，告诉我一千万才进来，又丢掉了。我就告诉他，为什么不听《了凡四训》呢？命里没有的，丢掉再多，心里也不要烦恼。所以赚了钱也不要欢喜，丢了也不要烦恼；每天浪费光阴，才是真正的可惜。把大好光阴拿来念佛，这是真正聪明有智慧的人。人要明白事理，自己努力修学，弘法利生，功德无量无边。诸佛菩萨都赞叹。

【原典精读】

何谓敬重尊长？家之父兄，国之君长，与凡年高、德高、位高、识高者，皆当加意奉事。在家而奉侍父母，使深爱婉容，柔声下气，习以成性，便是和气格天之本。

【译文通解】

什么叫作敬重尊长呢？家里的父亲、兄长，国家的君王、长官，以及凡是年岁高、道德高、职位高、见识高的人，都应该格外虔诚地去敬重他们。在家里侍奉父母，要有深爱父母的心，与委婉和顺的容貌；而且声要和，气要平；这样不断地薰染成习惯，就变成自然的好性情，这就是和气可以感动天心的根本办法。

【经典心裁】

中国古代的小学着重于基础教育。教"孝"，教"顺"，教"敬"，教"诚"，以这些教学的纲目教育，真所谓"少成若天性"，培养圣贤人的根基。中国自古以来的社会传统，是圣贤的教学，治国也是圣贤的政治。"建国君民，教学为先。"若教育本质没有认识清楚，存有错误的观念，足以毁灭国家民族！中国过去从政的人，没有一个不念圣贤书的，纵然自己有私心，还是有范围、有准则，不敢过分地越轨，多少还受良心的谴责。现在作奸、犯科、造恶，认为理所当然——耻心没有了，也就是天理良心没有了，的确人跟禽兽没有差别，这是最可怕的。

希望同修们要认识清楚，"诚敬"是学佛做人的根基,是入佛之门。"诚敬"的培养就在家庭。在家能够孝顺父母、尊敬兄长;他到社会上才能忠于国家,服从上级,对职务尽忠职守,为国家、为社会、为老百姓服务。"习以成性",习性培养成了,便是"和气格天"——和平、心平气和就能感动天地鬼神。

【原典精读】

出而事君,行一事,毋谓君不知而自恣也;刑一人,毋谓君不知而作威也。事君如天,古人格论,此等处最关阴德。试看忠孝之家,子孙未有不绵远而昌盛者,切须慎之。

【译文通解】

出门在外侍候君王,不论什么事,都应该依照国法去做;不可以为君王不知道,自己就可以随意乱做呀!办一个犯罪的人,不论他的罪轻或重,都要仔细审问,公平地执法;不可以为君王不知道,就可以作威作福冤枉人;服侍君王,像面对上天一样的恭敬,这是古人所订的规范,这种地方关系阴德最大。你们试看,凡是忠孝人家,他们的子孙,没有不发达久远而且前途兴旺的，所以一定要小心谨慎地去做。

【经典心裁】

所以忠孝传家远，现在父子有似朋友关系，伦理毁掉了。伦理是性德——中国儒家、道家所讲的。展开佛法仔细观察，全是性德的流露；舍弃私心（私心是迷惑），性德才会往外流露。这些大圣大贤没有一丝一毫的私心，全是性德的流露。孔夫子的学说是自性的流露，我们如果自信现前时，流露出来的就跟他是一样的。就像灯光一样，他的灯光亮了，我的灯光也开了；光光交融，成为一体，是自性的流露。这才是真正的伟大，真正不可思议，是圆满的性德。

开发性德必须要用"孝敬"来做工具，才能明心见性。佛法里讲开发性德最重要的一个条件就是"发菩提心"，儒家亦复如是。"诚意、正心"，就是佛所讲的大菩提心。凡事能够存心真诚，不自欺、不欺人，以孝顺心、恭敬心处事、待人、接物。自己只是默默去做，真正积善累德，"此等处，最关阴德"。果报可以从历史上来看，也可以从现前社会上观察。可见得这是事实,绝对不是虚妄。所以我们动一个念头,做一桩事情,绝对不要认为别人不知道。人或许不知,天地鬼神、诸佛菩萨没有一个不晓得的。

了凡先生前面给我们讲,改过要有三种心——耻心、畏心、勇猛精进心。成圣、成贤、成菩萨、成佛,你只要真正圆发此三心,的确一生足以成办。

【原典精读】

何谓爱惜物命?凡人之所以为人者,惟此恻隐之心而已,求仁者求此,积德者积此。

【译文通解】

什么叫作爱惜物命呢?要知道一个人之所以能够算是人,就是在他有这一片恻隐的心罢了。所以孟子说:没有恻隐之心就不是人。求仁的,就是求这一片恻隐之心;积德的,也是积这一片恻隐的心。有恻隐心就是仁;有恻隐心就是德。没有恻隐心,就是无仁心、没道德。

【经典心裁】

"恻隐之心"就是仁者爱物之心。见到一切动物有苦难，自自然然就生同情心，这就是"恻隐之心"。大家有没有？相信每个人都有。如果你们看一出悲剧会流跟泪，这就是恻隐之心。电视、电影的悲剧，那还不是真正的人物在面前遭受苦难，你都有这个心；何况真正见到人、物遭遇到苦难，你一定会伸出援助之手。不但人有恻隐之心，动物也有，这确实是天性，就是本性的性德。动物的本性跟人的本性不一样，不过它比人迷得更深，才变成了畜生。十法界一切众生同一个真如本性，所以佛在大乘法里才说："同体大悲，无缘大慈"。恻隐之心就是怜爱之心、怜悯之心，是从自性里流露出来的。"求仁"就是求的这个；"积德"，也是积的这个。希望把仁者爱物之心培养扩大，能够真正地爱一切人、爱一切物，我们尽心尽力地去帮助他们。

【原典精读】

周礼，孟春之月，牺牲毋用牝。

【译文通解】

《周礼》上曾说：每年正月的时候，正是牲畜最容易怀孕的时间，这时候祭品不要用母的。

【经典心裁】

"孟春"是初春。古时候祭祀,最大的祭典用三牲——牛、羊、猪;普通民间祭祀只用猪。春天用的"牺牲"(祭祀用),不用母的,因为这段时间是牲畜最易怀孕的时期,若母的怀孕了,杀一个等于害两条命,不用母牲这是仁慈。

【原典精读】

孟子谓君子远庖厨,所以全吾恻隐之心也。

【译文通解】

孟子说:君子不肯住在厨房附近,就是要保全自己的恻隐之心。

【经典心裁】

孟子的用心,跟佛法讲的——"三净肉"一样——不见杀、不闻杀、不为我杀。因为僧人在印度当时,生活方式是行托钵的制度,人家施舍什么就吃什么,不分别、不执着,没有选择的。这是大慈大悲,一切随缘而不攀缘,人家供养什么就吃什么。直到今天,像泰国、锡兰这些信小乘国家还是如此。佛法传到中国时,中国是当时最先进的"礼仪之邦",且中国人不重视乞食;当时法师是朝廷以礼请到中国来,当然不能叫他出去讨饭,所以就在宫廷里接受供养。托钵的制度在中国从来没有实行过,但是那时供养出家人还是"三净肉"。

素食是梁武帝提倡的。所以现在全世界学佛的人,不论出家、在家,只有中国佛教是素食,全世界学佛的人都没有素食的习惯。我们参加国际会议时,见到外国出家人没有吃素的。所以诸位要晓得,佛教传统是吃"三净肉",不是素食,素食是中国人提倡的。

"远庖厨",是远离厨房。不见杀、不闻杀,吃得就比较安心了——实在讲心还是不安;最好是不吃众生肉,尤其是现代的众生肉更不能吃。现代的肉品含有许多毒素,导致现代人常常得一些怪病。病从哪里来的?肉食来的。古人讲病从口入与现代人是三餐在服毒,哪里是在吃饭,每天服三次毒,想想看,你的身体怎能不病!当然是百病丛生了。

【原典精读】

故前辈有四不食之戒。谓闻杀不食,见杀不食,自养者不食，专为我杀者不食。

【译文通解】

所以，前辈有4种肉不吃的禁忌。譬如说，听到动物被杀的声音，不吃；或者在它被杀的时候看见，不吃；或者是自己养大的，不吃；或专门为我杀的，不吃。

【经典心裁】

这是佛法三净肉外又多加一条——出家人不许饲养畜生，家人自己养的，自己再杀了吃，实在是讲不过去。

【原典精读】

学者未能断肉，且当从此戒之。

【译文通解】

后辈的人，若要学习前辈的仁慈心，一下子做不到断食荤腥，也应该依照前辈的办法，禁戒少吃。

【经典心裁】

实在不能断除肉食，应当要守食"三净肉"、

"四不食戒"，以培养大慈悲心。

【原典精读】

渐渐增进，慈心愈长，不特杀生当戒。蠢动含灵，皆为物命，求丝煮茧，锄地杀虫，念衣食之由来，皆杀彼以自活。故暴殄之孽，当于杀生等。

【译文通解】

如此渐渐增进，慈悲心越来越多。不仅要戒除杀生心，只要能活动含有灵气的，都是生命。为了得到丝而煮蚕茧，锄地的时候会杀死虫子，念及衣食的由来，这都是杀害物命而养活自己。所以浪费衣物，与杀生有着相同的罪过。

【经典心裁】

我们生活在这个世间，不过短短几十年，为维系自己的生命，都是杀它以养己。对于一切众生，无论是有意无意的，都亏欠得太多！也由此可知自身造的业有多重！所以佛说："如果罪业要有形相、体积的话，尽虚空都容纳不下。"我们业障有这么多、这样重！想到此地，自己警觉心才真正提得起来。如何能对得起天地一切众生？不但要严持"不杀生"这条戒，就是在饮食起居上也一定要节俭，绝对不能够糟蹋。

"暴殄之孽"，这是糟蹋一切生活必需品，不知道爱惜。现代人提倡消费；不消费，工厂就得倒闭，经济就不能发达。这种学说，诸位想想正确吗？如果中峰禅师听到这些话一定会说："未必然也。"——不见得正确，而且是非常的不正确。美国是一个提倡消费的国家，消费的结果还是经济逐渐走下坡了。唯有节俭才是富庶、康宁之道；没有积蓄的习惯，国家如何富强？人民如何能得到安定的生活？若无储蓄，失业就要靠国家救济，增加国家的财政负担。若有积蓄的习惯，即使失业或有灾难，我们还能活得下去，不必依赖国家。这是真正值得我们认真反省的，所以一定要爱惜资源物力。

【原典精读】

至于手所误伤，足所误践者，不知其几，皆当委曲防之。古诗云："爱鼠常留饭，怜蛾不点灯。"何其仁也。

【译文通解】

至于随手误伤的生命，脚下误踏而死的生命，又不晓得有多少，这都应该要设法防止。宋朝的苏东坡有首诗说："爱鼠常留饭，怜蛾不点灯。"意思是说：恐怕老鼠饿死，所以为老鼠留些饭；哀怜飞蛾扑到灯上烫死，所以灯也不点。这话是多么的仁厚慈悲呀！

【经典心裁】

这些话我们只能自己去理解体会，在现代社会上绝对是被否定的——怎么可以，"爱鼠"？老鼠对人类是有害的，故常见有"灭鼠运动"！世间人不晓得六道轮回；这些老鼠被杀死了，会不会有冤冤相报呢？杀它、灭它是不是真能解决问题呢？除此之外有没有别的办法？没有杀人不偿命，欠钱不还钱的。"因果通三世"，要是真正晓得事实真相，为非作歹的事绝对不能做。你若是做了，还是自己吃亏！想占人家的便宜占不到，人家想占我们的便宜也占不到。明白这个道理，我们绝对不会伤害一切众生，不跟它结怨，不欠人家的债,自己这一生心安理得。世间唯真诚、清净、慈悲,才能解决世人所无法解决之难题,所以佛经不可不读。

【原典精读】

善行无穷,不能殚述;由此十事而推广之,则万德可备矣。

【译文通解】

善事无穷无尽,不能说得完;只要把上边说的10件事,加以推广发扬,那么无数的功德,就都完备了。

【经典心裁】

"由此十事而推广之,则万德可备矣。"四训里这3个是主要的一章。"积善"是建立在"改过"的基础上,"改过"是建立在明白因果的概念上。第一章讲因果报应,再教我们改过、积善,最后"谦德之效"一章是全书的总结。

【拓展阅读】

5. 置之死地而后生

一

心潮澎湃的袁学海,浑身充满力量。

他将向命运发起猛烈的冲锋。

但是,就在冲锋即将展开,已经摆好勇往直前的 Pose 的时候,他突然发现自己其实还不知道进攻的方向。

他回过头来问道:"禅师,我该向哪个方向冲锋呢?"

你真正的敌人,不是别人,是你自己。

如果要冲锋,你应该向自己发起冲锋。

方向,内心!

不过,在冲锋之前,你应该先了解一下对手——你自己。

云谷禅师说,不带任何偏见,平心静气,扪心自问,就目前的心态和行为,你自己配不配当举人、进士?该不该有儿子?像不像一个当爹的人?

不找任何借口,不怪罪命运,更不与别人攀比,只想自己的问题,把心中所有的东西都掏出来晒一晒，晾一晾，见一见阳光。

……

实际上，这种做法，儒家心理学的说法是空乏其身；禅宗心理学的说法是明心见性；如果用西方心理学的说法，就变成了：

将内心呈现出来，它将拯救你；如若不然，它将毁灭你。

所不同的是，东方人说得委婉一些，西方人说得猛一些，什么拯救呀、毁灭呀，触目惊心，怪吓人的。不过，话糙理不糙。

其实，对于这种做法，今天懂电脑的人也有一个时髦的说法，叫重装系统。

如果现在你办公桌上的电脑出了问题，运行速度超慢，反应迟钝，还老死机……

什么原因呢？

可能是由于垃圾文件太多，或者误操作，抑或中了病毒！

怎么办？

很简单，重装一下系统呗！

第一步，把有用的东西拷贝出来；第二步，把原来的系统清理掉，换一个新系统；第三步，把拿出来的东西再重新装进新系统中。

重装系统就相当于空乏其身，明心见性，或呈现内心。

这是云谷禅师改心造命的核心。

你想呀，心都换了，难道命还不变吗？

现在，袁学海多么像一台有问题的电脑，一天到晚什么都不想，什么都不干，心如死灰。

他的人生停滞了，卡壳了，不运转了！

这不是死机状态是什么呢？

用四川话说："他这个样子活起有啥子意思嘛，还不如死毬了算了！"

袁学海死机了。

原因可能是由于高考复习资料（八股文）背得太多，垃圾文件塞满大脑，损坏了系统（很像中国一些大学招天下英才而毁之）；也可能是误操作，一根筋钻进死胡同出不来了；更大的可能是中了那个姓孔的算命先生埋伏的病毒。

云谷禅师心想，不管是哪种原因，只要能让他"空乏其身"，一切问题都能够迎刃而解，就如同重装系统能够解决很多电脑问题一样。

作为电脑，重装系统，清理掉那些没用的程序和病毒,是为了让电脑正常的功能发挥出来。

作为人,"空乏其身",并不是让他什么事情都不做,是要让他做自己该做的事情,不去做那些不该做的事情,也就是"行拂乱其所为"。

不过,遗憾的是,人常常在不该做的事情上花费大量精力,却在该做的事情上浅尝辄止。

云谷禅师盯着这个即将冲锋陷阵的人,问道:"你知道智慧的秘诀吗?"

袁学海摇了摇头。

智慧的诀窍就在于知道哪些事情应该忽略、应该放下。

荀子说:"大巧有所不为,大智有所不虑。"

一旦知道哪些事情不用去做,人就会变得能干;一旦知道哪些事情应该忽略,不用操心,人就会变得智慧。

能干的人做事做到点子上。

智慧的人不瞎操心。

言外之意,过去袁学海操心没操到正道上——心中整天萦绕着那张命运图,挥之不去,都魔怔了,根本没有精力干正事。就像一些人用很长的时间担心一件事情,花在真正做这件事情的时间却少得可怜。

这是在担心事，不是在做事。

比如，工作中遇到棘手的事情时，总在想为什么老板偏偏把难题交给自己，他凭什么为难自己，欺负自己呢？

越想越生气，越生气越难受。

如果是女生，她会独自垂泪，望着空气，做黛玉状。

如果是男生，心会翻江倒海，徘徊来，徘徊去，做哈姆雷特状：是做呢，还是不做，是抗争呢，还是忍受……

倘若是一个小时，这些人会用55分钟来担心、抱怨和抗拒这件事情，真正做这件事情的时间只有5分钟，而且在这5分钟里也是心猿意马，不可能做到聚精会神。

袁学海正是这样。

在36年的岁月里，他把自己最宝贵的青春都用在了担心和焦虑上。他由对命运的担心到失望，由失望到绝望，由绝望到死心。

对命运的牵肠挂肚，耗干了他所有的生命力。

然而，在自己该操心的事情上，比如修身养性、空乏其身、增强能力方面，他却一点儿也不操心，一点也不花精力。

在不该操心的事情上瞎操心，人就会泛起无尽的忧愁、焦虑、烦恼和恐惧，这些东西是内心的PM2.5，将严重污染心灵，把真实的自己弄得面目全非。

……

云谷禅师对袁学海说，仔细想一想，什么是空乏其身？

是无欲无求吗？

是心如死灰吗？

是失去了生命的热情和激情，对任何事情都无动于衷，宛如一块顽石吗？（这是在说他呀，袁学海臊得脸通红。禅师，马上就要冲锋了，你就别哪壶不开提哪壶，我知道错了，还不行吗）

不！

绝不是！

如果真是这样，孟子就不是在渡人，是在杀人！

实际上，如果你真的能够做到空乏其身，内心就不会像麻将牌中的白板，一片空白，什么都没有，而是会感到内心澄明，这种状态就像没有雾霾的天空和大地，你能看清自己的本来面目，知道哪些事情该放下，哪些事情该坚持，并重新对生活燃起热情。

这种内心澄明的状态，著名歌手腾格尔用歌声表达得十分形象。

蓝蓝的天空，
清清的湖水哎耶，
绿绿的草原，
这是我的家哎耶。
……

当然，这绝不仅仅是我们生活中的家园，也是精神上的家园，更是心灵的归宿，灵魂栖息的地方！

二

人一生其实只干两件事：一是出门，一是回家。

曾经，袁学海出了门，走着走着，却迷了路，犹如一只迷途的羔羊，找不到回家的路。

家，那个心灵的家在哪里呢？

他迷迷瞪瞪：自己是谁呀？这是从哪里来，要到哪里去呢？

若干年前，法舟禅师对青年云谷说：你念经，首先要弄清楚这个念经的人是谁。

若干年后，云谷禅师对心如死灰的袁学海说：

为了让命运播下新的种子，你必须首先清理心田。

云谷禅师说，把你的内心呈现出来吧，看一看自己究竟是一个什么样的人，该不该配那样的命。

袁学海低下头，沉默，再沉默，他的心在不断地翻卷、检索、回忆……

茅屋、森林、山谷、白云，乃至整个栖霞山，都寂静下来。

似乎只有他们二人心跳的声音！

空气凝固了。

这是冲锋前的宁静。

蕴藏着排山倒海的爆发！

一炷香的时间过去了。

又一炷香的时间过去了。

……

袁学海终于抬起头来，镇定地望着云谷禅师说："我看见了，看见了心中的那个自己！"

云谷禅师微笑："说来听听！"

那个人性情急躁，脾气火暴，一点就着，他在哪里出现，立刻，哪里的空气就变得紧张，弄得别人下不了台。

那个人刚愎自用，度量狭小，不能宽容别人，既处理不好与同事的关系，也处理不好与上司的关系,连与自己媳妇的关系也处理不好。

那个人有点才气,别人是有钱任性,他是有才任性,想怎么做就怎么做,想怎么说就怎么说。最可恨的是,还常常仗着自己的伶牙俐齿,欺负口吃的同学。

那个人缺乏耐心,做起事来怕麻烦,蜻蜓点水,不能深入下去,无法持之以恒,总想凭借自己的小聪明寻找捷径,一夜成名。

……

袁学海在冲锋的道路上,不断向自己的内心挺进、深入……

但就在他还想继续高歌猛进的时候,云谷禅师打断了他,想让他先缓一口气,总结总结。

"那么,你觉得这个人应不应考上举人、进士,配不配去当官造福百姓呢?"云谷禅师问道。

"不配!"

这两个字袁学海说得干净利落,斩钉截铁,不含糊其辞,不拖泥带水,十分诚恳,没有一丝一毫的矫情。

似乎不是在说自己,而是在说别人。

好像他已经开始与自己说的那个人剥离,割袍断义。

"为什么呢?"云谷禅师追问。

袁学海一发不可收拾:脾气暴躁的人没人愿意与之相处,很难有真正的朋友。在关键时刻谁都不会帮他,或者给他透露一下今年高考的重点范围。所以,这个人高考不可能超水平发挥。

刚愎自用的人动不动就发火,有意无意间得罪不少人。所以,在他人生道路上绝对不缺给他挖坑使绊子的人。

尤其……尤其是面试的时候,面试官最讨厌轻言妄谈、口吐狂言的人,往往大笔一挥,在这个人的名字下打上一个大大的黑×:"你牛×,我就给你个×,偏不录取你!"就像皇帝宋仁宗做面试官时,看见柳永的词中有这样两句:"忍把浮名,换了浅斟低唱。"很不高兴,御批:"你不是牛×吗,那就去填词吧,进士什么的,就别想了(且去浅斟低唱,何要浮名)。"

袁学海继续分析。

更何况这样的人即使侥幸当了官,也会负才任性,目中无人,恐怕不会造福一方,多半会坑害无辜的人,制造一些冤假错案。

……

听着袁学海的内心倾诉,云谷禅师很是欣慰,他十分清楚,这个人开始有自知之明,内心已经觉醒。

以前,这个人看不见自己,懵懵懂懂的,自己在干什么,不知道,自己在说什么,也不知道,整个一个梦游。

其实,现在梦游的人真不少,没有自知之明的人几乎都在梦游。

老子说:"知人者智,自知者明。"

知人者,就是了解别人的人,他们是别人的知音,对别人的问题洞若观火,也能给别人出谋划策。

这些人是别人的智囊,却未必是自己的高参。

自知者,就是了解自己的人,他们对自己的问题了如指掌,清楚自己有什么长处和短处,知道哪些应该坚守,哪些应该放下。

自知者的内心是澄明的。

印度大哲克里希那穆提说:"我们的内心必须澄明。只要做到这一点,我可以向你保证,一切都会进展顺利。只要内心澄明,你根本无须去做什么,事情自然会顺利进展。"

袁学海的内心在觉醒中逐渐变得澄明起来,他清楚地看到过去的自己只配有那种命,不配有更好的命,活该考不上举人、进士,做不了官。

他说这些话的时候,是诚恳的,老老实实的,发自肺腑的。

不像一些人,嘴上说:"哎哟,我哪有能力担任那个职务呀!"

心里却在想:"靠!这个职务非我莫属,谁都别想跟我争。"

一旦没如愿,又原形毕露,跳出来大声嚷嚷:"凭什么呀,凭什么他能升官,我却不行,你们到底收了他多少两银子?"

或者怒火中烧:"哼,就凭他那个样子,肯定开了外挂,吃了夜草,搞了潜规则,这到底是什么世道呀!"

那意思,他是黄铜铸造的钟,声音清亮,别人都是泥巴烧制的瓦罐,尖锐刺耳。组织人事部门有眼无珠,居然毁掉黄钟,用瓦罐当乐器,这不明摆着黑白颠倒吗?(黄钟毁弃,瓦釜雷鸣)

于是愤愤不平,一股脑儿把自己的境遇推给别人、社会和命运。

唉,能怪谁呢?

要怪只能怪自己命不好,没摊上一个有本事的爹,如果自己的爹是王健林,自己是王思聪该有多好呀!

当然，爹是无法随便找的，不过，干爹却可以。

这些人一天到晚责怪天、责怪地，责怪八竿子打不着的人和事，却很少去想是不是自己的问题。

他们羡慕王思聪有一个好爹——王健林，却从来没去想王健林的爹是干什么的。

如果他们真上网一查，发现王健林的爹跟自己的爹一样，也不是什么了不起的人物，又会说，那是他那个时代好，我出生得太晚，没有赶上。

在这个世界上，我们缺粮食，缺石油，缺水，缺信仰，缺诚信，缺干净的空气，但从来就不缺理由。

很多人特别擅长为自己的不如意找个理由，然后心安理得地告诉自己："你看，这不能赖我。"

失败的人都是找理由的高手。西楚霸王项羽在失败之际，对身边的马弁说："这是天要亡我，不是我仗打得不好！"

为了证明自己的观点，他还策马迎向追兵，手起刀落，砍下几颗人头"看见了吧，我没说错吧，这不是我的问题，是天的问题（此天亡我，非战之罪也）。"

很多人也是这样，工作不顺心的时候，他们会怪老板不是伯乐、同事都太苛刻，觉得如果自己进的是另一家公司，肯定不会是现在这个样子。

失恋的时候他们痛骂对方不懂珍惜，无福消受如此闪耀的自己，心想如果换一个人，肯定就能有个你侬我侬的结局。

但换来换去才发现，除了跳槽的次数在增加，谈崩的对象在变多，一切似乎还都是老样子。

天呀，怎么所有人都在跟我作对，我的命咋这么苦呢？

他们很少问自己，工作不顺，到底是平台不好，还是自己脾气不好，搞坏了人际关系？

情路坎坷，到底是别人眼光偏颇，还是自己气量狭小，不能包容对方？

不从自己身上找原因，把责任推给别人，等于把自己命运的掌控权交给了别人。

一个人推卸责任有多成功，人生就有多失败。

一个人可以失败很多次，但直到他开始责备别人时，那才是真正的失败。

20多年来，袁学海一直把自己的命运归咎于孔老先生的那张命运图。与此同时，那张命运图也给了他强烈的心理暗示：看到了吧，这一切都不是我的问题，是命的问题！

实际上，这种心理荒唐到竟然试图用自己的一生来证明孔老先生算的命有多准。

念念不忘，必有回响。

心理暗示的作用十分强大，尤其是对于凡夫俗子。

是时候结束梦游，用觉醒的眼光看自己了。

"大梦谁先觉，平生我自知，草堂春睡足，窗外日迟迟。"

这时传来画外音，恍惚诸葛亮的声音，原来是诸葛亮睡够了，醒来了。他醒来的第一句话是问童子："有俗客来否？"

哇，有没有搞错？刘备是曹操"煮酒论英雄"节目中评选出来的唯一英雄，在孔明这里竟成了俗客，可见他是仙人了。

当然，诸葛亮是仙人，他醒来后说的话自然是神话。

而袁学海呢？他是凡人，他醒来后又会说什么话，做什么事呢？

现在，他到底是醒了，还是没醒？

五

在向内心挺进的道路上，休整片刻之后，袁学海继续前行。

云谷禅师问道："那你觉得那个人配不配有儿子呢？"

"不配！"

袁学海的回答依旧诚恳、坚定，不容置疑。

"为什么呢？"云谷禅师继续问。

袁学海继续分析，并总结出如下几个原因——

其一，这个人有洁癖，不能忍受一点儿脏东西，倘若婴儿出生后，屎尿弄得到处都是，尿布挂满一屋子，夜里还哭哭啼啼，怎能容忍？所以，很有可能他下意识在拒绝这个孩子。

喜欢干净，很正常，但太过分，变得不近人情了，则不正常。越是肥料多的泥土越不清洁，但恰恰是这样的泥土，才能够长出东西来。相反，太清洁的水反而养不住鱼。

洁癖属于心理问题。这种心理问题是导致不孕不育的原因之一。（余好洁，宜无子者一）

其二，这个人脾气不好，喜欢发怒，这也看不顺眼，那也看不习惯，动不动就生气，常常指责别人，烦恼自己。

天地间，要靠阳光的温暖，柔风的呵护，细雨的滋润，才能生长万物。这个人常常生气发怒，不是骄阳似火，就是狂风暴雨，要不然天天地震，没有一点和育之气，怎么会生儿子呢？《黄帝内经》说，恬淡虚无，真气从之，万物孕育，而怒气伤肝。肝火太旺容易烧干精液。（余善怒，宜无子者二）

其三，养儿育女需要爱心，需要无私的付出。

仁爱，是生的根本。没有仁爱，就像果子没有果仁，怎么能生根发芽、开花结果呢？

这个人缺乏仁爱，比较刻薄，比较自私，总是困守自己的疆域，不愿意走出去帮助别人。（常不能舍己救人，宜无子者三）

其四，这个人喜欢滔滔不绝，高谈阔论，整天不是做时事评论，就是做嘉宾访谈，或者在微博微信中大放厥词，用今天的话说，他就是"袁大炮"。多言耗费真气，所以，他也不容易有孩子。（多言耗气，宜无子者四）

其五，人靠精、气、神，才能活命。这个人喜欢喝大酒，常常烂醉如泥，不仅伤精神，也伤精子。这样的人即使有了儿子，不是残疾，就是短命。（喜饮铄精，宜无子者五）

其六，这个人喜欢通宵达旦打坐，不睡觉，不休息，不知道养生，身体相当虚弱。如同一些人整宿打麻将，白天上班的时候，却对领导说："不知道咋回事，最近身体很虚，腰酸背痛的，没有精神。"

（好彻夜长坐……宜无子者六）

……

如此种种，不一而足。

袁学海向内心发起的冲锋继续朝纵深挺进，深入细致，毫不留情。

这是真正意义上爆发在灵魂深处的革命。

这是在彻底毁灭旧我，建立一个新我。

每个圣人都有过去，每个罪人都有未来。

伴随着心中最隐私最龌龊的东西不断流出，袁学海深切感受到从内心深处那个高悬的"心如止水"的堰塞湖里，一股污水散发着难闻的气味，喷涌而出，一泻千里。

他长长舒一口气，感觉到从未有过的轻松和释然。

这种情形多么像西方人做忏悔，在教堂的小房间内开个小窗户，黑咕隆咚的，不见牧师脸，只能闻其声。

就这样，忏悔者对着小窗户不停地说呀说，说出内心那些见不得人的想法，那些曾经干过的丑事、坏事、肮脏事，说出自己身上所存在的毛病和缺陷。

他们说呀说，不藏着掖着，不闪烁其词，不留死角，完全彻底地把自己心中的脏东西，统统翻腾出来，像洗衣服一样洗一遍。

该情景，电影《非诚勿扰》中葛优在日本北海道的一个路边教堂里有过相当精彩的表演。葛优的忏悔从下午一直进行到黄昏，从鸡毛蒜皮的小事，到童年时的恶作剧，一件一件呈现出来，没完没了，弄得牧师筋疲力尽。

实际上，这就是心理治疗。

这就是生命的重建。

这就是一条超凡入圣的道路。

不过，心理治疗有一条重要的原则：诚实。

斯科特·派克说："心理治疗，其实是一种鼓励人说真话的游戏。"

一个人即使有一千条缺点、一万个错误，只要他诚实，不对自己撒谎，敢把自己的内心呈现出来，他就有美好的未来。

但这是一个艰难的历程，正如前面所说，人类无法忍受太多的真实。

真实的东西往往是令人难堪的、痛苦的，也是人们不愿意承认，极力掩盖，千方百计逃避的。

不管是有意，还是无意，人们都会回避那些令自己痛苦的事情，并把它们深深地藏进心里，或者用选择性失忆，将其压在潜意识的五指山下，从而使内心成为一只泔水桶，盛满臭鱼烂虾、残羹剩饭。

正因如此，心理治疗便有了第二条原则：勇气。

勇敢地把那些令人恶心的脏东西呈现出来，一不怕丑，二不怕臭，更不怕别人的嘲笑和小报记者的添油加醋。

这需要何等的勇气啊！

这勇气类似于壮士断腕。

因为只有把这些东西呈现出来，才能与那些脏东西分离，凤凰涅槃，获得新生。

所以，敢于接受心理治疗的人是真正勇敢的人，是值得敬佩的人，是有可能成为圣人的人。

现在，袁学海正充满力量，无比坚定，勇敢无畏地站进这个行列中。

四

袁学海飘到云谷禅师对面，坐了3天3夜。

云谷禅师又和他聊了3天3夜。

他们聊呀聊：聊人，聊名，聊命，聊心。

他们聊呀聊：聊儒，聊释，聊道，聊人生。

……

聊完3天3夜后，袁学海死了。

他不是饿死的，不是困死的，也不是自杀，是他杀！

杀死他的正是云谷禅师。

云谷禅师杀他，没有用刀，没有用棍，用的是话，用那些诛心的话无情地杀死了他。

沉舟侧畔千帆过，病树前头万木春。

同样是那些话，似春风，似细雨，似温暖的阳光，唤醒了另一个崭新的人，他就是袁了凡！

云谷禅师最后用什么话作为利器杀死了袁学海呢？

云谷禅师说，上天是公平的，命运亦是如此。

可怜之人，必有可恨之处。

过去的你只配有过去的命。

在这个世界上，每个人的命都是与他的内心和行为相配的。

享福的人，自有他享福的道理。

受罪的人，自有他受罪的理由。

即使有些人开了外挂，最后也会被游戏公司封号。

即使有些人打了鸡血，最后也会原形毕露。

即使有些人吃了夜草，用不正当的手段获得了财富、职位和名誉，最后也会加倍偿还。

孔老先生算你只能活53岁，理由是充分的，你看你，脾气暴躁伤身，酗酒成性伤肝，整天举着一张难看的脸，就像别人都欠你二两银子不还似的，这不仅伤心，还伤害免疫系统，很容易得癌症、糖尿病和心脏病，更何况你整宿整宿不睡觉，瞎折腾，如此这般身体何以承受，能活53岁就不错了。

53岁这个果，是你自己行为种下的因。

有智慧的人，知道这些都是自作自受；糊涂的人则将这些全推到命运头上去。

命运何尝亏待你，是你自己亏待了你自己。

云谷禅师这些话振聋发聩，令人闻之色变，原话是这样的：

天不过因材而笃，几曾加纤毫意思。

上天是一位公正严明的法官，你的起心动念，一言一行，他都记得清清楚楚，不会忘记，并根据这些来决定是给你好评呢，还是差评。在这个过程中，上天丝毫不会夹带自己的意思，一切都是你自己造成的——祸福无门，唯人自召。

当然，上天也像一面高悬着的明亮的镜子，在高空俯视你。人在做，天在看。你的一切都会反映到镜子里：你脏，你在镜子里就脏；你干净，你在镜子里就干净。

注意，这面镜子不是哈哈镜，不会把瘦的你变胖，把漂亮的你变丑，当然，也不会把丑女变成美女。

如果说云谷禅师前面的话振聋发聩，那么后面这些话就触目惊心了。

云谷禅师是这样说的："上天降下的灾难，自己完全可以改变；但如果是你自己作的孽，就死定了，无法更改了。"（天作孽，犹可违；自作孽，不可活）

他继续说道："孔老先生给你算的命，是天作孽，这种孽是可以违背，可以改变的。从现在起，如果你能够痛改前非，广种福田，就一定可以收获善果，改变命运！"

……

云谷禅师的这些话就像一道道闪电，直接击中了袁学海，他雕塑般僵硬地坐在地上，心却在沸腾，变得滚烫。

……

过了很久，雕塑抬起头来说道："禅师，我想改名！"

云谷禅师会心一笑："你心里是怎么想的？"

袁学海又执拗地重复了一遍:"我就是想改名!"

云谷禅师笑道:"我不是问你这个,我是问你内心的志向是什么?"

袁学海说,我再也不想这样过,再也不想痛苦地生活,我再也不想这样地消磨……

你是不是想结束以前的生活?

你是不是想改变自己的命运?

你是不是想做一个超凡脱俗的人?

袁学海坚定地点了点头。

想了一会儿,云谷禅师说,那好,你就改名叫"袁了凡"吧!

"袁——了——凡!"袁学海在心中默念这3个字。

他在慢慢咀嚼,这个名字取得好,3个字中没有一个生僻字,不用翻字典,通俗易懂,但组合到一起,却很新颖,还有一定的含义。

好名字都这样,如果一个人的名字中有一个生僻字,遇到基础知识不扎实的老师念错了,全班哄堂大笑不算,没准还会把他的命运给弄颠倒了。

同时,好名字很好记,念起来朗朗上口,流传起来也久远,不像那些拗口的名字,记了半天,最后还是忘了。别人一问，支支吾吾，只能说："就是那个人，名字怪怪的那个。"

"袁了凡"这个名字不会，凡是识文断字的人都认识，音韵也很美，最后的"凡"字韵母是"an"，念起来特别响亮。

当然，这些都是次要的，最主要的是好名字应该呈现内心，那么，"袁了凡"这个名字呈现了怎样的内心呢？

袁学海琢磨，"凡"字容易理解，平凡和凡人的意思。自己一开口说话，云谷禅师就看出了这一点。他取的这个名字中有一个"凡"字，很贴切，符合实事求是的原则，自己不仅不反感，反而认为云谷禅师的话入木三分，自己完全承认——我本来就是被那张命运图捆绑了；我本来就患有自闭症；我本来就是一个庸庸碌碌的凡夫俗子。

承认问题是解决问题的前提。

一些人不能解决问题，是因为他们压根就不承认问题："你说谁呢？我有心理问题？你才有心理问题，你们全家都有心理问题！"

还有一些人一辈子都在"装"，明明自己是凡人，却要装成不凡的人；明明自己没有学过中医，却要装成神医；明明自己已经当了父亲，却还要去装孙子……对于这些不诚实，不敢承认自己有问题的人来说，也根本不可能解决自己的问题。

袁学海对这个"凡"字欣然接受，觉得这个"凡"字真好，平易近人，贴近人心，没有丝毫装的成分，是对真实自己老老实实地接纳，是承认自己的不完美。在这个世界上，凡人是绝大多数，有几个人能像诸葛亮那样呢？何况诸葛亮的很多故事也都是别人编的，当不得真。

一个"凡"字可以把自己与芸芸众生联系起来，他们是凡人，我也是凡人。他们犯的错误，我也会犯。

身体因快乐而结合；心灵因痛苦而靠近。

凡人的痛苦，凡人最容易理解，他们的心是相通的。

想到这里，袁学海心中一亮，他明白了"袁了凡"这个名字的第一层含义——了悟！

了，是了然。

悟，是领悟。

了凡，就是对自己是凡人这个事实，了然于心，清清楚楚，明明白白。

了凡，就是明心见性，有自知之明，知道自己是谁，从哪里来，要到哪里去。

他冲云谷禅师会心一笑，此时此刻的袁学海宛如佛祖的弟子迦叶尊者，云谷禅师则是拈花示众的佛祖，彼此配合默契、心领神会、心意相通，从袁学海的微笑中，云谷禅师知道他已经领悟了这其中的深意。

但是，"袁了凡"这个名字中不会仅仅只有这一层意思，袁学海继续琢磨，"了"，还有"了断"的意思，"了凡"意味着了断过去那种庸庸碌碌的人生，给以前的生活画一个句号。

袁学海的脑海中于是出现了一幅画面：一个凡夫俗子，与一大群凡夫俗子聚集在一起，心有灵犀，彼此倾诉衷肠，大倒苦水，抱怨自己多么命苦，但就在这时，其中一个凡人站了起来，停止了抱怨，他要离开。

那么，他要往哪里走呢？

他要结束这种怨天尤人的生活，了断凡人的命运。

一群凡人的目光齐刷刷地盯向这个想要脱离凡人群的凡人，这个凡人的一举一动都牵动着其他凡人的心。他们清楚，如果这个凡人能超凡脱俗，他们也就能够超凡脱俗。所以，这个凡人的命运，就是他们这一群凡人的命运。

在那一群凡人的注视下，这个凡人感觉自己责任重大，他能不能了断凡人的命运已经不单纯是自己的事情了。那么，他该怎么了断呢？

自己本来就是凡人，又如何了断凡人呢？

袁学海不停地想呀想，最后终于想明白了，"袁了凡"这个名字中的第二层意思——了断，最准确的理解应该是：在明心见性的基础上，即了悟的基础上，勇敢放弃那些应该放弃的，坚持那些应该坚持的，并不断拓展自己，超越自己。

了断，就是了断妄念，果断放弃那些应该放弃的，比如自己是一粒苹果种子，就要放弃结出橘子的妄念。

了断，就是坚定理想，勇敢坚持那些应该坚持的，比如自己是一粒苹果种子，就要努力生长，让红彤彤的果实挂满枝头。

所以，"了断"自己的过程，实际上是一个拓展和超越自己的过程。

了断凡人，实际上就是拓展凡人。

拓展凡人，实际上就是超越凡人。

袁学海越想越激动，超越凡人这是一件多么了不起的事情啊！

当"了不起"这3个字闪过脑海的一刹那，他的心豁然开朗，一下子领悟到"了凡"这个名字最深层的寓意——做一个了不起的凡人！

一粒沙很平凡，却能见一个世界。

一滴水很平凡，却蕴含着生命的全部秘密。

象棋中最不起眼的是"兵"和"卒"，但如果这些"兵""卒"不断拓展自己，过了河，那可是任何"车""马""炮"都难以对付的。

……

"袁——了——凡！"袁学海兴奋地把这个名字轻轻念出声来，一遍又一遍。

越念，他越觉得这个名字亲切，也越发品味出了其中蕴含的东西。

越念，他越觉得这个名字往内心钻得越深，似乎整个人与这个名字完全融为一体。

越念，他越感受到这个名字中隐藏着一股巨大的力量，推动着自己朝一个目标坚定地前行。

念着，念着，他突然明白原来云谷禅师用这个名字在不知不觉中，已经调整了自己人生的顶层设计，即最终目标。

如果说袁学海的顶层设计是走别人的路，考秀才考举人考进士，读书当官，那么，袁了凡的顶层设计则变了，变成了走自己的路，做一个了不起的凡人。

这不是简简单单的目标调整，而是内心的觉醒，是对人生的大彻大悟！

随着顶层设计的变化，人生方向也势必随之调整。如果说袁学海的方向是向外寻觅，那么，袁了凡的方向则是向内深入。随着方向的调整，他们的人生感悟和人生道路也就发生了根本的改变。

袁学海在人生的道路上，边走边发脾气，不是怨声载道，就是心如死灰，整个一动如癫痫，静如瘫痪，"死不惊人语不休"。

袁了凡在人生的道路上，虽然也会去读书考试做官，却不会抱怨，不会把自己命运的责任推给别人，而是会不断通过自己的经历来拓展自己，超越自己。所以，即使他们有时会做同样的事情，但是人生却迥然不同，命运也将发生彻底的改变。

如果说"朱元璋"这个名字，是要把诛灭元朝当成一生的目标，那么"袁了凡"这个名字，就是要为超凡脱俗而奋斗终生。在这个过程中，袁了凡也许能够中举，也许不能够中举，但是这些都不是他的最终目标，他的最终目标只有一个——了凡——做一个了不起的凡人！

好名字是一盏灯，能照亮人生的路。

不好的名字是一片叶，会遮挡你的眼睛。

岁月如梭，几十年过去了，几百年过去了，当年那些状元、榜眼和探花早就随着风吹雨打去，而"袁了凡"这个名字、这个人却依然熠熠生辉，激励着一代又一代善良的人们在改变命运的道路上，赴汤蹈火，在所不惜。

所以，"袁了凡"这个名字看似平淡无奇，实则蕴含万丈光芒，一路走来，那些有趣的人物，那些可歌可泣的故事，深深震撼人心，令人荡气回肠。

……

当然，"袁了凡"要想超越凡夫俗子的命运，第一步，就是要与"袁学海"分离，最好的办法就是让他永远消失，即让他死。

就这样，袁学海被这个想改过自新的人亲手掐死了，这个人没有犹豫，没有心软，也没有愤怒，因为他清楚地看到，袁学海阻挡了自己的路，不掐死袁学海，他就没有光明的前途；不掐死袁学海，他就无法超越自己；不掐死袁学海，他自己就得死，在53岁时死，躲得过初一，躲不过十五。

袁学海被掐死了，你也可以说这不是他杀，是自杀，因为他是主动杀死自己的，是自觉自愿的行为，他已经年满 18 岁了，是有行为能力的人。

不管怎么说，这个人的死，都与云谷禅师脱不了干系，至少也是一个教唆犯。

袁学海死了，袁了凡活了。

那么，袁了凡，他到底能不能"了凡"呢？

这是我们这些凡人最关心的事情。

6. 多情而不俗

一

谈袁了凡的命运，还得先从名字开始。

实际上，"袁学海"这个名字很俗。

俗名，自然是俗人。俗人，自然是俗命。

为什么说这个名字俗呢？俗在哪里呢？

俗就俗在一个"学"字上。

当初孔老先生给他取这个名字时，是希望他能够成为学霸，但是算命先生千算万算没算到，学霸变成书呆子的概率是 95% 以上。

更要命的是这个"学"字太刻意，令人莫衷一是，今天向这个同学学习，明天向那个同学学习，学来学去，忘了自己是谁。

"学"常常会让人丢掉创意,失去独立的自己。比如看见西施漂亮,走起路来婀娜多姿,惹人怜爱,自己就要去学。看见别人高鼻梁、大眼睛,自己也要去学,结果整容整出个歪鼻子。看见别人取了个名字叫"解放",自己也跟着取,结果老师一叫"解放",全班站起来一半人。

这就是俗!

"学"是模仿,跟在别人屁股后面人云亦云,毁掉了自己本来具有的模样。

"学"是攀比,与别人攀比,与比自己强、比自己幸运的人攀比——凭什么范进同学都能中举,偏偏自己不行。攀比会扼杀人心,使人堕落,扭曲人的视线——

"你看李阿姨家的小丽学习成绩多好呀,你要向她学习!"

"你看隔壁王老五家的儿子多有出息呀,都成了千万富翁,你要向他学习!"

……

在攀比中成长,人们始终都在苦苦挣扎,试图成为另一个别人,而不是真实的自己。

所以,"学"是最害人的,常常泯灭人的个性和天赋,远离真实的自己。

克里希那穆提说:"永远不要从别人那里学习如何生活,如何行事,因为别人告诉你的都不是你的人生。如果你依赖另一个人,你将会被误导。"

事实上,"袁学海"这个名字就容易误导人生。

你想呀,生命是有限的,人应该抓紧时间老老实实做自己,就像乔布斯说的那样:"你的时间有限,不要浪费于重复别人的生活,不要让别人的观点淹没了你内心的声音。"但一个"学"字却抛弃了真实的自己,开始在别人的道路上爬行。

你再想呀,在茫茫人海中,人多么像一滴微不足道的水,要想让这滴水发挥作用,就应该保持本色。

如果自己是一滴露水,就应该静静躺在清晨的树叶上,变得晶莹剔透,映照出旭日的光辉。

如果自己是美女眼眶中滚动的泪珠,就应该在她白皙的脸上慢慢集聚、滑落,演绎出惹人怜爱的忧伤和凄美。

可"学海"这滴水珠偏偏要去学大海,刻意把自己融进去,结果只有一个:水消失在水中,人消失在人群中。一辈子默默无闻!

有两句话很有意思,值得收藏,叫:

不俗即仙骨，多情乃佛心。

先说前一句"不俗即仙骨"。（后面再说后面那句）

什么是不俗呢？

不俗，就是与别人不一样，不人云亦云，不跟在别人的屁股后面东施效颦。

不俗，最大的特征，就是不模仿别人，不与别人攀比，活出真性情，成为最真实的自己。

"不俗即仙骨"，意思是说，**如果你不随波逐流，活出本色，成为最好的自己，就相当于过上了神仙过的日子。**

一个人能力有大小，性格有差异，但只要能做到这一点，就是一个高尚的人，一个纯粹的人，一个有道德的人，一个脱离了低级趣味的人。

"袁学海"是俗名、俗人、俗命。

"袁了凡"这个名字就大不一样了，具有仙骨。

如果说"袁学海"这个名字、这个人，是想拼命成为别人，那么"袁了凡"这个名字、这个人就是要活出真实的自己，并不断拓展自己，超越自己，成为最好的自己。（盖悟立命之说，而不欲落凡夫窠臼也）

在这个世界上，不管我们如何挖空心思，殚精竭虑，都不可能成为别人，只能成为自己。

成为自己，就是人来到世上唯一的使命。

当然，成为自己并不是意味着停滞不前，而是要不断拓展。就像一粒种子是自己，但只有等这粒种子历经艰辛，历经风雨，长成参天大树，或者果实挂满枝头的时候，它才算成为最好的自己。

从这个意义上来看，"袁了凡"这个名字还蕴藏着这样一层意思：自强不息！暗合《易经》第一卦——乾卦："天行健，君子以自强不息！"

袁了凡，一扇崭新的命运的大门，缓缓向他敞开！

二

当然，袁了凡还心有余悸。

他怕什么呢？

他怕那扇已经向他敞开的命运之门，突然关闭。

云谷禅师说，不用怕，只要你的心中充满善念，那扇命运之门只会越开越大，人生之路，只会越走越宽广。

云谷禅师问袁了凡："你知道《易经》最根本的思想是什么吗？"

袁了凡想了半天，没回答上来。

虽然《易经》被列为四书五经之一，但高考试卷中这方面的内容却很少涉及，出题范围大多在《大学》、《中庸》、《论语》和《孟子》之中，即使考也不会出这样的题目。

云谷禅师说，坤卦是《易经》第二卦，坤卦中有这样两句话：

积善之家必有余庆，积不善之家必有余殃。

这两句话就是《易经》最根本的思想，核心中的核心！

至于算命呀，看风水呀，取名字要几笔几画呀什么的，全都是《易经》的下脚料，雕虫小技。

云谷禅师的话蕴含着大智慧。

善是什么？

善是心中一团熊熊燃烧的烈火，能把人从自我封闭的状态中解救出来，推动人一步一步前行。这是永不熄灭的火焰，源源不断的动力。（就像火箭推进器一样）

一心向善的人，都愿把善良的东风吹遍大地，滋润江南江北、每一寸土地，让这个世界上的每个

人,无论是穷人还是富人,无论是秀才还是乞丐,都能去感受和分享春风化雨。(让世界充满爱)

善是什么呢?

善是涓涓细流,慢慢集聚,汇集成大江大河,奔腾不息,洗涤人龌龊的内心。

它流过每一个村庄,每一个小镇,每一座城市,给人们带去充足的水源,将一切污秽冲刷干净。

虽然有人时不时会将脏东西倒进善念的河流中,但河流却可以容纳万物。**没有一条河流没漂浮过尸体、死猪和污水,只需经过一段距离和一段时间之后,河流就能够完成自身的净化,继续滚滚东逝,波澜壮阔。**

真正的善是什么?

上善若水!

永远不会断流。

……

比如,袁了凡改名这件事,就是一件善事。

难道改变一个人的命运还不够善吗?

对云谷禅师来说,是善举;对袁了凡来说,同样是善举。

这样的善事就像河水哗哗流淌,日夜不停。

它流呀流,流淌了一代又一代,从明朝流到了清朝。

一天,清朝一个人,夜深人静的时候,内心惶恐,夜不能寐。

什么情况?

因为他长得太寒碜了,一对三角眼,两道吊梢眉,整个一个獐头鼠目。

长得不好看倒也没有关系,大不了,在征婚节目中,观众不喊:"在一起,在一起!"

撑死了,也就是全部灭灯,一片嘘声,轰他:"下去,下去!"

对男人来说这无关痛痒,又不要他的命。

可这个人的长相不是这样,真能要他的命。相书上说,这种面相就是一副标准的奸臣相,将来不得好死,指定会被砍脑壳的。更何况这个人的性格似乎也印证了这一点,脾气暴躁,是一个霸脑壳、蛮力子,就像一匹湖南骡子,倔得屙牛屎。

"嚇!爹妈怎么给我弄了这么一副长相呢?"他用湖南话愤怒地埋怨。

埋怨爹妈是没用的,命是自己的。

怎么办呢?

他无奈,痛苦,绝望……

但天无绝人之路,就在他心灰意冷之际,袁了凡的故事像河水一样流到这里，流进他的心田。犹如在人生绝望的渡口，看见一条希望的帆船，更像是垂死的人获得了一颗救命的灵丹。

"冒洒起，要死卵朝天，不死翻过边，老子跟命拼了！"他用湖南话发誓，自己也要像袁了凡那样，洗心革面，重新做人。

这个人是谁呢？

就是后来大名鼎鼎的曾国藩，又名"曾涤生"。

"曾国藩"是他原来的名字，这个名字霸气，有湖南人的特点，咄咄逼人。那意思是：自己一心一意向外求取功名，要成为国家的屏障，朝廷的栋梁，当封疆大吏。

可是，这样的人都有一个毛病，刚愎自用，功高震主，稍不注意，就容易被当成奸臣砍掉头颅，如韩信、牛金、檀道济、李善长、冯胜、蓝玉、袁崇焕，以及清朝的年羹尧等，这串名字很长很长，从来就没有间断过。如果这个人只有"曾国藩"这一个名字，恐怕在那一长串被砍的脑壳中，还有一个人后背所插的亡命牌上，一定会歪歪扭扭地书写着3个大字——曾国藩。

那么，为什么后来曾国藩没有掉脑袋呢？

因为他给自己又取了个名字，叫"曾涤生"。

有了"曾涤生"这个名字，他就有了一道护身符，并从此改变命运。

"曾涤生"这个名字，是他读完《了凡四训》那个深夜更改的。

涤，是洗涤过去心中那些污秽的东西，比如脾气暴躁、固执己见、心胸狭窄、刚愎自用等什么的。生，是取自《了凡四训》："从前种种，譬如昨日死；从后种种，譬如今日生。"

这个名字所表达的志向是要用善念的河流洗涤内心，获得新生。

如果说"曾国藩"这个名字是想成为封疆大吏、王侯将相的话，那么，这条路就是"外王"之路。

任何想要对外称王的人，都必须先做好另一件事情——修身养性，成为"圣人"。否则，"外王"的路，就是一条砍脑壳的不归路。

只有"内圣"之后，才配"外王"。

只有内功深厚的人，才配使用降龙十八掌。

"曾涤生"这个名字是干什么用的呢？就是修炼内功，修身养性的，这是一条通往圣人的道路，一条"内圣"的路。

实际上，**那些真正优秀的人，内心都达到了很**

高的境界。

比如巴菲特的话在机智幽默中，蕴含对人生的大彻大悟。抛开他的财富不说，就其内心来看，他也是一位圣人，是很多人心目中的神。或者可以这样说，正是因为他对内有了很深的领悟，对外才获得了那样高的成就。

再看乔布斯，他活脱脱就是一位禅师，每一句话都那么触动心灵，那么令人敬佩。

所以，**未曾做事先学做人，未曾出名先要洗心**。

洗心，靠什么？靠那条善念的河流。

千百年来，那条善念的河流浩浩荡荡，洗之则昌，不洗则亡。

所以，从很大程度上来说，曾国藩的命，是曾涤生救下的；曾涤生的命，是袁了凡赋予的；袁了凡的命，是云谷禅师改变的；云谷禅师的命，是法舟禅师点拨的……

那么，法舟禅师的命又是谁指点的呢？

一直往上追溯，追溯……

渐渐地，我们看清楚那些善举善念，就像流淌在辽阔大地上的河流，发源于一座座高山之巅，一路流淌，有干流，有支流，有合并，有分岔，有滚滚长江，有涓涓细流，大大小小，星罗棋布，浩浩荡荡，奔腾不息。

袁了凡，也流淌在这些河流中。

不过，这时他还在栖霞山中，与云谷禅师在一起。

三

当新的一天的太阳升起来的时候。

云谷禅师说："了凡，我们出去走走吧，老衲有两样东西送你。"

袁了凡心想，云谷禅师已经给我取了名字，让我获得了新生，这是天地间最大的礼物，还有什么礼物比这个更重要呢？

难道是孙悟空的如意金箍棒？

或者是魔戒，抑或是什么撬开阿里巴巴大门的谜语、魔咒？

一前一后，他们俩走出茅屋。

茅屋开门见山。

他们一步一步地向山坡爬去，很慢，很慢。

清风拂面，蓝蓝的天空，白云一片去悠悠。

崎岖山路的两旁，齐腰的灌木丛，郁郁葱葱，不时牵绊着他的衣裳，散发出阵阵清香。

在树林和灌木丛中，一些野花，红的、黄的、蓝的，默默绽放。

三三两两的蝴蝶，在花与花之间，飞来飞去，翩翩起舞……

袁了凡就像一个新生的婴儿，第一次暴露在阳光下、青山中。

看着前面拄着拐杖的云谷禅师缓慢移动着身子，他的心中有无限的敬意、深深的感动，以及最诚挚的感激。

他感激天，感激地，感激冥冥之中将自己带到栖霞山，让他遇见云谷禅师的那个人。

当然，他最感激的还是云谷禅师。

云谷禅师是佛，他心中的佛，重新赋予他生命的佛。

山路陡峭，攀登实属不易，30多岁的袁了凡累得气喘吁吁，更别说年近7旬的云谷禅师了。

即使如此，云谷禅师还是拄着拐杖，一步一步，艰难地攀登。

终于，他们登上山顶，放眼望去，下面是深不见底的峡谷，远处是高耸云端的山峰，萦绕山峰的是几缕淡淡的白云。

被太阳照得光亮的河流在山脚下蜿蜒东流，两岸是绵延的丛林。

近处，各种鸟儿在耳边鸣叫，鹰在空中盘旋。

真可谓风景如画。

正当袁了凡陶醉其中的时候，云谷禅师说话了："了凡，登山累吗？"

"有点累！"袁了凡说。

"容易吗？"云谷禅师追问。

"不容易！"

老衲送你的第一件东西，不是别的，是一句话：

从善如登，从恶如崩。

向善不容易啊！

向善就像登山一样，很累、很难，也很慢。

从恶就像山崩一样，垮下来很快、很容易，也很迅猛。

但是，只有登上山顶，你才能在一个更高的层次上看见更美丽的风景，体验更精彩的人生。

云谷禅师继续对袁了凡说——

看到自己的问题，这叫觉醒。

解决自己的问题，这叫修行。

觉醒有时候几天就能够做到，修行却是一辈子的事情。

现在，你的内心已经萌发了改变的种子，不要退缩，要像这次登山一样，坚持下去。

休息了一炷香的时间。

云谷禅师对袁了凡说："走，我们到河边去看一看！"

袁了凡又随着云谷禅师来到河边。

河水淙淙流淌，从窄窄的两山夹缝之间涌出，在触目惊心的巨石中间奔腾。

遇到阻挡，它们慢慢集聚、等待，当力量充盈之后，它们便会发出巨大的轰鸣声，一举翻过阻挡，飞流直下，水花四溅，形成漩涡，形成深潭，一路向前。

那飞溅的水花，在峡谷中散开，不时轻打在袁了凡的脸上，湿润的空气里携带着数以十万计的负氧离子，彻底清洗着他的心肺。

云谷禅师对袁了凡说，老衲送你的第二件东西，还是一句话：

心是一条河！

这是老衲这么多年修心的心得。

千万不要相信什么"心如止水"这类骗人的

鬼话。

"心如止水"只有一个结果：心如死水。

"心如死水"也只有一个结果：一潭臭水。

修心，应该把心修得像这条河一样——

当痛苦来临时，承受它，不抗拒，让它自然流走。

当幸福到来时，享受它，不执着，让它慢慢流走。

当荣誉降临时，接受它，不眷念，让它自然流走。

当羞辱袭击时，接纳它，不反感，让它慢慢流走。

……

不悔恨过去，不忧虑将来，好好活在现在，就像你眼前这条河流一样。唯有如此，你才能获得真正的自由，彻底的解放。

心是一条河，人就可以自由自在地体验人类所具有的各种情感——悲伤、愤怒、嫉妒、喜悦和幸福，却又不会沉溺其中。

心是一条河，河水自由流淌，才能够生机勃勃。

心是一条河，心无挂碍，心河才不会被阻挡，才不会形成堰塞湖。

生命是什么？

生命是一种体验，你体验得越多，生命就越精彩。

如果死死抓住任何一种情感不放，不让它流走，你就无法去体验其他的情感，最后注定会被你想要抓住的这种情感所毁灭。

情感是人心中的必需品，任何一种体验都是有用的，任何一种经历都是有意义的，如果你的心能够流动。

佛祖的心是流动的，所以，他能够看见芸芸众生的心。

菩萨的心是流动的，所以，他能够体会到普通人的情感，对人充满了深情和厚爱。

所以，佛不是无情无义的，多情乃佛心！

……

接受完云谷禅师送的礼物，望着奔腾不息的河水，袁了凡心潮澎湃：多么深的领悟啊，这就是生命的全部！

......

最后,云谷禅师说,你我有缘,在这里相会,就像这流水流到巨石边,终将流走一样,缘来应珍惜,缘尽莫停留,就让它流走吧。

千里搭凉棚——没有不散的筵席。

了凡,你也该下山了。

听完云谷禅师的话后,袁了凡一阵酸楚,千言万语涌向心头,最后却化成了绵绵不绝的哭泣声。这是一位36岁男人的哭泣,这是一个获得新生的人的哭泣;这是感动的泪水,这是依依不舍的泪水,这是百感交集的泪水。

过了很久,很久。

袁了凡抬起头来,望着这位慈眉善目的老人,长长地跪在地上,深深地一拜,然后,一步一回头地离开了云谷禅师。

袁了凡下山了。

等待他的是什么呢?

7. 生命中的贵人

一

袁学海上栖霞山的时候,心如死灰。

袁了凡下栖霞山的时候，气定神闲。

行走在青山绿水的小径上，宛如游走在画卷中，他的心跟明镜似的透亮、澄明。他知道自己接下来该做什么，不该做什么，浑身充满力量，这力量就像身边滔滔的河水，源源不断，无穷无尽。

一路上，他将自己36年的人生经历快速做了一次回顾，那些生命中的大事一幕一幕呈现出来。

不过，这次回顾是平静的、超然的，没有否认、愤怒、讨价还价、悲伤和无可奈何花落去，不带半点感情色彩，与以前大不相同。以前一想起那位姓杨的厅长（学政）把自己贡生的资格刷下来，就义愤填膺，破口大骂，甚至还埋怨那位姓屠的厅长，埋怨他为什么不晚几天升官，偏偏要在那个节骨眼上升。

当然，想起那个算命的孔老先生，他更是气不打一处来，一股无名火腾地一下从心中蹿起。他怀疑孔老先生是不是使了什么法术镇住自己的命，抑或用什么妖术把自己的好命奇门遁甲给了他的干儿子、干闺女。

愤恨是眼睛中的沙子，常常模糊人的视线，甚至连那些历历在目的真相都看不见。《教父》中有一句经典台词，是第二代教父传给第三代教父的秘诀——千万不要憎恨你的敌人,那样会让你丧失理智和判断力。

过去,袁了凡不仅憎恨自己的敌人,也憎恨自己的贵人。

现在,心中没有了愤怒,没有了憎恨,没有了抱怨,真相一下子裸露出来,他发现自己以前是真傻,不是装傻。如果时光能够倒流,如果自己能够穿越,过去那些事情,自己绝对不会那样去想,那样去做。

不过,过去的事情就让它们过去吧。

如果心生悔恨,沉溺于过去,眼睛里又会吹进沙子。

他想起云谷禅师那句话来:心是一条河!

继而,他又想,都说人一生中会遇见7个贵人。

那我生命中遇见了几位呢?

当然,孔老先生是第一位贵人。

如果没有孔老先生,说不定自己还在家乡的慈云寺卖枸杞、何首乌什么的,顶多再替别人看一看舌头,摸一摸脉,然后开一个方子,说:"吃上三副,看一看反应!"倘若稍不注意,辨错症,开错方子,病人拿根扁担,怒气冲冲地找上门来:"袁郎中,阿无乱,你到底会不会看病,你那个方子我媳妇吃了，上吐下泻，你这是在治病，还是在制造病！"

自己刚想辩解，对方便举起扁担："哦哟歪，你还想搞七捻三，看我不扑撒特你！"

按照袁了凡的个性，他肯定不会开一些绿豆呀红薯什么的食物，治不好病，也吃不死人，却骗病人说，吃吧，多吃，你的癌症就好了，至于心脏病、糖尿病、高血压什么的，只是捎带手的事情，轻飘！

所以，如果没有孔老先生这位贵人的指点，在从医的职业生涯中，医疗事故，对袁了凡来说，应该是司空见惯的事情（就他那暴脾气）。

袁了凡接着想。

除了孔先生之外，毫无疑问，云谷禅师是自己生命中最大最大的贵人。

那么，除了这两个人之外，自己还遇见过别的贵人吗？

袁了凡在心中不断搜索、查找。

不禁心头一惊，自己竟然忘了一个人，这个人一直默默支持自己，帮助自己。

想到这个人，他很是自责，这么多年来，自己怎么没注意到生命中还有这样一位贵人呢？

这个人到底是谁呢？

她就是自己的妻子，那个将一生一世守候自己的女人。

袁了凡为什么认为妻子是自己的另一个贵人呢？

因为他想起了云谷禅师对他说的话：积善之家必有余庆。

这些年来，妻子一直在默默行善。家里并不富裕，可是每次遇到荒年，妻子都要把家中一半的粮食拿出去熬粥给那些逃荒的人吃。

每次看见乞丐，妻子也都会把自己饭碗里的饭分一半给乞丐，乞丐每次都感动地说："今天遇见善良人了，好人有好报啊！"

袁了凡心想遇见云谷禅师是自己的好报，这个好报是怎么修来的呢？恐怕正是来自于妻子平日里的积善行德。

想起这个善良贤惠的女人，他感到十分愧疚，长期以来，这个女人一直在无怨无悔地承受着自己的怒气、埋怨和指责，自己几乎没有给过她好脸色，甚至还把没有孩子的事情全怪罪到她头上。

他想起那天晚上，自己醉醺醺地回家，指责妻子没给他生下一男半女，自己发完火后，倒头便睡。夜深人静的时候，他听见妻子一个人偷偷在院子中的石榴树下哭泣，对于她心中的苦楚，自己根本不理解，还冲她大吼大叫："哭什么哭，深更半夜的，不怕丢人现眼，明天别人还要上班呐！"

袁了凡越想，越惭愧；越想，越觉得对不起她。

结婚以来，自己对这个善良女人的所作所为，简直就是一种虐待。

当然，袁了凡对自己在婚姻中的表现做出的评价，是客观的、正确的、实事求是的，没有推卸责任，也没有故意加重自己的负罪感。

在生活中常常有这样两种人，一种是不管三七二十一，一遇到问题，就把责任推给对方，认为自己一点责任都没有，一切都是对方的问题，对方的错，不是自己的错。

这种人很烦，总是把身边人弄得很累。亲朋好友都烦他/她，纷纷躲得远远的，那些无法远离的亲人则会被他/她折磨得死去活来。（啃老族也属于这类）

这些人的心中没有羞愧感、负罪感，把对方折腾成那样，一点没有自责的意思，还认为那是对方反应过敏。

实际上，这是一种心理疾病，专业名词叫人格失调症。

虽然袁了凡当时并不知道这个病的名字，但对这种病症却一点也不陌生，更深受其害。

为什么人格失调症折腾别人，自己还会受害呢？因为他们的折腾不可能获得真正的成长，更不可能成为优秀的人，一辈子只会成为一个抱怨控，被别人看不起。

袁了凡心想，自己与那些优秀的人都是男子汉大丈夫，可为什么他们那么杰出，而自己的人生则像碎瓦一样，四分五裂呢？

思来想去，一个最根本的原因，就是自己患有人格失调症，把责任推给别人，心中缺少羞愧感，缺乏羞耻之心。

没有羞耻之心，做了错事，或者干了坏事，一点负罪感都没有，傲然无愧。长此以往，人一天一天沦为禽兽，还不自知。

如果说天底下最可耻的事情是什么，正是没有羞耻心。（世之可羞可耻者，莫大乎此）

不知耻的人是最可耻的，也是最可怕的。

过去，袁了凡折磨妻子，一点都不感到惭愧，现在想起这些，一股深深的羞愧感涌上心来。他忽然想起孟子那句话："耻之于人大矣！"更进一步领悟:"以其得之则圣贤,失之则禽兽耳,此改过之要机也。"

对于一个人来说,羞耻之心是最最重要的,有了羞耻之心,人就可以成为杰出的人;没有羞耻之心,人则将沦为禽兽。

所以,有没有羞耻之心,是能不能改过自新的关键。

千百年来,儒家心理学对于羞耻心的研究很深入、很细致,对人类作出了极大的贡献。

不过,需要注意的是,儒家心理学只注意到了羞耻心的一个方面——一个劲儿地培养人的羞耻心,甚至还把其推向极致,忽略了另一个方面。这个方面就是,如果人有了超负荷的羞耻心,以至于不堪重负之后,会有什么事情发生。

陈忠实的小说《白鹿原》中的白佳轩就是儒家心理学培养出来的典型,这个人正直刚强,腰杆挺得很直,一辈子没有做过什么亏心事,他一直在用儒家这套东西培养自己的儿子。

在他看来,有了羞耻之心,不管是谁当权,谁得了天下,自己都可以安安稳稳地过自己的日子,永远不倒。

但问题是,人的羞耻心不堪重负之后,又会出现另一个问题。《白鹿原》这部小说写得好，好就好在真实，陈忠实先生不仅写出了羞耻心对人的好处，也写出了超负荷所带来的坏处，不知道大家注意到没有，白佳轩的几个儿子在新婚之夜个个都像傻瓜一样，不懂男女之事，后来的长子白孝文还出现了性功能障碍。

最具有讽刺意味，也是最精彩、最深刻的莫过于，白孝文在性功能方面的毛病，是那个没有羞耻之心的淫荡的女人——田小娥给治好的。

白孝文对田小娥说："过去要脸就是那个怪样子，而今不要脸了就是这个样子，不要脸了就像个男人的样子了！"

抛开对白孝文的道德评价，仅就这件事情来说，它无疑揭示出了儒家心理学最大的毛病，就是对人性的压抑——存天理，灭人欲。

也就是说，羞耻之心并不是越多越好，要适度，太多了，为不必要的事情羞愧，人就会被沉重的负荷压死。

西方心理学的研究表明，在这个世界上，还有一种人，与患有人格失调症的人正好相反，遇到问题之后，不是一味地推卸责任，而是大包大揽，把所有责任都归咎到自己身上，认为一切问题都是自己的问题,一切错都是自己的错。

　　这些人心中背负着超负荷的羞耻之心,鸡毛蒜皮的小事情,比如念错一个字,发错一个音,他们都会感到羞愧,难过一天,自责一宿。

　　他们希望自己完美,一点错误都不犯。

　　如果像小布什那样,几国首脑一起开会,中间休息时,居然当众去按德国女总理默克尔的肩,弄得对方十分尴尬,舆论哗然,恐怕自己会羞愧得上吊。

　　事实上,中国古代因为拥有超负荷羞耻心和负罪感而上吊的人,真是不少。

　　也许,可以这样说,每一座贞节牌坊下面,都吊死过一个女人,或者还有一个男人。

　　有超负荷羞耻之心的人,心中都有一个完美的形象,这个形象往往不是现实生活中具有的,而是东拼西凑想象出来的,隔壁林志玲的温柔,村东头章子怡的风情,村西头姚晨的幽默风趣等,他们把别人的优点都搜罗集中起来,组装成一个完美的人,并与之进行比较,试图让自己尽善尽美。

　　这些人犯了一点小错,或者是犯了正常人都会犯的错,比如不小心放了一个屁,就会陷入自责的深渊:"我怎么能干那样的事情呢?全都是我的责任,都是我不好,我怎么是这样一个人?我压根就不配来到世上!"

他们似乎不知道孔子会放屁,孟子会放屁,老子会放屁,庄子更会放屁,而且庄子还很可能是故意当众放屁。

背负太重羞耻之心的人很可怜,总是把自己弄得很累。

实际上,这也是一种心理疾病,专业名词叫神经官能症。

真正正常的人有羞耻之心,但不会为不必要的事情而羞愧;他们有罪恶感,但是不会被罪恶感淹没而失去理智;他们爱干净,但是不会洁癖。(物极必反,一个人在一个方面压抑得太久,就会在另一个方面爆发。比如袁了凡,过去患有人格失调症,总是推卸责任,心里不干净,行为很脏,但同时又有洁癖。又比如抑郁症患者情绪低落,但是另一个方面又很容易转化为躁狂症,叫抑郁躁狂症)

真正正常的人在自己犯错的时候,有恰如其分的羞愧感,不会放大这种羞愧感,以至于成为罪恶感。

真正正常的人在面对问题的时候,不会推卸责任,也不会去承担不属于自己的责任,他们会努力做好自己应该做的事情,不会没做好自己的事情,却想去解放全人类。

真正正常的人对自己有一个清醒的认识,同时,对事情也能做出正确客观的评价,不像一些疯子,一会儿觉得自己是神仙,一会儿觉得自己是臭虫,不是狂妄自大,就是自卑自闭,整个一神经分裂。

……

以前的袁了凡不仅有自闭症,还有人格失调症。

有人格失调症的人没有正常的羞耻之心,总是把责任推给别人,肆无忌惮地增加别人的负担,谁离他越近,受伤就越深。这些人自以为是一团火,别人看见的却是一股烟。

如果说神经官能症是自己挖坑埋自己,那么人格失调症则是自己挖坑埋别人,他们是别人的地狱。

所幸,经过云谷禅师的心理治疗,以及自己勇敢的不懈努力,袁了凡所有的心理疾病已经彻底清除掉了。

只有清除自己的心理问题,才能看见自己身上真正存在的问题。

现在,袁了凡对自己在婚姻关系中存在的问题,看得一清二楚:自己确实没有尽到一个做丈夫的责任;自己确实对不起妻子;自己的的确确应该感到羞愧。

……

太阳慢慢西沉。

飞鸟结伴鸣叫着飞回鸟巢。

看到此情此景,袁了凡做出一个决定,先不去国子监了,改变方向,回家!

他想回家看一眼自己生命中的那位贵人。

他想回家对妻子说一声:"对不起!"

他想回家恳请她原谅自己以前的一切。

夜幕渐渐降临。

月亮缓缓升上天空。

绵延起伏的群山,在月色中露出清晰的轮廓。

他抬头望那一轮明月,他走,月也走,他停,月亦停。

这不由得令他想起李白的诗句:"暮从碧山下,山月随人归。"

袁了凡归心似箭。

回家,想回家看看。

他想庭院中的那棵石榴树是不是又长高了?

此时此刻,妻子是不是正站在那棵石榴树下,望着这轮明月思念远方的自己呢?

袁了凡情不自禁地加快了脚步。

二

对于已经了悟的袁了凡来说,他很清楚,家意味着什么。

家,不仅仅是那 100 平方米的房子,用来遮风挡雨。

家,不仅仅是房子中的那些床和家私,用来睡觉和休息。

家,是一个可以用来想念的地方,自己走得越远,思念之情越深。

有这个家,不管走到哪里,不管在外面受了多大的委屈,自己都能够承受,因为他知道即使全世界的人都不接纳自己,但是有一个地方注定不会抛弃自己,这个地方就是家。

家是精神的支柱,力量的源泉,是自己即将攀登人生高峰的大本营。

没有这个家,纵然自己在外风光无限,也犹如无根的浮萍,四处漂泊。

当然,对于已经了断的袁了凡来说,他同时也很清楚,哪些是应该了断的,哪些是应该坚守的。这其中,家就是应该坚守,应该用心来呵护和经营的地方。

……

不像有些人平时牛气哄哄，不重视家庭和亲情，等上了断头台，或者病入膏肓，临了，才恍然大悟，自己以前所追求的都白搭，唯有家庭和亲情才是最应该珍惜的。

翻过一座座青山，蹚过一条条绿水，家越来越近了。

他终于看见了那一湾清水，以及一湾清水旁那几间坐北朝南的房子，青青的瓦，白白的墙，这就是袁了凡的家。

有家的感觉真好，自己的祖上曾经是有家不能回。

自己的家也曾因父亲的离去，家徒四壁，现在虽然入赘到妻家，可是岳父、岳母都相继离去，除了妻子和母亲，家中已经没有别人。这是他唯一的归宿，真正的家。

不过，以前，袁了凡可不是这样想的，他认为入赘是一件很跌份儿的事情，有一种强烈的寄人篱下的感受。一想起这个家，就觉得有一根长长的木棍横亘在心里，成为挥之不去的心病。

有心病的人一般不会把自己得心病的原因直接说出来，毕竟那些都是难以启齿的。但不说出来，并不证明心病不存在，它们总是会以另一种方式表现出来。

正常的情绪不能通过正常的渠道表达，就一定会通过非正常的渠道发泄。（同样，正常的消息不能通过正常的渠道表达，就容易谣言四起）

对于袁了凡来说，这一非正常的渠道就是发无名火，对别人，更对妻子。他经常找碴儿将自己寄人篱下的感受，用无名火的方式发泄到妻子身上，而自己却不愿意承认发火的真正原因。

这种情形很像一些女生嫌男朋友挣钱太少，无故发脾气，如果别人击中问题的实质，问她是不是因为这个才发火时，她会坚决地否认："我才不是嫌弃他挣钱太少，我主要嫌弃他这个人。"

为什么她要矢口否认呢？因为承认这一点，就意味着自己是一个势利的人，她不想背这个名声。

很多时候，对于那些发无名火的人，你问的问题越准确，越深入，他们否认的声音越大，几乎接近声嘶力竭。

也许，很多人不理解，一个入赘的人凭什么能对妻子这么牛×，他有牛的资格吗？

实际上，越是内心虚弱的人，对外表现得越横。

经常发无名火的人并不是因为自己多么有本事，

而是因为他们的内心太脆弱，不愿意承认一些事情，或者一直在逃避一些事情。

每一种尖锐情绪的背后，都隐藏着一种柔软的情感。

情感越强烈，内心越脆弱。

这就如同走夜路唱歌，内心越害怕的人，唱的声音越大，越欢实。

现在，袁了凡已经认识到了自己的问题，他清晰地看到，自己每一次发无名火都是自卑引发的，这是一种不敢正视现实的逃避，这是把不正常的怒火以不正当的方式发在了不该发泄的人身上。

……

袁了凡怀着对妻子深深的歉意和不尽的感激之情，吱嘎一声推开屋门。

妻子看见是他，又惊又喜："相公，你回来了！"

她一边说着，一边迎上前来。

"娘子，你辛苦了！"袁了凡深情地望着这个为家日夜操劳的女人，紧紧握住她的双手，用发自肺腑的声音说道。

妻子很是诧异，这是怎么了？丈夫像变了一个人似的。

听到外面有响动，了凡娘赶忙跑出来。看到娘出来，袁了凡赶忙放下妻子的手，快步走上前去："娘，您老身体可好，儿子这一年多，每天都在想念您！"语气是高兴的，了凡娘猜想儿子肯定是中了举人，她心里想："我就说嘛，孔老先生算得不一定准。"

"考上举人了？"娘问。

"没考上。"袁了凡回答。

没考上，你高兴个啥？娘疑惑不解。

疑惑的不仅是娘，还有妻子。她发现这次丈夫回家与从前很不一样，从前回家总是冷脸一张，说起话来，大多用祈使句："喂，把饭端上来！"或者："去，洗衣服去！"口气是命令似的，没有商量的余地。但这次回家丈夫说起话来，和风细雨，温柔体贴。

妻子心中在猜谜，到底发生了什么事情呢？

晚上睡觉的时候，看到30多岁却依然风韵犹存的妻子，袁了凡把自己遇见云谷禅师的经历详详细细说了一遍。

他搂着妻子说："娘子，这么多年来，都是我不好，让你受了这么多委屈，没有你，就没有这个家，从今以后，我要好好爱你一生一世。"

妻子感动得流下了眼泪。

20多年来,她含辛茹苦,盼星星,盼月亮,终于盼来了丈夫的醒悟。

她也动情地说:"要是能给你生个儿子就好了!"

袁了凡说:"有孩子咱们要好好过,没有孩子咱们更要好好过,白头偕老!"

妻子无限温柔地依偎在丈夫的怀中。

那是一个幸福的夜晚。

酝酿着很多即将发生的事情。

三

第二天早上,袁了凡起床后,看见妻子正在屋子里忙着拆一件棉衣,好奇地问:"娘子,好好的棉衣,你拆了干吗?"

妻子望着丈夫说:"这件棉衣是丝绵做的,很值钱,我想把它拆了,拿去换一些便宜的棉絮,多做几件棉衣,送给那些贫寒之人过冬。你不是已经发誓要做3000件善事嘛,从今往后,我要与夫君一起,共同行善积德!"

看着善良贤惠的妻子,袁了凡的眼眶再次湿润了,他紧紧抱住妻子:"你这样的菩萨心肠,正是咱们家的福祉。"

过了很久，袁了凡松开双臂，拿出一张纸来交给妻子。

妻子问："这是什么？"

袁了凡说："这是云谷禅师送给我的功过格，也就是一张表格，每天做了善事，就在功格上记一笔，做了错事，就在过格上记一笔，既可以对自己所做的事情一目了然，又可以督促自己。"

沉默了一会儿，袁了凡又说："娘子，我身上有很多缺点，比如心胸狭窄、爱发脾气、性情急躁等，你知道如何才能改掉这些毛病吗？"

妻子摇了摇头，望着丈夫。

"唯一的方法就是积善成德。"袁了凡说得十分肯定。

在袁了凡看来，自己之所以有那么多的毛病，最根本的原因是心中有个封闭的自我。

这个自我越强大，妄念就越多；妄念越多，自己就越稀里糊涂，懵懵懂懂，既看不清别人，也看不清自己，既不知道哪些事情该坚持，也不知道哪些事情该放弃。

荀子说："积善成德，而神明自得，圣心备焉。"

积善最大的作用是能够让人放弃封闭的自我,主动走出去。

有一块面包,你自己吃,这不是积善。如果你把这块面包分给别人一半,这就是积善。在分给别人一半面包的时候,你的内心也悄悄在发生着改变。自己吃独食时,你心中只有自己,分给别人一半时。你心中不仅有自己,也有了别人。

别人进入了你的心中,你的心会慢慢变大,自我也会发生改变。

不积善,人就会永远待在封闭的自我的小圈子中,过去是什么德行,现在还是什么德行;过去是什么命运,现在还是什么命运。

积善,意味着放弃自我,即使是把很小的一块面包分给别人,也说明那个紧紧封闭的自我打开了一个小小的缺口。

日积月累,随着缺口的逐渐增大,人就能慢慢走出封闭的小圈子,吸收很多新鲜的东西。

当这些新鲜的东西融入自己的世界后,人的世界变大了,眼界拓宽了,认识加深了,不再夜郎自大,故步自封。这样一来,心胸也就会随之扩大,过去不能容忍的,现在一笑了之,过去耿耿于怀的,现在一笑而过。

这就是积善成德。

所以,积善最大的回报并不是你给予别人半块面包,等别人发财了,再回馈你一车面包。

这不是积善,是投资。

积善最大的回报不在别人的反应,在于其本身就能撑开自己的心胸,点亮心中的智慧。

所以,积善最大的受益者不是对方,恰恰是自己。

积善可以把一个心胸狭窄的人变得大度,让一个斤斤计较的人看见更长远的利益,把一个迷迷瞪瞪的人变得心明眼亮。

这就是神明自得。

人有了神明,也就具备了圣人的智慧和胸襟。

袁了凡与他的妻子不同,他的妻子没读多少书,但心地善良,行动多于思考,对那些朴实的真理深信不疑。

袁了凡则读了很多书,凡事都喜欢问一个为什么。

他曾问自己为什么积善能够改掉自己的缺点,提升自己的品行?为什么通过积善就能"了凡",结束平庸的人生,在平凡的世界中成为一个不平凡的人？

经过云谷禅师的点拨，现在他终于弄明白了积善的伟大意义，也坚定了自己的决心。

但是，他也很清楚积善的道路并不平坦，临别之际，云谷禅师送他的那句话——从善如登，从恶如崩，他一刻也不敢忘记。

不过，现在袁了凡对这句话有一种新的解读，这个解读更形象，更容易听懂。

他对妻子说，积善就像推着一块大圆石头上山，每走一步都要费很大的力气，稍一松劲儿，石头就会滚下山去，咱们以前的努力就白费了。

袁了凡的解读深深触动了妻子，她用坚定的目光看着他，默默地把那张功过格揣进怀中。

四

如果说袁了凡以前是破罐子破摔，行为放肆，无拘无束，有才任性，那么，现在袁了凡则是小心谨慎，战战兢兢，如履薄冰，他害怕自己稍有疏忽，那块大石头就滚回山下。

所以，治好人格失调症的袁了凡不仅有了正常的羞耻心，还拥有了敬畏心。

没有羞耻心，人干出丑事，不以为耻，反以为荣。就像一些人用身体投资，用人格经商，居然还到处炫耀："看干爹给我买的车多牛！"压根儿就没去想自己卖得有多贱。

没有敬畏心，天不怕，地不怕，做点恶事算个啥。

这些人认为老子天下第一，谁都不敢把他们怎样，行为无法无天，肆无忌惮。

现在，袁了凡心怀敬畏，觉得举头三尺有神明。无论是人前，还是人后，那个神明都在关注着自己的一言一行。

不！

甚至还关注着他心里没有表露出来的念头。

因为这个神明不在别处，就在心中。

当然，他更清楚这个神明有一左一右两只手，他的左手是仁慈的，他的右手是残忍的。

如果自己一心向善，神明就会用左手抚摸自己。

如果是自己心怀恶意和妄念，神明就会用右手残忍地抽打自己，毫不留情。

所以，他要做到人前人后一个样，不能当面是人，背后是鬼；当面是全民女婿，背后是一嫖客。

当然，人无完人，圣人也会犯错，何况像袁了凡这样的俗人。

犯了错怎么办呢？

改呗！

改有很多种改法，一种是从事情上改，这种改法很肤浅，甚至很狡猾，比如自己找小姐被警察抓住，就想自己怎么这么不小心呢？下回再干这种事情时，一定要先这样，不能那样，从而改变自己过去的方式，干得更隐蔽，更高明。

坏事人人有，不露是高人。

这种改法其中之一，就是试图成为干坏事的高手。

即使不是这样，从事情上去改，今天发脾气骂了人，就想今后禁止这样，不再乱发脾气，明天又犯了另一种错误，就想禁止另一种错误，不再让它发生。

这种就事论事的改错方法，是勉强将错误压住，带有强制执行的味道，而犯错误的病根还在心里。虽然这些错误暂时被压住，终究还是要露出来。最后自己就像一个忙碌的消防员，灭了东城的火，西城又冒起滚滚浓烟。

实际上，这是很多人的改错方法，天天都在改，天天都在犯。

正确的改错方法，是从理上去改。

袁了凡的原话是这样说的："善改过者，未禁其事，先明其理。"

善于改错的人，在还没有改正错误之前，先要弄明白这些错误究竟错在哪里，根源在什么地方，然后从道理上去改变。

比如自己杀了生，就想自己是一条命，它也是一条命，你把它杀了，那如果是别的能力更强的生灵把你杀了，你会有何种感受呢？

现在满大街都是烤鸭、水煮鱼、涮羊肉等餐厅，如果是更高级的生灵把人作为食材，悬挂上这样的招牌：烧烤男人、水煮婴儿、片涮女人……人又有何种感受呢？

再比如，妻子犯了一点小错，忘记洗碗，或者丢了东西，丈夫就怒气冲天，埋怨指责，但是丈夫想过吗，他自己也会犯这样那样的错误，今天丈夫不能原谅妻子的错误，那么明天丈夫犯了错误，妻子能原谅他吗？

如果丈夫能这样去想，妻子一定是太辛苦了才忘记洗碗，丢掉东西，她现在应该比我更难受，她丢掉的那可是她好不容易托人从法国带回来的LV呐。这样一想，丈夫不仅不会发火，指责妻子，反而还会同情妻子。

又比如，自己无端受到别人的恶意攻击，造谣说自己有这样那样的绯闻。如果你能够这样去想，就不会愤怒，至少愤怒会减轻不少：你看，每一个杰出的人都曾遭遇过别人的误解或攻击，自己连这一点点打击都承受不住，还想干什么大事情呢？

叔本华说："所有的真理必途经3个阶段。第一阶段——众人蔑视，冷嘲热讽；第二阶段——全民公敌，强烈抨击；第三阶段——众所周知，不证自明。"

圣雄甘地也有这样的表述："开始，他们忽视你；接着，他们嘲笑你；然后，他们抗争；最后，你赢了。"

如果你真能这样去想，别人的诽谤就不会让你恼羞成怒，你反而会将其视为一块磨刀石，把自己磨得更锋利，更明亮。

与此同时，如果你能够在遭遇诽谤的时候，不愤怒，不回应，即使绯闻如滚滚浓烟，弥漫天空，那也是举火空烧，没有可燃物，损害不了你半根汗毛，最终诽谤的邪火会慢慢熄灭。

事实上，这是对付小人最理想的方法。

小人最喜欢看热闹。

看热闹的人不怕事大，就怕事小。

在街上看见两个人吵架吵了半天,也不动手,最后别人一劝,居然还散了,于是长叹一声,唉,看了半天,也没打起来,很是失望。

如果你闻诽而怒,又骂又跳,那正是小人们希望看见的,即使你在各大报纸、网站上发声明,并威胁说要举起法律的武器,他们也自会有自己的解读。虽然你千方百计争辩,却越辩越黑,如同春蚕吐丝,越裹越紧,有百害而无一益。

……

毋庸置疑,袁了凡所说的这种改错法,是正确的,也是很实用的。

熟悉心理治疗的人都知道,这种方法正是后来美国心理治疗领域广泛使用的认知疗法,即通过改变人们对事物的认知方式来解决内心的情绪问题。

不过,在袁了凡看来,认知疗法是从道理上改正错误,还不是最高明的,最高明的方法则是从心上改正错误。

袁了凡说,人的错误千千万,都是由心中妄念产生的,如果心中没有了妄念,又怎么会产生错误呢?心就如同一份文件的原件,一切错误只不过是这份原件的复印件,只有改掉原件中的错误,复印件中的错误才能获得彻底的改正。

现在人们或沉迷于女色，或醉心于金钱、名声，抑或有钱任性，动不动就发脾气，这种种过失没有必要一个个逐一去消灭，只需要一心一意发善心、做善事就行。

善是正念，扶正就能除邪。

人身上的那些过失就像千年黑暗的山谷，只要用善这盏灯照进去，光到之处，就可以把千年来的黑暗，一扫而光。

善念就像太阳，太阳一出照四方，各种牛鬼蛇神全都消亡。

错误由心而生，也应由心而改。

从心上去改正错误，就像铲除毒树，连根拔起一样，无法再生长，如果不从心改变，仅仅靠剪一剪枝叶，过不了多久它们又会重新生长，旧病复发。

所以，**真正的改错在于修心，用什么来修心？就是用善**。

但是，修心之前，必须心诚，必须先把残留在心中的渣滓清理干净。

而清理渣滓，最好的方法是宽恕——原谅别人，也请求别人的原谅。

五

回家后的第二天,袁了凡就去了一趟慈云寺,找孔老先生。

见到孔老先生后,袁了凡把自己以前对他的不敬之意,当面向他陈述,并请求原谅。

孔老先生听后哈哈大笑,匪夷所思,真是匪夷所思,我怎么能把你的命奇门遁甲给别人呢?何况自己也没有干女儿啊?

他仔细端详着身边这个年轻人,心想他为什么要把自己心中的隐私告诉别人呢?多傻啊!这是什么招数?孔老先生似乎已经看不清楚这个人了。但无论如何,最后孔老先生都诚恳地原谅了他。

不仅是对孔老先生,袁了凡还要向自己曾经憎恨和伤害过的所有人当面道歉。尽管很多事情都是自己的内心活动,对方并不知道,但是他依然要这么做,因为他知道任何起心动念都会影响自己的人生。

比如在别人背后骂几句脏话,或者在心里暗暗诅咒别人,抑或虚拟个网名躲在一个阴暗的角落放冷箭,谁都发现不了。虽然这些心理和行为瞒得了别人,但是却瞒不了自己,更瞒不了冥冥之中的神明。

袁了凡列出了一长串道歉名单——

他要向屠厅长道歉,因为他曾经埋怨屠厅长在自己最关键的时刻升迁。

他要向杨厅长道歉,因为他曾经十分憎恶他,是他耽误了自己的前程。

他要向镇子里的吴老二道歉,因为他曾经嘲笑吴老二患脑血栓后看谁都哆嗦。

……

看着这串名单,袁了凡忽然发现当面道歉是不可能的事情,因为屠厅长在哪里,他不知道。杨厅长是不是进去了,在哪个监狱,他也不知道。吴老二前年就死了,自己更不可能当面去道歉。怎么办呢?

他想到了慈云寺里的那尊佛像,决定当着佛像的面,向他们道歉。

这天晚上,回到家中,他睡得格外香,属于深睡眠,好久都没有这样的睡眠了。

睡着睡着,还做了一个梦。

他梦见自己口吐黑物,那黑物又臭又脏,让他恶心。不过,在梦中,他吐完黑物后,顿觉心旷神怡。

那时虽然还没有《梦的解析》这本书,但是中国从来就不缺少解梦的人。

做梦容易解梦难。

哪些梦有寓意,哪些梦没有寓意,这些寓意是什么,从来都是公说公有理婆说婆有理。

对于梦,袁了凡也有自己独特的解读,他认为梦境很难说清楚,但是对于梦的感受却很容易辨识。如果梦见的那些东西令人心情舒畅,这就是好梦,好兆头。如果梦见的东西让人心惊胆战,甚至被惊醒,这就是噩梦,不是好兆头。

袁了凡心想,黑物令人恶心,这不是好东西,但是吐出黑物后,自己心旷神怡,又说明这是一个好梦。

那么,黑物究竟代表什么呢?

他慢慢分析着这个梦,突然醒悟,莫非这个梦与今天自己在慈云寺的行为有关?过去自己心中的那些憎恨和恶念,不正是那些黑物吗?虽然自己意识不到它们的存在,可它们一直盘踞在心中,从来就没有离开,总是时不时冒出来,潜移默化地影响自己的想法和行为。

今天自己在佛像前面把那些乌七八糟的东西淋漓尽致地掏出来,不正是吐出了那些黑物吗?

……

袁了凡对梦的解释是有道理的。

梦是什么？

梦是潜意识与意识交流的平台。

意识与潜意识的关系，就像大海里的冰山，露出冰山一角的是意识，隐藏在水下那庞大的部分是潜意识。

潜意识是意识的底座，默默地支撑着意识。

我们所说的呈现内心，并不是呈现意识中的那些东西，而是要呈现潜意识中的东西。

西方人说上帝在你心中，中国人说佛在心中，这个心正是潜意识。

如果人能够让意识逐渐贴近潜意识，就意味着越来越接近心中的佛。

如果人一意孤行，让意识背离潜意识，就意味着离心中的佛越来越遥远。

所谓妄念，就是意识违背了潜意识的那些想法。

所谓明心见性，就是意识抛弃自己的想法之后，终于领悟潜意识的想法，看清了自己的本性。

跟随潜意识的指引，人就行走在正道上；违背潜意识的指引，人就妄念丛生，必然遭遇厄运。

神是什么？

神就是潜意识。

当一个人背离自己的潜意识之后,潜意识的反抗是凶猛的、残忍的。看那些精神病患者发病时的情形,我们就可以明白这一点。

但是,如果我们能够抛弃意识中的妄念,遵循潜意识的指引,内心就会变得澄明,洞若观火。这样一来,行动办事便会如有神助。

过去,袁了凡常常做噩梦,梦见一些稀奇古怪的事情,令他恐惧、愤怒、生气,有时还会在梦中哭泣。这些梦都说明,他的意识与潜意识在发生激烈的冲突。

现在,他的梦轻松舒适,有时梦见自己飞翔在天空中,有时梦见与孔子、孟子在一起,有时梦见自己坐在华盖内,旌旗招展。

这些梦说明,袁了凡心中那些阻碍潜意识的妄念一点点在消失,潜意识与意识逐渐达到平静和谐的状态。

实际上,每个即将发生人生重大转变的人,都会在一段时间内受到潜意识的指引,而这些指引又多半来自于梦。

人与梦的关系,决定着人与现实的关系。

唯有亲近梦的人,才能够亲近自己的内心。

真正的改变来自内心深处,而内心深处的改变来自于潜意识。

……

在家中待了一段时间后,袁了凡便告别了妻子和母亲,上路去南京的国子监。

乡试马上就要举行了,袁了凡要去参加考试。

孔老先生算他考不上。

他的命运是不是还会按照孔老先生的命运图运行呢?

第四训　谦德之效

【阅读导航】

"谦",能保持善果,否则虽"积"也保不住,也是枉然。善真正能保持,要靠"谦","谦德之效"。所以《金刚经》里讲布施(修善),用忍辱来保持。不能忍辱,修积再多都落空。儒家的保持方法就是"谦德"。

【原典精读】

易曰:"天道亏盈而益谦,地道变盈而流谦,鬼神害盈而福谦,人道恶盈而好谦。"

【译文通解】

《易经》谦卦上说:"天的道理,不论什么,凡是骄傲自满的,就要使他亏损,而谦虚的就让他得到益处。地的道理,不论什么,凡是骄傲自满的,也要使他改变,不能让他永远满足;而谦虚的要使他滋润不枯,就像低的地方,流水经过,必定会充满了他的缺陷。鬼神的道理,凡是骄傲自满的,就要使他受害,谦虚的便使他受福。人的道理,都是厌恶骄傲自满的人,而喜欢谦虚的人。这样看来,天、地、鬼、神、人,都看重谦虚的一边。"

【经典心裁】

"盈"是满。我们看月亮的盈亏,就能体会到这个道理。满月后的亮光必定是一天一天地减少;月未满时,光明会一天一天地增加,增加一点就是"益谦"。"满招损,谦受益",我们从这些地方就能体会"天道"(大自然的定律)。

"地道变盈而流谦","盈"是盈满。你看水满就往低洼的地方流,这是地道之形象。人也是如此;"人道恶盈而好谦","恶"是厌恶。前清曾国藩,官位最高曾经做到四省的总督,真的像小皇帝一样。他书念得多,知道已经过了头,不是好事情,就为书房题名"求阙斋",以明其志。人皆求圆满,曾先生求阙,要求欠缺一点,不能盈满。地位愈高愈谦虚，所以他能够保得住，一直到现在，他的后人都相当好。这是他自己有德行，修善积德，后人能遵遗教，所以富贵能常保。

【原典精读】

是故谦之一卦，六爻皆吉。

【译文通解】

所以，谦卦当中，六爻都吉利。

【经典心裁】

《易经》六十四卦，每一卦都有吉有凶，总是吉凶相参的，只有《谦卦》"六爻皆吉"。六十四卦只有这一卦！这个卦象称为"地山谦"。上面是《坤卦》，坤是地；下面是《艮卦》，艮是山。高山是在地底下，这表谦虚，所以德位愈高，愈要卑下。

【原典精读】

书曰："满招损，谦受益。"

【译文通解】

《尚书》上也讲："自满，就会遭到损害，自谦，就会受到益处。"

【经典心裁】

世出世间真正得好处、得大利益者必是谦虚之人。"满"就是今天所讲的骄傲。

【原典精读】

予屡同诸公应试，每见寒士将达，必有一段谦光可掬。

【译文通解】

我好几次和许多人去参加考试，每次都看到贫寒的读书人，快要发达考中的时候，脸上一定有一片谦和，而且有安详的光彩发出来，仿佛可以用手捧住的样子。

【经典心裁】

这是了凡先生以他一生的经验来观察，《易经》、《尚书》里所讲的非常有道理，都应验在日常人事之间。他每一次去参加考试，跟同伴一块去，看到这科会考中的人都很谦虚。从这些经验去观察，这个人能不能考中，几乎都可以预料得到。

【原典精读】

辛未计偕,我嘉善同袍,凡十人,惟丁敬宇宾,年最少,极其谦虚。予告费锦坡曰:"此兄今年必第。"费曰:"何以见之?"予曰:"惟谦受福。兄看斗人中,有恂恂款款,不敢先人,如敬宇者乎?有恭敬顺承,小心谦畏,如敬宇者乎?有受侮不答,闻谤不辩,如敬宇者乎?人能如此,即天地鬼神,犹将佑之,岂有不发者?"及开榜,丁果中式。

【译文通解】

辛未年,我到京城去会试,我的同乡嘉善人一起去参加会试的,大约有10个人,只有丁敬宇,这个人最年轻,而且非常谦虚。我告诉同去会试的费锦坡说:"这位老兄,今年一定考中。"费锦坡问我说:"怎样能看出来呢?"我说:"只有谦虚的人,可以承受福报。老兄你看我们10人当中,有诚实厚道,一切事情不敢抢在人前,像敬宇的吗?有恭恭敬敬,一切多肯顺受,小心谦逊,像敬宇的吗?有受人侮辱而不回答,听到人家毁谤他而不去争辩,像敬宇的吗?一个人能够做到这样,就是天地鬼神,也都要保佑他,岂有不发达的道理?"等到放榜,丁敬宇果然考中了。

【经典心裁】

辛未计偕,就是与同伴一起去参加考试。"敬宇"是号,"宾"是名。这个人年纪很轻,"极其谦虚";"予告费锦坡曰",可见费锦坡也是同行的一个。"此兄今年必第",了凡先生观察判断他一定登第,一定考取。"费曰:'何以见之?'"他说,你怎么知道?"余曰:'惟谦受福'",了凡说明他观察人理论的依据,"兄看十人中",请看我们10个同伴之中,有恂恂款款,不敢先人,如敬宇者乎?"这是形容其忠厚老成。

10个人当中,忠厚老成哪一个人比得上他?"有恭敬顺承,小心谦畏,如敬宇者乎?有受侮不答,闻谤不辩,如敬宇者乎?"这两句非常难得,别人侮辱他、侵犯他,他都能包容,都能不计较,量大福大。"'人能如此,即天地鬼神,犹将佑之,岂有不发者?'及开榜,丁果中式。"他果如所料地考取了!这是一个例子。

【原典精读】

丁丑在京,与冯开之同处,见其虚己敛容,大变其幼年之习。李霁岩,直谅益友,时面攻其非,但见其平怀顺受,未尝有一言相报。

【译文通解】

丁丑年在京城里,和冯开之住在一起,看见他总是虚心自谦,面容和顺,一点也不骄傲,大大地改变了他小时候的那种习气。他有一位正直又诚实的朋友李霁岩,时常当面指责他的错处,但却只看到他平心静气地接受朋友的责备,从来不反驳一句话。

【经典心裁】

"丁丑"年了凡在京师,他与朋友冯开之相处。"见其虚己敛容",看到他的学问、他的修养。"大变其幼年之习",他在年轻的时候不是这样的,几年没见,完全不相同。"李霁岩,直谅益友",李霁岩是他好朋友——直谅益友。"时面攻其非",这个朋友的确是我们所说的"益友"——看到他有毛病当面就呵斥,当面就教训。"但见其平怀顺受,未尝有一言相报。"人家指责他,他都能接受。正所谓:"有则改之,无则加勉。"我没有过失,人家冤枉我,也不怨人!责备总是好的,实在讲,责备的人才是真正爱护自己。自己儿女有过失,你会责备;邻居的儿女有过失,为什么不责备呢?所以纵然是错误的,也是出于爱心,因此都能顺受——感激受教。

【原典精读】

予告之曰:"福有福始,祸有祸先。此心果谦,天必相之,兄今年决第矣。"已而果然。

【译文通解】

我告诉他说:"一个人有福,一定有福的根苗;有祸,也一定有祸的预兆。只要这个心能够谦虚,上天一定会帮助他,你老兄今年必定能够登第了!"后来冯开之果然考中了。

【经典心裁】

了凡先生告诉他说,祸福都是有征兆,有预兆的。了凡先生有学问,而且又得孔先生的真传,会看相算命,看相算命是其次,看到一个人断恶、修善、积德,知道才是真正创造命运、改造命运。所以他的判断可以说相当地准确——冯先生果然在当年考中。

【原典精读】

赵裕峰光远，山东冠县人，童年举于乡，久不第。其父为嘉善三尹，随之任。慕钱明吾，而执文见之，明吾悉抹其文，赵不惟不怒，且心服而速改焉。明年，遂登第。

【译文通解】

赵裕峰，名光远，是山东省冠县人，不满20岁的时候，就中了举人，后来又考会试，却多次不中。他的父亲做嘉善县的"科长"，裕峰随同他父亲上任。裕峰非常羡慕嘉善县名士钱明吾的学问，就拿自己的文章去见他，哪晓得这位钱先生，竟然拿起笔来，把他的文章都涂掉了。裕峰见了不但不发火，并且心服口服，赶紧把自己文章的缺失改了。如此虚心用功的年轻人，实在是少有，到了明年，裕峰就考中了。

【经典心裁】

"三尹"，就是县政府里面第三等的职位。县长是"大尹"，主任秘书是"二尹"，科长是"三尹"。赵裕峰先生，随父在嘉善县时，"慕钱明吾，而执文见之"。钱明吾是当时的一位学者,他对钱明吾先生非常仰慕,便拿着自己的文章去向他请教。不想"明吾悉抹其文",钱先生把他的文章大幅修改。一般人对此会很难过,纵然作得不好,也不至改得那么多!"赵不惟不怒,且心服而速改焉。明年,遂登第。"此处我们看到赵先生的谦虚、真诚、恭敬、认真的学习态度,所以他才会进步——第二年就考中了!

【原典精读】

壬辰岁,予入觐,晤夏建所,见其人气虚意下,谦光逼人。归而告友人曰:"凡天将发斯人也,未发其福,先发其慧;此慧一发,则浮者自实,肆者自敛;建所温良若此,天启之矣。"及开榜,果中式。

【译文通解】

壬辰年我入京城去觐见皇帝,见到一位叫夏建所的读书人,看到他虚怀若谷,毫无一点骄傲的神色,而且他那谦虚的光彩,就像会逼近人的样子。我回来告诉朋友说:"凡是上天要使这个人发达,在没有发他的福时,一定先发他的智慧,这种智慧一发,那就使浮滑的人自然会变得诚实,放肆的人也就自动收敛了，建所他温和善良到这种地步，是已发了智慧了，上天一定要发他的福了。"等到放榜的时候，建所果然考中了。

【经典心裁】

壬辰年，了凡先生"入觐"时，遇夏建所先生。见到夏先生"谦光逼人"，对人恭敬有礼。这一段里面最重要的一句话，就是"天将发斯人也，未发其福，先发其慧"。前面说过，没有慧不能修福，修也得不到福。为什么呢？福善有真、假；有半、满；有是、非，你不认识！好心修福，谁知道造了一身罪业；造了罪业，自己还以为是在修福。所以要先读书，读书才明理。理明白之后，才知道什么是福田，应该怎样种福。人若智慧现前，自然收敛、稳重、温良、谦敬、忍让。夏先生也是在这一科考中了！

【原典精读】

江阴张畏岩，积学工文，有声艺林。甲午，南京乡试，寓一寺中，揭晓无名，大骂试官，以为眯目。

【译文通解】

江阴有一位读书人,名叫张畏岩。他的学问积得很深,文章做得很好,在许多读书人当中,很有名声。甲午年南京乡试,他借住在一处寺院里,等到放榜,榜上没有他的名字,他不服气,大骂考官眼睛不清楚,看不出他的文章好。

【经典心裁】

张畏岩先生,有才学,文章写得很好,在一般读书人中也是很有名气的。甲午年参加"南京乡试",结果没考中。他怨天尤人,大骂主考官没有眼睛,这么好的文章却没录取。

【原典精读】

时有一道者,在旁微笑。

【译文通解】

那时候有一个道士在旁边微笑。

【经典心裁】

当时有位老道,听他大骂主考官有眼无珠,不录取他的文章,在那里发脾气,老道在旁边微笑。

【原典精读】

张遂移怒道者。

【译文通解】

张畏岩马上就把怒火发在道士的身上。

【经典心裁】

张先生见老道在笑他,他的气立即就发到老道身上了。

【原典精读】

道者曰:"相公文必不佳。"

【译文通解】

道士说:"你的文章一定不好。"

【经典心裁】

老道说:"你的文章一定不好,所以主考官没录取你。"

【原典精读】

张怒曰:"汝不见我文,乌知不佳?"

【译文通解】

张畏岩更加愤怒,说:"你没有看到我的文章,怎么知道我写得不好呢?"

【经典心裁】

张先生听了老道的批评,火气更加大了。他说:"你没有见到我的文章,怎么知道我的文章不好!"

【原典精读】

道者曰:"闻作文,贵心气和平,今听公骂詈,不平甚矣,文安得工?"

【译文通解】

道士说:"我常听人说,做文章最要紧的,是心平气和,现在听到你大骂考官,表示你的心非常不平,气也太暴了,你的文章怎么会好呢?"

【经典心裁】

老道说:"我听说作文章要心平气和,像你脾气这么暴躁,你的文章怎么会作得好?"张先生毕竟是念书人,念书人服理;老道说得有理,他不得不服。张不觉屈服,因就而请教焉。

【原典精读】

张畏岩听了道士的话,倒不自觉地屈服了,因此,就转过来向道士请教。

【译文通解】

老道所言的确是有至理,张畏岩想想是自己错了!于是他回过头来,向老道"请教"。由此可见。张先生知过即改,这才是真学问、真功夫。

【原典精读】

道者曰:"中全要命;命不该中,文虽工,无益也。须自己做个转变。"

【译文通解】

道士说:"要考中功名,全要靠命,命里不该中，文章虽好，也没益处，仍不会考中。一定要你自己改变改变。"

【经典心裁】

这就是真正知道命运，因果报应丝毫不爽。中不中与文章没有多大的关系，与"命"有关系；功名如此，富贵也如此。你发不发财，与你做生意怎么样经营、怎样策划，都没关系：问你命里有没有？有发大财的命，即使没念过书，什么都不懂，还是发大财；财是怎么发的他自己也不晓得，年年都有那么多财富收入，这是他命里有：如果命里没有，想尽方法，使尽手段也得不到。

今天，人不知命，不信命运，胡作妄为，天天造罪业，还想得好报，哪有这个道理！那为什么从前人的果报，很快就能见到，而现在人造的因果似乎见不到？这是因为大家都造恶，一个一个报来不及了：到时候必定是算总账，一笔就消掉了。一个人的文学、才艺、富贵、寿、考都要有命运，创造命运，改造自己的命运，这才是真正聪明，都浪费了，那才叫可惜！所以老道又告诉他说："须自己做个转变。"

【原典精读】

张曰:"既是命,如何转变?"

【译文通解】

张畏岩问道:"既然是命,怎样去改变呢?"

【经典心裁】

这就是云谷禅师教了凡先生的——一定要自己改造自己的命运。命里注定的也能变吗?命里注定是常数,你能断恶修善就有变数;你不知道断恶修善,那就是真的一生都受命运的安排。果然能够断恶、修福、积德,你的命运绝对改变。

【原典精读】

道者曰:"造命者天,立命者我;力行善事,广积阴德,何福不可求哉?"

【译文通解】

道士说:"造命的权,虽然在天,立命的权,还是在我;只要你肯尽力去做善事,多积阴德,什么福不可求得呢?"

【经典心裁】

这是老道教他改造命运的方法，了凡居士在前面已经细说了。

【原典精读】

张曰："我贫士，何能为？"

【译文通解】

张畏岩说："我是一个穷读书人，能做什么善事呢？"

【经典心裁】

张先生说："我很贫寒，能拿什么来修福呢？"

【原典精读】

道者曰："善事阴功，皆由心造，常存此心，功德无量。"

【译文通解】

道士说："行善事，积阴功，都是从心做出来的，只要常常存做善事、积阴功的心，功德就无量无边了。"

【经典心裁】

老道说,"善事阴功,皆由心造",不需要钱财。往往没有钱的人能够积大功、积大德;有钱的人未必能造福、能积德。

【原典精读】

"且如谦虚一节,并不费钱,你如何不自反,而骂试官乎?"

【译文通解】

就像谦虚这件事,又不要花钱,你为什么不自我反省,不认为自己功夫太浅,自己不能谦虚,反而骂考官不公平呢?

【经典心裁】

且如谦虚一节,并不费钱,这是举例说明。像你刚才那个态度就是太傲慢了!你能谦虚一点就是善、就是德,这不要花钱。考试不中,应当自己反省,改过自新怎能责怪主考官?这是眼前的事情。可见善恶、祸福,确实在一念之间。

【原典精读】

张由此折节自持,善日加修,德日加厚。丁酉,梦至一高房,得试录一册,中多缺行。问旁人,曰:"此今科试录。"问:"何多缺名?"曰:"科第阴间三年一考较,须积德无咎者,方有名。如前所缺,皆系旧该中式,因新有薄行而去之者也。"后指一行云:"汝三年来,持身颇慎,或当补此,幸自爱。"是科果中一百五名。

【译文通解】

张畏岩听了道士的话,从此以后就有意转变一向骄傲的态度,很留意把持住自以有福的根基;那些满怀傲气的人,一定不是远大的器量,就算能发达,也不会长久地享受福报。

【经典心裁】

看看眼前国内外那些发达的人,一些显然满盈、器度不大,是谓富而不乐——不得真实受用。我听说有些有钱的人,躲躲藏藏,怕人家找他麻烦,怕黑社会找他,生活痛苦不堪。那是受苦,不是享乐!人生在世要快快乐乐,不要痛苦,这才是幸福的人生。

【原典精读】

稍有识见之士,必不忍自狭其量,而自拒其福也。况谦则受教有地,而取善无穷。

【译文通解】

稍有见识的人,一定不肯把自己肚量弄得很狭窄,而使自己得不到可以得到的福。况且谦虚的人,他还有地方可以受到教导,若人不谦虚,谁肯去教他?并且谦虚的人,肯学别人的长处,别人有善的行动,他就去学,那么得到的善行,就没有穷尽了。

【经典心裁】

这两句话我们要记住,一定要认真学习,尤要学"谦虚"。

【原典精读】

尤修业者,所必不可少者也。

【译文通解】

尤其对进德修业的人,一定不可缺少的啊!

【经典心裁】

"修业进德",关键就在"谦"字,要觉得不如人,人皆有擅长为我不及——是真正不如人,不是假装的不如人。若表面上谦虚,实际上还是很自负;纵然人家看不出来,天地鬼神佛菩萨早看清楚了。所以"谦"要真正从内心里面发出来,没有丝毫的虚假。善人我不如他,恶人我也不如他!真正谦虚——他有善行我没有,我不如他;他作恶,我不敢,我也不如他。这才"谦"到了底,山才真正埋在地底下!像《善财童子五十三参》,就是"地山谦"的具体实践。学生只有我一个,其他都是我的老师,我的善知识。《善财童子五十三参》实在来讲他所学的是什么?"谦"之一字而已。最后他圆满成佛了!

【原典精读】

古语云:"有志于功名者,必得功名;有志于富贵者,必得富贵。"人之有志,如树之有根,立定此志,须念念谦虚,尘尘方便,自然感动天地。

【译文通解】

古人有几句老话说:"有心要求功名的,一定可以得到功名;有心要求富贵的,一定可以得到富贵。"一个人有远大的志向,就像树有根一样;树有根,就会生出丫枝花叶来。人要立定了这种伟大的志向,必须在每一个念头上都要谦虚,即使碰到像灰尘一样极小的事情,也要使别人方便。能够做到这样,自然会感动天地了。

【经典心裁】

这一节开示的话很要紧。立定志向,谦虚精进,才能满愿;果能依教力行,"自然感动天地"。

【原典精读】

而造福由我,今之求登科第者,初未尝有真志,不过一时意兴耳;兴到则求,兴阑则止。孟子曰:"王之好乐甚,齐其庶几乎?"予于科名亦然。

【译文通解】

而造福全在我自己,自己真心要造,就能够造成。像现在那些求取功名的人,当初哪有什么真心,不过是一时的兴致罢了。兴致来了，就去求，兴致退了，就停止。孟子对齐宣王说："大王喜好音乐，若是到了极点，那么齐国的国运大概可以兴旺了。但是大王喜好音乐，只是个人在追求快乐罢了，若是能把个人追求快乐的心，推广到与民同乐，使百姓都快乐，那么齐国还有不兴旺的么？"我看求科名，也是这样，要把求科名的心，落实推广到积德行善上；并且要尽心尽力地去做，那么命运与福报，就都能够由我自己决定了！

【经典心裁】

最后了凡先生引用孟子的话作为总结。我自己一个人好乐，何不与民同乐？与民同乐才是真乐！所以凡是自己喜欢的，最好能把欢喜扩大，这才是正确的，这是真正的富贵。譬如在台湾，老百姓都迷在财富上，如果大家能明白这个道理，地区官员与民众共同来创造财富，共享财富，共享安和乐利；"民之所好而好之，民之所恶而恶之"这才是"顺应民心"。

我们用智慧修善积德，创造财富。要帮助全世界落后的地区、贫穷的地区，这种富贵创造得才有价值、才有意义。财富据为己有，祸害就近了！

【拓展阅读】

8. 命运的转变

一

从栖霞山下来后的第二年,即 1570 年,袁了凡终于考上了举人。

这是孔老先生第一次失算,也可以说,这是袁了凡命运的拐点,他的命运从这里拐弯,开始新的旅程。

袁了凡现在与范进同学一样都是举人了。

不过,袁了凡这个举人与范进同学那个举人很不一样。

范进是 54 岁才考上秀才,中举应该快 60 岁了,袁了凡中举时才 37 岁。

袁了凡中举不是命中具有的,更不是靠别人施舍的,是他自己争取的。

范进同学的中举却很奇葩。

范进同学的文章写得很烂,就如同他的烂衣服一样,不过,烂文章没有给他带来好运,烂衣服却改变了他的人生。

范进考试时的主考官是省教育厅(学政)的周

进厅长,范进可能是很多题做不上来,就先交了卷。周厅长没事拿起卷子一看,这是什么呀,狗屁不通,连起码的主谓宾都没搞清楚,就想把试卷往废纸篓里扔,不过,好奇心突然涌现,他想看一看究竟是谁这么有胆量,写这么烂的文章居然敢来参加考试,说实话,周厅长很佩服这个人的勇气。

这一看不打紧,周厅长看见一个60岁左右的老人,穿着破烂不堪的衣裤,垂手站在门前,就像一个乞丐在要饭:"大人,行行好,给我一口吃的吧,我已经饿了3天3夜了。"

顿时,周厅长的好奇心转变成怜悯心——多可怜的人儿呀!

再一想,自己曾经也跟这个人一样,60多岁才中举,那其中所经历的酸楚,所遭遇的嘲笑和屈辱,至今历历在目。那种日子真不是人过的,家里穷得揭不开锅不说,关键是别人还不肯借米,谁都可以骂你,谁都可以欺负你,连患脑血栓的吴老二都敢嘲笑你,更别说岳父、岳母了。

这样一想,怜悯心又变成了自怜心。

范进的处境勾起周进的苦水,两个苦瓜一根藤,范进的苦就是周进的苦,周进的痛就是范进的痛。谁让他们两个人的名字中都有一个"进"字呢,同

"名"相怜。

周厅长想,录取眼前这个人,就是录取自己。

自己参加考试,自己又是主考官,不录取自己录取谁呢?

屁股决定脑袋。

于是,范进同学没有经过开会讨论,就被周进老师点招成了举人(纪检部门还查不出来,因为没有行贿受贿)。

……

几百年来,范进同学的奇葩经历默默激励了很多人,到今天已经演变成一种广泛使用的招数,比如很多人在选秀节目中,先述说自己的生活多么凄惨,一上来就把范进那身烂衣服亮出来,这里一个洞,那里一个孔,要多惨有多惨,然后再开始唱。

那些评委也有过很惨的时候,一想起自己没成名在地下室泡方便面时,或者被戴袖标的大妈盘问时,眼泪就忍不住往外流,屁股情不自禁地挪到像范进的那个歌手一边。

在这个世界上,有几个人的屁股能坐正呢?

所以,很多时候,不要太把考试当一回事,考试考的不是本事,是屁股。

但是,袁了凡中举靠的却是真本事。

更重要的是，他有力地证明命运完全可以靠自己改变。

1571年，袁了凡又将向新的高峰发起冲锋，他要一鼓作气，去北京考进士。

意气风发的他与浙江嘉善县的考生一同乘船，站在船头上，两岸的青山、稻田、农舍慢慢后退，自己一路向前。

他想起若干年前，自己与通判大人同船视察嘉善的防务，不过，那时他的心是浑浊的、迷糊的，现在，他心明眼亮。尤其值得一提的是，这时他已经学会了读心术，不仅能读自己的心，也能读别人的心。

嘉善的考生很多，有白胡子的老举人，也有20多岁的年轻人。

袁了凡在这群人中，用读心术仔细观察，看他们谁能考上进士。

袁了凡的读心术与孔老先生的算命、看相不同，更具科学性，有深厚的心理学基础，一点都不神秘，类似于美国FBI读心术，通过人脸部的表情、说话的语气和内容，以及身体语言来判断人的心性，即高考前的心理咨询。

袁了凡发现在这群人中，有一个名叫丁敬宇的人,岁数最小,比袁了凡小10岁,却很谦虚。他想自己如果在那个年纪中举去考进士,一定趾高气扬,目中无人,大有李白的范儿——仰天大笑出门去,我辈岂是蓬蒿人!

但丁敬宇不同,就像他的名字一样,"敬"是恭敬,"宇"是寰宇。

"敬宇"就是对世界上的万事万物都充满敬畏和恭敬之心。

他敬畏天,举头三尺有神明。

他恭敬地,恭敬大地的养育之情。

人有了敬畏之心,自己就会变得谦卑。

而一个出类拔萃的年轻人在本应该张狂的时候,却变得如此谦虚,这说明了什么?说明上天还会把更大的担子交给他去挑。

袁了凡悄悄把自己读心的结果告诉同学费锦坡:"丁敬宇这位仁兄,今年一定能金榜题名!"(《了凡四训》中提到的所有人都是真名实姓,历史上确有其人,没有一丝虚构)

费锦坡十分不解,大家都瞧不起这个丁敬宇,你为什么独独说他能中进士呢?

袁了凡说:"只有虚怀若谷的人,才可以承受福报。老兄你看我们这群人当中,论厚重朴实,有谁能超过丁敬宇？有人出一个题目，大家都抢先回答，急着显摆自己多么有学问，只有丁兄稳重踏实，什么事情都不敢抢到人前。论恭敬谦逊，又有谁能超过他呢？更难能可贵的是，别人受到嘲笑和羞辱的时候，不是极力辩解，就是猛烈回击，有谁像丁兄那样，受侮辱时不吭声，遭到诽谤时，不辩解。人如果能够做到这样，就是天地鬼神都会保佑他，哪有不发达的道理呢？"

袁了凡的读心术朴实无华，果然与孔老先生的算命术不同。孔老先生的算命术很神秘，让人捉摸不透，而袁了凡的读心术有理有据，令人心服口服。

孔老先生说他的算命术来自《易经》，那么袁了凡的读心术又来自哪里呢？同样来自《易经》。

同一本书，不同的人读，得出的东西却大不一样。

《易经》说："天道亏盈而益谦，地道变盈而流谦，鬼神害盈而福谦，人道恶盈而好谦。"

天的法则是，充盈就意味着衰减，譬如月亮，圆的时候，即是残缺的开始。

地的法则是，满了，就会流走，譬如水往低处流。

魔界的法则是，谁牛×，谁就会挨揍。

人间的法则是，谦虚使人进步，骄傲使人落后。

不管仙界、人界，还是魔界，其法则都是一致的。

与此同时，在《易经》六十四卦中，每一卦都有凶有吉，唯有"谦"卦，每一爻都是吉，没有凶。

"谦"卦，上面是一个"坤"卦，象征着地，下面是一个"艮"卦，象征着山。山在下面，地在上面，意思是人有山一样的才华和功绩，却像地一样低调。

这样的人无往而不胜。

听完袁了凡的读心术分析后，费锦坡半信半疑，其他人更认为袁了凡在胡诌。

什么？丁敬宇？

就他那傻了吧唧的样子，还能考上进士？！

那么，结果究竟如何呢？

二

等到发榜那天，嘉善10多个考生，包括袁了凡在内，全部落榜，唯有丁敬宇的名字赫然在榜单上。

很多人愤愤不平，认为主考官有眼不识金镶玉，没录取自己还好说，居然录取了丁敬宇。

说实话，一般人很难瞧得起丁敬宇，就拿这次考上进士来说吧。

过去，凡是考上进士的人都要去拜访主考官，丁敬宇也不例外，他去拜访主考官王锡爵时，主考官对他说："你现在已经考上进士了，应该看一些古文。"（韩愈、欧阳修等发起的古文运动）

丁敬宇问："什么是古文？"（一个进士居然不知道古文，活该被别人骂，人家不服气也是有道理的）

主考官说："就是韩柳欧苏的文章！"（韩愈、柳宗元、欧阳修、苏东坡）

韩柳欧苏？丁敬宇从来没听说过这个名字，他想这是什么名字呀，怎么4个字呢？是韩国名字吗？不像！是日本名字吗？也不像。难道是西班牙或葡萄牙的名字？

丁敬宇很晕！

一般人这时都会就此打住，回家后自己赶紧翻字典，或者上网猛查一通。

可是，丁敬宇偏不，他继续问："韩柳欧苏是一个人呢，还是两个人？"

主考官觉得再谈这个话题很尴尬，就想转移话题，随口说："也可以读一读《二十一史》！"

谁知丁敬宇又愣头愣脑地说:"什么?《二十一史》?一个人怎么能写那么多东西呢?"

弄得主考官哭笑不得,心想,我怎么录取了他呢?

大家对丁敬宇很不服气,对袁了凡却很服气,认为他有眼光,能未卜先知。

许多人赶忙邀请袁了凡吃饭:"袁兄,今天北京烤鸭,我请客!"

袁了凡笑着回绝:"不好意思,我吃素!"

这时丁敬宇来了,他已经听说了船上的事情。

看见丁敬宇走过来,袁了凡忙着道喜:"恭喜敬宇兄,贺喜敬宇兄!"

丁敬宇有些不好意思:"了凡兄,我想请您吃饭!"

"好呀!"袁了凡爽快地答应了。

这时的袁了凡心里跟明镜似的,他知道虽然自己明白应该怎么做,但是现在自己的德行还不够,还没有能力做到。于是他把这次落榜当成一次磨炼自己的机会,不像其他的落榜生心中充满抱怨和愤恨。

他们来到一家素食馆,相谈甚欢。

袁了凡说:"敬宇兄忠厚谦卑,言若讷讷,实则蕴含大智慧！"

丁敬宇说："了凡兄大才，只不过暂时委屈，而我侥幸而已！"

袁了凡诚恳地说："兄以至柔而胜天下之至刚，以无为而胜天下之有为，前途无量！"（相互吹捧，共同提高）

这一顿饭从中午一直吃到晚上，袁了凡把自己遇见云谷禅师的事情说给他听。

丁敬宇听后十分感慨。

丁敬宇把自己做的一个梦说给袁了凡听，说自己梦见一个天神模样的人对他说"你当官之后，务必把赈灾和扶贫放在首位。"

袁了凡听后惊讶不已，也把自己功过格的事情告诉了他。

这是一次心灵与心灵的交谈。

从此，丁敬宇与袁了凡成了最要好的朋友，他们在不同的地方干着同一件事情——积善成德。

不久，丁敬宇被授予江苏句容县的县令。在赴任之前，父亲拉着他的手说："你为官一方，戴乌纱帽的（官）说你好，我不信；戴吏巾的（吏）说你好，我更加不相信；即使是穿青衿的（秀才）说你好，我也不信；只有戴瓜皮帽的（老百姓）说你好,我才相信。"

丁敬宇的父亲可不是一般人,不仅是当地的富豪,更是一位高人。(从他给儿子取的名字就可以看出)

丁敬宇怀着一颗赤诚谦卑的心,废寝忘食,在句容一干就是6年,只要是百姓有困难,即使刮风下雨,他也会亲自去办。

丁敬宇虽然木讷,但记忆力很好,过去用它背四书五经,现在他用这超强的记忆力来了解全县的田产、税收和牲畜。凡是与他有过一面之缘的人,即使村夫野民也过目不忘,数年之后仍能直呼其名。

他在任期间抚恤妇婴鳏寡,修筑仓舍,兴修水利,但凡兴利之举,无所不为。

离任之时,百姓建起生祠,纪念其德泽,更称句容的县令只有嘉靖年间的廉官徐九思才能与其相称。

当了六年县令后,丁敬宇入朝觐见皇帝,接受朝廷的考核,并拜会内阁大学士张居正。

当时,张居正权倾朝野。

张居正对丁敬宇说:"听说你在句容的政绩很好。"

一般人听到这话后,都会顺着杆往上爬,说

些感谢大人栽培呀，或者希望能挑起更重的担子呀，再往上升一步呀什么的，抑或一个劲儿表忠心，暗示对方"我是你的人，愿为你赴汤蹈火，在所不辞"。

可是，丁敬宇的回答却很奇葩，他回答说："要是再给3年时间，我可以做得更好。"

张居正觉得丁敬宇实在是傻，居然没有对他表忠心，还想回去再干3年，当官的哪个不想往上升呢？这样的傻帽自己能用吗？

其实，丁敬宇早就表过忠心了，不过不是对张居正，是对心中的神，对自己的良心。

丁敬宇做官的目的与别人也不同，就是想干点实事。

丁敬宇的心，张居正有点看不懂，他直觉这个人不一定会紧跟自己。

张居正是何许人也，一点也没看错。

丁敬宇升任御史之后，张居正派他去调查刘台的案子，实际上，这是一次考验，通过这次考验，张居正满意了，丁敬宇就能飞黄腾达；通不过，就会受到张居正的压制。

刘台原来是张居正的学生，后来任辽东巡按御史，几年前因弹劾张居正而被下狱，后削籍为民。

学生弹劾老师，这是一件很丢人的事情，这是叛徒呀，人们最恨的就是叛徒，所以，张居正耿耿于怀，一直想置他于死地。

现在辽东巡抚张学颜诬告刘台贪污，张居正暗想，这正是整死他的一个好机会。

张居正派丁敬宇去收拾刘台，真是妙极了。

首先丁敬宇是一个新上任的御史，对朝廷中的派系斗争不熟悉，更重要的是他是一个正直的官，几乎没有瑕疵，他的话能堵住许多人的嘴。

可是，丁敬宇木讷，但并不傻，用袁了凡的话说，他是大智若愚。

说别人傻的人，往往自己很傻。

张居正这回就犯傻了，你想呀，一个正直的人会去蹚你那一滩浑水吗？（一个良家妇女会去当妓女吗）

丁敬宇谦和，袁了凡说他像水一样，上善若水。

但是，水不仅仅只会风平浪静，也有惊涛拍岸的时候，这一回丁敬宇便做出了惊人之举——辞官。

我想做事情，你让我去害人，没办法，自己只有辞官。

就这样，丁敬宇回到家乡。

中国历史上正直的文人都有自己为人处世的原

则——达则兼济天下，穷则独善其身。

不过，真正正直的人从来就不会寂寞，后来丁敬宇官复原职，并一步一步做到了尚书这个位置，更被朝廷加以太子太保的荣衔，官至极品。

丁敬宇做官不是为了捞钱，他家里有的是钱，只是为了做事。

他甚至还散尽家财，救济百姓。

也许，丁敬宇是中国历史上第一位裸捐的人。

万历十五年（1587），嘉善大饥荒，因丁敬宇的救助，数万人得以存活。

万历三十六年（1608），嘉善又遭遇百年不遇的水灾，丁敬宇令侄子丁铉率家人代为赈济乡里。

天启二年（1622），他捐良田百亩给嘉善学宫，作为膳养造士之费。

天启五年（1625），他又捐粟3000石以赈贫民，捐银3000两代贫户缴纳赋税。

据后来的陈龙正统计，丁敬宇一生为做善事，前后捐银达3万余两，几乎散尽了祖宗留下的全部家财。

崇祯四年辛未（1631），89岁的丁敬宇告老回乡，又把一生的积蓄在家乡丁栅建造了5座桥梁：东来桥、南安桥、西成桥、北睦桥、丁宅桥。

旅游达人徐霞客在日记中写道:"崇祯十年（1637）九月廿五日夜泊丁家宅。"

丁家宅，就是丁敬宇旧居。

这时，丁敬宇已去世4年，享年91岁。

真应了那句话：仁者寿！

三

袁了凡没有考上进士，但就是以举人的身份，他现在也是可以做很多事情的。

比如，落榜的举子找他做心理咨询的越来越多，他乘机可以普及积善成德的三观。

这时朝廷发生了一件大事。

……

1572年，隆庆皇帝驾崩，只有10岁的朱翊钧继位，史称万历皇帝。

万历登基还不到4个月，也许是在旅途中，也许是在家中的那棵石榴树下，抑或是在那一湾清水边，一天晚上，袁了凡看见西北方向的天空上，一颗巨大的超新星，散发出诡异的光芒，在夜空中闪烁，令人不寒而栗。

人们看到这一天文奇观，惊叫着，奔跑着，内心充满恐惧和不安。

长期以来,中国人一直笃信天人感应,认为人间有什么动静,天宫会先有反应,比如考上状元,是文曲星下凡,骂谁谁谁给自己带来厄运,会说你是个扫帚星。

这颗诡异之星的出现,一定预示着灾难。

因为它突然出现在天宫中,比别的星星都亮,抢夺了主星的光芒,这是一种反常的现象,反常必为妖。

这颗妖星越大越明亮,预示着人间的灾难越深重。

袁了凡的心中很是不安:究竟会是什么灾难呢?

当然,更加惶恐不安的,并不是袁了凡,是另一个人。

这个人就是住在紫禁城里的儿童皇帝朱翊钧。

其实,惶恐的也不是朱翊钧,一个小屁孩懂什么,只是觉得好玩,天上的星星亮晶晶,就像一盏明亮的灯。

真正惶恐的是朱翊钧的娘——慈圣皇太后,以及辅佐他的首辅张居正。

他们的惶恐不安导致了朱翊钧的惶恐不安,不过,儿童朱翊钧更多的也许是困惑:究竟发生了什么?大人们都慌慌张张、神神秘秘的。

一个惶恐的女人把一个不安的男人叫来。

"首辅张先生,你怎么看?"女人问道。

"启禀太后,唯有励精图治,小心谨慎,好好辅佐皇帝。"男人回答。

"好,那就好好教导皇上吧,首辅张先生,全拜托你了。"女人托付道。

现在的张居正不仅是首辅还是帝师。

张居正,又名张白圭,号太岳。

"朱元璋"的名字中有一个"璋",是一种锋利的玉器。

"张白圭"的名字中有一个"圭",也是一种玉器,这种玉器上面尖锐,下面方正。有意思的是从张居正的画像中可以看到,他的长相也很像一块玉圭,只不过调了个个儿,上面方正,下面尖锐。

玉器,是古代贵族朝聘、祭祀或丧葬时用的礼器。

有这种东西的人不是普通人,一定是有权力、有身份、有地位的人。

这个名字是谁给他取的呢?

他的曾祖父。

当张居正在湖北荆州出生的时候,他的曾祖父做了一个梦:月亮落进自己家的水缸里,不一会儿,一只白龟从水中浮了起来。

曾祖父没有思考，下意识地就给他取了这个名字"白圭"。

"圭"与"龟"同音，寓意那个吉祥的梦。

"圭"又是玉器，象征着这个孩子将来是拿着笏板在朝廷中行走的人。

有了这个名字后，这个孩子果然不同凡响，聪明过人，很小就成了远近闻名的神童——5岁能识字，7岁能通六经大义，12岁考上秀才。

荆州知府见到他时喜欢得要命，并给他取了个名字，叫张居正。意思是要他胸怀大志，把屁股坐正，腰杆挺直，坐如钟，站如松，不偏不歪，将来成为国家的栋梁。

13岁时，张居正去考举人，湖广巡抚顾磷故意为难，没有录取他。

为难他不是因为讨厌他，是太喜欢他，希望他再历练一下，是真心为他好。

过了3年，张居正顺利通过乡试，成为少年举人。

依然还是湖广巡抚的顾磷对他十分赏识，解下犀带赠给张居正，并对他说："希望你将来树立远大的理想，做伊尹、颜渊那样的人，不要只做一个少年成名的举人。"

伊尹是厨师这一行的祖师爷,做得一手好菜,色香味俱全,舌尖上的中国始于伊尹。

只会做饭也算不了什么,关键是伊尹还能够把做饭的道理运用到治理国家上,触类旁通,深刻领悟了"治大国若烹小鲜"的道理,最后辅佐成汤获得天下,成为千古名相,那个白胡子老头姜子牙与他相比,只不过是徒子徒孙。

颜渊即颜回,孔子最牛的弟子,就是那个人——吃一点点饭菜,喝一大瓢凉水,住在乱哄哄的大杂院内,别人都觉得拥挤不堪,盼着拆迁,整天为房子忧愁,他却跟没事人似的,其乐融融。

颜渊之所以能够这样,也是因为名字取得好。"渊",是回水,水流到这里暂时停留下来,开始回旋。这说明什么?说明水深不可测。

"渊"和"回"是一个意思,都是指这个人有很深的内涵。

前面我们说,享洪福的人需要勇气,享清福的人需要智慧。

颜回就是一个有智慧,可以忍受清贫,享清福的人。

顾磷之所以对张居正说这番话,是因为他看出这个孩子具有将相之才。

看来，懂读心术的不止袁了凡一人，封建官场上的必修课就是读心、玩心。

能读心，走遍天下；不能读心，寸步难行。

23岁时，张居正考上进士，入选翰林院的庶吉士，开始一步一步接近权力中心。

那么，张居正是如何登上权力宝座的呢？

他的读心本领又如何呢？

四

明朝的中央集权制度十分严谨，刚开始时朱元璋设有宰相的职位，一人之下，万人之上。

可是，宰相的这个"宰"字，在明朝有特殊的含义，不仅是主宰别人，更有自己挨宰的意思。朱元璋前后3个宰相都被宰了，分别是李善长、胡惟庸和汪广洋。

这3个人都很牛。

李善长智勇双全，德高望重。

胡惟庸小心谨慎，很有才干，擅长读心术，更会耍心眼。

汪广洋素有智多星的美名，朱元璋称他是诸葛亮再世，能神机妙算。

然而，就是这么牛的3个人，一旦沾上"宰相"这个名称，便露出了一副挨宰的面相。

好制度可以把坏人变好。

坏制度可以把好人变坏。

权力这东西就像硫酸，沾上一点皮肤就会变烂，泼到脸上就会破相，原本是当宰相的面相，泼了硫酸后，就变成囚徒的面相。

朱元璋想，这样下去不行，得改制度。

从此，他废掉宰相这个职位，设置内阁。

内阁成员叫大学士，标准配置是6个。

明朝的内阁不同于现在西方国家的内阁制，西方国家的内阁制为议会负责，明朝的内阁为皇帝一个人负责，是皇帝的一个秘书处。说白了，就是把过去的一个宰相分成6个，相互牵制，防止一家独大。

一家独大，最后就会威胁到皇帝。

对于像朱元璋和朱棣这样精明能干的皇帝来说，他们知道哪些事情是重要的，哪些事情是不重要的，能够抓大放小，内阁成员只是跑腿打杂的。

但是后来的儿孙皇帝却不行，他们缺乏实际斗争经验，精力没有祖上旺盛，内心也不澄明，内阁呈上来的奏章曲里拐弯，很难看懂，还暗藏猫腻，稍不注意，就让内阁钻了空子。就像今天很多雇员拿一些假发票去找老板报销一样，没有火眼金睛，很容易被糊弄。

而且那些大学士们饱读诗书，很多东西不直接写，喜欢拐弯抹角。比如，臣近日精神恍惚，恶寒怕冷，四肢无力，头痛欲裂，深感风烛残年……皇帝看了半天才弄明白，他这是感冒了，想请假休息几天。

皇帝自己看奏章费劲，很累，很烦，怎么办呢？

请人来看！请谁呢？

当然是请那些与内阁成员不是一伙的人，最好是自己信得过的人。最信得过的人自然是身边的人——太监。

太监没文化怎么办？补习呀！

从明宣宗开始，皇帝便鼓励太监学习，还设置了太监学堂，太监们也像秀才举人们一样，读四书五经、经史子集，老师都是翰林院的翰林，毕业后可以逐步升迁。一些学习好的太监，其才华并不亚于那些大学士，绝非等闲之辈，他们帮助皇上看奏章，分析奏章，拿主意。

这类太监有一个名称，叫司礼监秉笔太监。

明朝的最高权力机制分为"票拟"与"批红"两个部分,两权分离。

票拟是内阁成员先拟定对事情的处理意见,比如谁谁谁嫖娼被抓了,谁谁谁又吸毒了,应该如何处置,票拟用蓝笔书写。

然后,再呈上,请皇帝审核批准,皇帝审批用红笔,叫"批红"。

可是,一个皇帝怎么能够对付得了6个猴精的大学士呢?

于是就请秉笔太监代劳,皇帝口授,他们拿笔批红。

秉笔太监的标配也是6个,与内阁大学士的编制一样。

秉笔太监仔细研究各种题本奏本,需要付出很大的耐心,花费大量的时间,常常通宵达旦。第二天早上,皇帝睡好觉之后,精神抖擞,秉笔太监捞干的汇报,皇帝作出最高指示,秉笔太监批红。

有时,比如皇帝正在打麻将,秉笔太监问这个事情怎么回复,由于皇帝马上要和一条龙了,不耐烦地说,你们就看着办吧。

时间一长,"批红"的大权就落到了秉笔太监的手中。

虽然秉笔太监很牛，却还没有最后的决定权，最后的决定权在司礼监掌印太监手上，秉笔太监"批红"之后，还要由司礼监掌印太监审核。

通过了，盖上公章，返回内阁，由内阁最后下发六部，即管官员的吏部，管钱财的户部，管文化宣传教育的礼部，管抓人放人的刑部，管军队的兵部，管工程的工部。

通不过，对不起，秉笔太监拿回去重来。

所以，司礼监掌印太监是宫廷内最牛的太监。

虽然秉笔太监的权力比六部尚书还大，掌印太监比内阁首辅还威风，但是有一条规则死死地限制了他们：只能在紫禁城牛，不准在外面去牛，与文官永远隔离，任免全由皇上一个人说了算，只对皇上一个人负责。

这种制度如果执行得好，皇帝可以兼听则明，如同你去逛批发市场，问这个商品多少钱？商贩狡猾地说250元，由于你不懂行情，不知道这个东西究竟是贵呢，还是不贵。怎么办？你可以去另一家打听，另一家说200元。你就回去对第一个商贩说，别人家是200元，你为什么是250元呢？这个商贩一听别人家降价了，马上就会继续降价。

这样一来二去，两家的水分都挤干了，你也就明白了这件东西到底值多少钱。

可是,如果这两个商贩联合起来欺骗你,那你就惨了。

所以,他们的权力应该分离,相互制约。

在明朝权力制度中,还设有一个监察机构——都察院,都察院里的官员叫御史!俗称"言官"。

"言官"的官服上绣着一种特殊的动物图案,名叫獬豸。

獬豸是一种想象中的独角兽,很有智慧,能读心,能分辨是非曲直,看出谁是忠臣,谁是奸臣。

獬豸怒目圆睁,发现奸邪的官员,就会用独角把他顶倒,吃进肚子里,相当可怕。

"言官"实际的级别不高,但说话的权利很大,可以"闻风议事",即说什么都不犯法,没有根据也可以随便说,造谣也可以。当然御史一般会选那些品行端正的读书人。

御史还有一项工作就是弹劾官员,再大的官都可以弹劾,很多时候,还可以骂皇帝。

明朝的皇帝是经常挨骂的,骂得很厉害,比如海瑞骂嘉靖皇帝。

所以,"言官"又叫骂官。

与此同时,在六部还设有六科,巡视监察六部。

六科的官员叫给事中,工作内容是监督、稽查、举报六部各司、各处,以及各个科室的工作情况,纠察那些违法乱纪的人。

有时,我会天真地幻想,如果这时有一批人能够将皇帝的决策权、内阁六部的执行权、御史给事中的监督权分离开来,做到三权分立,中国的历史将是什么光景呢?

不过,这是梦呓。

还是回到现实吧!

在这套严密的权力之网中,43岁的张居正就已进入内阁。

不过,在6名大学士中排在末尾。

这时的张居正早已磨掉了神童的锐气,就像河沟里的一块鹅卵石,变得溜光圆润,手摸上去,令人很舒服,但内心却很硬。

他潜伏在内阁里,暗地里狂读身边每个人的心,他先是读首辅徐阶的心,后又读首辅高拱的心,更重要的是随时都在读掌印太监和皇帝的心。

在读心的时候,张居正惊讶地发现,身边的这些人都很了不起,徐阶绝顶聪明,善于抓机会,常常攻其不备。高拱也是一个神童,5岁就擅长对句,8岁时就能够背诵千字文,15岁就考中进士,入选翰林院的庶吉士。

张居正牛,但这里是牛人的集结地。

就如同一些学生在县上是第一名,在市上也是第一名,在省上还是第一名,觉得自己很牛,天下无敌,可是一进入清华、北大,才发现这里全是各省的第一名,你牛,比你牛的人多的是。

很多学生,这时便开始变得抑郁,跳楼的都有。但是,张居正不想跳楼,他还想更上一层楼。

他不露声色地等待一个机会,一个一举成为首辅的机会,以便实现自己的政治理想。

1572年,隆庆皇帝驾崩时,张居正47岁,已入阁4年,排名已经上升到第二名。

这个机会终于来临了。

隆庆皇帝驾崩时,首辅是大名鼎鼎的高拱。

高拱与隆庆皇帝的关系不一般,也颇有政绩,开创了著名的"隆庆新政",不仅治理好了黄河,稳定了边疆,还与蒙古鞑靼热火朝天搞起了边贸,用贸易代替了从朱元璋开始就一直没有停止过的战争,这不能不说创造了一个伟大的奇迹。

尤其值得一提的是,高拱还想打破几百年奉行的禁海令,大规模开展海上贸易。如果真能如此,在对外开放的基础上,明朝说不定会有另一番景象。

不仅如此，高拱还是一个打不倒的人，曾经被徐阶赶出内阁，可是不到一年的时间，他胡汉三又回来了，竟然还过五关斩六将，成为首辅。

但这一次高拱的对手不是别人，是张居正。

虽然这时高拱比张居正大一轮，可谓老谋深算，对老皇帝的心思了如指掌，但是张居正比他年轻，对儿童皇帝和儿童皇帝母亲的心思却洞若观火。

这一回，高拱输就输在倚老卖老。

隆庆皇帝死后，留下孤儿寡母，无依无靠。

这时母子的内心是最脆弱的，他们害怕被别人欺负，害怕被人架空，死无葬身之地。

所以，这时大臣们的一个眼神、一句话、一个微表情，都会让他们惊恐万分，并做出强烈的反应。

张居正就是根据自己读心的结论，轻而易举搞掉了高拱。

新皇帝继位没几天，有事派太监去询问高拱的意见。也许，高拱心中正在忧虑，随口对太监说道："唉，一个10岁的孩子，如何管理天下呢？"（10岁孩童，如何做天子）

其实，高拱说的是一句大实话，大家都在为这件事情担心。

可是，这句大实话经过添油加醋之后，却变

了味。

中国的语言很丰富，同样的话，稍微变一变，意思就不一样了。

比如，没参加工作前，同学聚会，有一位同学久等不来，饭菜都凉了，大家都很着急，我会说："咱们不等了，先吃！"

工作以后，经历了一些事情，同学再聚会，同样有一位同学久等不来，我会说："咱们边吃边等吧！"

实际内容完全一样，但第一种说法，后来的那个同学知道后会生气，第二种说法，后来的同学知道后不会有被轻视的感觉。

语言就像药酒，可以调成补酒，喝了滋阴壮阳嘴不臭，也可以调成毒酒，喝了让人一命呜呼，关键要看谁来调剂。

高拱这句话的调剂师是谁呢？

冯保，东厂掌印太监。

冯保对高拱恨之入骨，原因是高拱阻挠了他登上司礼监掌印太监的宝座。

高拱那句话经过冯保调剂后，就变成了高拱肆无忌惮地对太监说："你自称是奉了皇帝的圣旨，可是一个只有十岁的小孩子，你怎么让我相信他能够治理天下呢?"

太后和皇上听完冯保绘声绘色的汇报后,孤儿寡母顿觉自己被藐视了,尤其是在这个节骨眼上,太后刚死了丈夫,皇帝刚死了爹。母子俩孤苦伶仃,抱头痛哭,那情景真是令人心碎。哭完之后,在冯保的暗示下,母子俩想出一个办法,快去请张居正来!

站在一边的冯保心中一阵狂喜,飞快跑去请张居正。

原来张居正早就与冯保暗中勾结,他们要同心协力拱倒高拱。

就这样,万历皇帝登基没几天,六月十六日,高拱兴冲冲地拿着笏板去早朝的时候,却发现半道上一个宦官手执黄纸文书,朗声道:"高拱接旨!"

高拱心中还在窃喜,因为他已经做了很多工作,也得到张居正和另外一位大学士的支持,可以继续大展宏图,把"隆庆新政"扩大成"万历新政"。

但他却并不知道张居正早就与他貌合神离。还是丘吉尔说得对,天下没有永久的友谊,只有永久的利益。你高拱想搞"隆庆新政",我张居正也想搞"万历新政",不搞倒你,我如何搞自己的新政。

更让高拱没想到的是,那道圣旨口气十二分地

严厉:

今有大学士高拱专权擅政,把朝廷威福都强夺自专,通不许皇帝主专。

不知他要何为?我母子三人惊惧不宁。高拱著回籍闲住,不许停留。

这是两位皇太后的懿旨,也是新皇帝的圣旨。

这道圣旨中高拱有没有专权不重要,重要的是此时此刻,两位皇太后和皇帝的内心确实很恐惧,很害怕,惊惧不宁。惊惧不宁的人会率先采取行动,绝不留情。

经历过大风大浪的高拱听完这道圣旨后,怎么也没想到自己会是这样一个结局,瘫倒在地,半天爬不起来。

这时有一个人上前扶起了他。

这个人就是张居正。

张居正干的这件事似乎与他的名字不相符,不仅没有居正,还有点邪。

一个正能量的名字,使出这样的邪招,将来会怎样呢?

这时的张居正根本顾不了那些,他马上就要大权在握了。

从此以后，张居正就成了比皇帝还有权的人，因为他是首辅，还是皇帝的老师。

五

孔子说，天下唯小人与女子难养也！

孔子之所以说这句话，很可能是因为小孩和女性都是弱势群体，缺乏安全感，整天诚惶诚恐。

朱翊钧是小孩，慈圣皇太后是个女子，还守了寡，母子俩整天提心吊胆，害怕被别人算计。高拱被赶走了，他们稍微喘息了一下。

可是，没过几天，天空中的那颗超新星又让他们恐惧不安起来。

张居正精通读心术，在他的耐心安抚下，皇太后的心安静了下来，并积极配合首辅张先生教育自己的儿子。

取得了慈圣皇太后的认同之后，张居正一本正经地对自己的学生朱翊钧说，看见了吗？天上的那颗星星是对你的一种警告，说明你没有按时完成作业，或者玩的时间太多，抑或不节俭，太浪费了……你应该赶紧检讨自己的思想、言语和行为，改正自己的错误，以消除天心的不高兴。

与此同时，一本专门培养小皇帝的教科书出现了，名叫《帝鉴图说》。

这是一本什么样的书呢？

就是一本连环画。

但是这本连环画可不像今天的儿童读物那么好看，比如《哈利·波特》、《魔戒》和《喜羊羊与灰太狼》等，充满了童趣和想象力，十分适合这个年龄段儿童的心理特征。

《帝鉴图说》讲的都是皇帝应该做什么，不应该做什么，是一本成人才能够理解的书，只不过借助了儿童的表达方式。

这本书虽然配有插图，但是内容都是酸腐的道德说教。

张居正试图用这种方式让朱翊钧从小就拥有正能量，以至于将来能压住天空中那颗妖星的邪气。

坦率地说，张居正可能是杰出的政治家，却并不是一位合格的儿童心理学家或教育家，《帝鉴图说》也不是一本适合儿童阅读的书。

还不止这些，由于那颗妖星的出现，虽然朱翊钧的娘和张居正没有明说，但心照不宣，都害怕那颗妖星会应在朱翊钧身上，最大的可能就是皇帝失德，丢掉皇位。

所以，他们对朱翊钧的管教尤其严格，内外夹击，甚至到了苛刻的地步。

朱翊钧的娘是宫女出身，文化水平不高，更不懂儿童心理学，只相信虎妈狼爸那一套。

结果，儿童朱翊钧在最需要爱和温暖的时候，却偏偏缺失了。

而且，更重要的是，自从登基之后，他与亲娘之间就被各种各样的礼仪隔离开来，再也感受不到从前的母爱。

比如，为了讨娘的欢心，朱翊钧下令给娘装修了宫室，这时正常人家的娘都应该抚摸着儿子的头说："乖儿子，真孝顺！"

儿子也应该乘机在娘的身边撒撒娇。

但是，朱翊钧的这些情感需求都得不到满足，母子之间的感情必须通过一套程序来表达，儿子事先要请大学士写一篇文章，文字都是文言文，内容大致是儿子如何孝顺母亲之类，全是套话，自己真心想表达的东西一点都没有。

之后，在众目睽睽之下，朱翊钧还必须下跪，逐句诵读那篇文章。

本来较自然的情感流露，经过这么一番折腾，儿子感觉很累，成了一种负担。更何况那些文言文朗读起来很拗口，稍不小心，读错了，还会当众出丑，真可谓压力山大。

尤其不能忍受的是，这套程序就像拍戏一样，是假的，不是真的，观众不仅仅是当时在场的那些人，还有全国的老百姓，以及后来的人。因为他诵读的那篇文章最后要昭告天下，成为头条新闻，对全国臣民起到表率和感化作用。不仅如此，这篇文章还会成为本朝的重要文献，对后世产生影响。

父亲不在了，母亲又无法依恋，怎么办呢？

自己想办法，找一些有趣的事情干吧。

撒尿和泥，肯定不让；滚铁环，不许；爬树掏鸟蛋，严格禁止。

想来想去，朱翊钧喜欢上了写大字，还真写得不错。

一次，年龄只有10岁的他居然可以挥毫写出一尺大的字来，还是当着很多大学士和张居正的面。写完后，大家啧啧称奇，他还很自豪地把这些字赏赐给了他们。

就在朱翊钧庆幸自己终于找到一点童年乐趣，并获得一点自信的时候，第二天，老师张居正却启奏皇帝：陛下的书法已经可以了，不要再练了，毕竟这些都是雕虫小技，不应该浪费太多精力。

张居正还拿《帝鉴图说》来说事，说书中的汉成帝、梁元帝、陈后主、隋炀帝、宋徽宗等，都是音乐家、书法家、画家和诗人，最后却因为沉迷于艺术，以至于朝政不修，国家衰败，有的甚至还成了亡国之君。

张老师说得振振有词，学生不敢不听，兼有母亲在一旁敲边鼓。

万般无奈，朱翊钧只能放弃书法课，强迫自己去读那些枯燥乏味的经史子集。

朱翊钧贵为皇帝，却失去了行动的自由，吃饭睡觉有人看着，走路有人跟着，上厕所有人盯着，就如同一个被"双规"的人。

还不止这些，"双规"的人有思想的自由，朱翊钧连思想的自由都没有了。

他本来想问，天上的那颗星星与我有什么关系呢？它是它，我是我。刚要开口，就被母亲用严厉的眼神制止了，就像戳到她的痛处。

他本来想问，我是我娘和我爹的儿子，怎么会是天的儿子呢？话一出口，身边的"大伴"冯保就上来捂住他的嘴，皇上千万不要说。

这哪里是陪他玩的"大伴"，简直是母亲安置的一根"大棒"。

朱翊钧虽然在物质生活上锦衣玉食，但在心灵上却缺乏关心和爱，没有童年。

心理学上有一个众所周知的观点：**小时候缺失的情感，注定会用一生的时间和精力去寻求弥补，而且这种寻求弥补的方式是非理性的、荒唐的，甚至是残暴的**。比如有的人会酗酒，有的人会吸毒，有的人会沉溺于女色。

因此，要彻底消除犯罪，应该从尊重孩子开始，尊重孩子的情感，满足孩子的心理需求。

六

当那颗巨大光亮的星星悬挂在天际之时，远在欧洲的一个人也观察到了它。

这个人就是丹麦天文学家第谷·布拉赫，他在1572年11月11日首度观察到了这颗星，并命名为第谷超新星，又名"SN1572"。

根据他的记录，当时这颗星比金星还要光亮，其大如盏，光芒烛地，有时候白天也能看见，随着亮度转暗，直到1574年春，才无法再用肉眼看见。

超新星的爆发如同太空中的"昙花一现"。

在井然有序的星座之间，有时会突然出现一颗异常明亮的外来客，甚至在白天也能见到。但是好景不长，不过几个月，它又渐渐暗下来，最终悄然逝去，音讯全无。当然，有时候也长达一两年。

超新星并不是新出生的星，恰恰是恒星垂死时的回光返照，也可以说是它最后的辉煌的"葬礼"。一些大质量的恒星，内部引力极强，当内部燃料耗尽，燃烧停止时，星球不是慢慢地收缩，而是突然地坍塌。

这种坍塌犹如一颗超级原子弹爆炸一样，会向外放射出极大的能量，闪耀出异常明亮的光芒。于是，一颗本来很暗或根本看不见的恒星，亮度会一下子提高17个星等以上，成为一颗亮星。

一颗垂死的恒星经过超新星爆发后，就彻底解体了，大部分物质化为一股云烟和许多碎片，飘散到太空中，剩下的物质则迅速坍缩为很小的中子星和黑洞。

……

今天来看，这颗超新星的出现，的确预示了一件事情，就是明朝由鼎盛走向衰败。

不！

甚至预示着整个中国封建制度由盛到衰。

因为从1433年7月22日郑和第七次下西洋回国之后，当年强大的郑和舰队，已经没有财力再继续折腾了,那些世界一流的舰船停泊在船坞里,慢慢腐烂。

这时西方却蠢蠢欲动,开始了波澜壮阔的航海。

1492年哥伦布的远航在西班牙国王的支持下发现了美洲新大陆。

1498年达·伽马的远航在葡萄牙国王的支持下绕过好望角,到达了印度南部大港口卡利卡特,开通了西欧到印度的贸易航线。

卡利卡特港,实际上就是90多年前,郑和舰队停泊和经过的古里。

不过,90多年后的明朝继续禁海,闭关锁国,就像那些舰船一样慢慢衰败。

1557年,明朝嘉靖三十六年,葡萄牙人大举进入澳门,正式登陆澳门。

葡萄牙,一个蕞尔小国,就像《黔之驴》中的那只老虎,静静地躺在澳门,耐心观察明朝的动静,看这只庞然大物有什么能耐,自己可不可以一口一口吃掉它,就像吃掉大国巴西一样。

许多历史学家都认为明朝的衰败始于万历年间。

著名历史学家黄仁宇为什么偏偏要写《万历十五年》?就是因为中国封建制度由盛到衰的转折点就在这个时候。

过去,郑和庞大的舰队出海,200条船,近3万人,浩浩荡荡,可是这种壮观的景象就如同那颗超新星,昙花一现,好景不长。

现在,开始远航时只有几条破船、一二百人的西班牙和葡萄牙舰队,却变得越来越庞大,越来越厉害,到处建立起自己的殖民地,称霸世界。

为什么郑和的舰队只能显赫一时,而西班牙和葡萄牙这些蕞尔小国却能称霸世界呢?

因为制度!

这时西方已经走出了中世纪的黑暗,资本主义悄然兴起,并蓬勃发展。

郑和的舰队再庞大,也是在旧制度上开出来的昙花。

这种昙花可以以任何一种方式开放,今天皇帝想航海,昙花就怒放在航海上,明天皇帝想修长城,昙花就开放在长城上,这是集中力量办大事,是皇权的体现,一种面子工程。

所以,这样的行为不可能长久,难以为继。

当皇帝没有了兴趣,或者换了一位皇帝,抑或财力不济,这些行动就会戛然而止。

但新兴的资本主义不同,它追逐利润,重视合同,哥伦布、达·伽马的远航都是为了发财,也都与西班牙和葡萄牙国王签有合同，国王投资，个人经营，利润分成，谁都不能违背，这种契约精神已经根深蒂固。

明朝是没有合同，缺乏契约精神的，个人敢跟皇帝签合同，显然是不要命了。

还记得那个富可敌国的沈万三吗？他有钱，朱元璋有权，最后有权的朱元璋把有钱的沈万三杀了，沈万三的钱就变成了朱元璋的钱。

资本主义是在一定的规则下追求利润，没有利润的事情不干。

郑和的航行是在皇权的支持下宣扬国威，是赔本的买卖。

葡萄牙达·伽马一次航行带来的商业回报是总航行费用的60倍。

60倍呀，比贩毒的利润高多了，很多人嫉妒得眼睛都变绿了，跃跃欲试。（难怪老外都是金发碧眼）

俗话说，有钱能使鬼推磨，何况这只是绕着地球转半圈。

所以，这样的行为前仆后继，死了佩雷斯，还有路易斯，一拨接一拨，如雨后春笋，迅猛发展。

很多历史学家都说明朝有资本主义萌芽，黄仁宇认为,那只不过是一种幻象,并不是真正的资本主义。

资本主义重视商业,重视合同,重视契约和法律,明朝重视的是农业,并不重视商业和物流。

黄仁宇在《万历十五年》中说,当时朱元璋很有意思,他让农民以实物交税,还不是交给税务局,而是直接交给那些服兵役的人。

朱元璋是个要饭的,他知道中间环节有很多人揩油,比如一块猪油,经过张三的手揩一道油,变少了一点,经过李四的手再揩一道油,又变少了。他不愿意被别人揩油(也许是要饭时深受其害),所以要省去其他中间环节,于是就变成了吴老二是农民,种的是土豆,王老五是当兵的,需要兵饷,那么每年吴老二背上一麻袋土豆交给王老五:"给,看好了,这就是今年我交的税!"

这样一来,国家也就不用再给王老五军饷,那一麻袋土豆就是军饷。

这种方法一两户实行起来,很简单,也很方便,吴老二不仅省掉了卖土豆换银子的麻烦,也省掉了去税务所排队交税的时间。而王老五也省掉了买土豆的麻烦,直接就可以做土豆泥,炒土豆丝,或者炸土豆条了。

殊不知，人口一多，就容易乱，赋税还不均，到底应该交多少土豆呢？何况张家庄交的是四季豆，李家庄交的是西红柿，高老庄交的是猪肉，这怎么算？

统计起来非常困难，还会造成税率参差不一。

更重要的是，省掉中间环节，省掉税务部门，省掉服务业，省掉物流，结果到处都是短距离的直接供应线，不仅交通和通讯得不到发展，银行（钱庄、票号）和金融业得不到发展，商业得不到发展，资本主义也根本无法发展。

黄仁宇说："这种维护落后的农业经济，不愿意发展商业和金融的做法，正是中国在世界范围内由先进的汉唐演变为落后的明清的主要原因。"

为什么葡萄牙可以到我们这里来，我们却无法到葡萄牙去？

恐怕原因正在于此。

短距离的供应线，无法支撑长途的奔袭，土豆、西红柿时间一长容易坏，还不好携带。通讯不发达，信息不通畅，容易迷路走散，更别说情报的准确性了，这一点后来袁了凡在抗日援朝战争中深有体会。

那么，在这样落后的小农经济基础上，如何才能保证王朝的稳定和运转呢？

这就要靠其庞大的文官制度。

明帝国是以无数文人管理着数以千万计,甚至数以亿计的农民。

文官制度的基础是科举,秀才举人们学习的不是法律,是道德——人之初,性本善。

这意味着,明朝是以道德代替法律。

那些朝廷文官大都是进士出身,张口闭口,说的都是孔孟之道、四书五经。

法律虽然有,但作用并不大。

一个没有法律作为依据的国家,常常是随心所欲的。

一个只依靠道德来治理的国家,总是令人不安的。

就拿丁敬宇来说吧,他应该是一个道德高尚的人,但就是这样的人如果不依照法律的程序来办事,也会弄出一些冤假错案。

一次丁敬宇路过一家饭馆,看见门口的招牌,就对手下人说,去把那个老板找来。由于事情很多,丁敬宇很忙,抬轿的人跑得又快,这件事情丁敬宇就忘记了。

过了很多天,一个手下才对丁县长说:"大人,您要抓的那个人抓住了,已经在牢里关了很多天,

要不您老升堂审一审!"（没有搜查令，更没有拘捕令，就凭一句话就把人关起来）

什么人？丁县长莫名其妙。

就是那个饭馆的老板。

胡说什么，他那个饭馆的招牌上有一个错别字，我想给他指出来，让他改一改，没别的事情。

人在哪里？

在牢里！

快请！

当丁县长看见这个老板时，已经被折磨得不成人样，要不是他老婆花了不少银子，破了财，恐怕屈死在牢房，丁敬宇也不知道。（他真的是忘了，不知道手下人会这样去干）

还不赶快把人给放了！

老板感激涕零。那时没有行政诉讼法，也没有赔偿法，不杀他就算是清官了，哪还敢要赔偿。

估计后来，给丁敬宇建生祠的时候，这个老板还会捐不少钱，因为他碰见的的确是清官，要是碰到一个不肯认错的昏官，将错就错，把他杀了，就如同杀死一只鸡。

9. 扫帚星

一

1577年,袁了凡再次进京赶考,遇见朋友冯梦祯,他们住在同一家快捷旅馆里。

袁了凡惊讶地发现,冯梦祯与从前大不一样了。以前,冯梦祯脾气秉性跟自己差不多,小肚鸡肠,怨天尤人,动不动就发火,听不得半点批评意见,而今天的冯梦祯,虚心自谦,面容和顺。

住在一起的,还有一位名叫李霁岩的同学,这个哥们人如其名,俨然一岩石,说起话来硬邦邦的,磕得别人心直流血。

李霁岩时常批评冯梦祯,当面指责他,一点面子都不讲。如果换作别人,一定下不了台,肯定会恼羞成怒。但冯梦祯一点儿也不生气,平心静气接受他的责备,从不反驳一句。

袁了凡是精通读心术的,他暗暗观察冯梦祯的一言一行,以及肢体语言,对他说道:"冯兄今年一定能够进士及第!"

冯梦祯早就听说袁了凡的预言很准,忙问道:"袁兄何出此言?"

袁了凡说:"福有福的根苗,祸有祸的预兆。冯兄这么虚心谦卑,一定会得到天助,考上进士指日可待。"

等到发榜那天,冯梦祯果真榜上有名。

袁了凡的读心术实在厉害,每次都很准,还不神秘,他是这样总结的:**凡是贫寒之人将要兴旺发达之际,身上都会先散发出一股谦逊的光芒,这光芒环绕着他们,远远就能看见,仿佛可以用手掬捧住一般。**

袁了凡还举了一个反面例子,有一个秀才,名叫张畏岩(又是一块岩石),文章写得很好,在朋友圈中小有名声。南京乡试时,借住在一家道观里,等到放榜那天,居然名落孙山,很不服气,大骂考官有眼无珠,看不出他的文章好来。

这时,一位道士在旁边微笑,张畏岩马上就把怒火转移到道士身上。

道士说:"你的文章一定不好。"

张畏岩更加愤怒,吼道:"你又没看我的文章,怎知写得不好?"

道士说:"我常听人说,写文章最要紧的是平心静气,现在听你大骂考官,表示你的心不宁,气太暴,文如其人,你的文章怎么会好呢?"

张畏岩听了道士的话，恍然大悟，最后慢慢改掉自己的毛病，做什么事情再也不抱怨，不怨天尤人，只从自己身上找原因，结果终于考上了进士。

在总结自己的读心术时，袁了凡说了一段超牛的话，这段话完全可以与孟子那段话媲美：

凡天将发斯人也，未发其福，先发其慧。此慧一发，则浮者自实，肆者自敛……温良若此，天启之矣。

上天要让某个人兴旺发达，并不是让他上街去捡一个大钱包，抑或买彩票中个大奖，这些都是狗屎运，无法长久。走狗屎运的人常常钱包鼓鼓囊囊，大脑空空荡荡。上天的做法是"未发其福，先发其慧"。

意思是上天要帮你，最先给你的一定不是财富，而是智慧。因为只有智慧充盈起来，你才能发现哪些是机会，哪些是陷阱，并获得相应的财富，让干瘪的钱包丰满起来。

事实上，也只有智慧被开启的人，才有能力承接即将到来的财富、名誉和地位。

那么，智慧被开启的人有什么特征呢？

智慧被开启的人，不再浮华，会变得诚实；不

再放肆,会主动收敛自己的个性。如果你看见一个过去狂妄嚣张的人变得谦虚谨慎起来,这就说明他的智慧已经被开启,福离他已经不远了。

相反,如果没有先发其智,草包一个,却得到了财富、名誉和地位,对于他们来说,这些东西未必是福,很可能是祸。就如同美国一个调查所揭示的:那些中了大奖的人,若干年后,不是吸毒进了监狱,就是又嫖又赌,花光了钱,流浪街头,一贫如洗。

为什么呢?

因为他们的智慧没有开启,没有能力守住那些突然降临的东西。

……

当然,袁了凡毕竟是凡人,虽然他能用读心术读出冯梦祯进士及第,却读不出冯梦祯居然能在会试中考第一名。

不过,这也不能怪他,因为变数实在太多。

其实,冯梦祯本来应该是第二名,第一名另有其人,可最后第一名出了问题,他就排在了第一。(真是运气来了,门板都挡不住)

什么原因呢?

原因是第一名的作文有违主考官的意愿,被撸了下去。

什么叫有违主考官的意愿？

说穿了就是主考官不喜欢他的观点，说他的三观不正。

事情是这样的，一位考官读到一篇策论时，拍案叫绝：奇文，真是天下奇文！

他将这篇文章拿给另一位考官看，另一位考官看后，也惊叹：观点新颖，针砭时弊，击中要害。并提议将这名考生录取为第一名。

这篇文章纷纷在考官中传阅，绝大多数考官都认为现在国家正需要这样的人才，第一名非他莫属。

似乎这名考生被录取为第一名已然稳操胜券。

但是，下面人的意见永远只是意见，真正拍板的是上面的大官。

当下面的考官兴奋地把这份试卷送给主考官时，主考官却眉头紧锁，似乎这篇文章触及了他的隐私和痛处，他非常不喜欢其中的言辞，对众考官说："这篇文章好是好，但是三观尽毁，我看就算了吧，把第二名换成第一名！"

就这样第一名出了局。

第一名是谁呢？

正是袁了凡。

袁了凡又一次名落孙山。

冯梦祯正如袁了凡预言的那样考上进士，还顶替自己，成了会试中的第一名。

一个能预言别人的人却不能预言自己。

这的确有些奇怪。

不过，更奇怪的事情还在后面。

二

1577年，高考结束（会试殿试）几个月后，天空出现了彗星。

彗星，俗称扫帚星。

它就像一把巨大的扫帚，拖着长长的尾巴，闪着诡异的光芒，盘桓在天空中，令人胆战心惊。

人们不知道天上究竟发生了什么，又将如何影响人间。

人们相信扫帚星的出现不是一件好事情，预示着不祥、厄运、战争和天灾。

根据丹麦天文学家第谷·布拉赫的观察，1577年11月12日的这颗彗星是非常接近地球的大彗星。

如果说万历皇帝继位那年天空中的超新星是一个暗示，那么，这时出现的彗星就是一个明示。

它究竟预示着什么样的灾难呢？

人们惶恐不安地煎熬着、等待着，那种心情就像一头待宰的肥猪，看见明晃晃的杀猪刀，却不知道刀将从何处捅进身体，是从脖子呢，还是屁股？

这种提心吊胆的日子真难受，一些人开始希望灾难早一点降临，赶紧过去。

人们等呀等！

终于等到一个人的爹死了。

死人的事是经常发生的，开个追悼会，寄托一下哀思就可以了。

但是，这回不同，因为死爹的这个人不是一般人，是比皇帝还牛的张居正。

按理说，首辅张居正的爹死了，皇帝代表朝廷发一封唁电，送一个花圈即可，何况张居正本人似乎对自己的爹也就那么回事，19年都没回去看他。

但是，事情并没有这么简单，在以道德代替法律的时代，祖制规定：凡是死了爹或妈的官员都要辞职回家守孝，名叫丁忧。谁都不能违背，因为这是立国的根本。以孝治理天下，在明朝尤其突出，还将其写进法律。

不过，有法律并不意味着就要按照法律来办事。在人治的封建制度下，法律是用来约束老百姓的，不是用来限制官员的，尤其是大官，刑不上大夫。

对于很多大官来说，是法律就有一个例外。

在丁忧这件事情上，也有一个例外——夺情。

丁忧，原始意思是说，人遇到忧伤的事情，后来特指父母去世。

一个真正的孝子在爹妈去世之后，一定难受得要命，痛不欲生，神志恍惚，很难集中精力做事情。前面我们讲过，接受一件难以接受的事实，一般要经历5个心理阶段。根据经验，人需要经过长达3年的时间才能走出痛失亲人的阴影。所以，明朝规定丁忧的时间是3年。

夺情，意思是说人家本来是孝子，爹妈死后，肝肠寸断，神志不清，无法继续工作，要回去守孝，无奈皇帝需要他，国家需要他，他走不开。

自古忠孝不能两全。

怎么办呢？

这时皇上会下一道圣旨，剥夺他守孝的权利，不许他伤心欲绝。

这叫夺情。

说好听一点，是化悲痛为力量，继续坚持工作。

说得不好听，是死乞白赖待着不走，害怕别人夺了位置。

所以，夺情的实质不是剥夺情感，是暗中的夺权夺利。

你想呀,张居正好不容易赶走前任高拱坐上这个位置,屁股还没焐热,就要离开。

人走茶凉,这一点他是知道的,他更知道没有人是不可以被替代的,包括自己。他心里明白背后不知道有多少双眼睛泛着绿光盯着这个位置,就像5年前自己盯着高拱的位置一样。

他不想丁忧,想夺情。

这一年是万历五年,儿童朱翊钧在张居正和皇太后内外夹击的管教下已经成为少年。

平心而论,国家在张居正的治理下,兼具前面高拱的努力,逐渐有了一些好转。尤其是"考成法"的推行,实行目标管理,大大提高了官员的办事效率。

但由于制度的陈旧,所谓的万历新政,并没有什么新东西,就像是在肚脐眼上贴了一块小小的创可贴,怎能治好心脏病。

或许,可以这样说,这时明朝的封建制度宛如一条漏洞百出的破裤子,张居正只能根据自己的能力打一两个补丁而已。

关起门,你可以说张居正的改革多么具有意义。

打开门,看一看这时西方资本主义从萌芽到兴起，以及后来资本主义制度的形成，这种改革几乎可以忽略不计，因为封建制度在资本主义制度面前，显得是那么腐朽，那么压抑人性，缺乏生气与活力，区区一个张居正岂能改变这偌大的格局！

黄仁宇说，张居正在政治上找不到出路，类似于李贽在哲学上找不到出路。

但是，这时的张居正似乎还懵懵懂懂的，他不知道巨大的阻力已然形成，很多人都会拖他的后腿，而拖后腿最卖力的不是别人，是他的亲爹——张文明，他死的真不是时候啊！

张文明死的这一年，只有15岁的少年皇帝朱翊钧，就像在慈云寺卖何首乌和枸杞的袁学海一样，还未成年，心中充满了幻想。

他幻想超能力，幻想神仙，如果那时有电影《霍比特人》，他一定是超级粉丝，看上四五遍都不过瘾。

虽然朱翊钧贵为天子，但在他心目中张居正才是神一样的存在：那威风凛凛的身材，那气吞山河的胸襟，那铿锵有力的声音，活脱脱一个二郎神，让少年仰慕之情如滔滔江水绵绵不绝。

从小没爹的孩子都这样，他们无法把自己的爹当成崇拜的偶像，就会顶礼膜拜身边其他强壮的男人。

在少年朱翊钧的周围都有哪些男人呢？

冯保自然是一个厉害的角色，一点不逊色于张居正，可惜是个太监，说起话来阴阳怪气，没有一点男人味，朱翊钧不会崇拜他。

自己的亲叔叔、亲伯伯原本是可以崇拜的，不过，他们都在外地，很少进京。因为明朝规定他们不许住在京城，怕出现朱棣那样的亲戚，朱翊钧无法目睹他们的风姿。

比较来，比较去，只有张居正才算真正的男人，不卑不亢，有时很凶，自己还有些畏惧。

越是自己畏惧的，自己越崇拜，越依赖，就如同人们畏惧神，也崇拜和依赖神。

这时的朱翊钧未成年，还没有行为能力，需要一个崇拜和依赖的人。

但是，现在，这个自己崇拜和依赖的人要丁忧回家，离开自己，这无异于天塌地陷一般。

所以，那时的朱翊钧是真心不想让张居正走。

在这件事情上，朱翊钧守寡的娘又是什么态度呢？

在慈圣皇太后看来，稳定压倒一切，她不想让张居正走，也害怕张居正走后，朝廷动荡不安，张居正是他们孤儿寡母的保护神。

那么,张居正自己呢?其实不想走,其实我想留,留下来陪你每个春夏秋冬。

皇帝、皇太后都不想让张居正走,张居正自己也不想走,又与冯保暗通款曲,就这样,一道夺情的圣旨下来了。

张居正不想走,皇帝同意,皇太后同意,冯保同意,但是百官却不同意:凭什么你张居正就这么贱,就这么特殊?

走,还是不走?

在今天看来一个不是问题的问题,在那时竟然引起整个朝野动荡,连新科进士冯梦祯都卷了进去。

也许,袁了凡应该庆幸自己没有进士及第,否则,他将死得很难看。

三

在这个世界上,任何东西都要按照一定的规则运行,这个规则叫道。

妇女要守妇道。

官员要守孝道。

天上的星星要守自己的轨道。

如果星星不按照自己的轨道运行,到处乱跑,就像一把扫帚东扫一下，西扫一下，成了扫帚星，很快就会玩儿完。

官员死了爹回家守孝，这是孝道。

别人都要按照这条道走，张居正却不按照这条道走，这不是脱离轨道的扫帚星是什么呢？

当然，他也可以说皇上和国家离不开自己。

但是，一个四川人却像一座大山一样，横亘在张居正的面前，阻挡着他，不让夺情，不让他脱离轨道。（蜀道难呀，难于上青天）

这个人出生于1459年……

什么？1459年？

到现在已经118岁了！

能活这么久吗？

不能！

他早就死了。

死人挡活人的道并不稀奇。

这个人名叫杨廷和，刚当上内阁首辅两年，他的父亲就死了。正德皇帝真心留他："杨先生，你就别守孝了，我离不开你呀！"

这个四川人很倔，非要回去不可。

皇帝好说歹说，杨廷和油盐不进。

大家都知道正德皇帝是一个喜欢玩、会玩的皇帝,尤为有本事的是,这位仁兄居然能够搬出紫禁城,跳出三界外,不受宫廷内部规矩的束缚,住进自己新建的豪宅——豹房。

"豹房",一听这个名字就很猛,比现在很多豪宅的名字霸道。关键是还名副其实,不像今天的开发商取个名字叫花园,结果小区连草都没一棵。

豹房中有宦官、乐师、倡优、道士,居然还有一名葡萄牙人,名叫火者亚三,一个怪名字。

如果你认为这些很怪,更怪的还在后面。

豪宅中有一个大型动物园,名叫猎房。

猎房中有虎豹豺狼,张牙舞爪,整天嚎叫,很是恐怖,但正德皇帝却很喜欢,还亲自当驯兽员。有一次,正德皇帝亲自训练老虎,还被老虎所伤。

正德皇帝想玩,内阁首辅自然是要找个能干的,才可以腾出时间来玩。

杨廷和不仅能干,人品也好,皇帝一百个放心。

所以,正德皇帝说什么也不让杨廷和回家守孝;而杨廷和呢,说什么也要回去。

一个下旨,一个抗旨,你来我往,较上了劲儿。

最后,杨廷和居然赢了,回家守了3年的孝。

杨廷和为什么能赢呢?因为他站在了道德的高峰上。

这个四川人就像秦岭一样矗立在那里,成为夺情的分界线,以前官员可以夺情,以后官员夺情首先就要过他这一关。

一夫当关,万夫莫开,这一关不好过啊!

过了这一关,意味着你在道德上输了,人格矮了一截不说,还会被别人理解成贪恋权力,是伪君子(其实绝大多数人也是如此)。

张居正要夺情,注定在道德上是一个输家。

虽然这时朝廷穿獬豸服的人集体失语,睁只眼闭只眼,假装什么也看不见(因为他们都是张居正的人,屁股不仅决定脑袋,也决定嘴巴),但在道德问题上,从来就不缺乏敢于出头露面的人。

首先是翰林院的人不干了,他们簇拥着组织人事部部长(吏部尚书)张瀚来到张居正的私邸,温和地劝说,张大人,你还是丁忧算了,首辅不起表率作用,下面和以后的工作不好做呀,毕竟咱们是以孝治理天下啊!

你应该向杨廷和同志学习,咱们万历朝的人可不能输给正德朝的人呀!

在这一大群劝阻的人中,有一名新科进士,他就是冯梦祯。

原来冯梦祯进士及第不久,就进入翰林院,入选庶吉士。

这时冯梦祯也说,首辅张大人,您一直是我们心中的偶像,您的名字如雷贯耳,我们一直敬仰您,觉得您人如其名,站得直,行得正。

冯梦祯这话看似温和,却绵里藏针,弦外之音是,如果张居正不走正道,就与自己的名字不符。

这是名不正。

名不正,则言不顺;言不顺,则事不成;事不成,则礼乐不兴;礼乐不兴,则刑罚不中;刑罚不中,则民无所措手足。

冯梦祯是在暗示首辅,如果不丁忧,无疑会动摇以孝治国的根基,这样一来,老百姓就不知道如何行事了,整个国家会乱套。

张翰是张居正破格提拔上来的,与张居正私交很好,一直与张居正穿同一条裤子,而今,穿同一条裤子的人与自己分道扬镳,一扯一撕之间,自己的私处不就容易暴露出来吗?

一直睁只眼闭只眼的獬豸们这回看得很清楚,眼看张居正的私处要暴露了,他们再也不能沉默不语,终于发出了声音,不是冲张居正,是冲张翰。

这次私人会晤没几天,就有獬豸参奏张翰,只字不提与首辅的那次冲突,而是假借别的事情,诸如一年前,张翰与某某女歌星关系暧昧,半年前张翰搞假发票报销什么的。

这哪里是公正的獬豸,简直就是张居正养的看家狗嘛,主人让咬谁,他们就冲谁汪汪乱叫。(监督权与行政权分离多么重要呀)

这一叫不要紧,惹怒了翰林院的人。

翰林院的两个人率先站出来,一个是编修吴中行,一个是检讨(官名)赵用贤,他们弹劾张居正,说他是伪君子。

按理说,弹劾这项工作不属于他们,这是超范围经营,但御史和给事中都不作为,变成了狗,他们就要做正直的独角兽,天下兴亡,匹夫有责,何况他们还不是匹夫。

明朝的弹劾很讲究,就像是贝多芬的交响曲,先是由下级官员发起,声音低沉婉转,若隐若现,接着大一点的官员跟进,声音逐渐加大,最后,弹劾的人越来越多,官越来越大,声音越来越高,似乎天要崩溃,地要陷裂一般,让交响乐达到高潮。

交响音乐会开始了。

翰林院的芝麻官吴中行和赵用贤最先奏响了低音,余音袅袅。

张居正一听,不对,这是要发起攻击了——老鼠拉木锨，大头在后边。

果然不出所料，张居正还没想出对策（估计刚死了爹，神志恍惚，智力明显下降了），紧接着，刑部两个司局级干部又奏响了更响亮的声音。

……

停，停！

慌乱之中，张居正举起大棒冲了上来，厉声喝止，并以皇上的名义准备"廷杖"这4个人。

听到这一消息后，后面的大人物坐不住了，礼部尚书马自强出面向张居正求情。张居正自知理屈，竟然不顾首辅的风度，装出一副无辜的样子，在马自强面前跪下，口中喊道："公饶我，公饶我！"

这还能叫张居正吗！叫张居邪，或张无奈，抑或张无赖，才名副其实嘛。（我真搞不清楚，平时那么有本事的首辅张先生，怎么这时却像一摊烂泥，太怂了吧，一点儿危机公关的能力都没有）

翰林院掌院学士王锡爵，就是劝丁敬宇读韩柳欧苏的那位兄台，与组织人事部副部长申时行（这两个人后来都当了首辅），带领数十名官员，又去张居正的私邸请愿，结果吃了闭门羹。

王锡爵不仅有胆量，也很机灵，他径直闯进张居正的寝室，为上述四人求情。

张居正铁青着脸,拒绝王锡爵的请求,说:"廷杖这4个人,是皇上的意思,圣怒不可测。"

王锡爵是何许人也,岂能够轻易被糊弄,一针见血地指出:"即使是皇上发怒,那也是因为你。"这是在暗指,皇帝也是在你张大人的操控中。

张居正无言以对,突然下跪,举起身边的一把刀,不是对准王锡爵,是对准自己的脖子,说:"皇上要留我,你们要赶我。我留,你们要我死,我走,违抗圣旨也是死,王大人,你今天就把我杀死算了。"

说完连声喊道:"你来杀我,你来杀我!"

王锡爵做梦也没有想到平素仪表堂堂的首辅,居然如此无赖,这样的人你还能与他讲道理吗?只有赶忙逃跑。

盛大的交响乐没有听成,被张居正阻止了,不要紧,我们马上可以欣赏到一场难得的行为艺术——廷杖。

四

廷杖,就是在紫禁城的午门广场,当着文武百官的面,用大棒猛打触怒龙颜的官员的屁股。

之所以选在午门广场,估计是因为这个地方宽敞，耍得开，距离后宫也远，太后皇后妃子们听不见那震天动地的动静。

廷杖，在精神层面，是对官员人格的羞辱；在生理层面，是难以承受的肉体摧残。许多官员当场被杖毙，打不死的官员，也多会留下残疾。

廷杖，在明朝尤为突出。

如果论廷杖的规模恐怕排在第一名的应该是正德皇帝。

这之前每次被廷杖的人数一般是一两位，但正德皇帝却大胆地创造了一次同时廷杖107人的纪录。

1519年，葡萄牙航海家麦哲伦从西班牙出发向西开始环球航行，这是人类历史上的第一次，具有划时代的意义。

不知道是不是在豹房中听那个葡萄牙人说起，反正这时明朝的正德皇帝也坐不住了，想挪动一下屁股，由于一直禁海，正德皇帝坚信紫禁城就是世界的中心，他并不想到大洋彼岸去看一看，只是想从紫禁城这个中心出发，到江南去旅游一趟。

他心里想，人家麦哲伦都可以周游世界了，我在自己的领土上旅游一下，总该可以吧。

谁知大臣们提出异议。

这些大臣们很有学问，居然找出了皇帝不能旅游的 9 个理由，比如，盘缠不够、南方有水灾危险、皇上身体太弱不适合旅游什么的。

其实这些都是拐弯抹角的理由，最根本的理由不好意思说出口，那就是他们觉得正德皇帝不正经，会搞出一些游龙戏凤的事情。

正德皇帝本来就喜欢玩，你不让他玩，当然会龙颜大怒。

盛怒之下，他咆哮道："我想挪动一下屁股你们这些文官都不同意，那我就只好把你们的屁股打开花！"

于是，在午门广场，107 名下跪进谏的文官同时被锦衣卫的彪形大汉扒光裤子，露出白花花的屁股，一个接一个，趴下。

周围是黑压压的一圈观众。

只听一声令下。

打，着实打，用心打！

107 根大棒同时举起，同时落下，顿时，惨叫声、惊叫声、哭声、骂声，伴随着棍棒击打人肉的声音响成一片，那家伙，惊天动地，血肉横飞。

同时打 107 个人的屁股，应该能登上吉尼斯世界纪录了，很难被打破。

不过，正德皇帝多少有些遗憾，这个人数比梁山好汉的人数还少一位。

怎么办？

继续打！

文官不够，就拿武官来充数。

后来又增添了锦衣卫中的39人，总共146人受廷杖，杖死11人。

廷杖一两个人很正常，廷杖一群人说明了什么呢？

说明皇帝与整个官僚集团发生了不可调和的冲突。

廷杖那么多人，意味着皇帝想向整个官僚集团宣战。官僚集团由文官组成，从内阁首辅到七品县令，一共两万多人，负责国家的运转。与之宣战，无疑会使国家机器停摆，这需要极大的勇气，还要承受暴君的骂名。

站在皇帝的立场上去想，一个皇帝想去旅游一趟有什么大不了的，文官们不依不饶，还跪在午门外不走，非要皇帝把买好的车票退掉。

站在文官的立场上去想，皇帝就应该勤政，为国家的事情日夜操劳，否则，就是庸君、昏君，如果再打屁股就成了庸君、昏君，外加暴君。他们是真心实意为朱家的天下着想，也冒了掉脑袋的风险。

那么，皇帝的责权利到底应该如何划分呢？

文官们的责权利又该如何划分呢？

还是来看一看外面的世界吧！

这时世界上两个富得流油的皇帝，一个西班牙皇帝，一个葡萄牙皇帝，他们正凭借一张合同，使得全世界的财富源源不断地流进皇宫。因为那份合同明确规定了皇帝的权力、责任和义务，以及经营者的权利、责任和义务。

这样一来，经营者（哥伦布、达·伽马）乖乖地把利润的25%上交给投资方（皇室）之后，各自的钱爱怎么花就怎么花，想到哪里去旅游就到哪里去旅游，谁也管不着谁，彼此其乐融融。

为什么经营者与投资方能够如此和谐呢？

因为责权利规定得清清楚楚，自己该做什么，不该做什么，该享受什么，不该享受什么，都心知肚明。

再看明朝的责权利，简直乱成一锅粥，一件事似乎谁都可以管，谁都可以不管，对国家大事，似乎谁都可以作主，谁都作不了主。

皇帝说，普天之下，莫非王土，率土之滨，莫非王臣。意思皇帝主宰天下。

大臣们说，民为贵，社稷次之，君为轻。意思是人民放在第一位，国家其次，君最后。

皇帝说，君要臣死，臣不得不死，所以，做臣子的要听君主的话，不得违背君主的旨意。

大臣们说，天下兴亡，匹夫有责，国家是人民的国家。

国家到底谁说了算，公说公有理，婆说婆有理。

谁也说不清。

说不清怎么办？

文官就死谏，皇帝就暴怒，开打。

当明朝的皇帝们正在愤怒地狂打文官们的屁股的时候，你们知道葡萄牙和西班牙的两个皇帝在干什么吗？

他们正在签订另一份合同，一份哥俩瓜分世界的合同——《萨拉戈萨条约》。

条约中明确规定，葡萄牙这个当时人口仅150万的蕞尔小国，囊括东大西洋、西太平洋、整个印度洋及其沿岸地区的贸易和殖民权利。

制度的创新靠打屁股是打不出来的。

打屁股没有一方是赢家，都是输家。

正德皇帝廷杖了146人之后，不得不暂时放弃旅游计划，毕竟官僚集团的势力太强大。

被廷杖的文官们呢？不是留下残疾，就是身体从此一蹶不振。

更令人不安的是，制度的缺陷依然存在，并没有解决。不解决制度的问题，打屁股的事情就还会不断发生，最后整个民族都会挨别人的打。

……

如果说正德皇帝的廷杖在规模上获得了第一，那么，张居正的廷杖就是在行为艺术上获得了第一。

首先，是廷杖的发起人。

按道理，廷杖的发起人只能是皇帝，但是万历皇帝还未成年，没有行为能力，所以，这次廷杖真正的始作俑者是张居正。

张居正口口声声称，廷杖是皇帝的怒气，这就是一种表演。

不过，这种表演有点疯狂，失去了理智。

当时，张居正确实气疯了，因为这4个人中，吴中行、赵用贤都是他的学生。

还记得刘台吗？就是张居正想派丁敬宇去查的那个人，他也是张居正的学生，与吴中行、赵用贤是同班同学，这里面的关系就深了去（学生恨老师并不是今天才有）。

学生恨老师还情有可原，最让张居正恼羞成怒的是，刑部的那个哥们还是自己的老乡。老乡见老乡，两眼泪汪汪。张居正愤怒地说，当年，严嵩被弹劾时，他的老乡都没有参与，还力挺，难道我的人品还不如严嵩?!

所以，这次廷杖的发起方表现得相当疯狂，不过，疯狂令行为艺术更具震撼力。

另一方呢？却很冷静，那些受廷杖的人，他们知道自己虽然脱裤子受辱，挨板子受苦，但只要自己熬过这一关，就站在了道德的制高点上，拥有雄厚的政治资本，并名垂青史。

尼采说，凡不能毁灭我的，必将使我强大。

打不死的这4个人，又活在了人间。

这4个人虽然挨了打，屁股开了花，却成了当时的道德楷模，一夜成名，举国皆知。而冯梦祯却惨了，不仅没捞着什么名，还得罪了张居正，好不容易考上进士，成为编修，结果一抹到底。

不过，这倒是与他的名字很相符。

祯，是吉祥的意思，但江湖险恶，想吉祥并不容易。

怎么办呢？

只有在梦中去寻找吉祥——梦祯。

人的心理往往就是这样，当现实越来越残酷的时候，梦想就越美丽，这就如同越是饥饿的时候，想起的食物越好吃一样。

……

不知道袁了凡听说冯梦祯的下场后，会有怎样的感受？

虽然袁了凡在努力改变自己的臭脾气，但那时还没修成正果，按照他的性格推断，如果他没有被主考官刷下来，如果他换成冯梦祯，一定会第一个冲上前去，站在吴中行、赵用贤的前面，挨打也是挨得最厉害的，说不定会被打死，因为他本来身体就虚弱，如何扛得住那虎狼一样的大棍子。

也许，这时的袁了凡应该庆幸自己没当那个第一名，否则，出了名，却没了命。

好悬呀！

这种情形很有点像余华的小说《活着》中沦落为佃户的前地主徐富贵，看到新地主土改被枪毙时的感受：他是替我去死的！

10. 朋友圈

一

袁了凡榜上无名，但在考试的江湖上却渐渐出了名。

什么情况？

因为这位落榜生编了一本很牛的高考复习资料——《群书备考》。

也许，这是中国历史上第一本高考复习资料，不仅有范文展示，教考生如何答题，如何写策论，还有高考前的心理辅导。

这本高考复习资料一出版，就畅销；一畅销，就断货。一不留神，居然不经意间用上了今天的商业奇招——饥饿营销。

那时，商业一点都不发达，袁了凡哪懂什么饥饿营销，完全是因为印刷厂太落后，印不出那么多来，印一批，就被人抢一批，类似于今天抢马桶盖，屁股太多，需求大于供给。

从袁了凡的经历可以看出，多参加几次高考并不是一件坏事（今天也不例外）。

俞敏洪参加了3次，最后创办英语补习学校——

新东方,令美国人大吃一惊。

马云也考了3次,最后创立淘宝网,掏干净了女生的钱包。

多参加几次高考,还有一个好处:同学多,人脉广。**人际关系是不可替代的生产力。**

那些一次就考中的人,同学只有一个班。而补习一次,同学就多一个班,补习两次,同学就多两个班,将来很占便宜。

袁了凡就是这样,丁敬宇是他的同学,冯梦祯也是他的同学,最重要的是他们都考上了,不会再有同学了,而袁了凡还有补习的机会,注定会有更多的同学。

每一个班里都有几个出类拔萃的同学。

丁敬宇第一次考上了,就不可能与杰出的冯梦祯成为同学,但袁了凡却可以。袁了凡不仅可以与冯梦祯成为同学,还可以与大名鼎鼎的汤显祖成为同学,因为袁了凡、冯梦祯、汤显祖他们是一个年级。

实际上,袁了凡这次落榜并不丢人,因为汤显祖也落榜了。

什么?

汤显祖没考上?

他可是全国最牛的大才子,不仅精通四书五经,是王阳明心学的继承者,文笔还铿锵有力,要文采有文采,要思想有思想,要学问有学问。这就相当于奥黛丽·赫本去参加选美,结果没选上。

怎么可能?

这里面一定有猫腻!

先不说有没有猫腻,看一看金榜再说——

万历年丁丑科(1577年)

第一甲三名

沈懋学　张嗣修　曾朝节

第二甲五十七名

宋希尧陆可教冯梦祯……

冯梦祯顶替袁了凡在会试中成为第一名,但在殿试中发挥得稍微差那么一丢丢,没能进前三甲,还不错,二甲第三名。

别看了,真的没有闻名天下的大才子汤显祖。

状元沈懋学大家都知道,他当时与汤显祖齐名。

榜眼张嗣修是谁?

怎么以前一直没听说过呢?

只是最近才听沈懋学谈起,还一个劲儿说这个人了不起。

一打听,才恍然大悟,不是这个人了不起,是这个人的爹了不起,他的爹是谁呢?张居正。

张居正高考前曾派人去找闻名天下的沈懋学和汤显祖,让他们配合一下,把二儿子张嗣修拉进朋友圈,先吹捧吹捧,混个脸熟,然后作弊才不露痕迹,回报就是让他们金榜题名。

汤显祖并不反对张居正的改革,但对这种龌龊的手段却深恶痛绝,第一次张居正派人上门时,汤显祖婉言拒绝了。

拒绝别人是要有学问的,这种学问可归纳为两条:一态度坚决,二口气温和。

态度不坚决容易让别人误以为你默许了;口气不温和,会触怒对方,不好收场。

可能第一次汤显祖只考虑到了后一条,态度不够坚决,来人回去汇报后,张居正觉得还有戏,就又派人上门。

这一次汤显祖不得不把话挑明了。

当然,大才子说话总爱用个比喻什么的,既表明态度,又让人记忆深刻。

汤显祖说:"我宛如一处女,岂敢这样就失身(吾不敢从处女子失身也)?"这个比喻很生动、很形象，真的让张居正记住了，并且永远没忘记。张居正恨得咬牙切齿："好小子，有种，有我在，你汤显祖就别想金榜题名。"

男子汉大丈夫，说到做到。

后来，在张居正当权的时期，汤显祖永远落榜。

可是，尽管落榜，汤显祖的名气却越来越大，写的戏曲影响海内。

也许，很多人听说沈懋学与汤显祖齐名时，会暗恨自己孤陋寡闻，居然连沈懋学都没听说过，立马上网去搜索，结果除了那年考上状元外，什么也查不到，也就是说，这个人后来废了，什么事情也干不了。

为什么呢？

因为沈懋学同意张居正的要求，替张嗣修当托儿，出卖了自己的灵魂。

一个出卖了灵魂的人，就像一具行尸走肉，没有自己的思想、情感和意愿，失去了生命本该具有的活力，一辈子依附于别人，注定碌碌无为。

用自己整个的生命去换取一个状元的头衔，这不是一笔划算的买卖。

生命是无价的，生命中最有价值的就是灵魂。

汤显祖没有出卖灵魂，他的生命在中国文学史上焕发出了璀璨的光辉。

二

没考上进士的袁了凡有一个超级牛的朋友圈。

朋友圈中排在第一位的是云谷禅师,不过,这位老朋友总是潜着,不说话。

朋友圈中排在第二位的是丁敬宇,这时,这位小兄弟正在句容当县太爷,上传的东西都是句容的风土民情,以及当县长的心得体会。朝廷发生了那么大的事情,他似乎并不关心,更不知道后来自己也会被张居正整,不得不辞官。

排在第三位的是冯梦祯,此时,这位仁兄正在京城郊外送一个人。

他送的这个人是个愤青,一根筋,名叫邹元标。

邹元标也是1577年的进士,与袁了凡同过学,这哥们虽然是个神童,9岁就能读儒家经典,考得却没有冯梦祯好,但这时却闻名天下。

他靠什么博取的名声呢?靠屁股!

他的屁股了得,挨了80大板,居然没死。

原来是这样的,那4个弹劾张居正的人,挨完板子后,获得舆论界的一致好评,一夜成名。邹元标虽然考上了进士,但还是个待业青年,什么职务和工作也没有,看别人靠挨板子出了名,自己也赶紧写了一份弹劾的奏章。

恰逢这时皇帝下了一道敕令:有胆敢再弹劾者,杀无赦!

敕令刚发出去,就收到邹元标的弹劾奏章,皇帝和张居正想,是谁这么大胆,敢往枪口上撞,那4个人是不怕痛,这个人是不怕死。

不怕死,就让他死。

当邹元标快要被绑到菜市口砍头的时候,有人发现这是个冤案。因为他弹劾的奏章是在敕令颁布前写的,由于送快递的耽误了几天,才偏偏赶上了这个节骨眼。

邹元标逃过了死,逃不过痛,最终判决:廷杖80,发配贵州!

邹元标这个名字,初看没什么意思,仔细一琢磨,不一般。

元,是什么意思?是开始、第一的意思。新年开始的第一天,叫元旦;考上第一名,叫状元。

标,是什么意思?就是标准、标志、标杆的意思。

元标,意思是自己要成为朝廷和社会最原始最根本的标杆。

这个名字预示着这个人的工作，就是职业搞度量衡的，不过，不是度量物品，是度量人。

邹元标整天拿个标杆去度量别人符不符合自己心中的元标，凡是符合的，他就支持，凡是不符合的，他就反对，包括皇帝（后面会提到）。

最后邹元标理所当然地当上组织人事部副部长（吏部左侍郎），全国的官员都由他来度量。这绝不是偶然的，是必然的，因为他的名字白纸黑字早就写在那里。

与此同时，这个名字也预示他的命运：拿着一个标杆东量量、西量量，专找别人的麻烦，与别人死磕，磕倒了不少人，也磕得自己头破血流，遍体鳞伤。

邹元标经常在朝廷兴风作浪，后来还成立了一个党，叫东林党，与顾宪成、赵南星并称东林党三君。

不过，这时，这哥们正躺在担架上，屁股肿得老高，而冯梦祯眼泪汪汪地站在他的身旁。

从冯梦祯在微信朋友圈上传的图文中，可以看到，那天北京刚下了一场大雪，天寒地冻，万木枯萎，刺骨的北风一个劲儿地吹，鹅毛大雪似乎没有停下来的意思，那纷飞的雪花就像廷杖时锦衣卫口中的唾沫星子，汹涌喷洒。

此情此景，哥俩的心中悲愤万分。

不过，根据接受现实的5个心理阶段，这时恐怕更多的是悲伤。想到邹元标的屁股在这样大冷的天里，还要经受云贵山路的颠簸折腾，他们的心感到彻骨的寒冷，不过，更让他们寒心的还是朝廷。

也许，不久前，这哥俩进京赶考时走的也是这条路，那时春暖花开，莺飞草长，他们的心中充满憧憬。

这才过去多久啊！

一切都变了，北京已经了无生机。

理想与现实就是这样，落差很大，如同从拉萨坐飞机，刚才还在青藏高原，理想似乎与天齐，唰的一下，降落到了四川盆地。

送走邹元标后，冯梦祯也旋即离开了北京这个是非之地。

冯梦祯的离开，一半是被迫，因为得罪了张居正，一半是主动，自己也不愿意再干下去了。他按照自己为人处世的方式，办了一个病退。

这非常符合冯梦祯的性格，温柔而坚强，绵里藏针，不像邹元标那么生猛，非要搞出点动静不可。

冯梦祯是这样想的：既然官场中找不到吉祥，

自己就要按照"梦祯"这个名字所指引的方向，在梦中去寻找吉祥。

后来，虽然冯梦祯在张居正死后，官复原职，还升到南京国子监祭酒的位置，但很快又被人弹劾罢官，一辈子都没有在官场中混出什么名堂。

但是，官场中没混出名堂，并不代表冯梦祯没有名堂。

在冷酷的现实中，冯梦祯默默无闻，但是在梦中，在属于自己的思想领域，他却是一位了不起的人。

他天天穿梭于名刹古寺，与憨山德清和紫柏真可谈佛，与汤显祖谈人性，与袁了凡谈行善积德，与董其昌谈心灵，他的微信朋友圈中都是一些崇尚自由和追求真我的人。

心灵的自由，是没有人可以剥夺的。
梦，是没有人可以剥夺的。

著名的心理学家维克多·弗兰克是纳粹集中营的幸存者，他说，即使处在最恶劣的境遇中，人仍然拥有一种不可剥夺的精神自由，这是人所具有的最后的内在自由。

在这种自由中，冯梦祯成了明朝最有名的佛教居士，他又给自己取了个名字叫真实。

"冯梦祯"与"冯真实"这两个名字，在我看来，应该是中国上下几千年来最牛的组合和搭配之一。看过《盗梦空间》的人，一定对电影的结局感到惊艳，因为你不知道到底哪一个是梦境，哪一个是真实的现实。同样，庄子在梦中梦见自己变成一只蝴蝶，翩翩起舞，醒来之后，他不知道是自己变成了蝴蝶，还是蝴蝶变成了自己，到底哪个是梦，哪个是真实。

"冯梦祯"和"冯真实"这两个名字，一个人，就如同两只纷飞的蝴蝶可以让我们产生无限的遐想、冥想，最后触摸到宇宙的真相。

冯梦祯，不仅是明朝响当当的居士，也是著名的思想家和诗人。

不过，最重要的是，他是一个真实的人！

不知道大家注意过没有，袁了凡所处的时代，现实很凌乱，梦却特别多，在袁了凡的朋友圈中冯梦祯是一个梦。而汤显祖则有4个梦，叫作"临川四梦"，分别是《荆钗记》、《牡丹亭》、《邯郸记》和《南柯梦》。

为什么叫"临川四梦"呢？

因为这4部作品分别写了4个梦,最感人的应该算《牡丹亭》中杜丽娘的那个梦。

"汤显祖"这个名字很好理解,光宗耀祖。但不好理解的是,以什么方式光宗耀祖。

有的人选择以当官的方式,有的人选择以经商的方式,有的人选择以做学问的方式,还有的人选择以旅行的方式,比如徐霞客。不管你选择什么方式,注意一点,就是不能出卖自己的灵魂,不要扭曲自己的人格,要活出真实的自己,好像有一本书的名字就叫《活着不是给别人看的》。

汤显祖是以一个戏剧家的方式光宗耀祖的,因为别的方式不是他喜欢的,也不是他擅长的,关键是还要出卖灵魂,这是汤显祖万万不能接受的。

人不能以出卖自己的方式获得幸福。

同样,人也不可能以背叛自己的方式光宗耀祖。那样的光宗耀祖最后只能让祖宗蒙羞。

顺便说一下,汤显祖与张居正的二儿子张嗣修虽然是同学,却不来往,张嗣修仗着自己是张居正的儿子,整天牛皮哄哄的,汤显祖极为鄙视。

可后来他们却冰释前嫌,成为好朋友。

为什么会这样呢?多半是出于同情。

张居正死后第二年,张家被抄,大儿子上吊自杀，运气好，吊死了，避免了继续受折磨。三儿子张懋修，在二哥舞弊当上榜眼后，他爹的胆子更大了，直接给他弄了个状元来当，现在东窗事发，想投井自杀，运气不好，没有死成，接着又绝食，还是没死成，最后被发配边疆，这回死成了，被边疆的乌烟瘴气给弄死了。

想起来就生气，一个几次都没死成的人，居然死在脏空气上面。究竟是生命太脆弱，还是空气太肮脏呢？

当然，二儿子张嗣修也难逃厄运，被发配到雷阳，即今天的雷州半岛中部。在这里汤显祖遇见了这个曾经很牛×的同学，他们手握着手，感叹不已。

人生多么像一场梦。

不！

人生本来就是一场梦。

对于张嗣修来说，以前的人生是一场美梦，现在的人生是一场噩梦。

对于梦境，汤显祖对张嗣修说，不管是美梦，还是噩梦，抑或是"临川四梦"，都不要留恋，不要执着，也不要反感，不要拒绝，要心如流水，让它们自然流走（云谷禅师、袁了凡、冯梦祯和汤显祖等是一个群里的人，关于心是一条河的观念引起了广泛的共鸣）。

看到汤显祖这样对待自己，张嗣修心生感慨，自己从前是大爷，现在是孙子，从来就没有成为过真实的自己——做大爷时，我瞧不起别人；做孙子时，别人瞧不起我。但是，汤显祖从来都不做别人，只做自己。

做自己的人，在你是大爷的时候，他不搭理你；在你成为孙子的时候，他同情你，想扶你一把，让你做回自己。

汤显祖给予了张嗣修最诚挚的同学情谊，不管他身上有多少跳蚤，不管他身上有多少人吐的浓痰，汤显祖都上前一把握住张嗣修的手，把温暖送了过去。

不仅如此，汤显祖还给他的三弟张懋修写信："那年冬天，我与令兄在雷阳握手见面，既高兴又伤感。"

汤显祖就是这样的人，他以自己喜欢的方式不仅显了祖，也令中国戏曲脸上有了光。

三

冯梦祯作为官员常常出入寺庙。

那么，寺庙中的和尚在干什么呢？

和尚常常出入监狱——一会儿被抓进去，一会儿被放出来；很多时候，进去是个大活人，出来是一具僵尸（被严刑拷打致死）。

寺庙是官员的归宿，监狱是和尚的归宿。

多么的可悲！

在袁了凡的朋友圈中，接下来的应该是一位和尚，名叫紫柏真可。

"紫柏真可"这个名字很有意思，与"憨山德清"的名字类似。

"憨山德清"的名字是先有"德清"，后有"憨山"。

"紫柏真可"的名字也是这样，先有"真可"，后来才在前面加上"紫柏"。

名字大体一致，命运也应该大体一致，他们都是著名的高僧，被称为明朝四大高僧，也都进过监狱。

一天，袁了凡在朋友圈中发了一条微信，感叹过去的《大藏经》卷帙浩繁，不容易传播，希望改成方册，以便广为流通。

微信发出后，点赞的人很多，首先点赞的是一位名叫幻余的禅师。幻余禅师还有一个名字叫法本。

"幻余"与"法本"这两个名字搭配得也很好，

一个"幻"字,暗含这样的意思:你以为你以为的就是你以为的吗?言外之意,你看见的都是幻觉,钱是幻觉,状元是幻觉,美女也是幻觉,股市中的泡泡更是幻觉。

什么才是真实的呢?佛法的根本才是真实的。

由"幻余"到"法本",这两个名字准确表明他的人生是一个由幻到真的旅程(类似于由"冯梦祯"到"冯真实")。

接着点赞的便是紫柏真可,这个主意太好了,并提出自己亲自来办这件事情。

后来点赞的还有冯梦祯和陆五台等。

他们不仅点赞,还积极支持,有钱的出钱,有力的出力,经过长期的努力,于是便有了后世的《嘉兴藏》。

紫柏真可比袁了凡小10岁,是一位了不起的高僧,不仅悟透了生死,关键还很仗义。

他出家本身就是一种仗义的行为。

17岁时,青年真可离家远行,本打算到塞外去当兵。

当时科举很吃香,别人都想去考个秀才举人什么的,他却想当兵,太不合时适了吧?但这就是真实的真可,不走寻常路的真可。

更令人想不到的是，还没有走到塞外，刚走到苏州的时候，天就下起瓢泼大雨，他无法继续前行，只能暂时住下来。

真可没有住快捷旅店，住进了虎丘云岩寺。

云岩寺中的高僧明觉禅师偶然看见他，这一看不打紧，只见真可仪表堂堂，高大伟岸，不免心中又惊又喜——这不就是传说中护法的法器吗？

明觉禅师并没有马上劝真可，佛门中人讲究一个"缘"字：有佛缘，早晚你会拜佛；没佛缘，天天都会拜鬼。

不过，请真可吃一顿饭还是可以的，并不违纪，明觉禅师邀请真可共进晚餐。

真可当时并不知道，这是他作为俗世之人的最后的晚餐。

吃完晚饭后，真可在寺庙内溜达起来，走着走着，突然响起一阵声音，那声音浑厚雄壮，伴着悠远的钟声，令他热血沸腾，心中无比舒畅。

这究竟是一种什么声音呢？

原来是寺庙中的晚课，僧人们在唱诵八十八佛名，即念诵八十八位佛的名字。在真可看来，这多么像一次出征前的点兵点将，抑或是一声声嘹亮的集结号。

难道自己追求的人生并不在塞外边疆，而在这里？

真可没有半点犹豫，立刻找到明觉禅师，解开腰带，掏出10多两金子全部赠送给他。

明觉禅师很惊讶："你这是要干什么？"（好端端的人儿怎么学会了行贿）

真可说："我要出家！"

明觉禅师心里想，出家也可以留点私房钱呀，怎么全捐了，这不是裸捐吗？

仗义的真可就是这样，要么不做，要做就彻彻底底，不留后路。

就这样，本来打算去塞外边疆杀敌立功的真可，现在却把自己献给了佛法，成为庄严佛国的一名卫士。

打仗是要死人的，捍卫真理同样如此。

真可的死，其实在他给自己取"紫柏"这个名字的时候，就已经隐含其中了。

"紫柏"，意思是挺拔的松树，具有超强的抗打击能力。但不要忘了，木秀于林，风必摧之。

紫柏真可就是这样。

进入佛门后，伴随着紫柏真可对生死的领悟，他的名气越来越大，已经与憨山德清齐名。

万历二十三年,紫柏真可与憨山德清相约一同前往六祖慧能曾经讲禅的曹溪,谁知约好的时间到了,憨山德清却爽约了。紫柏真可焦急地等待着,一等没来,二等没来,最后等来了憨山德清被流放的消息。紫柏真可赶忙顺着流放的路线追了过去。

隆冬之际,在半路上,两位高僧相见,紫柏真可握着憨山德清的手动情地说:"你不生还,我也没几天活头了。"(公不生还,吾不有生日)

看到没,紫柏真可出了家,依然是性情中人,多情乃佛心。

万历二十八年,朝廷征收矿税,宦官乘机扰民,南康知府吴宝秀抗税被捕,他的妻子悲愤交加,活活被气死。

紫柏真可听到这一消息后,又动了情,大声疾呼:"老憨不归,这是我要挺身而出的责任;矿税不止,这是我必须救苦救难的责任;佛法得不到宣扬,这是我必须采取行动的理由。"

紫柏真可决定到北京采取行动。

当时,冯梦祯发来私信劝他,别去了,那是个是非之地,凶多吉少。

他回答得很豪迈,五个字:"断头如断发。"

汤显祖也发来私信劝他不要去,他回复说,我不入地狱谁人地狱,最后依然是5个字:"断头如断发。"

后来,紫柏真可真的死在了监狱里。

憨山德清成为囚徒时,紫柏真可不想活了。

那么,紫柏真可死了,谁又不想活了呢?

冯梦祯。

紫柏真可死后,冯梦祯悲愤异常,抑郁成疾,两年之后,忧愤而死。

在残酷的现实生活中,死也许是一种解脱。

找不到出路的人,一般都想去找死。

明朝这个时候找不到出路的人很多,所以,找死的人也很多。

最有名的当数李贽。

李贽开始并不想找死,是想找自由。

李贽是心学泰州学派最杰出的代表人物,也是中国最伟大的思想家之一。他的思想大胆而深刻,旗帜鲜明地反对封建礼教,倡导个性解放,似明朝版的《狂人日记》。

当然,他的著作并不叫《狂人日记》,叫《焚书》。

一听这个书名,就有胆量,够气魄,充满火药味,是公鸡中的战斗机。那意思是说,这本书是禁书,将来是要被焚烧的,要看的赶紧看啊,再不看就来不及了。

这还真不是忽悠,这本书的确很生猛。

首先他承认每个人都有私心,孔子有私心,孟子有私心,张居正有私心,朱翊钧有私心,他自己也有私心,从而揭露了那些道貌岸然的伪君子——在主席台上正气凛然,实际上贪污的银子一大堆,搞过的女人一大群。

理学强调"存天理,灭人欲"。

王阳明的心学主张"吾心即天理"。

李贽却大声疾呼,天理就在人正常的欲望里——穿衣吃饭即是人伦物理。

……

如果按照这一思路推演下去,结论就是,遵循心中的意愿,追求人格的独立和自身的价值,则是上天赋予我们的权利——天赋人权。

但是,在明朝的历史中,传统的政治已经腐朽,人的自由被压缩在了狭窄的空间中,像李贽、汤显祖、冯梦祯以及袁了凡这些不愿意出卖灵魂的人,自然倍感压抑和窒息。

他们中的大多数人最后只能在佛教中去寻求个性的发展。

李贽在 61 岁时剃度为僧，由一名厅局级干部变成了一名和尚，唯一的希望就是等死，但没等来死，却等来了祸。

他在给朋友的信中说："今年不死，明年不死，年年等死，等不出死，反等出祸。"

不是月亮惹的祸，是《焚书》惹的祸，他进了监狱。

明朝有两大怪，一怪是官员当和尚；二怪是和尚进监狱。

李贽在这两方面堪称双料冠军，令人叹息！

还是看一看外面的世界吧。

这时发源于意大利的文艺复兴运动正在欧洲大陆盛行，中世纪愚昧黑暗的神渐渐被束之高阁，人开始慢慢被放大，人的价值，人的尊严，人的自由，以及个性的解放，已经成为主旋律。一大批思想、文学和艺术巨匠纷纷涌现。

一句话，这时的欧洲不仅在思想上找到了出路，在政治上也找到了出路。

反观明朝，这时作为王阳明心学的泰州学派却遭到了官方猛烈的打压。

在这种环境下，李贽的命运注定是悲惨的。

李贽死得很惨。

他用剃刀在监狱中自刎，但一时没有断气。

旁边的人看到他鲜血淋漓，问道："和尚，你痛不痛？"

李贽当时已经不能说话，用手在这个人的手掌心中写道："不痛！"

那个人又问："和尚，你为什么要自杀呢？"

李贽又用特殊的方式回答道："70岁的老翁还求什么呢？"

据说，李贽自刎之后，过了两天才死去，其痛苦可想而知。

不过，更痛苦的可能是他的心。

四

在袁了凡的朋友圈中，还有一个重量级的人物，名叫李世达。

"达"，是四通八达的意思。

"世达"，意味着这个人官运亨通，是官场中的达人。

名字是这样，但名副其实吗？

这样对你说吧，别人都是忙着在跑官，李世达呢，则是一顶顶官帽追着他跑。

李世达是陕西人，与袁了凡同岁，1556年，当

23岁的秀才袁了凡被通判大人列为社会贤达人员，并邀请一起乘船视察嘉善防务的时候，李世达就已经在北京见到了皇帝（殿试），并考上了进士。

我查了一下，李世达的成绩并不好，倒数第二名。

不过，考得好，不如名字好。

"世达"这个名字占了大大的便宜。

很多排名靠前的同学只能去当个县长、处级干部，还是比较偏僻的县，他可好，一上来就当上了财政部一个司的司长（户部主事），还在北京。

没干多久，一项组织人事部考察司司长（吏部考功主事）的官帽又追上了他。

这顶帽子还没戴热，另外两顶更大的官帽又在空中盘旋——考功员外郎、考功郎中。

这时的李世达与陆五台两个人，成为朝廷中红得发紫的人。

但天有不测风云，正当李世达官运亨通的时候，他的曾祖父死了。张居正死了爸爸也不丁忧，李世达死了爸爸的爸爸的爸爸也要守孝。

守孝是要影响官运的，但李世达不怕，因为他的名字取得好。

事情总是这样，**当大家都认为一件事情不行的**

时候，这件事情往往就行；当大家都认为这件事情能行的时候，这件事情往往不行。

大家都认为李世达的官运这回应该停止了，毕竟官帽是稀缺商品，总不能老追着你一个人跑吧。

情况的确如此，在李世达丁忧期间，六部一个萝卜一个坑，屁股坐得满满当当，早就没有了位置。

怎么办？

难道"世达"这个名字是白取的？

谁知六部的位置满了，另一个位置却空了出来——中央信访办副主任（通政使司右通政）。当时，这个位置是正四品，相当于今天的副部级。

李世达一屁股坐了上去。

看到吗？丁忧，没事，一点儿也没影响李世达的官运。

没过多久，另一顶更大的官帽又戴在了李世达的头上——南京太仆寺卿，从三品。

也许，有人会说，李世达的官职都是虚的，级别上去了，却没有实权。

不要慌，这时李世达才39岁，对于一个还不到40岁的人来说，级别上去了，实权只是早晚的事情。

果不其然，万历二年，刚满40岁的李世达就平调任都察院右佥都御史，巡抚山东。

万历五年，又升任右副都御史，总理河道。

还未上任，又改任浙江巡抚。

袁了凡就是在浙江与李世达认识的。

虽然这时的李世达是堂堂巡抚，出门时鸣锣开道，八面威风，袁了凡不过是一名举人，但是，他们却一见如故，立马成为知己。

一个巡抚，一个举人。

这两个相见恨晚的人，会演绎出怎样的故事呢？

也许，这个故事在后来清朝的湖南巡抚骆秉章与举人左宗棠那里得到了延续。

那时，左宗棠是一名连续考 N 次都没考上进士的举人，没办法，只能委屈点，凑合当巡抚的师爷。

不过，这个师爷不一般，整个湖南的事情都归他管，巡抚上奏的折子左师爷要审查，左师爷以巡抚名义上奏的折子却不用给巡抚看。

左师爷霸道，很有点这样的气概：你的就是我的，我的还是我的。

怎么可以这样呢？

没办法，关系铁嘛，还有就是左师爷的确有本事。

后来，左师爷被人弹劾，有一句超牛的辩护词：

"天下不可一日无湖南,湖南不可一日无左宗棠。"

这时的袁了凡与后来的左宗棠一样,也是读过兵书的,脾气秉性很相似,虽然没有太平天国,但浙江沿海却有倭寇。

按理来说,袁了凡也可以成为李世达的师爷,弄出一番貌似左宗棠的动静,何况李世达也诚恳邀请他来巡抚衙门做事。

但是,偏偏李世达心有余而力不足,身体不行,生病了。

不是装病,是真病。

病了,就要卸任回家,别人还等着这个位置呢。

李世达苦笑着对袁了凡说:"了凡兄,就此别过,后会有期!"

袁了凡说:"世达兄,我送送你!"

袁了凡是个实在人,这一送居然从杭州送到陕西。

路过秦岭(终南山)的时候,袁了凡想起栖霞山,想起云谷禅师,心中萌生出隐居山林的想法。

不过,最后还是打消了这一念头,因为他想到家中的妻子,想到妻子还没有孩子。

还记得吗?袁了凡从栖霞山下来的时候,发愿做3000件善事,当他许下这个诺言的时候,命中不能中举的他，第二年便考上举人。

现在，10年过去了，在他与妻子的功过格上稿满记录着那3000件善事。

是时候，该做一个总结了。

送完李世达，从关中回来的时候，袁了凡请了几位当地的主僧做回向。

所谓"回向"，就是把自己所修的功德，与大家一起分享，而不是独享，这样可以积累经验，拓宽心胸，开阔视野。

做完回向，袁了凡又发愿再做3000件善事。

发完愿之后的第二年，命中本来没有孩子的袁了凡，终于有了儿子，他给儿子取名叫"天启"，意思这是上天送给自己的儿子。

很快，3000件善事又做完了。

大家奇怪，为什么做第一个3000件善事要用10年时间，而做第二个3000件善事却只花了不到两年的时间呢？

这里隐藏着一个大问题，什么是善？什么是不善？

在理论上，这个问题很好理解，但在实际生活中却很麻烦，比如扶老太太过马路，是不是善？一般人都认为是善，可是方清平在相声中说，那时他们学雷锋：一个小学生把老太太扶过去，另一个小学生又把老太太扶过来，折腾了半天，老太太也回不了家。这恐怕就不是善。

又比如，春秋时期，鲁国法律规定，凡是鲁国人被别国抓去做奴隶的，如果有人出钱把他们赎回来，就可以得到政府的奖励。

孔子的学生子贡赎回来很多人，却不肯接受政府的奖金。

这应该是一种善举吧！

但孔子知道后，对子贡的行为深恶痛绝，他生气地说："子贡，你错了！"

大家不要以为孔子缺钱，心想你子贡不要奖金，可以给老师我嘛。

孔子不是那个意思，孔子的意思是，政府的奖励对一般老百姓有鼓舞作用，可以蔚然成风，今天子贡不接受奖励，大家说你是好人。但从今以后，别人再去赎人，就不好意思接受奖励了。一接受奖励，人家就会说他是为奖励才去赎人的。这样一来，大家都不愿意去赎人了。

本来政府出台了一个好政策，却因子贡这么一折腾，全废了，不起作用了。别忘了，那些沦为奴隶的鲁国人还在眼巴巴盼着人去救呢？

你说这个子贡讨厌不讨厌,他究竟是在做善事,还是在做恶事!

与此同时,孔子的另一个学生子路,看见一个人掉在水中快要被淹死了,就奋不顾身跳进水中把人救了起来,得救之人感激万分,送给子路一头牛,子路欣然接受。

孔子知道了,高兴地说:从今以后,人有危难的时候,勇于救人的人就多了。

为什么呢?

因为大家都知道好的行为会得到好处,好人有好报!

所以,很多时候,我们常常会好心办坏事,不仅没积善,还行了恶。

积善要看净资产,一些人动辄说自己的资产上亿,结果一算账,净资产是负数,不仅自己分文没有,还欠银行几千万。

积善也是这样,不要只看自己做了多少善事,还要看自己做没做恶事。

善事(资产)—恶事(负债)=积善(净资产)

袁了凡在积累第一个3000件善事时,走过很多弯路,所以,尽管他很努力,妻子也积极配合,但是由于负债太多,经过长达 10 年的时间,才获得了 3000 件善事的净资产。

但在做第二个 3000 件善事时,就不同了,负债很少,净资产快速积累,3000 件善事很快就做完了。

接着,再接再厉,袁了凡又发愿再做一万件善事。

那么,这一万件善事又会给袁了凡的人生带来很大的改变!

直到后来,有了千古名篇《了凡四训》!

了凡四训

众阅典藏馆

（明）袁了凡 著

李秀艳 主编

辽海出版社

附录 帝王将相家训

刘邦家训

【撰主简介】

刘邦,即汉高祖(前247—前195年,一作前256—前195年),字季,沛县(今属江苏)人。西汉王朝的创立者。前202—前195年在位。曾在秦朝任泗水亭长。秦二世元年(前209年),陈胜起义,他在沛起兵响应,自称沛公。初属项梁,后与项羽领导的起义军同为反秦主力。前206年,率军攻占秦都咸阳,推翻秦王朝,废除秦的严刑苛法,约法三章,得到人民拥护。同年,项羽入关,大封诸侯,他被封为汉王,占有巴蜀、汉中之地。不久,即与项羽展开长达5年的楚汉战争。前202

年，破项羽于垓下，统一全国，即皇帝位，先定都洛阳，不久迁都长安（今陕西西安）。在位期间，他继承秦制，实行中央集权制度。先后消灭韩信、彭越、英布等异姓诸侯王的割据势力；迁六国旧贵族和地方豪强到关中，以加强控制；实行重本抑末政策，发展农业生产；以秦律为根据，制定《汉律》九章。这些措施，有利于社会经济的恢复和全国的统一。他后来懂得了"马上得之不可以马上治之"的道理，并用自己的亲身体验去告诫太子，勉励太子勤奋于学。下面着重介绍他的《手敕太子文》，以飨读者。

手敕太子文[①]

【原典精读】

吾遭乱世，当秦禁学，自喜，谓读书无益。洎践阼以来[②]，时方省书，乃使人知作者之意，追思昔所行，多不是。尧舜不以天下与子而与他人[③]，此非为不惜天下，但子不中立耳④。人有好牛马尚惜，况天下耶？吾以尔是元子⑤，早有立意⑥，群臣咸称汝友四皓⑦，吾所不能致，而为汝来，为可任大事也。今定汝为嗣⑧。

吾生不学书，但读书问字而遂知耳⑨。以此故不大工⑩，然亦足自辞解。今视汝书，犹不如吾⑪。汝可勤学习，每上疏宜自书⑫，勿使人也。汝见萧⑬、曹⑭、张⑮、陈诸公侯⑯，吾同时人，倍年于汝者，皆拜，并语于汝诸弟。吾得疾遂困，以如意母子相累⑰。其余诸儿，皆自足立，哀此儿犹小也。

——节录自严可均校编《全汉文》

【注释】

①敕（chì）：古代皇帝的诏书。太子：指汉惠帝刘盈。

②洎（jì）：及；到。践阼（zuò）：即位。践，履。阼，古代庙、寝堂前两阶，主阶在东，称阼阶。阼阶上为主位，因称即位行事为"践阼"。

③尧舜：古代传说中两位贤明的君主。相传尧

传位于舜,舜传位于禹。

④但:只。不中立:不适合为皇位继承人。

⑤元子:天子、诸侯的嫡长子。

⑥立意:立为皇位继承人的想法。

⑦四皓:秦末东园公、甪里先生、绮里季、夏黄公避乱隐居商山(今陕西商县东南),4人年皆80有余,须眉皓白,时称"商山四皓"。

⑧嗣:继承人。

⑨但:只;仅。

⑩不大工:不太工整。

⑪犹:还;尚且。

⑫疏:分条陈述,引申指臣下上给皇帝的奏章。书:书写。

⑬萧:萧何,西汉沛人。秦末佐刘邦起义,后曾为丞相,封酂侯。汉朝的律令制度多由他制定。

⑭曹:曹参,西汉沛人。秦末从刘邦起义。后继萧何为汉惠帝丞相,举事不变,一遵萧何约束,有"萧规曹随"之称。

⑮张:张良,字子房,相传为城父(今安徽亳县东南)人。祖先五代相韩。秦灭韩后,他倾

家资寻刺客为韩国报仇,使刺客狙击秦始皇于博浪沙,未成。后佐刘邦灭项羽,封留侯。

⑯陈:陈平,西汉阳武(今河南原阳东南)人。陈胜起义,他投魏王咎,后从项羽入关,旋归刘邦。屡出奇计,佐刘邦平定天下。汉初封曲逆侯,历任惠帝、文帝时丞相。吕后崩,与周勃合谋诛诸吕,刘汉赖以复存。

⑰如意母子:指汉高祖刘邦宠姬戚夫人和他的儿子赵隐王如意。

【译文通解】

我生逢乱世,当时秦朝禁止人们求学,于是沾沾自喜,以为读书没有什么用处。到登上帝位以来,才经常看看书籍,使我了解作者的原意。回想过去所为,多有不是。

尧舜不把天下传给儿子而传给他人,这并不是不爱惜天下,只是因为他们的儿子不适合立为继承人罢了。人有好牛马尚且还爱惜,何况是天下呢?因为你是嫡长子,我很早就有立你为太子之意。群臣都称赞你的朋友商山四皓,我不能招致他们前来,但他们却为了你而来,因而可委任你以大事啊!现在定下你为继承人。

我平生不学书法,只在读书问字时懂得一些罢了,因为这个缘故,字写得不太工整,然而还说得过去。现在看你写的字,还不如我。你可要勤奋学习,献上的奏议应自己动手写,不要使唤他人代劳。

萧何、曹参、张良、陈平等公侯,和我是同时代的人,年长你一倍。你见到他们,都要以礼相拜,并告诉你各位弟弟。

自我得病以来,经常感到困倦,因为牵挂如意母子。其他各个儿子,都足可以自立,只哀怜这个儿子还小。

【经典心裁】

《手敕太子文》是汉高祖刘邦临终前谕告太子刘盈的遗嘱。

据《史记》记载,刘邦平生不喜欢儒学,也不好读书,还曾在读书人戴的帽子里小便。但是,刘邦后来听取了陆贾"马上得天下,不能马上治天下"的道理，接受了叔孙通"儒者难与进取，可与守成"的思想，开始重视儒学，一改自己过去认为读书无用的思想和不好学习的态度，认真阅读陆贾所进《新语》。在《手敕太子文》中，刘邦认真反思自己的过去，用自己的切身体验来告诫太子刘盈；还嘱刘盈学习书法，每次上疏要自己动手，不要假手他人。在遗嘱中，刘邦还叮嘱刘盈要尊重老一辈开国元勋。

刘庄家训

【撰主简介】

刘庄,即汉明帝(6—75年),汉光武帝子。在位期间,法令分明,重视儒学,亲临辟雍(大学)讲学。相传曾遣使往天竺求佛经像,立白马寺于洛阳,为佛教传入中国之始。他对于皇戚们为自己儿子谋求官职一事十分慎重,并说了一番意味深长的话以警饬之。下面着重介绍他的《戒皇属》的一段话,以飨读者。

皇亲国戚不能轻易授封官职

【原典精读】

郎官上应列宿①，出宰百里。官非其人，则民受其殃，是以难之。

——节录自《后汉书·明帝纪》

【注释】

①列宿：各星宿。

【译文通解】

郎官与天上的星宿一样，主宰各自的封邑。担任郎官的人如果与其职不称，那么老百姓就要受到他的祸害，因此我拒绝了馆陶公主为儿子求郎官的要求。

【经典心裁】

汉明帝刘庄遵循其父光武帝刘秀的旧制。

官之家，不得被封为列侯及参与政事。他的姐姐馆陶公主替自己的儿子请求郎官一职，刘庄没有答应，只赏赐其子很多钱，并对群臣说了这番话。其实这也是对馆陶公主和所有皇戚后宫的警戒。

早在战国时期，赵国大臣左师官触詟就认识到：王侯子女，如果给他们以尊贵的地位和丰厚的俸禄，使他们养尊处优，而不趁他们年轻力壮让他们去建功立业，只会有百害而无一利。汉明帝这番话，道出了"官非其人，则民受其殃"这个道理，诚属难能可贵。

曹操家训

【撰主简介】

曹操（155—220年），即魏武帝。三国时政治家、军事家、诗人。字孟德，小名阿瞒。沛国谯县（今安徽亳州）人。少机警有权术，20岁举孝廉，征拜为议郎。东汉末，参与镇压黄巾起义，壮大自己的势力。后起兵讨董卓。建安元年（196年），迎汉献帝迁都许昌，挟天子以令诸侯，削平吕布，击灭袁术、袁绍，逐渐统一了中国北部。建安十三年，晋位为丞相，率军南下，被孙、刘联军击败于赤壁。

他在北方屯田，兴修水利，召集流民垦荒，整饬地方吏治，抑制豪强兼并，减轻赋税，使农业经济得到恢复。后被封为魏王。子曹丕称帝，追尊其为武帝。善诗歌，散文风格清新质朴，有《曹操集》行世。

曹操在封建帝王中极有政治远见，对自己的儿子要求严格，经常现身说法，以亲身体会来教育儿子。下面着重介绍他的《诸儿令》《内戒令》《遗令》等以飨读者。

诸儿令

【原典精读】

今寿春①、汉中②、长安③，先欲使一儿各往督领之④，欲择慈孝不违吾令，亦未知用谁也。儿虽小时见爱⑤，而长大能善，必用之。吾非有二言也⑥，不但不私臣吏⑦，儿子亦不欲有所私。

——节录自《曹操集》

【注释】

①寿春：古县名，治所在今安徽寿县。
②汉中：郡名，治所在南郑（今陕西汉中东）。
③长安：今西安市西北。
④督领：统率和治理。
⑤见爱：被爱。
⑥非有二言：没有二话，即说一不二。
⑦私：徇私；偏袒。

【译文通解】

现在寿春、汉中、长安三个地方，我打算先各派一个儿子前往督率治理。我想选择慈善孝顺不违背我命令的，也不知用谁好。儿子们小的时候虽然受到宠爱，长大后是好样的，我也一定用他。我说一不二，不但对部属不徇私情，对儿子也不想有所偏爱。

【经典心裁】

寿春、汉中、长安这三地都是重镇，曹操打算派儿子前去镇守，就先下了这道命令。此令发布当在曹操得汉中后和刘备夺取汉中前。曹操主持汉魏军政大权，一贯推行唯才是举的用人方针。在令中，他明确指出，不但对部属不徇私情，对儿子也不例外。儿子们小时候虽然受到宠爱，但长大后只有德才都是好的，才会任用。《诸儿令》公开表明曹操不以权谋私的思想和赏罚分明、用人唯贤的态度，这对子女也是一种激励和最好的教育。

内戒令

【原典精读】

孤不好鲜饰严具①。所用杂新皮韦笥②,以黄韦缘中③。遇乱无韦笥④,乃作方竹严具⑤,以帛衣粗布作里,此孤之平常所用也。

百炼利器⑥,以辟不祥⑦,摄服奸宄者也⑧。

吾衣被皆十岁也,岁岁解浣补纳之耳⑨。

今贵人位为贵人⑩,金印蓝绂⑪,女人爵位之极。

吏民多制方绣之服,履丝不得过绛紫金黄丝织履⑫。前于江陵得杂采丝履,以与家,约当著尽此履⑬,不得效作也。

孤有逆气病⑭,常储水卧头⑮。以铜器盛,臭恶⑯。前以银作小方器,人不解,谓孤喜银物,今以木作。昔天下初定,吾便禁家内不得香薰⑰。后诸女配国家为其香⑱,因此得烧香,吾不好烧香,恨不遂所禁⑲，今复禁不得烧香，其以香藏衣著身亦不得。

房室不洁，听得烧枫胶及蕙草⑳。

——节录自《曹操集》

【注释】

①孤：我。鲜：新；鲜明。这里指漂亮。严具：梳妆用具。古作"庄具"，因避汉明帝刘庄讳改"庄"为"严"。

②韦笥：皮箱。韦，熟牛皮。笥（sì），盛饭食或衣物的竹器。

③缘中：镶在中间。

④遇乱：碰上战乱。

⑤乃：才；就。

⑥利器：指兵器。

⑦辟："避"的古字。

⑧宄（guǐ）：指犯法作乱的人。

⑨浣：洗濯。

⑩贵人：妃嫔的称号。据《魏志·武帝纪》：建安十八年，献帝聘曹操的3个女儿为贵人。

⑪蓝绂：蓝色的绶带。绂（fú），系印章的丝带。

⑫履：鞋。

⑬著（zhuó）："着"的本字。

⑭逆气病：即气往上冲，以致出现头疼、面红等症状。

⑮卧头：浸头。

⑯臭（xiù）：气味。

⑰香薰：即薰香。古代把香燃着放在薰笼中，以香薰衣被。

⑱诸女句：指3个女儿当了贵人，为她们薰了香。

⑲遂：顺利。

⑳听得：任凭。枫胶：枫树脂，有香气。蕙草：一种香草，又叫佩兰。

【译文通解】

我不喜欢装饰漂亮的箱子。平日所用的是掺杂新皮制成的箱子，用黄牛皮镶在中间。遇上战乱没有皮箱，就用方竹制成箱子，用丝帛或粗布作里子。这就是我平常所用的东西。

经过千锤百炼的兵器，是用来消除凶恶，使坏人畏惧服从的器具。

我的衣服、被褥都用了10年了，每年不过拆洗缝补后收起罢了。

现在贵人地位为贵人，金的玺印，蓝色的绶带，在女人的官位中也到了极点了。

官吏和百姓多制作纹绣衣服，履丝的颜色不得超过绛紫金黄丝织履。

我以前在江陵得到各种花色丝织鞋子，拿来给家里，约定穿完这些鞋子，不得仿效制作。

我有逆气病，常常准备好水浸头。用铜器盛水，气味不好，于是前些日子改用银制小方器。别人不理解，以为我喜欢银物，现在只有改用木做的了。

以前天下刚刚平定，我便禁止家内薰香。后来几个女儿当了贵人，为她们薰了香，因此能够烧香。我不喜欢烧香，遗憾的是没能实现我的禁令。现在再次禁止家内不得烧香，把香放在衣内带在身上也不允许。

房室不洁净，才任凭烧枫树脂和蕙草。

【经典心裁】

《内戒令》是曹操以节俭来告诫吏民和家人的。

曹操一生节俭。《魏书》说他"帷帐屏风，坏则补纳，茵蓐取暖，无有缘饰"。这是说他喜好节俭，帷帐屏风，坏了补补再用常用。他以被褥取暖，不作美化修饰。所以《内戒令》第一条说"孤不好鲜饰严具"，第三条说"吾衣被皆十岁也，岁岁解浣补纳之耳"。这和曹操一贯节俭的作风是一致的。

《内戒令》第五条说："吏民履丝不得过绛紫金黄丝织履。"在曹操的倡导带领下，"后宫衣不锦绣，侍御履不二采"，一改东汉以来奢侈糜烂的坏习气，形成了俭朴节约的好风尚。

遗令

【原典精读】

吾夜半觉小不佳，至明日饮粥汗出，服当归汤。吾在军中执法是也，至于小忿怒、大过失，不当效也。天下尚未安定，未得遵古也①。吾有头病，自先著帻②。吾死之后，持大服如存时③，勿遗。百官当临殿中者④，十五举音⑤，葬毕便除服；其将兵屯戍者，皆不得离屯部；有司各率乃职⑥。殓以时服⑦，葬于邺之西冈上，与西门豹祠相近⑧，无藏金玉珍宝。

吾婢妾与伎人皆勤苦⑨，使著铜雀台⑩，善待之。于台堂上安六尺床，施繐帐⑪，朝晡上脯糒之属⑫，月旦十五日，自朝至午，辄向帐中作伎乐⑬。

汝等时时登铜雀台，望吾西陵墓地。余香可分与诸夫人，不命祭。诸舍中无所为，可学作组履卖也⑭。吾历官所得绶⑮，皆著藏中⑯。吾余衣裘，可别为一藏,不能者,兄弟可共分之。

——节录自《曹操集》

【注释】

①遵古:遵循丧葬的古礼。

②著帻(zé):戴头巾。

③大服:礼服。存时:活着的时候。

④临(lìn):哭吊死者。

⑤十五举音:哭十五声。

⑥有司:主管的官员。率:遵守;遵循。

⑦殓:给尸体穿衣下棺。时服:合乎时令的衣服。

⑧西门豹:战国魏文侯时邺县令。曾破除当地"河伯娶妇"的迷信,并开凿水渠12条,引漳水灌溉,改良土壤,发展农业生产,受到人民的尊敬。后人为他立祠,表示怀念。

⑨伎人:乐队歌舞艺人。

⑩著:安排;安置。铜雀台:建安十五年(210年)冬,曹操所筑,在今河北临漳西南古邺城的西北隅,台基大部已为漳水所冲毁。

⑪缌帐：灵帐，柩前的灵幔。

⑫晡：下午。脯：干肉。糒（bèi）：干粮。

⑬辄（zhé）：总是；就。

⑭组：编织。履：鞋。

⑮绶：古代系帷幕或印纽的丝带。

⑯藏（zàng）：储存东西的地方。

【译文通解】

我半夜觉得有点不舒服，到天明喝粥出了汗，服了当归汤。

我在军中执法是对的，至于小的发怒，大的过失，则不应当效法。天下还未安定，我的丧事宜简，不能遵循古制。我有头痛病，很早就戴上了头巾。我死了以后，穿的礼服要和活着时穿的一样，别忘了。文武百官应当来殿中哭吊的，只要哭15声，安葬完毕，便可脱去丧服；那些驻防各地的将士，都不能离开驻地；各部门的官吏要各自坚守他们的职责。入殓时穿当时所穿的一般衣服，埋在邺城西面的山冈上，跟西门豹的庙靠近，不要用金玉珍宝陪葬。

我的婢妾和歌舞艺人都很辛苦,把她们安置在铜雀台,好好地对待她们。在铜雀台正堂上安放一张6尺长的床,挂上灵幔,早晚供上干肉、干粮之类。每月初一、十五两天,从早上到中午,就向着灵帐歌舞。你们要常常登上铜雀台,看看我的西陵墓地。我遗下的薰香可分给各位夫人,不要用香来祭祀。各房的人没事做,可以学着编织丝带子和做鞋子卖。我一生历次做官所得的绶带,都要放置在库里。我遗留下的衣服、皮衣,可另放在一个库里,不行的话,你们兄弟可以分掉。

【经典心裁】

汉献帝建安二十五年(220年),曹操死于洛阳,终年66岁。

这篇《遗令》是他临终前留下的遗嘱。

在《遗令》中,曹操肯定自己一生在戎马生涯中"以法执军"是正确的;要求他的家人和部下在他死后,要以国家为重,尽忠守职;对于如何处理他的后事,也作了精心安排:要求节俭治丧,不要厚葬。他在文中强调举丧中各地将士都不得离开驻地，官吏们要坚守各自的职责；丧事从简，不要用金玉珍宝陪葬；他死后，各房的人要学着编织丝带子和做鞋卖，要自谋生路，等等。据《魏书》记载：曹操"雅性节约，不好华丽，后宫衣不锦绣，侍御履不二采，帷帐屏风，坏则补纳，茵蓐取暖，无有缘饰"；"预自制终亡衣服，四箧而已"。可见曹操一生是节俭的。他在《遗令》中强调要节约办丧事，这正和他一生节俭的性格作风相一致，对后代也是很好的教育。

曹操一生也错杀了一些人。他因旧怨杀了袁忠、桓邵、边让等人及其家族，也因私怨而杀了大医学家华佗，以致后来他的爱子苍舒病重得不到救治而感到后悔。所以曹操在《遗令》中告诫家人："至于小忿怒，大过失，不当效也。"实在是有所指而发，也是为自己过去做了错事而感到后悔，希望家人引以为鉴。

刘备家训

【撰主简介】

刘备（161—223年），三国时蜀汉建立者。221—223年在位。字玄德。涿郡涿县（今属河北）人。东汉远支皇族。幼贫，与母贩鞋织席为业。东汉末起兵，镇压黄巾起义军有功，并先后投靠过公孙瓒、陶谦、曹操、袁绍和刘表。后得诸葛亮辅佐，采用联孙拒曹的策略，于建安十三年（208年）联合孙权，大败曹操于赤壁，占领荆州。旋又夺取益州和汉中。221年称帝，都成都，国号汉，史称"蜀汉"，年号章武。次年为争夺荆州，亲率大军攻吴，为吴大败于猇（xiāo）亭（今湖北宜都北),尽失舟船器械,水步军资,狼狈逃至白帝城(今重庆奉节东北),不久病死。

他临死前曾有遗诏告诫儿子刘禅,其中有些警句成了后世人们常常引用的格言。下面着重介绍他的《遗诏敕刘禅》以飨读者。

遗诏敕刘禅①

【原典精读】

朕初疾但下痢耳,后转杂他病,殆不自济②。人五十不称夭③,年已六十有余,何所复恨,不复自伤,但以卿兄弟为念④。

射君到,说丞相叹卿智量⑤,甚大增修,过于所望。审能如此⑥,吾复何忧!勉之,勉之!勿以恶小而为之,勿以善小而不为。惟贤惟德,能服于人。汝父德薄,勿效之。可读《汉书》⑦《礼记》⑧,闲暇历观诸子及《六韬》⑨《商君书》⑩,益人意智。闻丞相为写《申》⑪《韩》⑫《管子》⑬

《六韬》一通已毕,未送,道亡。**可自更求闻达**⑭。

——节录自《三国志·蜀书·先主传》

【注释】

①诏:皇帝颁发的命令文告。刘禅(207—271年):三国蜀汉后主,字公嗣,小字阿斗,涿郡涿县人。刘备子。223—263年在位。

②殆(dài):几乎。

③夭:未成年而死。

④卿:你;你们。

⑤丞相:诸葛亮(181—234年),三国时杰出政治家、军事家。字孔明。琅琊阳都(今山东沂南)人。曾躬耕陇亩,避难荆州,自比管仲、乐毅。先辅佐刘备,继而受遗诏辅佐后主。志在攻魏以复中原,乃东和孙权,南平孟获,而后出师北伐,六出祁山,后以疾卒于军,年五十有四。

⑥审:果真;确实。

⑦《汉书》:书名。东汉班固撰。中国第一部纪传体断代史。

⑧《礼记》：亦称《小戴礼》或《小戴礼记》。儒家经典之一。

⑨《六韬》：中国古代兵书。传为周代吕望（姜太公）所作。现存6卷，即文韬、武韬、龙韬、虎韬、豹韬、犬韬。

⑩《商君书》：亦称《商君》或《商子》，战国时商鞅及其后学著作的合编。

⑪《申》：即《申子》。相传战国时申不害著，内容多刑名权术之学。

⑫《韩》：即《韩非子》，战国韩非著。系集先秦法家学说大成的代表作。

⑬《管子》：相传春秋时期齐国管仲撰。内容庞杂，包含有道、名、法等家的思想以及天文、历数、舆地、经济和农业等知识。

⑭闻达：语本《论语·颜渊》："在邦必闻"和"在邦必达"。后用为显达和受称誉的意思。

【译文通解】

我刚病时，只腹泻下痢，转而混杂其他病，恐怕不会再好。人活到50岁死去，不算是夭天；我年已60有余，又还有什么遗憾？我不再为自己感到伤心，只是挂念你们兄弟罢了。

射君到来，说起丞相称赞你的智慧胆量，都有很大增长，超过了我对你的期望。果真这样，我还有什么忧虑！你努力吧！你努力吧！不要因为是小恶事就去做它，也不要因为是小善事而不去做它。只有贤和德，才能使人信服。你的父亲德行浅薄，不要效法我。你可以读读《汉书》、《礼记》，闲暇时广泛阅览诸子学说和《六韬》、《商君书》以增加你的智慧。听说丞相抄写《申子》、《韩非子》、《管子》、《六韬》一通已经完毕，未及送来，半道上就遗失了。你可以自己再多方面求得知识。

【经典心裁】

《遗诏敕刘禅》是刘备临终前告诫后主刘禅的文书。在文中，刘备先从自己的疾病谈起，然后说到为刘禅的智慧、胆量有很大增长而感到高兴，最后嘱咐刘禅要利用闲暇时间广泛阅读《汉书》、《礼记》、《六韬》、《商君书》等书籍，以增加自己的智慧,并嘱刘禅要自求显达。尤其文中告诫刘禅"勿以恶小而为之,勿以善小而不为"二句,最能发人深省。

李暠家训

【撰主简介】

李暠（351—417年），十六国时西凉建立者。400—417年在位。字玄盛，小字长生，汉前将军李广十六世孙。陇西人。北凉段业时，为敦煌太守。天玺二年（400年），自称凉公，迁居酒泉，建立西凉政权，年号庚子。

李暠的儿子很多，但他对儿子要求甚严。下面着重介绍他的《手令戒诸子》、《勖诸子》，以飨读者。

手令戒诸子①

【原典精读】

吾自立身②,不营世利③,经涉累朝④,通否任时⑤,初不役智⑥,有所要求,今日之举⑦,非本愿也。然事会相驱⑧,遂荷州土。忧责不轻,门户事重⑨,虽详人事,未知天心,登车理辔⑩,百虑填胸。后事付汝等,粗举旦夕近事数条,遭意便言⑪,不能次比⑫;至于杜渐防萌⑬,深识情变,此当任汝所见深浅,非吾敕诫所益也。

汝等虽年未至大,若能克己纂修⑭,比之古人,亦可以当事业矣。苟其不然,虽至白首,亦复何成!汝等其戒之慎之!节酒慎言,喜怒必思,爱而知恶,憎而知善,动念宽恕,审而后举⑮。众之所恶,勿轻承信。详审人,核真伪,远佞谀⑯,近忠正,蠲刑狱⑰,忍烦扰,存高年,恤丧病,勤省按⑱,听讼诉。刑法所应和颜任理,慎勿以情轻加声色。赏勿漏疏，罚勿容亲；耳目人间⑲，知外患苦；禁御左右，无作威福，勿伐善施劳⑳。

逆诈亿必以示己明㉑，广加咨询，无自专用。从善如顺流㉒，去恶如探汤㉓，富贵而不骄者，至难也。念此贯心，勿忘须臾㉔。僚佐邑宿㉕，尽礼承敬，宴飨馔食㉖，事事留怀。古今成败，不可不知。退朝之暇，念观典籍，面墙而立，不成人也。

——节录自《二十五史·晋书·凉武昭王传》

【注释】

① 《手令戒诸子》：此篇写于迁居酒泉之时。

② 立身：谓树立己身。

③ 营：谋求。

④ 经涉：经历。

⑤ 通：通达。否（pǐ）：穷；不通。任：听凭。

⑥ 役：驱使。

⑦ 今日之举：指迁居酒泉事。

⑧ 事会：事机。

⑨ 门户：门第。封建时代地主阶级内部家族的等级。

⑩理辔（pèi）：亦作"揽辔"，握住缰绳。《后汉书·范滂传》："滂登车揽辔，慨然有澄清天下之志。"后来"揽辔"用来表示刷新政治、澄清天下的抱负。

⑪遭意：随意；合意。

⑫次比：排列的次序。

⑬杜渐防萌：即"防微杜渐"。指在错误或坏事还未显著或刚刚发生的时候，就加以防止，不让它发展。

⑭克己：约束自己。纂修：不断修业进学。

⑮审：慎重。

⑯佞谀（nìng yú）：献媚取悦之人。

⑰蠲（juān）：除去；减免。

⑱省（xǐng）按：审察研求。

⑲耳目：视听。

⑳伐善施劳：夸耀自己的长处和功劳。《论语·公冶长》："愿无伐善，无施劳。"

㉑逆：预先猜度。亿：通"臆"，预料。

㉒从善如顺流：谓乐于接受别人正确的意见。

㉓去恶如探汤：喻去恶之速。《论语·季氏》：

"见善如不及,见不善如探汤。"汤,沸水。

㉔须臾:片刻。

㉕僚佐:同僚的官佐属吏。邑宿:县邑的老人。

㉖飨(xiǎng):用酒食款待人。馔(zhuàn):食物。

【译文通解】

我自立身以来,不营求世俗的利益,经历了几个朝代,处境的好坏全听凭时运的安排。我起先并没有发挥自己的智慧而有所要求,今天迁居酒泉的举动,并不是我的本意啊。然而机缘驱使我这样做,于是就率领州土的百姓迁居他处。我担忧这个责任不轻,关系到门第的事也很重。我虽然能详知人事,但不知天意怎样啊!我登上车子,勒住马缰,各种各样的忧虑填满了胸膛。后事交付给你们兄弟等人,粗略列举早晚近事数条,想到什么,就说什么,不能依次序排列。至于防微杜渐,深刻认识情况的变化,这该由你们认识的深浅来决定,而不是我的告诫能给你们带来好处的。

你们的年龄还不是很大，但是如果能够约束自己，不断修业进学，以古人为榜样，还是能成就事业的。如果不这样做，即使到了头发斑白的时候，也不会有什么成就。你们一定要小心谨慎啊！要节制饮酒，谨慎言谈，高兴和生气时要先想一想；爱一个人要知道他的短处，恨一个人要看到他的长处；一举一动，都要先认真地想一想，才采取行动。大家都厌恶的，也不要轻易相信。对人要详加审察，考核他的真伪。要疏远献媚取悦的小人，亲近忠诚正直的好人。要废除或减免刑狱，忍住烦扰，保持长寿，体恤死者的家属和病人，勤审察研求，听理案件。运用刑法要和颜悦色，按理处置，一定不要感情用事轻易判断。奖赏时不要漏掉关系疏远之人，处罚时不要包容关系亲密之人。要做到头脑清醒，了解外面的忧患疾苦。禁止左右之人作威作福，不要夸耀自己的长处和功劳。要预先料知奸诈之人的心思，以显示自己的明察秋毫；要广泛听取各方面意见，不要独断专行。要乐于听取别人正确的意见，迅速除去奸恶的行为。富贵而不骄横，是最难的。你们要把这些记在心里，片刻也不要忘记。对同僚的官佐属吏和县邑的老人，要尽礼承敬。举办宴会，要用丰盛的饮食款待他们，要事事挂在心上。古今成败之事，不可以不知道。退朝之后，每有闲暇，要思考阅读重要文献。如果不学习，就如面对着墙壁，一无所见，不能成为有用之人了。

【经典心裁】

天玺二年（400年），李暠自称凉王，迁居酒泉。临行前，他写下这篇手令，以告诫几个儿子。在手令中，他告诫儿子们要"爱而知恶，憎而知善"，"赏勿漏疏，罚勿容亲"，"从善如顺流，去恶如探汤"等，最后还嘱咐儿子们要勤奋学习，不要做"面墙而立，一无所见"的无用之人。李暠自己说，他这些话是"遭意便言，不能次比"，但实际上都是金玉良言。

勖诸子①

【原典精读】

吾负荷艰难，宁济之勋未建②，虽外聪良，能凭股肱之力③，而戎务孔殷④，坐而待旦。以维城之固⑤，宜兼亲贤，故使汝等未及师保之训⑥，皆弱年受任⑦，常惧弗克⑧，以贻咎悔⑨。古今之事，不可以不知。苟近而可师⑩，何必远也？览诸葛亮训励⑪、应璩奏谏⑫，寻其终始，周⑬、孔之教尽在中矣⑭。为国足以致安，立身足以成名，质略易通⑮，寓目则了⑯，虽言发往人，道师于此。且经史道德如采菽中原⑰。勤之者则功多，汝等可不勉哉！

——节录自《二十五史·晋书·凉武昭王传》

【注释】

①勖（xù）：勉励。

②宁：安定；平定。济：成功。

③股：大腿。肱（gōng）：手臂从肘到腕的部分。股肱：喻帝王左右辅助得力的臣子。《左传》昭公九年："君之卿佐，是谓股肱。"

④戎务：军务。孔殷：甚多。

⑤维：通"惟"。考虑。

⑥师保：古时担任教育贵族子弟的官，有师有保，统称"师保"。《礼记·文王世子》："师也者，教之以事而喻诸德者也；保也者，慎其身以辅翼之而归诸道者也。"

⑦弱：年幼。

⑧克：胜任。

⑨贻：留下。咎（jiù）：灾祸。

⑩苟：假若；如果。

⑪诸葛亮：三国时蜀国丞相。

⑫应璩（yíng qú）：三国魏文学家。字休琏，汝南（郡治今河南汝南东南）人。

⑬周：指周公。

⑭孔：指孔子。

⑮质：本质。略：大要。

⑯寓目：过目。了：懂得。
⑰采菽中原：《诗·小雅·小宛》："中原有菽，庶民采之。"传："中原，原中也。菽，藿也。力采者则得之。"笺："藿生原中，非有主也，以喻王位无常家也，勤于德者则得之。"

【译文通解】

我负荷艰难，平定天下的功勋还没能建立，虽然我外表聪明善良，能够凭借身边得力臣子的力量，但是军务甚多，每天只好坐着等待天明。因为考虑到巩固已有城池，应当兼用亲近贤明之人，因此来不及使你们接受师保的教训，在你们还年轻时就都授予了重任，我又常常害怕你们不能胜任，而遗留下灾祸和悔恨。古今的事情，不可以不知道。如果近代有可以学习效法、当作老师的人，为什么一定要到远古去寻求呢？阅读诸葛亮的训励和应璩的奏谏，寻求他们的终始，周公、孔子之教全都在其中了。拿来治理国家足以导致安定，拿来立身足以使己成名。他们的教诲的主要精神容易让人通晓，过目就能懂得，虽然这些言论发自以往之人，但是可以效仿的老师也就在这里了。况且经史道德一类有如采藿原中、力采者则得之那样，孜孜不倦地学习的人定能收到功效多多，你们能不努力吗！

【经典心裁】

李暠于曲水与群臣饮宴，手书诸葛亮训诫与这篇家训以勉励儿子。在家训中，他深悔自己没有让儿子们在年幼时多接受师保的教训，因此勉励儿子师法近人，从诸葛亮的训励和应璩的奏谏中学习治国立身的道理，勤劳不懈地学习经史道德，告诫他们要多多努力。这篇家训不长，但却语语实在，读后很能发人深省。

萧纲家训

【撰主简介】

萧纲（503—551年），即梁简文帝。字世缵，小字六通，南兰陵（今江苏常州西北）人。梁武帝第三子。中大通三年（531年），立为皇太子。太清三年（549年），侯景率叛军攻破台城，梁武帝死，他即位。大宝二年（551年），为侯景所破并幽禁，后用酒灌醉，用土囊压死。为太子时，常与文士徐摛、庾肩吾等友善，以轻靡绮艳的文辞，描写上层贵族生活，时称"宫体"。原有集，已散佚。后人辑有《梁简文帝集》。

萧纲不仅是个皇帝而兼学者、诗人、文学家，而且对儿子大心的学习十分重视,再三强调学习的重要性。下面着重介绍他的《戒子当阳公大心》,以飨读者。

戒子当阳公大心[①]

【原典精读】

汝年时尚幼,所缺者学。可久可大,其唯学欤!所以孔丘言[②]:"吾尝终日不食,终夜不寝,以思,无益,不如学也。"[③]若使墙面而立[④],沐猴而冠[⑤],吾所不取。立身之道,与文章异:立身先须谨重,文章且须放荡[⑥]。

——节录自《梁简文帝集》

【注释】

①大心:字仁恕,萧纲第二子,以皇孙被封为当阳县公,后封浔阳王。为侯景将任约所害。

②孔丘:即孔子。

③引文见《论语·卫灵公》。

④墙面而立：面对墙壁站立。《书·周官》："不学墙面"。孔传："人而不学，其犹正墙面而立。"

⑤沐猴而冠（guàn）：沐猴即猕猴。猕猴戴帽子，比喻虚有其表。

⑥放荡：不受拘束，放恣任性。"文章且须放荡"，《戒子通录》作"文章亦勿放荡"，与"立身先须谨重"同而不异，恰与上文言"立身之道，与文章异"相矛盾，亦与萧纲的诗文风格不一致，今不取。

【译文通解】

你年龄还小，所缺的是学习。可以长久且大有用处的，就是人的学习吧！孔丘说："我曾经整天不吃，整夜不睡，去冥思苦想，却没有什么好处，还不如去学习哩。"人不学习，如同面对墙壁站立，一无所见；又如猕猴戴着帽子，虚有其表，这是我所不赞同的。做人的道理与写文章不同：做人先要谨慎持重，写文章却必须不受约束，活泼跳荡。

【经典心裁】

《梁书》说萧纲"九流百氏，经目必记；篇章辞赋，操笔立成"；萧纲也自称"余七岁有诗癖，长而不倦"。萧纲成为学者、文学家，是和他自幼以来长期孜孜不倦地坚持学习分不开的。在《戒子当阳公大心》一文中，他再三强调学习的重要，认为学习是可以长久地大有用处的，这实际上是他切身经验的总结，因此他憎恶和反对那种不学习而虚有其表、茫然无知的人。他教育儿子"做人先须谨重"，这和他平日的为人是一致的。这篇家书篇幅不长，内容却非常丰富。

李世民家训

【撰主简介】

李世民（598—649年），唐朝第二代皇帝，唐高祖李渊的次子。杰出的政治家，历史上著名的唐太宗。

李世民在位期间，居安思危，任用贤能；虚心纳谏，有过则改；轻徭薄赋，崇尚节俭；兴修水利，发展生产，并且进行了一系列政治、军事变革，注意协调民族关系，促进中外经济文化交流。他不愧为中国封建社会极有远见的政治家和杰出的军事家。在他统治时期，唐王朝社会安定，政治清明，经济发达，文化繁荣，史称"贞观之治"。贞观之治是中国封建时代最著名的"治世",为文明昌盛的大唐帝国奠定了基础。他是汉族地区的天子,又是边疆各族的"天可汗",封建王朝的英明君主。

《帝范》的内容主要是告诫太子李治将来如何当皇帝,如何当好皇帝。所谓"帝范",实为帝王家的"家戒"、"家训"与"庭训"。

《帝范》其书不仅是历史经验的总结,也是李世民一生政治经验的总结,许多地方还对他自己一生的功过作了评述。更难能可贵的是,李世民还在《帝范》中告诫李治"勿以吾为鉴",并能在儿子面前坦然承认"吾在位以来,所缺多矣",进而历摆自己的过失,叮嘱儿子切不要学他的样。这体现出李世民在他的晚年具有"自知之明"和"自我反省"的可贵精神!

不言而喻,李世民其人和历史上其他统治者一样,有他的历史局限和阶级局限,但他不愧为我国封建社会帝王中的佼佼者。同样,《帝范》其书完全是从巩固唐王朝的长治久安出发的,也有着很深的时代和阶级的烙印;但是,我们也应该看到它有着许多值得肯定的部分。从语言上看，它属于骈散并用；从艺术性上看，写得挺生动出色；从思想内容上看，有着不少健康的东西，可资我们借鉴；从反映出的基本问题上看，许多篇章饱含感情，令人读后爱不释手。因此，《帝范》这部1300年前的帝王家训，对后世的影响很大，时至今日仍有一定的借鉴作用和启迪意义！除《帝范》这一完整的皇家家训外，李世民撰写的最典型的还有《戒皇属》、《自鉴录》两个单篇，今选取有关篇章作介绍，以飨读者。

帝范序

【原典精读】

序曰：朕闻大德曰生，大宝曰位，辨其上下，树之君臣，所以抚育黎元，钧陶庶类①。自非克明克哲，允武允文，皇天眷命，历数在躬②，安可以滥握灵图，叼临神器③？是以翠妫荐唐尧之德④，元圭锡夏禹之功⑤。丹字呈祥⑥，周开八百之祚；素灵表瑞⑦，汉启重世之基。由此观之，帝王之业，非可以力争者矣。昔隋季版荡⑧，海内分崩，先皇以神武之姿，当经纶之会，斩灵蛇而定王业，启金镜而握天枢⑨。然由五岳含气，三光戢曜⑩，豺狼尚梗，风尘未宁。朕以弱冠之年⑪，怀慷慨之志，思靖大难以济苍生，躬擐甲胄⑫，亲当矢石，夕对鱼鳞之阵，朝临鹤翼之围⑬。乱无大而不摧，兵何坚而不碎，剪长鲸而清四海，握欃枪而廓八纮⑭。乘庆天潢，登晖璇极⑮，袭重光之永业，继大宝之隆基⑯。战战兢兢，若临深而御朽；日甚一日，思善始而令终。

汝以年幼，偏钟慈爱，义方多阙，庭训有乖，擢自维城之居，属以少阳之任⑰，未辨君臣之礼，不知稼穑之艰难。朕每思此为忧，未曾不废寝忘食。自轩昊以降⑱，迄至周隋，以经天纬地之君，纂业承基之主⑲，兴亡治乱，其道焕焉。所以披镜前踪⑳，博览史籍，聚其要言，以为近诫云耳！

——节录自《永乐大典》

【注释】

①钧陶：亦作"陶钧"，即制陶器所用的转轮。比喻对事物的控制和调节。

②克：能。哲：知。历数：天道。

③灵图：帝王符应。神器：帝位。

④翠妫：水名，传说为唐尧得河图处，后因以为歌颂帝王瑞应之词。

⑤元圭：黑色的玉。旧说上帝以玄圭（即元圭）赐给禹，奖励他治水之功。

⑥丹字：传说周文王时有赤雀衔丹书入丰（丰为当时周的国都）。后因把"丹书"当作帝王受命的一种"祥瑞"。

⑦素灵：即白帝子。据《汉书·高帝本纪》载，汉高祖刘邦在秦末曾任亭长，一次路过丰西泽时，把挡路的一条蛇（白帝子）斩为两段。

⑧版荡：即"板荡"。《诗·大雅》有《板》《荡》二篇，均言周厉王无道。这里引用这一典故，是说隋炀帝的暴虐无道超过了周厉王。

⑨斩灵蛇：比喻李渊犹如汉高祖斩白蛇而定帝

业，乃天命所归。金镜：喻为光明。天枢：北斗七星之一，喻指权柄。

⑩含气：郁而未清。三光：日、月、星。戢曜：隐而不明。

⑪弱冠：古礼20成人，虽加冠，体尚未壮，故曰弱。从20至29岁，通名弱冠。李世民18岁起兵，24岁平定天下，故自称弱冠之年。

⑫擐：穿。甲胄：铠甲和头盔。

⑬鱼鳞：阵名。鹤翼：阵名。

⑭长鲸：大鱼。这里用来比喻与唐军为敌的其他军事力量。欃枪：彗星的别称，古代称这种星为妖星，认为是兵乱的先兆。廓：开阔。八纮：地域，大地的极限。

⑮天潢：皇族；宗室。璇极：宝位。

⑯重光：喻为太子。大宝：帝位。

⑰擢：提升。维城：藩障。李治曾被封为晋王。少阳：东宫；太子。

⑱轩昊：指轩辕、少昊，泛指三皇五帝。

⑲经天纬地：指开创帝业。纂业承基：指继承基业。

⑳披镜：开明。前踪：指唐以前君臣治乱之实迹。

【译文通解】

我听说天地的盛大功德在于化生万物，圣人至为宝贵者在于贵为天子的帝位了。君臣上下之别，是由礼来规定的。所以君主抚慰庶民，制驭天下，应像制陶的人转动着轮子一样应用自如。如果不是能明能知、文事武事兼备、天命所归、天道在身，怎么能够握有帝王符应、临御皇帝宝座呢？正因为如此，所以就有翠妫川的神龟重唐尧之德而负图投尧；大禹治水之功加于四海而上帝以元圭赐给禹以彰显其功。周文王姬昌时，有赤雀衔丹书进入周的国都丰，预兆周朝兴800年之天下；汉高祖刘邦挥剑斩白蛇，启前后两汉24帝共400年之基业。由此观之，帝王之位，不是可以凭借实力强求的，而是受天之命而得的。隋朝末年，天下分崩离析，我先皇高祖李渊以圣明武略之姿，当天造草昧之时，天命所归，在隋末乱世中独得明道，使社会得以清明。然而由于五岳郁而未清，三光隐而不明，其时

附录　帝王将相家训

割据势力彼此相逐，更相吞噬，因而唐初仍战争不止，战场上的风尘还未停息。我以弱冠之年，怀慷慨之志，思念靖安天下之灾难，以拯救天下黎民百姓，特身披甲胄，亲自抵挡矢石，夕为敌人鱼鳞之阵所困扰，朝临对方鹤翼之阵所包围。但敌人虽强大，必能挫之；敌兵虽坚固，必能破之。我奋力消灭与唐军为敌的其他军事力量以清净四海，决心除却妖星以开拓廓清八纮，乘履庆祥，登升宝位。我备尝艰难险阻，方始正储宫，被立为太子；又经历多少曲折，才登上皇帝宝座。我虽有功业如此，但自即位以来，仍常恐惧戒慎，居安思危，如临深渊，如御朽索。而且我一天比一天谨慎，唯恐不得尽善始终。

你年少多受父母之慈爱，而且你所受到的教育，并不如《左传》所说那样的"教之以义方"；你所接受的庭训，远没有像孔子教孔鲤那样的"庭训有道"。你本封于并州，为一般的藩王，现属以太子之位。然而，你未辨君臣之礼节，不知稼穑之艰难。我每每想到这里莫不感到忧惧，以至于寝不安席，食不甘味。我以为上自轩辕、少昊，下至于今，这中间的开创之君、守成之主，给我们留下的兴亡治乱之道，焕然明白可见者不知有多少。因此，我就开明前古君臣兴亡治乱之实迹，遍览历代经史传籍，采酌其中的要领和可以效法之格言，以为你们的鉴戒罢了！

【经典心裁】

　　此篇为《帝范》的前序。《帝范》系专门讲做皇帝的规范，以赐太子李治。

　　此篇写作宗旨是叙述创业之艰难，阐明撰写《帝范》的目的，以教诫李治；并谆谆教诲李治应如何持身治国，以永保李唐王朝的长治久安。

　　今天让我们读一读《帝范·前序》，就可以认识到：作为封建帝王的李世民，为儿子生长深宫、"未辨君臣之礼节"而忧而惧，为儿子独钟父母慈爱、"不知稼穑之艰难"而废寝而忘食。

君体篇

【原典精读】

夫人者国之先,国者君之本。人主之体如山岳焉,高峻而不动;如日月焉,贞明而普照。兆庶之所瞻仰,天下之所归往。宽大其志,足以兼包;平正其心,足以制断。非威德无以制远,非慈厚无以怀人①。抚九族以仁②,接大臣以礼。奉先思孝③,处位思恭④,倾己勤劳⑤,以行德义。

此乃君之体也。

——节录自《永乐大典》

【注释】

①怀人:安民。

②九族:一说为父族四、母族三、妻族二;二说是从自己算起,上至高祖,下至玄孙;三说为族兄弟、再从兄弟、堂兄弟、兄弟。此处泛指亲族。

③奉先：奉祀祖先，祭祀祖先。

④处位：这里指对待臣下及晚辈。恭：谦。

⑤倾己：即不以我为尊贵，不以我为才智。

【译文通解】

人君在国家建立之前，必须拥有民众，有民众才会有国家。人君想要得国，必须育民以德，民人乐为之用，乃可以为国。所以国者君之本。

人主之体，当如山岳之尊崇，巍然镇静，岿然不动；人主毫无私心地君临万方，要像日月高悬天空，普照在下的万物一样。人君有什么举措，亿万庶众均将瞻仰以为准则而照着执行；人君以行仁义，则四海之内向往，普天之下归附。人君之志，当宽裕广大，胸襟开阔，兼收并蓄，涵容万物；人君之心，如若平正则是非明，以此裁断则无差错。人君如能顺天应人实行刑罚恩惠，就可以令行禁止，天下畏服，无远而不至；人君抚慰万方，只有慈爱宽厚才能安民、保民。人君对九族之亲，务使长者安之，少者怀之；人君又必须礼大臣，体群臣，"君使臣以礼，臣事君以忠"。人君奉祀祖先，应该善继祖先之志，善述祖先之事；人君在位，必须以不骄不慢的态度对待臣下。人君不应以己为尊贵，不应以己为才智，而应孜孜不倦地行德义。人君如能做到上面这些，就算是做到了治理天下时应遵守的法则了。

【经典心裁】

此篇的写作宗旨是阐述帝王治理天下时应遵守的法则。

李世民反复阐明人君之志要宽裕广大，人君之心要平正；致远要顺天应人，怀民要慈爱宽厚；对下要不骄不慢，对己要不以我为尊、不以我为智，这才叫作君之大体。

今天让我们读一读《帝范·君体篇》，就可以明白：作为封建王朝皇帝的李世民，能够如此清醒地对太子提出严格的治理天下的准则，是十分难能可贵的。其中的某些道理，时至今日仍有借鉴意义。

建亲篇

【原典精读】

夫六合旷道①,大宝重任②。旷道不可偏制③,故与人共理之;重任不可独居,故与人共守之。是以封建亲戚,以为藩卫,安危同力,盛衰一心,远近相持,亲疏两用,并兼路塞④,逆节不生⑤。

昔周之兴也,割裂山河,分王宗族,内有晋郑之辅⑥,外有鲁卫之虞⑦,故卜祚灵长⑧,历年数百。

秦之季也,弃淳于之策,纳李斯之谋,不亲其亲,独智其智,颠覆莫恃⑨,二世而亡。斯岂非枝叶不疏⑩,则根柢难拔;股肱既殒⑪,则心腹无依者哉!

汉初定关中⑫,戒亡秦之失策,广封懿亲⑬,过于古制。大则专都偶国⑭,小则跨郡连州,末大则危,尾大难掉。六王怀叛逆之志⑮,七国受斧钺之诛⑯,此皆地广兵强,积势之所致也。

魏武创业⑰,暗于远图,子弟无封户之人,宗室无立锥之地,外无维城以自固,内无磐石以为基。遂乃大器保于他人,社稷亡于异姓。

《语》曰⑱:流尽其源竭,条落则根枯。此之谓也。夫封之太强,则为噬脐之患;致之太弱,则无固本之基。由此而言,莫若众建宗亲而少力,使轻重相镇⑲,忧乐是同,则上无猜忌之心,下无侵冤之虑,此封建之鉴也⑳。

斯二者安国之基㉑。君德之宏,唯资博达,设分悬教㉒,以术化人,应务适时,以道制物㉓。

术以神隐为妙㉔,道以光大为功㉕。括苍旻以体心㉖,则人仰之而不测;包厚地以为量,则人循之而无端㉗。荡荡难名,宜其宏远。且敦穆九族,放勋流美于前㉘;克谐烝义,重华垂誉于后㉙。无以奸破义,无以疏间亲,察之以德,则邦家俱泰㉚,骨肉无虞㉛,良为美矣。

——节录自《永乐大典》

【注释】

①六合:指上下和东西南北四方,泛指天下或

宇宙。旷：远。

②大宝：帝位。

③偏制：独治。

④并兼：互相侵吞。

⑤逆节：不遵王命。

⑥晋：成王母弟叔虞始封于唐，其地有晋水，后因之称"晋"。郑：宣王母弟桓公友始封于郑，后因称"郑"。

⑦鲁：周公之子伯禽封于鲁，因而称为"鲁国"。卫：周公诛管叔、蔡叔之后，封其弟康叔于原商王所在的地方，建立了"卫国"。虞：防。

⑧卜祚：用占卜预测传国的世数。灵长：绵延长久。

⑨颠覆：灭亡。

⑩疏：茂盛的样子。

⑪股肱：指大腿和胳膊。后来把得力的臣僚喻为股肱。

⑫关中：地名，古代指函谷关以西。

⑬懿亲：至亲。

⑭专都偶国：形容诸侯王权势过大，足以与朝

廷抗衡。

⑮六王：指汉初楚王戊、赵王遂、胶西王卬、济南王辟光、菑川王贤、胶东王雄渠。

⑯七国：指汉初吴、楚、赵、济南、淄川、胶东、胶西等7个诸侯国。斧钺（fū yuè）：指刑戮。

⑰魏武：指曹操。

⑱《语》：指《论语》。

⑲轻重：指大小国。

⑳鉴：镜子。

㉑斯二者：指损其太强、益其太弱两件事。

㉒悬教：悬法。古代公布法令，悬挂在宫阙上，故称"悬法"。

㉓应务：适应时务。道：法则；规律。

㉔术：法。神隐：手段隐晦，使人莫测。

㉕道：指事物的无穷之理。

㉖苍旻：苍天。体心：统之于心。

㉗循：依照；遵循。端：涯。

㉘放勋：帝尧名。流美：流布美善。

㉙克谐：能够和谐。烝义：淳厚的样子。重华：帝舜名。

㉚邦：古代诸侯封国之称。泰：安。
㉛虞：忧。

【译文通解】

天下宇宙是至远至广至大的大道，天子帝位是至极至显至尊的宝位。天下至远，远不可以独治，故与人共理；帝业至重，重不可以独任，故与人共守。所以任用皇亲国戚为诸侯，作为屏障以保卫王室中央；王室中央和地方诸侯同心同德，则能长世安民，长治久安。离中央王室远的诸侯和离中央王室近的诸侯都应互相扶持，中央王室对亲近的宗室和疏远的宗室都要予以任用。如果能这样，纵然有互相侵吞的门路，亦可闭之而不让它启开；纵然有不遵王命的嫌隙，也可以阻遏而不得滋生。

昔日周武王灭了商朝纣王而建立周朝政权，先后分封了71个诸侯国，周室子孙一般都得到了封地，做了大小不等的诸侯；同时，又封了一些异姓诸侯。因而内有晋、郑等诸侯国的辅助，外有鲁、卫等诸侯国的防护。周朝之所以能长久传世，原因是能实行分封制。

到了秦朝之末,秦始皇拒绝了淳于越关于分封子弟功臣、自为枝辅的建议,采纳了丞相李斯实行郡县制、反对分封制的主张。因而对亲族不亲近、不分封,只相信自己的智慧,所以在国家危难时没有依靠的力量,只传了两代便导致覆亡。这岂不是枝叶不繁茂则根本难以挺拔;又如大腿和胳膊既伤则心腹欲有所为是不可能的么?

汉高祖刘邦初定函谷关以西一带地区,鉴于秦王朝不搞分封、因孤立而亡的教训,大封兄弟叔侄至亲为王,其规模远远超越了西周时封建诸侯之制,以至于大的诸侯王的权势过大,足以与朝廷抗衡;小的诸侯王也跨郡连州,占有很大地盘。诸侯王地广而强,帝室弱而被侵,有如末大根小必折,尾大身小难掉。所以就有6个诸侯王共同谋反,7个诸侯国身受刑戮。这一切都是由于分封的诸侯王地广兵强、长期发展起来的势力所造成的后果。

魏帝曹操初创基业,只知汉过,不知秦失,在分封这个问题上缺乏远见,子弟宗室虽有封位,但不与其领土,徒有虚名而已,所以宗室无立锥之地。这样一来,外无藩维之城以为固保,内无柱下之石以为基址，于是曹魏不能自保其权位，竟以天下付之他人，社稷亡于异姓司马氏。

《论语》说过，泉竭则流涸，根朽则叶枯。分封诸侯势力太大时，会造成后患，后悔莫及；而分封诸侯势力太小或不分封时，对朝廷中央又不能起辅卫作用。由此说来，不如多分封诸侯王，但不能使其势力过于强大，使大小之国相安，共其乐而同其安。果真这样，则在上者无嫌嫌疑忌之心，在下者无被侵陵冤枉之虑。这就是封建制之昭鉴和龟镜。

因此，损其太强，益其太弱，执其中道，此二者乃是安治国家之基本。人君之德，极群下之智，尽天下之美，至德昭然，施于方外。由于法可以治民，所以古代君王公布的法令，悬挂在宫阙上，并用法令来教化百姓；由于理可以御物，所以古代君王将应决事务，用适当时宜，使物得其所也。"术"乃不易之法，老百姓所必须遵守，故当隐晦，使老百姓感到莫测；"道"乃无穷之理，万物之所由出，故当光大，使物不遗则为功。

人君总括其天以统之于心，则人仰望之而不得以窥测；人君度量当如广厚之大地，无所不包容，则人循依之而不得其端涯也。君主的功德广博，以致老百姓不知怎样去称赞他；人君如能以天为心，以地为量，就可以称之为宏远了。尧具圣德，又有亲睦九族，流布美善之道在于前，你可以效法；舜亦圣明，又能和谐以孝，因而垂美誉在于后，你可以仿效。不要让诈伪之行破散了义，不要让疏远的人离间了亲近的人。凡对事事物物，审察必合于道德，则各诸侯国完全可以得到平安，而近亲至戚之间亦可保无疏虞，这实在是一件大好事啊！

【经典心裁】

　　此篇的写作宗旨是论述分封亲族对巩固帝位的重要性。

　　历史发展到了唐朝，"封建"之制已逐步退出了历史舞台。然而，李世民为了使唐朝长治久安，还再三强调"封建"的重要性，不能不说是个倒退。同时，秦传二世而亡，主要是由于秦王朝最高统治集团的倒行逆施，而李世民则认为应归咎于秦王朝在当时没有分封子弟功臣，使王朝中央孤立无援,这也是与历史事实不合。

但是,李世民在此篇中一方面阐明了建亲之道,不特要在骨肉亲族范围之内,就是对于那些贤德忠纯、明哲通才之君子,亦应建而亲之;另一方面又勉励太子去努力效法尧之圣德,仿效舜之圣明,做一个大有为之君。这些都是合理和难能可贵的。

求贤篇

【原典精读】

夫国之匡辅①,必待忠良,任使得人,天下自治。故尧命四岳②,舜举八元③,以成恭己之隆,用赞钦明之道④。士之居世,贤之立身,莫不戢翼隐鳞⑤,待风云之会;怀奇蕴异,思会遇之秋。是明君旁求俊人⑥,博访英贤,搜扬侧陋⑦,不以卑而不用,不以辱而不尊。

昔伊尹有莘之媵臣⑧,吕望渭宾之贱老⑨,夷吾困于缧绁⑩,韩信弊于逃亡⑪。商汤不以鼎俎为羞⑫,姬文不以屠钓为耻⑬,终能献规景亳⑭,光启殷朝;执旄牧野,会昌周室。齐成一匡之业,实资仲父之谋⑮;汉以六合为家⑯,是赖淮阴之策⑰。

故舟航之绝海也⑱,必假桡楫之功⑲;鸿鹄之凌云也,必因羽翮之用⑳;帝王之为国也,必藉匡辅之资。故求之斯劳,任之斯逸。照车十二㉑,黄

827

金累千,岂如多士之隆,一贤之重!此乃求贤之贵也②。

——节录自《永乐大典》

【注释】

①匡:正。辅:助。

②尧:黄帝时代帝王。四岳:古时分掌四时、方岳的官,主管方岳巡守之事。

③舜:黄帝时代帝王。八元:古代传说高辛氏有才子8人,即"伯奋、仲堪、叔献、季仲、伯虎、仲熊、叔豹、季狸,谓之八元"(见《左传》文公十八年)。

④钦明:敬事节用。

⑤戢翼:收敛翅膀,停止飞翔。

⑥俊人:德高望重的贤德之人。

⑦侧陋:有才德而居于卑微地位的人。

⑧伊尹:商汤臣。有莘:古国名。媵臣:古时诸侯嫁女,派大夫随行,称为"媵臣"。

⑨吕望:即吕尚。本姓姜,名尚。其祖先封于吕,故亦称吕尚。初钓于渭水之滨,文王出猎遇

之,说"吾太公望子久矣",因号为太公望。贱老:年老穷困。

⑩夷吾:即管仲,春秋初期的政治家、军事家,齐桓公的相国。缧绁:囚禁。

⑪韩信:汉初诸侯王、军事家。弊:不通;穷困。

⑫商汤:指商朝的建立者、国王。鼎俎:割烹的用具。

⑬姬文:指西周奠基者周文王。相传他被囚羑里时,曾演《周易》,探求天人之理。屠钓:吕望曾屠牛沽酒、垂钓渭水,文王不以吕出身低微而看不起他。

⑭规:谋。景亳:商汤时的都城。

⑮仲父:指管仲。

⑯六合:指上下和东西南北四方,泛指天下或宇宙。

⑰淮阴:指韩信。

⑱绝:直渡。

⑲桡:船桨。楫:划船的短桨。

⑳翮:羽茎,鸟翼的代称。

㉑照车十二：言珠宝之光能照亮12辆车，极言其珠宝之多。

㉒乃：才；于是；是。

【译文通解】

凡是一个国家要得到匡正辅助，没有忠良之臣是不行的。得人则治，失人则乱，任用得人，天下自治。所以尧选择有分掌四时、方岳才能的官员而任用之，故能赞其敬事节用之道；舜举提拔有特殊才能的人而加以重用，故能成其恭敬自持之重。士人之居世，贤人之立身，他们在没有遇到时机以前，大多是隐居以待局势的变化；他们怀有卓异的才能，一定要在时机成熟之时方肯出仕。因此，英明的君主务必要多方寻求德高望重的贤德之人，务必要多方考察心虽居于卑微地位但确有才德的人，决不能因人才地位卑下而不用他，也绝不能因人才染上某种污浊而看不起他。

古代的伊尹最初耕于有莘这个地方，后来又成为有莘氏的"媵臣"；吕望起初是钓于渭水之滨的穷困潦倒的老人；管仲曾事公子纠，公子纠死后他曾一度被囚禁；韩信早年曾因贫困而过着流亡漂泊的生活。然而，商朝汤王并不因为伊尹贱得曾为媵臣、负鼎俎为奴以为羞，仍立伊尹为相；周文王并不因为吕望曾屠牛沽酒、垂钓渭水以为耻，仍拜吕望为师。结果伊尹献规于亳以助太甲，使商朝得以昌盛；吕望相武王，执旌旗而誓师牧野，使周室天下大定。同样，齐桓公九合诸侯，一匡天下，皆赖管仲之谋；汉之灭楚，定天下为一家，也全靠淮阴侯韩信之策。

所以说舟航渡海，必借助于桡楫之功；大鸟高飞，唯凭借着羽翼之故；帝王欲建长治久安之邦国，亦必须有贤才辅翼支助。因此，如人主辛勤地寻求贤能之人，则治国时便可安逸无劳。虽然珠宝之光能照亮12车，虽然黄金累积有成千之多，却远不如多得人才，远不如求得一个贤士！因此，有国者绝不应以宝为宝，而应以求贤为贵啊！

【经典心裁】

此篇的写作宗旨是阐述求贤用贤对创业治国、安邦定国的重要性。李世民是一位具有雄才大略的封建皇帝。他在人才理论和人才实践上都有重要建树,是继曹操以后的又一个杰出思想家和实践家。在此篇中,李世民反复叮咛和告诫太子:人君如能任使得人,天下必然自治;人君要旁求俊人,博访英才;人君用人要不以卑而不用,不以辱而不尊;人君不应以宝为宝,而应以求贤为贵等。可见,唐前期出现封建社会的"太平盛世"不是偶然的。

今天,让我们读一读《帝范·求贤篇》就可以知道:这些虽是帝王家训的语言,但包含的内容丰富,有着许多合理的因素,对于今天的人特别是掌权的人来说,都具有一定的启迪意义。

审官篇

【原典精读】

夫设官分职,所以阐化宣风①。故明主之任人,如巧匠之制木,直者以为辕,曲者以为轮,长者以为栋梁,短者以为栱角②。无曲直长短,各有所施③。明主之任人,亦由是也。智者取其谋,愚者取其力,勇者取其威,怯者取其慎,无智愚勇怯,兼而用之。故良匠无弃材,明主无弃士,不以一恶忘其善,勿以小瑕掩其功④,割政分机⑤,尽其所有。然则函牛之鼎⑥,不可处以烹鸡;捕鼠之狸,不可使以搏兽。一钧之器⑦,不能容以江汉之流;百石之车,不可满以斗筲之粟⑧。何则?大非小之量,轻非重之宜,今人智有短长,能有巨细,或蕴百而尚小,或统一而为多。有轻才者不可委以重任,有小力者不可赖以成职。委任责成,不劳而化,此设官之当也。

斯二者治乱之源。立国制人，资股肱以合德；宣风道俗，俟明贤而寄心。列宿腾天，助阴光之夕照；百川决地，添溟渤之深源。海月之深朗，犹假物而为大，君人御下，统极理时⑨。独运方寸之心，以括九区之内⑩，不资众力，何以成功？必须明职审贤，择材分禄，得其人则风行化洽⑪，失其用则亏教伤人⑫。故云："则哲惟难⑬。"良可惧也！

——节录自《永乐大典》

【注释】

①阐化宣风：阐扬德化，宣布风化。

②栱：立柱和横梁之间成弓形的承重件。角：桷，方形的椽子。

③施：用。

④瑕：玉的疵点。

⑤割政分机：即设官分职。

⑥函：包容。鼎：牲器。《三礼鼎器图》云："鼎有牛羊豕三鼎，古制也。"

⑦钧：古代重量单位之一，30斤为一钧。

⑧斗筲：形容数量极少。筲为一种竹制容器，

仅容一斗二升。

⑨统极：极，指君位。此谓君主之统治至大至远。理时：循理四时。

⑩方寸：形容小。九区：形容大，泛指全国。

⑪化洽：教化周遍。

⑫亏教：亏坏风教。伤人：灭伤人伦。本为"伤民"，因避讳而作"伤人"。

⑬则哲惟难：语出《尚书·皋陶谟》："惟帝其难之，知人则哲。"哲，明智。原话的大意是：帝尧也感到知人之难。

【译文通解】

设置官吏，使其各有自己的职守，分别负责各方面的工作，就可以阐扬德化，宣布风教。因此，明哲之君在用人的时候，就好比巧匠之裁木，直的可用做驾车之木，弯的可用做轮子，大材可用之于栋梁，小材可用之于栱角。无论曲直长短，皆得其宜，各有所用。明哲之君擢用人才，完全同巧匠裁木的道理一样，智者可以发挥他的策略，愚者可以发挥他的蛮力，勇者可以发挥他的武威，怯者可以发挥他那谨慎从事的长处。无论智愚勇怯,均可兼而用之。所以良匠能尽其木之性而用而无弃遗之材。明主能尽其人之能而用而无遗弃之士。不可以因为某人偶然有一恶而忘其昔日之累善,也不可以因为某人偶然有微过而忘其过去之功劳。人君设官分职,当各尽其所有的才能而用之,不可求全责备。函牛之鼎用来烹鸡,多汁则淡而不可食,少汁则熬而不可熟,由此证明大不可以小用;捕鼠的野猫,如果用它去搏击猛兽,无异于去送死,由此亦证明小不可以大用。只有三十来斤大小的器具,不可能容纳长江、汉水的水流,由此证明轻不可以重用;大到百石之车,数量极少的斗筲之粟是无法使之盛满的,由此亦证明重不可以轻用。这就说明大小轻重应当随其器具而用之,不可以勉强其所不能也。今天的人,智谋有长短,能力有大小,或聚百而尚小,或总一而为多。只有轻材的人不可以委以重任,只有小智力的人不可以让他处理大事。这就进一步说明,人君如果委任得人,就可以深居高枕,不时敦促被委任的大臣把事情办好就行了,所以说是"不劳而获"。

一治一乱，在于得人或失人，所以"得人"、"失人"这二者乃治乱之本源。人君创业立国，驾驭国民，全靠得力的臣僚同心同德；人君宣播仁风，教导美俗，须待明哲贤能之人赤诚辅佐。众星虽小，但腾布于天，可以助月之光；百川之水，决流于地，其流虽微，亦可以资添大海。像海这样的深，月这样的明，也还是需要依靠他物以成光大，何况人君在上临下，其统治至大至远，运营方寸之心，包涵九区之天，若不设官分职凭借众力，以独力何得成其功业？所以人君必须明辨职位大小，审查臣属是否贤俊，然后根据才能短长，分别授予爵禄。人君如果用人得当，则必仁风流行，教化浃洽；如果用人不当，则必亏坏风教，灭伤人伦。所以说，人君设官分职以治天下，其要在于知人。知人之难连尧舜那样的圣君也不例外，因此作为后世的人君能不很好地审慎其官吗？

【经典心裁】

　　此篇的写作宗旨是阐述了审察、选择、任用官吏对治国安邦的极端重要性，并揭示出"小才不可大用，大材也不宜小用，只有量才而用，始能于民于国有益"这一看来平常、实际却重要的道理。

的确，任用什么样的人，关系到国之安危，民之休戚，所以不可不审慎。让我们读一读《帝范·审官篇》就不难发现：这虽是古代封建帝王提出的命题，而李世民更为重视，更切戒之。特别是其中的某些合理的因素，诸如"得其人，则风行化洽；失其用，则亏教伤人"，等等，在今天的用人任职问题上，仍有参考价值和借鉴意义！

纳谏篇

【原典精读】

夫王者高居深视，亏听阻明①，恐有过而不闻，惧有阙而莫补。所以设鞀树木②，思献替之谋③；倾耳虚心，伫忠正之说④。言之而是，虽在仆隶刍荛⑤，犹不可弃也；言之而非，虽在王侯将相，未必可容。其义可观，不责其辩；其理可用，不责其文。至若折槛怀疏，标之以作戒；引裾却坐，显之以自非。故云：忠者沥其心⑥，智者尽其策。臣无隔情于上，君能遍照于下。

昏主则不然。说者拒之以威，劝者穷之以罪⑦。大臣惜禄而莫谏，小臣畏诛而不言。恣暴虐之心，极荒淫之志⑧，其为壅塞，无由自知。以为德超三皇⑨，材过五帝⑩。至于身亡国灭，岂不哀哉！此拒谏之恶也。

——节录自《永乐大典》

【注释】

①亏：损。阻：障。

②韬：即鼗（táo）鼓，俗称为"拨浪鼓"。树木：即谤木。《后汉书·杨震传》："臣闻尧舜之时，谏鼓谤木，立之于朝。"

③献替：即"献可替否"的省略语，其意是诤言进谏。

④伫（zhù）：伫立；积聚。

⑤仆：供役使的人。隶：古代一种对奴隶或差役的称谓。刍荛：指割草打柴的人，后来多用以指草野鄙陋的人。

⑥沥：竭。

⑦穷：穷究。

⑧恣：放纵。暴：残。极：尽。

⑨三皇：传说中的伏羲、神农、黄帝。

⑩五帝：传说中的黄帝、颛顼、帝喾、尧、舜。

【译文通解】

帝王居住深宫，与外界隔绝，虽欲听而不聪，虽欲视而不明。古代的一些明君,唯恐听不到自己的过失,害怕有缺失得不到改正,因而置鼗鼓,立谤木,以便臣下诤言进谏。君主自己则侧耳而听,虚心而受,期待着谏诤者告以正直之言。如果说得对的,即便是地位低下的供役使的仆人、奴隶或草野鄙陋之人,也不可置之不理;如果说得不对,即使是地位很高的王侯将相,也未必就可接受他的意见。议论可取,就不必要求谏诤者分析得条条是道,因为空辩不足信;道理可用,就不必要求谏诤者文采优美动听,因为虚文不足用。至于古代如朱云因进谏而攀折殿槛,汉成帝特意保留已折之槛,以表彰朱云的直谏;师经因进谏而投瑟撞坏了窗子,魏文侯决意留下撞坏的窗户以供借鉴;辛毗进谏魏文帝曹丕,而不惜扯着曹丕的前襟;袁盎进谏汉文帝刘恒,坚决不让慎妃与皇后同坐。等等。正因为人君能容纳折槛引裾之鉴,所以就可以使忠直者竭其忠心,使智者以终其计策。如此则君臣之道上下相通,君主就可以至公大明而普照于天下。

昏庸的皇帝却不是这样。他们恰恰相反,对进谏者拒之以威,对劝说者追究罪责,从而使得大臣为保全俸禄而不进谏，小臣因怕杀头而不敢言。于是昏主便昏昏然，恣行残暴，极尽荒淫，壅蔽障闭，对自己的罪过懵然而无所知，反而以为自己德超三皇，才过五帝。结果导致身死国灭，岂不可悲！这完全是拒绝进谏所带来的恶果啊！

【经典心裁】

此篇的写作宗旨是论述了国之兴衰主要决定于国君能否接受和听取规劝的意见。

李世民之所以成为一个英明有为的皇帝，能虚心听取臣下的规劝，及时改正自己的过失，是一个重要原因。他告诫皇子李治，由于帝王的特殊地位，容易闭目塞听。而自古以来，贤明君主总是十分重视纳谏，为臣下进谏创造各种条件。帝王纳谏与否，直接关系到一个国家的治乱兴衰。

让我们读一读《帝范·纳谏篇》，就可以知道：虚心听取别人的意见至关重要。俗话说："忠言逆耳利于行，良药苦口利于病"，听得进逆耳之言，听得进不同的意见，及时改正自己的缺点和错误，就能帮助一个人减少失误，迅速进步。反之，文过饰非，错误越积越多，越陷越深，严重者甚至导致一个人的毁灭，不可不慎，不可不引为鉴戒！

去谗篇

【原典精读】

夫谗佞之徒①,国之蟊贼也②。争荣华于旦夕,竞势利于市朝③。以其谄谀之姿,恶忠贤之在己上;奸邪之志,恐富贵之不我先。朋党相持,无深而不入;比周相习,无高而不升。令色巧言,以亲于上;先意承旨,以悦于君。朝有干臣,昭公去国而方悟④;弓无九石,宣王终身而不知⑤。以疏间亲,宋有伊戾之祸⑥;以邪败正,楚有郤宛之诛⑦。斯乃暗主昏君之所迷惑,忠臣孝子之可泣冤⑧。故丛兰欲茂⑨,秋风败之;王者欲明,谗人蔽之。此奸佞之危也!

斯二者国之本。砥躬砺行,莫尚于忠言;败德败正,莫逾于谗佞。今人颜貌同于目际⑩,犹不自瞻,况是非在于无形,奚能自睹!何则?饰其容者皆解窥于明镜,修其德者不知访于哲人。讵目庸愚⑪，何迷之甚？良由逆耳之辞难受，顺心之说易从。彼难受者，药石之苦喉也⑫；此易从者，鸩毒之甘口也。明主纳谏，病就苦而能消；暗主从谀，命因甘而致殒。可不戒哉！可不戒哉！

——节录自《永乐大典》

【注释】

①谗：进谗言，无根据地说别人的坏话。佞：奸巧谄谀，花言巧语。

②蟊（máo）贼：本指吃禾苗的害虫，后常用以比喻对国家有危害的人。

③市朝：指争名争利的场所。

④昭公：指宋昭公。

⑤宣王：西周国王，姬姓，名靖，因杀无辜之臣杜伯，以私爱立鲁武公少子为太子及连年征战致国势衰败。

⑥伊戾：春秋时宋平公的太子痤的师傅。太子不喜欢伊戾，伊戾便在平公那里进谗言，平公囚痤，将痤缢死（事见《左传》襄公二十六年）。

⑦郤宛：春秋时期楚昭王的左尹。他为人正直，国人很喜欢他，可费无极出于妒忌的心理在执政面前进谗言，郤宛被迫自杀（事见《左传》昭公二十七年）。

⑧忠臣：指郤宛。孝子：指宋太子痤。

⑨丛（cóng）：聚集。

⑩目际：眼睛下边。

⑪讵（jù）：岂，表示反问。

⑫药石：药物的总称。

【译文通解】

谗佞的人，乃是一个国家的蟊贼，蠹败祸乱之由。这些人唯朝夕贪荣显华靡，奔竞财利于市，争夺权势于朝，无心于邦国。这些人以谄谀的嘴脸，憎恶忠良贤能之人处于自己之上；怀其奸诈的心志，唯恐富贵被别人占了先。这些人为了私利而勾结同类，极其所嗜欲，虽至深之所，亦无不入；为了营私而交相因习，穷其所好乐，虽至高之地，亦无不进。这些人采用动听之言，使用谄谀之态，取悦于上；顺其人主之意，迎其人主之趣，取悦于君王。宋昭公被逐出国，方悟自己在位期间，有敢于直言极谏之臣，只是由于左右献谀，以至平时听不到自己的过失而至于此；周宣王好强驰射，其实所用不过3石，但由于左右奉迎，宣王悦其名而丧其实，而自以为力所射是9石。不亲近的人常常进谗言离间亲近的人，所以春秋时宋平公的太子痤为其师所谗害以死；奸佞者往往耍手段残害正直人士，因而春秋时期楚昭王的左尹郤宛无故被费无极等人所谗害。这一切，都是暗弱不明之主和庸愚无察之君荒迷惑乱、拒贤听谗所造成的，以至于忠者如郤宛、孝者如太子痤，终被诬诳屠戮，实在是可叹可哀而冤枉的了。因此，这就有如聚生之芳兰，将欲茂盛之时，竟被凄然之秋风败落了；君主方欲明察，就被谄谀之小人障蔽了耳目。这完全是奸邪、谄谀、谗佞之徒所造成的危害和带来的恶果。

　　此两种情况乃关系到倾覆国家之根本。人君想舍利而亲行仁义者，最好是用忠直之言；致使国君败坏德行，扰乱政治，无过于谄谀奸谗。人眼是看不到自己的面容的，因而以显然形体见于外者，尚不能鉴识，更何况是非往往发生在冥然无形之间了！为什么呢？修饰自己的面貌，都懂得借助于明亮的镜子；而修养自己的德行，却不知道采访于贤智之人，难道不是愚惑之至吗？！说来说去，还是由于逆耳之言难以接受，顺心的话容易听从。所谓难以接受，是因为忠言虽是良药但苦口苦喉；所谓容易听从，是因为谗言虽有危害但多属甜言蜜语。兴国的明君，乐闻自己的过失，因而过失日消而福日增；荒乱的昏主，乐闻别人表面的赞誉，因而信誉日损而祸即至。因此，为人君者，既然眼见谄谀、谗佞造成的祸乱有如此之酷烈，难道还不畏惧和警惕么？难道还不约束和收敛么？

【经典心裁】

此篇的写作宗旨是尽情刻画了谗佞之徒的嘴脸和伎俩，指出其严重的危害性，从而告诫太子和后代帝王应远离佞臣，不要听信谗言。谗佞之人，变乱善恶，搬弄是非，乃国之蠹贼，为害甚烈。因此，进善退谗，则天下治；进谗退善，则天下乱。

这是李世民从总结历代经验教训中得出的结论，并表示对此有着甚忧甚惧的担心，至深至切的体会，因而再三禁约之，告诫之。

戒盈篇

【原典精读】

夫君者俭以养性①，静以修身。俭则人不劳，静则下不扰。人劳则怨起，下扰则政乖②。人主好奇技淫声③，鸷鸟猛兽④，游幸无度，田猎不时⑤，如此则徭役烦。徭役烦则人力竭，人力竭则农桑废焉。人主好高台深池，雕琢刻镂，珠玉珍玩，黼黻⑥，如此则赋敛重。赋敛重则人才遗，人才遗则饥寒之患生焉。乱世之君，极其骄奢，恣其嗜欲。土木衣缇绣⑦，而人短褐⑧不全；犬马厌刍豢⑨，而人糟糠不足。故人神怨愤，上下乖离，佚乐未终⑩，倾危已至，此骄奢之忌也⑪。

——节录自《永乐大典》

【注释】

①俭：节约。性：德性。

②乖：不和谐。

③奇技：新奇的技巧及制成品。淫声：泛指浮靡不正派的乐调乐曲。

④鸷鸟：凶猛的鸟。

⑤田猎：同"畋猎"，即打猎。不时：不按田猎之时去打猎。

⑥黼黻（fǔ fú）：古代礼服上所绣的花纹。绤：一般指细葛布和粗葛布。这里指刺绣。

⑦绨（tí）：丹黄色帛。绣：刺绣。

⑧短褐：兽毛或粗麻制成的短衣，古时贫贱人所穿的衣服。

⑨刍豢：用谷物喂养家畜。

⑩佚：佚与逸同。

⑪忌：畏也。

【译文通解】

人君如果以俭德涵养其性，就不至于骄侈；人君如果静而无为，就可以修正其身。人君崇尚节俭，国人就不会辛苦；人君致力于安定平和，下面就不会发生动乱。人君如生奢侈之心，耗用不节，重敛于民，那么国人就一定会辛苦，国人辛苦就会抱怨迭起；下面一定发生动乱，动乱就会使得政局不和谐。如果人君喜爱新奇的技巧和浮靡不正派的乐调、乐曲，喜爱鹰、鹞、雕、鹗等凶猛的鸟类和貔、虎、熊、罴等凶猛的兽类，加之游荡无度，又不按田猎之时去打猎，那么势必造成徭役繁多。徭役烦多则人力疲竭，人力疲竭则农桑荒废。如果人君爱好宫室台榭和陂池侈服，爱好雕琢刻镂，喜玩珍宝珠玉，喜穿绣有花纹的礼服和刺绣的衣服，那么就一定会造成赋役繁重。赋役繁重则人才流失，人才流失则饥寒之患发生。那些乱世君王，极其骄奢，大肆贪欲，土木之功穷极技巧，都穿着非常豪华好看的衣服，而穷苦的人则粗陋之衣亦不得完全；他们用谷物喂养犬马家畜，而穷苦的人食糟糠之食亦不得温饱。这样一来，明则有人怨恨，幽则有神愤怒。君王的恩泽不能及于下，民之情不得达于上，上下乖戾就必然离隔了。因此，富贵生骄侈，骄侈恣嗜欲，如果不知炯戒，那么佚乐还没有享用完而倾危已至了。这种不能预戒其盈，以贪慕骄侈，至于乱危的现象，实在是挺可怕的事情啊！

【经典心裁】

此篇的写作宗旨是反对奢侈，并着重指出了帝王如果崇尚奢侈，将会导致"倾危"之患。

古代明君因国家靡敝，则车不雕几，甲不组縢，食器不刻镂，不履丝履，马不常秣。后世之主不循此道而极其骄奢淫逸，则倾之必矣。故李世民深谙此理而禁约之，告诫之！这在拜金主义思想泛滥，一些人挥霍严重的今天，让我们读一读李世民的《帝范·戒盈篇》，不无启迪借鉴意义！

崇俭篇

【原典精读】

夫圣世之君,存乎节俭。富贵广大,守之以约;睿智聪明①,守之以愚②。不以身尊而骄人,不以德厚而矜物③。茅茨不剪④,采椽不斫⑤,舟车不饰,衣服无文⑥,土阶不崇,大羹不和⑦,非憎荣而恶味,乃处薄而行俭。故风淳俗朴,比屋可封⑧。

斯二者荣辱之端,奢侈由人,安危在己。五关近闭⑨,则嘉命远盈;千欲内攻,则凶源外发。是以丹桂抱蠹⑩,终摧荣耀之芳;朱火含烟,遂郁凌云之焰。以是知骄出于志,不节则志倾;欲生于心,不遏则身丧。故桀纣肆情而祸结⑪,尧舜约己而福延⑫。可不务乎⑬!

——节录自《永乐大典》

【注释】

①睿智聪明：指帝王明智之本性。

②守之以愚：安于愚拙而不取巧。

③矜物：恃才傲物。

④茅茨：茅草屋顶。

⑤采椽：用柞栎做的椽子。斫：砍削。

⑥文：文饰，花纹。

⑦大羹：古代祭祀时所用的肉汁。和：用调料和其味。

⑧比屋可封：言尽人皆贤，家家都有可封爵之德行。

⑨五关：指耳、目、鼻、口、身。

⑩丹桂：桂树的一种。

⑪桀纣：分别指夏末代国王和商末代国王履癸和帝辛。

⑫尧舜：黄帝时代两位帝王。

⑬务：勉力从事。这里指应努力做到节俭。

【译文通解】

古代创业垂统的圣明之君，都保持着节俭的

美德。他们富有四海，贵为天子，安于俭约而不奢侈；智慧聪明，不乱心志，安于愚拙而不取巧。

他们不以地位尊贵而在人前骄横，不以恩德广厚而在人前居功。他们用茅草盖的屋顶不加修剪，用柞栎做的椽子不加雕饰，使用的舟车不加装饰，所穿的衣服不用花纹，土筑的台阶不高，所食肉汁不加调料。他们的生活如此俭朴，并不是讨厌荣华、不喜美味，而是要做到居以淡薄，行以从俭，从而示范于国人，以达到不严而治、不令而行的目的。既然人君能如此节俭以化民，所以普天之下风俗淳厚，全国老百姓家家都有德行。

尽情奢侈与崇尚节俭，此二者是一个人荣与辱的开端。行其俭还是行其奢是由自己决定，但是安与危也就会随之而来并及自身。耳、目、口、鼻、身的情欲收敛，则美德充盈；千百种嗜欲内攻，则凶事外发。丹桂内的蛀虫虽小，但终会损坏丹桂的荣芳；朱火内的烟尘虽微，但必然会阻碍光焰。由此可知，骄奢是由人的意志决定的，如不克制骄奢就势必使意志消沉；情欲生于一个人的自身,如不遏制情欲也就会丧身。桀、纣完全放纵自己而不知遏制,故酿成大祸;尧、舜时时约束自己并懂得节制,终究福泽绵延。这个一亡一兴的经验教训历历在目,我们能不努力崇尚节俭吗?

【经典心裁】

此篇的写作宗旨是论述节俭对治国安邦的重要性。

历代的明君贤相和有识之士,无不崇尚节俭,力戒骄奢,以之治国则国治,以之齐家则家齐。李世民有鉴于此,故在自己的晚年特别提出崇尚俭约,作为《帝范》一书的重要内容之一,以戒太子,以儆后世。

我们读一读《帝范·崇俭篇》就可以得到如下的启示:李世民富有四海,贵为天子,还得崇尚节俭,作为一个普通人家又该怎样呢?从古往今来的历史看,勤俭兴家、兴国,而挥霍无度会导致精神颓丧和灭顶之灾。

这是一条规律。崇尚节俭作为帝王家的家规自然必要,而作为一般人家的家规就显得更为必要。这在越来越多的人一切向钱看、挥金如土的今天,更值得我们思考和重视!

赏罚篇

【原典精读】

夫天之育物①,犹君之御众②。天以寒暑为德,君以仁爱为心。寒暑既调,则时无疾疫;风雨不节,则岁有饥寒。仁爱下施,则人不凋敝;教令失度③,则政有乖违④。防其害源⑤,开其利本⑥,显罚以威之⑦,明赏以化之⑧。威立则恶者惧,化行则善者劝。适己而妨于道,不加禄焉;逆己而便于国,不施刑焉。故赏者不德君,功之所致也;罚者不怨上,罪之所当也。故《书》曰⑨:"无偏无党,王道荡荡"⑩。此赏罚之权也⑪。

——节录自《永乐大典》

【注释】

①育物:化育万物。
②御众:抚御众庶。

③教令：命令。

④乖违：分离，不和谐。

⑤防其害源：这里指使民不犯法。

⑥开其利本：使民各务其业。

⑦显罚：当众给以处分。威：服。

⑧化：劝。

⑨《书》：指《尚书》，儒家经典之一。

⑩偏：指偏于己。党：指党于人。荡荡：广大的样子。

⑪权：秤锤。引申为轻重不失其平。

【译文通解】

上天之化育万物，就好比人君之抚御庶众。由于上天要化育万物，故以寒暑为德；由于人君要抚御庶众，故以仁爱为心。寒暑即协调，则六气和，四时无疾疫；如风雨不均匀，则五谷不登稔，岁有饥寒。人君以仁爱下施，则天下大治，所以人才兴旺不会凋敝；如命令失度，则刑罚不当，为政必有乖违。防其害源，使民不犯其法；开其利本，使民各务其业。有罪者当众给以处分，就可制止奸邪行为的发生；有功者当众给以褒奖，就可起到激励良好行为的作用。刑不滥罚则威立，威立则恶者惧；赏不妄行则化行，化行则善者劝。虽然有的言行适应于自己的口味却有碍于道义的施行，就要做到不仅给予奖赏而且要加以处罚；虽然有的言行不适合自己的口味却有益于国事的推行，就应当做到不仅不加以刑罚，而且要予奖赏。所以，受赏者认为是自己有功当赏，不必感君之恩德；受罚者认为是自己罪之当罚，不会有什么怨言。故《尚书·洪范》篇中说道："如赏罚得当，不因个人喜怒而定，而因功罪而定，故无偏党之私。如此，则王道如天地之广大无极。"这是赏罚轻重不失其平的结果。

【经典心裁】

此篇的写作宗旨是阐述赏罚得当对治理国家极为重要这一观点。

李世民从历史上总结了经验教训，认为赏罚乃国之大柄。赏及无功，无以劝善；罚及无罪，无以惩恶。因此，赏罚必当！有功者，虽仇必赏；有罪者，虽亲亦必罚。因此，赏罚必信！有鉴于此，李世民特把《赏罚》作为《帝范》的12篇之一，以戒太子，而儆后人。

我们读一读《帝范·赏罚篇》就可以发现：李世民把赏罚看得如此要紧，而且在位期间基本能做到赏罚轻重不失其平，这是十分难能可贵的。

务农篇

【原典精读】

夫食为人天①，农为政本。仓廪实则知礼节，衣食足则知廉耻。故躬耕东郊②，敬授人时。国无九岁之储，不足备水旱；家无一年之服，不足御寒暑。然而莫不带犊佩牛③，弃坚就伪④，求什一之利，废农桑之基，以一人耕而百人食，其为害也，甚于秋螟。莫若禁绝浮华⑤，劝课耕织，使人还其本，俗反其真，则竞怀仁义之心，永绝贪残之路，此务农之本也。斯二者制俗之机，子育黎黔⑥，惟资威惠。惠可怀也⑦，则殊俗归风，若披霜而照春日；威可惧也⑧，则中华慑轫⑨，如履刃而戴雷霆⑩。必须威惠并驰，刚柔两用，画刑不犯⑪，移木无欺。赏罚既明，则善恶斯别；仁信普著，则遐迩宅心⑫。劝穑务农，则饥寒之患塞；遏奢禁丽，则丰厚之利兴。且君之化下，如风偃草⑬，上不节心，则下多逸志⑭。君不约己而禁人为非，是犹恶火之燃，添薪望其止焰；忿池之浊，挠浪欲止其流；不可得也。莫若先正其身⑮，则人不言而化矣。

——节录自《永乐大典》

【注释】

①夫食为人天：即民以食为天。源出《左传》和《史记·郦食其传》。

②躬耕：古代帝王为了劝农，于规定的时间内亲自进行耕田的活动。东郊：古以天子亲耕南郊，诸侯耕于东郊。只因唐高祖崩于贞观九年，唐太宗亲耕是在贞观三年，其时高祖尚在，故云躬耕东郊，而不言南郊。

③带犊佩牛：比喻人们弃农耕而弄刀枪。

④坚：实。伪：虚。

⑤浮华：求利废农。

⑥黎黔：一作"黔黎"。百姓。

⑦惠可怀也：恩惠可以使民归向。怀：归向。

⑧威：威刑。

⑨慴(shè)：伏；惧。轼：车辕端横木。

⑩履刃：立足于刀刃之上。戴雷霆：言雷霆之发于上，令人畏惧。

⑪画刑不犯：源出《史记·五帝本纪》：唐虞之时，对触犯墨、劓、膑、宫、大辟等五刑的犯人，只在其衣饰上标出标志，而不照肉刑的规定去执行。

⑫遐：远。迩：近。宅心：归心；定一。

⑬如风偃草：有如风吹草倒。

⑭逸：放肆，肆逸。

⑮正其身：源出《论语·子路》："其身正，不令而行；其身不正，虽令不从。"

【译文通解】

古人说：民以食为天，农耕为国政之本原。古人又说：粮仓存储厚实百姓就会懂得礼节，百姓就会懂得什么是荣誉什么是耻辱。农业对于治国安邦是如此之重要，所以为了劝农，今天也应于规定的时间里亲自进行耕田活动，掌握天地四时，做到敬天时以授民人。如果夺其农时，则国无9年之储，不足备水旱；如果废其养蚕织布，则家无一年之服，不足御寒暑。然而，处于乱世的人多弃农耕而弄刀枪，弃实就虚，竞锥刀之末利，这就是废其农业之本基。如果务农耕地的人少而游手好闲的人多，那么国家就一定会贫穷，一定会危险。以一人耕而百人食，游食不作者如此之多，其害比秋螟蚕吃粮食还要大得多。不如禁绝游食末作，禁绝求利废农，劝课农桑耕织，使全国人民弃末而返本，背伪而归真。既已禁其浮伪，使之各还本真，则仁义之心萌生，而贪残之路永远断绝。如此，才可以称得上是务农的根本。

威与惠，此二者是制驭、转变风俗之枢机。为人君者，当父事天，母事地，视民如赤子。然民有善有恶，故其治之者亦应有威有惠，威以治恶，惠以怀善，故威惠相资，不可有偏。因为恩惠可以怀善，则殊方异俗向风慕义，其下民之来如披寒霜而以向春阳，归附者不可阻挡；因为威刑可以治恶，即如以威刑制服强恶，则强恶就会像牛马惧伏于瓤，其危恐有如立足于刀刃之上，雷霆之发于上，从而不敢为非作歹了。因此，要治理好国家，威与惠不可偏用而必须并举，刚与柔不可偏废而必须两用。古人上刑，犯刑者只易之衣服，自会感到是奇耻大辱，不必按照肉刑的规定去执行；商鞅变法，恐民之不信己，乃立三丈之木于国都市南门，募民有能徙居北门者予重金。有一人徙之，如数给予重金以明不欺。威惠不偏则赏罚明，赏罚明则善善恶恶自然可以判别了；仁信并著则取信于民，取信于民则远近之心皆定于一了。耕耘纺绩，劝之课之，使男男女女各务其本（农），则民无饥寒之患；刻镂刺绣，遏之止之，使老老少少各弃其伪（末），则民有丰厚之利。如果人君以仁信行教化于下，有如风偃草那么容易；如果人君在上带头好贪利，则臣下百吏亦效法而肆意侵鄙。人君如果不能修身约己，而想禁民为非者，正如嫌恶火之燃，复添加柴薪而望遏止其火焰不燔；忿水池之浊，而又搅动其浪而想遏止其流不浑；这是十分愚蠢的做法，是不可能达到目的的。因此，人君如能先正其身以率下，就可以不言而信，不令而行，不教而化了。

【经典心裁】

此篇的写作宗旨是论述我国古代重农抑商的经

济思想，并明确肯定农业是富家、富国的根本。李世民一方面系统地总结了历史上的明君莫不"以务农立国"、"以足食为政"这一历史经验，另一方面，他也总结了历史上的昏君不以农为务而缺乏远见的历史教训，指出不务则惰，惰则废，废则旷，旷则民日趋于游食。李世民分析了历史上正反两个方面的经验，抓住了务农这个根本，写出《务农》篇作为《帝范》的12篇之一，以戒太子而儆后世。

阅武篇

【原典精读】

夫兵甲者，国之凶器也。土地虽广，好战则人彫①；邦国虽安，亟战则人殆②。彫非保全之术，殆非拟寇之方；不可以全除，不可以常用。故农隙讲武③，习威仪也；是以勾践轼蛙④，卒成霸业；徐偃弃武⑤，遂以丧邦。何则？越习其威，徐忘其备。孔子曰⑥："不教人战，是谓弃之"。故知弧矢之威⑦，以利天下。此用兵之机也⑧。

——节录自《永乐大典》

【注释】

①彫：同"凋"。残。

②亟：急，这里作"忘"解。殆：危险。

③讲武：讲习武事。

④勾践：春秋时越国国君。勾践曾为吴王夫差

所败,其后他卧薪尝胆,发愤图强,终于一举灭掉了吴国。轼蛙:事出《吴越春秋》。轼,即车前横木。坐在车上,伏身于车前横木以表示敬意。勾践见蛙,而俯凭车之横木以敬之,是敬它见敌而有怒气,以此来激励士兵对吴国的怒气。

⑤徐偃:即徐偃王。周穆王时徐国的国君。周穆王令楚兵灭其国。据《说苑》记载:徐偃王临死时曾后悔不已地说,"吾修于文德,而不明武备;好行仁义之道,而不知诈人之术"。

⑥孔子:春秋思想家、教育家、政治家、儒家学派创始人。

⑦弧矢:弧为弓,矢为箭。

⑧机:要。

【译文通解】

兵甲武器之类的东西,是一个国家的凶器,是不得已而用的东西。从历史上看,土地虽广,如果乐于战争,则人口减少;邦国虽安,如果仓促应战(松懈战备),则民人必然危险。在一个国家里,如果好战而穷兵黩武,则民人凋弊。而欲保全,那是很难的啊。如果忘战而上下垂危,盗贼蜂起,而想消除盗寇,那也是办不到的呀。兵甲之类,是保卫一个国家所必须具备的,所不可缺少的,因而不可以全废;可同时兵甲所到之处,荆棘丛生,破坏性大,因而又不可以常用。正因为农为立国之本,而兵甲系国家之凶器又不可常用,故只能讲习武事于农之四时间隙,以习上下之威仪。所以春秋时期越国国君勾践见蛙,俯凭车的横木以敬之,敬其见敌而有怒气,以激励士兵怒对强敌吴国的士气,终于得士之死力而成霸业。徐偃王是周穆王时徐国的国君,平时好行仁义之道,连最起码的武事也不讲,完全松懈了斗志,最终为楚兵所灭。为什么会如此呢?这是因为越王勾践平时习其兵威,而徐偃王完全忘却其武备的缘故。孔子就说过:"用事先未经任何训练的民众去同敌人作战,这就等于拿这些民众去白白地送死"。由此可知,弓箭武备之利,可以威天下。这是调用兵旅之机要也。

【经典心裁】

此篇全面地指出了好战与忘战的后果都是不好

的，并进一步强调战备用兵的目的和原则。

　　李世民熟谙历史，既清楚古者明王圣君虽在隆平之时，亦未曾不阅武以备不虞，故诸侯听命，四夷宾服；又懂得历史上一些毫无远见的昏庸之主，专讲仁义，平时不训练民众，战时束手待毙，以致身败名裂，国破家亡。在总结历史的经验教训的基础上，李世民提出了自己练兵、用兵的目的和原则，即既不好战也不忘战，既加强武备又不违农时，用弧矢之利以威天下；并写出《阅武》篇作为《帝范》的12篇之一，以戒太子而徽后世。

崇文篇

【原典精读】

夫功成设乐，治定制礼。礼乐之兴，以儒为本。宏风导俗，莫尚于文；敷教训人①，莫善于学。因文而隆道②，假学以光身。不临深溪，不知地之厚；不游文翰③，不识智之源。然则质蕴吴竿，非笞羽不美④；性怀辨慧，非积学不成。是以建明堂⑤，立辟雍⑥，博览百家，精研六艺⑦。端拱而知天下⑧，无为而鉴古今⑨。飞英声，腾茂实，光于不朽者，其唯学乎！此文术也⑩。

斯二者递为国用⑪。至若长气亘地⑫，成败定乎锋端；巨浪滔天⑬，兴亡决乎一阵。当此之际，则贵干戈，而贱庠序⑭。及乎海岳既晏⑮，波尘已清，偃七德之余威⑯，敷九功之大化⑰。当此之际，则轻甲胄，而重诗书。

是知文武二途，舍一不可；与时优劣，各有其宜。武士儒人，焉可废也。

——节录自《永乐大典》

【注释】

①敷：布行。

②因：由。

③文翰：文章。

④笴（kuò）：箭末。

⑤明堂：古代帝王宣明政教的地方。

⑥辟雍：西周时天子所设的大学。东汉以后，历代都有辟雍。

⑦六艺：即礼、乐、射、御、书、数。

⑧端拱：端身拱手。这里指悠闲静坐，无为而知天下事。

⑨鉴古今：通晓古今治国的经验。

⑩文术：指文艺儒术之道，亦即治国之术。

⑪递：交替。

⑫长气：指战事之气氛。亘：遍。

⑬巨浪：比喻天下鼎沸大乱。滔天：漫天。

⑭庠序：原为古代地方所设的学校，与帝王的

辟雍、诸侯的泮宫等大学相对而言，后泛指学校。

⑮海岳：四海五岳。晏：安谧。

⑯偃：息。七德：指武功。《左传》宣公十二年："武有七德：一曰禁暴，二曰戢兵，三曰保大，四曰定功，五曰安民，六曰和众，七曰丰财。"

⑰九功：指六府三事。水火金木土谷，叫作六府；正德、利用、厚生，叫作三事。大化：指广远深入的教化。

【译文通解】

古人出师献捷，就献奏功之凯乐，因而有"功成设乐"之说；古人看到天下既已安定，就从事制定礼仪，因而有"治定制礼"之称。然而，礼与乐，必须依靠儒士而作，依靠儒士而兴。宏广风化，导引旧俗，无过于文治之术的了；宣传政教，训诲人民，没有比学校更好的了。通过文术，可以隆盛治国之道；借助学习，可以光显后世之声名。不临深溪，不知地之厚度；不涉猎文章，不识智慧之本源。吴地有竹，其形直，可作箭，然而不凭借箬羽，即使做成了箭，也不算是好箭；人虽有明辨是非之特性，然而如不经常学习提高，也无法做到明辨。所以古人致力于兴建"明堂"。

在这个帝王宣明政教的地方，建立"辟雍"这个教导天下之人的学校，使人们博览诸子百家之书，精研礼、乐、射、御、书、数等六艺，悠闲静坐于府第而知天下之事，无所营治而通晓古今治国的经验。要想飞扬英美之名，腾传茂实之德，光耀后世者，只有通过学习圣人之道才能做到。这就是文艺儒术之道，亦即治国之术也。

关于阅武、崇文的文武二途，相互交替着为国家之用。至于战事之气氛遍地，成败则决定于战备；天下之鼎沸大乱，兴亡则取决于两军之对阵。当此之时，人们则自然看重武器而轻视学校。直到天下平定，海水不起波，兵尘不起之时，传统的七种武德也不需讲究了，传统的六府三事之功也进行了广泛深入的教化。当此之时，人们则自然轻甲胄而重视诗书。

由此可知，非武不定，非文不治，故文武二途，缺一不可。一般来说，时乱则尚武，时平则崇文,文武的运用,要根据具体情况而定,要合其时事之宜。因此,武艺忠勇之士和儒家贤德之人,这文武两方面的人才均应当珍重,不可偏废。

【经典心裁】

此篇的写作宗旨是着重阐明文治在战争结束后的极端重要性;主张文治与武功并重,文武两方面的人才均不可偏废。

李世民对《左传》上所说的"天以文而化,地以文而生,人以文而会,国以文而建,王以文而治,天下以文而安"做到了心领神会,因而他特别强调"礼乐之兴以儒为本"、"宏风导俗莫尚于文"、"敷教训人莫善于学"、"因文而隆道,假学以光身",等等,把文治的功能与作用提到特别突出的地位,并写成《崇文》篇作为《帝范》的12篇之一,以戒太子而儆后世。

帝范后序

【原典精读】

此十二条者^①，帝王之大纲也^②。安危兴废，咸在兹焉。古人有云："非知之难，惟行之不易；行之可勉，惟终实难。"是以暴乱之君，非独明于恶路；圣哲之主，非独见于善途。良由大道远而难遵^③，邪径近而易践^④。

小人俯从其易，不得力行其难^⑤，故祸败及之。君子劳处其难，不能力居其易，故福庆流之。故知祸福无门^⑥，惟人所召。欲悔非于既往，惟慎祸于将来。当择哲主为师，毋以吾为前鉴^⑦。取法于上，仅得为中；取法于中，故为其下；自非上德，不可效焉。吾在位以来，所制多矣。奇丽服翫，锦绣珠玉，不绝于前，此非防欲也^⑧；雕楹刻桷^⑨，高台深池，每兴其役，此非俭志也；犬马鹰鹘，无远必致，此非节心也；数有行幸^⑩，以亟劳人，此非屈己也。斯事者，吾之深过，勿以兹为是而后法焉。但我济育苍生，其益多；平定寰宇，其功大。益多损少，人不怨⑪；功大过微，德未亏。

然犹之尽美之踪，于焉多愧；尽美之道，顾此怀惭。况汝无纤毫之功⑫，直缘基而履庆⑬，若崇善以广德，则业泰（而）身安。若肆情以从非⑭，则业倾身丧。且成迟败速者，国基也；失意得难者，天位也。可不惜哉！

——节录自《永乐大典》

【注释】

①十二条：指《帝范》12篇。

②纲：提网的总绳。这里指纲领。

③大道：常理正道。

④径：路。

⑤难：指实行"大道"之难。

⑥祸福无门：祸福之来无定。

⑦毋：禁止，不要。

⑧防欲：戒欲。

⑨楹：柱。桷：椽。

⑩数：频繁。

⑪怨：咎。

⑫汝：指太子。

⑬直：径。缘：因。

⑭肆情：放肆情欲。

【译文通解】

以上所述的12件大事，是帝王的施政纲领。安平或乱危，兴起或废坠，全在于此。古人说过："不是认识事物难，只是实行起来不容易；事情一时勉力去做并不难，只是坚持到底就不容易了。"所以暴乱的君主，不是只一味知道干坏事；圣明的君主，也并不是独见行善之途。关键是因为正道遥远而难以遵循，邪路短近而易于行走。小人专拣容易走的邪路，而不愿花大气力去走艰难曲折却又是高尚的途径，所以祸败随之而来；有高尚道德品质的人则不畏艰辛走艰难的路，不图安逸走易走的近路，福庆也就随之而到。可见祸福之来没有定数，全由各人自招自取。以往的错误之事，想要后悔也来不及了，是无可后悔的了；关键是今后要防微杜渐，慎终于始，对可能出现的错误加以预防，避免错误的发生。你应当选择上古的圣哲明王为师，而不要以我为榜样。事实上如果以最上等的人为仿效、学习的对象，其结果也只不过成为中等人；如果以中等人为仿效、学习的对象，其结果会沦为下等。所以，不是德行非常高尚的人，则不可效法。我在位以来，作为算是很多的了，但缺点也同样是很多。新奇华丽的衣服宝玩，锦绣珍珠宝玉，不间断地送到我的面前，这就不是防止自己的欲望扩大；大兴土木，在梁柱和屋椽上雕刻彩绘，建造高台深池，这就不是立志节俭；良犬骏马鹰鹘之类，不管产地多远也一定要设法弄来，这就不是心存节俭；多次外出游历，劳苦了沿途百姓，这就不是屈己从人，等等。这几件事，都是我平日大的过错，切不要把这些都当作正确的去效仿。但是，我前面扫除隋之荒乱而救世济民，平治安定天下而为民除害，功劳却是很大的。正因为益多而损失少，百姓不怨；功劳大而过失轻，未亏德行。

然而不管怎么样，我毕竟未能做到尽善尽美，为此多感到惭愧。你则不同，你无纤毫的功绩，只凭借父祖创业的基础而登上帝王之位。如果你能学好样并加强自己的道德修养，就可以使基业康泰，身位平安。如果放纵情欲以嗜邪淫，就一定会基业倾覆，身位丧败。国家基业创建艰难而败亡很快，皇帝宝位丧失容易而得到甚难。为人君者，能不爱惜和谨慎吗？

【经典心裁】

  此篇的写作宗旨是明确肯定《帝范》12篇是帝王的施政纲领。坚持它，国家就兴盛；违背它，国家就衰落，甚至沦亡。文中还进一步指出，了解和知道这个纲领容易，而在实际行动中坚持它却很难。

  欧阳修、宋祁主编的《新唐书》，称赞李世民"其除隋之乱，比迹汤武；致治之美，庶几成康。自古功德兼隆，由汉以来未之有也"。就是这么一位英主，《序》末还总结了自己即位以来的过失，在儿子面前承认自己的错误，以告诫儿子不要效法他的缺点，这就不能不使人钦佩他胸怀的博大。

李世民还从历史上系统总结了国基"成迟败速"、帝位"失易得难"这一经验教训,叫太子惜之、慎之。

自鉴录①

【原典精读】

古有胎教世子②,朕则不暇。但朕自建立太子,遇物必诲谕。见其临食将饭,谓曰:"汝知饭乎?"对曰:"不知。"曰:"凡稼穑艰难,皆出人力,不夺其时,常有此饭。"见其乘马,又谓曰:"汝知马乎?"对曰:"不知。"曰:"能代人劳苦者也。以时消息③,不尽其力,则可以常有马也。"见其乘舟,又谓曰:"汝知舟乎?"对曰:"不知。"曰:"舟所以比人君,水所以比黎庶;水能载舟,亦能覆舟;尔方为人主,可不畏惧!"见其依于曲木之下,又谓曰:"汝知此树乎?"对曰:"不知。"曰:"此木虽曲,得绳则正④;为人君虽无道,受谏则圣。此傅说所言,可以自鉴⑤。"

——节录自《全唐文》

【注释】

①鉴：照。录：记录言行的册籍。

②胎教：旧时规定妇女怀胎后，其思想、视听、言动，必须遵守礼仪，给胎儿以良好影响，称为胎教。世子：帝王和诸侯的正妻所生的长子，即一般称之为天子诸侯的嫡长子。《白虎通》云："所以名之曰世子何，言欲其世世不绝也。"

③消息：谓一消一长，互为更替。此处指应让马有劳有逸，勿使马劳之过度。

④绳：指绳墨，木工取直用的墨线。正：平直。

⑤傅说：殷朝丞相。相传傅说曾隐居，商（殷）王武丁求访得到傅说，让他为相，从而使殷出现了中兴的局面。

【译文通解】

古代有在嫡长子未出生之前就在母胎内进行胎教的传统，我却没有这番闲工夫。但是，我自从确立太子人选以来，对太子是碰到什么事就一定抓住机会进行教诲的。

比如我见到太子临到吃饭的时候,就问他:"你知道这个饭是怎么来的吗?"他回答说:"不知道。"我说:"凡是从事农事工作的都是很艰难的,需要付出辛勤的劳动,还要不违背农时,才会常常有这个饭吃。"

比如我见到太子乘马的时候,就问他:"你了解马吗?"他回答说:"不知道。"我说:"马能替人代步,代人劳苦。但是,一定要让马有劳有逸,不能使马劳之过度,这样就常常有马可骑了。"

又比如我见到太子坐船的时候,就问他:"你懂得船是怎么一回事吗?"他回答说:"不知道。"我说:"船好比是人君,水就好比是老百姓。水能够载舟,同时也能够覆舟。你现在为人主,不能不畏惧!"

还比如我见到太子靠在一株弯曲的树下歇息的时候,我就问他:"你能体会到这个树是怎么一个道理吗?"他回答说:"不知道。"我说:"这个树虽然弯曲,但如果能用木工取直用的墨线固定它,就可使之变正、变直。同样的道理,一个人主最初虽是平庸之君,但如果能虚心接受臣下的意见,到后来则可以转变为圣君。这个乃是古代的傅说所说的话,你应该好好地拿他这个话去监督自己的言行。"

【经典心裁】

李世民撰写此文的宗旨,是勉励太子李治以该文所阐述的内容作为镜子,经常对照自己的言行,有了缺点就马上改正。

李世民坚持经常教诲太子,坚持"遇物则教诲",这是难能可贵的。

这在《资治通鉴·唐本纪》中也有类似的记载:"见其吃饭则曰汝知稼穑之艰难,则常有斯饭矣";"见其乘马则曰汝知其劳逸不竭其力,则常得乘矣";"见其乘舟则曰水所以载舟,亦所以覆舟,民犹水也,君犹舟也";"见其息于树下则曰木从绳则正,君从谏则圣"。这些话看来极为平常,似乎全是日常生活中的事情,不见"安邦治国"等显眼的字眼,但却包含着一定的哲理,至今仍可发人深省,给人以启迪。

此文作于何年，史无明文记载。但根据文中"尔方为人主，可不畏惧"等教诲，则可认定是李世民晚年所作。

赵匡胤家训

【撰主简介】

赵匡胤（927—976年），即宋太祖。涿州（今河北涿州市）人。

出生于洛阳。后周显德三年（956年），积功至殿前都指挥使，拜定国军节度使。六年，升殿前殿点检。七年（960年）初，发动陈桥驿兵变，建立宋朝，改元建隆。次年，以杯酒释兵权的方式，解除石守信等重要禁军将领的兵权。继而采取了先南后北的战略，先后攻灭了南平、湖南、后蜀、南汉、南唐等割据政权，并加强了对北方契丹的防御。赵匡胤在进行统一战争的同时，又改革官制，加强中央集权；还重视农业生产，注意兴修水利，减轻徭役，促进了社会经济的发展。

作为开国之君的赵匡胤，深深懂得"马上得之不可以马上治之"的道理，特别提倡读书和重用读书人。他曾经说过："宰相必用读书人。"他不仅自己勤奋好学，还诏命武臣多读书，"贵知为治之道"；勉励皇子多读书，"知治乱之大体"。在他的倡导和鼓励下，于是"臣僚始贵文学"。赵普在政治上颇有谋略，但也多凭经验办事，并非满腹经纶，在赵匡胤的影响和劝导下，赵普也养成了手不释卷的习惯。赵匡胤器量宽宏，不尚重刑厉法，用人亦不问资历，只注重才德兼备。

赵匡胤生活俭朴，反对奢靡，对亲族（包括皇后、皇子、公主、弟兄）要求甚严，随时利用机会进行谆谆教诲，勉励他们为树立全国俭朴之风带一个好头，给后世留下较好的影响。今将有关赵匡胤劝公主、皇弟崇尚节俭的内容做一番介绍，以飨读者！

戒公主当节俭

【原典精读】

永庆公主曾衣贴绣铺翠襦入宫中[1]。上见之，谓主曰："汝当以此与我，自今勿复为此饰。"主笑曰："此所用翠羽几何？"上曰："不然，主家服此，宫闱戚里必相效。京城翠羽价高，小民逐利，展转贩易，伤生寝广，实汝之由。汝生长富贵，当念惜福，岂可造此恶业之端？"主惭，宋太祖谢。永庆公主因侍坐，与皇后同言曰："官家作天子日久[2]，岂不能用黄金装肩舆，乘以出入？"上笑曰："我以四海之富，宫殿悉以金银为饰，力亦可办。但念我为天下守财耳，岂可妄用。古称以一人治天下，不以天下奉一人。苟以自奉养为意[3]，使天下之人何仰哉！当勿复言。"

——节录自《续资治通鉴长编》卷十三，太祖开宝五年七月

【注释】

①永庆公主:一说魏国长公主。按魏国长公主乃赵匡胤第七女,此时尚未曾受封故应以永庆公主为是。

②官家:指皇帝。宋人习称皇帝为官家。

③意:原作"文",据《宋史全文》卷二上。

【译文通解】

永庆公主曾身穿缀满翠鸟(即翡翠鸟)羽毛的绣花短衣进入宫内。赵匡胤看见了,很严肃地对公主说:"你把它给我吧,从今天起不要再穿翠羽服饰了。"公主笑着说:"这又能用多少翠羽呢?"赵匡胤说:"不能这样说。公主们常穿这种服饰,宫廷内外势必竞相仿效。这样一来,京城翠羽价格必高。黎民百姓眼见有利可图,便纷纷争着辗转贩运,以牟取暴利。于是,不利于民生就会渐广。这些都是由你引起的啊!你从小生长在富贵环境中,应当时刻想到惜福,怎么能去带头做此不好的事呢?"公主很觉惭愧,承认了自己的不是。

永庆公主陪侍在赵匡胤身旁，与皇后一道向赵匡胤进言说："陛下做天子已经很久了，难道就不能用黄金装饰轿子，乘坐着出入内外吗？"赵匡胤笑着说："我拥有四海财富，就算是用金银装饰全部宫殿，也完全能够办到。但是想到我是在为天下守护财富，怎么能够随便动用呢？古人说以一人治理天下，不是以天下奉养一人。如果我有意将全天下的财富奉养我一人，那么全天下的人还有什么可以依靠和指望的呢？因此，你们以后不要再这么说了。"

【经典心裁】

赵匡胤一生比较节俭，自称"为天下守财"，在当皇帝已久的情况下仍能坚持初衷，恪守信条，不肆铺张，崇尚廉洁节俭，这在封建社会最高统治集团中不多见。更为重要的是，他还要求自己的妻子儿女跟着这么做。大家都从自己做起，从日常生活细事做起，以此在皇族中、在统治集团中带个好头。

赵匡胤教育妻子儿女，着重分析劝导，循循善诱；对妻女严，对自己更严。使自己建立起来的家规家法卓有成效。纵观赵宋一代，朝野上下，宫廷内外崇尚节俭，当数赵匡胤在位的17年。

望胞弟不忘布衣时事

【原典精读】

乾德、开宝间,天下将大定,惟河东未遵王化,而疆土实广,国用丰羡,上愈节俭,宫人不及二百,犹以为多。又宫殿内惟挂青布缘帘、绯绢帐、紫绸褥,御衣止赭袍[①],以绫罗为之,其余皆用绢。晋王已下因侍宴禁中[②],从容言服用太草草,上正色曰:"尔不记居甲马营中时耶?"[③]上虽贵为万乘,其不忘布衣时事皆如此。

——节录自《邵氏闻见录》卷七引《建隆遗事》

【注释】

①赭袍:元抄本作"赭黄袍"。

②晋王:即宋太宗赵光义,太祖弟。开宝六年(973年)封为晋王。

③甲马营：即夹马营。地名，在今河南洛阳市城外。赵匡胤生于此地。

【译文通解】

太祖赵匡胤乾德、开宝年间，天下基本统一，只有北汉割据的河东（今山西境内）尚未归附。当时疆土广袤，物产丰富，国库充实，可是宋太祖却愈益节俭。宫中侍仆不足200名，宋太祖却还嫌多。另外宫内日常起居所用也只是简单的缘帘、绯绢帐、紫䌷褥等，宋太祖所穿也只是用绫罗制成的赭黄袍，其余衣物都以粗绸绢为原料。有一次，晋王和晋王以下的侍臣在宫中参加宴会，从容地言及宫中的衣着和日用太简陋。宋太祖严肃地对他说："你不记得我们过去在甲马营时那段困苦的经历么？"宋太祖虽然贵为天子，但其不忘昔日布衣时事竟到了如此地步！

【经典心裁】

赵匡胤虽然贵为天子，但随着天下基本太平，国用日丰，却愈加节俭。他不仅时时警惕自己要居安思危，崇尚节俭，而且也随时提醒皇弟不要忘过去的困苦经历，说明创业不易，要求亲族们共勉。这是难能可贵的。

赵光义家训

【撰主简介】

赵光义（939—997年），即宋太宗。赵匡胤之弟。初名匡义，后因避兄讳而改为光义。建隆元年（960年）为殿前都虞侯；开宝六年（973年）封为晋王；开宝九年（976年）即位，改名炅，改元太平兴国。在他统治初期，继续推行赵匡胤对各割据政权各个击破的策略，全部统一了原五代十国的统治地区。他在979年、986年两次伐辽失败以后，对辽改取守势，奉行守内虚外政策，进一步加强封建专制主义中央集权。

赵光义可以称得上是五代以来第一位非武人坐

天下的君主。他始以重武,转而重文,而终以文治显。他是一个"锐意文史"、"熟悉掌故"的帝王,深知"王者虽以武功克定,终须用文德致治"。因而他喜欢读书,很重视文人,建崇文馆,编纂《太平御览》、《太平广记》、《文苑英华》等书,并大规模扩大科举取士,加强"重文"风气。

赵光义亦颇为重视皇家内部的家训。今将有关赵光义饬戒皇后、敦劝子弟的家训内容作一番介绍,以飨读者。

饬戒皇后

【原典精读】

元德皇后曾用镶金缘皂襜①,太宗皇帝怒曰:"近日宫中用度不足,皆缘皇后奢侈所至。"

——节录自《建炎以来系年要录》卷八十三

【注释】

①襜（chàn）：通"幨"。车上的帷幕。

【译文通解】

宋太宗赵光义的元德皇后曾在自己的坐车上使用镶金边的黑色车帷。宋太宗见了大发脾气说："近来宫中用度不足,都是因为皇后平时奢侈浪费所造成的。"

【经典心裁】

关于崇尚节俭,赵光义与赵匡胤是一脉相承的。赵光义身为帝王,不仅注意自己的生活俭朴,还不准家属亲眷们铺张浪费,并将他(她)们置于严格的监督之下。如擅自逾越,便严加斥责、制止,即使连皇后也不能例外。这种恭俭的家规家法,对于今人,特别是对于从政的官员们来说,是颇值得玩味与深思的。

敦劝子弟

【原典精读】

太宗曾谓皇属曰："朕即位以来，十三年矣。朕持俭素，外绝游观之乐，内却声色之娱，真实之言，固无虚饰。汝等生于富贵，长自深宫，民庶艰难，人之善恶，必是未晓，略说其本，岂尽余怀。夫帝子亲王，先须克己厉情，听言纳诲。每著一衣，则悯蚕妇，每餐一食，则念耕夫。至于听断之间，勿先恣其喜怒。朕每亲临庶政，岂敢惮于焦劳；礼接群臣，无非求于启沃①。汝等勿鄙人短，勿恃己长，乃可永久富贵，以保终吉。先贤有言曰：'逆吾者是吾师，顺吾者是吾贼。'不可不察也。"

——节录自《宋朝事实类苑》卷二《祖宗圣训·太宗皇帝》

【注释】

①启沃:即开诚忠告。旧指以治国之道开导帝王。

【译文通解】

宋太宗曾经对皇亲们说:"我自即位以来,已经13年。我一直保持着节俭素朴的作风,外绝游观玩赏的乐趣,内却歌舞女色的娱情。这是真实之言,没有半点虚假掩饰。你们生于富贵之中,长于深宫之内,黎民百姓的生计艰难,人世间的诚善险诈,一定是不知晓多少。现在简略地向你们说说应当注意的基本要求,以排遣我心中一直牵挂着的那些忧虑。作为帝子亲王,首先必须严格要求自己,约束自己的性情,善于听取别人的意见,接受尊长们的教诲。每穿一件衣服,都要怜悯蚕妇的艰辛;每进一顿饭食,都要想着种地农民的劳苦。至于在听取意见、做出决断之时,一定不要先带有自己的喜怒哀乐的主观感情色彩。我每次亲自处理各种政务,从不敢因事情的烦琐和困难而有所畏惧与松懈；我按照礼节接待群臣，无非是向他们寻求治国之道的至理名言。你们千万不要因为别人有短处就瞧不起他们，也不要仗恃着自己某些长处而妄自尊大。只有这样，才能永久富贵，永葆个人的善始善终和事业的顺利吉祥。古代贤者说得好：'同自己意见相左的人，往往是自己需要的老师；而一贯顺从着自己的人，则屡屡是可能危害自己的贼子。'不可不明察啊！"

【经典心裁】

赵光义继承了其兄赵匡胤俭朴的作风，并把对子弟和皇属的教育摆在十分重要的位置。他深知他的子弟生于富贵之中和长于深宫之内，不懂得下层生活的困苦，不知道创业的艰难，因此努力敦劝子弟，勉励他们善于体恤民情，勤于政务；善于听取别人意见，特别是反面的意见；善于辨别善恶忠奸。

赵恒家训

【撰主简介】

赵恒（968—1022年），即宋真宗，赵光义第三子。原名赵德昌，后又改名元休、元侃。太平兴国八年（983年）封韩王。端拱元年（988年）再封为襄王。淳化五年（994年）封寿王，任开封尹。至道元年（995年）被立为皇太子，判开封府事。至道三年（997年），太宗死，继承皇位。

赵恒即位之初，勤于政事，任用李沆等人为相，颇能注意节俭，政治较为安定。只是到了后来，任用佞臣王钦若、丁渭等人，开始走向反面。

景德五年（1008年）正月，迎奉"天书"，改元大中祥符；又东封泰山，西祀汾阴，谒曲阜孔庙和亳州太清宫；并广建道观，提倡佛、道、儒教，粉饰太平，劳民伤财，岁出日增，社会矛盾趋于尖锐。

赵恒虽是历史上的平庸之君，但史书记载他一再限制和约束外戚特权，仍有可资借鉴之处，故特此介绍，以飨读者。

约束外戚

【原典精读】

旧制，诸公主宅皆杂买务市物①，宗庆遣家僮自外州市炭②，所过免算，至则尽鬻之，复市于务中。自是诏杂买务罢公主宅所市场。

（宗庆）从祀汾阴，为行宫四面都巡检，进泉州管内观察使。又自言陕西市材木至京师，求蠲所过税。真宗曰："向谕汝毋私贩以夺民利，今复尔邪!"

——节录自《宋史》卷四六三《外戚上·柴宗庆传》

【注释】

①杂买务：官署名，属太府寺。宋初有市买司，太平兴国四年（979年）改称杂买务，掌收购宫廷、官府所需百物，以供需用。

②宗庆：即柴宗庆。宗庆因娶赵光义女鲁国长公主，一生性极贪鄙，积财巨万，朝野颇多訾议。

【译文通解】

旧制规定，公主们的宫里所需皆由杂买务采购。驸马柴宗庆利用外戚身份，派遣家童到外地州郡采购木炭回京做转手生意，所过之处全都免税；抵京后拿到杂买务市场卖光。宋真宗得知，于是诏杂买务停止与公主府邸进行买卖。

此后，柴宗庆跟随宋真宗祭祀汾阴，担任行宫四面都巡检，旋又升任泉州管内观察使。于是又向宋真宗陈述派人至陕西买木材至京师，请求蠲免沿途的过境税。宋真宗十分严肃地并以指责的口吻对他说:"以前我就告诉过你,不要私贩货物以夺民利,今天你又想要这么干吗?"

【经典心裁】

柴宗庆的所为,是宋代的一种官商结合、利用特权进行私贩与民争利、以夺民利的勾当。赵恒从维护统治阶级的整体利益出发,一再进行约束和限制。作为封建皇帝能做到这一步,实属不易。

赵祯家训

【撰主简介】

赵祯（1010—1063年），即宋仁宗，赵恒的儿子。大中祥符八年（1015年）封寿春郡王。天禧二年（1018年）封昇王，立为太子。乾兴元年（1022年）即位，初由刘太后垂帘听政，明道二年（1033年）太后死，始亲政。

赵祯在位42年，有"小尧舜"之称，又被称为北宋的极盛时期。其实，这期间土地兼并逐渐严重，官吏、军队人数和俸饷大量增加，冗官、冗兵、冗费成为当时的三大祸患，国家财政吃紧；加之西夏和辽不断进攻，使社会矛盾和民族矛盾出现激化。为了克服危机，赵祯于庆历三年（1043年）八月任范仲淹为参知政事，富弼为枢密使，推行新政，史称"庆历新政"。但因新政部分限制了大官僚大地主的特权，实行时遇到了强烈反对，不久即罢。

赵祯在位期间，社会经济和科学文化有所发展。他本人生活也注意检点。据称，他曾采纳谏官王素"不近女色"的建议，将大臣王德用所进献的美女如数遣散。他对皇亲们要求较严，向他们言传身教，要求他们重俭朴，不扰民。他死时，其遗诏也强调丧礼从简。今将有关宋仁宗赵祯饬戒贵妃、皇族、外戚等的皇家家训内容做一扼要介绍，以飨读者。

戒贵妃勿通臣僚馈遗

【原典精读】

仁宗一日幸张贵妃阁，见定州红瓷器，帝坚问曰①:"安得此物?"妃以王拱辰所献为对②。帝怒曰:"曾戒汝勿通臣僚馈遗,不听何也?"因以所持柱斧碎之。妃惭谢,久之乃已。妃又曾侍上元宴于端门③,服所谓灯笼锦者,上亦怪问。妃曰:"文彦博以陛下眷妾,故有此献④"。上终不乐。后潞公入为宰相,台官唐介言其过,及灯笼锦事,介虽以对上失礼远谪,潞公寻亦出判许州⑤,盖上两罢之也。或云灯笼锦者,潞公夫人遗张贵妃,公不知也。唐公之章与梅圣俞《书窜》之诗⑥,过矣。呜呼!

仁宗宠遇贵妃冠于六宫,其责以正礼尚如此,可谓圣矣

——节录自《邵氏闻见录》卷二

【注释】

①坚问:周星诒校本作"怪问"。

②王拱辰:天圣八年(1030年)进士第一。历任权知开封府、御史中丞、三司使等职。政治上反对"庆历新政"。后以宝物赂遗张贵妃被劾,出任外官多年。

③上元宴：即上元节举行的宴会。古以农历正月十五日为上元节。端门：宫殿正门。

④文彦博：天圣年间进士。历任殿中侍御史、枢密副使、参知政事（副宰相）、同中书门下平章事（宰相）。历任仁宗、英宗、神宗、哲宗四朝。任宰相50年。著有《潞公集》。

⑤判：以大兼小谓之判。

⑥梅圣俞：即梅尧臣，圣俞是其字。皇祐三年（1051年）进士。一生致力于诗歌创作，注重反映社会现实与重大政治斗争。与欧阳修同为北宋前期诗文革新运动领袖。皇祐三年，御史唐介上书宋仁宗，揭露文彦博以灯笼锦贿赂张贵妃等事，遭到宋仁宗贬谪。梅尧臣愤而写出长诗《书窜》予以抨击。

【译文通解】

一天，宋仁宗赵祯驾临张贵妃处，见到房中摆设有名贵的定州红瓷器。他深感奇怪地问道："你怎么得到这东西的？"贵妃连忙回答说是大臣王拱辰进献的。宋仁宗听了，大怒说："我曾经告诫你不要接受臣僚的馈赠,你为什么不听?"于是用斧头捣毁了这个瓷器。贵妃惭愧不已,连连谢罪。事情过了很久,才算平静下来。到了上元节这天,张贵妃又陪侍宋仁宗参加了在端门举行的上元宴。这时贵妃身上所穿的也是当时十分珍贵的所谓灯笼锦。宋仁宗见了,又很奇怪地问它的来历。贵妃回答说:"这是大臣文彦博因为我们是陛下的妃妾而进献的。"宋仁宗听了,一直闷闷不乐。以后文彦博升任宰相,殿中侍御史唐介向仁宗上书揭露他的过失,涉及灯笼锦的事。唐介本人虽然因对皇帝失礼而被贬谪到很远的地方,但文彦博不久亦出判许州。这是皇帝对他们做出两罢的处理。另有一种说法称:所谓灯笼锦者,其实是文彦博夫人送给张贵妃的,文彦博本人初时亦不知晓此事。唐介的奏章和梅圣俞的《书窜》长诗,由于不了解情况,亦未免抨击得过头了。仁宗本十分宠爱张贵妃,但是当她有悖礼和违反规矩之处仍然毫不留情地予以斥责,这真可称之为圣哲了。

【经典心裁】

赵祯对于张贵妃及其他妃嫔,事前曾立下了

"勿通臣僚馈遗"的规矩；事后一旦有悖礼和违反规矩之处，便严厉予以斥责，毫不留情。今天，人们重温一下赵祯这一段皇家家训，不无启迪教育意义。

戒外戚勿贪鄙

【原典精读】

珣字公粹①，以荫为合门祗候②，时兄璋为合门副使。珣又求通事舍人③，仁宗曰："爵赏所以与天下共也，倘尽用亲戚，何以待勋旧乎？"

——节录自《宋史》
卷四六四《外戚中·李用和附李珣传》

【注释】

①珣字公粹：珣即李珣，字公粹。其父李用和系真宗李皇后（即章懿皇太后）之弟，其兄李玮娶宗室兖国公主。

②合（gé）门祗候：宋置合门祗候，与合门宣赞舍人并称合职，担任宣传引赞之事。

③通事舍人：即合门通事舍人，掌宣传赞竭之事。

【译文通解】

李珣字公粹,由于其父李用和系国舅的关系而当上了门祗候,其兄李璋亦任门副使。李珣仍不满足,又向皇帝提出要当通事舍人。仁宗责难他说:"官爵俸赏原本应与天下人共享的。如果我把爵赏都给了亲戚们,又拿什么去待为国立功的元老勋臣呢?"

【经典心裁】

宋仁宗赵祯在对待皇亲国戚这个问题上,认为:"爵赏所以与天下共也,倘尽用亲戚,何以待勋旧?"寥寥数语,反映出赵祯对待外戚之较有分寸。两宋300余年,外戚之为祸害并不十分严重,与此不无关系。

带头崇尚节俭

一

【原典精读】

仁宗皇帝时,大臣曾入寝殿问疾,见帝盖旧黄被①。宫人取新被覆其上,然亦黄也。躬俭如此,故仁恩渗洒,四十二年,号称至治。至今虽田夫野老,言及必流涕。

——节录自《建炎以来系年要录》卷八三

【注释】

①黄被:一种粗绸子。

【译文通解】

宋仁宗做皇帝时,大臣们曾进入寝殿问候生病的皇帝,见到皇帝身上盖的是一床旧的粗黄绸面被。后来宫人又弄来一床新被覆盖在上面,这新被却依然是粗黄绸被面。如此亲身节俭,所以仁宗皇帝的仁义厚德一直深入人心，他在位达42年之久，号称至治。直到后来民间的田夫野老，一提及仁宗的节俭还激动得流泪。

【经典心裁】

这是绍兴四年（1134年）宰相赵鼎等与宋高宗赵构的一段对话。

赵鼎回顾了仁宗皇帝以亲身恭俭的事迹，向赵构提出当继续保持这个传统的建议。北宋前期经济发展，文化繁荣，与宋初几代皇帝亲身节俭不无关系。

赵顼家训

【撰主简介】

赵顼（xū）（1045—1085年），即宋神宗。宋英宗赵曙的长子。嘉祐八年（1063年），封淮阳郡王。治平元年（1064年），封颍王。治平三年（1066年），立为太子。治平四年（1067年）即位，力图"思除历世之弊，务振非常之功"。赵顼是北宋时期大有作为之君。熙宁二年（1069年）二月，以王安石为参知政事，开始了以富国强兵为宗旨的变法。变法推行了十几年，使国家财政收入有所增加，军事力量也有所增强。但是，新法遭到保守派的强烈反对，使神宗动摇不定，致使变法最终归于失败。

赵顼个人生活简朴，不治宫室，不事游幸，重视对子弟皇族的教育管束，不放过任何可资训诫、引导的机会。今将有关赵顼戒外戚、戒子嗣等的皇家家训内容做一简要介绍，以飨读者。

树立典型饬戒皇亲国戚

【原典精读】

曹佾字公伯，韩王彬之孙，慈圣光献皇后弟也[①]。……神宗每咨访以政，然退朝终日，语不及公事。帝谓大臣曰："曹王虽用近亲贵，而端拱寡过，善自保，真纯臣也。"

——节录自《宋史》卷四六四《外戚中·曹佾传》

【注释】

①慈圣光献皇后：即宋仁宗曹皇后，韩王曹彬

的孙女，仁宗景祐元年（1034年）册封为皇后。英宗即位，又尊为皇太后。神宗即位，尊为太皇太后。

【译文通解】

曹佾（yì）字公伯，韩王曹彬之孙，慈圣光献皇后之弟。……神宗皇帝十分器重他，每每向他咨询国家政务。可是退朝后，一天下来，却从不见他谈及公事。神宗深有感触地对大臣说："曹王虽是由于近亲而得贵，可是他却谦恭无为而寡过，善守身自重，真是品质单纯高洁的臣子啊！"

【经典心裁】

曹佾不凭借国舅身份去追名逐利，干预政事；而神宗赵顼十分器重曹佾，并以曹佾为典型来儆戒其他皇亲国戚。这种作为臣子身为国戚仍坚持洁身自好，作为君主则树立典型以正风气的做法，对后世产生一定的影响，到今天仍有借鉴意义。

勉励皇太子熟读经书

【原典精读】

（朱）天锡年九岁，礼部试诵七经皆通①。上召入禁中，取诸经试之，随问即诵，叹曰："此童诵书不遗一字，又无所畏惧，乃天禀也。"延安郡王时在旁②，上指天锡而抚王曰："汝能如彼诵书乎？"

——节录自《续资治通鉴长编》卷三四五

【注释】

①礼部：官署名，为六部之一，掌礼乐、祭祀、封建、宴乐及学校贡举的政令。七经：即《诗》《书》《易》《礼》《春秋》《论语》《孟子》。

②延安郡王：即宋哲宗赵煦，神宗子。元丰五年（公元1082年）封延安郡王，八年被册立为皇太子。

【译文通解】

神童朱天锡这时才9岁,经礼部测试,被认为七经皆通。宋神宗赵顼知道后,将他召入宫中,拿出上述各经亲自测试。天锡有问必答,所问都能背诵得出来。于是宋神宗发表感叹说:"这个孩童背诵经书竟一字不漏,且无所畏惧,神情自若,真是天赋啊!"这时延安郡王也在身旁,宋神宗指着天锡而抚摸着郡王说:"你能像他这样熟练地背诵经书吗?"

【经典心裁】

唐太宗李世民为了培养太子李治,"遇物必诲谕"。宋神宗赵顼为了培养太子赵煦,也不放过任何教育的机会。历史上这些有为之君重视对儿子教育的事实,的确值得后人借鉴。

《庭训格言》

康熙帝辑撰

【撰主简介】

康熙帝（1654—1722年）姓爱新觉罗，名玄烨。顺治皇帝第三子。在位61年之久。9岁即位，14岁亲政。16岁时，智擒辅命大臣鳌拜。自此，"天下大小事务"皆"一人亲理"。曾平定"三藩"之乱；1683年派兵统一台湾；两次雅克萨之战，给侵略中国黑龙江流域的沙皇俄国殖民者以沉重的打击；三次亲征图谋分裂祖国、不断发动叛乱的准噶尔贵族噶尔丹；坚决反对罗马教皇干涉中国内政的行径；为维护中国的主权和统一，创立了丰功伟绩。为了振兴社会经济，不顾守旧派的反对，采取了诸如废除"圈地令"、实行更名田、奖励垦荒、调整工商业政策等一系列革新措施，从而使清朝前期封建经济迅速恢复并有较大发展。注重传统文化，曾组织人力注释儒家经典，编辑了《古今图书集成》《康熙字典》等。同时，虚心学习西方科学技术文化，曾聘用外国传教士并向他们学习天文学、数学、医学、地理学、哲学、音乐、绘画等。终其一生，他既是一位中国封建社会大有作为的最高统治者，又是一位对中国历史上有杰出贡献的政治家、军事家和学者。

康熙帝对于家教问题也非常重视，所实行的办法也比较成功。从他之后即位的雍正、乾隆、嘉庆等有作为的皇帝身上，可以看到其家教思想和办法的影响。因此赵翼称颂说："本朝家法之严，即皇子读书一事，已迥绝千古。""我朝谕教之法，岂惟历代所无，即三代以上，亦所不及矣。"(《簷曝杂记》卷一,《皇子读书》)康熙帝在世时曾有圣谕16条，至雍正元年于每条之下加以演绎和注释，汇编成《圣谕广训》。此外，康熙帝平时在宫中还经常给皇子以教诲，皇子胤禛即位后于雍正八年加以追述，汇编成《庭训格言》，凡一卷，二百四十有六则。今特将《庭训格言》做一简要介绍，以飨读者。

仁者无不爱

【原典精读】

仁者无不爱。凡爱人爱物，皆爱也。故其所感甚深，所及甚广。在上则人咸戴焉①；在下则人咸亲焉。已逸②，则必念人之劳；已安，而必思人之苦。万物一体，疴瘝切身③，斯为德之盛、仁之至。

——节录自《钦定四库全书·圣祖仁皇帝庭训格言》

【注释】

①戴：尊奉，拥护。

②逸：安闲。

③痌（tōng）：痛。瘝（guān）：病。

【译文通解】

仁人君子无所不关爱。他的爱人、爱物，都是仁爱之心的表现。所以，他的感受很深，所涉及的东西很广。他作为统治者，人们都尊奉、拥护他；他下来时，人们都愿亲近他。他自己安闲时，就会想到他人的辛劳；他自己安适时，就会想到他人的辛苦。他对万事万物一视同仁，别人的痛苦就如同自己的不幸。这就叫作最高的道德修养、最可贵的仁爱之心。

【经典心裁】

篇中强调仁人君子不但要泛爱众，而且要设身处地、多为他人着想，与人民同甘共苦。康熙帝身为封建社会最高统治者，能有这种思想，诚属难能可贵。

得人心者得天下

【原典精读】

尔等见朕时常所使新满洲数百①,勿易视之也。昔者太祖、太宗之时,得东省一二人②,即如珍宝爱惜眷养③。朕自登极以来,新满洲等各带其佐领或合族来归顺者④,太皇太后闻之,向朕曰:"此虽尔祖上所遗之福,亦由尔怀柔远人⑤,教化普遍⑥,方能令此辈倾心归顺也。岂可易视之?"

圣祖母因喜极,降是旨也。

——节录自《钦定四库全书·圣祖仁皇帝庭训格言》

【注释】

①新满洲:黑龙江流域是满族的故乡。皇太极即位后,统一黑龙江流域,把该地居民编入旗籍,称为"新满洲"。他们均隶各旗,"俱令披甲",成

为满族八旗的组成部分。

②东省：指东三省。

③眷养：关注养护。

④佐领：官名。清制，京师满蒙诸旗，均置佐领。满语称牛录章京。

⑤怀柔：安抚。

⑥教化：政教风化，也指教育感化。

【译文通解】

你们见我经常派往新满洲的使者有数百人之多，可不要看轻这件事呀。过去，太祖、太宗在位时，能得到东三省来的一两个人，往往视为珍宝，十分爱惜、关注，特别给予照顾。自从我即位以来，新满洲地方的首领们纷纷带领他们的部下佐领官或者全族之人，前来归顺我们清朝。太皇太后听说后，就对我说："这虽然是你的祖辈留下来的福分，也因为你安抚边远之人，让政教风化遍及全国，所以才能使得这些人真心前来归顺。怎么可以看轻这件事呢？"圣祖母因此十分高兴，特下达这一圣旨。

【经典心裁】

篇中强调远民来归,系国家大事。身为一国之君,切勿掉以轻心。这说明,康熙帝统治时期,中国出现空前统一的局面,不是偶然的,与他的无远不至的爱国、爱民之思,不无关系。

以德服人是根本

【原典精读】

王师之平蜀也，大破逆贼王平藩于保宁①，获苗人三千，皆释而归之。

及进兵滇中，吴世璠穷蹙②，遣苗人济师以拒我，苗不肯行，曰："天朝活我恩德至厚，我安忍以兵刃相加遗耶？"夫苗之犷狠③，不可以礼义驯束，宜若天性然者④。一旦感恩怀德，不忍轻倍主上⑤，有内地士民所未易能者，而苗顾能之⑥，是可取之。子舆氏不云乎⑦："以力服人者，非心服也，力不赡也⑧。以德服人者，中心悦而诚服也。"宁谓苗异乎人而不可以德服也耶？

——节录自《钦定四库全书·圣祖仁皇帝庭训格言》

【注释】

①王平藩：《清史稿》作王屏藩，吴三桂部

将。保宁：地名。在四川境内，即今阆中市。

②吴世璠：吴三桂孙。三桂病死后，他继承帝位，改元洪化。后兵败自杀。穷蹙：困窘局促。指处境极其困难。

③犷捍：蛮横。

④宜若：就好像。

⑤倍：通"背"。背叛。

⑥顾：反而。

⑦子舆氏：孟子字。

⑧赡：充足，丰富。

【译文通解】

我们大军平定四川时，曾在保宁大败叛将王平藩，俘获3000多苗族人，但却把他们全都释放，让他们各自回家。等到我军进军云南中部时，吴世璠已经山穷水尽，只好派人要苗族人支援他的部队，以抵拒我们天朝大军。苗族人却不肯按他的要求办事，他们表示："大清王朝曾让我们活命，而对这样的深恩大德，我们怎么忍心以武力相对来作为回报呢？"我们都知道，苗族人生性蛮横，简直不可以用礼义使他们驯服，受约束，这就好像他们天性如此似的。但是，他们一旦产生感恩和怀念别人的好处的感情，就不忍心轻易地背叛主人和上级。他们在这方面的表现，是内地读书人、平民百姓很难做到的，而苗民反而做得很好。这是很可取的。孟子不是说过这样的话："以力征服他人者，别人并不是心服，而是怪自己的力量不够。只有用德去征服他人，才能使人家心悦诚服。"难道说苗民就和一般人不同，不可以用德去征服他们吗？

【经典心裁】

篇中用平定"三藩"之乱时释放苗民产生的良好效果为例，说明以力服人，人不心服；以德服人，心悦诚服的道理。当然，这里的"德"，主要是指以儒家思想为中心的德行教化。

仁者以万物为一体

【原典精读】

仁者以万物为一体，恻隐之心①，触处发现②。故极其量③，则民胞物与④，无所不周；而语其心，则慈祥恺悌⑤，随感而应。凡有利于人者，则为之；凡有不利于人者，则去之。事无大小，心自无穷，尽我心力，随分各得也⑥。

——节录自《钦定四库全书·圣祖仁皇帝庭训格言》

【注释】

①恻隐：同情。

②触处：随处，到处。

③极：穷尽。量，限度。

④民胞物与：民为同胞，物为同类。作泛爱一切人与物。

⑤恺悌：和乐简易。

⑥随分：照例，照样。

【译文通解】

仁人君子对世间万事万物，一视同仁。他们富于同情之心，时时处处都有表现。大而言之，仁人君子是以民为同胞，以物为同类，泛爱一切人与物，其仁爱之心遍及万物。谈到他们的心，则慈祥、友爱之心，随感而产生。凡是有利于他人的，就去做；不利于他人的，就除掉它。世间的事有大有小，而仁爱之心却是无穷无尽的。一个人只要尽了自己的心和力量，做什么事都会得到同样的助人之乐。

君子以自强不息

【原典精读】

世人皆好逸而恶劳,朕心则谓人恒劳而知逸。若安于逸则不惟不知逸,而遇劳即不能堪矣。故《易》云:"天行健,君子以自强不息①。"

由是观之,圣人以劳为福,以逸为祸也。

——节录自《钦定四库全书·圣祖仁皇帝庭训格言》

【注释】

①《易》云句:见《易·乾》传第一。天行健:是说天体、万事万物的运动,昼夜不息,周而复始,无时亏退。这是天之自然现象。君子自强不息:是说君子应勉力自强,不要停息。

【译文通解】

世间之人都偏好安逸而不爱劳动,我的想法

是,一个人只有经常劳苦才能领会到真正的安逸。如果他安于逸乐而不求上进,那他就不懂得什么是真正的逸乐;而且一碰上劳苦之事,他就会不堪忍受。所以《易经》上说:"上天和自然界万事万物都是在不停息的运动中存在着并延续不断,君子应该勉力自强,一刻也不要放松。"从这点来看,圣人是以劳苦为有福,以贪图安逸为致祸的原因。

【经典心裁】

篇中从劳、逸的辩证关系和世界万物运动不息的道理,批判了世人中好逸恶劳的思想,并指出一个人要想有所作为,一定要以劳为乐。

立志并勤学者可为圣贤

【原典精读】

子曰:"志于道。"①夫志者,心之用也。性无不善,故心无不正。而其用则有正不正之分,此不可不察也。夫子以天纵之圣②,犹必十五而志于学。盖志为进德之基,昔圣昔贤莫不发轫乎此③。志之所趋,无远弗届④;志之所向,无坚不入。志于道,则义理为之主⑤,而物欲不能移,由是而据于德,而依于仁,而游于艺⑥,自不失其先后之序、轻重之伦⑦,本末兼该⑧,内外交养⑨,涵泳从容⑩,不自知其入于圣贤之域矣。

——节录自《钦定四库全书·圣祖仁皇帝庭训格言》

【注释】

①"子曰"句:见《论语·述而》。志:志

向，立志。

②夫子：孔子。天纵：意为上天所赋予。

③发轫：启行。轫（rèn），刹车木。行车必先去轫，故称"发轫"。

④届：至，到。

⑤义理：道理。又作经义名理讲。宋以后称理学为义理之学，简称为义理。

⑥游于艺：即游艺。《论语·述而》："志于道，据于德，游于艺。"艺，礼、乐、射、御、书、数六艺。游于艺，言置身于六艺的活动，后来泛指学术的修养。

⑦伦：道理，次序。

⑧本末：指主次、先后。又指农业与工商业、礼义与法制。兼该：包括两方面或两方面以上。

⑨交：结交，往来；此与彼受。养：陶冶，修养。

⑩涵泳：深入体会。

【译文通解】

孔子说："当有志于道。""志"这个东西，是"心"的功用。人性没有不善的,所以人心也没有不正的。但"心"的功用则有正、邪之分。对此,我们不可以不分辨清楚。孔夫子凭着上天赋予的圣明,还在十几岁时就有志于学。所以说,"志"是一个人道德修养发展的基础。古代的圣人、贤者没有不从立志开始的。志向的发展,是不论多远,它没有达不到的;志有所向,则会无坚不入,任何困难都能克服。一个人如果有志于道,那么,他将以义理作为主体,而任何物质欲望都不能改变他的志向。从这点出发,一个人的志向有道德为根据,以仁为依靠,又有着学艺的良好修养,那就不会失却其中先后、轻重的次序,本末都能照应到,内外都受到应有的陶冶,还可以从容不迫地深入领会一切。达到了这种状况,自己已进入圣贤的行列却还没有察觉呢。

【经典心裁】

篇中从志与道、志与心的关系,比较深入地阐述了立志的意义和如何立志的问题,强调一个人只要立志，再经过后天的努力，也可成为圣贤。从这位大有作为的君主所处的时代来看，这无疑是振聋发聩之言！

圣贤不是天生的

【原典精读】

人之为圣贤者,非生而然也,盖有积累之功焉。由有恒而至于善人①,由善人而至于君子,由君子而至于圣人,阶次之分②,视乎学力之浅深。

孟子曰③:"夫仁亦在乎熟之而已矣。"④积德累功者亦当求其熟也。是故有志为善者,始则充长之,继则保全之,终身不敢退,然后有日增月益之效。故至诚无息,不息则久⑤,久则征⑥,征则悠远,悠远则博厚⑦,博厚则高明。其功用岂可量哉!

【注释】

①善人:有道德的人。《论语·述而》:"善人,吾不得而见之矣;得见有恒者,斯可矣。"
②阶次:等级。

③孟子：战国思想家。

④"孟子曰"句：见《孟子·告子》。原文为："五谷者，种之美者也。苟为不熟，不如荑稗。夫仁亦在乎熟之而已矣。"意为功毁几成，人在慎终。熟：代指成效、成果。

⑤无息：即不息。意为不停止，不灭。

⑥征：征验。

⑦博厚：博大，广博。

【译文通解】

一个人能成为圣贤，并不是生下来就如此，而是日积月累逐渐形成的。由有恒心的人逐渐发展为有道德的人，又由有道德的人发展为君子，再由君子发展为圣人。这之间高下等级的区分，取决于一个人的学问成就，造诣的浅深程度。孟子说："达到仁的境界，也需要积累之功啊！"注意积累功德的人也要等到水到渠成，始见成效。因此，有志于为善的人，开始之时要充实、发展，继而要巩固、发展，终其一生不敢后退。那么，有一天自然会收到日积月累、不断扩充的成果。所以，完全的真诚之心会使人自强不息，永不停止自然长久；长久自然会有征验；有了征验心胸自然会开阔；心胸开阔则识见广博；识见广博自然思想高明。总之，积累的作用是无法计算得清楚的啊！

【经典心裁】

篇中指出圣人、君子亦非天生，而是靠矢志于学者毕生坚持不懈的努力。努力大小，积累多少，形成一个人学力的高下，造成其成效的不同档次。在这里，强调的是后天的努力，是持之以恒、坚持不懈的精神。而这些对于后人来说，是有教益的。

读书须与事理相结合

【原典精读】

道理之载于典籍者,一定而有限,而天下事千变万化,其端无穷①。

故世之苦读书者,往往遇事有执泥处②,而经历世故多者,又每逐事圆融而无定见③,此皆一偏之见。朕则谓当读书时,须要体认世务④;而应事时,又当据书理而审其事。宜如此,方免二者之弊。

——节录自《钦定四库全书·圣祖仁皇帝庭训格言》

【注释】

①端:头绪。

②执泥:拘泥,固执不知变通。

③圆融:佛教语。除破偏执,完满融通。

④体认：领悟，体察。

【译文通解】

记载于经典书籍中的道理，都是确有所指和有限的；然而天底下的事情，千变万化，其头绪、起始无穷无尽。所以，世界上刻苦读书的人，遇事时往往固执不知变通；而那些经历多、富于世故者，又往往是遇事时随机应变而无定见。这两种人的认识都带有片面性。我的看法是，一个人在其读书时，必须同时体察、认识时务；当其办事时，又应当依据书本上的道理而审察所办之事。只有这样做，才能避免上述两种人存在的弊端。

【经典心裁】

篇中强调读书和实践相结合，才能既通道理，又能应付时务。这就是我们今天所说的，读书是学习，使用也是学习，两者结合起来，才能学到真知识、真本领。

对人不可求全责备

【原典精读】

孔子云①:"先行其言,而后从之。"②如宋周、程、张、朱诸儒③,皆能勉行道学之实④,其议论皆发明先圣先贤之奥旨⑤。又若司马光⑥,乃宋朝名相,观其编辑《资治通鉴》⑦,论断古今,尽得其当,可谓言行相符,然未尝博道学之名也。今人讲道学者,徒尚语言文字,而尤好非议人,非惟言行不符,而言之有实者,盖亦寡矣。朕不尚空言,惟务实行,尤不肯非议人。盖以人各有短长,弃其所短而取其所长,始能尽人之材。若必求全责备,稍有欠缺即行指摘,非忠恕之道也。

——节录自《钦定四库全书·圣祖仁皇帝庭训格言》

【注释】

①孔子:春秋政治家、思想家,儒家学派创

始人。

②"孔子云"句：见《论语·为政》。原文为："子贡问君子。子曰：'先行其言，而后从之。'"

③周：指周敦颐（1017—1073 年），宋道州人，字茂叔。理学大师。著《太极图说》《通书》等 40 余篇。程：指程颢、程颐。程颢（1032—1085 年），宋洛阳人，字伯淳，世称明道先生。程颐（1033—1107 年），程颢弟，字正叔。二程为北宋理学创立者。张：指张载（1020—1077 年），宋凤翔郡县横渠镇人，字子厚。关学创始人。著有《正蒙》、《西铭》、《易说》、《经学理窟》及《语录》等。朱：指朱熹（1130—1200 年），宋徽州婺源人，字元晦。理学大师。著有《四书章句集注》、《诗集传》、《周易本义》等。

④道学：指宋时理学。自周敦颐、程颢、程颐至朱熹最后完成的以儒学为主、兼容佛道思想某些内容的一种思想体系。

⑤发明：启发，开阔。此处意为阐明，推陈出新。奥旨：要旨。

⑥司马光（1019—1086年）：字君实。北宋陕州夏县涑水乡人。历仕仁宗、英宗、神宗三朝。哲宗时，入朝为相。著有《切韵指掌图》、《潜虚》《稽古录》等。与刘恕、刘邠、范祖禹等合作编纂《资治通鉴》294卷。

⑦《资治通鉴》：司马光等编纂。是书取材广泛，除历朝正史外，尚有野史、实录、谱牒、文集等300余种。

【译文通解】

孔子说："先按要说的道理行事，然后再讲道理。"诸如宋代的周敦颐、程颢、程颐、张载、朱熹这些大儒家，他们都能勉力将所主张的道学付诸实践，而他们所议论的又都是关于如何阐明、发挥先圣先贤们理论、思想的要旨。又如司马光，他是宋朝著名的宰相，看他所编纂的《资治通鉴》，论述、评定古今历史，全都讲得头头是道。这就叫言行一致。然而，他们自己并不去争道学之名。现今之人讲到道学，只崇尚语言文字，尤其爱好责难、讥议他人。不仅是言行不一，而且说话、议论比较实在者，也不多见了。因为，每个人都各有自己的长处和短处。只有抛弃别人的短处，吸取他人的长处，才能充分发挥一个人的才能。假如一定要求别人尽善尽美，一旦他人稍有欠缺之处，就指责不已，这就不是忠诚、宽恕之道。

【经典心裁】

篇中以宋儒周、程、张、朱和司马光为例，强调学习古人，当言行一致；对待他人，不可求全责备。认为好非议人，非忠恕之道。这些处世之道，至今仍可资借鉴。

《尚书》等经典为帝王必读书

【原典精读】

《书经》者①,虞、夏、商、周治天下之大法也②。《书》传序云:"二帝三王之治本于道③,二帝三王之道本于心,得其心则道与治固可得而言矣④。"盖道心为人心之主⑤,而心法为治法之原⑥。精一执中者⑦,尧、舜、禹相授之心法也。建中建极者⑧,商汤、周武相传之心法也⑨。德也仁也,敬也诚也,言虽殊而理则一,所以明此心之微妙也,帝王之家所必当讲读,故朕训汝曹皆令习读。然《书》虽以道政事,而上而天道⑩,下而地理,中而人事,无不备于其间,实所谓贯三才而亘万古者也⑪。言乎天道,《虞书》之治⑫,历明时可验也;言乎地理,《禹贡》之山川⑬,田赋可考也;言乎君道,则典谟训诰之微言可详也⑭;言乎臣道,则都俞吁咈告诫敷陈之忠诚可见也⑮;言乎理数⑯,则箕子《洪范》之九畴可叙也⑰;言乎修德立功⑱,则六府三事⑲、礼乐兵农,历历可举也。然则帝王之家固必当讲读⑳,即仕宦人家有志于事君治民之责者,亦必当讲读。孟子曰:"欲为君尽君道,欲为臣尽臣道,二者皆法尧舜而已矣。"㉑在大贤希圣之心㉒,言必称尧舜。朕则兢业自勉,惟思体诸身心㉓,措诸政治㉔,勿负乎天祐下民作君作师之意已耳。

——节录自《钦定四库全书·圣祖仁皇帝庭训格言》

【注释】

①《书经》:指《尚书》。

②虞:传说中远古部落名,即有虞氏,居于蒲阪(今山西永济西蒲州镇)。舜乃其领袖。

③二帝:指尧、舜。三王:指夏禹、商汤、周文王。

④固:本来,原来。

⑤道心:道德观念。《荀子·解蔽》:"故《道经》云:人心之危,道心之微。"

⑥心法：本为佛教名词，指佛经经典以外，以心相传授的佛法为心法。后宋儒用指传心养性的办法。治法：即治术，致治之术，使国家达到强盛的方法。

⑦精一：精粹纯一。执中：中庸之道，称做事无过无不及为执中。

⑧建中建极：指帝王立法以求治国。

⑨商汤、周武：分别指商朝的建立者成汤和西周的建立者周武王。

⑩天道：自然规律。古人认为天道是支配人类命运的天神的意志。

⑪三才：天、地、人。亘：贯穿。

⑫《虞书》：《尚书》的一部分，包括《尧典》、《皋陶谟》、《古文尚书》，又增《舜典》、《大禹谟》、《益稷》，合为5篇。

⑬《禹贡》：《尚书·夏书》篇名，约成书于周、秦之际。篇中将当时的中国划分为九州，分述其地山川分布、交通、物产状况及贡赋等级等。是古代重要的地理著作。

⑭典谟训诰：指《尚书》中的《尧典》、《大

禹谟》、《汤诰》、《伊训》诸篇。《尚书》孔安国序:"典谟训诰誓命之文,凡百篇。"微言:精微之言。

⑮都俞吁咈:叹词。都、俞表肯定,吁、咈表否定。后以此作为君臣之间论政问答、气象雍睦之词。

⑯理数:道理,法则。

⑰箕子:商纣叔父。相传《尚书·洪范》"九畴"是他所作。《洪范》:《尚书》篇名。九畴:传说禹治理天下时的九类大法。

⑱立功:《左传》襄公二十四年:"大上有立德,其次有立功,其次有立言,虽久不废,此之谓不朽。"

⑲六府:府,藏财的地方。水、火、金、木、土、谷是财货所聚,故称六府。三事:指正德、利用、厚生。

⑳讲读:讲论,学习。

㉑"孟子曰"句:见《孟子·离娄上》。

㉒大贤希圣:即指至贤至圣,指那些道德高尚完备者。

㉓体:实行,实践。

㉔措:实行。

【译文通解】

　　《尚书》这部经典总结了虞舜和夏、商、周几代治理国家的根本大法。《尚书》传序中说:"尧舜二帝和夏禹、商汤、周文武三王论治是依据'道',二帝三王所遵循之'道',则本于'心'。懂得这里所说的'心'的意思,那么,关于什么是'道',如何能'治',都可以达到并道其详。"其实,"道心"是"人心"的主体,而"心法"是"政治法令"的本原。只有尧舜禹传授给我们的心法,才算得上精粹纯一、中正不阿的了。而商汤、周武遗传下来的心法,才能被称为立国求治的楷模。古人所说的"德"也好,"仁"也好,"敬"也好,"诚"也好,字面不同,其道理却是一样的,都是用来阐明"心"的微妙之处。帝王之家一定要重视学习,所以我教训你们,要你们都诵读《尚书》。虽然,《尚书》主张以"道"施政办事,但上至自然规律,下至山川土地的环境形势等地理事项,中及世间种种人事,没有不包涵于"道"之中的。它实在称得上贯穿于世间万事万物和古往今来的全部历史了。《虞书》论"治"与"天道"的关系，可以见证于有明一代的历史；《禹贡》关于山川地理的理论，仍可以从今天的田赋问题中加以考查到；谈到为君之道，则从《尧典》、《大禹谟》、《汤诰》和《伊训》等篇章的精微之言中，能比较详尽地获得应有的知识；而要讲臣道，从这些书中君臣间的论政问答、气象雍睦之词和为臣者谒尽忠诚的进谏、陈述之文中，则可以比较清楚地了解到；要谈"理数"等道理，那么就要知道箕子所作《洪范》的《九畴》篇，论述得透彻；提到修养德行、立功建业之类事，则书中一一列举的有关政府机构、职能分工等内容将有助于你。由此可见，不仅是帝王之家一定要学习《尚书》之类的经典，就是那些仕宦人家出身且有志于为君上做事、为治理民众尽心尽责者，也一定要学习这部经典。孟子说过："要想使为君者尽君道，为臣者尽臣道，这两方面都只有效法尧舜这一种方法了。"像孟子这样的至贤至圣之人，他们所想的、所说的，都离不开尧舜。而我则只有兢兢业业、不断自勉，只想把尧舜的思想品德、理想抱负等实践于自己的身心，推行于今天的政治，以求不要辜负上天让我护佑下民、为君为师的好意。

【经典心裁】

篇中从《尚书》之于帝王之道的功用的分析出发，阐述了"修齐治平"的道理。这种认真借鉴历史经验的态度和一定程度上为国为民的目的，确有一定的积极意义。

读书以明理为要

【原典精读】

读书以明理为要。理既明则中心有主,而是非邪正自判矣①。遇有疑难事,但据理直行,得失俱无可愧。《书》云:"学于古训乃有获②。"凡圣贤经书,一言一事俱有至理,读书时便宜留心体会,此可以为我法,此可以为我戒。久久贯通③,则事至物来,随感即应,而不特思索矣。

——节录自《钦定四库全书·圣祖仁皇帝庭训格言》

【注释】

①判:区分,辨。

②《书》云句:见《尚书·说命下》。

③贯通:首尾相通。此句指全部融会贯通,透彻了解。

【译文通解】

　　读书的主要目的是为了明白道理。一个人懂得道理,他的内心就有了主心骨,那么是非邪正也就能分清了。遇上疑难的事情,他只要凭据道理,勇往直前,不管事情办得好还是不好,他都无愧于人。《尚书》上说:"学习了古人的法则、教诲,就一定有所收获。"大凡古圣贤的经典著作,所说的每句话、每件事,都有很深的道理,读书时就应该留心体会其中的意思,这段话我可以效法,那件事我可以引以为戒。这样,时间长久了,书本上所讲的道理都全然理解了,那么,无论遇上什么人、什么事,脑子里便会想出相应的办法来,甚至用不着你特意去思考了。

【经典心裁】

　　这一段话主要是讲读书与明理的关系。古代典籍积累了前人丰富的经验和教训,确实可以借鉴。不过,更重要的还在于自己的社会实践。关于这一点,至今仍有启迪意义。

实践出真知

【原典精读】

凡事只空谈，若不眼见，终属无用。《诗》云："伯氏吹埙，仲氏吹篪。"① 然而实见埙篪者有几人？一岁除日，乾清宫正陈设乐器②，朕召南书房汉大臣、翰林等降旨云③："尔等凡作诗赋，多以埙篪比兄弟，问尔埙篪之形如何，皆云不知。因命内监将乐器中埙篪取与伊等观看。伊等看毕，欣然称奇。以为臣等惟于书中见之，即随口空谈，谁人实见埙篪？今日方得明白也。"凡事皆如此，必亲见亲历始得确实。若闻之他人或书中偶见，即据以为言，必贻笑于有识之人矣④。

——节录自《钦定四库全书·圣祖仁皇帝庭训格言》

【注释】

① "《诗》云"句：见《诗·小雅·巧言》。

伯氏：哥哥。仲氏：弟弟。埙（xūn）：古代用陶土烧制的一种乐器。篪（chí）：古代用竹管制成的乐器。

②除日：农历十二月最后一天。乾清宫：宫殿名，在北京故宫保和殿后。

③南书房：清翰林在内廷侍候皇帝的地方。康熙时创立，地址在乾清宫西南隅。降：下达。

④贻笑：为人讥笑。

【译文通解】

凡事只会空谈，如果没有亲眼看见，那他所说的这一切，是毫无用处的。《诗经》上说："哥哥吹埙，弟弟吹篪。"然而真正见过埙篪的又有几人呢？有一年除夕日，乾清宫内刚好陈设着各种乐器，我便把南书房的汉族大臣、翰林等招来，对他们说："你们大凡写诗作赋时，常常以埙篪比喻兄弟。我要问问你们，埙篪到底是什么形状？"他们都回答说不知道。我便命太监把乐器中的埙篪取出给他们观看。他们看了后，高兴地连声称奇。还说他们只在书本中见到埙篪之名，就随口空谈起来，谁也不曾亲眼得见埙篪，今天才弄明白了。任何事情都要这样，一定要亲眼见到、亲身经历，才能获得确实的了解。如果只从别人那里听说，或在书本上偶尔见到，便以此为据，人云亦云，这一定要被真正有识之人所笑话的。

【经典心裁】

此篇以埙篪为例，说明只有书本知识，便夸夸其谈，最终是要贻笑大方的。由此强调：读书是学习，实践也是学习，而且是更重要的学习。

学礼以立身处世

【原典精读】

礼之系于人也大矣！诚为范身之具，而兴行起化之原也。礼仪三百①，威仪三千②，大而冠昏丧祭朝聘射飨之规③，小而揖让④、进退、饮食、起居之节，君臣上下赖之以序，夫妇内外赖之以辨⑤，父子、兄弟、婚媾⑥、姻娅赖之以顺而成⑦。故曰：动容中礼而天德备矣⑧，治定制礼而王道成矣⑨。

《礼经》⑩，传之者十三家，而戴德⑪、戴圣为尤⑫，著圣所传四十九篇，即今之《礼记》是也。其余四十七篇，虽杂出于汉儒之说，亦皆传述圣门格言，有切于身心之要旨。尔等所习本经既熟，正当学礼。孔子曰："不学礼，无以立"。其宜勉之。

【注释】

①礼仪：行礼之仪式。

②威仪：礼仪细节。

③冠：冠礼。昏：婚礼。丧：丧礼。祭：祭祀祖先的礼仪。朝：朝仪，朝廷中的礼仪。聘：聘礼，古代诸侯间互相聘问之礼。射：射礼，古代贵族男子重武习射，常举行射礼。飨：飨射，古礼仪名，飨食宾客。

④揖让：宾主相见的礼仪。

⑤内外：内亲和外戚。

⑥婚媾：即婚姻。

⑦姻娅：即姻亚。婿父称姻，两婿互称为亚。后指有婚姻关系的亲戚。

⑧动容中礼：动容，动作容仪；中礼，合乎礼节。天德：盛德，最高尚的德行。

⑨治定制礼：治定，指政治稳定；制礼：制定礼仪。王道：指以仁义治天下，与霸道相对。

⑩《礼经》：即儒家经典之一《礼记》。

⑪戴德：汉代梁人，世称"大戴"，曾删《礼记》为85篇，是为《大戴礼记》。

⑫戴圣：汉代梁人，戴德兄子，宣帝时博士，曾删定《礼记》为45篇，即今之《礼记》，世称

"小戴"。

【译文通解】

礼与人的关系很大。它的确是能使一个人的行为变得规范,变得合乎法度的重要手段,它也是人类社会运动不息的原动力。三百条礼仪,三千条威仪,大而言之,它们是冠礼、婚礼、丧礼、祭礼、朝仪、聘礼、射礼、飨射之礼所依据的规矩;小而言之,大凡宾客相见时的揖让之礼、侍奉长上的进退之礼,以及吃饭、起居中的种种礼节,都有章可循。君臣之间、上下之间,因为它们而有序;夫妇之间、内亲外戚之间,因为它们而有所差别;父与子、兄和弟、婚姻与姻亲等关系,也因此而顺序清楚,彼此和谐。《礼经》传下来的有13家之多,但只有大戴、小戴所删本最好。小戴删本有孔子所传49篇,也就是我们今天所看到的《礼记》。此外的47篇,虽然分别出于汉代儒家学者之手,但也都是流传的、祖述儒家圣贤的格言,同样也有切合我们身心所需的重要内容。你们所学习的基本经典,既已熟悉,正好学习礼仪。孔子说过:"不学礼，便无法立身。"你们应当为努力学礼而互相勉励呀！

【经典心裁】

篇中告诫儿孙，皇家子弟必须带头认真学礼、认真守礼，用礼仪来规范每个人的行为，进而协调相互间的关系，以求达到建立起君臣、父子、夫妇、上下、内外之间井然有序的封建秩序，确保王朝统治的长治久安！

礼之用者和为贵

【原典精读】

有子曰①："礼之用,和为贵。先王之道,斯为美。小大由之②,有所不行。知和而和,不以礼节之,亦不可行也。"盖礼以严分,而和以通情分。严则尊卑贵贱不逾,情通则是非利害易达。齐家治国平天下,何一不由于斯?

——节录自《钦定四库全书·圣祖仁皇帝庭训格言》

【注释】

①有子:即有若,字子有,孔子弟子。
②小大由之:指每事小大都用礼而不用和。

【译文通解】

有子说过:"推行礼时,'和'是很重要的。

先王的治国之道，就以'礼''和'兼用为好。如每事小大都用礼而不用和，那就会有些事行不通。但懂得'和'而实行调和，却不用'礼'节制之，也会有所难行。"这是因为，"礼"主要以严辨别，而和则是以交流感情区分之。因为严，则尊卑贵贱互不超越；情通，则是非利害关系的道理也容易理解。要想整治好家庭、治理好国家、安定好天下，没有一样不通过"礼"与"和"兼用才能达到目的的。

【经典心裁】

康熙帝在篇中告诫儿孙，要行"礼"制，必须尽力做好人和的工作。因为"礼"是原则，"和"是策略，以严格区分尊卑贵贱为主要内容的"礼"是丝毫不能违反的，但不采用调和人心的策略，礼是不易推行的。由此，我们可以清楚地了解"礼"与"和"的封建本质。但是，如果除却封建的因素，篇中所言的"和为贵"，其意义至今仍可资借鉴。

广开言路以明辨是非

【原典精读】

人君以天下之耳目为耳目①,以天下之心思为心思,何虑闻见之不广?舜惟好问好察,故能"明四目,达四聪"②,所以称大智也。

——节录自《钦定四库全书·圣祖仁皇帝庭训格言》

【注释】

①人君:指皇帝。
②"明四目,达四聪"句:见《书·尧典》,意为广开四方视听。

【译文通解】

做皇帝,一定要以天下人的耳目为自己的耳目,以天下人的心思为自己的心思,这样就不怕自己的所见所闻不广。舜正是由于他喜好打听，喜好调查，所以，他才能够广开四方之视听，洞察天下的情况，也正因如此，他才被后人称之为大智者。

【经典心裁】

篇中着重强调的是，应该广开言路，体察民情，注重调查研究，这样才能比较地了解国情，比较地了解民心、民意。撇开其维护至高无上地位的动机和目的，这里所说的以天下人之耳目为耳目，以天下人之心思为心思，确实是治国者必须牢记和切实执行的真理。

用人应做到赏罚分明

【原典精读】

国家赏罚治理之柄①,自上操之。是故转移人心②,维持风化③,善者知劝,恶者知惩。所以代天宣教④,时亮天功也⑤。故爵曰"天职"⑥,刑曰"天罚"。明乎赏罚之事,皆奉天而行,非操柄者所得私也。《韩非子》曰⑦:"赏有功,罚有罪,而不失其当,乃能生功止过也。"《书》曰⑧:"天命有德,五服五章哉⑨!天讨有罪,五刑五用哉⑩!政事懋哉懋哉!"⑪盖言爵赏刑罚,乃人君之政事,当公慎而不可忽者也!

——节录自《钦定四库全书·圣祖仁皇帝庭训格言》

【注释】

①柄:权力。

②转移：转变。

③风化：风俗，教化。

④宣教：宣达教化。

⑤天功：天的职守。

⑥爵：礼器。此处指铸有铭文的礼器。

⑦《韩非子》：书名。

⑧《书》：儒家经典之一《尚书》。

⑨五服：指天子、诸侯、卿、大夫、士之服。五章：5种彩色。

⑩五刑：指墨、劓、剕、宫、大辟5种刑法。五用：5种用法。

⑪懋（mào）：盛大，褒美。

【译文通解】

国家实行赏罚、治理百姓的权力，是从上面操纵、掌握的。所以，才能转变人心，维持社会风化。为善之人会知道将受到的勉励，为恶之人也会知道将受到的惩罚。这就是所谓代替上天宣达教化、时时辅助上天建立大功的意思。因此，礼器爵上写道："天职（上天的职责）。"而刑鼎上则写道

"天罚（上天的惩罚）。"可见，赏罚之类事情，系奉天意而行之，绝不是掌权者凭个人私意而可以为所欲为的。《韩非子》说过："奖赏有功者，处罚有罪者，倘能准确而无误，那就会产生促成人们立功，防止他们做错事的效果。"《尚书》上也说："上天授命给有德之人以表示尊卑有别的五色章纹的五等服制（指天子、诸侯、卿、大夫、士5个等级）。上天用五种刑法、五种施刑办法以征讨那些有罪者，国家政事才能兴旺发达啊！"这些都是在说，奖赏、刑罚这类事情，都是为人君者的政治事务，应当公正、慎重，万万不可掉以轻心！

【经典心裁】

篇中从代天行使、天意的高度，强调赏有功，罚有罪，都是关系重大的国家政事，切忌出自私心，也不要掉以轻心。这种表述问题的方法虽带有君权神授的色彩，但所强调、所主张的问题却是对的。

赏罚之中众谋与独断两者不可偏废

【原典精读】

舜好问而好察①。迩言不自用而好问②，固美矣；然不可不察其是否也，故又继之以好察。孟子论用人③、用刑则曰："询之左右及诸大夫，及国人，可谓不自用、不偏听而谋之广矣，然终必继之以察而实见其可否，然后信之。"至若舜又曰："官占惟先蔽志，昆命于元龟④，朕志先定，询谋佥同⑤，鬼神其依，龟筮协从⑥。"箕子亦曰⑦："汝有大疑，谋及乃心，谋及卿士，谋及庶人，谋及卜筮⑧。"此则又先断之以己意，然后参之于人与鬼神。可见古之圣人或先参众论，而后审之以独断。或先定己见，而后稽之于人神。其慎重不苟如此，盖众谋独断，不容偏废，但先后异用而随事因时可耳。

——节录自《钦定四库全书·圣祖仁皇帝庭训格言》

【注释】

①舜：黄帝时代帝王。

②迩言：浅近或左右亲近的话。自用：自以为是，恃自己的聪明才力行事。

③孟子：战国思想家。

④昆：后。元龟：大龟，用于占卜。

⑤佥：皆，众。

⑥龟筮：占卦，古时占卜用龟，筮用耆，视其象与数以定吉凶。

⑦箕子：商纣诸子，封国于箕，故称。

⑧卜筮：占卜。

【译文通解】

舜处理事情时，既喜欢向人征询意见，也注意认真去考核。倾听左右亲近的话广泛征求意见，而不自以为是，这确是一种美德。然而，不能因此而不亲自观察、考核这件事是否如人们所言。所以，还要自己亲自去做进一步的考察。孟子论述到用人、用刑问题时则这样说："要向左右之人、向各位大夫和国人征询意见，这就叫不自以为是、不恃自己的聪明才力行事，不偏听一面之词而考虑问题比较广泛。然而，最终一定要继续进行考察，以便亲自了解实际情况，对照人们所说，然后才能相信。"至于舜，他还说过："卜官的占断，必须是自己先下决心，然后问命于龟卜。我的心志先定，然后征询众人的意见，再问问鬼神，听命于占卜。"箕子也曾说过："你若有大问题，先用自己的心想想，再听听卿士、百姓的意见，继而用卜筮算。"这种方法是先取决于自己的考虑，然后再参考他人和鬼神的意见。由此可见，古代圣人或者是先参考众人的意见，再靠独自决断来确定办法；或者先确定自己的看法，而后通过别人的意见、鬼神的意旨加以考核。他们之所以这样慎重、认真，是因为众人商量和个人决断两者不可以举此而遗彼。只是因事因时，这两方面或先或后有所不同而已。

【经典心裁】

篇中以古人为例，说明众谋和独断不可偏废。既要广泛征求他人的意见，同时又要亲自做调查研究，并对问题有自己的考虑。

"竭其心思"又"能取于众"乃可为圣人

【原典精读】

天下事物之来不同,而人之识见亦异。有事理当前,是非如睹,出平日学力之所至,不待拟议而后得之,此素定之识也;有事变倏来①,一时未能骤断,必待深思而后得之,此徐出之识也;有虽深思而不能得,合众人之心,其间必有一当者,择其是而用之,此取资之识也。此三者,虽圣人亦然。故周公有继日之思,而尧舜亦曰畴咨稽众②。惟能竭其心思,能取于众,所以为圣人耳。

——节录自《钦定四库全书·圣祖仁皇帝庭训格言》

【注释】

①倏(shū)来:极快地来到;忽然来到。

②畴咨:语出《尚书·尧典》。后来用作访问、访求之意。

【译文通解】

天下事物来源不一样，而人们对其认识也就不尽相同。现有事理在前，其是非一看就清楚，运用自己平时全部学识，不需设计、策划，就可以做出决断，这叫作素定（平时预定的见识能力）之识；也有事件突然发生，一时间未能迅速决定应付之策，而要深思熟虑后才拿出办法来，这叫作徐出之识（慢性思维型）；还有一种，虽然深思熟虑也拿不出办法来，但能综合众人的想法，这些想法中一定有可行者，把它选择出来加以利用，这叫作取资之识（选择、利用思维方式）。这三种筹划方式，就连圣人也要采取、利用，所以周公有连日思考问题之时，而尧舜也说要访问他人，考察众人的意见。总之，唯有能够竭尽自己的心思，又能博取众人的意见，这就可以成为圣人了。

【经典心裁】

篇中从人们处理事务形成决策的3种情况，强调指出，既要竭尽心思，又要博采众议。而且还提出，如能做到这一点，虽圣人亦可为。

应视农桑为第一要务

【原典精读】

朕自幼喜观稼穑①,所得各方五谷菜蔬之种必种之②,以观其收获。诚欲广布于民生,或有裨益也。朕丰泽园所种之稻③,偶得一穗,较他穗先熟,因种之,遂比别稻早收,若南方和煖之地,可望一年两获。即如外国之卉、各省之花,凡所得种,种之即生,而且花开极盛。观此,则花木之各遂其性也可知矣。今塞外之野茧大似山东之山茧,朕因织为茧绸,制衣衣之。此皆农桑之要务。至于花木,皆天地生意所发,故朕心深惬焉。

【注释】

①稼穑:耕种收获。泛指农业劳动。
②五谷:五种谷物,通常指稻、黍、稷、麦、豆。这里指粮食作物。

③丰泽园：在中南海。

【译文通解】

我从小就喜欢看耕种收获，所得到的各个地方的五谷菜蔬种子必定种下去，以观看它们的收获。我这样做，实在是想广泛宣传推广给民众，或许有些裨益。我在丰泽园所种的稻子，偶然得到比其他穗先熟的一穗，于是把它种下，竟然比别的稻早收。像南方暖和的地方，可望一年收两季。即使像外国的草、各省的花，凡是所得的种子，种下就会生长，而且花开得很茂盛。看到这些，就可知道花木是分别合于它们的特性的。现在塞外的野茧像山东的山茧那么大，于是我织成茧绸，制成衣服来穿。这些都是农业的重要事情。至于花木，都是天地自然生长发育的，所以我的内心深感惬意。

【经典心裁】

此篇写作宗旨是告诫后人，要关心农业生产，要重视农业生产，要把农桑作为第一"要务"。

对儿女不要娇生惯养

【原典精读】

父母之于儿女,谁不怜爱?然亦不可过于娇养。若小儿过于娇养,不但饮食之失节,抑且不耐寒暑之相侵①,即长大成人非愚则痴。尝见王公大臣子弟中每有痴呆软弱者②,皆其父母过于娇养之所致也。

——节录自《钦定四库全书·圣祖仁皇帝庭训格言》

【注释】

①侵:袭击,侵扰。
②尝:曾经。

【译文通解】

父母对于儿女,谁不怜爱?但也不可以过于娇生惯养。如果小孩子过于娇生惯养，不但饮食失去节制，而且经受不住寒暑的袭击，即使长大成人，不是愚蠢就是痴呆。我曾看到王公大臣的子弟中常有痴呆软弱的，都是他们的父母过于娇生惯养所造成的。

【经典心裁】

　　此篇写作宗旨是告诫后人，怜爱自己的子女是可以理解的，但不可过于娇养，否则有可能造成愚蠢、软弱、痴呆。这些话对于今天过于溺爱自己子女的那一部分父母来说，是很值得深思。

皇家子弟须"谨遵国法"

【原典精读】

尔等荷蒙朕思作王贝勒贝子①,各自分家异居矣。但当谨遵国法、守尔等本分度日可也。尔等王职惟朝会大典,除此,凡外边诸事不可干预。

朕若命以事务,当视朕之所命,尽心竭意,方不负朕之所用,而贻人讥笑也。

——节录自《钦定四库全书·圣祖仁皇帝庭训格言》

【注释】

①贝勒:清代爵位名。意为"大官"、"高官",在亲王、郡王之下。贝勒之复数为贝子。

【译文通解】

你们受到我的恩典做了亲王,各自分了家独立居住。但应当谨遵国法，安分守己地度日。你们的王职只限于朝会大典，除此之外，凡是外边的各种事务皆不可以干预。我如果命令你们做什么事，应当遵照我的命令，尽心尽意，才不至于辜负我对你们的重用，而免被人讥笑。

【经典心裁】

此篇写作宗旨是告诫后人，身为皇家贵族子弟，必须"谨遵国法"，"本分度日"；为皇家效力时要"服从命令"，"尽心竭意"。如果剔除其中的封建因素，其本身的含义有其合理之处，可资借鉴。

要识前言往行则须多读经书

【原典精读】

《易》云①:"天在山中,大畜②。君子以多识前言往行,以畜其德。"

夫多识前言往行要在读书。天人之蕴奥在《易》,帝王之政事在《书》③,性情之理在《诗》④,节文之祥在《礼》⑤,圣人之褒贬在《春秋》⑥,至于传记子史皆所以羽翼。圣经记载往绩,展卷诵读,则日闻所未闻,智识精明,涵养深厚,故谓之畜德,非徒博闻强记,夸多斗靡已也。学者各随分量所及,审其先后而致功焉。其芜秽不经之书、浅陋之文,非徒无益反有损,勿令入目,以误聪明可也。

——节录自《钦定四库全书·圣祖仁皇帝庭训格言》

【注释】

①《易》:《易经》,由卦、爻两种符号和说明卦的卦辞、爻的爻辞两种文字构成,都是为着占卦用的。在宗教迷信的外衣下,保存了古代人的某些朴素辩证法观点。

②大畜:《易经》卦名,有蕴畜、畜止的意思。

③《书》:儒家经典之一《尚书》。

④《诗》:儒家经典之一《诗经》。

⑤《礼》:《礼记》,儒家经典之一,秦、汉以前各种礼仪论著的选集。

⑥《春秋》:儒家经典之一,相传孔子依据鲁国史官所编《春秋》加以整理修订而成,文字简、短,寓有褒贬之意。

【译文通解】

《易经》上说:"天在山中,有蕴畜的现象,君子见有此现象,即效法它的精神,更多地了解前代的嘉言善行,以畜积其德行。"更多地了解前代嘉言善行的要诀再读书。天与人蕴含的奥秘在《易经》，有关帝王的政事在《尚书》里，性情的事理在《诗经》里，礼节仪式的详细记载在《礼记》里，圣人对世事的褒贬在《春秋》里，至于传记子史之类的书籍都可以有所帮助。圣贤的经书记载了往日的历史功绩，展卷诵读，就会知道以前不知道的事情。智慧与见识变得精细明察，涵养深厚，所以叫作畜德，而不只是博闻强记，自夸宏博。学习经史的人要分别根据自己的能力所及，分析它们先后的经验教训而达到一定的成就。那些杂乱污秽不正常的书，浅陋的文章，不仅无益反而有害，不要去看，以害了自己的聪明。

【经典心裁】

此篇写作宗旨是告诫后人，要识前言往行则多读儒家经典。多读"则日闻所未闻，智识精明，涵养深厚。"

读书能知古今事理

【原典精读】

圣贤之书所载,皆天地古今万事万物之理,能因书以知理,则理有实用。由一理之微,可以包六合之大①;由一日之近,可以尽千古之远。世之读书者生乎百世之后,而欲知百世之前;处乎一室之间,而欲悉天下之理,非书曷以致之!书之在天下,五经而下②,若传若史,诸子百家,上而天,下而地,中而人与物,固无一事之不具,亦无一理之不该。学者诚即事而求之,则可以通三才,而兼备乎万事万物之理矣。虽然书不贵多而贵精,学必由博而致约,果能精而约之,以贯其多与博,合其大而极于无余,会其全而备于有用。圣贤之道岂外是哉?

——节录自《钦定四库全书·圣祖仁皇帝庭训格言》

【注释】

①六合:指天地四方。

②五经:指儒家的五部经典,即《易经》、《尚书》、《诗经》、《礼记》和《春秋》。

【译文通解】

圣贤的书所记载的都是天地之间自古至今万事万物的道理,能够凭借这些书而懂得一些道理,那么这些道理就会有实用价值。由一个道理的微小之处,可以包容天地四方的广大;用一天短暂的时间,可以完全了解1000年前遥远过去的事情。世界上读书的人出生在百世之后,想要知道百世之前的历史;人们居住在一间闭塞的房子里,想要了解天下的道理,没有书怎么能够做到呢?天下的书籍,《五经》之下,如传记、史书以及诸子百家,上至天,下至地,中间的人和事物,等等,固然没有不具有的事物,也没有缺少任何一个道理。读书人确实就当前每一件事而求之,那么就可以通晓天、地、人三才,并兼而掌握万事万物的道理了。

虽然书籍不在于多而在于精，学习也必须由广博而达到简要，然而如果真正能够做到精而简要，用来融会贯通它们的多与广博，便能综合其大以做到穷尽无余，汇聚其全，准备不时之需。圣贤的道理怎么能超出这些呢？

【经典心裁】

此篇写作宗旨是告诫后人，一定要多读圣贤之书。因为欲通晓百世之事，欲洞悉天下之理，不读书是无法做到的。鼓励大家读圣贤之书固然是封建统治者的阶级和历史局限所致，但是提出读书的重要性是不容置疑的，至今仍有启迪意义！

君子有三戒

【原典精读】

孔子云[①]:"君子有三戒:少之时血气未定,戒之在色;及其壮也,血气方刚,戒之在斗;及其老也,血气既衰,戒之在得。"朕今年高,戒色、戒斗之时已过,惟或贪得,是所当戒。朕为人君,何所用而不得,何所取而不能,尚有贪得之理乎?万一有此等处,亦当以圣人之言为戒。尔等有血气方刚者,亦有血气未定者,当以圣人所戒之语各存诸心而深以为戒也。

——节录自《钦定四库全书·圣祖仁皇帝庭训格言》

【注释】

①孔子:春秋时政治家、思想家,儒家学派创始人。

【译文通解】

孔子说:"君子有三戒:年轻时血气未定,所戒的是色;等到成为壮年,血气方刚,所戒的是斗;等到年老以后,血气已衰,所戒的是得。"

我现在年纪老了,戒色、戒斗的时候已经过去,只是或许还贪得,这是应当戒的。我作为人君,有什么用的得不到,有什么取的不能取,还有贪得的道理吗?万一有贪得的地方,也应当以圣人的话为戒。你们中间有血气方刚的,也有血气未定的,应当把圣人所戒的话各自记在心里,深深引以为戒。

【经典心裁】

在这篇训诫中,康熙帝告诫子孙要戒色、戒斗、戒得。今天有少数年轻人血气方刚,常因相互之间的口角纠纷而发生争斗,甚至拳脚交加,白刀子进,红刀子出,闹出命案的也不乏人在。这些人读一读康熙帝这篇训诫,是会获得教益的。

为政须有益于民

【原典精读】

孔子云①:"民可使由之,不可使知之。"诚为政之至要。朕居位六十余年,何政未行?看来凡有益于人之事,我知之确,即当行之。在彼小人,惟知目前侥幸,而不念日后久远之计也。凡圣人一言一语,皆至道存焉。

——节录自《钦定四库全书·圣祖仁皇帝庭训格言》

【注释】

①孔子:春秋时政治家、思想家,儒家学派创始人。

【译文通解】

孔子说:"对于老百姓,可以使他们照着我们的道路走去，不可以使他们知道那是为什么。"这的确是治理政事最重要的道理。我在位60多年，哪样政事没有施行过。看来凡是有益于人民的事情，我知道得确切，就应当去做它。那些见识浅薄的人，只知道图目前侥幸，而不考虑日后久远之计。凡是圣人的一言一语，最好的道理就包含在那里面了。

【经典心裁】

康熙帝认为，凡是有益于人民的事，就应当去做。这一点，是应当予以肯定并仿效实行的。但他在训诫中又提倡实行愚民政策，主张"民可使由之，不可使知之"，却又是应当予以否定并进行批判的。

治人者要以身作则

【原典精读】

凡人有训人治人之职者,必身先之可也。《大学》有云①:"君子有诸己而后求诸人,无诸己而后非诸人。"特为身先而言也。

——节录自《钦定四库全书·圣祖仁皇帝庭训格言》

【注释】

①《大学》:儒家经典之一。

【译文通解】

凡是有训导人、治理人的职责的人,一定自身先以身作则才可以把事情办好。《大学》上有话说:"君子自身有仁让之德,然后才去要求别人;自身没有贪戾之心,然后才去责备别人。"这话是特意为自身先以身作则而说的。

【经典心裁】

作为一个封建帝王，康熙帝能够认识到，无论训导人、治理人，自己先要以身作则，这确实难能可贵。

看古人书须念作者苦心

【原典精读】

劝戒之词,古今名论亹亹①,书记中无处不有。其殷勤痛切,反复叮咛,要之,欲人听信遵行而已。夫千百年以下之人,与千百年以上之人,何所关切而谆谆训诫若此,盖欲一句名言提醒千百年以下之人,使知前车之覆,而为后车之戒也。后学读圣贤书,看古人如此血诚教人念头,岂可草草略过?是故朕常教人看古人书,须念作者苦心,甚勿负前人接引后学之至意也。

——节录自《钦定四库全书·圣祖仁皇帝庭训格言》

【注释】

①亹亹:动听,有吸引力。

【译文通解】

劝诫之词，古今名论娓娓动听。这在书籍中是无处不有的。这些话情意深厚，沉痛恳切，反复叮咛，总之，希望人听信遵行罢了。千百年以下之人，与千百年以上之人，为什么关切而谆谆训诫像这样，是希望用一句名言提醒千百年以下之人，是希望人们能知道前车之所以翻覆，而引以为后车的鉴戒。后学读圣贤书，看古人这么推心置腹教诲人们的意思，难道可以草草地略过？因此我经常教人看古人书，必须想到作者一番苦心，千万不要辜负前人接引后学的深意。

【经典心裁】

这篇训诫要人读古人书，不可草草略过，必须想到作者一番苦心。我们有不少人读古人书和其他书籍，正犯有这种囫囵吞枣、草草略过的毛病。这些人可从康熙帝的训诫中获得教益，改正看书不求甚解的毛病，老老实实地认真读几本书，做到透过字面，理解作者苦心之所在。

《圣谕广训》节录

【撰主简介】

雍正皇帝（1678—1735年），姓爱新觉罗，名胤禛。康熙帝玄烨第四子，生母是孝恭仁皇后乌雅氏（时为德嫔）。幼年曾受过比较严格的皇家家庭教育，曾随其父四处巡幸，或奉命出京办事，受到了一定的社会实践锻炼。在后来谋夺皇位斗争处于白热化的时刻，他纵观全局，心计颇深，终于在康熙帝死后继登皇位。他是一个奋发有为的君主。在位的13年里，他励精图治，勇于革新，通过实行摊丁入亩、停止户口编审、耗羡归公和养廉银等制度，调整了生产关系，在一定程度上缓和了阶级矛盾。他致力于整饬吏治，打击贪官污吏，打击朋党，制造文字狱，实行文化专制主义等，进而加强皇权，出现比较清明和稳定的政治局面与社会环境。他重视少数民族问题，致力于经营边疆。他在西南推行"改土归流"政策，取得了一定的进展；在平定青海厄鲁特罗卜藏丹津的叛乱后，即在那里实行郡县制和札萨克制；他还平定了西藏的噶伦阿尔布巴之乱，并首次设立驻藏大臣。这些行动对于巩固和发展统一的多民族国家，都产生了积极的作用和影响。为了维护国家主权，他断然驱逐了西方传教士。综观其一生，他虽然镇压了贵州苗民起义，应当批判，但仍然是历史上一位比较杰出的帝王。清代前期康雍乾盛世的出现，与他的努力和作为不无关系，其承上启下、继往开来的作用不可泯灭。雍正十三年卒，谥宪，庙号世宗，年号雍正。

同时，雍正对家教问题亦颇重视。他即位之初，地位并不巩固，为了从思想观念上使皇亲国戚和全国民众都服从于他的专制统治，特将康熙帝在世时所制定的有关齐家治国的上谕16条，加以演绎、注释、整理和归纳,并详尽阐发其要义,"旁征远引,往复周详,意取显明,语多质朴",共得万言,名曰《圣谕广训》,颁行全国。不仅自己决心延续前朝风范,沿袭旧有体制以资统治,因而恪遵不渝,身体力行;而且要求皇族子弟带头执行,要求在全国政府官员、士庶黎民中广为宣传,使全国兵民人等"仰体圣祖正德厚生之至意","风俗醇厚,家室和平"。在清代,各府州县学官,按例于每月初一、十五日,择地聚集士庶,宣讲《圣谕广训》。因此,《圣谕广训》不仅是典型的帝王家训、庭训,而且也是"面向全国"的名副其实的"广训"。

圣谕广训序

【原典精读】

《书》曰①:"每岁孟春,遒人以木铎徇于路。"②《记》曰③:"司徒脩六礼以节民性④,明七教以兴民德⑤。"此皆以敦本崇实之道，为牖民觉世之模⑥。法莫良焉，意莫厚焉。我圣祖仁皇帝久道化成，德洋恩普，仁育万物，义正万民。

六十年来宵衣旰食⑦，只期薄海内外，兴仁讲让，革薄从忠，共成亲逊之风，永享升平之治。故特颁上谕十六条，晓谕八旗及直省兵民人等⑧，自纲常名教之际，以至于耕桑作息之间，本末精粗，公私巨细，凡民情之所习，皆睿虑之所周，视尔编民诚如赤子⑨。圣有谟训明证，定保万世，守之莫能易也。

朕缵承大统，临御兆人，以圣祖之心为心，以圣祖之政为政。夙夜黾勉，率由旧章。惟恐小民遵信奉行，久而或怠，用申诰诫，以示提撕。

谨将上谕十六条寻绎其义，推衍其文，共得万言，名曰《圣谕广训》。旁证远引，往复周详，意取显明，语多直朴。无非奉先志以启后人，使群黎百姓家喻而户晓也。愿尔兵民等仰体圣祖正德厚生之至意，勿视为条教号令之虚文，共勉为雍正帝正白旗旗帜。

谨身节用之。庶人尽除夫浮薄嚣凌之陋习⑩，则风俗醇厚，家室和平。在朝廷德化，乐观其成。

尔后嗣子孙，并受其福。积善之家，必有余庆。

其理岂或爽哉！

——节录自《四库全书·子部》

【注释】

①《书》：指儒家经典之一《尚书》。

②遒人：古时官名，掌握宣布教化之权。木铎：一种以木为舌的大铃，古代宣布政教法令，巡行振鸣以引起众人的注意。

③《记》：指儒家经典之一《礼记》。

④司徒：古时官名，掌管治理民事等权。六礼：古代冠、婚、丧、祭、乡饮酒、相见等六礼之合称。

⑤七教：古代对于父子、兄弟、夫妇、君臣、长幼、朋友、宾客几种伦理关系之合称。

⑥牖（yǒu）民：开通民智。

⑦宵衣旰（gàn）食：天没亮就起床，天黑了才吃饭。比喻勤于政务。

⑧八旗：满族首领努尔哈赤所创八旗制度，初期兼有军事、行政、生产3个方面的职能，后来成为兵籍编制。以旗色为标志，分正黄、正白、正红、正蓝、镶黄、镶白、镶红、镶蓝，合称为八旗。

⑨徧民：徧同"遍"。普通民众，全国老百姓。

⑩夫：文言助词。

【译文通解】

《尚书》说："每年头春时节，掌管政教法令的官吏手拿以木为舌的大铃，巡行振鸣，向民众宣示于交通要道，以引起众人的注意。"《礼记》说："主管民事的官吏修订有关衣饰、婚丧、祭典、饮食、交往等礼规，以便于节制民众的思想言行；阐发父子、兄弟、夫妇、君臣、长幼、朋友、主客之间的伦理关系，以便于振兴民众的良好品行。"这都是以重视根本崇尚实际的道理，作为开通民智、启迪民众的榜样。方法无不优善，用意无不深厚。我的父亲圣祖仁皇帝长时间实践治世驭民之道，并且卓有成效，心意广阔，恩遍天下，其友爱之心培育了世上的万事万物，其思想言行影响着他的亿万臣民。在位60余年，由于勤于政务，常常天未亮就起床，天黑才吃饭，殷切希望举国上下兴仁义讲礼让，革除轻浮以从忠实，共同形成一种亲密谦逊的风气，永远保持一种兴盛的景象。所以他特意颁布指令16条，明确告诉八旗人等和全国人民，从古有之纲常伦理、圣人言语，甚至于在耕田种地休养生息的问题上，主从精粗，公私巨细，凡民情所关之事，都深思熟虑得很周到，把全国人民当作子民百姓来对待。贤明的先君为我们留下了谋划治世法则的显明例证，可以作为万世后代永远谨守的良法，应当守之不能轻易更改。

我继承先君之大业，治理着亿万人民，决心以先君之心为心，以先君之政为政。我早晚激励自己，要一切秉承旧有体制，延续前朝风范。但我害怕一般民众遵照实行，时间长了或许懒惰松懈，特予重申警告，以表明提醒之意。我郑重其事地将先君所颁旨令16条寻绎其道理，推敲延伸其文字，加起来有万余字，取名为《圣谕广训》。同时又引经据典，反复斟酌，尽量做到情简意明，语言通俗易懂，质朴无华。这样做的目的无非是为了用前人的精神来启迪后人，使天下之臣民人人都知道其用心之所在。

我衷心希望广大兵民等仔细体会先帝端正品性重视民生的极好意愿，不要把它看作为一般说教式的不讲求实效的条条框框，而将其共勉为加强自身修养并在实践中加以发挥的准则。如果人人都自觉除去不讲实际、狂妄自大的坏习惯，那么整个社会就将出现一种风俗淳厚，合家欢乐的兴旺景象。在朝廷说来，端正人民品性的目的就是希望能高兴地看到其成效。你们这些人的子孙后代，也就能得到无穷的好处。那些讲究友善的家庭，必定其乐无穷。这方面的道理难道不是很明显的吗？

【经典心裁】

此篇系以下各篇之序。雍正帝登位之初，地位并不稳固，宫廷内外，矛盾较为突出。为了从思想观念上使皇亲国戚和全国人民都服从于他的专制统治，特将康熙帝在世时有关治家治国的法令条规加以整理，并增加他自己的思想详尽阐发其要义，以表明他决心延续前朝风范，沿袭旧有之体制的心迹。他在这里所反复强调的兴仁义，讲礼让，完全是封建的纲常伦理，具有明显的阶级性，并不能代表广大下层人民的意愿，这是我们在阅读时需要引起注意的。

笃宗族以昭雍睦

【原典精读】

《书》曰①:"以亲九族。""九族既睦②。"是帝尧首以睦族示教也。《礼》曰③:"尊祖故敬宗,敬宗故收族。"④明人道必以睦族为重也。夫家之有家族,犹水之有分派,木之有分枝,虽远近异势,疏密异形,要其本源则一。故人之待其宗族也,必如身之有四肢百体,务使血脉相通,而痾痒相关。《周礼》本此意以教民⑤,著为六行⑥,曰孝曰友,而继曰睦。诚古今不易之常道也。我圣祖仁皇帝既谕尔等敦孝弟以重人伦,即继之曰笃宗族以昭雍睦。盖宗族由人伦而推,雍睦未昭,即孝弟有所未尽。朕为尔兵民详训之。

大抵宗族所以不笃者,或富者多吝,而无解推之德;或贫者多求,而生觖望之思⑦;或以贵凌贱,而势利汩其天亲;或以贱骄人,而忿傲施于骨肉；或货财相竞，不念袒免之情⑧；或意见偶乖⑨，顿失宗亲之义；或偏听妻孥之浅识⑩，或误中谗慝之虚词⑪；因而诟谇倾排⑫，无所不至，非惟不知雍睦，抑且忘为宗族矣。尔兵民独不思子姓之众，皆出祖宗一人之身。奈何以一人之身分为子姓，遽相视为途人而不顾哉⑬！昔张公艺九世同居江州，陈氏七百口共食。凡属一家一姓，当念乃祖乃宗，宁厚毋薄，宁亲勿疏，长幼必以序相洽，尊卑必以分相联。喜则相庆以结其绸缪⑭，戚则相邻以通其缓急。立家庙以荐烝尝⑮，设家塾以课子弟，置义田以赡贫乏，修族谱以联疏远。即单姓寒门，或有未逮⑯，亦各随其力所能为，以自笃其亲属，诚使一姓之中秩然蔼然。父与父言慈，子与子言孝，兄与兄言友，弟与弟言恭，雍睦昭而孝弟之行愈敦。有司表为仁里⑰，君子称为义门，天下推为望族，岂不美哉！若以小故而斁宗友⑱，以微嫌而伤亲爱，以侮慢而违逊让之风，以偷薄而亏敦睦之谊⑲，古道之不存，即为国典所不恕。尔兵民其交相劝励，共体祖宗慈爱之心，常切水木本源之念，将见亲睦之俗成于一乡一邑，雍和之气达于薄海内外,诸福咸臻㉑,太平有象,胥在是矣㉑,可不勖欤㉒。

——节录自《四库全书·子部》

【注释】

①《书》:儒家经典之一《尚书》。

②"以亲九族"两句:出自《尚书·尧典》。"九族既睦"句后有"平章百姓"句。汉代儒家对九族有两种不同的理解,明清刑律服制图均以高祖至玄孙为同宗亲族的范围,分直系和旁系两个部分,合称为九族。

③《礼》:儒家经典之一《礼记》。

④收族:指整齐家族的意思。

⑤《周礼》:书名。原名《周官》,也称《周官经》。两汉末列为经而属于礼,故有《周礼》之名。全书分"天官"、"地官"、"春官"、"夏官"、"秋官"、"冬官"6篇。

⑥六行:《周礼·地官》把人的善行分为6种,即"孝、友、睦、姻、任、恤"。

⑦觖(jué)望:不满意,抱怨。

⑧袒免：袒衣免冠。古代丧礼规定，凡五服外的远亲，无丧服之制，唯袒衣免冠以示哀思。

⑨乖：不顺，不和谐的意思。

⑩孥（nú）：儿子的意思。

⑪谗慝（chán tè）：指恶言恶语，亦指邪恶之人。

⑫诟谇（gòu suì）：辱骂，数说。

⑬遽（jù）：作"遂"解。哉：文言助词，此处表示感叹。

⑭绸缪：此处指情意殷勤。

⑮烝尝：古代指冬祭为烝，秋祭为尝，泛指祭祀。

⑯未逮：不及。

⑰有司：官吏。古代设官分职，事各有专司，故称有司。仁里：《论里仁》说："里仁为美。"后人以其泛指风俗淳朴的地方。

⑱隳：毁坏的意思。

⑲偷薄：轻薄，不厚道。

⑳咸：都。

㉑胥：全，都。

㉒勖：勉励。欤（yú）：语气词，此处表示反问。

【译文通解】

《尚书》说："应该密切内外亲戚之间的关系。"如果亲戚之间已经亲近和睦，然后就要使百姓辨明礼义。这表明帝尧首先重视的是以和睦家族来对人们进行教育和培养。《礼记》也说："尊敬祖先所以要敬重宗族，敬重宗族所以要整饬家族。"表明做人的道理必须把和睦家族放在重要的位置。家之所以有家族，如同江河之流水有分脉，山中之树木有分枝，虽然水流之分脉远近不同、大小有异，树木之分枝有稀有密，形状多别，但归根其本源却是一致的（无源之水不存在，无树之枝也是不存在的）。一个人对待自己的宗族，必须如全身四肢五官等俱全，务使血液脉络相通自如，而一处发生病痛，则会感到牵动全身。《周礼》本着这个用意以教化民众，明确把人的善行分为6种，而首先重视的是孝友之道，继则指出亲近和睦的必要。这的确是自古以来不可轻易变更的道理。我的父亲圣祖仁皇帝既然告诫天下臣民诚心讲究孝顺父母、敬爱兄长的道理，以注重人与人之间的尊卑高下的等级关系，从而也就紧接着强调要做到注意宗族的重要，以显示出和睦友好的风气。这是因为，宗族由人与人之间尊卑高下的等级关系推论而来，如果和睦之气未明确显示出来，那么就是孝顺父母、敬爱兄长的道理发挥得不够。为此，我特意向全国臣民进行详细的训示。

一般说来，宗族里面的人所以不忠实的原因，或者富裕的人大都对钱财看得很重，缺乏慷慨施舍、让与他人的美德；或者贫穷的人大都追求所取，时常产生不满所望的想法；或者以高贵欺压低贱，而被其势利沉沦其固有的亲情；或者自甘低贱看不起别人，而愤恨高傲之情施加于至亲骨肉之上；或者亲友之间因货物财产而相争，忘记了对远亲近戚应有之情意；或者相互间意见稍稍产生分歧，立即失去宗族间亲近之义；或者偏听妻子儿女的浅薄之言，或者误中邪恶之人的花言巧语，从而辱骂、数说，竭尽全力打击排斥他人，无所不至。诸如此类，不仅是不知和睦友好，而且还因为是忘记了自己的宗族观念所致。你们军营士兵和老百姓唯独不想一想，为数众多的子孙，都是来源于共同祖宗的道理。为何只以自己一人之身份为祖宗的子孙，遂将他人相视为不相识的同路人而不关心、眷念呢！古代有一个人叫张公艺，他一家9代共同居住于江州；一个陈姓之家族700人没有分家，大家在一口锅里吃饭。因此，凡属一家一姓，应当时刻想到你们的祖先和宗族，要厚道不要轻薄，要亲近不要疏远。长幼之间必须以严格的顺序区别，和谐相待，尊卑贵贱必须以名分相联。可喜之事则相互庆贺用以维系殷勤之情，亲戚之间相处为邻，则用以互通其帮助照顾之谊。建立家庙用以推重祭祀，创设家庭学校用以督教子弟，置办以救济贫穷者的田地用以周济贫穷之人，撰修族谱用以联络不常交往的远亲。即使是那些人丁稀少、不甚兴旺的人家，或许无力做到以上这些，也应该尽到自己的能力，以珍重其亲属关系，实实在在地使得一姓之中长幼之别整齐严肃，和善之气兴盛。做父亲的讲慈爱，做儿子的讲孝顺，做兄长的人讲友善，做弟弟的人讲恭敬，和睦友善之情明显突出，而孝顺父母、敬爱兄长的风气就会愈来愈淳厚。官吏表彰为风俗淳朴之地，有才德的人称颂为忠义之家，天下人推崇为有名望之族。这难道不是美事吗?！如果以小小摩擦而毁坏一宗一家的关系，以稍微一点嫌隙而伤了亲近爱护的感情，以轻侮傲慢而违背谦逊推让的风气，以不厚道而影响讲究和睦的友情，致使古有的正当之理不复存在，那么就会为国家法律所不能允许。你们士兵百姓如相互劝导勉励，共同体会祖宗慈爱之心，常常切实存记江河之水有源、山中之木有枝的念头，将可以看到亲近和睦的风气遍行于城镇乡村，友善平和的气氛风行于举国上下，诸多幸福全都达到，天下呈现一片太平的景象，道理全在这里。你们难道不应当互相勉励，以期实现吗!

【经典心裁】

本篇以江河之水有分脉、山中之树木有分枝等通俗易懂、浅显明白的道理，来比喻论证家族与宗族之间、尊祖亲宗与孝顺父母和敬爱兄长之间的密切关系，重点强调用封建的宗法规条来束缚人们的手脚，服服帖帖地忍受统治者的政治压迫和经济剥削，这是我们在阅读时应当引起注意的。然而，其中关于以富济穷，以勤克怠，为人须讲亲情、逊让、厚道等思想，却可以在批判其封建性的糟粕的基础上，加以借鉴和吸取其精华。

和乡党以息争讼

【原典精读】

古者五族为党①，五州为乡②，睦姻任恤之教由来尚矣③。顾乡党中生齿日繁④，比闾相接⑤，睚眦小失⑥，狎昵微嫌⑦，一或不诚，凌兢以起⑧，遂至屈辱公庭，委身法吏，负者自觉无颜，胜者人皆侧目，以里巷之近而举动相猜，报复相寻，何以为安生业、长子孙之计哉?！圣祖仁皇帝悯人心之好竞⑨，思化理之贵淳⑩，特布训于乡党，曰和所以息争讼于未萌也。

朕欲咸和万民，用是申告尔等以敦和之道焉。

《诗》曰⑪：民之失德，干《易·讼》之象曰："君子以作事，谋始言息讼⑬。贵绝其端也。是故，干以愆。"⑫言不和之渐，起于细微也。

有亲疏，概接之以温厚。事无大小，皆处之以谦冲⑭。毋恃富以侮贫，毋挟贵以凌贱，毋饰智以欺愚，毋倚强以凌弱，谈言可以解纷，施德不必望报。人有不及，当以情恕；非意相干⑮，当以理遣。此既有包容之度，彼必生愧悔之心⑯。一朝能忍，乡里称为善良；小忿不争，闾党推其长厚。

乡党之和，其益大矣。古云："非宅是卜，乡邻是卜。"缓急可恃者，莫如乡党。务使一乡之中父老子弟联为一体，安乐忧患视同一家。农商相资，工贾相让，则民与民和。训练相习，汛守相助，则兵与兵和。兵出力以卫民，民务养其力；民出财以赡兵，兵务恤其财，则兵与民交相和。由是而箪食豆羹⑰，争端不起；鼠牙雀角⑱，速讼无因。岂至结怨耗财，废时失业，甚且破产流离，以身殉法而不悟哉！若夫巨室耆年⑲，乡党之望；胶庠髦士⑳，乡党之英，宜以和辑之风为一方表率。而奸顽好事之徒，或诡计挑唆，或横行吓诈，或貌为洽比以煽诱㉑，或假托公言而把持，有一于此，里闬非宁㉒，乡论不容，国法俱在，尔兵民所当谨凛者也㉓。夫天下者，乡党之积也。尔等诚遵圣祖之懿训㉔，尚亲睦之淳风，孝弟因此而益敦，宗族因此而益笃。里仁为美㉕，比户可封。讼息人安，延及世世。

　　协和遍于万邦,太和烝于宇宙㉖。朕与尔兵民永是赖矣。

　　　　——节录自《四库全书·圣谕广训》

【注释】

　　①五族为党:周朝民户编制规定,合100家为一族,500家为一党。

　　②五州为乡:周朝民户编制规定,合12500家为一乡。

　　③睦姻任恤之教:《周礼·地官》中把人的善行分为6种,此为后4种。

　　④生齿:泛指人民、人口。

　　⑤比闾:周朝地方基层组织形式。《周礼·地官》说:"令五家为比,使之相保;五比为闾,使之相爱。"

　　⑥睚眦(yá zì):本意为发怒瞪眼,引申为怨恨。

　　⑦狎昵(xiá nì):指亲近的意思。

　　⑧凌兢:本指寒冷的地方,引申为恐惧。

⑨好竞：喜欢相互争胜，好强不服输。

⑩化理：风气道理。

⑪《诗》：指儒家经典之一《诗经》。

⑫"民之失德，干以愆"：此语出自《诗·小雅》；"干"，指粗薄的食品。

⑬息讼：停止打官司。

⑭谦冲：谦虚的意思。

⑮非意相干：无故寻衅闹事。

⑯愧悔：惭愧后悔。

⑰箪食豆羹：挑着盛有豆粥之类的食物慰劳士兵。

⑱鼠牙雀角：《诗·召南》说："谁谓雀无角，何以穿我屋？""谁谓鼠无牙，何以穿我墉？"后人用以比喻那些无端寻衅打官司的人。

⑲耆（qí）年：年老的人。

⑳胶庠髦士：古代学校里的英俊之士。

㉑洽比：和谐亲切。

㉒里闬（hàn）：乡里内部。

㉓凛：严肃，严厉。

㉔懿训：好意的训示和希望。

㉕里仁为美：此语出自《论语·里仁》，后人持此为对别人所居住之地的美称。

㉖烝：同"蒸"的含义，指景象蒸蒸日上。

【译文通解】

中国古代周朝时曾经确定民户编制，以100家为一族，以五族即500家为一党，以五党即2500家为一州，合五州即12500家为一乡，对人民有关和睦、联姻、任免、抚恤等方面的教诲从来就很重视。但因乡党、宗族中人口日益增多，一家一巷间相互接连，怨恨之情小有发生。亲近之情稍生嫌隙，一旦不加以警惕注意，则麻烦的事情就会产生。

以至于发展到纠纷不断，闹到屈辱于官署，托身狱吏。败讼者自觉脸上无光，胜讼者则人人对他看不起。以相亲相邻经常生活在一块而举动相互疑心，寻求报复的机会，这怎么能够做到为安居乐业、为教养子孙后代去筹划办法呢？！我的父亲圣祖仁皇帝可怜人心之好强争胜，思念教导民众之道理很重要，特意布训于乡里，指出和睦亲近可以止息争端于未发之际。

我决心以调和天下民情为己任,从而重申告诫你们如何亲近和睦的道理。

《诗经》上说:"民之所以不和睦不亲近,只是开始于细小的事情上未加以防范。"《易经·讼》之象上说:"有才德的人上任治事,首先考虑的是如何设法制止人与人之间的纠纷。"重视的是把争端消灭于萌芽状态之中。这个道理告诉我们,人与人之间虽有亲疏远近之分,但应一概予以温厚亲诚。凡事无论大小轻重,都要处之以谦逊的态度。不要自恃富裕以侮辱贫困之人,不要挟持尊贵以欺凌低贱之人,不要假托聪明以欺侮愚笨之人,不要倚仗强势以凌慢弱小之人,谈话之中可以化解纠纷,施德于别人不要希望图报。人家如有做得不周到的地方,应当以情感来加以原谅;出现了意料不到的寻衅闹事纠纷,应当以道理去加以排解。你既然有宽容的气度,他则必然会产生悔悟之心。一时能够忍耐,乡里称为善良之人;小小生气之事不予计较,间党推为长厚之人。乡党之和,其好处大得很。古语说:"不是占卜住宅重要,而是选择邻居重要。"有什么缓急之事可以依靠者，不如乡里中的乡邻戚友。务必使一乡之中上下联成一体，安乐忧患看作为一家；种地经商者相互资助供给，工匠和做生意的人相互推让支持，于是民与民之间就会和睦相处。训练方面相互习演，防守方面相互配合，于是兵与兵之间关系就会和谐融合。兵出力以卫民之生命财产安全，民一定致力其供养之任；民出财以供给于兵，兵一定致力于爱惜民财，则兵与民彼此和睦共处。从而，老百姓挑着盛有豆粥之类的食物慰劳士兵，秩序井然，争端之事不会发生；无端寻衅闹事的人，要想很快兴起一场官司也就没有缘由了。如果都是这样，怎么会弄到相互结怨而耗费资财，荒废时光而失去生业，甚至于破产流离，以身殉法而不醒悟呢？那些大家族中的年老之人，是乡党中的希望所在；在学校里的英彦之士，则是乡党中的精英，理应以和谐辑睦之风范为所在一带人民的表率。而奸巧愚顽、好事生非的人，或者施以诡计百般挑唆人与人之间的关系，或者横行乡里吓诈钱财，或者表面上看起来和谐亲切而骨子里却百般煽惑诱使，或者假托客观公正的言词而把持地方一切。如果有其中的一件事发生,则乡里内部就不会安宁。这既为乡里的舆论所不容许,而且国家的法纪俱在,你们兵民人等应当以忠诚的态度严格加以遵守。一个国家之所以存在,是由一乡一党之积聚集合而来。你们诚挚地遵守我的父亲圣祖仁皇帝美好的训谕,崇尚亲近和睦的淳厚风气,孝顺父母、敬爱兄长之事就会做得越来越好,宗族内部的人就会因此而越来越忠厚笃实。被人尊称为仁者所居之地,家家户户可以安居乐业。争端不起而人人相安无事;且将代代延续下去。协调和谐之风遍布于全国各地,万物相和之元气蒸蒸日上。我与你们这些天下臣民就永远可以依赖于此了。

【经典心裁】

该篇引经论典、鉴古于今,用通俗易懂的事例,浅显朴实的语言,阐述了一乡一党之中家与家、族与族、人与人之间相互和睦亲近的道理,诸如不要以富侮贫,不要以贵欺贱,不要恃强凌弱等方面的论述,至今仍有借鉴意义。当然,全篇所言和睦亲近的道理,主要是为了调和统治者与被统治者之间的关系,从而掩盖了封建社会阶级矛盾和阶级斗争的尖锐性以及不可调和性,这点是需要读者引起注意的。

重农桑以足衣食

【原典精读】

朕闻养民之本，在于衣食。农桑者，衣食所由出也。一夫不耕，或受之饥。一女不织，或受之寒。古者天子亲耕①，后亲桑②，躬为至尊，不殚勤劳，为天下倡。凡为兆姓，图其本也。夫衣食之道，生于地，长于时，而聚于力。本务所在，稍不自力，坐受其困。故勤则男有余粟③，女有余帛④；不勤则仰不足事父母，俯不足畜妻子，其理然也。彼南北地土虽有高下燥湿之殊，然高燥者宜黍稷⑤，下湿者宜粳稻⑥。食之所出不同，其为农事一也。树桑养蚕，除江浙、四川、湖北外，余省多不相宜。然植麻种棉，或绩或纺，衣之所出不同，其事与树桑一也。愿吾民尽力农桑，勿好逸恶劳，勿始勤终惰，勿因天时偶歉而轻弃田园，勿慕奇赢倍利而辄改故业。苟能重本务，虽一岁所入，公私输用而外，羡余无几，而日积月累，以至身家饶裕，子孙世守，则利赖无穷。不然，而舍本逐末，岂能若是之绵远乎⑦？至尔兵隶在戎伍，不事农桑，试思月有分给之饷，仓有支放之米，皆百姓输纳以散给。尔等各赡身家，一丝一粒，莫不出自农桑。尔等既享其利，当彼此相安，多方捍卫，使农桑俱得尽力。尔辈衣食永远不匮，则亦重有赖焉。若地方文武官僚俱有劝课之责，勿夺民时，勿妨民事，浮惰者惩之，勤苦者劳之，务使野无旷土，邑无游民，农无舍耒耕⑧，妇无休其蚕织，即至山泽园囿之利，鸡豚狗彘⑨之畜，亦皆养之有道，取之有时，以佐农桑之不逮。庶几克勤本业，而衣食之源溥矣⑩。所虑年谷丰登，或忽于储蓄布帛耕织图充赡，或侈于费用不俭之弊与不勤等，甚且贵金玉而忽菽粟，工文绣而废蚕桑，相率为纷华靡丽之习，尤尔兵民所当深戒者也。自古盛王之世，老者衣帛食肉，黎民不饥不寒，享富庶之盛而致教化之兴，其道胥由乎此。

我圣祖仁皇帝念切民依，尝刊《耕织图》颁行中外，所以敦本阜民者甚至。朕仰惟圣谕念民事之至重,广为诠解,劝尔等力于本务。余一人衣租食税,愿与天下共饱暖也。

——节录自《四库全书·子部》

【注释】

①天子亲耕:古代天子即皇帝在春季到来时举行耕田之礼。

②后亲桑:古代春季的最后一个月,皇后举行躬亲蚕桑的典礼。

③粟:古代泛指谷类。

④帛:丝织品的总称。

⑤黍稷(shǔ jì):指五谷杂粮。

⑥粳稻:稻子中的一种,耐湿寒,米不粘。

⑦绵远:久远。

⑧耒耜:古代指耕地用的农具。

⑨豚(tún):小猪。彘(zhì):古代指猪。

⑩溥:普遍;广阔。

【译文通解】

我知道养民的根本在于吃饭穿衣,而种地养蚕则是吃饭穿衣的来源。男人不耕种田地，就有可能挨饿；女人不纺纱织布，就有可能受冻。古代做皇帝的人在每年春季到来时举行耕田的典礼，皇后则在春季的最后一个月里举行躬亲纺织的典礼，把种地养蚕的事情看得特别重要，身为至尊但不顾辛劳、竭尽全力为天下人首先做出表率。这一切为的都是天下亿万人民，图的则是重视养民治国的根本。吃饭穿衣之道，生于适合于它的土地，长于适合于它的时令季节，而要最后取得好的结果则要靠人力。根本任务所在，稍不自己努力去实现，就会坐受其困苦。所以，勤劳则男子有剩余的粮食，女子有多余的衣物；不勤劳则上不能侍奉父母双亲，下不能供养妻子儿女。其道理就是这样。我国南北地土虽有高下、干燥湿润的区别，然而高坡干旱之地适宜种植五谷杂粮，低下湿润之地适宜种植粳稻。粮食的生产来源和方式不同，但却都是农业方面的事情。种植桑树以养蚕，除了江苏、浙江、四川、湖北以外，其他省份大都不适宜此事。然而，种植麻类和棉花等经济作物，或者搓麻线麻绳，或者纺纱织布，衣服之制造不同，而其与种桑养蚕的事情是一致的。希望我全国老百姓尽自己之力而把吃饭穿衣方面的事情办好，不要好逸恶劳，不要起初勤劳，最后懒惰，有始而无终，不要一碰到因天灾收成偶然歉收就轻易抛弃自己的田产家园，不要看到某一货物紧缺可以赚大钱而总是改变自己以往的职业。假如能够注重务本，虽一年收获的粮食，除去所需公私花费之外，剩余不多；但只要日积月累，就可以身家富裕，加上子孙世守，则利的来源无穷无尽。如果舍本逐末，岂能有如是延绵长远之生计？至于你们兵士隶在军营，不耕种田地，不植桑养蚕，试思每月有分给之饷银，仓库里有按日支放之米粮，都是由于老百姓缴纳才得以无缺食之虞。你们各人供给自己和家里人的食物钱财，一丝一粒，无不来自于老百姓种田耕地、植桑养蚕。你们既然享受其利，也就应当彼此相安，多方捍卫，为老百姓提供一个和平安宁的环境，使其尽力把田地种好。你们这些当兵的吃饭穿衣永远不会缺乏，主要的依靠也就在于此。假如地方文武官吏都知道有劝导督教的责任，不占据老百姓从事农桑的农时，不妨碍老百姓从事农桑的农事，对轻浮懒惰之人加以惩罚，对勤苦耐劳之人加以慰劳奖赏，务必使乡村无荒废之地，城镇无游手好闲的人，男人不舍弃其耕作农具，妇女不休止其养蚕织布，即使是对于山上、水塘、园林、苗圃中瓜果蔬菜之类的收种，鸡鸭狗猪等家畜方面的饲养，也都讲究养之有道，取之有时，用以辅助吃饭穿衣方面的不足。这样，也许就可以专务自己的本业，而吃饭穿衣之来源则会广阔。所忧虑的是五谷丰登之年，或忽用储蓄布帛补充供给，或由于奢侈而导致费用不俭之弊及不勤等，甚而有贵金玉而忽视五谷，擅长在丝织品和衣服上绣有彩色花纹而废弃蚕桑本业，相互竟为纷华靡丽之风习，此尤需尔兵民人等应当深以为戒的。自古以来，兴盛君王之世，老年人穿的是丝织之衣，吃的是鱼肉，老百姓不挨饿不受冻，共享富庶之盛而使得政教内化之风气日益兴起，其道理全在于此。我圣祖仁皇帝思念关切天下人民生活之依归，曾经刊印《耕织图》颁行于全国各地，其所以注重根本、扶持民众的意愿更加深切。我敬思圣祖仁皇帝圣谕思念民事之至关重要，广为解说，劝天下臣民各自致力于农桑本业。我一人穿衣吃饭都来自于民间租税，愿与天下民众共享幸福之乐。

【经典心裁】

此篇强调吃饭穿衣是一件普遍而又非常重要的民生大事，辩证地阐述了耕种粮食、纺纱织布与人的勤劳节俭有极密切的关系。不仅乡村农人应该务其根本，不要丢弃正业，而且那些在军营服役的士兵以及从政的官吏等，也都应该关心农业，为老百姓办好事。这一重视农业的观点至今仍具有借鉴的意义。

尚节俭以惜财用

【原典精读】

生人不能一日而无用，即不可一日而无财。然必留有余之财而后可供不时之用，故节俭尚焉。夫财犹水也，节俭犹水之蓄也。水之流不蓄，则一泄无余而水立涸矣①；财之流不节，则用之无度而财立匮矣②。我圣祖仁皇帝躬行节俭之为天下先，休养生息，海内殷富，犹兢兢以惜财用示训③。

盖自古民风皆贵乎勤俭，然勤而不俭，则十夫之力不足供一夫之用，积岁所藏不足供一日之需，其害为更甚也。夫兵丁钱粮有一定之数，乃不知撙节④，衣好鲜丽，食求甘美，一月费数月之粮，甚至称贷以遂其欲⑤，子母相权，日复一日，债深累重，饥寒不免。农民当丰收之年仓箱充实，本可积蓄，乃酬酢往来⑥，率多浮费，遂至空虚。夫丰年尚至空虚，荒歉必至穷困，亦其势然也。似此之人，国家未尝减其一日之粮，天地未尝不与以自然之利，究至啼饥号寒、困苦无告者，皆不节俭所致。更或祖宗勤苦俭约，日积月累，以致充裕，子孙承其遗业，不知物力艰难，任意奢侈，耀里党，稍不如人，即以为耻，曾不转盼遗产立尽，无以自存，求如贫者之子孙，并不可得，于是寡廉鲜耻，靡所不至。弱者饿殍沟壑，强者作慝犯刑。不俭之害，一至于此。《易》曰⑦："不节若则嗟若。"盖言始不节俭，必至嗟悔也。尔兵民当凛遵圣训，绎思不忘。

为兵者知月粮有定，与其至不足而冀格外之赏，孰若留有余以待可继之粮？为民者知丰歉无常，与其但顾朝夕致贫窭之可忧⑧，孰若留贮将来为水旱之有备？大抵俭为美德，宁以固陋贻讥，礼贵得中，勿以骄盈致败。

衣服不可过华，饮食不可无节，冠婚丧祭各安本分⑨，房屋器具务取素朴，即岁时伏腊，斗酒娱宾，从俗从宜，归于约省，为天地惜物力，为朝廷惜恩膏，为祖宗惜往日之勤劳，为子孙惜后来之福泽。自此，富者不至于贫，贫者可至于富，安居乐业，含哺鼓腹⑩，以副朕阜俗民之至意。《孝经》有曰⑪："谨身节用以养父母。"此庶人之孝也。尔兵民其身体而力行之。

——节录自《四库全书·子部》

【注释】

①泄：通"泻"。

②匮（kuì）：缺乏。

③兢兢：小心谨慎。

④撙节：限制，节省。

⑤称贷：举债，告贷。

⑥酬酢（chóu zuò）：交际，应付。

⑦《易》：指儒家经典之一《易经》。

⑧窭：贫穷。

⑨冠：古代男子到了20岁时举行成人之礼，结发戴冠。

⑩含哺鼓腹：指天真淳朴，没有诈伪。

⑪《孝经》：儒家经典之一，论述封建孝道和宗法思想。

【译文通解】

活着的人不可能一日而无所需之费用,即不可能一日而无所供花费的钱财。然而,必须留存有余之钱财而后才可以供给随时所需之费用。因此,节约勤俭显得非常重要。钱财好比水,节约勤俭好比水之积蓄储存。如水在流淌之中不注意积蓄,则会一泻无余而使之立即干涸;钱财之花费不加以节制,则会用之无度而使钱财立即缺乏。我的父亲圣祖仁皇帝身体力行节俭为全国人民做出了榜样,休养生息,国内富实,仍然紧缩开支以惜财用而示训国人。自古以来的民风以勤俭最可宝贵,然而勤而不俭,则10人之力不足以供给一人之费用,积一年所存不足以供给一日之需求,其后果更为严重。军营士兵的钱粮有一定之数目,竟不知道节省着用,穿衣讲究鲜艳华丽,饮食追求甜美可口,一月花费数月之粮,甚至向别人借债以满足自己的无穷欲望,本利相互变化制约,日复一日,债务深重,饥寒难免。农民本当在丰收年间粮食钱财充裕之际,注意积蓄以待灾荒,竟多方交际往来,大都浮费浪用,从而弄到钱粮空虚。丰收之年尚至于钱粮空虚,灾荒歉收之年必至于穷困潦倒,发展到这个地步也是很自然的事情。像这类的人,国家未曾减少其一日之粮,天地未曾不给予自然之利,结果弄到啼饥号寒、困苦无告,这都是不知节俭所造成的。更有因为祖宗勤苦俭约,日积月累,以致家业充足富裕,而子孙继承其遗业,却不晓得财物来之不易,任意奢侈,在人面前显示自己的富有,满足其自己的虚荣心;稍稍不如人家,即以为羞辱,竟不要多久就把祖宗的遗产花光,以至到了无法养活自己的地步。即使想求做一个贫苦人家的子孙,也不可能。

于是寡廉鲜耻,毫无自尊心,什么事都干得出来。弱者因饥饿死于山沟,强者无视国法而犯刑。不善节俭之害,到了这样严重的程度。《易经》说:"不节俭必定后悔。"说的是一开始不节约,必至最终贫穷后悔不已。

你们兵民应当切实遵循我的父亲圣祖仁皇帝的训示,铭记在心而不忘却。

当兵之人应晓得月粮有确数之规定,与其到了不足之时而希图其格外之赏赐，何不留有余存以待可继之粮？为民者应当晓得丰歉难以预料，与其只注意早晚至于贫穷的忧虑，何不存贮将来为水旱灾害之有备无虞？大体说来，勤俭节约为美德，宁可让别人讥笑我见识鄙陋，授人礼物也要坚持贵在适中，不要以骄盈而致家道败落。衣服不可过于华丽，饮食不可没有节度，红白喜事各按规矩，不可讲究排场，房屋器具陈设务必取其简朴。就是在一年春夏秋冬和夏天的伏日、冬天的腊日这些重要时节，设酒席招待宾客，也应当依从风俗习惯，适宜适度，一切归于节俭。为天地爱惜物力，为朝廷爱惜德惠膏脂，为祖宗爱惜往日之勤劳，为子孙爱惜后来之幸福恩惠。自此，富裕之人不至于转为贫穷，而贫穷之人却可以治愈富裕，大家安居乐业，天真淳朴而没有诈伪，以符合我敦厚风俗、和谐民情的深切意愿。《孝经》上面说："谨慎言行、节约费用以供养父母双亲。"

这是一般平民百姓对父母双亲孝顺的意思。你们兵民应当对此身体而力行之。

【经典心裁】

此篇重点阐述勤俭节约的道理。用通俗的例子、朴素的语言反复告诉人民，勤而不俭，富裕者必定会贫穷；反过来贫穷者如果既知勤劳又晓得节俭，则会转穷为富。丰收之年应当想到灾歉之年，富有之时应当想到贫乏之时。平时穿着打扮不要过于华丽，饮食交际不要过于讲究排场。这些浅显的话语充满了朴素的哲理，是值得后人借鉴吸取的。

隆学校以端士习①

【原典精读】

古者家有塾②,党有庠③,州有序④,国有学,固无人不在所教之中。专其督率之地,董以师儒之官,所以成人材而厚风俗,合秀顽强懦使之归于一致也。我圣祖仁皇帝寿考作人⑤,特隆学校,凡所以养士之恩,教士之法,无不备至。盖以士为四民之首,人所以待士者重,则士之所以自待者益不可轻。士习端而后乡党视为仪型,风俗由之表率。务令以孝弟为本,才能为末,器识为先⑥,文艺为后⑦。所读者皆正书,所交者皆正士,确然于礼义之可守,惕然于廉耻之当存⑧。惟恐立身一败,致玷宫墙;惟恐名誉虽成,负惭衾影⑨。如是,斯可以为士否?或躁竞功利,干犯名教,习乎异端曲学而不知大道,骛乎放言高论而不事躬行⑩,问其名则是,考其实则非矣。昔胡瑗为教授⑪,学者济济有成；文翁治蜀中⑫，子弟由是大化。故广文一官⑬，朕特饬吏部悉以孝廉明经补用⑭，凡以为兴贤育才，化民成俗计也。然学校之隆，固在习教者有整齐严肃之规，尤在为士者有爱惜身名之意。士品果端而后发为文章，非空虚之论；见之施为，非浮薄之行。在野不愧儒者，在国即为良臣。所系顾不重哉⑮！

至于尔兵民恐不知学校之为重，且以为尔等无与，不思身虽不列于庠序，性岂自外于伦常？孟子曰："谨庠序之教，申之以孝弟之义。"又曰："人伦明于上，小民亲于下。"则学校不独所以教士，兼所以教民。若黉宫之中⑯，文武并列，虽经义韬略，所习者不同；而入孝出弟，人人所当共由也。士农不异业，力田者悉能敦本务实，则农亦士也；兵民无异学，即戎者皆知敬长爱亲，则兵亦士也。然则庠序者，非尔兵民所当隆重者乎？端人正士者，非尔兵民所则效者乎？孰不有君臣父子之伦？孰不有仁义礼智之性？勿谓学校之设，止以为士，各宜以善相劝，以过相规，向风慕义，勉为良善。则氓之蚩蚩⑰，亦可以礼义为耕耘；赳赳武夫，亦可以诗书为甲胄⑱。一道同风之盛,将复见于今日矣。

——节录自《四库全书·子部》

【注释】

①隆:兴盛。端:端正。

②塾:古代私立家庭学校。

③庠:古代乡学名称的一种。

④序:古代乡学名称的一种。

⑤寿考:年高,长寿。

⑥器识:气度见识。

⑦文艺:指写作方面的学问。

⑧惕:小心谨慎。

⑨负惭衾影:背负着惭愧败行之心。

⑩骛:追求。

⑪胡瑗:北宋学者、教育家。

⑫文翁:西汉臣。

⑬广文:泛指儒学教官。

⑭孝廉:古代对举人的尊称。明经:明清时对贡生的尊称。

⑮顾：难道。

⑯黉宫：古代指学校。

⑰蚩蚩：敦厚貌。

⑱甲胄：铠甲和头盔。此处喻指诗书为御敌的本领。

【译文通解】

古代家有家的学校，党有党的学校，州有州的学校，国有国的学校，本来无人不在受教育之中。如专其督察之地，正以师儒之官，就可以造就人才而厚风俗，聚合智愚强弱之人使之归于一致。我的父亲圣祖仁皇帝在位多年致力于培育人才，特别重视振兴学校，凡所以培养读书人的深厚情意，教导读书人的方式方法，无不详备周到。一般说来，因为读书人为士农工商之首，人所以对待读书人很敬重，而读书人之所以对待自己则更加不可随便。这是因为读书人养成了端正的品行习惯而后乡里视作为模范，良好风俗由此形成作为表率。所以读书人一定要以孝顺父母、敬爱兄长的道理为重，才华能力为轻；以气度见识为先，写作方面的技能为后。

所读之书均为正道之书，所交之人均为正道之人，坚持礼义之可以遵守，敬惧廉耻之应当保存。唯恐自己的身名败坏，致使玷污师门声誉；唯恐名誉虽已取得，而负有惭愧败行之心。如果是这样，不就可以成为一个有知识的人吗？或者有人急于与人比高下而争功名利禄，干涉侵犯纲常名教，习惯于邪说和褊狭的言论而不知治事做人的大道理，追求夸夸其谈而不去实际进行，问其名则是，考其实则非。古代著名教育家胡瑗为学官，学者众多而又有成就；汉景帝时文翁为蜀郡守，于成都起办官学，这个地区的子弟因此而受到广泛深入的教化。所以设立儒学教官一职，我特意督饬吏部一概以举人、贡生等经过严格科举考试而获得功名的人补用。所有这些都是为了兴贤育才，达到开化民智、形成一种良好风俗的目的。然而，学校之兴盛，固然在于熟悉教育的施教者应有整齐严肃之规章，但作为一个读书人，爱惜自己身名之意愿则尤为重要。他的品行果真端正而后可以阐发为文章，不是空洞虚伪的说教；在实际行动上，不是浮丽轻薄之行为。没有当官也不会感到有愧名，在朝廷即为良臣。学校与国家的关系难道不是很重要吗？

至于你们兵民恐怕不知道学校之为重要，而且以为与你们无关，不考虑自身虽然没进过学校，但其品性岂可自己将其排除于伦理纲常之外？孟子说："谨慎地从事学校的教育，再用孝悌的道理来反复申明。"他又说："人与人之间尊卑高下的规则显明于上层，则普通老百姓就会亲密无间于下边。"这个道理说明，学校不是单纯用来教育读书人，还兼及有教育广大民众的意思。如果学校中之文武并列，虽经义韬略所习者各有不同，而有关于了解孝顺父母敬爱兄长的问题，则人人应当共同由学校来启发诱导。读书的人和种田的人从总体上说并没有根本的区别，只是分工不同而已。致力于耕种田地的人如都能敦本务实，那么一个种田的人同时也是一个读书的人；当兵的人与老百姓所受教育的根本内容并没有什么差别，这就是说当兵之人都知道尊敬长辈爱护亲朋，那么当兵的人同时就是一个读书的人。然则各类学校就不应该为你们兵民所重视吗？端人正士就不应该为你们兵民所仿效吗？谁没有君臣父子之间的人伦关系？谁没有仁义礼智之类的天性？不要以为学校之设立，仅仅是为了读书人，人人都宜以善行相互劝导，以过失相互规诫，向往良好之风气，仰慕可敬之义行，相互勉励为良为善。如此则乡间劳作小民之忠厚老实，亦可以礼义作为农事的工具；雄健勇猛之军营士兵，亦可以诗书作为御敌的本领，古时候道一风同的盛况，定将再现于今天。

【经典心裁】

该篇集中阐述学校教育的重要。一个人要懂得孝顺父母、敬爱兄长的道理，知道如何立志，如何处世为人，如何治事做官，均离不开学校教育的熏陶培养。尤其强调学校教育，不仅仅是对读书人而言，而且兼及于广大民众。这就是说，学校教育之外还存在着一个社会教育的问题，还需要全体人民共同关心。在那些有知识、品行端正的人的言行影响之下，大家受到教育，都知道以善相劝勉，以过失相规诫。然而，在封建社会里，人们受教育的内容首先是纲常伦理方面的所谓大经大义，培养的显然也就是一批为封建制度死命卖力的所谓仁义之士。这些都是由时代和阶级的特性所决定了的,同时也是需要读者引起注意并加以鉴别的。但也必须看到,这其中关于学校教育与社会教育的密切联系,全体人民都应重视关心教育的观点则是有现实意义的。

明礼让以厚风俗

【原典精读】

汉儒有曰：凡民函五常之性①。而其刚柔缓急，音声不同，系水土之风气，故谓之风。好恶取舍，动静无恒，随厥情欲，故谓之俗。其间淳漓厚薄难以强同，奢俭质文不能一致，是以圣人制为礼以齐之。孔子曰②："安上治民，莫善于礼。"盖礼为天地之经，万物之序。其体至大，其用至广。道德仁义，非礼不成；尊卑贵贱，非礼不定；冠婚丧祭，非礼不备；郊庙燕飨③，非礼不行。是知礼也者，风俗之原也。然礼之用贵于和，而礼之实存乎让。子曰④："能以礼让，为国乎何有？"又曰："先之以敬让，而民不争。"使徒习乎繁文缛节而无实意以将之⑤，则所谓礼者适足以长其浮伪，滋其文饰矣。夫礼之节文，尔兵民或未尽习礼之实意，尔兵民皆所自具，即如事父母当孝养，事长上则当恭顺，夫妇之有倡随，兄弟之有友爱，朋友之有信义，亲族之有款洽⑥，此即尔心自有之礼让，不待外求而得者也。诚能和以处众，平以自牧⑦。在家庭而父子兄弟底于肃雍⑧，在乡党而长幼老弱归于亲睦。毋犯嚣凌之戒，毋蹈纵欲之愆⑨，毋肆一念之贪遂成攘夺，毋逞一时之忿致启纷争，毋因贫富异形有蔑视之意，毋见强弱异势起迫胁之心。各戒浇漓⑩，共归长厚，则循于礼者无悖行，敦于让者无竞心，蔼然有恩，秩然有义，党庠术序⑪，相率为俊良，农工商贾不失为醇朴，即韬钤介胄之士⑫，亦被服乎礼乐诗书⑬，以潜消其剽悍桀骜⑭，岂非太和之气，大顺之征乎？《书》曰⑮："谦受益，满招损。"古语又曰："终身让路，不枉百步；终身让畔⑯，不失一段。"可知礼之有得而无失也如此。朕愿尔兵民等聆圣祖之训而返求之于一身。尔能和其心以待人，则不和者自化；尔能平其情以接物，则不平者亦孚。一人倡之，众人从之；一家行之，一里效之，由近以及于远，由勉以至于安，渐仁摩义，俗厚风淳，庶不负谆谆告诫之意哉！

——节录自《四库全书·子部》

【注释】

①五常：史书上有数说。一说指仁、义、礼、智、信。二说指父子有亲，君臣有义，夫妇有别，长幼有序，朋友有信。三说指父义、母慈、兄友、弟恭、子孝5种封建伦理道德。

②孔子：春秋政治家、思想家，儒家学派创始人。

③燕飨：古时指宴会酒食。

④子：孔子。

⑤繁文缛节：烦琐的文辞和仪节。

⑥款洽：亲切，融洽。

⑦自牧：自养，自己修饰约束。

⑧肃雍：恭敬和好。

⑨愆（qiān）：罪过，错误。

⑩浇漓：风俗浮薄。

⑪党庠术序：乡党学校之技艺序别。

⑫韬钤介胄：用兵谋略，披甲戴盔。

⑬被服：喻为亲身感受。

⑭剽悍：好勇好斗。桀骜：凶暴残忍。

⑮《书》：儒家经典之一《书经》。

⑯畔：田地的界限。

【译文通解】

汉代学者说过：所有的人都包含有父义、母慈、兄友、弟恭、子孝等五常之秉性。而其刚柔缓急，特性不一样，则系于地方风气之轻重厚薄，所以称之为风。好恶取舍，动静无一定规律，则随其气闭情张，所以称之为俗。其间淳朴畅达、厚薄强硬难以强求统一，奢侈俭约、质朴文雅不能要求一致，因此圣人制礼以整齐划一。孔子说："安定朝廷，治理人民，最好的办法就是使用礼。"礼为天地之主干，万物之次序区别。其本体最为庞大，其功用最为广泛。要兴封建的道德仁义，不讲礼就不会实现；人与人之间尊卑上下、贵贱高低，不讲礼就不能确定下来；红白喜事的举办，不讲礼就不会完备周详；祭天地祖宗、宴请宾客，不讲礼就无法进行。所有这些都表明，礼这种东西实为风俗之本源。然而礼之使用贵在于一个"和"字，礼之实行则体现在一个"让"字。孔子说："能以礼为让，作为一个国家怎么不会存在呢?!"又说："先导之以敬让，而民众就不会有争执斗殴的事发生。"假如徒习烦琐的文辞和仪节而无实际意义加以扶助倡导，则这样的礼节适足以助长其轻浮虚伪之风，滋生其文辞装饰之习。礼之制约修饰，你们兵民或许未尽习礼之实意，其实你们人人身上都具备了这种秉性。即如对待父母双亲则应当孝顺供养，对待长辈和上级则当恭敬和顺，夫妇之间则当夫唱妇随，兄弟姊妹之间有友善亲爱之情，朋友之间有信守仁义之情，亲族之间有亲近融洽之情。这就是你们心中所固有的礼义谦让，不必外求而可以得到的。如果的确能做到和顺以处众，平静以修饰约束自己的言行举止。在家庭里父子兄弟一家人达到互相恭敬和好，在所居之地方长幼老弱归于亲近和睦。不要犯下恃强逞凶的错误，不要实践纵情私欲的罪过，不要任一念之贪婪而变为侵夺他人的利益，不要发泄一时之私忿以致酿成相互间的纷争，不要因为贫富悬殊而有看不起贫苦人的意念，不要看到强弱异势而起迫胁弱者的心迹。人人戒其风俗浮薄之风，共同归属于深厚淳朴之习。这样则遵循于礼者无悖逆不道的行为，重视于谦让者无竞凌之心念，和气亲近于深厚的情谊，次序井然而有正当的言行，乡党之学校技能有序别，相互倡率为俊杰之士、从良之民，种田做工经商做买卖的人不失其淳朴本色，即使是那些长于用兵、从征作战的人，也将对礼乐诗书有着亲身感受，不知不觉地消失其好斗凶残之性，这难道不是太平之气、安定境界的象征么？《尚书》说："谦虚可以得到好处，自满则会惹来麻烦。"古人又说："一辈子给别人让路，也不会枉走百步；一辈子让给别人地界，也不会失去一段田地。"可知崇尚礼之有得而不会有失也如此。我希望你们这些兵民聆听我的父亲圣祖仁皇帝的教训而返求之于自身的言行。你能和顺其心以对待别人，则不和者就会自行化解；你能安静其情绪以处理事物，则不安静者也会诚实地信服。一人倡导之，而众人跟随之，一家实行之，一地效法之，由近以及于远，由相互规勉以至于安定，受仁的感化、受义的砥砺，风俗深厚，风气淳朴，这样才不会辜负我对人民谆谆告诫之心愿啊！

【经典心裁】

此篇重点是突出三纲五常的封建伦理道德,要求人民身体力行去实践封建社会尊卑上下、贵贱高低的礼教次序,实际上就是要把人民培养成为忍受统治者剥削压迫的"顺臣良民"。这其中有关于为人处世时彼此礼让谦恭,虽在一定程度上可以借鉴其精华的一面,但从总体上说是应当予以批判的。

务本业以定民心

【原典精读】

朕惟上天生民必各付一业，使为立身之本。故人之生虽智愚不同，强弱异等，莫不择一业以自处。居此业者皆有本分当为之事，藉以有利于身，藉以有用于世。幼而习焉，长而安焉，不见异物而迁焉。此孟子之所谓恒产①，即圣祖仁皇帝之所谓本业也。维兹本业，实为先务。凡为士农为工商以及军伍，业虽不同，而务所当务则同也。夫身之所习为业，心之所向为志。所习既专，则所向自定。《书》曰②："功崇惟志，业广惟勤。"盖业与志本相须而成也。但恐日久生厌，舍旧而图新，或为浮言所动，或因际遇未通，一念游移，半途而废，作非分之营求，生意外之妄想。究之朝夕营营，不恒其德，资生寡策，历久无成，而志遂以荒，而业遂以废矣。夫业每荒于嬉而必精于勤，志贵奋于始而尤励于终。朕乐观尔之成，不忍见尔之废也。为士者谨身修行，矻矻穷年③，服习诗书，敦崇礼让，退为有本之学，进为有用之才。为农者春耕秋敛④，不失其时，撙节爱养，不愆于度⑤，先事以备水旱，如期而输税粮⑥，使地无余利，人无余力。工则审四时饬六材⑦，日省而月试，居肆而事成。商则通有无，权贵贱⑧，交易而退，各得其所，务体公平，勿蹈欺诈。若夫身列行阵⑨，行阵即其业也。弓马骑射，操练之必精；步伐止齐，演习之必熟。屯田则事垦僻，守汛则严刁斗⑩。备边则险要之宜知，防海则风涛之宜悉。庶几无负本业矣。

夫天下无易成之业，而亦无不可成之业。各守乃业，则业无不成；各安其志，则志无旁骛⑪。毋相侵扰，毋敢怠荒。宁习于勤劬⑫，勿贪夫逸乐；宁安于朴守，勿事乎纷华。熙熙然⑬，士食旧德⑭，农服先畴⑮，工利器用⑯，商通货财，兵资捍卫。各尽乃职，各世其业。上以继祖宗之传，下以绵子孙之绪。富庶丰亨，游于光天化日之下，以仰答圣祖告诫之殷怀，以克副朕休养之至意，顾不共享其福欤⑰?

——节录自《四库全书·子部》

【注释】

①恒产：指土地、田园、房屋等不动产。

②《书》：儒家经典之一《尚书》。

③矻矻（kū）：劳碌极甚。

④敛（liǎn）：收拢，聚集。

⑤愆（qiān）：罪过，过失。

⑥输：送给，捐献。

⑦四时：一年之春夏秋冬节气。六材：古代从事土工、金工、石工、木工、兽工、草工的人。

⑧权：衡量，权衡。

⑨行阵：军营作战。

⑩守汛：防守军营所居之地。

⑪旁骛：邪恶不守约束。

⑫勤劬（qú）：辛苦劳作。

⑬熙熙：和乐貌。

⑭士食旧德：士大夫享受先代的德泽，往日的善政。

⑮农服先畴：农民从事耕作于祖先的田地。

⑯工利器用：做事顺利，发挥效果。

⑰顾：难道。欤（yú）：表示疑问，反问。

【译文通解】

我思虑上天生民必定给予各人一门职业，使之成为立身之本。所以人生在世上虽然有聪明愚昧的不同，有刚强懦弱的差别，但谁都要选择一门职业以自存。从事一门职业都有这门职业里按本分应当做的事，从而有利于自己，从而有用于国家。幼年时学习，年长时稳定下来，不见异物而改变其本业。这就是孟子所谓的"恒产"，亦即圣祖仁皇帝之所谓本业。因此，维持这个本业，实为首要任务。凡士农工商以及军营士兵各色各样的人，本业虽然不同，但专力于所当专力的事务则是相同的。如果身之所习者为事业心之所归向，为志所习既然专一，则所以归向者自然稳定不移。《尚书》说："功名显著在于志专，业绩广大惟有勤奋。"这里说的是业绩与志向本来就是相辅相成的道理。但恐时间一长，对自己的职业就会产生一种厌恶之感，以至于喜新厌旧，或者为浮言所鼓动吸引，或者因机遇尚未通达，心绪不定，半途而废，从事于非分之筹划，产生意外的妄想。究其原因，乃朝夕往来周旋，不能持久地坚持进德修业，致生寡策，历久无成，而其志随之废弃，而其业亦随之停止了。凡是职业每每荒疏于嬉戏玩乐，而必定精于勤奋；志向贵奋发于开头，而尤需奋勉于最后。我乐意看到你们之成功，而不忍心看到你们之失败。作为读书做官之人，谨慎约束自己的言行，一年到头辛勤劳碌，孜孜不倦地研习诗书等有用之学，重视推崇礼仪谦让之大经大义，即使不当官亦为有本之学，当了官则为有用之才。作为农民，春耕秋收不失其时节，节省爱养不失于适度，首先考虑的是防备水旱灾害，如期缴纳税捐和粮食，使地无余利之未利用，人无余力之未使出。做工的则审察春夏秋冬之变化，整顿督饬土、金、石、木、兽、草等工种，每日节约而每月考核结算，居于市集贸易之处亦可以成其事。经商做买卖者则往来互通有无，权衡贵贱交易而返，各得其所，务必做到公平合理，不要实行欺人诈骗之术。至于身列军营打仗，打仗即是自己的职业。骑马射箭之事须认真进行，操练必须精熟，步伐必须整齐，演习必须熟练。屯田时则必须勤奋地从事于耕耘垦僻，防守时则严戒刁顽斗殴，守备边关时则险要在何处必须知道明白，固守海防时则风涛之事必须熟悉如常。这样就不至于有负于自己的本业了。

普天之下没有容易成功之职业，而亦没有不可能成功之职业。如果人人都谨守自己的本业，那么其业无有不成者。如果人人各安其自己的志向，则志向无邪偏歪斜之弊。不相互侵扰，不敢怠慢荒废。宁可习于辛苦劳作，也不去贪图享乐；宁可安于朴素老样，也不过分讲究纷华盛丽。士大夫和乐地享受先代之德泽善政，农民和乐地耕作于祖先留下的田地，工匠和乐而顺利发挥器物之作用，商人和乐地交接往来的货物钱财，士兵和乐地付出捍卫国家之力。各尽自己的职分，各世守其本业。上以继承祖宗之传递，下以延绵子孙之发端。富庶丰亨，悠游于正大光明之下，既能敬仰报答我的父亲圣祖仁皇帝对你们的谆谆告诫、殷切关怀之情，又符合我静养亿万民众的深厚之意，岂不共享其幸福吗？

【经典心裁】

此篇详细而具体地阐述了勤专一业和树立明确的人生志向,是一个人生存在世上并有所作为的根本保证所在。虽然各人的能力有大小高低之分,所从事的专业不同,但其专业的性质是一样的。只有专心致志,务其本业,不喜新弃旧,不好逸恶劳,不贪婪狡诈,不损人利己,就会做到功夫不负有心人,功成名就,显扬于世;或者温饱度日,无忧无虑。这种务其本业的观点,至今仍有其积极意义。

咸丰帝家训

【撰主简介】

咸丰帝（1831—1861年），姓爱新觉罗，名奕詝。庙号文宗。道光帝（旻宁）第四子，生母孝全成皇后。道光三十年（1850年）二月即位。是年，湖南新宁地方爆发李沅发起义。次年一月，太平天国在广西桂平县金田村起义。从此，咸丰帝"遂无一日之安"。三月，他任命赛尚阿为钦差大臣至湖南防堵，旋命入广西接办军务。而1852年太平军挺进湖南、湖北，进而攻克武昌、九江、安庆、南京、扬州，并出师北伐。由于他破例地令曾国藩等汉族官绅举办团练，并担负镇压太平军的指挥职责，始能最终镇压太平天国农民起义。1856年9月起，英、法联军发动第二次鸦片战争，他曾一度主战，但因兵败、大沽炮台失守等，他先后派大臣同俄、美、英、法分别签订《天津条约》、《北京条约》等丧权辱国的不平等条约。1861年9月，病死于热河行宫，时年31岁，其皇长子载淳年仅5岁。

咸丰帝死得较早，在位时间不长，所颁布的皇家家训极为有限。但他所述的帝王之孝，应像周武王、周公那样，继承前辈遗志，祖述先人之事较为典型。

为孝应效法武王、周公

【原典精读】

咸丰十年二月丁酉，上御文华殿①。直讲官肃顺②、许乃普讲述《中庸》"夫孝者善继人之志③，善述人之事者也"。讲毕，上宣御论曰："孝也者，先王所为至德要道也④。圣人之孝与常人异,天子之孝与庶人异。尽伦尽制,皆孝中之志与事,即皆前人之志与事也。《中庸》论武⑤、周之达孝⑥,而申之以善继志、善述事,诚以孝道至大。人子之心,在善窥乎天理人情之所同⑦,因时起义⑧,以求满其孝之本量而已⑨。前人所有之志与事,固当敬承而勿替,即前人所未遑制作者⑩,但使所志、所事,协天理,顺人情,正不必前人所已为,而要皆前人所欲为。特时位不同⑪,故前人未及为之⑫,而有待于后人。是以论其迹⑬,则今昔异宜⑭,推其本则后先同揆也⑮。武、周为人伦之至,故能善继善述,使孝之量充满而无遗,《经》所称通于神明⑯,光于四海者,其武、周达孝之谓乎!"

——节录自《清实录·文宗实录》

【注释】

①文华殿:在太和殿东,传心殿西。

②直讲:讲解经书、经术的官员。肃顺:满洲镶兰旗人,爱新觉罗氏,郑亲王端华之弟,历官至户部尚书、御前大臣。咸丰帝死,受命为赞襄政务

大臣，后在慈禧太后与奕䜣发动的"辛酉政变"中被杀。

③许乃普：浙江钱塘人，嘉庆进士，官至吏部尚书、太子少保。

④至德：最高道德标准。

⑤武：指周武王。

⑥周：指周公。

⑦窥：发现，了解。

⑧起义：记事之文，立义以发凡。

⑨本量：本来的、原先的含义。

⑩未遑：未来得及。

⑪时位：时间、地位。

⑫故：所以。

⑬迹：事迹，业绩。

⑭异宜：不尽适宜。

⑮同揆：相同的准则。

⑯《经》：概指经书。

【译文通解】

咸丰十年（1860年）二月丁酉日，咸丰皇帝亲到文华殿。直讲官肃顺、许乃普给他讲解《中庸》"夫孝者善继人之志,善述人之事者也"一段。讲解完毕,咸丰皇帝便宣达他的论述:"孝这个东西,是前代先王视为最根本、最高级的道德标准和最主要的道理。圣人和一般人的孝道有所不同,天子的孝道与平民百姓的孝道也不一样。但是,力求做到伦常、礼制,这些都是孝道中的内容和事情,这也是前人所曾想做并已做过的事。

《中庸》论述周武王、周公具有天下最大的孝道时,曾阐述很好地继承先人之志,好好地记述先人的事迹,这才是至大至上、真正的孝道!为人之子,其心思要善于深刻理解,天理和人情有共同之处,要根据不同的时代,去考虑以什么样的内容去充实当时的孝道,使之具有孝道本来具有的内涵。前人所有的志向和事迹,固然应当虔诚地继承下来而不可废弃,但前人所未曾来得及做到的,只要是所想、所做合乎天理,顺乎人情,那就不必拘泥于前人所已做过的,而要紧的还在于去做前人想做而未曾做到的事。因为时间、地位不同,所以前人还未来得及做的,等待后人去完成它。由此而论,为孝之事迹，现在和过去不尽相同，但究其根本则后人、前人都遵循着同样的准则。周武王、周公是遵循人伦关系的最高典范，所以他们能够很好地做到继承前人之志，很好地记述前辈之业绩，从而使孝道的内涵充实而无所遗漏。经书上所说的通达于神明，光照于四海的人和事，大概就是指周武王、周公的孝道吧！"

【经典心裁】

篇中指出为孝之道，因时、因人而有异。帝王之孝与庶民之孝就不尽相同。帝王之孝应该像周武王、周公那样，侧重于继承前辈遗志，祖述先人之事。只要做到这一点，才是最高级的孝道。言辞之中流露出浓厚的封建等级观念。但为孝之道，取其大者，确是一种更高层次的见解。

同治帝家训

【撰主简介】

同治帝（1857—1874年），姓爱新觉罗，名载淳。文宗皇长子。五岁继位，皇太后垂帘听政。在位13年以疾卒，谥毅，庙号穆宗，年号同治。

咸丰、同治年间，清王朝内外交困，封建统治摇摇欲坠。面对此种情况，皇太后、皇后采取优礼长辈以增强内部凝聚力，博访老成学者为师以加强修养，借鉴祖宗统治经验以加强统治，躬行节俭以革除浮华，汇集祖宗之法以资借鉴，等等，并以此警饬自己，戒励后人。

优礼长辈以积聚人心

【原典精读】

咸丰十一年十月甲子,又谕:前以惇亲王、恭亲王、醇亲王、钟郡王、孚郡王,均系朕之叔,业经降旨,除朝会大典外,其寻常召对及内迁宴赏,均无庸叩拜,以示优隆①。因思谕旨奏章内仍复书名,朕心实有不安。嗣后惇亲王、恭亲王、醇亲王、钟郡王、孚郡王,除朝祭大典外,其余谕旨,并各衙门奏折,止书王号,均着无庸称名,用示朕敬长、亲亲有加无已之至意②。

——节录自《清实录·穆宗实录》

【注释】

①优隆:特别优厚的尊崇。
②至意:美好的心意。

【译文通解】

咸丰十一年十月甲子日,又下达谕旨:此前,因惇亲王、恭亲王、醇亲王、钟郡王、孚郡王,他们都是我的叔叔,已下达圣旨说明,除臣属朝见君王的朝会和举行大典之时,其他平时一般的召见对话和宫廷的宴赏活动,都不需行叩拜之礼,以此表示我对他们特别优待的尊崇之意。但因为谕旨、奏章中仍旧直呼其名,我实在感到有些不安。今后惇亲王、恭亲王、醇亲王、钟郡王、孚郡王,除朝会、祭礼、大典外,其余谕旨和政府各部门的奏折上,也只写王号,而不要再直接称呼他们的名字,以此来表示我尊敬长辈,对亲属友好亲切已达到无以复加程度的良苦用心。

【经典心裁】

同治帝在篇中指示不要求惇亲王等叔辈皇族亲王,在一般场合也行叩拜之礼。并在谕旨和奏章中不直称其名而只写王号，表示对长辈的特殊优待。在不违反封建礼教的前提下，这是增强最高统治集团内部凝聚力的一种措施。

博访正直、学问优秀的人为师

【原典精读】

咸丰十一年十月庚午谕：朕奉母后皇太后、圣母皇太后懿旨，朕以冲龄践阼①，亟宜典学②，以端蒙养之基③。现在师傅惟李鸿藻一人④，尚应博访老成、端谨、学问优长之士，同资辅导，而裕性功⑤。着议政王、军机大臣、大学士、翰林院掌院学士共举所知，无论曾任、现任及官阶大小，择其足膺是选者⑥，奏保数员，以备简用。

——节录自《清实录·穆宗实录》

【注释】

①践阼（zuò）：古时天子登位称谓。

②典学：帝王子孙入学称谓。

③蒙养：以蒙昧隐然的态度修养真正之德。

④李鸿藻：咸丰进士，直隶高阳（今河北高阳）人。历任同治帝师傅、军机大臣及兵部、吏部、礼部尚书等职。

⑤性功：本性精好。

⑥膺：受；当。

【译文通解】

咸丰十一年（1861年）十月庚午日谕旨：我奉母后皇太后和圣母皇太后的指令，因为我以幼小之年岁而登帝位，应该赶快入学读书，以端正我发蒙修养的良好基础。现在，我的师傅只有李鸿藻一人，还应该广泛访求那种为人老成、正直、谨慎、学问优秀过人的读书人，同李老师一起对我进行辅导，培养我良好的性行。县令议政王、军机大臣、大学士、翰林院负责人共同推荐你们所了解的这方面的人才，不管是退下来的，还是仍在任上的官员，也不管他的官阶是大是小，挑选出那种足以胜任上述选择标准者，上奏保举数人，以供选择使用。

【经典心裁】

篇中指出为皇帝选择的老师,其主要要求是老成、端谨、学问优长。其实,一般人择师,亦理应如此。

以历史为鉴并以祖宗为法

【原典精读】

咸丰十一年十月庚午,谕内阁:朕奉母后皇太后、圣母皇太后懿旨,列祖列宗丰功伟烈……载在《实录》①,圣训炳若日星,向由内阁每日恭进,奉为成宪②。朕以冲龄践阼,尤应朝夕循诵,以为法守③。着仍照旧章,分日恭进,用资讲习。……并承慈命,将历代帝王政治及前史垂帘事迹④,着南书房⑤、上书房翰林等⑥,择其可为法戒者,据史直书,简明注释,汇为一册,恭呈慈览。该大学士、总裁、翰林等于汇纂成书后,均着交议政王军机大臣复看,再行缮写进呈。

——节录自《清实录·穆宗实录》

【注释】

①《实录》:书名,即《清实录》。

②成宪：旧定法律。

③法守：按照法度履行自己的职守。

④垂帘：指女后临朝听政。

⑤南书房：翰林在内廷侍候皇帝的地方。

⑥上书房：皇子读书的地方。

【译文通解】

咸丰十一年（1861年）十月庚午日，谕告内阁：我奉母后皇太后和圣母皇太后的指令：我大清朝列祖列宗曾创立丰功伟业。……这些都载在《实录》一书中，圣上的庭训就像太阳、星星一样明亮。往昔都是由内阁每天恭敬抄录好送入宫中，遵奉为同以前的法律一样的行为准则。我从很小就登上皇帝的宝座，尤其需要每天一早一晚照着诵读，以它们为旧日法律一样的规章。现命令，仍旧依照旧日规章按日恭敬地送上，以用做讲习的材料。……我还秉承母后的命令，把历代帝王政治故事和前代历史中有关垂帘的事迹等，叫南书房、上书房的翰林们，选出其中可作为借鉴的事迹，根据历史，据实而写，加上简明的注释，汇编为一册，然后送呈母后，让她们浏览。那些大学士、总裁、翰林等收集、编纂成书后，都要叫他们送交给议政军机大臣再看一遍，然后再缮写好送上来。

【经典心裁】

篇中指示要将《实录》等典籍中有关清朝列祖列宗的丰功伟业的记载汇集成册，以此作为成宪、法守、法戒。表现出一种强烈的以祖宗为法和借鉴历史的意识。

躬行节俭，革除浮华

【原典精读】

咸丰十一年十月庚午，又谕：御史钟佩贤奏请崇节俭以裕度支等语①……览该御史所奏，甚合崇俭黜华之意，况现在军兴日久，度支告匮②，供亿输将③，闾阎力竭④。兴言及此，即菲食恶衣，犹觉难安寝寐⑤。朕仰承慈训，惟当躬行节俭，何敢稍涉纷华⑥。嗣后一切服御用物，有可以节省裁撤者，着总管内务府大臣，随时奏闻，以副朕志。

——节录自《清实录·穆宗实录》

【注释】

①御史：官名。明清时仅存监察御史，分道行使纠察之权。

②匮：缺乏。

③供亿：按需要而供应。输将：运送。

④闾阎：泛指民间。

⑤难安寤寐：难以入睡。

⑥纷华：繁华盛丽。

【译文通解】

咸丰十一年（1861年）十月庚午日，又谕令：御史钟佩贤奏请提倡节俭，以增加财政收入的上奏文章……我看了这位御史的奏章后，觉得他在文章中所议很符合我提倡节俭和革除浮华的意图。何况，现在朝廷征集财物以供军用的情况，已为时很久了。国家财政已经出现匮缺的危机，而为了承担供应和运输任务等，民间已是精疲力竭。我一说到这些问题，就感到即使自己省吃俭用，穿粗布旧衣，也忧思难去，夜不能入睡。现在得到母后们的教诲，我只有亲身带头节俭，绝对不敢有一点追求豪华奢侈生活的想法。以后，我的衣服车马等一应用品，凡有可以裁减、撤除者，叫总管内务府大臣随时向我报告，以实现我提倡节俭的想法。

【经典心裁】

咸丰和同治年间，清王朝内外交困，封建统治摇摇欲坠，面对此情况，皇太后、皇帝力倡俭朴、节约，不仅是为了改变国家财政收入匮缺的困境，更是为了激发统治阶级内部的精神状态，使之振作起来。

节约须从宫廷始

【原典精读】

咸丰十一年辛酉十一月乙巳,钦奉母后皇太后、圣母皇太后懿旨:金八件着改用黄铜镀金①。舆轿什件等项,着改用银②。

扇旗纛金顶③,着改用黄铜。以昭节俭。

——节录自《清实录·穆宗实录》

【注释】

①金八件:指宫中礼器之类。
②银:似指银饰件,马鞍。
③纛(dào):帝王乘舆上用牦牛尾和雉尾制成的饰物,后也指军中或仪仗队的大旗。

【译文通解】

咸丰十一年辛酉十一月乙巳日,敬奉母后皇太后、圣母皇太后懿旨：令将金八件改为用黄铜镀金制品替代。车轿及各种日用器具，则改用铁包银。

扇、旗、大旗等仪仗的金顶，令改用黄铜制品，以此表明节俭之意。

【经典心裁】

从节俭精神出发，对礼器、仪仗等改用廉价代用品，不管其实际执行情况如何，从理论上而言终究是值得肯定的。

不可稍耽安逸

【原典精读】

同治元年正月乙酉,谕内阁:朕奉母后皇太后、圣母皇太后懿旨:"天生民而立之君,使司牧之①。"人君之职,所以理万民而使之安居乐业,衣食各得其所也。……我朝列祖列宗,宵衣旰食,无日不勤求民隐,是以蠲租肆赦之诏②,岁不绝书。皇帝以冲龄,寅绍丕基③,若涉大川,罔知攸济④。深惟出治之原,必以民生为本,恫瘝在抱⑤,癏瘵时萦⑥。……每以披览章奏,见其杀贼多名者,未尝不为之恻然矜悯⑦。因是,深自刻责⑧,菲衣恶食,一切御用器物,悉视向例裁减,未明求衣,日昃不遑⑨。皇帝虽在冲龄⑩,亦当存民饥、民溺之思⑪,不可稍耽安逸。

——节录自《清实录·穆宗实录》

【注释】

①司牧：以羊喻民，指统治民众。

②肆赦：宽赦罪人。

③寅绍：恭敬地继承先人之志。

④攸济：谨慎而全力济助人民渡过难关。

⑤恫（tāng）瘝（guān）在抱：比喻关怀人的疾苦如同身受。

⑥萦：挂念。

⑦矜悯：怜惜。

⑧刻责：深自责备。

⑨未明求食，日昃不遑：形容勤于政务。

⑩冲龄：年幼。

⑪民溺：人民的危难。

【译文通解】

同治元年（1862年）正月乙酉，谕令内阁：我奉母后们的旨意，她们说：天生人民百姓，而又树立一个君王，让他去治理这些人民。人君的职责就在于管理万民，让他们能够安居乐业，每个人都得到他应得到的那份衣食。……我们清王朝的列祖列宗，天未明就穿衣起床，傍晚才进食，没有一天不为寻求解除人民痛苦的办法而奔忙。所以，关于减免租税、大赦的诏书，每年都在下达。皇帝以幼小的年龄继承祖辈开创的基业，就像要渡大河，还不知其中的危险。深加思考，要想达到实现政治安定、清明的目的，其根本办法就是，一定要以解决民生问题为治国之要，设身处地地去关心人民的疾苦，把老百姓的问题时时放在心上。……每次翻阅奏章、奏本，看到上面所写杀贼多少多少时，就不能不为被杀之人而感到悲痛和怜惜。因此而深自责备，节衣缩食，一切使用的器物，都依照惯例而进行裁减。每天天不亮就穿衣起床，太阳西下也不休息。皇帝虽然年幼，也应该有老百姓还在饥饿之中，还在危难中的忧国之思，绝不可以有一点对安逸生活的迷恋之情。

【经典心裁】

篇中以体恤民生的角度,谈提倡节俭的必要性。说明这种节俭观有着紧迫的现实性,即与当时社会的动乱不无关系。

集祖宗之法以资借鉴

【原典精读】

同治元年三月丁未,谕内阁:前奉母后皇太后懿旨,命南书房、上书房翰林等,将历代帝王政治及前史垂帘事迹,择其可为法戒者,据史直书,简明注释,汇册进呈。兹据侍郎张之万等汇纂成书,缮写逞递,法戒昭然,足资考镜①,着赐名《治平宝鉴》。

——节录自《清实录·穆宗实录》

【注释】

①考镜:考核、借鉴。

【译文通解】

同治元年(1862年)三月丁未日,谕告内阁:此前奉母后皇太后的旨意,命南书房和上书房的翰林等，把历代帝王的政治业绩和前代历史上母后垂帘听政的事迹，选择其中那些可以作为借鉴的东西，根据历史不加修饰地记下来，简明地加以注释，汇集成册送呈上来。现据侍郎张之万等报告，他们已汇集、编纂成书，然后将书稿缮写好呈送上来了，其内容显然很有参考借鉴价值，完全可以作为考察有关事务的一面镜子，特赐书名为《治平宝鉴》。

【经典心裁】

篇中指示，将前代统治经验，尤其是母后垂帘听政的经验汇集成册，以资借鉴。

萧何家训

【撰主简介】

萧何（？—前193年），汉初大臣。沛县（今属江苏）人。曾为沛县吏。秦末佐刘邦起义。起义军入咸阳，诸将皆争取金帛，何独收秦相府律令图书，得以掌握全国山川险要、郡县户口和社会情况。楚汉战争中，荐韩信为大将，自任丞相，留守关中，输兵馈饷，军需无乏，对刘邦战胜项羽，建立汉朝，立有大功。天下已定，以功第一封酂侯。定律令制度，协助刘邦消灭韩信、陈豨、英布等异姓诸侯王，执行"与民休息"的政策，对发展生产、巩固中央集权起过重要作用，为开国名相。所作《九章律》，今佚。

萧何对子孙要求相当严格。这里介绍他的《诫后世》，以飨读者。

诫后世

【原典精读】

后世贤①，师吾俭②；不贤，毋为势家所夺③。

——节录自《史记·萧相国世家》

【注释】

①《汉书·萧何传》作"令后世贤"。
②师：效法。
③势家：指有权势的人家。

【译文通解】

后辈如果有才能，就效法我的节俭；如果没有才能，也不要被有权势的人家所侵夺。

【经典心裁】

萧何作为汉王朝的开国丞相,拥有赫赫权势。但据史书记载:他一生节俭,"置田宅必居穷辟处,为家不治垣屋。"(《汉书·萧何传》)因此,他能够要求子孙效法他的节俭。

韦玄成家训

【撰主简介】

韦玄成,汉邹人。字少翁。其父贤为宣帝时丞相,世习《鲁诗》,号称邹鲁大儒。玄成明经好学,继修父业,礼贤下士,敬爱贫贱,名誉日广。父贤卒,诏玄成继父嗣,佯病狂不应召。后不得已受父爵。元帝时,官至丞相。

玄成严于律己,对子孙要求也非常苛刻。这里介绍他的《诫子孙》诗,以飨读者。

诫子孙

【原典精读】

于肃君子①，既令厥德②，仪服此恭③，棣棣其则④。咨余小子，既德靡逮⑤，曾是车服⑥，荒嫚以队⑦。

明明天子⑧，俊德烈烈⑨，不遂我遗⑩，恤我九列⑪。我既兹恤，惟夙惟夜，畏忌是申⑫，供事靡惰。天子我监⑬，登我三事⑭，顾我伤队⑮，爵复我旧。

我既此登，望我旧阶，先后兹度，涟涟孔怀⑯。司直御事⑰，我熙我盛⑱；群公百僚，我嘉我庆。于异卿士，非我同心，三事惟艰，莫我肯矜⑲。赫赫三事⑳，力虽此毕，非我所度，退其罔日㉑。昔我之队，畏不此居，今我度兹，戚戚其惧㉒。

嗟我后人，命其靡常，靖享尔位㉓，瞻仰靡汉书荒㉔。慎尔会同㉕,戒尔车服,无惰尔仪,以保尔域。尔无我视,不慎不整;我之此复,惟禄之幸㉖。于戏后人㉗,惟肃惟栗㉘。无忝显祖㉙,以蕃汉室㉚!

——节录自《汉书·韦贤传》

【注释】

①于:叹词。肃:敬。

②令:善,美。厥:第三人称代词。

③仪:仪表容止。服:服饰。

④棣棣(dì):亦作"逮逮"。雍容娴雅的样子。《诗·邶风·柏舟》:"威仪棣棣。"

⑤逮:及,赶上。

⑥车服:车和章服。《书·舜典》:"明试以功,车服以庸。"注:"功成则赐车服以表显其能用。"

⑦嫚:轻慢。队:"坠"的古字。

⑧明明:明智聪察。多用来歌颂帝王和神灵。

⑨俊:通"峻",大。烈烈:威武的样子。

⑩遂:终。

⑪恤：安置。九列：九卿（古时中央政府的九个高级官职）之位。时韦玄成任九卿中少府一职，掌山海池泽收入和皇室的手工业制造。

⑫申：自我约束。

⑬监：监视，督察。

⑭登：升。三事：三公（司徒、司马、司空）之位。此处指丞相。

⑮队："坠"的古字。

⑯涟涟：泪流不止的样子。孔：甚。

⑰司直：官名。汉代置司直，掌佐丞相举不法。御事：治事之吏。

⑱熙：兴盛。

⑲矜：通"怜"。怜悯，同情。

⑳赫赫：显耀盛大的样子。

㉑退：贬退。罔：无。

㉒戚戚：忧惧的样子。

㉓靖：图谋。享：享用。

㉔瞻仰：仰望。

㉕会同：古代诸侯朝见天子的通称。

㉖禄：福。

㉗于戏：感叹词。同"呜呼"。

㉘栗：严肃。

㉙忝：辱，有愧于。显祖：对有功业的祖先的美称。

㉚蕃：通"藩"，屏障之意。

【译文通解】

啊！那高尚的君子，都肃敬以使自己的德行美善；他们的仪表容止和服饰是那样恭敬而雍容娴雅，足可为他人所效法。唉！我这不中用的人，德行已是赶不上君子；还要荒嬉轻慢，竟然失去祖辈受赐的车服。

明智聪察的天子，伟大的德行，多么威武；不追究我的过失，委任我少府一职。我已经担任了这个职务，只有早晚警戒，小心畏惧，自我约束，供奉自己的职责，不敢懈惰。天子督察我的工作，把我升上三公之位；又顾念我曾因贬职而忧伤，恢复我原有的爵位。

我已经登上三公之位，瞻望我原有的爵阶，我父亲也曾经担任丞相职务，我不禁泪流不止，忧思满怀。司直和治事之人佐我兴盛而为职务，群公百僚都来相庆。但这些卿士并不和我心同，丞相的职事非常艰难，却没有人对我表示同情。

丞相的职事多么显耀盛大，我尽管全力来做它，但仍不是我所能胜任的，只担心会贬退无日。从前我失去官职，害怕的不是担任了丞相职务；今天我身居丞相之位，却战战兢兢，非常恐惧。

啊！我的子孙，天命无常，你们要考虑如何享用你们的职位，丝毫也不要荒怠。朝见天子时要小心谨慎，戒慎你们的车服，不要懈惰你们的仪容，以保住你们的封邑。你们不要效法我，不谨慎，不严整；我之所以恢复了旧有的爵位，完全是幸运地得到了上天的恩赐。啊！我的子孙，你们要严肃戒慎，不要辱没了你们的祖先，要一心一意保卫汉室！

【经典心裁】

韦玄成对子孙要求很严格。在这首《戒子孙》诗中，他先是认真地进行自我反省，然后对子孙提出严格要求。这种勇于解剖自己、严格要求子孙的思想，今天对我们仍有教益。但诗中流露出的对封建帝王感恩戴德以及听天由命的思想，却是应当加以批判的。

平当家训

【撰主简介】

平当（？—前5年），汉平陵（今陕西咸阳市西北）人。字子思。对《尚书·禹贡》颇有研究，成帝派他整治黄河，主持河堤工程。哀帝时，官至丞相。这里介绍他的《敕室家》，以飨读者。

敕室家[①]

【原典精读】

吾居大位，已负素餐之责矣[②]。起受侯印，还卧而死，死有余罪。今不起者，所以为子孙也。

——节录自《汉书·平当传》

【注释】

①敕（chì）：告诫。室家：家庭，夫妇。引申为家中的人。《汉书·武五子传》："父子不和则室家丧亡。"

②素餐：不劳而坐食。

【译文通解】

我身居大位，已经背上了吃白饭的罪责了。勉强起来接受侯印，回到家中卧病死去，死了也有余罪。我今天不起来接受侯印的原因，就是为子孙着想啊！

【经典心裁】

平当官居丞相，汉哀帝打算封他为关内侯，派使者召他。当时，平当身患重病，没有应召。他的家人劝他为子孙考虑，强起应召，接受侯印，平当于是说了上面这番话。平当认为，自己尸位素餐，如果无功受禄,只能害了子孙。今天,我们一些年轻人自己不努力奋斗,一心指望父母亲给他挣下家业,读了平当这段训诫,不是可以从中获取一些教益吗?

丁鸿家训

【撰主简介】

丁鸿（？—94年），东汉颍川定陵（今河南郾城西北）人。字孝公。13岁时，从桓荣受《欧阳尚书》，持"天人感应"论。章帝时与诸儒于白虎观论定五经同异，鸿论难最明，时人叹曰："殿中无双丁孝公。"深得章帝赏识，被提升为校书官。和帝永元四年（92年），代袁安为司徒。后官至太尉。

鸿初不愿袭父爵为官，曾上书让官于弟盛。这里介绍其《与弟盛书》以飨读者。

与弟盛书

【原典精读】

鸿贪经书①,不顾恩义,弱而随师②,生不供养,死不饭唅③,皇天先祖,并不祐助④,身被大病⑤,不任茅土⑥。前上疾状,愿辞爵仲公⑦,章寝不报⑧,迫且当袭封。谨自放弃,逐求良医。如遂不瘳⑨,永归沟壑⑩。

——节录自《后汉书·丁鸿传》

【注释】

①贪:贪恋,舍不得。

②弱:年少。

③饭唅:见梁商《敕子冀等》注释③。

④并:都。

⑤被:遭受。

⑥任:堪,胜。茅土:古代皇帝社祭的坛用五

色土建成,东方青,南方赤,西方北,北方黑,中央黄。分封诸侯时,把一种颜色的泥土用茅草包好授给受封的人,作为分得土地的象征。后称封诸侯为授茅土。

⑦仲公:丁盛的字。

⑧章:臣下的奏章。寝:停止。报:答复。

⑨瘳(chōu):病愈。

⑩沟壑:溪谷。引申指野死之处。

【译文通解】

我丁鸿贪恋经书,不顾念恩义,年少时就跟随老师学习,在父母活着的时候不能尽到供养的责任,他们死了也不能为他们提供饭唅的物品,皇天先祖,都不祐助,以致身染大病,担当不了受封的恩德。前不久我呈上自己染疾的奏章,希望把爵位辞让给你,不料呈上的奏章没有得到答复,朝廷又逼着我承袭父亲的封爵。我自己想谨慎地放弃受封,逐个去寻求良医。如果疾病不能痊愈,从此就永辞人世。

【经典心裁】

丁鸿在篇中表明自己不愿承袭父亲的封爵,而愿将其辞让给弟弟丁盛。这种爱护幼弟、注重兄弟情谊的精神,是值得我们学习的。

梁商家训

【撰主简介】

梁商（？—141年），东汉安定乌氏（今甘肃平凉西北）人。字伯夏。其姑为和帝生母，女为顺帝皇后。商少以外戚拜郎中，迁黄门侍郎。永建三年（128年），迁侍中、屯骑校尉。后官至大将军。

商为人谦让柔和，能虚己进贤。这里介绍他的《敕子冀等》，以飨读者。

敕子冀等①

【原典精读】

吾以不德,享受多福。生无以辅益朝廷,死必耗费帑臧②,衣衾饭晗玉匣珠贝之属③,何益朽骨。百僚劳扰,纷华道路④,只增尘垢,虽云礼制,亦有权时⑤。方今边境不宁,道贼未息,岂宜重为国损!气绝之后,载至冢舍⑥,即时殡敛⑦。敛以时服⑧,皆以故衣,无更裁制。殡已开冢,冢开即葬。祭食如存⑨,无用三牲⑩。孝子善述父志⑪,不宜违我言也。

——节录自《后汉书·梁统传》

【注释】

①冀:梁冀(?—159年),字伯卓。父商死后,继为大将军。顺帝死,与妹梁太后先后立冲、质、桓三帝,专断朝政20多年。后桓帝谋诛梁氏,

他因而自杀。

②帑臧（táng zàng）：国库。臧：通"藏"，积贮，库藏。

③饭唅：以珠玉贝米之类纳于死者口中。《白虎通》："大夫饭以玉，唅以贝；士饭以珠，唅以贝。"

④纷华：繁华富丽，荣耀。

⑤权时：衡量时势。

⑥冢舍：古代墓旁的房舍，供死者子孙守墓居住。

⑦殡：殓而未葬。敛：通"殓"。给尸体穿衣下棺。

⑧时服：平时的衣服。

⑨存：活着。

⑩三牲：古代指用于祭祀的牛、羊、猪。

⑪述：顺行。

【译文通解】

我的品德不怎么样，却享受过多的福禄。活着对朝廷没有什么助益，死了倘若耗费国库，浪费那些收殓的衣衾、口含的珠贝、陪葬的玉匣一类实物，对朽骨有什么好处？死后弄得百官劳累忙扰，繁华富丽的道路上，徒自增多一些灰尘垢土而已。这样做虽然是礼制的要求，但也应当权衡时。现在边境不安宁，盗贼没有平息，哪里能够再给国家造成损失呢？我断气之后，把我的尸体运到墓旁的房舍，就及时安葬。给我穿上衣服，都用我平时穿过的旧衣，不要再另外裁制。停葬完毕就开墓，墓开好以后就下葬。祭祀的食品如同我活着的时候，不要采用牛、羊、猪三牲。孝子要好好顺行我的意志，不应当违背我说的话。

【经典心裁】

梁商虽然身居高位，不仅平时过着较为俭朴的生活，而且临终前还能要求儿子们在他死后，丧事从简。这种态度是可取的。尤其他在遗言中提出"不循礼制，要审时度势而行"的观点，对我们更有所教益。

诸葛亮家训

【撰主简介】

诸葛亮（181—234年），三国蜀汉政治家、军事家。琅玡阳都（今山东沂南南）人。字孔明。东汉末，隐居邓县隆中（今湖北襄阳西），躬耕陇亩。善计谋，通兵法，留心世事，自比管仲、乐毅，人称"卧龙"。建安十二年（207年），刘备三顾茅庐乃见，他向刘备提出占据荆（今湖北、湖南）、益（今四川）两州，和好西南各族，东联孙吴，北伐曹魏，统一全国的策略，即"隆中对"。从此成为刘备的主要谋士。后佐备联孙攻曹，大败曹兵于赤壁，并占据荆、益，建立了蜀汉政权。曹丕代汉，他辅佐刘备称帝，任丞相。建兴元年（223年），刘禅继位，他以丞相封武乡侯，兼领益州牧，并决以政事。当政期间，励精图治，整官制，修法度，任人唯贤，赏罚必信，推行屯田，并改善和西南各族的关系，有利于当地经济、文化的发展。曾5次率军北伐攻魏，争夺中原。建兴十二年（234年），与魏司马懿在渭南相拒，病死于五丈原军中，葬定军山（今陕西勉县东南）。传曾革新连弩，能同时发射10箭。又制造"木牛流马"，有利于山地运输。著作有《诸葛亮集》。

诸葛亮治国有术，治家也有方。这里介绍他的《诫子书》二则、《诫外孙》一则，以飨读者。

诫子书

【原典精读】

夫君子之行，静以修身，俭以养德；非淡薄无以明志①，非宁静无以致远。夫学欲静也，才欲学也;非学无以广才,非静无以成学。慆慢则不能研精②,险躁则不能理性③。年与时驰,意与日去,遂成枯落④,多不接世⑤,悲守穷庐⑥,将复何及!

夫酒之设,合礼致情,适体归性⑦,礼终而退,此和之至也⑧。主意未殚⑨,宾有余倦,可以至醉,无致于乱。

——节录自《汉魏六朝百三名家集·诸葛丞相集》

【注释】

①淡薄:恬淡寡欲。

②慆慢:怠慢。研精:精深的研究。

③险躁:急躁。

④枯落:枯黄的落叶。喻人生易逝。

⑤接世:与世交际。

⑥穷庐:亦作"穹庐"。古代以称游牧民族居住的毡帐。

⑦归性:返回本性。

⑧至:极,最。

⑨主:主人。殚:尽。

【译文通解】

一

君子的行为,宁静用来修养身心,卑谦用来培养品德;不恬淡寡欲就没有办法显明自己的志向,不宁静就没有办法达到远大的目的。学习需要内心宁静,才能需要通过学习获得。不学习就没有办法扩大自己的才能,内心不宁静就不能成就自己的学问。怠慢偷惰就不能进行精深的研究,内心急躁就不能理顺自己的性情。年华随着时光驰去,意志随着日子一天天消逝,就如同变成枯黄的落叶,大多不能与世交际,悲哀地坐守在毡帐里面,那时再来后悔,还怎么来得及!

二

酒的设置,是为了符合礼节,表达情意,适应身体的需要,使人返回自己的本性。礼仪完毕就结束酒宴,这就是和的顶点了。主人的意致未尽,宾客也还有余兴,可以喝到醉的程度,但不要出现乱性的场面。

【经典心裁】

一

诸葛亮这则家书谈的是学习的重要性及如何学习的问题。他认为，一个人不学习就不能扩大自己的才能，内心不宁静就不能成就自己的学问。时光易逝，一个人等到老时一事无成，再来后悔，又怎么来得及！他谈的这些道理，今天对我们仍然有着启迪意义。

二

诸葛亮这则家书谈的是饮酒的问题。他认为，适量饮酒，是礼仪及人的身体和人的本性的需要。酒宴上，主、客兴致勃勃，开怀畅饮，一醉方休是可以的，但不要出现乱性的场面。这些话不无一定道理。

诫外孙

【原典精读】

　　夫志当存高远，慕先贤，绝情欲，弃凝滞①，使庶几之志揭然有所存②，恻然有所感③，忍屈伸，去细碎，广咨问，除嫌吝④，虽有淹留⑤，何损于美趣？何患于不济⑥？若志不强毅⑦，意不慷慨⑧，徒碌碌滞于俗⑨，默默束于情⑩，承窜伏于凡庸⑪，不免于下流矣⑫。

　　——节录自《汉魏六朝百三名家集·诸葛丞相集》

【注释】

　　①凝滞：粘着，拘牵。《楚辞·渔父》："圣人不凝滞于物，而能与世推移。"

　　②庶几：旧指贤者。揭：高举。揭然：高高的样子。

③恻然：诚恳的样子。恻，通"切"。诚恳。

④嫌吝：仇隙和耻辱。

⑤淹留：滞留，停留。

⑥患：忧虑。济：成功。

⑦强毅：坚强，果决。

⑧慷慨：意气激昂。

⑨碌碌：平庸貌，随众附和貌。滞：滞留。

⑩默默：不得意的样子。束：拘束。

⑪承：继续。窜：伏匿。凡庸：平凡，平庸。

⑫下流：河流接近出口的部分。比喻卑下的地位。

【译文通解】

一个人的志向应当保持高远，仰慕先贤人物，断绝情欲，不凝滞于物，使贤者的志向高高地有所保存，诚恳地有所感受，能屈能伸，抛弃琐碎的东西，广泛地向人咨问，除去仇隙和耻辱，即使有所滞留，对于美趣又有什么损害？又担忧什么不会成功？如果意志不坚强，意气不激昂，徒然随众附和，滞留于世俗，不得意地拘束于感情，只会继续伏匿于平凡人之中，终究不免于卑下的地位。

【经典心裁】

诸葛亮在篇中谈到，一个人应当保存高远的志向，要意志坚强，意气激昂，广咨问，不要随众附和，滞留于世俗，拘束于感情，这样才能使自己不会成为平凡的人，才能免于卑下的地位，也才会事无不济。他对外孙的这些教诲，我们今天读来，仍然可以从中获得教益。

陆逊家训

【撰主简介】

陆逊（183—245年），三国吴郡吴县华亭（今上海市松江）人。本名议，字伯言。出身江南世族。孙策婿。初为孙权幕僚，后为海昌屯田都尉。善谋略。经吕蒙推荐，召拜偏将军、右都督。代蒙屯陆口，以功封娄侯。曾与吕蒙定袭取关羽之计。黄武元年（222年），刘备攻吴，他任大都督，坚守七八月不战，直待蜀军疲惫，利用顺风放火，取得彝陵之战的胜利，加拜辅国将军。黄武七年，又破魏扬州牧曹休于石亭（在今安徽怀宁、桐城间）。后任荆州牧，久镇武昌（今湖北鄂城），官至丞相。

陆逊要求子弟很严。这里介绍他的《诫子弟》，以飨读者。

诫子弟

【原典精读】

逊以为子弟苟有才①，不忧不用，不宜私出以为荣利；若其不佳，终为取祸。

——节录自《三国志·陆逊传》

【注释】

①苟：如果。

【译文通解】

我认为子弟如果真有才华，不用担忧不被任用，不应当私自外出为自己谋求荣誉和利益；如果子弟不成才，终究只会给他带来祸害。

【经典心裁】

陆逊这段家训很短，但却谈出了一个深刻的道理：子弟自己有才华，终有被得到任用以施展才华的一天；如果没有本事，却千方百计为自己谋取荣誉和地位，只会自取其祸。今天，我们一些做父母的教育自己的子女，不是可以从陆逊这段家训中获取一些教益吗？

王祥家训

【撰主简介】

王祥（185—269 年），晋琅琊临沂（今属山东）人。字休征。汉末值世乱，扶母携弟，避地庐江（治今安徽舒城），隐居 30 余年。后徐州刺史吕虔檄为别驾，任温（今河南温县西南）令，累迁为大司农。魏高贵乡公即位，与定策功，封万岁亭侯，拜司空转太尉。晋代魏，官至太保。事后母朱，以孝称著，旧时民间流传有王祥卧冰求鲤的故事。

王祥虽身居高位，但一生节俭，"高洁清素，家无宅宇"，临终也要求薄葬。

临终诫五事

【原典精读】

夫生之有死,自然之理。吾年八十有五①,启手何恨②?不有遗言,使尔无述③。吾生值季末④,登庸历试⑤,无毗佐之勋⑥,没无以报⑦。气绝⑧,但洗手足,不须沐浴⑨,勿缠尸,皆浣故衣⑩,随时所服⑪。所赐山玄玉佩、卫氏玉玦⑫、绶笥⑬,皆勿以敛⑭。西芒上土自坚贞⑮,勿用甓石⑯,勿起坟⑰。陇穿深二丈⑱,椁取容棺⑲。勿作前堂,布几筵⑳,置书箱、镜奁之具㉑,棺前但可施床榻而已㉒。糒脯各一盘㉓,玄酒一杯㉔,为朝夕奠㉕。家人大小不须送丧,大小祥乃设特牲㉖,无违余命。高柴泣血三年㉗,夫子谓之愚;闵子除丧出见㉘,援琴切切而哀,仲尼谓之孝㉙。故哭泣之哀、日月降杀、饮食之宜,自有制度。夫言行可复,信之至也㉚;推美引过㉛,德之至也;扬名显亲,孝之至也;兄弟怡怡㉜,宗族欣欣,悌之至也;临财莫过乎让。此五者,立身之本,颜子所以为命㉝,未之思也,夫何远之有!

——节录自《晋书·王祥传》

【注释】

①有(yòu):作"又"解,用于整数与零数之间。

②启手:指得善终。《论语·泰伯》:"曾子有疾,召门弟子曰:'启予足,启予手'。"

③述:遵循,顺行。

④季末:末世,衰微的时代。

⑤登庸:选拔重用。

⑥毗(pí)佐:辅佐。

⑦没:通"殁"。死亡。

⑧气绝:断气。

⑨沐浴:洗发澡身。

⑩浣:洗濯。故衣:以前的衣服,旧衣服。

⑪随时:随时令。

⑫玉玦:佩玉的一种,其形如环而有缺口。

⑬绥笥：系有丝带的盛饭食或衣物的方形竹器。

⑭敛：通"殓"。给尸体穿衣下棺。

⑮西芒：当为地名。坚贞：坚硬。

⑯甓（pì）：砖。

⑰坟：古代坟、墓有别。墓指墓穴，坟是高出地面的土堆。

⑱陇：通"垄"。坟墓。

⑲椁（guǒ）：棺外的套棺。

⑳几：矮或小的桌子，用以搁置物件。筵：竹席。

㉑奁（lián）：古代盛放梳妆用品的器具。镜奁：镜匣。

㉒榻：无顶无框的小床。

㉓糒（bèi）：干粮。脯：干肉。

㉔玄酒：古代称行祭礼时当酒用的水。

㉕奠：向鬼神献上祭品。

㉖祥：丧祭名。大祥：古代父母丧二周年的祭礼。小祥：古代父母丧后周年的祭礼。特：牲一头。牲：供祭祀及食用的家畜。

㉗高柴：孔子弟子，字子羔。泣血：谓因亲丧而哀伤之极。《礼记·檀弓上》："高子皋之执亲之丧也，泣血三年。"高子皋，即高柴。

㉘闵子：闵子骞，孔子弟子，名损。除丧：也叫"除服"。守孝期满，除去丧服。《论语·先进》："孝哉闵子骞！人不间于其父母昆弟之言。"

㉙切切：形容声音的凄厉。仲尼：指孔子。

㉚复：答复。信：诚信。至：极，最。下三"至"字同。

㉛推：推诿。引：自承。

㉜怡怡：和悦貌。

㉝宗族：同宗同族之人。欣欣：喜乐貌。悌：敬爱兄长，引申为顺从长上。颜子：颜回，字渊，孔子弟子。

【译文通解】

一个人有生就有死，这是自然之理。我活了85岁，能得善终，又有什么遗憾？如果没有遗言，将会使你们没有可顺从的。我生逢末世，被朝廷选拔重用，连续做官，生前没有辅佐的功劳，死了也没有用来报答朝廷的。我断气以后，只要洗洗手和脚，不需洗发澡身。不用缠身，把旧衣服都洗干净，随时给我穿上。朝廷所赐的山玄玉佩、卫氏玉玦以及绶笥等物，都不要拿来下葬。西芒上土本来就坚硬，不要用砖石，不要起坟。墓穴挖深二丈，套棺能容下棺材就行了。不要做前堂，只要陈设一张小桌子，铺上竹席，摆上书箱、镜盒等物，棺材前面只要能够施放床铺就行了。干粮、干肉各一盘，玄酒一杯，作为早晚的祭品。家人大小不需为我送丧，我死后一周年、两周年为我举行祭礼时才陈设一头家畜。你们不要违反我的遗命。高柴亲人死了，哀伤了3年，孔子说他愚；闵子骞守丧期满，除去丧服，出来会见客人，弹琴时声音凄厉哀切，孔子说他孝。因此哭泣的哀伤程度、日月降杀以及饮食的适宜，本来有一定的制度。言行可以得到兑现，这是最诚信的表现；推诿美事，自承过错，这是一种最好的品德；使自己的名声被人传播和称颂，使亲人也同时受到显扬，这是一种极好的行为；兄弟之间和睦共处，同族之间欢欢乐乐，这是敬爱兄长、顺从长上的最好表现；面对财物，没有比推辞不受更好的了。这5种行为,是一个人立身的根本道理,颜子把它视为生命。你们没有想过,这几种行为就从日常生活做起,离我们也就不远了!

【经典心裁】

旧时民间传说中的王祥是以卧冰求鲤、孝敬后母朱氏著称的。历史上的王祥,位至三公,但一生"高洁清素,家无宅宇",过着比较清贫的生活。从王祥临终前给子孙的这则遗训中我们可以看出,他是反对厚葬,主张薄葬的。他提出的"哭泣之哀、日月降杀、饮食之宜,自有制度"的观点,颇能发人深省。同时,他认为"言行可复"、"推美引过"、"扬名显亲"、"兄弟怡怡,宗族欣欣"、"临财莫过乎让"五者为"立身之本",今天对我们仍然有着一定的教益。

荀勖家训

【撰主简介】

荀勖（？—289年），西晋颍阴（今河南许昌）人。字公曾。初仕魏，累任中郎。入晋为侍中，封济北郡公，后领秘书监，进位光禄大夫，专管机事，官终尚书令。为人缜密，博学多识。晋武帝时得汲郡冢中古文竹书，受诏编撰为《中经》，列在秘书。又通音律，在其所制十二笛中，实际上已应用"管口校正"法。

谨慎无私最可取

【原典精读】

人臣不密则失身①,树私则背公,是大戒也。汝等亦当宦达人间②,宜识吾此意。

——节录自《晋书·荀勖传》

【注释】

①密:缜密。《韩非子·说难》:"夫事以密成,语以泄败。"失身:丧失生命。《易·系辞上》:"君不密则失臣,臣不密则失身。"

②宦达:仕宦显达。

【译文通解】

做人臣的如果不慎密,就会丧失生命;树立了私心,就会背离公正。这是做人臣的大戒。你荀勖们活在世上,也应当设法使自己仕宦显达,但一定要体会到我这话的意思。

【经典心裁】

荀勖为人缜密,因此专管朝廷机密。朝廷每有诏令大事,即使已经公开宣布,他都始终不说,就是为了不让别人知道他已经预先闻知。从这几句家训可以看出:在封建时代,做人臣的伴君如伴虎,稍有不慎密之处,就有丧失生命的危险。荀勖这段家训,虽然是对儿子们谈的如何使自己宦途显达的诀窍,但其中有关保守国家机密、树立公心等道理,对我们仍然有着一定的启示。

王僧虔家训

【撰主简介】

王僧虔（426—485年），南朝齐书法家。琅琊临沂（今属山东）人。晋王羲之四世族孙。南朝宋时任秘书，官至尚书令。入齐，转侍中、湖州刺史。喜文史，善音律，工正楷、行书。其书继承祖法，丰厚淳朴而有骨气，为当时所推崇，影响及于唐宋。书迹有《王琰帖》等。著有《论书》等篇。

读书学习切戒一知半解

【原典精读】

知汝恨吾不许汝学,欲自悔厉①,或以阖棺自欺②,或更择美业,且得有慨,亦慰穷生。但亟闻斯唱③,未睹其实,请从先师,听言观行,冀此不复虚身。吾未信汝,非徒然也。往年有意于史,取《三国志》聚置床头百日许④,复徙业就玄⑤,自当小差于史,犹未近仿佛。曼倩有云⑥:"谈何容易!"见诸玄志⑦,为之逸肠⑧;为之抽专一书,转通数十家注;自少至老,手不释卷,尚未敢轻言,汝开《老子》卷头五尺许⑨,未知辅嗣何所道⑩,平叔何所说⑪,马、郑何所异⑫,指例何所明⑬,而便盛于麈尾⑭,自呼谈士,此最险事。设令袁令命汝言《易》⑮、谢中书挑汝言《庄》⑯、张吴兴叩汝言《老》⑰,端可复言未尝看邪⑱?谈故如射⑲,前人得破,后人应解不解,即输睹矣。且论注百氏,荆州八帙⑳；又才性四本㉑，声无哀乐，皆言家口，实如客至之有设也。汝皆未经拂耳瞥目㉒，岂有庖厨不修㉓，而欲延大宾者哉㉔！就如张衡思侔造化㉕，郭象言类悬河㉖，不自劳苦，何由至此？汝曾未窥其题目，未辨其指归，六十四卦未知何名㉗，《庄子》众篇何者㉘，内外八帙所载凡有几家㉙，四本之称以何为长，而终日欺人，人亦不受汝欺也。由吾不学，无以为训，然重华无严父㉚，放勋无令子㉛，亦各由己耳。汝辈窃议㉜，亦当云："阿越不学，在天地间可嬉戏，何忽自课谪㉝？幸及盛时逐岁暮，何必有所减？"汝见其一耳不全尔也。设令吾学如马、郑，亦必甚胜；复倍不如今，亦必大减。致之有由，从身上来也。今壮年自勤数倍许胜劣及吾耳，世中比列举眼是，汝足知此，不复具言㉞。吾在世虽乏德素，要复推排人间数十许年，故是一旧物人，或以比数汝等耳。即化之后㉟，若自无调度，谁复知汝事者？舍中亦有少负令誉、弱冠越超清级者㊱，于时王家门中，优者则龙凤，劣者犹虎豹，失荫之后㊲，岂龙虎之议？况吾不能为汝荫政，应各自努力耳！或有身经三公㊳,蔑尔无闻㊴;布衣寒素㊵,卿相屈体;或父子贵贱殊,兄弟声名异,何也?体尽读数百卷书耳。吾今悔无所及,欲以前车诫尔后乘也㊶。汝年入立境㊷,方应从官,兼有室累牵役情性;何处复得下帷如王郎时邪㊸?为可作世中学取过一生耳。试复三思,勿讳吾言!犹捶挞志辈㊹,冀脱万一未死之间望有成就者㊺,不知当有益否?各在尔身已切身,岂复关吾邪?鬼唯知爱深松茂柏,宁知子弟毁誉事?因汝有感,故略叙胸怀。

——节录自《南齐书·王僧虔传》

【注释】

①厉:通"励"。勉励。

②阖:关闭。

③但:只。亟(qì):屡次。

④《三国志》:西晋陈寿撰。专记魏、蜀、吴三国史事。许:约计的数量。百日许:百余天。

⑤徙:迁移。徙业:改变学业。玄:指玄学,即道家之学。

⑥曼倩:东方朔,字曼倩。西汉文学家。

⑦诸:"之于"的合音。

⑧逸:安闲。逸肠:指心情愉快。

⑨《老子》:道家学派主要著作。

⑩辅嗣:王弼,字辅嗣。三国魏玄学家。

⑪平叔:何晏,字平叔。三国魏玄学家。

⑫马、郑:马,马融,字季长。东汉经学家、文学家。郑,郑玄,字康成。东汉经学家。

⑬指例:即体例。著作的体裁凡例。

⑭麈(zhǔ)尾:拂尘。魏晋人清谈时常执的一种拂子,用麈(一种野兽)的尾毛制成。

⑮袁令:袁宏,字彦伯。东晋文学家、史学家。

⑯谢中书:谢灵运,南朝宋诗人。其诗带有"玄言"余习。

⑰张吴兴:人名。不详。吴兴人,故称。叩:询问。

⑱端:真正。

⑲射:有所指。

⑳帙:包书的套子,用布帛制成。因即谓书一套为一帙。

㉑才性：三国魏末清谈命题之一。指才能与性格的相互关系。四本：《世说新语·文学》："钟会作《四本论》。"刘孝标注引《魏志》："会尝论才性同异，传于世。四本者言才性同、才性异、才性合、才性离是也。"当时傅嘏、钟会、李丰、王广分别代表才性同、才性异、才性离、才性合4种主张。

㉒拂耳瞥目：耳闻目睹。

㉓庖厨：厨房。

㉔延：邀请。

㉕张衡：东汉科学家、文学家。侔（móu）：齐等。造化：指天地、自然界。

㉖郭象：西晋哲学家。好老庄，善清谈。悬河：形容说话滔滔不绝。

㉗六十四卦：《周易》中的八卦，两卦相重成为六十四卦。

㉘《庄子》：也称《南华经》，道家经典之一。

㉙凡：共。

㉚重华：虞舜名。

㉛放勋：唐尧的称号，一说是尧的名。令：

善，美。令子：犹言佳儿，旧时多用于称美他人之子。

㉜窃议：私下议论。

㉝课：考查，考核。谪：责备。

㉞具：通"俱"。都，完全。

㉟化：死。

㊱令誉：美誉。越超：超出，胜过。

㊲荫（yìn）：封建时代由于父祖有功而给予子孙入学或任官的权利。

㊳三公：见张酺《敕子》注释②。

㊴蔑：无，没有。尔：词尾。

㊵布衣：平民。后来多以称没有做官的读书人。寒素：家世清贫。亦指家世清贫的人。

㊶前车：比喻可以引为教训的往事。

㊷立境：指30岁。《论语·为政》："三十而立。"

㊸下帷：帷，室内悬挂的幕。"下帷"常用作闭门读书的代词。

㊹捶挞：鞭策。志：王僧虔的儿子。

㊺冀：希望。

附录　帝王将相家训

【译文通解】

　　我知道你怨恨我不许你学习，打算自我勉励，或者说闭门读书来欺骗自己，或者另外选择好的学业，况且能够有所感慨，也可安慰自己这一生。只是我屡次听到你的这种高调，却未看到实际效果。你请求顺从先师，听取你的言论，观察你的行动，希望这样不再虚度一生。我没有听信你的话，不是徒然的啊！我往年有意从史中取《三国志》聚置床头百来天，再改变学业，接近玄学，自然应当和史稍有差错，但还是没有接近相似。东方曼倩有话说："谈何容易！"见亡于玄志，为之心情畅快；为之从中抽出专看一书，能够转通数十家注解；从年少至年老，手不释卷，还不敢轻易这么说，你打开《老子》一书卷头5尺左右，不知道王弼说的什么，何晏说的什么，马融、郑玄的学问有什么不同，体例怎样辨明，就汲汲于清谈，自称为谈士，这是最危险的事。假设袁令要你谈论《易经》，谢中书提出要你谈论《庄子》，张吴兴问你有关《老子》的内容，你真正可以再说不曾看过吗？谈起往事如同有所指，前人能够破解，后人应解不解，就输睹了。况且论注一百家，荆州就占有八套；又才性四本，声无哀乐，都说的是家中人口，实际上就如同客人来了有所陈设一样啊。这些你都没有经过耳闻目睹，哪里有不整治厨房，就打算邀请宾客的呢！就如同张衡想着和大自然齐等，郭象说起话来滔滔不绝，如果他们不亲自勤劳辛苦，又怎么能到这种地步？你曾经没有窥视其题目，没有辨明其宗旨所向，《易经》六十四卦不知道什么名字，《庄子》一书有些什么篇名，内外八帙所记载的共有几家，四本的名称以谁为长，却成天欺人，别人也不受你欺骗啊！由于我不学习，没有什么用来教训你的，但是虞舜无严父，唐尧无佳儿，也各自由他们自己罢了。你们私下议论，也应当说："阿越不学习，在天地间可以自由嬉戏，为什么忽然自我谴责？幸亏赶上盛时来追逐岁暮，何必有所减呢？"你只见到他一耳不全罢了。假令我学业如同马融、郑玄，也一定很不一般；再加倍不如现在，也一定大减。导致这种结果有一定缘由，是从自己身上来的啊！现在壮年人自己勤劳数倍，胜劣赶上我的，世上这样的例子到处都是，你足够知道这一点，我不再详细说了。我活在世上虽然缺乏德素，但要再推究人间数十来年，虽是一旧物人，或者比你们强数倍了。就是死了以后，如果自己没有指挥调遣，又有谁再知道你们事情的。家中也有从小负有美好的名声、到了20岁左右就远远超过一般人的，在那时王家门中，子弟优秀的就如同龙凤，差一点的也还如同虎豹，失去祖先功德的卫护以后，哪里还有龙虎之议？何况我不能为你们留下可以依恃的功德，你们应各自努力！或者有人虽然一身任过三公之职，但最终却默默无闻；而有人虽然出身平民，家世清贫，但达官贵人也对他弯腰致意；或者父子两代贵贱悬殊，兄弟两人声名相异，这是什么原因呢？是一生读数百卷书罢了。我现在后悔无所及，打算用一些可以作为教训的往事来警诫你们今后的作为。你正进入而立之年，才从政做官，加上有家室拖累牵役的影响，何处再能像王郎时一样闭门读书呢？只能作人世中学取以度过一生罢了。你试着再三思考，不要隐讳我说的话。同时鞭策你兄弟王志等人，希望万一未死之间可望有成就的，不知道是不是有益？分别在于你们自己切身而已，哪里再与我相关呢？鬼只知道喜爱深松茂柏，哪里知道子弟毁誉的事情。因你而有所感受，因此稍微抒发自己的胸怀。

【经典心裁】

王僧虔在这篇家训中勉励儿子闭门读书，不能只求一知半解。他认为张衡思侔造化，郭象口若悬河，是他们勤劳辛苦的结果。他主张儿子们应当各自努力，发挥个人内因的积极作用。家训中一些深刻的道理，用浅显形象的比喻道出，读之发人深省。

了凡四训

（明）袁了凡 著

李秀艳 主编

众阅典藏馆

辽海出版社

徐勉家训

【撰主简介】

徐勉（466—535年），南朝梁东海郯（今山东郯城北）人。字修仁。幼孤贫，6岁即能率尔为文。年长好学，宗人徐孝嗣称之为"人中骐骥"。梁武帝即位，拜中书侍郎，进领中书通事舍人。官至左仆射中书令。为武帝掌书记，梁朝朝章仪制，皆参与其议。曾与客夜坐，有一客人向他求官，他正色说："今夕止可谈风月，不宜及公事。"勉虽官居显职，但不营产业，家无蓄积。自称："人遗子孙以财，我遗之清白。子孙才也，则自致辐；如不才，终为它有。"

戒子崧

【原典精读】

吾家本清廉①，故常居贫素②，至于产业之事，所未尝言，非直不经营而已③。薄躬遭逢④，遂至今日，尊官厚禄，可谓备之。每念叨窃若斯⑤，岂由才致，仰藉先门风范⑥，及以福庆，故臻此耳⑦。古人所谓以清白遗子孙，不亦厚乎⑧！又云："遗子黄金满籯⑨，不如一经。"详求此言，信非徒语⑩。吾虽不敏⑪，实有本志，庶得遵奉斯义⑫，不敢坠失⑬。所以显贵以来将三十载⑭，门人故旧承荐便宜⑮，或使创辟田园，或劝兴立邸店⑯，又欲舳舻运致⑰，亦令货殖聚敛⑱，若此众事，皆距而不纳⑲。非谓拔葵去织⑳，且欲省息纷纭㉑。中年聊于东田开营小园者㉒，非存播艺以要利政㉓，欲穿池种树㉔，少寄情赏㉕。又以郊际闲旷㉖，终可为宅，倘获悬车致事㉗，实欲歌哭于斯。慧日十住等[28]，既应营昏[29]，又须住止。吾清明门宅，无相容处，所以尔者，亦复有以。前割西边施宣武寺，既失西厢[30]，不复方幅[31]。意亦谓此逆旅舍尔[32]，何事须华[33]？常恨时人谓是我宅，古往今来，豪富继踵[34]，高门甲第[35]，连闼洞房[36]，寂其死矣，定是谁室？但不能不为培喽之山[37]，聚石移果，杂以花卉，以娱休沐[38]，用托性灵[39]。随便架立，不存广大，唯功德处[40]，小以为好，所以内中逼促[41]，无复房宇。近修东边儿孙二宅，乃藉十住南还之资，其中所须犹为不少。既牵挽不至，又不可中途而辍[42]，郊间之园遂不办。保货与韦黯[43]，乃获百金，成就两宅，已消其半。寻园价所得，何以至此？由吾经始历年，粗已成立，桃李茂密，桐竹成阴，塍陌交通[44]，渠畎相属[45]。华楼迥榭[46]，颇有临眺之美；孤峰丛薄[47]，不无纠纷之兴[48]。渎中并饶荷茷[49]，湖里殊富芰莲[50]。虽云人外，城阙密迩[51]，韦生欲之，亦雅有情趣[52]。追述此事，非有吝心，盖是事意所至尔。忆谢灵运《山家诗》云[53]：“中为天地物，今成鄙夫有[54]。”吾此园有之二十载，今为天地物，物之与我相校几何哉[55]？此直所余，今以分汝营小田舍，亲累既多，理亦须此。且释氏之教[56]，以财物谓之外命，外典亦称何以聚人曰财[57]。况汝常情，安得忘此？闻汝所买湖熟田地甚为舄卤[58]，弥复可安[59]，所以如此，非物竞故也[60]。虽事异寝丘[61]，聊可仿佛[62]。孔子曰："居家理事，可移于官[63]。"既已营之，可使成立，进退两亡，更贻耻笑[64]。若有所收获，汝可自分赠内外大小[65]，宜令得所，非吾所知，又复应沾之诸女尔[66]。汝既居长，故有此及。凡为人长，殊复不易，当使中外谐缉[67]，人无间言[68]，先物后己，然后可贵。老生云："后其身而身先。"若能尔者，更招巨利。汝当自勖[69]，见贤思齐，不宜忽略，以弃日也。弃日乃是弃身。身名美恶，岂不大哉！可不慎欤！今之所敕[70]，略言此意。政谓为家以来[71]，不事资产，暨立墅舍[72]，似乖旧业[73]，陈其始末，无愧怀抱。兼吾年时朽暮，心力稍单[74]，牵课奉公[75]，略不克举[76]，其中余暇，裁可自休[77]。或复冬日之阳，夏日之阴，良辰美景，文案间隙，负杖蹑履[78]，逍遥陋馆，临池观鱼，披林听鸟，浊酒一杯，弹琴一曲，求数刻之暂乐，庶居常以待终[79]，不宜复劳家间细务。汝交关既定⑧⁰，此书又行，凡所资须，付给如别。自兹以后，吾不复言及田事，汝亦勿复与吾言之。假使尧水汤旱，岂如之何？若其满庾盈箱⑧¹，尔之幸遇。如斯之事过，并无俟令吾知也⑧²。《记》云⑧³："夫孝者，善继人之志，善述人之事⑧⁴。"今且望汝全吾此志，则无所恨矣⑧⁵。

——节录自《南史·徐勉传》

【注释】

①清廉：清白廉洁。

②贫：不足，缺乏。素：质朴。

③直：特，但。

④薄：语助词。躬：自身，亲自。遭逢：遇到。

⑤叨窃：不当得而得。

⑥仰藉（jiè）：凭借，依靠。风范：风度，规矩。

⑦臻：至。

⑧厚：深，重。

⑨籝（yíng）：竹笼。

⑩信：确实。徒语：空话。

⑪敏：聪敏。

⑫庶：幸，希冀之词。

⑬坠失：丧失。

⑭显：高贵，显赫。

⑮门人：门生，弟子。便宜：利益，好处。

⑯邸（dǐ）店：亦称"邸舍"或"邸阁"。中国旧时城市中供客商堆货、寓居、进行交易的行栈。东晋、南朝时已有，隋唐更多。

⑰舳舻（zhú lú）：舳，船后舵；舻，船头。泛称船只。

⑱货殖：经商。聚敛：剥削，搜括。

⑲距：通"拒"。

⑳拔葵去织：《汉书·董仲舒传》："故公仪子（休）相鲁，之其家见织帛，怒而出其妻，食于舍而茹葵，愠而拔其葵，曰：'吾已食禄，又夺园夫红女利虖！'"后以拔葵去织或拔葵为居官者不与民争利的典故。

㉑纷纭：扰乱。

㉒聊：姑且。

㉓艺：种植。要：通"徼"，求取。

㉔穿：凿通。

㉕少：稍，略微。情赏：犹言心赏，谓心意所爱好。

㉖闲：大貌。旷：空阔。

㉗悬车：谓辞官居家。致事：同"致仕"。旧谓交还官职，即辞官。

㉘慧日：佛教语，谓佛之智慧行如太阳普照人间。十住：佛教语，也叫十地。指参悟佛理而修行进入渐近于佛的10种境界（欢喜地、离垢地等）。

㉙营昏：不详。

㉚既：已经。厢：正房两边的房子。

㉛方幅：方正，长宽相等。

㉜逆：迎。逆旅：客舍。迎止宾客之处，犹后来的旅馆。

㉝须：通"需"。需要。

㉞踵：脚后跟。继踵：足踵相继，形容人多，接连不断。

㉟高门：指显贵之家。魏、晋、南北朝时，重门第，有高门、寒门等称。甲第：本指封侯者的住

宅,这里意谓贵显的宅第。

㊱闼（tà）：门上的小土屋。洞房：深邃的内室。

㊲培缕（pǒu lǒu）：小土丘。

㊳休沐：休息沐浴。指古代官吏的例假。

㊴性灵：性情。

㊵功德：佛教用语。指诵经念佛布施等。

㊶逼促：狭窄。

㊷辍（chuò）：中止，停止。

㊸韦黟：疑为人名。

㊹塍（chéng）：田间的界路。陌：田间的小路。交通：交接。

㊺畎（quǎn）：田间小沟。属（zhǔ）：接连。

㊻迥（jiǒng）：远。榭：建在高土台上的敞屋。

㊼丛：丛生的树木。薄：草木茂密。

㊽纠纷：杂乱。

㊾渎（dú）：小沟渠。饶：丰富。茨：即芡，亦称"鸡头"，一种多年生水本草木。

㊿芰（jì）：即菱，俗称"菱角"。

(51)城阙：城门两边的楼观。密迩：贴近。

(52)雅：很，甚。

(53)谢灵运：南朝宋诗人。

(54)鄙夫：自称的谦辞。

(55)校：差。

(56)释氏：佛姓释迦氏，略称释氏。

(57)外典：佛教徒称佛书以外的典籍为外典。

(58)舄卤（lǔ）：土地含有过多的盐碱成分，不适宜耕种。

(59)弥：更加。

(60)物竞：互相竞争。

(61)寝丘：春秋楚邑名，在今河南固始、沈丘两县之间。楚庄王封孙叔敖子于此。

(62)聊：略。仿佛：好像，相似。

(63)移（yì）：使人羡慕。

(64)贻：留下。

(65)赡（shàn）：供给。

(66)沾：分润；分得。

(67)谐缉：和谐，和睦。

(68)间言：闲话。

㊉勖（xù）：勉励。

㊀敕：告诫。

㋑政：通"正"。

㋒暨：到。墅：田野的草房。

㋓乖：违背。

㋔稍：逐渐。单：通"殚"。尽，竭尽。

㋕奉公：奉行公事。

㋖略：稍微。克：能够。举：胜任。

㋗裁：通"才"。

㋘躡（niè）：踩，踏。履：鞋。

㋙居常：平时，时常。

㋚交关：交通，来往。

㋛庾：古容量单位，一庾等于16斗。

㋜俟：等待。

㋝《记》：儒家经典之一——《礼记》。

㋞述：顺行，如旧。

㋟恨：遗憾。

【译文通解】

我家本来就清白廉洁，因此常常注意节俭，过着质朴的生活。至于个人的财产、家产一类之事，是不曾提到过的，不仅仅是不经营而已。我自己努力，才有了今天。尊贵的官爵，丰厚的俸禄，可说是全都有了。我每每想到不当得而得到，难道是由自己才力所导致的吗？而是依赖祖先的风范，加上上天的福庆，因此达到这种地步。古人所谓把清白留给子孙，这种遗产不也很厚重吗？古人又说："留给子女一竹笼子黄金，不如传给他们一部经书。"详细推求这些话，确实不是空话。我即使不聪敏，实际上有这种志向，希望能够遵循、奉行古人这个道理，不敢丧失它。所以自从自己显贵以来将近30年，我的一些门生和从前的熟人提出建议，有的让我开辟、创建田园，有的劝我开办行栈，又有的想要我用船只运送货物，也有的想让我经商来聚敛财物。像这样一些事，我都拒绝而不采纳。我这样做，不是古人所谓的拔葵去织，不与民争利，只是想减少、平息一些扰乱。我中年时姑且在东田开辟、营建小园，并不是存心靠播种和种植来求取利益，只是想挖池种树，稍微寄托自己的心意爱好。又因为郊际空旷阔大，到底可以建造住宅，倘若被获准辞官居家，确实想在这里放歌啸傲。慧日、十住等，既应该营昏，又需要住下来。我家清明门宅，没有相容的地方，之所以这样，也又有一定的原因。以前所割西边施设宣武寺，已经失去西厢房，不再方正。我的意思也认为这只是客舍罢了，为什么需要华丽呢？常常怨恨时人说我这个住宅，古往今来，豪富接连不断，那些贵显的宅第，门楼上的小屋，深邃的内室，都静悄悄地消失了，准定就是谁家的住室呢？只是不能不堆砌成培缕似的小山，聚集石头，移来果木，再种植一些花卉，以使我快乐地度过休假，同时寄托自己的性情。随便架立，不追求广大，只是诵经念佛布施的地方，以小为好。所以内中狭窄，没有多余的房宇。近来修建东边儿孙两所住宅，才借助十住南还的资金，其中所需的仍然不少。既拉扯不到，又不能中途停止，郊间之园就不再营建。保货与韦黯，才得到百金，建成两所住宅，就已经花去一半。寻求园价所得，怎么会到这样？由我开始营建，经历一些年头，已经粗具规模：桃李茂密，桐竹成荫，田间界路、小路纵横交错，渠道、小沟紧密相连。华丽的楼房，高远的敞屋，颇有登高远眺之美；孤独的山峰，茂密的草木，不无杂乱的兴致。沟渠中长满了荷芡，湖面上铺满着菱莲。虽然说这里处在人群以外，但城阙贴近，苇生想它，也很有情趣。追述这件事，不是有吝惜之心，大概是事意所至罢了。回忆谢灵运《山家诗》说："中为天地物，今成鄙夫有。"我这园已经有了20年，今天成为天地物，物我之间相差又多远呢？建造这座园所余下的，今天拿来分给你去经营小田舍，亲戚既多，按道理应当如此。况且按照佛教教义，分人以财物叫作外命，外典亦称为什么替人聚集财物。何况根据你的常情，怎么能够忘掉这个？听说你所买湖熟田地含有过多的盐碱成分，不适宜耕种，心情更加不安。所以如此，不是互相竞争的缘故。虽然你的事和孙叔敖告诫他的儿子在他死后求封条件较差的寝丘一事不同，但大略可以近似。孔子说："居家理事，可以使做官的都羡慕。"你既然已经经营它，就应当使有成就，进退两失，更让别人耻笑。如果有所收获，你可以自己分配供给家中内外大小，应让他们各得其所，这不是我所知道的，同时又应当分润各个女儿。你既在子女中居长，因此我才有这话。凡是作为人长的，非常不容易，应当使家中内外和睦，别人没有闲话，先人后己，这样才难能可贵。老人说："有好处先人后己，做事情以身作则。"如果能够这样，更会招来大的利益。你应当勉励自己，见到贤人，就向他看齐，不应当忽略了这一点，白白地抛弃了时日。抛弃时日就是抛弃自身。一个人的声名美恶，难道不大吗？可以不慎重对待吗？我今天所告诫你的，大略就谈这个意思。正所谓治家以来，不从事财产，等到建造起墅舍，好像和原来的事业相违背，但陈述这件事的始末，还是感到内心无愧。加上我年纪衰老，心力逐渐耗尽，受官府考试所牵累，以及奉行公事，都感到有些不能胜任。这其中稍有空闲，才可以自己休息。在冬季的晴朗日子或者夏天的阴凉日子里，趁着这样的良辰美景，利用处理好公文案卷的间隙时间，拄着拐杖，踏着鞋子，在简陋狭小的馆舍里逍遥自得。站在池塘旁边，观看鱼儿自由自在地游泳；披开茂密的树林，听着鸟儿无忧无虑地歌唱。饮一杯浊酒，弹一曲琴，求得数刻的短暂欢乐，希望时常过着这样的日子来度过晚年，不再适宜操劳家中琐细的事务。你动身的日子已经定下，这封信又已发出，凡所需要的行资，如同分别一样交付与你。从这以后，我不再谈到田事，你也不要再和我提起。假使让唐尧遇上水灾，让商汤遇上旱灾，又会怎么样呢？如果你今年的收获能够满庾盈箱，这是你的幸运。像这样的事情过后，一并不要让我知道。《礼记》上说："孝者，善于继承先人的志向，善于顺行先人的事业。"我今天也希望你保全我这个志向，那么我就没有什么遗憾了。

【经典心裁】

徐勉告诫儿子，作为人长，"当使中外谐缉，人无间言，先物后己"，同时要"见贤思齐，不宜忽略，以弃日也"。信中所谓"以清白遗子孙"，"遗子黄金满籝，不如一经"的道理，对后世一些有识之士亦有启发。今天，我们有少数做父母的过分疼爱自己的子女，他们对子女花钱百求百应，从而养成了子女从小就大手大脚花钱的坏习惯。这些年轻的父母难道不应当从这里获取一些教益吗？

萧瑀家训

【撰主简介】

萧瑀，生卒年不详。字时文。幼年爱好经术，长大善为文章。性情耿直、诚实，鄙视浮华之风。在隋朝时任河池郡守（郡与州同级，郡守即一郡的长官）。隋末，唐高祖李渊入京师长安，发书信招之，瑀持郡前来归附，授光禄大夫（散官，无专职），封宋国公，任户部尚书（户部长官），迁左仆射（宰相）。晚年被授予同中书门下三品（亦是宰相），迁太子太保（辅导太子的官），死后谥号为"贞褊"。临终时曾留下《遗书》以戒后人，言简意赅，今特加以钩沉索隐，发掘剖析，以飨读者。

临终遗书

【原典精读】

生而必死,理之常分。气绝后可著单服一通,以充小敛①。棺内施单席而已②,冀其速朽,不得别加一物。无假卜日③,惟在速办。自古贤哲,非无等例④,尔宜勉之。

——节录自《旧唐书·萧瑀传》

【注释】

①小敛:给死者穿衣为小敛(入棺为大敛)。

②单席:薄薄的席。

③卜日:选择吉日。

④等例:指相同的事例。

【译文通解】

有生就必然有死,这是理之常情。我死后可穿单服一套，以作为小敛。棺内放一薄薄的单席就足够了，这样就可以指望尸体迅速腐烂，所以就不要别加一物。也不需要选择什么吉祥的日子，只要求将丧事从速办理。自古贤哲之人，不是没有相同的事例的。你们应该以此勉励自己。

【经典心裁】

在我国封建时代，一些达官贵人往往厚葬，生前享受的一切，死后还想照样享受。萧瑀生活在唐前期，其时唐朝已国库殷实，他自己亦身居要职，官高禄重，仍然向后人指出生死乃理之常情，厚葬毫无实际意义，因此他要求在自己死后，殡敛应从简，办丧宜从俭。并嘱咐后人务必以此勉励自己。作为封建上层统治者，作为1000多年前的历史人物，能有这么个认识，的确是难能可贵的。

李勣家训

【撰主简介】

李勣（594—669 年），本姓徐，名世，字懋功。唐曹州离狐（今山东境内）人。曾参加隋末瓦岗寨起义军。后降唐，赐姓李，因避太宗李世民名讳，单名。后跟随唐太宗灭王世充，擒窦建德，破刘黑闼；又同李靖一道打败了东突厥，封英国公。曾任并州都督达 16 年之久，突厥不敢南向。高宗时任尚书左仆射（宰相），进位司空（三公之一）。卒赠太尉，谥号"贞武"。

李勣病危时，其弟李弼赶来省视，李勣命奏乐宴饮，列子孙于庭下。宴饮快结束时，对李弼说了一段意味深长的话，并把自己子孙尔后的教育工作托付给他。这是一篇极具时代特色的《家训》，今特加以钩沉索隐，发掘剖析，以飨读者。

遗言教子

【原典精读】

我即死，欲有言，恐悲哭不得尽，故一诀耳①。我见房玄龄②、杜如晦③、高季辅④皆辛苦立门户，亦望诒后⑤，悉为不肖子败之。我子孙今以付汝，汝可慎察，有不厉言行⑥、交非类者，急榜杀以闻⑦，毋令后人笑吾，犹吾笑房、杜也。

——节录自《新唐书·李勣传》

【注释】

①诀：诀别。

②房玄龄：唐初政治家。身死后，长子遗直继承爵位，次子遗爱娶太宗女合浦公主为妻，拜驸马

都尉。后公主与遗爱谋反，遗爱被处死，公主被赐死，遗直被废为平民。

③杜如晦：唐初政治家。其子杜荷，娶太宗女城阳公主，与太子承乾谋反被杀，其兄杜构受株连被流放。李勣系统地总结了他教子失败的经验教训。

④高季辅：唐初政治家。其子正业因受上官仪案的牵连，被贬于岭表。

⑤诒后：传后。

⑥不厉言行：不约束检点自己的言行。

⑦榜杀：鞭打、杀死。

【译文通解】

我快要死了，有话要说，怕悲哀哭泣不能把我要说的话说完，所以找大家来诀别。我见房玄龄、杜如晦、高季辅等人都费尽千辛万苦建立门户，并希望能传给后人，却都被不肖子孙给败坏了。现在，我将我的子孙托付给你，你要慎重地考察他们，如有不约束检点自己的言行，或者与坏人交往的，就将他们马上打死，再报告朝廷。不要让后人笑我,就好像我笑房玄龄、杜如晦一样。

【经典心裁】

临终前不让儿孙们哭哭啼啼,而是奏乐宴饮,临结束时说出了这么一段毫不含糊的遗训,极其严肃地以房、杜后人的惨痛教训教育自己的子孙,叮嘱儿孙们小心谨慎,引为鉴戒。他不愧为封建社会的政治家、军事家、战略家。他的《遗训》确有高明之处,反映出时代特色,时至今日仍有一定的借鉴和启迪意义!

卢承庆家训

【撰主简介】

卢承庆，生卒年不详。字子余，唐幽州范阳人。博学有才，少时承袭父爵。唐太宗时，先后任奉州都督府户曹参军（官名，掌管籍账、婚姻、田宅、杂徭、道路等事）、考工员外郎（官名，主持制作兵器弓弩及织绶等事）、民部侍郎（民部尚书的副职。民部后来避李世民名讳改为户部）、检校兵部侍郎（加官，并非实职）、雍州别驾（州长官的佐吏）、尚书左丞（尚书省属官）等职。高宗时，又历任益州大都督府长史（大都督府属官）、简州司马（州长官佐吏）、洪州长史（州长官属官)、汝州刺史（州长官）、光禄卿（主管皇室祭品、膳食及招待酒宴之官）、度支尚书（户部属官）、同中书门下三品（宰相）等职。临终前曾作《教戒》，叮嘱儿子办理丧事务必从简，为后世所称道。今特加以钩沉索隐，发掘剖析，以飨读者。

遗言诫子

【原典精读】

死生至理，亦犹朝之有暮。吾终，敛以常服①；晦朔常馔②，不用牲牢③；坟高可认，不须广大；事办即葬，不须卜择；墓中器物，磁漆而已；有棺无椁④，务在简要；碑志但记官号⑤、年代，不须广事文饰。

——节录自《旧唐书·卢承庆传》

【注释】

①常服：日常穿的便服。

②晦朔常馔：晦朔，指农历月末一日和初一日。常馔，指祭祀用的普通食物。

③牲牢：古称供祭祀用的"牛羊豕为牲，系养者曰牢"。通常指祭祀用的牲畜。

④棺椁：指棺材和套在棺外的外棺。古代棺木有两种：内曰棺，外曰椁。

⑤碑志：即碑文。

【译文通解】

死与生的最根本道理，也好像有早晨之必有晚上一样。我死后，只需敛以日常所穿的便服；农历每月的最后一日和初一日的祭祀只需用普通的食物，而不需用牛、羊、猪等牲畜；坟堆高出地面可以辨认就行了，不需广大；简单的丧事办理完毕，就进行安葬，不需选择时日；墓中要放的器物，仅仅放一些瓷器、漆器就可以了；只需要有内棺而不需要套在棺外的椁，一切务必在于简要；碑文，只要求记一些官号和年代，而不需广泛地进行文采修饰。

【经典心裁】

卢承庆作为1000多年前的封建官僚，能认识到有生必有死，生与死是不可抗拒的自然法则，因而要求后代在他死后，包括小敛、祭祀、坟堆、安葬、器物、棺椁、碑文，等等，均一切从简，一律不得铺张，是难能可贵的。

李义琰家训

【撰主简介】

李义琰,生卒年不详。唐魏州昌乐(今河北境内)人。进士出身,博学多识。历任太原尉(太原县长官的副职,管理一县的武职甲卒)、白水县令、中书侍郎(中书省副长官)、太子右庶子(太子官属)、同中书门下三品(宰相)等职。

不营私第美室

【原典精读】

吾为国相,岂不怀愧,更营美室,是速吾祸,此岂爱我意哉①?事难全遂,物不两兴。既有贵仕,又广其宇,若无令德②,必受其殃。吾非不欲之,惧获戾也③!

——节录自《旧唐书·李义琰传》

【注释】

①此:指其弟李义璡建议营造私第美室一事。
②令德:美德。
③戾:罪也。

【译文通解】

朝廷任我为国家的宰相,我已经感到惭愧了。如果再营建美室,那就是招来我的祸患了,弟弟你这个建议难道是爱我之意吗？任何事情很难完全称心如意，一切生物也不可能始终欣欣向荣。既身居高官，又广其居室，如果没有美德，必然遭受灾祸。我不是不想营建，实在是害怕获罪啊！

【经典心裁】

李义琰的居室还没有正屋，在外做官的弟弟义琎乃购买上好的木材给他送去，并劝他对自己的居室进行营造扩建。义琰执意不从，对弟弟说了上面这番道理。

李义琰官居宰相而不营私第，身任枢要而惧获罪戾。并以此来开导、启发和教育自己的弟弟。这种做官不胡作非为、做官仍警饬自己的行为，是值得肯定和称赞的。

张嘉贞家训

【撰主简介】

张嘉贞,生卒年不详。唐猗氏(今山西境内)人。武后时任监察御史(官名,掌分察百僚、巡按郡县、纠视刑狱、整肃朝仪、监军出使等事)。唐玄宗开元年间,任中书侍郎(中书省副长官)、同中书门下平章事(唐中叶以后宰相之职),迁中书令(中书省长官,亦是宰相之职)。

不为子孙立田园

【原典精读】

吾尝相国矣,未死,岂有饥寒忧?若以谴去①,虽富田产,犹不能有也②。近世士大夫务广田宅,为不肖子酒色费。我无是也③。

——节录自《新唐书·张嘉贞传》

【注释】

①谴:谪迁,谪降。
②犹:仍然,还是。
③是:作"此"解。

【译文通解】

我已经做到宰相了,倘若不死,难道还会有饥寒之忧吗?如果因谪降而去,虽拥有大量田产房屋,仍然不能保住。近世士大夫一定要广置田地房屋，其结果只不过是为不肖子孙作为酒色之费消耗殆尽。我不会有这种情况出现的。

【经典心裁】

子孙有出息，无须父母亲广置田宅；子孙均不肖，即使广置田产房屋也只不过是为这些不肖子孙作酒色之费而已。张嘉贞在这方面的认识，超出一般封建官僚之上，时至今日仍可启迪后人，发人深省！

姚崇家训

【撰主简介】

姚崇（650—721年），本名元崇，武后令他改为元之，玄宗又令他改为崇。唐陕州硖石（今河南陕县境内）人。少时倜傥尚气节，好学不倦。武后时，历任兵部郎中（兵部尚书的属官）、兵部侍郎（兵部副长官）、中书侍郎（中书省副长官）、礼部尚书（礼部长官）等职。在张柬之诛武后党羽张昌宗、张易之和迎立中宗的过程中，曾参与谋议。睿宗时，历任兵部尚书、同中书门下三品（宰相）、中书令（中书省长官，特殊优遇），居宰相之首。后因奏请太平公主出居洛阳，被贬职。玄宗开元初,复任宰相,协助玄宗削弱诸王权柄,规定戚属不担任中央要职。任人唯贤,整顿吏治,用法不避权贵,后世誉为唐代"救时之相",史书称其主政时期为"开元之治"。开元四年辞去相位,荐宋璟自代。开元九年去世,谥"文献"。3个儿子分别名彝、异、弈,皆官至卿、刺史。临终前,先析其资产田园,令诸子侄各守其份。

遗令以诫子孙

【原典精读】

古人云:富贵者,人之怨也。贵则神忌其满,人恶其上;富则鬼瞰其室①,虏利其财。自开辟已来,书籍所载,德薄任重而能寿考无咎者②,未之有也。故范蠡、疏广之辈③,知止足之分,前史多之。况吾才不逮古人,而久窃荣宠,位逾高而益惧,恩弥厚而增忧。往在中书,遘疾虚惫④,虽终匪懈,而诸务多缺。荐贤自代,屡有诚祈,人欲天从，竟蒙哀允。优游园沼⑤，放浪形骸，人生一代，斯亦足矣。田巴云⑥："百年之期，未有能至。"王逸少云⑦："俛仰之间⑧，已为陈迹。"

诚哉此言！

比见诸达官身亡以后，子孙既失覆荫，多至贫寒，斗尺之间，参商是竞，岂惟自玷，仍更辱先，无论曲直，俱受嗤毁。庄田水碾，既众有之，递相推倚，或致荒废。陆贾⑨、石苞⑩，皆古之贤达也，所以预为定分，将以绝其后争，吾静思之，深所叹服。

昔孔丘亚圣，母墓毁而不修；梁鸿至贤⑪，父亡席卷而葬。昔杨震⑫、赵咨⑬、卢植⑭、张奂⑮，皆当代英达，通识千古，咸有遗言，属以薄葬。

或濯衣时服，或单帛幅巾，知真魂去身，贵于速朽，子孙皆遵成命，迄今以为美谈。凡厚葬之家，例非明哲，或溺于流俗，不察幽明，咸以奢厚为忠孝，以俭薄为悭惜，至今亡者致戮尸暴骸之酷，存者陷不忠不孝之诮。

可为痛哉！可为痛哉！死者无知，自同粪土，何烦厚葬，使伤素业⑯。若也有知，神不在柩⑰，复何用违君父之令，破衣食之资。吾身亡后，可敛以常服，四时之衣，各一副而已[18]。吾性甚不爱冠衣，必不得将入棺墓，紫衣玉带，足便于身，念尔等勿复违之。且神道恶奢，冥涂尚质，若违吾处分，使吾受戮于地下，于汝心安乎？念而思之。

且五帝之时，父不葬子，兄不哭弟，言其致仁寿、无夭横也。三王之代，国祚延长，人用休息。其人臣则彭祖、老聃之类[19]，皆享遐龄[20]。当此之时，未有佛教，岂抄经铸像之力，设斋施物之功耶？

且死者是常，古来不免，所造经像，何所施为？夫释迦之本法，为苍生之大弊，汝等各宜警策，正法在心，勿劳儿女子曹，终身不悟也。吾亡后必不得为此弊法。……不得辄用余财，为无益之枉事；亦不得妄出私物，徇追福之虚谈[21]。

汝等身没之后，亦教子孙依吾此法。

——节录自《旧唐书·姚崇传》

【注释】

①瞰：窥看。

②咎：灾祸。

③范蠡：字少伯，春秋楚人。仕越为大夫，辅佐越王勾践发愤图强，最终灭掉了仇敌吴国。因认为勾践为人可与共患难，不可与同安乐，去越入齐，改名鸱夷子皮。到陶这个地方称朱公，经商致富。19年中，治产三致千余，一再分散与贫交和远房兄弟，不为子孙治产业。疏广：西汉时人。宣帝时为太傅。不为子孙治产业。曾经认为，子孙贤而多财，则损其志；愚而多财，则益其过。一时传为名言。

④遘：遇也。

⑤园沼：园池。

⑥田巴：战国学者。

⑦王逸少：即王羲之。

⑧俛仰：即俯仰。

⑨陆贾：西汉初年人。有辩才。曾两度出使南越，招谕尉佗，劝丞相陈平深结太尉周勃，合谋诛诸吕、立文帝。

⑩石苞：晋朝人。晋武帝时累官大司马，封乐陵郡公，加侍中。

⑪梁鸿：东汉平陵人。家贫，尚节介。娶同县孟氏女，貌丑而贤，名光，共入霸陵山中，以耕织为业，咏诗弹琴以自娱。妻为具食，举案齐眉。

⑫杨震：东汉人。通晓诸经。任荆州刺史时，有人夜赠金十斤，说："夜无知者"。杨震拒而不收，并且回答说："天知，神知，我知，子知，何谓无知？"后官至太尉。死前令子薄葬。

⑬赵咨：东汉人。汉灵帝时任敦煌太守，为官清简。临终，令子薄葬。时称明达。

⑭卢植：东汉人。能通古今学。曾师事马融。为官清简。后以反对董卓免官，避卓祸隐于上谷。临终，令子薄葬。

⑮张奂：东汉人。举贤良对策第一。累迁至大司农。临终，令子薄葬。

⑯素业：清素之业。

⑰柩：装尸体的棺材。

⑱一副：此处作"一套"解。

⑲彭祖：传说中颛顼帝玄孙陆终氏第三子，姓名铿，尧封之于彭城，因其道可祖，故谓之彭祖。年800岁。老聃：俗称老子。春秋战国时楚国苦县

人。传说为道教始祖,著《老子》(又名《道德经》)5000余言。

⑳遐龄:高龄、长寿。

㉑徇:此处可作"顺从"解。

【译文通解】

古人说过:富与贵,众人所怨。地位高贵,则神灵忌其太满,众人恨他高高在上;家中豪富,则鬼怪窥看他的居室,盗贼贪图他的钱财。自有人类以来,根据书上的记载,凡是德行浅薄、任务繁重而能高寿无灾祸的人,是从来没有过的。所以范蠡、疏广这些人知道满足,及早辞官而得免过失,前史多有称赞。何况我才不及古人,而久受荣誉恩宠,地位越高越发感觉害怕,恩泽越厚越发增加忧虑。以前我在中书省,因患病身体虚弱而感到困倦,虽然始终努力不懈,而各项政策事务仍多有缺失。我曾经多次推荐贤能的人来替代我,屡有请求,天从人愿,这次终于允许我辞去宰相职务。从此我可以优游田园湖池,身体不受约束,人生一世,也就可以满足了。田巴说过:"百岁之寿,没有几个能达到的。"王羲之也说过："转眼之间，现实社会里许多东西就成了历史陈迹。"这话说得很对！

近来见到一些达官贵人死后，子孙既失去了依靠和庇荫，多至贫寒，而且还为斗米尺布相争不已，不只是玷污了自己，而且更使先人受到耻辱，不论曲直，都受人笑骂。庄田水碾这些家财，大家共有之后，却互相推诿，经常导致荒废。贤达如陆贾、石苞，所以预为定分，为防子孙争产。我仔细考虑，深为叹服。

古代的孔子和孟子，母亲的坟墓毁坏了不再维修；梁鸿是位贤达的人，父亲死了用席子卷着安葬。东汉时代的杨震、赵咨、卢植、张奂，都是当时的英才贤达，通今识古，他们都有遗言，嘱咐后代薄葬。他们或穿平时洗过的衣服，或着一副一层丝织品的头巾；他们知道真魂去身，贵在速朽，子孙都照着办了，至今仍传为美谈。那些厚葬之家，都不明智，或者沉湎于流俗而不察是非，都以奢侈厚葬为忠孝，以节俭薄葬为吝惜，致使坟墓被盗、尸骨暴露，使死者受到摧残，生者陷于不忠不孝。

实在感到悲痛啊！死去的人没有感知，自同粪土一般，何必一定要厚葬使伤清素之业。如果真的死者有知，而神不在柩，那又用不着违君父之命，破衣食之资。因此，我死后，可以穿着常服，四时之衣各准备一套就行了。我不喜爱的帽子和衣服，一定不得放进我的棺材坟墓里；象征我生前做官的紫衣玉带，也一定要适于身体。希望你们不要违背它。况且神明之道也厌恶奢侈，而阴间亦尚质朴，你们如果违背我的处置办法，使我受戮于地下，这样你们的心安吗？你们考虑、想想吧！

况且五帝在位的时候，人们父不葬子，兄不哭弟，人人得善终长寿，没有夭折横世。三王在位的时候，享国长久，人们得以休息。其人臣如彭祖、老聃之类，都得长寿。当时并无佛教，难道也是抄佛经铸佛像的效力、设斋醮布施财物的功用吗？

死是很平常的事，自古以来都不可避免，所造佛经佛像又会有什么办法呢？释迦牟尼创造佛教本法，成为天下百姓大的弊病，你们各人务必要警惕自己，不要终身不觉悟。我死后，一定不得去效法此等弊法。……一定不得用钱去做那些无益的佛事，一定不得出私物去追求那些所谓福泽的空谈。

你们将来死了以后，也务必要教好你们的子孙依照我这个办法去做。

【经典心裁】

姚崇在去世之前写好遗令，以古代先贤先哲为例，指出薄葬被后世传为美谈，厚葬对后世危害极大；指出人死是不可抗拒的必然规律，自古以来不可避免；指出佛道的话，纯属虚妄，不可相信；嘱咐在他死后，不许做无益之佛事，而且要求后世子孙世世代代都得这么做。这些见解，或是高人一着，或为一家之言，时至今日仍有一定的借鉴和启迪意义！

韩滉家训

【撰主简介】

韩滉（723—787年），字太冲，唐京兆长安（今陕西境内）人。宰相韩休之子。历任吏部员外郎（吏部属官，位于郎中之下）、给事中（官名，常在皇帝左右侍从，备顾问应对等事）、以户部侍郎判度支（度支官名，主管天下租赋物产，按岁计所出而支调之）等职。德宗时，历任镇海军节度使（官名，统管一道或数州，军事民政，用人理财，皆得自主）、加检校左仆射、同中书门下平章事（宰相）、江淮转运使（官名，掌粮食、财赋转运事务），封郑国公。终年65岁，谥"忠肃"。

韩滉做高官，居重位，却不让增补居第，而且还以此训诫自己的子弟。

不准增建堂屋

【原典精读】

先君容焉①，吾等奉之，常恐失坠②，若摧圮③，缮之则已，安敢改作以伤俭德？

——节录自《新唐书·韩休传附韩滉传》

【注释】

①先君：指已故的父亲，即亡父。
②失坠：落下，丧失。
③摧圮：即摧毁。

【译文通解】

亡父容纳、允许的居室，我等一定遵奉之，常恐丧失。如有摧毁，缮修一下就可以了，怎敢随意改作以损伤祖先的俭德呢?

【经典心裁】

韩滉性节俭,平常所穿的是普通衣服和皮衣,用的是寝褥和卧席,而且10年才更换一次;居室简陋,仅遮风雨。堂屋原先并无左右走廊和廊屋,其弟韩洄略加增补,韩滉见了即令撤除,并且说了上述一番意味深长的话。

韩滉作为封建高级官僚,为了保持祖先的传统俭德,穿普通之衣,用平常之物,居仅风雨之室,而且不许增补堂屋。所有这一切都是难能可贵的,时至今日仍有一定的借鉴和启迪意义!

元稹家训

【撰主简介】

元稹（779—831年），字微之，唐河南（今河南洛阳市）人。少时家贫力学。唐宪宗元和元年，对策举制科第一，先后任左拾遗（官名，唐武后时置左右拾遗，掌供奉谏诤）、监察御史（官名，掌分察百僚、巡按郡县、察视刑狱、整肃朝仪、监军出使等事），不畏权贵，敢于斗争，因而得罪于宦官和守旧官僚，被贬为江陵士曹参军（地方参佐的官吏）。因受了几次沉重打击后，就由早期的反对权贵宦官，到了晚期转而依附于宦官。唐穆宗长庆年间，借宦官崔潭峻之力，官至知制诰（唐代起草文书之官），继而晋升为同中书门下平章事（宰相）。后被裴度奏劾而罢相。唐文宗大和年间，复官至武昌军节度使（官名，统管一道或数州，其军事民政、用人理财，皆得自主），最后死于节度使任所。元稹是著名诗人。其人是白居易的好友，其诗与白居易的齐名，世称"元白"。著有《元氏长庆集》100卷，今存60卷。所作传奇《会真记》，记张生与崔莺莺事，为后来《西厢记》所本。元稹十分重视对子侄晚辈的教育，常常用自己走过来的经验教训启迪后人，鼓励后人奋发努力。

教诲侄儿书

【原典精读】

吾家世俭贫，先人遗训，常恐置产怠子孙，故家无樵苏之地①，尔所详也。吾窃见吾兄自二十年来，以下士之禄，持窭绝之家，其间半是乞丐羁游，以相给足。……有父如此，尚不足为汝元稹师乎？

吾尚有血诚将告于汝②：吾幼乏岐嶷③，十岁知文。……是岁尚在凤翔，每借书于齐伦曹家，徒步执卷就陆姊夫师授，栖栖勤勤④，其始也如此。至年十五，得明经及第⑤，因捧先人旧书于西窗下，钻仰沉吟⑥，仅于不窥园井矣。

今汝等父母天地，兄弟成行，不于此时佩服诗书，以求荣达，其为人耶？其曰人耶？吾又以吾兄所识易涉悔尤⑦，汝等出入游从，亦宜切慎。

——节录自《元氏长庆集》

【注释】

①樵苏：樵，指取薪；苏，指取草。樵苏，即打柴割草。

②血诚：出自内心深处的诚意。

③岐嶷（yí）：峻茂之貌。后借以形容幼年聪慧。

④栖栖勤勤：栖，忙碌奔波；勤，勤奋。

⑤明经：唐代科举考试，以经义取者为明经，以诗赋取者为进士。

⑥钻仰沉吟：钻仰，指深入研究；沉吟，指深思。

⑦悔尤：悔恨和过失。

【译文通解】

我们元氏家族世世代代节俭贫困，先人遗训，常恐多置田产会使子孙懒惰松懈，所以我们家连可供打柴割草的山地也没有，这是你们所熟知的。我曾见到我老兄自20年来，以低薄之禄俸赡养和维持我们这个穷家，其间有一半是靠老兄求人资助和在外劳碌奔波，才能勉强维持这个家的开支用度。……有父如此，难道还不能作为你们的师表吗？

我还有出自内心深处的话要告诉你们：我小的时候并无高超的见识、聪明的头脑，10岁时才懂得作文。……初读书之时我尚在凤翔，常到齐伦曹家借书，徒步远行到陆姓姐夫家求师讲解，劳碌奔波，勤奋于学。刚开始就是这样的窘迫。至15岁时，得明经及第。因捧先人之书于西窗下就读，深入研究和深思，其用功之勤几乎足不出户。

你们现在父天母地，兄弟成行，不于此时发愤攻读诗书，以求荣誉发达，怎可成人？怎可叫作人？我又认为我哥哥的认识见解容易产生悔恨和过失，所以你们平日交友结伴也应当谨慎从事才对。

【经典心裁】

元稹一方面用"家世俭贫"、"家无樵苏之地"等典型材料来启发儿侄不要忘记过去；另一方面又采取现身说法，以自己用功之至勤来鼓励儿侄发愤攻读诗书，不要浪费大好时光。同时，还勉励儿侄交友结伴一定要特别谨慎从事。这种教育后代的做法，时至今日仍然具有启迪和借鉴意义！

范质家训

【撰主简介】

范质（911—964年），字文素，宋大名宗城（今河北大名县）人。后唐长兴年间进士。历任后唐、后晋、后汉、后周四朝。后周时官至左仆射兼门下侍郎、平章事（宰相），兼参知枢密院事（最高军事长官）。后周世宗病重时，受顾命，辅佐恭帝继位，加开府仪同三司（一品文散官），封萧国公。北宋建立后，加侍中（门下省长官），仍然担任宰相，罢参知枢密，封鲁国公，所以世人又称范鲁公。

为人质直廉介，所得官俸赏赐，多给孤贫。侄儿谢课（《宋史》作谢果）已经得了个六品官，仍感到不满足，要求范质替他调职升官。范质深感问题严重，"省之再三叹之，不觉泪满盈眸"，因而"抒古诗一首以晓之"，向侄儿严肃地提出了"六戒"和交友、任侠、节俭等必须注意的问题。《宋史》本传中曾说："从子校书郎果请奏迁秩，质作诗晓之，时传诵，以为劝诫"。可见他这首诫儿侄长诗无论在当时或者在后世都曾产生过很大的影响。

诫子侄诗

【原典精读】

戒尔学立身，莫若先孝弟。怡怡奉亲长①，不敢生骄易。战战复兢兢②，造次必于是③。戒尔学干禄④，莫学勤道艺。尝闻诸格言，学而优则仕。不患人不知，惟患学不至。戒尔远耻辱，恭则近乎礼。自卑而尊人，先彼而后己。《相鼠》与《茅鸱》⑤,宜鉴诗人刺。

戒尔勿放旷⑥,放旷非端士。周孔垂名教⑦,齐梁尚清议。南朝称八达⑧,千载秽青史。

戒尔勿嗜酒,狂药非佳味。能移谨厚性,化为凶暴类。古今倾败者,历历皆可记。

戒尔勿多言,多言众所忌。苟不慎枢机⑨,灾厄从此始。是非毁誉者,适足为身累。

举世重交游,拟结金兰契⑩。忿怨从易生,风波当时起。所以君子心,汪汪淡如水。

举世好承奉⑪,昂昂增意气。不知承奉者,以尔为玩戏。所以古人疾,籧篨与戚施⑫。

举世重任侠,俗呼为义气。为人赴急难,往往陷囚系。所以马援书⑬,勤勤告诸子。

举世贱清素,奉身好华侈。肥马衣轻裘,扬扬过闾里⑭。虽得市井怜,还为识者鄙。

尔曹当怜我,勿使增罪戾。闭门敛踪迹,缩首避名势。势位难久居,毕竟何足恃。物盛则必衰,有隆还有替。速成不坚牢,亟走多颠踬⑮。灼灼园中花,早发还先萎。迟迟涧畔松,郁郁含晚翠。

——节录自《宋文鉴》

【注释】

①怡怡：和顺。

②战战复兢兢：恐惧谨慎。

③造次：急遽之时。

④干禄：求俸禄。

⑤《相鼠》：《诗经·鄘风》篇名。本意是讥讽当时贵族统治者的贪浊无礼，后来引申为讽刺无礼。《茅鸱》：古逸诗篇名，讽刺不敬。

⑥放旷：旷达不拘礼俗。

⑦名教：以正名定分为中心的封建礼教。

⑧八达：指八个通达之士。

⑨枢机：指近要之官。

⑩金兰契：金兰，指交友相投合。契，合。

⑪承奉：谓承旨奉行。

⑫籧篨（qú chú）：本意为粗竹席。后引申为观人颜色而为辞之人。戚施：驼背。用以比喻谄谀献媚之人。

⑬马援：东汉时人，王莽篡位时为新城太守，后依附于隗嚣，复归刘秀（即汉光武帝）。建武十

一年任陇西太守,建武十七年任伏波将军。曾谓宾客曰:"丈夫为志,穷当益坚,老当益壮。"又言:"男儿要当死于边野,以马革裹尸还。"

⑭闾里:乡里。

⑮亟(jí):匆忙,急忙,迫切。踬(zhì):比喻事情不顺利。

【译文通解】

告诫你们学立身,不如先从孝悌开始。和顺地侍奉亲长,不能产生任何骄傲情绪。平时要常怀恐惧戒慎之心,即使急遽之时也必须这样。

告诫你们求俸禄,不如先钻研治国理民的道理和艺能。曾经听说过有这么一句格言:学而优则仕。不要担心人家不知道、不了解自己,只要担心自己学问不到家。

告诫你们远耻辱,恭顺要合乎礼节。对自己要求谦逊而对人家却要尊重,随时要先人家而后自己。《相鼠》和《茅鸱》诗篇是用来讽刺无礼和不敬的,宜以古代诗人这种讽刺作为鉴戒。

告诫你们不要放纵而不拘礼俗,放纵不拘礼俗之人不是正直之士。周公和孔子以正名定分为中心的封建礼教代代相传，南北朝时的齐、梁两朝士大夫彼此以清议相尚。南朝的所谓八个通达之士并不通达，实际上使千百年来的书籍蒙受污浊。

告诫你们不要嗜酒贪杯，酒是狂药并非佳味。酒饮多了能移去人的谨厚本性，并易于转化为凶暴之人。由古至今那些遭到倾败的人们，历历在目全都可以记录下来。

告诫你们不要随便乱说话，乱说话最为众人所忌。在重要之官任上倘有不慎，灾难与厄运就会从此开始。在是非毁誉方面乱说话的人，正好是自身之累。

全社会的人都注重交游，而且往往交结互相投合、互相默契的朋友。这样，就容易产生风波和愤怨。所以君子之交淡如水。

全社会的人都喜欢奉承，一受到别人巴结奉承就挺拔高超、意气风发。殊不知那些奉承你的人，是以你作为玩戏的。所以古人最憎恨的，是那些察言观色、看人说话和谄谀献媚的人。

全社会的人都重视负气仗义、打抱不平，世人习惯地称之为义气。一些帮助别人赴急难的人，往往使自己也被牵连进去。所以东汉人马援就经常写信回去，殷勤地告诫自己的子侄。

全社会的人都很轻视寒素，均以豪华奢侈为荣。他们喜欢身着绫罗绸缎、骑着高大的肥马，夸耀于乡里民间。虽也曾得到市井人们的怜惜，却为真正有见识的人所鄙视。

你们这些晚辈们也得怜恤我这位长者，勿使我再增加罪戾。你们要闭门在家收敛踪迹，要约束自己的行动而远避名势。历来势位是难以长久的，绝不可有恃无恐。历来万事万物发展到了顶点就必然要衰落下去，也就是说有盛就一定会有衰。一个人的学识事业要力求打好坚实基础，速成是不坚牢的，走快了是会要跌倒的。开得很茂盛的园中花，早发还会要先枯萎的；而生长在涧畔间的青松，虽然发得迟但却郁郁葱葱。

【经典心裁】

在范质看来，自己过去在前朝做高官，如今又在宋朝做显要的官，自己不小心谨慎不行，不叫儿侄们"闭门敛踪迹,缩首避名势"也不行。

在范质看来,范家前后有9人做官,有的还做大官,这绝不是范家的人有什么特别的能耐,纯属侥幸。无才无功,四体不勤,得此荣誉,无旁人议论,岂能不畏惧谨慎?因而提出"六戒",又提出了交友、任侠、节俭诸问题,叫儿侄们恪遵不渝。

全诗明白如话,情理兼备,说服力强,时至今日仍有积极的教育意义!

李沆家训

【撰主简介】

李沆（947—1004年），字太初。宋洺州肥乡（今属河北）人。宋太宗太平兴国年间进士及第。曾通判潭州（州长官的副职），迁著作郎（主管著作局的官）、直史馆（史馆官署的官员），授右补阙（掌侍从讽谏之官）、知制诰（官名，起草诏令等），迁翰林学士，擢参知政事（副宰相）。宋真宗继位，由参知政事加平章事、监修国史、累加尚书右仆射（宰相）。

不许新建美宅

【原典精读】

身食厚禄,时有横赐①,计囊装亦可以治第,但念内典以此世界为缺陷②,安得圆满如意,自求称足?今市新宅,须一年缮完,人生朝暮不可保,又岂能久居?巢林一枝,聊自足耳③,安事丰屋哉?

——节录自《宋史·李沆传》

【注释】

①横赐:遍赐,广赐。
②内典:佛教徒称佛经为内典。
③聊:姑且。

【译文通解】

(李沆)身食皇家厚禄,又常常得到朝廷意外的恩赐,估计一下袋子里所装的钱是可以治理住宅的。但一想起佛经上对这个世界的看法,我们又怎能够事事都圆满如意,自求称足?今购买新宅,必须一年时间整治完。人生朝暮不可保,又怎么能够久居呢?巢林一枝,姑且可以自足,又哪里用得着宽大的房屋呢?

【经典心裁】

李沆位居一人之下,万人之上,却不治理居第;既身食厚禄,又时有恩赐,却不治理居第。真是难能可贵!

王旦家训

【撰主简介】

王旦（957—1017 年），字子明。北宋大名莘县（今山东聊城市境内）人。

宋太宗太平兴国年间进士及第。初仕著作佐郎（掌修撰日历之官，地位低于著作郎），参加编撰《文苑英华》；继而又升迁知制诰（官名，起草诏诰文书），同判吏部流内铨（官名，掌文官自初仕至幕职州县官之铨选注拟和对换差遣、磨勘功过等事）。宋真宗继位，擢翰林学士兼知审官院（主持考校京朝官殿最，定其官爵品级，分拟其内外任使，奏报皇帝）、通进银台封驳司（官名，掌封驳事)。咸平四年（1001年）任副宰相。景德三年（1006年）任宰相。在相位10余年。卒谥"文正"。

王旦为相，能知人，多提拔厚重之士。宾客不敢以私事相求，自己也坚持不置田宅。后来病重时，宋朝廷赐他白金5000两，他作表辞谢，命人把白金退还给朝廷。家训告诫兄弟子侄务必保持俭朴家风，不宜多用民财。

务必保持俭朴家风

【原典精读】

我名盛名清德，当务俭素，保守门风，不得事于泰侈①。勿得厚葬，以金玉置柩中②。子孙当各念自立，何必田宅？徒使争财为不义耳。

——节录自《宋史·王旦传》

【注释】

①泰侈：极其奢侈。

②柩：棺材。

【译文通解】

我家素有美好名声和清高德行，一定要注意节俭朴素，保持这种门风，不可极其奢侈。我死以后，不得厚葬，不得把金银珠宝放在棺材里。子孙应当各自考虑着如何自立，又何必老是想着田宅，徒使相互之间为了争夺钱财而做出不义的事情来呢！

【经典心裁】

王旦作为一位位极人臣的宰相，在那盛行厚葬、竞尚骄奢的封建社会里，能以身作则，崇尚节俭，并谆谆告诫儿子，不可骄纵奢侈，不可以金玉置柩中，不可老是想着田宅，不可因争财为不义，自是难能可贵！

不宜多用民财

【原典精读】

遭遇如此①,愈增忧惧,何可贺也?生民膏血②,安用许多?

——节录自《名臣遗事》

【注释】

①遭遇:即遭逢。泛指生活中的经历。

②膏血:比喻人民费精力、流血汗所累积起来的财富。

【译文通解】

我们这些人生活经历如此,(官越做越大)只会越来越增加忧惧和戒心,有什么可以庆贺的呢?这些赏赐都是人民费精力、流血汗所累积起来的财富,怎么能用得这许多呢?

【经典心裁】

王旦晚年，官越做越大，可他不仅制止家人的道贺，而且还告诫兄弟子侄务必要增加忧惧和戒心！

王旦晚年，赏赐愈来愈多，可他不仅作表辞谢朝廷的一部分赏赐，而且还告诫兄弟子侄务必认识到这些都是人民的血汗，怎能用得这许多。这说明，王旦作为1000年前的封建官僚，在一定程度上崇尚节俭，珍惜劳动人民用血汗累积起来的财富，实在难能可贵！

范仲淹家训

【撰主简介】

范仲淹（989—1052年），字希文，宋苏州吴县（今江苏苏州市吴中区）人。少时贫困力学。宋真宗大中祥符年间进士。宋仁宗天圣初年，任泰州兴化令（一县之长），主持修筑捍海堰，世称"范公堤"。天圣六年（1028年），任秘阁校理（官名，主持秘阁之事），后出判河中府（一府的长官），移陈州（一州的长官），擢右司谏（谏官之一，凡朝政缺失、大臣至百官任用不当，一切官署有违失，皆可谏正）。因忤宰相吕夷简，出知睦州（州长官）、苏州（州长官）。在苏州时曾疏浚太湖入海水道。解除江南涝灾。旋召还判国子监（官名，主持国子监工作），迁权知开封府（任开封府长官）。景祐三年（1036年），又因得罪权臣，出知饶、润、越三州。康定初年，与韩琦同任陕西经略安抚副使（官名，主持一路兵民之政），兼知延州（州长官），负责防御西夏重任，与韩琦齐名，时称"范韩"。庆历三年（1043年），入为枢密副使（枢密院副长官，主持兵政），旋拜参知政事（副宰相），与富弼、欧阳修等人推行"庆历新政"，为夏竦等中伤，出知邠州兼陕西四路安抚使（官名，负责四路军务治安）等。为官清正，生活俭朴。曾用自己的薪俸买田千亩，赡养族中的穷人。工诗词散文，晚年所作的《岳阳楼记》，有"先天下之忧而忧，后天下之乐而乐"之语，为千古所传诵。卒谥"文正"。著作有《范文正公集》传世。范仲淹有4个儿子：纯祐、纯仁、纯礼、纯粹，都有名于时。他对诸子及弟侄要求严格，家训论述也比较全面深刻。

诫诸子及弟侄

【原典精读】

吾贫时，与汝母养吾亲，汝母躬执炊而吾亲甘旨①，未尝充也。今得厚禄，欲以养亲，亲不在矣。汝母已早世，吾所最恨者，忍令若曹享富贵之乐也？

吴中宗族甚众，于吾固有亲疏，然以吾祖宗视之，则均是子孙，固无亲疏也。苟祖宗之意无亲疏，则饥寒者吾安得不恤也？自祖宗来积德百余年，而始发于吾，得至大官，若享富贵而不恤宗族②，异日何以见祖宗于地下？今何颜以入家庙乎？

京师交游，慎于高议，不同当言责之地。且温习文字，清心洁行，以自树立平生之称。当见大节，不必窃论曲直，取小名招大悔矣。京师少往还，凡见利处，便须思患。老夫屡经风波，惟能忍穷，故得免祸。大参到任，必受知也。惟勤学奉公，勿忧前路③。慎勿作书求人荐拔，但自充实为妙。将就大对，诚吾道之风采，宜谦下兢畏，以副士望。青春何苦多病，岂不以摄生为意耶④？门才起立，宗族未受赐，有文学称，亦未为国家用。岂肯循常人之情，轻其身汨其志哉⑤！贤弟请宽心将息，虽清贫，但身安为重。家间苦淡，士之常也，省去冗口可矣。请多著工夫看道书，见寿而康者，问其所以，则有所得矣。汝守官处小心不得欺事，与同官和睦多礼，有事只与同官议，莫与公人商量，莫纵乡亲来部下兴贩，自家且一向清心做官，莫营私利。

——节录自《诫子通录》

【注释】

① 甘旨：味之美者。

② 恤：周济。

③ 前路：即前途。

④ 摄生：指养生。

⑤ 汨：灭也。

【译文通解】

我过去贫贱的时候,与你们的母亲共同奉养你们的老祖母,你们母亲亲自烧火,而我亲自做点什么好吃的,未曾充足。今得厚禄,再想要好好地奉养祖母,祖母早已不在世了。你们的母亲也早已经去世,这是我所最感遗憾的,我怎忍心让你们享富贵之乐?

苏州这个地方范氏宗族甚多,于我固然有亲有疏,然而从我们共同祖先的角度来看,则都是范氏子孙,当然就没有亲疏可分了。如果祖宗之意无亲疏,则饥寒者我怎能不周济呢?自祖宗以来积德百年,开始在我这里发迹,使我得做高官。但如果我独享富贵而不周济宗族,将来有何面目见祖宗于地下?今天又有何面目进入家庙?

在京都交朋友,不要随便发表带政治色彩的高论,你们现在所处的地位不同于当言官、居言责之地。你们只需温习文字,清心洁行,以树立自己平日的形象。一个人当见大节,不必计较小的是非曲直,不可因得小名而招致大大的悔恨。

在京师生活要少和别人往来，凡见到有利的地方，便要想到后患。我这一生虽然屡经风波，唯能忍穷，因此能够免祸。

大参到任之后，一定会受人之知。但只需勤学奉公，不必担心自己的前途。切切不要写信求人荐拔，还是以自己充实为妙。

将就大对，确实是吾道之风采，要谦虚谨慎，对得起读书人的声誉。

年纪轻轻的为什么会这样多病，难道是平时没有留意于养生吗？家庭里出现人才，而宗族未得到好处；个人有文学修养，并未为国家效力。难道你们愿意遵循平常人的情理，不注重身体而使自己泯灭其抱负志向吗？

至于弟弟，请放心休息。家虽清贫，但身体康健要紧。家庭间的苦与淡，乃士之常事，省去多余闲散之口是可以的。多向书本和健康长寿的人请教，一定会有收获的。

你在外做官要小心谨慎不得做欺心之事，与同事要和睦多礼，有事只与同事议论，不要与衙役商量。不要放纵乡亲来到自己所属部门兴贩取利，自己一辈子要出以公心做官，不要去牟取私利。

【经典心裁】

范仲淹是北宋著名政治家、文学家。他不仅自己为官清正，生活节俭，关心人民疾苦，而且对儿子及弟侄要求严格。这篇家训对于宗族的周济、个人的修养、交游的谨慎、学问的取得、健康的注意等方面都作了全面的论述，言简意赅，深刻生动，时至今日仍有一定的借鉴和启迪意义！

贾昌朝家训

【撰主简介】

贾昌朝（998—1065年），字子明，北宋真定（今河北正定）人。宋真宗天禧元年（1017年），赐同进士出身。历任国子监说书（官名，掌进读书史、讲释经义）、崇政殿说书（官名，为皇帝讲解经书史传，并备顾问应对）、天章阁侍讲（天章阁的长官之一），并升迁为权御史中丞（御史台长官）兼判国子监（国子监长官之一）。仁宗庆历三年（1043年），任参知政事（副宰相）。庆历四年，改任枢密使（枢密院长官，主兵事）。庆历五年，拜同平章事（宰相）兼任枢密使。后封许国公，死后谥"文元"。仁宗亲书墓碑，称"大儒元老之碑"。著有《群经音辨》及奏议、文集百余卷。长子贾章，次子贾青，分别任馆阁校勘（史馆属官）和朝请大夫（从五品文散官）。他从政数十年，历任显要职务，熟悉官场习气。他的两个儿子都在朝廷做官，因而言传身教，撰写家训对他们进行告诫。

诫子孙

【原典精读】

今诲汝等，居家孝，事君忠，与人谦和，临下慈爱。众中语涉朝政得失，人事短长，慎勿容易开口。仕宦之法，清廉为最，听讼务在详审，用法必求宽恕。追呼决讯，不可不慎。吾少时见里巷中有一子弟，被官司呼召证人罾语①，其家父母妻子见吏持牒至门，涕泗不食，至暮放还乃已。是知当官莅事，凡小小追讯，犹使人恐惧若此；况刑戮所加,一有滥谬,伤和气、损阴德莫甚焉。《传》曰②:上失其道,民散久矣,如得其情,则哀矜而勿喜。此圣人深训,当书绅而志之③。

吾见近世以苛剥为才,以守法奉公为不才;以激讦为能④,以寡辞慎重为不能。遂使后生辈当官治事,必尚苛暴,开口发言,必高诋訾⑤。市怨贾祸⑥,莫大于此。用是得进者有之矣,能善终其身,庆及其后者,未之闻也。

复有喜怒爱恶,专任己意。爱之者变黑为白,又欲置之于青云;恶之者以是为非,又欲挤之于沟壑。遂使小人奔走结附,避毁就誉。或为朋援,或为鹰犬,苟得禄利,略无愧耻。吁,可骇哉!吾愿汝等不厕其间⑦。

又见好奢侈者,服玩必华,饮食必珍,非有高资厚禄,则必巧为计划,规取货利,勉称其所欲。一旦以贪污获罪,取终身之耻,其可救哉!

——节录自《诫子通录》

【注释】

①詈语:骂人的话。

②《传》：儒家经典之一——《左传》。

③书绅：把要牢记的话写在绅带上。绅，大带。

④讦：攻击人的短处。

⑤诋訾：毁谤。

⑥贾祸：自招祸患。

⑦厕：参加。

【译文通解】

我今教诲你们，你们居家要孝顺，事君要忠心，待人要谦和，对下要慈爱。凡是众庭广座之中有语涉及朝政得失、人事短长者，千万要谨慎而不要随便开口。做官最重要的是清白廉洁，办案一定要仔细慎重，用法执法必求宽宥体谅。追呼传讯，不可不慎。我小的时候见里巷中有一子弟，被官司呼召证人时说了一些骂人的话，他家里的父母、妻子见吏持牒至门抓人，一把眼泪一把鼻涕，饭也吃不下，直到傍晚放回才放心。由此可知当官临事，官府小小的传讯，还常使人害怕惊恐到这个地步，况且刑戮相加；如果有弄错了的，伤和气、损阴德没有比这更厉害的了。《左传》上就说过：在上者失其道，人民逃散很久了，如得其实情，则要多哀怜同情而不要高兴。这是古代圣人深刻的教训，一定要牢牢记住并把它写在绅带上。

我见近来人们往往以苛刻为有本事，以守法奉公为没有本事；以揭人短处和发人阴私为能干，以少言慎重为无能。致使一些年轻人当官治事，一定崇尚于苛刻暴虐，开口说话一定高声诋毁别人。招惹怨恨和招致灾祸，没有比这更大的了。以此而暂时升官发财者是有的，但是自己能有善终，其福庆能延及后代的，还没有听说过。

另外还有一种人，喜怒哀乐专凭一己之私意。对所喜爱的人则变黑为白、黑白颠倒，尽量提拔；对所嫉恶的人则以是为非、是非混淆，排挤到沟壑之中。这样就使得一些无耻小人，奔走结纳，避毁就誉。或为朋援，或为鹰犬。只要能得到荣利，就什么廉耻也不顾了。真可怕呀！我希望你们一定不要参加到这当中去啊！

又有一些爱豪华奢侈的人，衣服玩好必讲求华丽，饮食则讲究贵重珍奇。如果不是有高资厚禄等高额收入，势必去设法弄钱，规取货利，勉强满足其欲望。一旦因贪污犯罪，招来终身之耻，这还有救吗？

【经典心裁】

在这篇家训中，贾昌朝意味深长地告诫自己的子孙做人要正直，为官要清廉，办案要慎重。并勉励他们奉公守法，少言慎重，对人对事不要凭私人爱恶，尤其不能因挥霍无度而导致贪污犯罪，给自己招来终身的耻辱。这些内容，尽管不过是封建社会为官从政的道德规范，但对今天的人（特别是对今天从事公务的人）来说，仍然具有一定的启迪和借鉴意义！

欧阳修家训

【撰主简介】

欧阳修（1007—1072年），字永叔，号醉翁，晚年又号六一居士。

北宋吉州庐陵（今江西吉安）人。幼年贫而好学，曾以荻画地练字。

既长，得唐朝韩愈遗稿，立志为古文。宋仁宗天圣八年（1030年）进士及第。景祐年间任馆阁校勘（史馆属官）。因得罪权臣，曾一度贬为夷陵令（县令）。庆历三年（1043年），知谏院（谏院长官，掌规诛讽喻），擢知制诰（官名，掌起草制、诰、诏、令等），协助范仲淹主持"庆历新政"。新政失败，亦被贬出知滁、扬、颖等州11年。召回后，迁翰林学士。嘉祐二年（1057年），知贡举（官名，负责主持礼部试，决定合格举人名次）。嘉祐六年，任参知政事（副宰相）。神宗即位，因议新法，与王安石意见不合，坚请致仕。卒谥"文忠"。

　　一生博览群书，以文章著名。反对宋初西昆体的浮艳文风，主张文学须切合实用。生平喜奖掖后进，曾巩、王安石、苏洵父子等都受到他的提携和称誉。撰有《毛诗本义》、《新五代史》、《集古录》等，并与宋祁合修《新唐书》。后人辑有《欧阳文忠集》153卷，附录5卷，其中《居士集》为其晚年自编。

人不学习无以成材

【原典精读】

　　"玉不琢①，不成器；人不学，不知道。"然玉之为物，有不变之常德②，虽不琢以为器，而犹不害为玉也；人之性，因物则迁，不学，则舍君子而为小人，可不念哉！付弈。

——节录自《欧阳文忠公集》

【注释】

①琢：雕琢。治玉的一种方法。
②常德：常性。

【译文通解】

"玉石不经过雕琢，就不能成为器具；人不经过学习，就不明白事物的道理。"然而作为物体的玉，有着不可改变的常性，虽不雕琢成器，可仍然还是玉。人的品性则不同了，常会随着环境的改变而改变，如果不学习，就将不能成为君子而会变成品行不好的小人，危害极大。这能不引起注意吗？交给欧阳弈。

【经典心裁】

欧阳修借《礼记·学记》上的话加以很好地

发挥，认为玉不琢不磨，虽不成器物，仍不失为玉；人如不学习，就会沦为下流，变成小人。因而勉励第三子弈要努力学习，力求上进，成为品学兼优的人。

为官宜清廉

【原典精读】

欧阳氏自江南归朝,累世蒙朝廷官禄;吾今又被荣显,致汝等并列官裳①,当思报效。偶此多事,如有差使,尽心向前,不得避事②。至于临难死节,亦是汝荣事,但存心尽公,神明亦自佑汝,慎不可避思事也。昨书中言欲买朱砂来,吾不缺此物。汝于官下宜守廉,何得买官下物?

吾在官所,除饮食物外,不曾买一物,汝可安此为戒也。已寒,好将息,不具。

——节录自《欧阳文忠公集》

【注释】

①官裳:官职。
②避事:躲避。

【译文通解】

我们欧阳家族从江南来归,累世蒙朝廷赐以官禄爵位,我现在又被授以荣耀显赫的高官,相应的也使你们得到一官半职,所以你们要时常想到报效国家才对。值此多事之秋,如有差使,要尽心向前,不可躲避。至于临难死节,也是你们的光荣。只要存心尽公,神明亦自然会保佑你们,千万不可考虑躲避。你昨日的信中说想买朱砂来,我不缺这个东西。你在官位应清廉自守,怎么能随便买公家的东西?我在官署,除日常饮食之物外,不曾买一件公家的东西,你们可以此为戒。现在天气已寒冷,希望注意保重。

【经典心裁】

欧阳修在朝为官、为相,"论事切直,人视之如仇",执政不徇私情,风节凛然。他在家训中要求侄子遇事要"尽心向前,不得避事";"任官宜守廉"。这实际上是他自己早已这么做的,也要求侄子这么做罢了。

司马光家训

【撰主简介】

司马光（1019—1086年），字君实，北宋陕州夏县（今属山西）人。

少聪颖好学。仁宗宝元年间进士及第，授武成军签书判官（军与州同级。签书判官为军的属官，负责案件审理），继而任馆阁校勘（史馆属官）、同知礼院（礼院即礼仪院，同知礼院为该院属官，主持依典礼裁定行礼所用仪仗、法物等制度）、天章阁待制（天章阁为收藏真宗御制文集、御书之处，待制为天章阁长官）兼侍讲（亦为天章阁长官）、知谏院（谏院长官）。英宗继位后，进龙图阁直学士（龙图阁为收藏太宗御书、御制文集之处，直学士为龙图阁长官）、判吏部流内铨（官名，掌文官自初仕至幕职州县官之铨选注拟和对换差遣、磨勘功过等事）。神宗继位后，擢翰林学士，任权御史中丞（御史台长官）。因极力反对王安石变法，于熙宁四年（1071年）判西京（洛阳）御史台，自此退居洛阳15年。哲宗继位，太皇太后高氏临朝，司马光又以旧党领袖被任命为门下侍郎（门下省长官副职），继而又授以尚书左仆射兼门下侍郎（宰相职务），数月间废除新法略尽。卒赠太师、温国公，谥"文正"。有《切韵指掌图》、《潜虚》、《稽古录》、《涑水纪闻》、《温国文正公文集》（《传家集》）传世。与刘恕、刘攽、范祖禹等所编修的《资治通鉴》294卷，是我国重要的编年史著作。

司马光下面这封写给儿子司马康的家书，历来为人们所传诵，叫儿子把清白家风传下去。司马康的确不负所望，自幼品行端正，不苟言笑，聪敏好学，博古通今，历任校书郎、著作佐郎兼侍讲，为官廉洁，口不言财，恪守祖、父家风。

俭是立身之本

【原典精读】

吾本寒家，世以清白相承。吾性不喜华靡，自为乳儿，长者加以金银华美之服，辄羞赧弃去之①。二十忝科名②，闻喜宴独不戴花③，同年曰④："君赐不可违也。"乃簪一花。平生衣取蔽寒，食取充腹，亦不敢服垢蔽以矫俗干名⑤，但顺吾性而已。众人皆以奢靡为荣，吾心独以俭素为美，人皆嗤吾固陋，吾不以为病，应之曰："孔子称'与其不逊也宁固'。"又曰："以约失之者鲜矣。"又曰："士志于道而耻恶衣恶食者未足与议也。"古人以俭为美德，今人乃以俭相诟病。嘻！异哉！

近岁风俗尤为侈靡，走卒类士服，农夫蹑丝履。吾记天圣中先公为群牧判官，客至未尝不置酒，或三行五行，多不过七行。酒沽于市，果止于梨、枣、栗、柿之类,肴止于脯、醢、菜羹⑥,器用瓷漆。当时士大夫家皆然,人不相非也。会数而礼勤,物薄而情厚。近日士大夫家,酒非内法,果肴非远方珍异,食非多品,器皿非满案,不敢会宾友,常数日营聚,然后敢发书。苟或不然,人争非之,以为鄙吝。故不随俗靡者盖鲜矣。嗟呼!风俗颓敝如是,居位者虽不能禁,忍助之乎?

又闻昔李文靖公为相⑦,治居第于封邱门内,厅事前仅容旋马,或言其太隘。公笑曰:"居第当传子孙,此为宰相厅事诚隘,为太祝奉礼厅事已宽矣。"参政鲁公为谏官⑧,真宗遣使急召之,得于酒家。既入,问其所来,以实对。上曰:"卿为清望官,奈何饮于酒肆?"对曰:"臣家贫,客至无器皿、肴、果,故就酒家觞之。"上以其无隐,益重之。张文节为相⑨,自奉养如为司马光河阳掌书记时,所亲或规之曰:"公今受俸不少,而自奉若此,公虽自信清约,外人颇有公孙布被之讥,公宜少从众。"公叹曰:"吾今日之俸,虽举家锦衣玉食,何患不能?然人之常情,由俭入奢易,由奢入俭难。吾今日之俸,岂能常有?身岂能常存?一旦异于今日,家人习奢已久,不能顿俭,必致失所。岂若吾居位、去位,身在、身亡,常如一日乎?"呜呼!

大贤之深谋远虑,岂庸人所及哉!

御孙曰⑩:"俭,德之共也;侈,恶之大也。"共,同也,言有德者皆由俭来也。夫俭则寡欲。君子寡欲,则不役于物,可以直道而行;小人寡欲,则能谨身节用,远罪丰家。故曰:"俭,德之共也。"侈则多欲。君子多欲,则贪慕富贵,枉道,速祸;小人多欲,则多求,妄用,丧身,败家。是以居官必贿,居乡必盗。故曰:"侈,恶之大也。"昔正考父饘以糊口⑪,孟僖子知其后必有达人⑫。季文子相三君⑬,妾不衣帛,马不食粟,君子以为忠。管仲镂簋朱纮⑭,山节藻棁⑮,孔子鄙其小器⑯。公叔文子享卫灵公⑰,史鳅知其及祸⑱。及戍⑲,果以富得罪出亡。何曾日食万钱⑳,至孙以骄溢倾家。石崇以奢靡夸人㉑,卒以此死东市。近世寇莱公豪侈冠一时㉒,然以功业大,人莫之非,子孙习其家风,今多穷困。其余以俭立名,以侈自败者多矣,不可遍数,聊举数人以训汝。汝非徒身当服行,当以训汝子孙,使知前辈之风俗云。

——节录自《温国文正公文集》

【注释】

①羞赧:羞惭。

②忝:指辱居高位、高名。

③闻喜宴:开始于唐。宋太宗端拱元年明确规定进士放榜,由朝廷置宴,皇帝及大臣赐诗以示宠异。

④同年:科举制度同榜的人称同年。

⑤干名:求名。

⑥脯:干肉。醢:肉酱。

⑦李文靖公:指宋真宗时宰相李沆。

⑧鲁公:指北宋人鲁宗道。先为谕德,后任参知政事,所以称参政鲁公。

⑨张文节:指北宋人张知白,后官至宰相。

⑩御孙:春秋时鲁国的大夫。

⑪正考父:宋国上卿。

⑫孟僖子:春秋时鲁国大夫。

⑬季文子:春秋时鲁国大夫。

⑭镂簋朱绂：镂，雕刻，雕花。簋，祭祀宴享用的器皿，引申为食器。朱绂，红丝线。

⑮山节藻棁：山节，雕成山形的斗拱。藻棁，画着水草的短柱。山节和藻棁，都是天子的庙饰。

⑯孔子：春秋政治家、思想家，儒家学派创始人。

⑰公叔文子：春秋时期卫国人，卫国君王。

⑱史䲡：春秋时期卫国史官。

⑲戌：指公叔文子的儿子公叔戌。

⑳何曾：西晋大臣，任太尉，性奢华，日食万钱，仍说"无下箸处"。

㉑石崇：西晋大臣。奢靡成风，与贵戚王恺、羊琇等斗富。

㉒寇莱公：北宋时名相寇准，封莱国公，故史称"寇莱公"。

【译文通解】

我家本清寒，世世代代以清白相传。我从小就性不喜奢侈华丽。记得还是乳儿的时候，年长的人把饰有金银的华美的衣服给我穿，我就羞愧地丢掉了。20岁的时候侥幸考中了进士，在闻喜宴上唯独我一人不肯戴花。同年录取的进士对我说："这是皇上的旨意和恩赐，不可违背。"于是才插上一花。我平生穿衣只求御寒，食只求饱腹，但也不敢故意穿得破破烂烂以沽名钓誉，只求顺着我的习性而已。现在大家皆以奢侈为荣，我的心独以节俭朴素为美，因此人们皆笑我寒碜，我却不认为这有什么不妥。我对他们说："孔子讲过'与其倨傲，宁可寒伧'"。我又说："因为谨慎俭约而造成损失是极少的。"我还说："读书人有志于追求真理，却以穿得差、吃得差为羞耻，这种人是不值得和他谈论的。"古之人以节俭为美德，今之人却对节俭进行讥议。唉！多奇怪啊！

近年来社会风气越发奢侈浪费，走卒穿上士人的衣服，农夫穿上丝绸做的鞋子。我记得仁宗天圣年间你们的祖父为群牧判官时，客人来了，曾设置酒宴，但只给客人倒三五次酒，最多也不过七次。酒是从市上买的，果品只有梨、枣、栗、柿之类，菜只有干肉、肉酱、菜汤，用的是瓷器、漆器。如果当时士大夫家都是这样，人们就不会互相非议。

聚会次数多显得礼节殷勤，招待客人的东西少一点而情谊深厚。近日士大夫家却不然，如果酒不是按宫中酿造方法所造，果肴不是远方珍异，食品不多样化，器皿不是摆满几桌，就不敢宴请客人，常常要经过几天的准备，然后才敢发信邀请客人。如果不是这样，就会遭到别人的非议，会被别人指责为鄙吝。所以能不随大流而奢靡者就很少的了。唉！风俗败坏到这个地步，当权的人虽然不能禁止，可是还忍心助长这种风气蔓延吗？

听说过去李文靖公沆在真宗时任宰相，在封丘门内造住宅，可是厅堂前小得仅仅能容一马转过身子，有人说这太狭窄了。他笑着说："住宅是要传给子孙的。这是宰相办事的厅堂，看起来是小了一点，但如用来作为太祝、奉礼郎一类小官办事的厅堂已算是够宽的了。"曾担任过参知政事的鲁公鲁宗道在原来任谏官的时候，一次真宗派人紧急召见他，最后在酒店里找到了他。真宗问他从哪来，他照实回答。真宗问："你为家世清白、人所共仰之官，为什么饮于酒家？"他回答说："臣家贫，客来了没有可用的器皿、上桌的菜肴、吃的水果，因此就到酒家招待他们。"真宗因他诚实不欺隐,就越发器重他。还有张文节知白为相时,生活如同在河阳做节度判官时一样的俭朴,有些亲友有时曾规劝他随俗一点:"您今得到的俸禄实在不算少了,而生活却这般俭朴,您虽自信清约,外人免不了要讥讽您如汉时丞相公孙弘,是在装穷。您应当稍微随大流一些。"他叹息着说:"以我今天的俸禄收入,即使全家锦衣玉食,哪里用得着担忧呢?然而按照人之常情,由俭入奢容易,由奢入俭就很难了。像我今天这样优厚的俸禄,岂能常有?我们的生命又怎能长久地存在?一旦情况发生变化,而家人习惯于奢侈已久,不能马上转为节俭,必致流离失所。哪里比得上我在位或去位、身在或身亡生活天天如常的好?"唉!这些大贤人的深谋远虑,岂是那些平庸的人所能赶得上的!

春秋时期鲁国大夫御孙说得好:"节俭,是所有德行中共同的、首要的;奢侈,是所有邪恶中最大的。"共,同也,言有德者皆由俭来也。凡是节俭则少嗜欲。君子之人少嗜欲,就不会为外物所役使支配,可以直道而行;普通的人少嗜欲,就能持身谨慎，节约用度，不去犯罪而使家境丰裕。所以说："节俭，是所有德行中共同的、首要的。"与此相反，奢侈则多欲。君子之人多欲，就会贪图富贵，不走正道，招致祸患；普通的人多欲，则多求钱财，滥用钱财，以致丧身败家。所以凡是奢侈多欲的人，做官必贪污受贿，居乡则一定会沦为盗贼。所以说："奢侈，是所有邪恶中最大的。"

春秋时期，宋国上卿正考父每天以稀饭糊口，孟僖子由此就知道他的后代必有明达之人。季文子做过3个鲁君的宰相，可是他的妾不穿绸，马不食粟，士大夫都称赞他的忠诚。管仲的食器雕着花，系帽子的带子用红丝，居室雕成山形的斗拱和画着水草的短柱，孔子鄙视他胸无大志。卫国的公叔文子宴请卫灵公，史鳅预知他会惹出祸来，后来他的儿子公叔戍果因大富而得罪了国君，只身逃到国外。晋朝的何曾一天的吃食费就花去一万钱，传到孙子何绥，果以骄奢被杀。晋朝的石崇以奢侈浪费夸耀于他人，其结果是身死于刑场。本朝莱国公寇准豪华奢侈超过当时人，因他功劳大，没人非议他，但其子孙继承奢侈家风，今多穷困。此外以节俭立声名、以奢侈而自我毁坏的人很多，不可能在这里一一列举出来，只是略举数例以告诫你。你不但自己要照着做，还要用它去训诫子孙后代，使他们个个都知道前辈们崇尚节俭的风尚。

【经典心裁】

司马光为了教育其子司马康，特意写了一篇长长的家训。其意旨系教育司马康不求豪华奢靡，培养节俭朴素的美德。他举出3件自己亲身经历的实例教育儿子：其一是自己童年时，就性"不喜华靡"，引导儿子不饰金银，朴素自然。其二是自己进士及第时，在闻喜宴上"独不戴花"。引导儿子自谦自让，不炫不耀。其三是平日里自己"衣取蔽寒"、"食取充腹"，引导儿子以俭为荣，以俭为乐。司马光以童年、青年和平日的3件事，形象地阐释了"要节俭"的修身道理。

在司马光言教、身教、情染的艺术陶冶下，其子司马康从小严谨聪颖、崇尚节俭、勤奋好学、博古通今，被世人誉为"口不言财"的贤人。

以义方训子以礼法齐家

【原典精读】

今之为后世谋者，不过广营生计以遗之，田畴连阡陌，邸肆跨坊曲，粟麦盈囷仓，金帛充箧笥①，慊慊然求之犹未足②，施施然自以为子子孙孙累世用之莫能尽也③。然不知以义方训其子④，以礼法齐其家。自于十数年中，勤身苦体以聚之，而子孙以岁时之间，奢靡游荡以散之，反笑其祖考之愚，不知自娱，又怨其吝啬无恩于我而厉之也。始则欺绐攘窃以充其欲，不足则立约举债于人，以俟其死而偿之。观其意惟患其祖考之寿也。甚者在于有疾不疗，阴行酖毒，亦有之矣。然则向之所以利后世者，适足以长子孙之恶而为身祸也。顷尝有士大夫，其先亦国朝名臣也，家甚富而尤吝啬，斗升之粟，尺寸之帛，必身自出纳，锁而封之。昼则佩钥于身，夜则置钥于枕下。病甚困绝，不知其子孙窃其钥，开藏室，发箧笥，取其资财。其人复苏，即扪枕下求钥不得⑤，愤怒遂卒。其子孙不哭，相与争匿其财。遂致斗讼，其处女亦蒙首执牒自呈诉于府庭，以争嫁资，为乡党笑。盖由子孙自幼及长，惟知有利，不知有义故也。夫先生之资，固入所不能无，然勿求多余，多余希不为累矣。使其子孙果贤耶，岂疏粝布褐不能自营，死于道路乎？若其不贤耶，虽积金满室，又奚益哉！故多藏以遗子孙，吾见其愚之甚也！

——节录自《少仪外传》

【注释】

①箧笥（qiè sì）：藏物之竹器。

②慊慊：心不满足貌。

③施施（yì yì）：喜悦自得貌。

④义方：立身行事，做人的正道。

⑤扪：抚摸。

【译文通解】

现在凡是为子孙后代打算的，不过是广求生财之道以留给子孙，田地连成片，铺屋跨街坊，粮食装满仓，黄金绸布装满箱。一方面，其心还不满足；另一方面，又自以为子孙世代都用不完，因而又十分得意。但不知以立身行事、做人的道理教育儿子，以传统的礼仪法度整肃家庭，以致自己10多年勤身苦体积聚起来的资财，没有多久的时间就被子孙们挥霍掉，反过来还讥笑祖先不会享受；又埋怨他们吝啬，对自己没有什么恩惠。开始以欺骗偷窃的办法满足其私欲，不够花销的话又订立契约借债于人，等上辈死去以后再偿还。从这些人的心思看，唯恐祖辈父辈长寿，甚至有病不医，暗下毒药。原想给子孙造福，结果反而助长了子孙的过恶，并祸及自身。

比如前不久就有这么一位士大夫，祖先是本朝名臣，家很富而本人却很吝啬，斗升之粟、尺寸之帛，都要自己经手，锁而封之。白天把钥匙放在身上，夜里则把钥匙藏在枕头底下。病重时，不知道子孙已偷了钥匙，打开储藏室，开箱取走钱财。当他苏醒过来后，摸枕下的钥匙不得，愤怒而卒。其子孙不哭，大家争着藏起钱财，以致斗殴打官司。

这时尚未出嫁的闺女，也蒙着脸投状到官府，争取嫁资，为乡里所耻笑。这是因为子孙自小到大，只知有利，不知有义。人们为了生活，钱财是少不了的，但也不宜贪多求余。钱财剩余太多，反而会成为累赘和负担。如果其子孙果然好，难道其布衣粗食都不能自谋而会死于道路吗？如果其子孙真的不好，虽积金满室又有什么用呢？所以多藏钱财遗留给子孙的人，我看他是愚蠢到了极点的了。

【经典心裁】

这篇家训，以某一士大夫为例，生动地说明了一个道理：积聚资财留给子孙，以为可以使子孙世代富有，其结果事与愿违，徒然养成子孙骄奢淫逸的恶习，甚或危及自身。因此，司马光不仅自己为官不聚财，死后屋子里"床箦萧然"；并且在家训里将不以钱财遗子孙，而必须以义方训其子、以礼法齐其家的道理教诫后代。所以他的后辈能够继承他的家风，都能以清廉自守。

范纯仁家训

【撰主简介】

范纯仁（1027—1101年），字尧夫，北宋苏州吴县（今江苏苏州吴中区）人。著名政治家范仲淹的次子。仁宗皇祐年间进士及第。从胡瑗、孙复、石介、李觏等学。父亲去世后，才开始出任朝廷官职。知襄城县（一县之长），劝民蚕桑。英宗时，累迁侍御史（御史台属官，辅助御史中丞处理御史台事务），因反对追尊濮王，被迫离开朝廷，通判安州（安州副长官）。神宗时，迁同知谏院（谏院副长官，同长官一道掌规谏讽喻）。因反对王安石新法，出知河中府（河中府长官）。哲宗时，累迁至尚书右仆射兼中书侍郎（元丰改制，以右仆射兼中书侍郎执行中书令职务为宰相）。后以忤章惇，贬永州。徽宗继位，诏为观文殿大学士（官名，凡曾任宰相者方能除授，以示尊崇。出入侍从，以备顾问，无实际职掌）。死后谥"忠宣"。著作有《范忠宣公全集》传世。

他自称"平生所学，得之'忠恕'二字，一生用不尽"。因此在家训中诫子弟重在一个"恕"字。

俭可助廉恕可成德

【原典精读】

吾平生所学，得之"忠恕"二字，一生用不尽。以至立朝事君，接待僚友，亲睦宗族，未尝须臾离此也①。人虽至愚，责人则明；虽有聪明，恕己则昏②。苟能以责人之心责己，恕己之心恕人，不患不至圣贤地位也。惟俭可以助廉，惟恕可以成德。

——节录自《宋史·范纯仁传》

【注释】

①须臾：片刻。
②恕己：宽恕自己。

【译文通解】

我平生所学，得益于"忠恕"二字，一生受用不尽。以至于在朝廷做官事君，在家里接待同僚好友，在平时亲善和睦宗族，都未曾片刻离开过它。

有些人看起来虽然愚笨，但责备别人时却很明白；有些人看起来虽然聪明，但宽恕自己时却显得十分糊涂。如果能以责备别人的心去责备自己，用宽恕自己的心去宽恕别人，就不用担心达不到圣贤的境界了。

只有节俭可以帮助一个人廉洁清明，只有宽恕可以培养一个人应有的良好品德。

【经典心裁】

范纯仁在做人的问题上，既特别重视一个

"俭"字,所以史载"自力布衣至宰相,廉俭如一";又特别重视一个"恕"字,所以自称"平生所学,得之'忠恕'二字"。

起居饮食,注意节俭;以责人之心责己,恕己之心恕人。900年前的封建官僚能够做到的,我们今天的人应该做得更好些!

张居正家训

【撰主简介】

张居正(1525—1582年),字叔大,号太岳,明湖广江陵县(今属湖北境内)人。明世宗嘉靖年间进士及第。明穆宗时与另一政治家高拱并任宰相,明神宗时代高拱为首辅(首相),为相达10年之久。饬吏治,整边备,信赏必罚,令行禁止,海内称治。又大力整理赋税,使国库收入大增。是中国历史上著名的政治家和改革家之一。

他的文章简洁有力,锋芒凌厉。著有《张江陵集》,流传后世。将要叙述的这篇家训,是张居正写给他的第四个儿子懋修的一封书信,帮助儿子总结科举考试失利的原因，鼓励儿子努力改正过去学习上的缺点。

切忌好高骛远

【原典精读】

汝幼而颖异，初学作文，便知门路。居尝以汝为千里驹，即相知诸公见者，亦皆动色相贺①，曰："公之诸郎，此最先鸣者也。"乃自癸酉科举之后②，忽染一种狂气，不量力而慕古，好矜己而自足，顿失邯郸之步③，遂至匍匐而归④。丙子之春⑤，吾本不欲汝求试，乃汝诸兄咸来劝我，谓不宜挫汝锐气，不得已黾勉从之⑥，遂至颠蹶⑦。艺本不佳，于人何尤？……又意汝必惩再败之耻，而首以就矩矱也⑧。岂知一年之中，愈作愈退，愈激愈颓。以汝为质不敏耶？固未有少而了了⑨，长乃憒憒者⑩；以汝行不力耶？固闻汝终日闭门，手不释卷。乃其所造尔尔，是必志骛于高远，而力疲于兼涉，所谓之楚而北行也，欲图进取，岂不难哉！

夫欲求古匠之芳躅⑪，又合当世之轨辙⑫，惟有绝世之才者能之。明兴以来，亦不多见。吾昔童稚登科，冒窃盛名，妄谓屈、宋、班、马⑬，了不异人；区区一第，唾手可得。乃弃其本业，而驰骛古典⑭。比及三年，新功未完，旧业已芜。今追忆当时所为，适足以发笑而自点耳⑮。甲辰下第⑯，然后揣己量力，复寻前辙，昼作夜思，殚精毕力，幸而艺成，然亦仅得一第止耳。……今汝之才，未能胜余，乃不俯寻吾之所得，而蹈吾之所失，岂不谬哉！

……但汝宜加深思，毋甘自弃，假令才质驽下，分不可强。乃才可为而不为，谁之咎与？己则乖谬，而徒诿之命耶！惑之甚矣。且如写字一节，吾呶呶谆谆者几年矣⑰，而潦草差讹，略不少变，斯亦命为之耶？区区小艺，岂磨次岁月乃能工耶？吾言止此矣，汝其思之。

——节录自《张江陵集》

【注释】

①动色：颜色改变。

②癸酉：癸酉年，即明神宗万历元年（1573年）。

③邯郸之步：比喻仿效别人不成，反丧失原有本领。

④匍匐：伏地而行。

⑤丙子：丙子年，即明神宗万历四年（1576年）。

⑥黾勉：努力，勉力。

⑦颠蹶：倾跌。

⑧首：低头。矩矱：规则法度。

⑨了了：聪明伶俐，明白事理。

⑩懵懵：无知。

⑪芳躅：指前代贤哲的行迹。

⑫轨辙：喻法则、途径。

⑬屈、宋、班、马：分别指屈原、宋玉、班固、司马迁。

⑭驰骛：奔走。

⑮点：小黑点。此处指污辱。

⑯甲辰：甲辰年，明世宗嘉靖二十三年（1544年）。

⑰呶呶：多言，唠叨。谆谆：教诲不倦。

【译文通解】

你从小就聪明异常，初学作文，便知门路。平日里认为你是我家的千里驹，就是一些要好的朋友诸公见到的，也都动色向我祝贺，并且说："您的几位公子当中，这个当最先闻名。"可是你自癸酉科举之后，忽染一种狂气：不量力而慕古，自负贤能而自足，反而连自己原有的本领都丢掉了，遂至伏行低头而归。丙子年的春天，我本不想让你再去求试，只因你的几位老兄都来劝我，都说不能挫伤你的锐气，我不得已勉强从之，遂至再次倾跌。艺本不佳，于人何怨？……我心想你必惩再败之耻，而低头以就规则法度。谁知道一年之中，愈作愈退步，愈鼓劲就愈衰败。是因为你的禀性不聪敏吗？本来就没有少而聪明伶俐、明白事理，而长大以后反而无知的；是你在实行过程中不努力吗？本来就听说你整天闭门，手不释卷。那么，之所以收效如此，必定是你好高骛远，贪多务得而用力不专，所谓本来要到南边的楚国去，可是老是往北走，这样一来欲图进取，难道不是很难的吗？

　　想追踪前代文豪巨匠的足迹，又符合当世的法则要求，只有绝顶聪明的人才能做到。自明朝开国以来，这样的人还不多见。我过去年少登科，窃取盛名，错误地认为屈原、宋玉、班固、司马迁等人，没有什么了不起；区区一进士及第，唾手可得。于是，就抛弃原来的学业而去钻研古典。等到3年过去，结果新功未成，旧业已废。现今回忆当年的所作所为，实在是使人发笑、令己自污了。甲辰年我科考落榜以后，我忖度自己并估量自己的力量，复寻前车之迹，不分白天黑夜地读书思考，用尽全身力气，幸好艺成，然而亦仅仅得一进士及第而已。……今天你的才学，并未超过我，可是不去俯寻我之所得，而去重蹈我之所失，难道不是荒谬吗？

　　……只希望你能加以深思，不可自暴自弃。假如是才质低劣，则天分不可勉强。如果是其才可为而不为，那又是谁的罪过呢？自己行为荒谬，而一定要委之于命，太使人不解了。就拿写字一节来说吧！我唠唠叨叨、教诲不倦已有好几年了，而你仍写得潦草差谬,并没有多少变化,这难道也是命中注定的吗?像写字这样的小事,难道也要磨掉多少岁月以后才能写好吗?我就说到这里,你好好想想吧!

【经典心裁】

在这篇家训中,张居正以自己的经验教训教育儿子,鼓励儿子努力改正自己学习上的缺点。儿子认真听了父亲的教诲,再接再厉,后来终于在26岁时中了头名状元。

由此可见,治学也好,做事情也好,如果是一味好高骛远而不是脚踏实地、量力而行,如果是一味分散精力而不是用力专一、精力集中,那就不可能取得成就,不可避免地要走弯路。这就是政治家、改革家张居正这篇家训给我们留下的最有益的启迪!

瞿式耜家训

【撰主简介】

瞿式耜（1590—1651年），字伯略，一字起田，明江苏常熟（今江苏境内）人，明神宗万历四十四年（1616年）进士及第，任永丰知县（永丰县长官）。明思宗崇祯初年擢户科给事中（官名，掌侍从规谏、稽查吏部的弊病和失误）。后坐事罢官家居。明崇祯自杀后，福王立于南京，他又在福王政权中任右佥都御史（都察院的长官），巡抚广西。福王政权覆灭后，又在桂王政权中任吏部尚书（吏部长官）、兵部尚书（兵部长官）、天渊阁大学士（宰相）等职务。桂王奔走全州后，他自请留守桂林以抗击清军。清顺治七年（1650年）清兵攻下桂林，与总督张同敞皆被执，不屈而死。清道光时，编其诗文章疏为《瞿忠宣公集》十卷，其中第九卷为式耜在狱中所作的《浩气吟》，全书附有张同敞所著《别山遗稿》。

瞿式耜的这篇家训，是他写给自己儿子瞿玄锡的一封家书，书中责怪儿子在清兵压境并蹂躏家乡时，不仅没有避开清兵，反而接受了清统治者剃发的命令，"亏体辱亲"，有损名节。

不可权宜行事

【原典精读】

得汝昨年九月二十二日书，知家乡去年七月已遭蹂躏，家中寸筋不留，止剩空屋数间。汝母闻之，益添忧闷，吾虽百方解劝，而终是难开，缘其子女之念关切，知汝与若妹如此受苦，不容不肠断耳。吾自念若非西抚出门，遭此劫中，自然性命不保。今天公委曲方便①，留此一线余生，瞿式耜文集虽为靖逆受磨，而名节犹彰，残躯犹在。以视家乡被难者，相去何如？以此转自排拨。虽家中所有罄完，总以空华身外譬之②，只汝等暨一门眷属无恙，便是大福矣！

可恨者，吾家以四代甲科③，鼎鼎名家④，世传忠孝，汝当此变故之来，不为避地之策，而甘心与诸人为亏体辱亲之事。汝固自谓行权也⑤，他事可权，此事而可权乎？邑中在庠诸友⑥，轰轰烈烈，成一千古之名，彼岂真恶生而乐死乎？诚以名节所关，政有甚于生者⑦。死固吾不责汝，第家已破矣，复何所恋？不早觅隐僻处所潜身，而反以快仇人之志，谓清浊不分，岂能于八斗槽中议论人乎？别处起义，亦博一名，亦奉有旨，独我常熟起义，原做不成而反受累；受累矣，而又博不得一起义之名，岂不笑杀！痛杀！恨杀！

——节录自《瞿忠宣公集》

【注释】

①委曲：委，原委；曲，曲折。委曲，即曲折

辗转之意。

②空华：虚幻的花。比喻妄念。

③甲科：明清通称进士为甲科，称举人为乙科。

④鼎鼎：盛貌。

⑤权：姑且，暂且，权且。

⑥庠：古代乡学名。

⑦政：通"正"。

【译文通解】

收到你去年九月二十二日的来信，得知家乡于去年七月已遭沦陷和蹂躏，家中被洗劫一空，只剩空屋数间。你母亲听说这一消息，越发增加忧闷，我虽千方百计解劝，而最终还是难以摆脱。这大概是因为对子女的思念关切，知你和你妹妹如此受苦，不容得不极端悲痛了。我自念如果不是担任广西巡抚远离家门，遭此浩劫，自然也性命难保。今天公曲折辗转给予方便，留此一线余生，虽为靖逆受磨，而名节仍然显明，残躯仍然存在。同家乡的被难者相比，相去怎么样呢？我常用此来转自排解。虽然家中所有抢劫罄尽,总以空外、身外譬之,只你们及一门眷属平安无事,便是大福了。

遗憾的是,我家以四代进士出身,家门很盛,世代忠孝相传,你当此变故以来,不考虑避地之策,而甘心与其他人做有亏自己人格和辱没祖宗的事。你原来自称是不得已权且这么办,然而他事可权,此事名节攸关难道也可以权吗?邑中在乡学中的朋友们,轰轰烈烈,名芳千古,他们这些人难道是真的讨厌生而愿意死吗?这实在是名节攸关,正有甚于生者。我并不要求你一定要去死,但家已破灭,还有何恋?不早寻觅隐僻处潜身,而反以快仇人之志,说清浊不分,难道能于八斗槽中议论人吗?别处的反清起义,亦博得一名,亦奉有谕旨,唯独我常熟起义,原做不成而反受累;受累了,而又博不得一起义之名,难道不笑杀、不痛杀、不恨杀吗!

【经典心裁】

瞿式耜在这篇家训中责备儿子没有避开清兵,反而接受了清统治者剃发的命令,有损名节。当儿子强调他这么做是不得已权且这么做时,瞿式耜反驳说,他事可"权",有关名节的事难道也可以权吗?这就等于告诉自己的儿子:在坚持民族气节这样的原则问题上,不能含糊!

瞿式耜这种在实质上反对民族压迫、坚持民族气节的立场和对后代的教育,在当时无疑是正确的。就是对我们今天向广大青少年进行爱国主义教育,仍然具有一定的借鉴和启迪意义!

李光地家训

【撰主简介】

李光地（1642—1718年），福建安溪人。字晋卿，号厚庵。康熙进士。选庶吉士，授编修，历任内阁学士、兵部侍郎、顺天学政、直隶巡抚、文渊阁大学士等职。在回籍省亲时，适逢耿精忠反，曾间道与清廷通消息，并陈破敌之策。又力举施琅，"习海上形势"，可重用。朝廷用其言，"卒平台湾"。在直隶巡抚任上，曾倡导、组织治理漳河、滹沱河等水患，颇有治绩。于理学尤有研究，曾校理《御纂朱子全书》、《周易折中》、《性理精义》等书。著有《周易通论》、《尚书解义》、《洪范说》、《孝经全注》、《论语孟子劄记》、《二程遗书》、《朱子语类》、《韩子粹言》、《榕村全集》等。

要掌握正确的学习方法

【原典精读】

"口不绝吟于六艺之文①,手不停披于百家之篇②;纪事者必提其要③,纂言者必钩其玄④。贪多务得⑤,细大不捐⑥,焚膏油以继晷⑦,恒兀兀以穷年⑧。"此文公自言读书事也⑨。其要诀却在"纪事"、"纂言"两句。

凡书,目过口过,总不如手过。盖手动则心必随之。虽览诵二十遍⑩,不如钞撮一次之功多也⑪。况必提其要,则阅事不容不详;必钩其玄,则思理不容不精。若此中更能考究同异⑫,剖断是非⑬,而自纪所疑,附以辨论⑭,则浚心愈深⑮,着心愈牢矣⑯。

近代前辈当为诸生时⑰，皆有经书讲旨及《纲鉴》⑱、性理等钞略⑲，尚是古人遗意，盖自为温习之功，非欲垂世也⑳。

今日学者亦不复讲，其作为书、说、史、论等刊布流行者㉑，乃是求名射利之故㉒，不与为己相关，故亦卒无所得㉓。盖有书成而了不省记者㉔，此又可戒而不可效。

——节录自《榕村全集》

【注释】

①绝：断，停。吟：吟诵。

②披：翻阅。百家：原指先秦诸子，这里可作各种典籍讲。

③纪事：同记事。

④纂（zuǎn）言：纂集言词，有所述作之意。钩其玄：探索精微。

⑤务：必须。

⑥细：小。捐：舍弃。

⑦膏：油脂。继晷：夜以继日。

⑧兀兀：勤勉不止的样子。

⑨文公:指韩愈。上述引文为他的《讲学解》中一段文字。

⑩览诵:阅读,诵读。

⑪钞:同"抄"。撮:摘取。功:作用。

⑫考究:考索研究。

⑬剖断:分析。

⑭辨:辨别。论:论证。

⑮浚(jùn):治理。

⑯着:附着。

⑰诸生:指入府、州、县学的生员。

⑱经书:经学书籍,指儒家经典著作。讲旨:讲解要点。《纲鉴》:明清人取宋朱熹《通鉴纲目》体例编历代史。如:明王世贞的《纲鉴》,袁黄(了凡)的《纲鉴》和《纲鉴易知录》等。

⑲性理:泛指宋儒性命理气之学。

⑳垂世:留传后世。

㉑书:写作,书法,书信。说:讲解经文的一种体裁。刊布:刊行发布。

㉒求名射利:即追名逐利。

㉓卒:最终。

㉔了不：完全不。

【译文通解】

"口不断地吟诵《诗》、《书》、《礼》、《易》、《乐》、《春秋》中的篇章，手不断翻阅诸子百家的著作。读了历史，一定要摘录其中的重要事件。看了别人的著述，一定要探求作者的主要思想及精微、深刻之所在。读书是多多益善，读了书一定要长见识。不论是名家之作，还是无名之辈的著述；也不管是大部头，还是小册子，都绝不放过。夜以继日，燃烛苦读。从来都是刻苦攻读、勤奋学习，度过一年的光阴。"在这里，韩文公（韩愈）说的是自己如何读书、学习的情形。而其中的要点和诀窍却在"纪事"、"纂言"这两句里面。

大凡读书，看过或诵读过，都不如读书时也动手更有效。这是因为，动手之时势必动脑筋。虽然你看过或读诵过20遍，其收效却不一定如摘抄过一遍大。况且，你要摘录书中的要点，那你阅读事件的始末时，就不得不详尽、认真；你要探索书中的精微，那你就不能不深入思考，殚精竭虑。如果你在此过程中还能做到研究、考查其相同或差异之处，分析有关的是非问题，同时把自己有疑惑之处记下来，顺便加以辨析、论证。那么，你越深入思考、钻研，你就越记得牢固。

近代的学术前辈还在府、州、县学做生员时，他们都写过经书的要点讲解以及《纲鉴》和性理方面的手抄本留存于世，他们这种做法还有古代圣贤流传下来治学意蕴。因为，他们是为了方便于自己温习功课，而并非是想以此传后世。

今天的学者再不讲究这种学风了，他们编写书籍、讲解经籍的说文、史著、论文等，并大量印刷发行、流传于世，只不过是追名逐利而已，这些书与他们自己的思想修养、学术追求毫无关系，所以最终是一无所获。正是这个原因，有的人写成了书，却什么东西也不懂得，什么知识也未记住，像这样的人和这类做法应该引以为戒，而且切不可效仿！

【经典心裁】

李光地介绍给儿子的是这样一种学习方法：他

要求读书时,要找出基本观点、线索,将要点摘写出来,更要循着作者的思路,开动自己的脑筋,探索其精微之所在,并针对有关问题进行比较、分析,从而使读书者自身随时处于一种积极、主动的状态。而这种学习方法远比那种被动地默诵、背书式学习方法要有效得多。而通过主动学习方法产生出来的成果,也远比那些照本宣科、追名逐利的粗制滥造更有价值。

陈宏谋家训

【撰主简介】

陈宏谋（1696—1771年），字汝咨，号榕门，广西桂林人。清雍正初年进士。历任知府、巡抚、总督等职，后官至东阁大学士。陈宏谋不仅从政卓有成就，而且在治家方面颇有实效，兹从《培远堂全集》中选录其对侄儿的教诲文字，以供读者评判。

诚朴为立身之本

【原典精读】

京中浮华①,须立定主意,不为所染。盖天下惟诚朴为可久耳②!吾家世守寒素③,岂可忘本?读书见客,事事检点,即学问也。

——节录自《培远堂全集·与四侄钟杰书》

【注释】

①浮华:空虚,不切实际,浮靡奢华。
②盖:文言虚词。
③寒素:清贫质朴。

【译文通解】

京城里面浮靡奢华,你到这里以后必须立定自己的主意,不为这风气所浸染。大概天下唯有"诚朴"二字才立得长久!我们家世代都谨守着清贫质朴的家风，怎么可以忘掉这种根本？你在阅读书籍、会见客人时，事事都要检点自己的言行，这就是学问。

【经典心裁】

陈宏谋在篇中要求其侄力戒浮靡奢华，保持清贫质朴的良好家风，谨守"诚朴"二字。这种观点，确是阅历之言，至今仍有启迪意义。

应谨防油滑不实

【原典精读】

来京途中,有一刻闲,便当看书,古人游处皆学,不过为收放心耳。

骄傲奢侈,一点不能沾染。即会客说话,固须周旋①,然不可套语太多,多则涉于油滑而不真矣②。

——节录自《培远堂全集》

【注释】

①周旋:交际,应酬。
②油滑:狡猾。

【译文通解】

你在来京路上,有一点空闲时间,就应抓紧看书,古人游历之处都为学,不过是为了收束放纵散漫的心思而已。

对于骄傲奢侈的恶习,你一点也不能沾染上。即使会客说话,固然要与之交际应酬,然而不可套话太多,多则涉于油腔滑调使人有不真实的感觉。

【经典心裁】

陈宏谋在篇中继续强调"诚朴"二字的重要性,要求其侄在与人交际应酬时不可套话太多,以免流于油滑。这种为人处世的正确姿态也是今人应当借鉴、汲取的。

纪昀家训

【撰主简介】

纪昀（1723—1805年），清直隶献县（今属河北）人。字晓岚，一字春帆，晚号石云。乾隆十九年进士。历任贵州都匀府知府、内阁学士、左都御史、兵部尚书、礼部尚书等职。学问渊博，有通儒之称。乾隆三十八年，任《四库全书》总纂。该书体例之确定、总目之分类、类序之撰述，以及轻重先后、斟酌损益，多由他裁定。又主持编撰《四库全书总目提要》，于经史子集、公私著述、评论得失、考证异同、辨析源流，等等，成为中国目录学方面的巨著。晚年任协办大学士加太子少保。死后谥文达。另有《阅微草堂笔记》、《纪文达公文集》等7种著作传世。

子弟切记"四戒"和"四宜"

【原典精读】

父母同负教育子女责任,今我寄旅京华①,义方之教,责在尔躬②。而妇女心性,偏爱者多。殊不知,爱之不以其道,反足以害之焉。其道维何③?约言之,有四戒、四宜:一戒晏起④,二戒懒惰,三戒奢华,四戒骄傲。既守四戒,又须规以四宜:一宜勤读,二宜敬师,三宜爱众,四宜慎食。以上八则,为教子之金科玉律⑤,尔宜铭诸肺腑⑥,时时以之教诲三子。虽仅十六字,浑括无穷⑦,尔宜细细领会,后辈之成功立业,尽在其中焉。书不一一⑧,容后续告。

——节录自《纪晓岚家书》

【注释】

①寄旅：旅居。京华：京都。

②义方：做人的正道，后多指家教。尔：你。躬：亲自，身体。

③维：由于。维何：由于什么。

④晏：晚。

⑤金科玉律：原指完美重要的法令，后泛指完美不可移易的章程、规则。

⑥铭诸肺腑：牢记在心。

⑦浑：简直，几乎。括：包括。

⑧一一：逐一。

【译文通解】

本来，父亲、母亲有共同负担教育子女的责任。现在我正旅居京都，家庭教育的责任，便落在你的肩上。然而，妇女的心情、性格，往往偏爱子女者居多。殊不知，爱孩子不得其道，反倒是害了他们。爱子之道是什么呢？概括地说，它有四戒和四宜。所谓四戒就是：一戒晚起，二戒懒惰，三戒奢侈华丽，四戒骄傲。不仅要遵守这四戒，还要有四宜的规矩。所谓四宜是指：一宜勤奋读书，二宜尊敬老师，三宜普爱众生，四宜小心饮食。以上8条，是教育子女的金科玉律，你应当牢记心间，随时用它们来教诲3个孩子。虽然只有16个字，但它所包含的内容无穷无尽，你可要细心领会，下一代人能否成功立业，就都在这上面了！其他事我就不逐一写了，等以后再写信告诉你。

【经典心裁】

纪昀认为其妻对子女难免偏爱，因而严肃指出如爱之不以道，反害之。于是相应地提出了四戒、四宜。究其内容，主要是勤、俭，处理好各种人际关系这3个方面。他称之为"金科玉律"、"浑括无穷"，不免有些夸大其词，但它确系教育子女之良策，倘真能做到这几方面，势必培养出于国于家有用的人才来。

不要结交伪君子

【原典精读】

尔初入世途①,择交宜慎。友直,友谅,友多闻,益矣②。误交真小人,其害犹浅;误交伪君子,其祸为烈矣。

盖伪君子之心,百无一同:有拗捩者③;有黑如漆者;有曲如钩者;有如荆棘者;有如刀剑者;有如蜂虿者④;有如狼虎者;有现冠盖形者⑤;有现金银气者。业镜高悬⑥,亦难照彻。缘其包藏不测⑦,起灭无端⑧,而回顾其形,则皆岸然道貌⑨,非若真小人之一望可知也。并且,此等外貌麟鸾、中藏鬼蜮之人⑩,最喜与人结交,儿其慎之。

——节录自《纪晓岚家书》

【注释】

①世途:人生道路。

②直：正直。谅：诚信。多闻：多所见闻，指博学。句出《论语·季氏》。

③拗（niù）捩（liè）：拗折，倔强，不顺从。

④蜂虿（chài）：蜂与蝎。毒虫的泛称。

⑤冠：礼帽。盖：车盖。冠盖：官吏的服饰与车乘，借指官吏。

⑥业镜：佛教指冥界照映众生善恶的镜子。

⑦缘：因为。包藏：暗藏，隐藏。不测：不可测度，言其真实思想看不清、猜不透。

⑧起：发生，兴起。灭：消失，结束。无端：无缘无故，没有起点，没有尽头。

⑨岸然道貌：正经严肃而又高傲的样子。含贬义。

⑩麟：传说中的珍兽名。鸾：凤凰之类神鸟。麟鸾：代指高贵之人。鬼蜮：蜮，古代传说中一种能含沙射人使人生病的动物。鬼蜮系借指那些阴险害人者。

【译文通解】

你刚走上人生道路，步入社会，选择朋友，与人交往应当小心谨慎。朋友正直，朋友诚信，朋友博学，对自己大有好处。如果误交上真正的小人，所造成的危害还不一定很严重；误交上一个伪君子，带来的祸害就很大了。

大凡伪君子的真实用心，100个之中并无一个相同。他们有的是倔强、不顺从；有的是心黑如漆；有的内心世界七弯八拐，就像钩子一样；有的"肚里生荆棘"，颇有心计；有的人说话比蜂蜜还甜，但心里却藏有锋刃利剑；有的人像蜂、蝎一样阴险狠毒；有的则像虎狼一样凶残；有的人外表是达官贵人模样；有的人则巨贾豪富的气派。哪怕是用阴间能分辨善恶的业镜高悬面前，也难穿透这些人的内心世界。因为，他们深藏不露的内心世界，难以猜度的真实思想，从产生到消失，既找不到头，更寻不着尾，实在难以捉摸。然而，回过头来看看他们，没有一个不是道貌岸然的模样，并不像那些真正的小人，一眼便可认出他们来。况且，这类外表高贵、内心险恶之人，最喜欢与人结交，我儿可要当心他们啦！

【经典心裁】

纪昀告诫其子,"初入世途,择交宜慎"。既要区别好坏,更要善于发现其真伪,尤其要警惕那些外表高贵、内心险恶的伪君子。作为父亲,纪昀用心可谓良苦。

倭仁家训

【撰主简介】

倭仁（1804—1871年），字艮峰，乌齐格里氏，蒙古正红旗人。理学家唐鉴的弟子，清同治年间的"理学大师"，清政府中顽固派的代表人物之一。清道光九年（1829年）进士，二十四年任大理寺卿，与曾国藩、何桂清等"讲求宋儒之学"，以封建卫道士自居。清咸丰元年（1851年）应诏陈言"用人行政"之术，认为程颢等人提出的由皇帝延请"老成贤儒，讲论道义"的主张，是"人君修养身心之要，用人行政之原"。咸丰五年擢侍讲学士。清同治元年（1862年）擢工部尚书，两宫皇太后以其学问优长，擢为同治皇帝之师，旋授文渊阁大学士。同治六年上奏反对奕䜣等选用科甲官员入同文馆学习天文、算学的主张，认为"立国之道，尚礼义不尚权谋；根本之图，在人心不在技艺"，从而引发洋务派与顽固派之间的一场大争论。同治十年授文华殿大学士，官居正一品。倭仁从他的理学体系出发，在所著《帝王盛轨》、《辅弼嘉谟》、《吏治辑要》等篇章中，详尽而系统地阐发了他的政治理想和为官的基本准则；特别是在他的日记和《嘉善录》中，尽力践履儒家的道德规范，反映出中国传统士大夫的"修身、齐家、治国、平天下"的人生信条。倭仁虽然思想保守，但学问功底深厚，其家教观又在一定程度上反映出可资借鉴的内容。

多读书以净化品行

【原典精读】

到京后宜谢绝酬应，收敛身心①，熟读旧文，时时涵泳②,按期作课,勿令生疏。断不可闲游听戏,大众聚谈,荒废正业。体亲心期望之殷,三年一场,甚非容易,努力为之,勿自误也。

予尝独居深念,时切隐忧③。吾家世敦朴素,自入仕途,渐习奢侈,衣服器用踵事增华。纵口腹之欲,典当有所弗惜④;饰耳目之观,赁取暂图快意⑤。只知体面,罔顾艰难⑥。抑思盛衰循环,富贵岂能常有?一旦事殊势异,家人习奢日久,必不能顿俭⑦,必至失所。失祖宗节俭之风,致子孙饥寒之渐⑧,可虑者一。先世孝友传家⑨,敦崇仁让,同居共食,人无闲言。近年以来,猜嫌渐起,或以外人谗间⑩,或以意见纷歧,一言之细遂至忿争,一物之微动分尔我,乖睽离异⑪,言之痛心。致祖父含怒于九泉,子孙效尤于数世⑫,可虑者二。汝大伯父暨我暨汝父⑬,赖先人德荫幸列科名,一脉书香⑭,常虞失坠。汝辈兄弟中,咸不知义命,妄意捐升田以荫得官裕⑮。姿质驽钝⑯,所望读书应举者,惟汝辈数人耳。曜报捐知县,想已无志《诗》⑰、《书》⑱,不知"资郎"二字⑲,有志者皆耻言之。趁此少壮精神,宽闲岁月,勤学好问,广览博闻，求为国家有用之才，将来登科第，建事功，尽孝全忠，何等荣贵，而乃以铜臭功名自甘菲薄耶？无志甚矣！此端一开，少年中无定见，皆思就此一途，诵读之心意不专，清白之家声日替[20]，可虑者三。以上三事，皆家门兴败关头，吾故痛切言之。

汝辈身列胶庠[21]，非毫无知识者，须念物力之艰，力求俭约，勿习浮华，勿学放纵，将平日爱华靡、喜疏散种种积习全行改变，做一个醇谨朴实子弟，较之鲜衣肥马为有识所窃笑者，不相去万万耶？汝辈天性醇厚，尚知孝道，近闻手足间亦渐有乖离之意，此最不可。须知骨肉至重，凡百皆轻，勿贪货财，勿私妻子，勿以亲心偏向而辄有怨言，勿以言语参差而辄生嫌隙[22]。兄宽弟忍，式好无犹[23]；和气薰蒸[24]，祯祥自至[25]。而其所以能刻苦，能知友爱，则总在勤奋读书耳。平日静坐收心，除温习举业外，取古人嘉言善行手录心维，思古人何以能此，我何以不如古人，因愧生愤，必求如古人而后已，则精神内敛而一切骛外驰求之念自息[26]，道心日生，而孝弟忠信、仁厚礼让自感触而即发矣。不然，淡泊之味终不敌物欲之浓，质地之美日夺于习俗之敝，虽欲祛奢崇俭，革薄从忠，乌可得哉！

予德衰薄，不能正身齐家，时用内愧[27]，然念汝爱汝[28]，故以我所欲改者戒汝，所欲能者勉汝。知而不言，是我负汝辈；言之不听，是汝辈负我，并自负也。思之，思之，勿作一场闲话看过。

——节录自《倭文端公遗书》

【注释】

①敛：收拢，聚集。收敛：约束。

②涵泳：深入体会。

③隐忧：深深忧虑。

④弗惜：不觉得可惜。

⑤贳（shì）：赊欠。

⑥罔（wǎng）：没有。

⑦顿：立刻，马上。

⑧渐：事物的开端。

⑨孝友：善事父母，亲爱兄弟。

⑩谗（chán）间：用坏话离间别人的关系。

⑪乖（guāi）睽：背离，抵触。

⑫效尤：学坏样子。尤，错误。

⑬暨：和，与。

⑭书香：读书的家风。

⑮捐升田：封建时代政府准予士民捐资纳粟以得官衔，此处指捐献一些粮食和田地获官并凭借这种特权而取得做官的好处。荫：封建时代子孙以先代官爵而受封之称。

⑯驽钝：愚钝无能。

⑰《诗》：《诗经》的简称，系中国古代儒家典籍中的一种。

⑱《书》：《尚书》的简称，系中国古代儒家典籍中的一种。

⑲资郎：以纳资而得官的人。

⑳替：衰败。

㉑胶庠：西周学校名。此处指学校。

㉒辄（zhé）：犹"即"。嫌隙：因猜疑或不满而产生的仇怨。

㉓式好无犹：式字作语气词用，无义。"犹"则通"尤"。全句指兄弟之间和睦亲近，不怨恨成

仇。此语出自《诗·小雅·斯干》："兄及弟矣，式相好矣，无相犹矣。"

㉔和气薰蒸：和和气气的风像轻烟一样向上吹拂。

㉕祯祥：吉祥。

㉖骛（wù）：乱跑，追求，从事。

㉗用：因此。

㉘汝：你，你们。

【译文通解】

你们两个人到达京城以后应当谢绝一切不必要的人事往来，下决心收拢自己的言行举止，仔细阅读学过的书文，时刻加以深刻地体会，按照要求严格学完当日应当学习的课程，不至于生疏忘弃。绝对不要到处闲游、观看文艺节目，也不要大家坐在一起高谈无关紧要的事情而荒废正业，误了自己的应试。你们要细心体会父母殷切期望你们早日科举成名的一片苦心，3年才有一次应试的机会，实在不容易，你们应当尽自己的努力而为之，不要自己误了自己的前程。

我曾在独自静居之时，深深思考着一个至关重要的问题，它时刻使我感到忧虑不安。这就是，我们这样的人家先世各代都遵循朴素节俭的风尚，自从步入仕途之后，子弟们渐渐染上奢侈浪费之恶习，穿着打扮、日用之物越来越讲究华丽鲜艳。放肆满足一己吃喝之无穷欲望，甚至为此去典当财物也不觉得可惜；为了满足耳目之视听，为此赊欠别人而暂图一己之快意。只知道讲虚荣体面，不考虑什么艰难困苦。我忧郁地思索着以往的历史，兴盛与衰败彼此反复循环转换，富贵怎么能够长久存在？一旦事情和形势都出现了变化，家中子弟沾染奢侈之风气时间一长，必定不能做到立刻俭朴，也必定会弄到失去生存的处所，丢弃祖宗勤俭节约之家风，致使后代子孙逐渐陷入贫困饥寒的境地。这是我深为忧虑的第一个问题。我们这样的人家世世代代以善事父母、亲爱兄弟为其传家之根本，非常重视仁义礼让之学，彼此居住吃饭和睦生活在一个大家庭里，没有什么让别人讲闲话的。然而，近年以来你们这些人中相互间猜忌怀疑的事情渐渐发生，或者由于外人用坏话离间关系，或者由于彼此意见不同，往往因一句无关大局的话语而闹到争论不休，因一件没有什么了不起的财物而分你我，以至于发展到互相抵触、矛盾迭起，说起来实在让人痛心。这种情形使得已经去世的祖父于九泉之下也会不高兴，这种错误如被子孙仿效于数代，后果将不堪设想。这是我深为忧虑的第二个问题。你们的大伯父和我和你们的父亲，依靠先人好的品行所得来的特权而有幸进入科举成名的行列，延续读书做官的家风，却常常忧虑丢弃了这种良好家风。你们这些兄弟中，都不知道这个要旨之所在，妄自作主捐输粮食、田地和钱财以获官阶，继而凭借这种特权去取得做官的好处。我们这个大家庭里的人大多从里到外本来就是愚钝无能，寄希望于读书应科举考试而成名者，只有你们几个人而已。曜侄用钱捐得知县一职，可想而知你已经无志钻研中国古代典籍《诗经》、《尚书》，却不晓得，那些真正有志向的人都耻于提到"资郎"二字。趁此年轻力壮、精力充沛、宽松悠闲的时间里勤学好问，广览博闻，设法成为国家和民族的有用之才，将来科举成功，建立丰功伟业，对父母尽孝、对君王尽忠，那又是何等地受人敬重和尊贵，而你却为何以金钱和虚伪功名甘心把自己看得不重要呢？你胸无大志真是到了很严重的程度！这种风气一开，咱们家那些少年中志向不定者，都会考虑只有捐资求官这一条路可走，读书学习的志向不会专一，朴实清白之家庭声誉就会日益衰败。这是我深为忧虑的第三个问题。以上3个问题，都是我们这个大家庭兴盛或衰败的关键所在，我因此对你们特别痛切地指出。

你们都已进入学校读书，并不是没有知识的人，须时刻思念财物的得来异常艰难，应力求勤俭节约，不要沾染上轻薄浮华之习气，不要学得放荡不羁，应将平日爱华丽奢侈、喜欢松疏散漫等种种不良行为彻底改掉，做一个忠厚谨慎、俭朴实在的子弟。如能做到这样，较之那些鲜衣肥马、讲究排场而引起有识之人背地嗤笑者，不是相去很远很远了吗？你们的天性本来淳朴厚道，还是知道孝道之心的，然而近来听说兄弟之间也渐渐出现了相互抵触离异的情况，这是最要不得的。你们须知兄弟之间的关系非常重要，除此以外的事情样样都是次要的。不要贪图钱财，不要偏爱自己的妻子儿女，不要以为父母偏向哪一个人而在背地产生怨恨之心，不要因彼此言语稍稍不合就相互猜疑而致产生仇怨。兄长对弟弟要宽容，弟弟对兄长要存以忍让之心，兄弟之间和睦亲近，不怨恨成仇，和煦之风像轻烟一样向上吹拂，吉祥的景象自然就会到来。而一个人之所以能做到刻苦自励，能知道友善亲爱，关键的问题是由于他能勤奋读书，明白做人的道理。平时静化、集中自己的心志，除温习科考课程之外，将古圣贤的嘉言善行亲手摘录、细心体会，动脑筋考虑一下古人为何能够做到如此，我自己为何不如古人。思索之后因为愧悟之心转而产生发愤向上的志趣，必定能尽力按照古人那样去要求自己。精神集中，志念专一，而一切好高骛远的非分之想就会自行排除，正道之心日渐产生，而孝顺父母、友爱兄长、忠于君王、取信于友朋和仁爱、厚道、礼仪、谦让等好的品性就会自然得到启迪而萌发。否则，淡泊寡欲之情趣最终不能战胜对物质享受的刻意追求，天然良好的本性日益被坏习惯所浸染损害，尽管有除去奢侈、崇尚俭朴、革除轻浮、取法忠诚的良好愿望，但为时已经晚了！

我的品行衰薄,不能严格要求自己、约束家人,时时为此感到内心有愧,然而想到你们,爱护你们,所以我用自己认为要改正的地方来告诫你们,自己认为做得不错的地方来勉励你们。明明知道是错误的东西,如果我不向你们倾心指出,那么我这个做长辈的就对不住你们,而我已经指出了的问题,如果你们不认真记住,耳听不进去,那么就是你们做子侄的辜负了我的一片良苦用心,并且是你们自己害了自己。你们要多想想,不要把它看作是我对你们随便谈谈、无关紧要的话语而已。

【经典心裁】

倭仁在这篇家训中严肃指出其子侄中日习奢侈之风,讲究吃喝玩乐,不思上进的弊害所在,要求他们通过多读书,用学识净化自己的身心,戒除不良习气。他反复告诫子侄辈,读书做官是正途,捐资求官不可取。一再强调,兄弟之间应讲和睦团结,不要你争我夺,败坏家庭声誉,致贻笑于世人。倭仁在这里所提出的问题及其解决的方法,虽然是从封建文化的角度而阐发的,但其中某些内容对于当今家长如何教育他们的子女学真本事、做真学问、做好官、做有益于社会的人,还是具有一定的现实意义的。尤须指出的是,倭仁能够以平等的姿态,勇于承认自己的不足,要求子侄辈引以为戒,这种教育方法也是可以借鉴的。

必须发愤学做好官

【原典精读】

州县亲民，称职匪易，能造福亦能造孽。第一要将利心打破，莫作润身肥家之计。我家仰荷君恩①，得有今日，必须发愤学做好官，力图报称。

平日将吏治诸书多读广览，悉心讲求，以为将来展布。尤须近正直，远邪佞②，崇节俭，戒浮华，习勤劳，儆偷惰③。昔人云："为官是苦人，做官是苦事。"以官为乐，必不能做好官也。汝到省后，必有一般势利小人趋承亲近，少年喜其柔佞，鲜不入其彀中④，一与交结，受害无穷。书中所谓近正远邪，尤紧要语也。汝其慎之⑤。

——节录自《倭文端公遗书》

【注释】

①荷：承受。

②佞（nìng）：善辩，巧言谄媚。

③儆（jǐng）：使人警醒，不犯过错。

④鲜：少。彀（gòu）中：圈套里。

⑤其：应当，还是。

【译文通解】

州县之官最接近平民百姓，但做一个称职的官却不容易，既能造福于人民也能为害于人民。你做官首先要将利己之心废除掉，不要有中饱私囊、满足一己一家之无穷欲望而不顾百姓死活的打算。我们这样的官宦人家依承君王的恩惠，才得有今天这个样子，你应该下定决心学做一个好官，尽力报效朝廷。

平时将有关吏治方面的书籍广泛阅读，悉心体会讲求，以为将来亲自处理事务的资本。特别需要做到多接近正直之人，远离奸邪谄媚之辈，崇尚节约俭朴，力戒轻浮不讲实际，长期坚持多勤多劳，警惕沾染偷闲懒惰之习气。从前有人说："当官的人是很辛苦的人，做官也是件苦差事。"如果一个人认为做官是为了享乐，那么他必定不能做一个好官。你到任以后，一定有一些势利小人趋迎奉承在面前，少年人一般都喜欢接近表面和气、实际上巧言谄媚的人，很少有不中其圈套的，一旦与这样的人交结往来，受害无穷无尽。古书中所说的接近正直、疏远奸邪，尤其是很重要的话。你应当慎重记住。

【经典心裁】

  倭仁明确告诉他的侄儿，做官好坏直接关系到人民的切身利害。做一个好官实在不容易，他必须首先摒弃利己之心，才能做到为官一任，造福一方。要做一个好官，必须在平时广读博览古往今来有关吏治方面的书籍，以增长自己解决实际问题的能力。要做一个好官，必须讲求实际，吃苦耐劳，只有这样才能体察民情，设身处地为那些辛苦劳作的人着想。要做一个好官，还必须多接近正直之人，拒绝与那些喜欢阿谀奉承的、势利小人交朋友。这些话语中充满着可资借鉴的做官治事的人生哲理。

示咸儿

【原典精读】

权篆皖南①,自是上游,青目、宁国等处屡遭兵燹②,御寇安民均关紧要,当竭力为之,勿负委任。盘根错节乃见利器③,畏刀避箭岂是丈夫?

坡翁帖云④:"吾侪道理贯心肝⑤,忠义填骨髓。直当谈笑于死生之际,事有可尊主庇民者,忘躯命为之,一切祸福利害付诸造物。"与汝所云"趋避之见不可存,矢努力以图报称"⑥等语意正相似,愿与儿共勖焉⑦。

——节录自《倭文端公遗书》

【注释】

①篆:印章多用篆文,故用作官印的代称。此处指任官。

②燹(xiǎn):火。

③盘根错节：比喻事情繁难复杂，不易处理。利器：指杰出的才能。

④坡翁：指北宋思想家、文学家苏轼。

⑤吾侪（chái）：我们。

⑥矢：通"誓"。

⑦勖（xù）：勉励。

【译文通解】

你所管辖的安徽南部，自然是淮河上游之区，青目、宁国等地多次遭受战火浩劫，从而防范盗匪、安抚民众之事特别重要。你应该竭尽全力而为之，不要辜负朝廷委付给你的重任。事务繁难复杂、不易处理才可以看得出一个人的杰出才能，缩手缩脚、害怕艰难困苦的人算得了什么男子汉？

苏东坡的便条上说："我们有着正当的事理贯注于精神深处，赤诚无私、大义凛然的气概散发于全身上下，完全应当谈笑风生于生死危难之际。处理一件事如果可以做到敬重上司、保护民众的话，那么就应该舍生忘死尽力去做，一切祸福吉凶、利害得失都可以置之度外。"这与你在来信中所说

"遇事迅避开之念头不应该有,发誓尽心尽力以图报效朝廷"等话的意思差不多,我愿以此与你共同勉励之。

【经典心裁】

倭仁语重心长地告诫到达安徽南部做官的儿子,要做一个好官就应当不畏艰难困苦,赤胆忠心报国,细心体恤下民,公正无私地处理日常事务。如果自己认为是有利于国家、民众的事,就应当不计个人利害得失,舍生忘死地去干。

须淡漠功名利禄

【原典精读】

食君之禄,此身已非己有。特恐利害当前,私情回惑,遂至贪生怕死,负国辱亲。即如某制军①,平日尚称佼佼,乃末路狼狈至此,即幸邀宽典②,何以立于人世耶?我辈处此,须看得破,守得定,庶不自误一生耳③。儿其勉之!

——节录自《倭文端公遗书》

【注释】

①制军:清代对总督的称呼。

②幸邀:侥幸求得。宽典:宽刑。

③庶:庶几,将近,差不多。

【译文通解】

靠朝廷给予的俸禄而生活的人,他的身子已经不属于他自己的了。这样的人特别需要注意的是在利害得失面前，有可能被自私之情欲所诱惑，以至于贪生怕死，既辜负了国家，又给父母丢尽了脸。例如，有一个总督大员，平时还可算作为同僚中的佼佼者，晚年竟到了狼狈不堪的境地，即使有幸获得朝廷的宽刑惩罚，内心惭愧却怎么能够自立于人世间呢？我们这些当官的人生活在世上，须把功名利禄看得透彻，将那些良好品行牢牢守住，庶几不至于自己误了自己的一生。你应当以此时常勉励自己啊！

【经典心裁】

倭仁在篇中强调做国家的官，就要努力为国家办事。切忌为私欲所驱使而贪生怕死，做出对不起国家、对不起父母的事来。自己认定了的事，不应做的不做，应当做的就应竭尽全力去做。并以某一总督大员丧失晚节的例子，劝告他的儿子引以为戒。这种理论与实际相结合，反复诱导劝勉的家教方法是值得我们借鉴的。

曾国藩家训

【撰主简介】

曾国藩（1811—1872年），字伯涵，湖南湘乡人。清道光年间进士。咸丰二年年底（1853年年初），他以吏部侍郎身份奉旨在家乡湖南创办团练，后在此基础上扩编成为湘军，与太平天国农民运动为敌，为延长清王朝60余年的寿命立下了汗马功劳，历任礼、兵、工、刑、吏各部侍郎，后授大学士（相当于宰相官衔）一等毅勇侯的官爵，死后受封"文正"的谥号。

曾国藩家训很有影响，兹从岳麓书社版《曾国藩全集·家书》选取部分内容，以飨读者。

切不可浪掷光阴

【原典精读】

尔今年十八岁，齿已渐长①，而学业未见其益。陈岱云姻伯之子号杏生者②，今年入学，学院批其诗冠通场。渠系戊戌二月所生③，比尔仅长一岁，以其无父无母，家境清贫，遂尔勤苦好学④，少年成名。尔幸托祖父余荫⑤，衣食丰适，宽然无虑，遂尔酣豢佚乐⑥，不复以读书立身为事。古人云劳则善心生，佚则淫心生；孟子云：生于忧患⑦，死于安乐。吾虑尔之过于佚也……

余在军中不废学问，读书写字未甚间断，惜年老眼蒙，无甚长进。尔今未弱冠⑧，一刻千金，切不可浪掷光阴。

——节录自咸丰六年十月初二日《谕纪泽》

【注释】

①齿：这里指年龄。

②姻伯：由于婚姻关系结成的亲戚称为姻亲，姻伯即具备这种亲戚关系且比自己父亲年长的男子。号：原指名和字以外另起的别号，后来也泛指名以外的字和别号。

③渠：他。

④遂尔：于是。

⑤余荫：指先辈遗留下来的恩福。

⑥酣豢（hān huàn）佚乐：相当于说"吃饱喝足，安闲享乐"。

⑦孟子：战国思想家。

⑧弱冠：古代男子二十岁行冠礼。

【译文通解】

你今年18岁，已经渐渐成年了，但不见你的学业有所长进。陈岱云姻伯有个叫杏生的儿子，今年考进太学，学院把他所作的诗批为整个考场的第一名。他是戊戌年二月出生的，仅仅比你大一岁，他因为没有父母，家境贫寒，于是勤奋读书，刻苦好学，年纪轻轻就成名了。而你只是有幸依托祖父传留下来的福荫，穿衣吃饭都丰足舒适，心情宽舒，无忧无虑，于是就只知吃饱喝足，安闲享乐，不再把读书学习、立身处世当作一回事。古人说过人一劳苦就产生善良的心地，人一安逸就产生淫邪的念头；孟子也说过"生于忧患，死于安乐"。我担心你是过于安逸了呀……

我虽在军营里，却不曾废弃学问，读书写字都没有怎么间断，只可惜年老眼花，没有太大长进。而你现在还不到20岁，时光一刻值千金啊，切切不可放浪自己，虚掷光阴！

【经典心裁】

"生于忧患，死于安乐"这一古训，作为身为人父的曾国藩是深知个中道理的，因而一旦觉察到儿子纪泽18岁了而学业竟"未见其益"，便拿"少年成名"的杏生对比，进而分析了纪泽"不复以读书立身为事"的根本原因在于"幸托祖父余荫，衣食丰适，宽然无虑"，以致"酣豢佚乐"。最后又从年龄、治学两方面拿自己与纪泽对比，造成强烈反差，从而得出"切不可浪掷光阴"的结论。

读书须做到"涵泳""体察"

【原典精读】

汝读《四书》无甚心得①,由不能虚心涵泳②,切己体察③。朱子教人读书之法④,此二语最为精当。尔现读《离娄》⑤,即如《离娄》首章"上无道揆,下无法守"⑥,吾往年读之,亦无甚警惕⑦;近岁在外办事,乃知上之人必揆诸道,下之人必守乎法;若人人以道揆自许,从心而不从法,则下凌上矣⑧。"爱人不亲"章,往年读之,不甚亲切;近岁阅历已久,乃知治人不治者,智不足也。此切己体察之一端也。

"涵泳"二字,最不易识,余尝以意测之曰:如春雨之润花,如清渠之溉稻。雨之润花,过小则难透,过大则离披⑨,适中则涵濡而滋液⑩。清渠之溉稻,过小则枯槁⑪,过多则伤涝⑫,适中则涵养而浡兴⑬。泳者,如鱼之游水,如人之濯足⑭。

程子谓鱼跃于渊⑮,活泼泼地;庄子言濠梁观鱼⑯,安知非乐?此鱼水之快也。左太冲有"濯足万里流"之句⑰,苏子瞻有《夜卧濯足》诗⑱,有《浴罢》诗,亦人情乐水者之一快也。善读书者,须视书如水,而视此心如花、如稻、如鱼、如濯足,则"涵泳"二字,庶可得之于意言之表⑲。尔读书易于解说文义,却不甚能深入,可就朱子"涵泳""体察"二语悉心求之⑳。

——节录自咸丰八年八月初三日《谕纪泽》

【注释】

①汝:你。

②虚心涵泳:心胸宽广,使之如受水的浸润,如在水中潜游。即悉心领会或融会贯通。

③切己体察:切身体验。

④朱子:即宋理学家朱熹。

⑤《离娄》:篇章名。

⑥"上无道揆(kuí),下无法守":上层的统治者没有建立和掌握好一定的思想政治体系,下层的平民百姓就没有法制可遵循。揆:掌握,管理。

⑦警惕：即引起注意。

⑧凌：凌侮，欺辱。

⑨离披：散乱，倒伏。

⑩涵濡（rú）：浸润润湿。滋液：滋润。

⑪枯槁（gǎo）：干枯。

⑫伤涝：庄稼被淹。

⑬浡（bó）兴：振作，兴起。这里相当于说生机勃发。

⑭濯（zhuó）：洗涤。

⑮程子：指程颐，北宋理学的奠基者之一。

⑯濠（háo）梁：河桥。

⑰左太冲：即左思，西晋文学家。"濯足万里流"：意思是在河里洗脚，任河水从脚上流向远方。

⑱苏子瞻：即北宋文学家苏轼。

⑲庶：庶几，差不多。

⑳悉心：尽心，用尽所有的心思。

【译文通解】

你读《四书》没有什么心得体会，是由于你

不能做到心境深广，使之如受水的浸润，如在水中潜游；也由于你没有去亲身体验。朱熹教人读书的方法中，以这两句话（指上文的"虚心涵泳，切己体察"）说得最为精当。

你现在读《离娄》，就像《离娄》第一篇的"上无道揆，下无法守"。我往年读它，也没有怎么引起自己的注意；而近年在外边办事，才明白上层统治者必须建立掌握好一定的思想政治体系，下层平民必须遵守法令制度，如果人人都只认可自己的思想观点，听凭自己的意愿而不遵循法制，那么就会使下层百姓凌辱上层统治者了。"爱人不亲"一篇，往年读它，并不感到十分亲切；而近年来随着阅历的日益增加，才知道统治百姓却不能统治好，是因为才智不够。这是我的一种亲身体验吧。

"涵泳"两个字，最不容易领会其深刻含义了，我曾从意义上揣测，作这样的理解：所谓"涵"，好比绵绵春雨滋润花草，好比清清渠水灌溉禾苗。春雨滋润花草，太小就难以使花草透湿，而太大就容易使花草倒伏，恰如其分则会使花草浸湿而又滋润。渠水灌溉禾苗，太小就会使禾苗干枯，太多就会使禾苗淹没，恰如其分就会使禾苗滋润而茁壮。所谓"泳"，好比鱼儿在水里游动，好比人在水里洗脚。程颐说鱼儿在潭水里跳跃，显得十分活泼；庄子说在桥上看鱼儿在河里游动，人们哪里知道它们不快乐呢？这是鱼儿在水中得到的愉悦。左思曾经写过"濯足万里流"的佳句，苏轼也作过吟咏夜里躺着洗脚的诗篇，还有沐浴完毕后的诗篇，这也可见天性就乐于在水中的人们所享受到的一种愉悦。善于读书的人，必须把书籍看成水，而将自己的心智当作花草、当作禾苗、当作游水的鱼、当作洗涤的脚。这样一来，那么"涵泳"二字，差不多可以明白它的深刻含义而且能用语言表达出来了。你读书能轻易地解释字面意义，却不十分能深入领会，现在你可以就朱熹说的"涵泳"、"体察"这两句话尽力地探求一番了。

【经典心裁】

读书，如果只停留在"解说文义"的表面是远远不够的，那是不求甚解乃至是生吞活剥的读法。真正读书，理应做到潜心探求其深刻内蕴——

所谓"虚心涵泳",并且设身处地地去体验一番——所谓"切己体察",才能日见成效。这种读书方法,仍然是值得我们今天的读书人效仿的。

学做高邮王氏那样的学问大家

【原典精读】

余于本朝大儒，自顾亭林之外①，最好高邮王氏之学②。王安国以鼎甲官至尚书③，谥文肃，正色立朝④。生怀祖先生念孙⑤，经学精卓⑥。生王引之，复以鼎甲官尚书，谥文简。三代皆好学深思。……余自憾学问无成，有愧王文肃公远甚，而望尔辈为怀祖先生⑦，为伯申氏⑧，则梦寐之际，未尝须臾忘也。怀祖先生所著《广雅疏证》、《读书杂志》，家中无之。伯申氏所著《经义述闻》、《经传释词》，《皇清经解》内有之。尔可试取一阅。……

本朝穷经者⑨，皆精小学⑩，大约不出段、王两家之范围耳⑪。

——节录自咸丰八年十二月十三日《谕纪泽》

【注释】

①顾亭林：即明清之际的顾炎武，字亭林。

②高邮王氏之学：指清前期江苏高邮地区王安国、王念孙、王引之祖孙三代精于经学，故世称高邮王氏之学。

③鼎甲：科举考试中殿试名列一甲的有3个人，即状元、榜眼、探花的总称。官至尚书：王安国曾于雍正九年晋升兵部尚书，次年转礼部尚书，后又迁吏部尚书，故云"官至尚书"。

④正色：指表情端庄严肃。

⑤怀祖：即王念孙。怀祖是他的字。

⑥经学精卓：指王念孙的经学精通卓越。

⑦尔辈：你们，你们这些人。

⑧伯申氏：指王引之。伯申是他的字。

⑨穷经：深入研究经籍。

⑩小学：即文字训诂之学。

⑪段、王两家："段"指段玉裁，通经学，尤精小学；"王"是指王念孙及其父王安国、其子王引之，精于名物考证，专于校勘、训诂。

【译文通解】

我对于本朝的最著名读书人，除明清之际的顾炎武之外，就最爱好高邮王安国、王念孙、王引之祖孙三代之学了。王安国以鼎甲而官至尚书，谥文肃，端庄严肃在朝供职。他生下王怀祖先生，怀祖名念孙，其经学精通卓越。怀祖先生生下王引之，又以鼎甲官至尚书，谥文简。祖孙三代皆好学深思。……我自己深感遗憾的是学问无成，有愧于王文肃公甚远，而希望你们这一代成为怀祖先生这样的学问家，希望你们的下一代成为伯申先生这样的学问家。我的这些希望即使在睡觉做梦的时候，一刻也不曾忘记。怀祖先生所著《广雅疏证》、《读书杂志》，家中是没有的。伯申先生所著《经义述闻》、《经传释词》，在《皇清经解》中刊载的。你可试取一阅。……

我朝深入研究经籍的人，都精通文字训诂之学，不过大体上超不出段（玉裁）和王（王安国、王念孙、王引之）两家的范围。

附录　帝王将相家训

【经典心裁】

曾国藩在这封家信中,一方面自称"最好高邮王氏之学",然而因"学问无成,有愧王文肃公远甚";另一方面又勉励儿子胸怀大志,勤奋于学,做一个像王念孙那样的大学问家。可见,他对儿子的了解,对儿子的信任,对儿子寄予的厚望,远不是一般为人父者所能比拟的。

不可积钱买田而应努力读书

【原典精读】

泽儿看书天分高,而文笔不甚劲挺①,又说话太易②,举止太轻③,此次在祁门,为日过浅④,未将一轻字之弊除尽,以后须于说话走路时刻留心。

鸿儿文笔劲健⑤,可慰可喜。此次连珠文⑥,先生改者若干字?拟体系何人主意⑦?再行详禀告我。银钱、田产最易长骄气逸气,我家中断不可积钱,断不可买田。尔兄弟努力读书,决不怕没饭吃,至嘱!

——节录自咸丰十年十月十六日《谕纪泽纪鸿》

【注释】

①文笔:文章用词造句的风格。劲挺:刚劲,挺拔。

②易:轻视,简慢。

③轻：轻浮，不庄重。

④为（wéi）日：相当于说"度过的日子"。浅：指时间短。

⑤劲健：刚劲，稳健。

⑥连珠文：一种文体，通篇用前一句的结尾做后一句的开头，使邻接句子递承紧凑，即采用顶针、回文的手法，实际上是一种文字游戏。

⑦体：指文体格局。

【译文通解】

纪泽儿读书显得天资不低，但文笔不怎么刚劲挺拔，并且平时说话太简慢，举止太轻浮，这一次来这里在祁门住的日子太短，没有将一个"轻"字的毛病消除尽，今后说话走路时必须时时留心。纪鸿儿文笔刚劲稳健，令人欣慰。这次写的连珠文，经过先生改过的有多少字？拟制文体格局是谁的构思？再写信细告诉我。

银钱、土地财产最容易使人增长骄横安逸的习气，我们家里绝不能攒钱、买田。你们兄弟几个只管努力读书，绝不怕没饭吃，这是我最要嘱咐你们的了！

【经典心裁】

曾国藩在肯定两个儿子的成绩并指出他们的不足之后，又谆谆告诫家里"断不可积钱，断不可买田"，这种"安贫乐道"并不因为别的，就因为他深知"银钱田产最易长骄气逸气"，唯愿儿子们"努力读书"，不能不说是用心良苦。

读书可以变化人的气质

【原典精读】

人之气质,由于天生,本难改变,惟读书则可变化气质。古之精相法者,并言读书可以变换骨相。欲求变之之法,总须先立坚卓之志。即以余生平言之:三十岁前,最好吮烟,片刻不离,至道光壬寅十月二十一日立志戒烟,至今不再吃。四十六岁以前作事无恒,近五年深以为戒,现在大小事均尚有恒。即此二端,可见无事不可变也。尔于"厚重"二字,须立志变改。古称"金丹换骨",余谓立志即丹也。

——节录自同治元年四月二十四日《谕纪泽纪鸿》

【译文通解】

人的气质由于是天生的,本来就难以改变,唯有读书可以变化气质。古代那些精通相面方法的人，都说读书可以变换骨相。想要得到变换骨相的方法，总要首先立下艰苦卓绝的志向。就拿我的一生来说：我30岁以前最喜欢吸烟，片刻不离，至道光壬寅年十一月二十一日立志戒烟，至今不再吸烟了。46岁以前做事没有恒心，近5年来深以为戒，现在大小事都还有恒心。就这两点就可见没有什么事是不可以改变的。你在"厚重"二字上，必须立志变化改观。古人称"金丹换骨"，我说立志就是金丹。

【经典心裁】

　　此篇写作宗旨是针对儿子气质单薄，提出用立志读书的方法，达到"金丹换骨"的目的。作者现身说法、言传身教，指导极为具体而得法。

学作文应循序渐进

【原典精读】

尔《说文》将看毕①,拟先看各经注疏。再从事于词章之学。余观汉人词章,未有不精于小学训诂者。如相如、子云、孟坚,于小学皆著一书②,《文选》于此三人之文,著录亦最多③。余于古文,志在效法此三人,并司马迁④、韩愈五家⑤,以此五家之文,精于小学训诂,不妄下一字也。

尔于小学既粗有所见,正好从词章上用功。《说文》看毕之后,可将《文选》细读一过。一面细读,一面钞记,一面作文以仿效之。凡奇僻之字、雅故之训⑥,不手钞则不能记,不摹仿则不惯用。

自宋以后,能文章者不通小学;国朝诸儒通小学者,又不能文章。余早岁窥此门径,因人事太繁,又久历戎行,不克卒业,至今用为疚憾。尔之天分,长于看书,短于作文。此道太短,则于古书之用意行气,必不能看得谛当。目下宜从短处下工夫,专肆力于《文选》,手钞及摹仿二者,皆不可少。待文笔稍有长进,则以后诂经读史⑦,事事易于着手矣。

——节录自同治元年五月十四日《谕纪泽》

【注释】

①《说文》:即汉代许慎所撰《说文解字》。

②相如:西汉辞赋家司马相如。著有字书《凡将篇》,已佚。清马国翰《玉函山房辑佚书》有辑本。子云:西汉文学家、哲学家、语言学家扬雄。著有字书《训纂篇》,已佚。清马国翰《玉函山房辑佚书》有辑本。另著有方言训诂学著作《方言》(轩使者绝代语释别国方言)13卷。孟坚:东汉史学家、文学家班固。

③《文选》:中国现存的诗文总集。

④司马迁:西汉史学家、文学家。

⑤韩愈:唐臣,文学家。

⑥雅:合乎规范的。故:久,旧。

⑦诂：以今言解释古言。

【译文通解】

你把《说文解字》看完，就先看各经书注疏，再从事研究诗文的学问。我看汉代人的诗文，没有不精通语言文字训诂的。如司马相如、扬雄、班固对语言文字学都专门著有一书，《文选》对这3个人的文章收录最多。我对于古文，志在效法这3个人和司马迁、韩愈5家，因为这5家的文章，精通语言文字训诂，不随便写一个字。

你对语言文字学既然粗略有些见解，正好从诗文上用功。将《说文解字》看完之后，可将《文选》细读一遍。一面细读，一面抄记，一面作文，以仿效其中的诗文。凡奇异怪僻的字，规范的古老的训释，不手抄就不能记住，不模仿就不能习惯应用。

自宋朝以后，能写文章的人并不精通语言文字学；本朝的各位大儒，精通语言文字学的又不能写文章。我早年就窥察到了这个门径，因人情事理太繁杂，又长期从事军事，不能完成此业，至今引为愧疚遗憾。你的天分,长于看书,短于作文。不擅长写文章,就对古书中的含义和风格必定不能看得仔细确切。眼下应当从短处下功夫,专心致力在《文选》上面,手抄及模仿两方面都不可少。等到写文章的技巧和风格稍有长进,以后解释经书和阅读史书,就会事事得心应手了。

【经典心裁】

此篇写作宗旨是指导儿子如何写诗作文,即"从词章上用功",并指出了用功的方法,即在细读《文选》的同时,"手钞及摹仿二者皆不可少"。这一点时至今日也是值得借鉴的。

须在50岁将应看之书看完

【原典精读】

余以生平学术百无一成,故老年犹思补救一二。你兄弟总宜在五十以前将应看之书看毕,免致老大伤悔也①。

——节录自同治十年九月十二日《谕纪泽》

【注释】

①伤悔:伤心悔恨。

【译文通解】

我常常感到我的一生在学术方面没有取得什么成就,所以在晚年还想做点补救。你们兄弟无论如何应当在50岁以前,把应该阅读的书籍读完,以免年纪大了以后伤心后悔。

【经典心裁】

曾国藩常常为自己没有一部完整的学术专著问世而感到后悔,所以他告诫其子弟应当抓住有利的学习环境,在青壮年时期打下扎实的基础。

但愿子孙为读书明理之君子

【原典精读】

家中人来营者，多称尔举止大方，余为少慰①。凡人多望子孙为大官，余不愿为大官，但愿为读书明理之君子。勤俭自持，习劳习苦，可以处乐，可以处约，此君子也。余服官二十年②，不敢稍染官宦气习，饮食起居，尚守寒素家风，极俭也可，略丰也可，太丰则吾不敢也。

凡仕宦之家③，由俭入奢易，由奢返俭难。尔年尚幼，切不可贪爱奢华，不可惯习懒惰。无论大家小家、士农工商，勤苦俭约，未有不兴；骄奢倦怠，未有不败。尔读书写字，不可间断。早晨要早起，莫坠高、曾、祖考以来相传之家风④，吾父、吾叔皆黎明即起，尔之所知也。

凡富贵功名，皆有命定，半由人力，半由天事。惟学作圣贤，全由自己作主，不与天命相干涉。吾有志学为圣贤。少时欠居敬工夫，至今犹不免偶有戏言戏动⑤。尔宜举止端庄，言不妄发，则入德之基也。

——节录自咸丰六年九月二十九日夜《谕纪鸿》

【注释】

①少（shāo）：同稍，略微。

②服官：相当于说"做官"。服，服侍。

③仕宦：旧指做官。

④坠：失去，丢掉。高曾祖考：从高祖到曾祖、祖父、父亲。

⑤戏：开玩笑。

【译文通解】

来军营的家里人，大多说你举止大方，我为你感到些许欣慰。大抵人们多半希望自己的子孙做大官，我却不愿我的子孙们做大官，只愿你们做读书明理的君子。勤俭自持，习于劳苦，既能身处安乐之中，又可身处俭省之中，这样的人就是节操高尚的君子。我做官20年，不敢稍稍沾染一点达官贵人的习气，饮食起居，还是遵循清贫的家风，可以非常节俭，也可以略微丰裕，而过分的丰裕我就不敢享用了。

大凡做官的人家，从勤俭走向奢侈很容易，而从奢侈转到勤俭却相当艰难。你年纪还小，千万不能贪求奢华，不能惯于懒惰。你要知道，无论是大家庭还是小家庭，也无论是读书人还是种田的，做工的或者经商的，凡是勤劳、艰苦、俭省、节约的人家都无一不兴旺；相反，凡是骄横、奢侈、懒倦、懈怠的人家都无一不衰败。你读书练字，不能间断。早晨一定要早起床，不要丢掉从我高祖直到我父亲以来一贯相传的这一优良家风。我的父亲、叔父，都天一亮就起床，这是你亲身了解到的。

大凡富贵功名，都由命运来安排决定，一半由人本身做出努力，一半则由天意去成全。只有学做圣贤，全由自己本身主观努力，并不与天命相关。我有志于学做圣贤，只可惜小时候没有好好养成毕恭毕敬的习惯，到现在都不免偶尔有不庄重的言谈举止。你应该做到举止端庄，不随便乱说话，这才是培养自己优良品德的开端。

【经典心裁】

"读书—做官",是封建时代里大大小小的文人们所认定的一个亘古不变的人生程式,因为这个时代本来就是"学而优则仕"。然而,自己本身已做上大官的曾国藩却不愿子孙做官,只愿他们"读书明理",去做"勤苦俭约"的谦谦"君子"。这里,除去所谓"君子"的封建道德内涵不谈,单就这种告诫后代读书学修身、学做人的教育思想而论,其意义是深远的,确值得今人好好玩味。

做人重在"敬、恕"二字

【原典精读】

至于做人之道,圣贤千言万语,大抵不外"敬、恕"二字①。……尔心境明白,于"恕"字或易著功②,"敬"字则宜勉强行之③。此立德之基④,不可不谨。

——节录自咸丰八年七月二十一日《谕纪泽》

【注释】

①恕:宽容。

②著:明显。

③勉强:尽力而为。

④立德:树立圣人之德。

【译文通解】

至于做人的道理,古代的圣贤已经讲得很多

了,但大体上不外乎"敬"、"恕"二字。

你的心境看来还是明白的,对于"恕"字有可能比较容易做出成绩,对于"敬"字也应当尽自己力量去实行。这是树立圣人之德的基础,不可不谨慎对待。

【经典心裁】

曾国藩教育后辈的内容是多方面的,但其重点是告诉儿子如何读书,如何做人。这里除去"做人"的封建道德内涵不谈外,单就这种告诫后代读书学修身、学做人的教育思想而论,其意义是深远的,值得今人好好体会。

一定要经风霜磨炼

【原典精读】

身体虽弱,处多难之世,若能风霜磨炼,苦心劳神,亦自足坚筋骨而长识见。沅甫叔向最羸弱①,近日从军,反得壮健,亦其证也。

——节录自咸丰九年三月初三日《谕纪泽》

【注释】

①沅甫:即曾国藩的弟弟曾国荃。

【译文通解】

你的身体虽然虚弱,但处于多难之世,如果能够经过风霜磨炼,苦心劳神,那么一定能够坚筋骨而长见识。你的沅甫叔叔向来身体最为羸弱,近日从军以后,身体反而健壮起来,就是一个证明。

【经典心裁】

　　曾国藩在这封书信中告诫儿子，经过风霜磨炼可以长见识，可以坚筋骨。这是曾国藩的经验之谈，也反映出他的远见卓识。

当思雪我"三耻"

【原典精读】

余生平有三耻：学问各途，皆略涉其涯涘①，独天文、算学，毫无所知，虽恒星五纬，亦不识认②，一耻也；每作一事，治一业，辄有始无终③，二耻也；少时作字，不能临摹一家之体，遂致屡变而无所成，迟钝而不适于用，近岁在军，因作字太钝，废阁殊多④，三耻也。尔若为克家之子⑤，当思雪此三耻。推步算字，纵难通晓，恒星五纬，观认尚易。家中言天文之书，有《十七史》中各《天文志》，及《五礼通考》中所辑《观象授时》一种。每夜认明恒星二三座，不过数月，可毕识矣。凡作一事，无论大小难易，皆宜有始有终。作字时，先求圆匀，次求敏捷。若一日能作楷书一万，少或七八千，愈多愈熟，则手腕毫不费力。将来以之为学，则手钞群书⑥；以之从政，则案无留牍⑦。无穷受用，皆自写字之匀而且捷生出。

三者皆足弥吾之缺憾矣⑧。

——节录自咸丰八年八月二十日《谕纪泽》

【注释】

①涯涘（sì）：水边，泛指边缘。

②虽：即使。五纬：指五大行星。纬，行星的古称。

③辄（zhé）：总是。

④阁：同"搁"，停止。

⑤克家之子：指能继承祖先事业的子弟。

⑥钞：同"抄"，抄录。

⑦牍（dú）：文件。

⑧弥：弥补，补充。

【译文通解】

我感到平生有三大耻辱：各门学问，都略微有所涉及和接触，唯独天文测算，一点儿也不懂，即使是恒星、行星也不曾认识。这是第一大耻辱。每做一件事情，从事一项事业，总是有始无终。这是第二大耻辱。小时候练字，不能临摹某一家的书体，于是导致多次更改而无所成就，书写迟钝而不宜实用。近年在军营里，就因为写字太迟钝，干脆搁笔不写的时间特别多。这是第三大耻辱。你如果是能继承先辈事业的子弟，就应当立志洗刷我的这三大耻辱。天文推测和计算，纵然不易也要强迫自己通晓；至于恒星、行星，观察识别起来还比较容易。家中关于天文的书籍中，有《十七史》里的各种《天文志》，以及《五礼通考》所辑录的一篇《观象授时》，这些都可仔细研读。同时，每夜识别两三个恒星星座，不到几个月，就可以全部识别清楚了。凡是做一件事情，不论大小难易如何，都应该有始有终。练字时，先要讲求圆润、匀称，然后才讲求敏捷、迅速。如果一天能写一万个楷书字，或者少则七八千字，越练得多就越熟练，那么手腕就毫不感到费力了。将来凭这个本领做学问，就能抄写各种书籍；凭这个本领从事政务，那么案头就不至于剩下一些公文办不完。无穷的得益，都会由写字匀称而且迅速的好习惯带来的。以上3个方面如果做到了，都足以弥补我的终生缺憾了。

【经典心裁】

曾国藩对子女要求十分严格,然而又绝不是一味苛责。在这里,他以平等的态度向儿子纪泽抖出了自己的平生"三耻"。紧接着,他以探讨的口吻诱导儿子从"天文算学"、"作事治业"、学书"作字"三方面特别努力,去弥补自己在这几方面的缺憾。那么,现今做父母的,当我们发现自己的儿女不够争气的时候,一联想到这些,是不是也会平等地坐到一起去,至少是心平气和地谈一谈呢?

家运兴衰与穷通决定于勤惰

【原典精读】

家之兴衰,人之穷通①,皆于勤惰卜之②。泽儿习勤有恒,则诸弟七八人皆学样矣。

——节录自同治五年七月二十日《谕纪泽纪鸿》

【注释】

①穷通:贫困与显达。
②卜:估量,预测。

【译文通解】

一个家庭的兴衰,一个人的穷通,都可以于勤惰中预测到。纪泽儿学习勤奋有恒心,那么弟弟们七八人都可以学习他这个榜样了。

【经典心裁】

勤惰决定家庭的兴衰,勤惰决定人们的穷通。因此,曾国藩在此篇中鼓励纪泽学习勤奋有恒,为弟弟们提供一个学习的榜样。

富贵之家不可敬远亲而慢近邻

【原典精读】

诚富贵之家不可敬远亲而慢近邻也①。我家初移富坨②,不可轻慢近邻,酒饭宜松,礼貌宜恭。……除不管闲事、不帮官司外,有可行方便之处,亦无吝也。

——节录自同治五年十一月二十六日《谕纪泽》

【注释】

①慢:怠慢,轻慢。
②富坨:曾国藩家居之地,名富厚堂。

【译文通解】

我郑重告诫纪泽儿,富贵之家不可敬远亲而怠慢近邻。我家前不久才移居富坨,不可以轻慢近邻,酒饭宜松动一点,礼貌宜恭敬一点。……除了不管闲事、不帮别人打官司这两件事以外,凡是有可行方便的地方,也不要吝啬呀!

【经典心裁】

曾国藩认为,远亲重要,近邻更重要,所以"富贵之家不可敬远亲而慢近邻"。为此,他再三教诫后辈,对近邻酒饭宜松,礼貌宜恭,有可行方便之处也不要吝啬。

处世须以谦谨二字为主

【原典精读】

尔在外以"谦"、"谨"二字为主。世家子弟,门第过盛,万目所瞩。

临行时,教以三戒之首末二条及力去傲惰二弊,当已牢记之矣。场前不可与州县来往,不可送条子。进身之始,务知自重。

——节录自同治三年七月初九日《谕纪鸿》

【译文通解】

你在外面要以谦(虚)、谨(慎)二字为主。世家子弟,门第过于盛大,为千千万万的人所瞩目。临走的时候,教你三戒的首末两条及努力去掉骄傲、懒惰两个弊病,想必已经牢记了。科举考试之前不可与州官、县官往来,不可以送条子。特别是提拔任用之始,务必知道自重。

【经典心裁】

此篇写作宗旨是告诫儿子要以"谦"、"谨"二字为主。正因为"世家子弟、门第过盛、万目所瞩",更要严格要求。"场前不可与州县来往,不可送条子",就是主张不要去"走后门",这在当时是难能可贵的。

势利机巧之心与猎取清廉虚名

【原典精读】

余生平最怕以势利相接,以机心相贸,决计不做京官,亦不愿久做直督①。约计履任一年即当引疾悬车②,若到官有掣肘之处③,并不待一年期满矣。

凡散财最忌有名,总不可使一人知(一有名便有许多窒碍。或捏作善后局之零用,或留作报销局之部费,不可捐为善举费)。至嘱至嘱!余生平以享大名为忧,若清廉之名,尤恐折福也。

——节录自同治八年正月二十二日《谕纪泽》

【注释】

①直督:直隶(今属河北、天津)总督。

②悬车:停车。喻指辞官归家。

③掣(chè)肘:比喻别人在做事的时候,从

旁牵制。语出《吕氏春秋·具备》。

【译文通解】

我平生以来最害怕以势利去交结别人,以智巧变诈的心计去与人作交换,从而下定决心不做京城之官,也不愿久做直隶总督之官。大约到任一年后即要以身体有病为由辞职,如果到任后做事有受到牵制之处,并不要等到一年期满。

凡是散送钱财给别人,最怕的是留下姓名,总以不让一个人知道才好(一有姓名,便会产生许多意想不到的麻烦。那么,怎样才能不让人知道呢?这就是:或者谎称用于抚恤军民的善后局费用,或于留作军营报销局之部拨经费,绝不可捐为公开名目的慈善赈济费用)。这点特别嘱咐你们引起注意!我一生常常以享誉大名为忧虑不安之事,如果猎取得清廉之名声,尤其害怕断了自己的幸福。

【经典心裁】

曾国藩在篇中特别强调为人处世应以"务实"

二字为准则，不要恋居高位，久享大名，不要着意追取清廉虚名。他认为只有这样才能对己立身处世，尤对保持大节和晚节甚有益处。

好学与节俭是立身持家之本

【原典精读】

吾望尔兄弟殚心竭力，以好学为第一义，而养生亦不宜置之第二。……署中用度宜力行节俭。近询各衙门①，无如吾家之靡费者，慎之！

——节录自同治十年九月二十八日《谕纪泽纪鸿》

【注释】

①询：问，征求意见。

【译文通解】

我殷切希望你们兄弟能够竭尽身心，以勤学好问作为第一件应尽的责任来对待，而保养身体当然也应当看得很重要。……你们在官署中的一切开支，应当力行节俭。我近来了解各衙门意见，相比之下没有如我们这个家庭铺张浪费的,你们必须谨慎为之!

【经典心裁】

曾国藩在篇中强调,儿女应当把读书做人、保养身心作为一件重要的事情来看待,而生长于官宦人家的子弟更应勤俭节约、不要奢华浪费,只有这样才有可能成材。这是曾氏治家教子的一贯主张。

办丧事不可铺张

【原典精读】

一出家辄十四年①,吾母音容不可再见,痛极痛极!不孝之罪,岂有稍减之处!兹念京寓眷口尚多,还家甚难,特寄信到此,料理一切。……

开吊散讣不可太滥②,除同年同乡门生外,惟门簿上有来往者散之,此外不可散一分。其单请庞省三先生定。此系无途费,不得已而为之,不可滥也;即不滥,我已愧恨极矣。

外间亲友,不能不讣告寄信,然尤不可滥,大约不过二三十封。我到武昌时当寄一单来,并寄信稿,此刻不可遽发信③。……

——节录自咸丰二年七月二十五日《谕纪泽》

【注释】

①辄(zhé):即,就。

②开吊：有丧事的人家在出殡以前定期接待亲友来吊唁。讣（fù）：报丧，也指报丧的通知。

③遽（jù）：急，仓促。

【译文通解】

我一离家就14年，母亲大人的音容笑貌不能再看到了，真是悲痛至极！不孝之罪，哪里有稍稍减轻的地方！现在想及北京寓所里家眷还不少，回老家是件不容易的事，所以特意寄信到北京，安排一切。

举行吊唁、散发讣文都不能太多，除我的同年、同乡和弟子而外，只有门簿上有往来的才可散发，此外不能再散一份。这件事就请庞省三先生决定吧。这是因为没有路费，不得已而这么做的，千万不能过滥；即使不滥，我已非常愧疚了。

外面的亲友，不得不写信告诉他们，但是尤其不能过滥，大约不过二三十封吧。我到武昌时，会寄一个名单来，并且附上信稿，现在不能仓促发信。……

【经典心裁】

从这封给曾纪泽的信里,我们可看到,曾国藩作为一员朝中重臣,平日里是十分敬爱母亲的。他对于母亲的去世,深感悲痛,然而却又反复叮咛其子在办理丧事时,不管是"开吊散讣"还是"讣告亲友",都"不可滥",绝不铺张浪费。

一意读书、勤俭治家

【原典精读】

……目下值局势万紧之际①，四面梗塞②，接济已断③，加此一挫，军心尤大震动。所盼望者……事或略有转机，否则不堪设想矣。

余自从军以来，即怀见危授命之志④。丁、戊年在家抱病，常恐溘逝牖下⑤，渝我初志⑥，失信于世。起复再出，意尤坚定，此次若遂不测⑦，毫无牵念。自念贫窭无知⑧，官至一品，寿逾五十⑨，薄有浮名⑩，兼秉兵权⑪，忝窃万分⑫，夫复何憾⑬！惟古文与诗，二者用力颇深，探索颇苦，而未能介然用之⑭，独辟康庄⑮。古文尤确有依据，若遽先朝露⑯，则寸心所得，遂成广陵之散⑰。作字用功最浅，而近年亦略有入处⑱。三者一无所成，不无耿耿⑲。

至行军本非余所长⑳，兵贵奇而余太平㉑，兵贵诈而余太直,岂能办此滔天之贼㉒?即前此屡有克捷㉓,已为侥幸㉔,出于非望矣。尔等长大之后,切不可涉历兵间,此事难于见功,易于造孽㉕,尤易于贻万世口实㉖。

余久处行间㉗,日日如坐针毡㉘,所差不负吾心㉙,不负所学者,未尝须臾忘爱民之意耳㉚。近来阅历愈多,深谙督师之苦㉛。尔曹惟当一意读书㉜,不可从军,亦不必作官。

吾教子弟不离八本、三致祥㉝。八者曰:读古书以训诂为本,作诗文以声调为本㉞,养亲以得欢心为本,养生以少恼怒为本,立身以不妄语为本,治家以不晏起为本㉟,居官以不要钱为本,行军以不扰民为本。三者曰:孝致祥,勤致祥,恕致祥㊱。吾父竹亭公之教人,则专重孝字。其少壮敬亲,暮年爱亲,出于至诚。故吾纂墓志㊲,仅叙一事。吾祖星冈公之教人,则有八字,三不信:八者曰:考、宝、早、扫、书、蔬、鱼、猪㊳;三者,曰僧巫㊴,曰地仙㊵,曰医药,皆不信也。处兹乱世,银钱愈少,则愈可免祸;用度愈省㊶,则愈可养福。尔兄弟奉母㊷,除劳字、俭字之外,别无安身之法⑬。吾当军事极危,辄将此二字叮嘱一遍⑭,此外亦别无遗训之语⑮,尔可禀告诸叔及尔母无忘。

——节录自咸丰十一年三月十三日《谕纪泽纪鸿》

【注释】

①目下:目前。

②梗塞:阻塞。

③接济:此指接应,援助。

④见危授命:看到了危亡关头却勇于献出生命。相当于说"临危授命"。

⑤溘(kè)逝:突然死去。牖(yǒu):窗户。

⑥渝:改变。

⑦遂:这里是遇到的意思。不测:没有预测到的,此指意外之死。

⑧贫窭(jù):贫穷。

⑨逾:超过。

⑩薄有浮名:即"稍有虚名"。薄,稍微;浮,空虚,不实在。

⑪秉:掌握,主持。

⑫忝(tiǎn)窃：私下感到惭愧。

⑬夫：那。

⑭介然：独特地。

⑮康庄：指宽阔平坦的道路，相当于说"康庄大道"。

⑯遽(jù)：匆忙，急忙。朝露：这里是说受到朝露的滋润，比喻受到良好的文学熏陶。

⑰广陵之散：指《广陵散》，为三国嵇康所作琴曲。作者后被杀，临刑前索琴奏《广陵散》，曲终叹曰："《广陵散》于今绝矣。"后称人事凋零或事成绝响为广陵之散。

⑱入处：收到成效的地方，相当于说"进步，长进"。

⑲耿耿：形容有心事。

⑳至：至于。行军：从事军务。

㉑贵：重视，崇尚。

㉒办：惩办。滔天之贼：罪恶极大的贼寇，是对太平起义军的诬称。

㉓克捷：胜利。

㉔侥幸：由于偶然的原因而得到成功或免去

灾祸。

㉕造孽（niè）：做坏事而在将来受报应。

㉖贻万世口实：遗留下来，永远让人当作话柄。

㉗行间：指行营，即临时的军营。

㉘如坐针毡：形容心神不宁。

㉙所差：相当于说"幸亏"。

㉚须臾（yú）：极短的时间，片刻。

㉛谙（ān）：熟悉。

㉜尔曹：你们。曹，辈。

㉝本：根本。致祥：带来吉祥。

㉞声调：指声韵节奏，语调语气。

㉟晏：迟，晚。

㊱恕：以仁爱之心待人。

㊲纂（zuǎn）：编纂，这里当理解为"撰写"。

㊳考、宝：本义分别为已死的父亲、珍爱，这里分别指祭祀祖宗、善待他人。

㊴僧巫：和尚、巫婆，这里指迷信。

㊵地仙：看地测风水的人。

㊶用度：费用。

㊷奉:奉养,赡养。

㊸安身:指在某地居住和生活。

㊹辄(zhé):即,就。

㊺遗训:临死时留下的教导、训诲。

【译文通解】

……目前,正值局势危急的时刻,我军四面都被围困,接应援助全都已中断,加上这一次挫败,尤其是军心大为动摇。现在能盼望的是……战事或许稍有转机,否则就不堪设想了。

我自步入军界以来,就怀着临危授命的抱负。丁、戊年(此即道光二十七年、二十八年)在家养病,常常担心就此突然死在自家窗下,以致不能了却我当初的心愿,在世人面前失信。等到康复后再被启用,信念尤其坚定,这次如果险遭不测,也毫无牵挂了。我私下认为自己出身贫寒,学识浅薄,却做到了一品高官。现在年过50,稍有虚名,又兼掌军事大权,我对此暗暗感到万分惭愧。对于我本人来说,那还有什么遗憾呢?唯独古文和诗,这方面虽下的功夫很是深厚,钻研得也够刻苦,却

附录　帝王将相家训

没能有所独创，开辟出一条宽广的新路子来。古文学得尤其扎实，可以做到引经据典，但虽然有所收获、有所成就，却成了没继续深入下去的遗憾。至于写字下的功夫最少，而近几年也稍稍有些长进。但总的来说，以上三方面都仍是一无所成，这不能不耿耿于怀了。

至于从事军务本不是我的长处。用兵打仗贵在出奇制胜，而我却是太平淡无奇，用兵打仗注重兵不厌诈，而我却是太正直忠诚，这样又怎能对付得了这些"贼寇"呢？即使以前已经多次获胜，那也已经是侥幸了，并非出于我的期望。你们长大以后，切切不能涉足于军营，干这个难于有所建树，却易于做出不好的事，尤其容易为千秋万代留下一个话柄。我这么长的时间身在行营，每一天都如坐针毡，非常不安，幸亏没有辜负我的心愿，也没辜负我所学的东西，也未曾须臾忘却爱护百姓的意愿罢了。近来经历得更多，深深懂得领兵打仗的艰难。你们只有一心读书，不能从军，也不必做官。

我教导子弟们不要背离8个根本、3个吉祥。8个根本是：阅读古书把字句训诂当作根本，赋诗作文把声韵语气当作根本，供养亲人把讨得欢心当作根本，修身养性把少生恼怒当作根本，为人处世把不乱言谈当作根本，治理家务把不迟起床当作根本，从事军务把不扰百姓当作根本。三个吉祥是：孝顺带来吉祥，勤俭带来吉祥，仁爱带来吉祥。我父亲竹亭公教育人，则专门注重一个"孝"字。他青壮年时期孝敬长辈，到年老的时候则爱护晚辈，这都发自他最真诚的内心。所以我为他老人家编修墓志，就写这一方面。我祖父星冈公教育人，则有8个字，3个不信：8个字是考、宝、早、扫、书、蔬、鱼、猪；3个"不信"是僧巫迷信、风水地仙、医术药剂，都不相信。我们身处现今这个离乱的时代，银钱越缺乏，就越能避开灾祸；费用越节省，就越能创造幸福。你们兄弟几个奉养母亲，除了"劳"字和"俭"字以外，再也没有什么其他的为人处世的诀窍了。我在这个军事形势极其危急的关头，就将这两个字叮嘱一次，此外也没有其他什么遗教了。你们可要将这禀告给几位叔父以及你的母亲，千万不要忘了。

【经典心裁】

曾国藩在时局极度紧张、艰难的时候，仍然不忘教诲儿子"不可从军"，也"不必做官"，并严肃地要求他们从以下两个方面做出努力：一是"一意读书"，因为自己读书、作文、写字"三者一无所成，不无耿耿"，而且又"深谙督师之苦"。那么后代应该弥补自己的短处，吸取自己的教训，靠专心致志地读书，争取学有所成；二是勤俭治家，这不仅是曾家祖辈遗留下来的传统家风，也是当今乱世的"安身之法"。以上两方面的教诲，正是曾国藩贯穿一辈子的教子之方、治家之法的主要内容所在。

养生之道在于戒恼怒知节啬

【原典精读】

吾于凡事皆守"尽其在我,听其在天"二语,即养生之道亦然。体强者如富人,因戒奢而益富;体弱者如贫人,因节啬而自全。节啬非独食色之性也,即读书用心,亦宜俭约,不使太过。余"八本"篇中①,言养生以少恼怒为本。又尝教尔胸中不宜太苦,须活泼泼地,养得一段生机,亦去恼怒之道也。

既戒恼怒,又知节啬,养生之道,已尽其在我者矣。此外寿之长短,病之有无,一概听其在天,不必多生妄想去计较他。凡多服药饵,求祷神祇,皆妄想也。吾于医药、祷祀等事,皆记星冈公之遗训,而稍加推阐,教示后辈。尔可常常与家中内外言之。

——节录自同治四年九月初一日《谕纪泽》

【注释】

① "八本"：曾国藩自己制定的"八本"：读古书以训诂为本、作诗文以声调为本、养亲以得欢心为本、养生以少恼怒为本、立身以不妄语为本、治家以不晏起为本、居官以不要钱为本、行军以不扰民为本。

【译文通解】

我对任何事都恪守"尽心尽力在于我，结局如何听于天"两句话，即使养生之道也是如此。身体强壮的人就像富人，因为戒除了奢侈就愈益富裕；身体虚弱的人就像穷人，因为节俭不浪费就会自我保全。节俭不单是饮食、色相方面，即使读书用心，也应当节俭省约，不使太过分。我的"八本"篇中，说到养生以减少恼怒为本。又曾经教育你心胸不应该太苦闷，要活泼泼地，调养得一段生命力，也是减少恼怒的方法。

既戒除恼怒，又懂得节俭，养生的道理，就已经完全被我们掌握。此外，寿命的长短、疾病的有无,一概听天由命,没有必要过多地产生妄想去计较。凡是过多地服用药饵,求神祈祷,都是妄想。我对医药、祷祀等事情,都牢记祖父星冈公的遗训,并稍稍加以推敲阐述,教育启示后辈,你可以常常与家里人谈一谈。

【经典心裁】

此篇写作宗旨是与儿子谈论养生之道,戒恼怒、知节啬是其核心,这还是符合科学的养生之道的。

养生之道在顺其自然

【原典精读】

老年来始知圣人教孟武伯问孝一节之真切①。尔虽体弱多病,然只宜清静调养,不宜妄施攻治。庄生云②:"闻在宥天下③,不闻治天下也。"

东坡取此二语④,以为养生之法。尔熟于小学,试取"在宥"二字之训诂体味一番,则知庄、苏皆有顺其自然之意。养生亦然,治天下亦然。若服药而日更数方,无故而终年峻补,疾轻而妄施攻伐,强求发汗,则如商君治秦⑤、荆公治宋⑥,全失自然之妙。柳子厚所谓"名为爱之,其实害之";陆务观所谓⑦"天下本无事,庸人自扰之",皆此义也。东坡《游罗浮山》诗云:"小儿少年有奇志,中宵起坐存黄庭⑧。"下一"存"字,正合庄子"在宥"二字之意。盖苏氏兄弟父子皆讲养生,窃取黄老微旨,故称其子有奇志。以尔之聪明，岂不能窥透此旨？余教尔从眠食二端用功，看似粗浅，却得自然之妙。尔以后不轻服药，自然日就壮健矣。

——节录自同治五年二月二十五日《谕纪泽纪鸿》

【注释】

①孟武伯问孝：见《论语·为政第二》："孟武伯问孝，子曰：父母唯其疾之忧。"意思是：孟武伯向孔子问孝顺父母要怎么样，孔子说，父母唯恐子女有疾病，做子女的应该体念父母，保重身子，不要使父母担忧。

②庄生：战国思想家、文学家庄子（庄周）。

③在宥：庄子所论述的无为而治，任事物自然发展。

④东坡：北宋思想家、文学家苏轼。

⑤商君：战国时政治家，姓公孙名鞅。初为魏国宰相公叔痤家臣，后入秦进说秦孝公，历任左庶长、大良造。辅助秦孝公变法，因战功封商15邑，号商君，也称商鞅。他两次变法，提出"治世不

一道，便国不法古"，废井田，开阡陌，奖励耕战，使秦国富强。秦孝公死后，被贵族诬陷，车裂而死。

⑥荆公：北宋政治家、文学家、思想家王安石。他积极推行新法，抑制大官僚地主和富商的特权，以期富国强兵，缓和阶级矛盾，但由于保守派的固执反对，新政推行迭遭阻碍。因封为荆国公，世称荆公。

⑦陆务观：南宋大诗人陆游（字务观）。

⑧黄庭：道家以人之脑中、心中、脾中，或自然界之天中、地中、人中为黄庭。

【译文通解】

我进入老年以来才开始知道《论语》中孔子回答孟武伯请教孝顺的那一节的真切。你虽然身体虚弱多病，但只适合清静地调养，不适宜胡乱地加以强行治疗。庄子论述"在宥"说："只听说顺应天下，没听说治理天下。"

苏东坡把这两句话拿来作为养生的方法。你对语言文字学很熟悉，试把"在宥"两个字的解释仔细体会一番，就知道庄子、苏东坡都有顺其自然的意思。养生是这样，治理天下也是这样。如果服药每天换好几个处方，无缘无故一年到头大吃补药，疾病并不重却胡乱采取攻逐措施，强行发汗，就像商鞅变法治理秦国、王安石变法治理北宋一样，全然失去了顺其自然的妙处。柳宗元所说的"名义上是爱它，其实是害它"、陆游所说的"天下本来没有什么事情，庸人在自扰"，都是这个意思。苏东坡的《游罗浮山》诗里说："小儿小小年纪有着不平凡的志向，半夜起坐存黄庭以学习道家养生之法。"这里写下一个"存"字，正好符合庄子"在宥"二字的含义。因为苏东坡兄弟父子都讲究养生，暗取黄老的隐微旨意，所以称他的儿子有不平凡的志向。以你的聪明，怎能不领会这个意思？我教你从睡眠、饮食两方面用功，看起来好像粗浅，却能获得顺其自然的好处。你以后不要轻易吃药，自然会一天比一天壮实健康。

【经典心裁】

曾国藩告诫儿子，体弱多病宜清静调养，

不宜妄施攻治。以顺其自然作为养生之道，说明了睡眠、饮食的重要，胡乱服药终年峻补的害处。

左宗棠家训

【撰主简介】

左宗棠(1812—1885年),字季高,湖南湘阴人。举人出身,累官浙江巡抚、闽浙总督、陕甘总督、军机大臣,晋大学士,封一等恪靖伯,晋二等侯,谥文襄。

左宗棠早年深受陶澍、林则徐等人经世致用思想的影响,屡考进士不授后,遂绝意科场。曾办教育,默默无闻,专心过着偏处山村的"湘上农人"的生活,直至不惑之年入曾国藩幕府,以军功而跻身官场,深得清政府褒奖,以致当时流传说:"天下不可一日无湖南,湖南不可一日无左宗棠。"的确,左宗棠名重一时,是晚清政局中一位显赫于世的人物。这不仅因为他参与并独当一面镇压过太平军、捻军和回民起义军,为延长清王朝60余年的寿命立下了汗马功劳,而且更重要的是有两件事情与这紧密相关。一件事情是他作为洋务运动中的重要人物,于1862年创办了中国第一个造船舰的马尾船政局,1880年创建了中国首用机器生产羊毛纺织品的兰州织呢局。左宗棠与李鸿章等人不一样的是,他在开展洋务运动的过程中,大力提倡和支持民间开办新式企业,抵制外国资本主义列强的经济侵略,保护民族工业的独立性。其主要措施是在聘用洋人中,只可"请教"不可"请官",也就是说洋人可以参与管理,但不能掌握控制权。他还重视培养本国人才,主张自力更生,"用他国开挖之机,兴中国永远之利"。总之,"师夷"、"容夷"乃是为了"制夷",虽用洋人而不为洋人所利用。另外一件事情就是力主抗击沙俄,毅然率军收复新疆。左宗棠对子女的督教既严格且亲切。他一生写下了100多封家书,内容大多集中在对子女如何处世为人、治事做官等方面。兹从岳麓书社版《左宗棠全集·家书》中节录部分内容，以飨读者。

读书须明白做好人的道理

【原典精读】

尔近来读《小学》否①？《小学》一书是圣贤教人作人的样子。尔读一句，须要晓得一句的解；晓得解，就要照样做。古人说，事父母②，事君上，事兄长，待昆弟、朋友、夫妇之道，以及洒扫、应对、进退、吃饭、穿衣，均有见成的好榜样③。口里读着者④一句，心里就想着者一句，又看自己能照者样做否。能如古人就是好人；不能就不好，就要改，方是会读书。将来可成一个好子弟，我心里就欢喜，者就是尔能听我教，就是尔的孝。

读书要眼到（一笔一画莫看错）、口到（一字莫含糊）、心到（一字莫放过）。写字（要端身正坐,要悬大腕,大指节要凸起,五指爪均要用劲,要爱惜笔墨纸)。温书要多遍数想解,读生书要细心听解。走路、吃饭、穿衣、说话,均要学好样(也有古人的样子,也有今人的样子,拣好的就学)。此纸可粘学堂墙壁,日看一遍。

——节录自咸丰二年《与孝威》

【注释】

①尔:你。

②事:侍奉。

③见:同"现"。

④者:此处指"这"、"此"。

【译文通解】

你近来读《小学》这部书没有?它是一部古圣先贤教导人们做好人的范本。此书你读一句,就必须晓得一句的含义所在;晓得其中的含义所在,就要照着去实践。古人说,侍奉父母,侍奉君王,侍奉兄长,对待弟弟、朋友、夫妇之道,以及居家、处世、待人接物、吃饭穿衣等,都有现成的好榜样在。口里读着这一句，心里就想着这一句，又看自己能照这样去做了没有。能够如古人那样读书以明道就是一个好人；不能做到这样就不好，就要痛加改正，才是会读书。将来就可以成为一个好子弟，我的心里就会高兴，这就说明你能听我的教导，就是你对我的孝顺。

读书要做到眼到（即书中的一笔一画不要看错）、口到（即一字一句都不要含糊）、心到（即一字一句要心领神会，万万不要走马观花，轻易放过）。写字则做到端正身子，要悬大腕，大拇指关节要突起，5个手指爪子都要用力，要爱惜笔墨纸张。复习功课要做到反复理解其中的道理，先生教新课时要做到细心听讲。总之，走路、吃饭、穿衣、说话，样样都要学好样子（包括古人的好样，今人的好样，挑选其好样子去学）。这封信你可以把它粘贴在学堂的墙壁上，每天看一遍。

【经典心裁】

篇中强调读书与做人的关系非常密切，读书不仅仅是掌握那些华丽的辞藻,动听的语句,而且更重要的是以理解古圣先贤们的思想观点,学做好人为最终目的。这一观点反映出左宗棠非常讲究经世致用之学,是值得今人借鉴的。

读书做人首要立志

【原典精读】

世局如何,家事如何,均不必为尔等言之。惟刻难忘者,尔等近年读书无甚进境,气质毫未变化;恐日复一日,将求为寻常子弟不可得,空负我一片期望之心耳。夜间思及,辄不成眠①。今复为尔等言之。尔等能领受与否,则我不能强之,然固不能已于言也。

读书要目到、口到、心到。尔读书不看清字画偏旁,不辨明句读②,不记清头尾,是目不到也。喉、舌、唇、牙、齿五音,并不清晰伶俐,朦胧含糊,听不明白,或多几字,或少几字,只图混过,就是口不到也。经传精义奥旨③,初学固不能通,至于大略粗解,原易明白,稍肯用心体会,一字求一字下落,一句求一句道理,一事求一事原委,虚字审其神气,实字测其义理,自然渐有所悟。一时思索不得，即请先生解说；一时尚未融释，即将上下文或别章别部义理相近者反复推寻，务期了然于心，了然于口，始可放手，总要将此心运在字里行间，时复思绎，乃为心到。今尔等读书总是混过日子，身在案前，耳目不知用到何处。心中胡思乱想，全无收敛归着之时，悠悠忽忽，日复一日，好似读书是答应人家功夫，是欺哄人家，掩饰人家耳目的勾当。昨日所不知不能者，今日仍是不知不能；去年所不知不能者，今年仍是不知不能。孝威年十五，孝宽今年十四，转眼就长大成人矣。从前所知所能者，究竟能比乡村子弟之佳者否？试自忖之。

　　读书做人，先要立志，想古来圣贤豪杰是我者般年纪时，是何气象？是何学问？是何才干？我现在那一件可以比他？想父母送我读书，延师训课，是何志愿？是何意思？我那一件可以对父母？看同时一辈人，父母常背后夸赞者，是何好样？斥詈者④，是何坏样？好样要学，坏样断不可学。心中要想个明白，立定主意，念念要学好，事事要学好。自己坏样一概猛省猛改，断不许少有迴护，不可因循苟且。务期与古时圣贤豪杰少小时志气一般，方可慰父母之心，免被他人耻笑。志患不立，尤患不坚。偶然听一段好话，听一件好事，亦知歆动羡慕，当时亦说我要与他一样，不过几日几时，此念就不知如何消歇去了。此是尔志不坚，还由不能立志之故。如果一心向上，有何事业不能做成？陶桓公有云⑤："大禹惜寸阴，吾辈当惜分阴。"古人用心之勤如此。韩文公云⑥："业精于勤而荒于嬉。"凡事皆然，不仅读书，而读书更要勤苦。何也？百工技艺，医学、农学，均是一件事，道理尚易通晓；至吾儒读书，天地民物莫非己任，宇宙古今事理，均须融澈于心，然后施为有本。人生读书之日最是难得，尔等有成与否，就在此数年上见分晓。若仍如从前悠忽过日，再数年依然故我，还能冒读书名色充读书人否？思之，思之！

孝威气质轻浮，心思不能沉下，年逾成童而童心未化，视听言动，无非一种轻扬浮躁之气。屡经谕责，毫不知改。孝宽气质昏惰，外蠢内傲，又贪嬉戏，毫无一点好处可取。开卷便昏昏欲睡，全不提醒振作。一至偷闲玩耍，便觉分外精神。年已十四,而诗文不知何物,字画又丑劣不堪。见人好处,不知自愧,真不知将来作何等人物!我在家时常训督,未见悛改⑦。我今出门,想起尔等顽钝不成材料光景,心中片刻不能放下。尔等如有人心,想尔父此段苦心,亦知自愧自恨,求痛改前非以慰我否?亲朋中子弟佳行颇少,我不在家,尔等在塾读书,不必应酬交接,外受傅训⑧,入奉母仪可也。

读书用功,最要专一无间断。……今特谕尔:自二月初一日起,将每日功课,按月各写一小本寄京一次,便我查阅。

如先生是日未在馆,亦即注明,使我知之。屋前街道,屋后菜园,不准擅出行走。如奉母命出外,亦须速出速归。"出必告,反必面"⑨,断不可任意往来。同学之友,如果诚实发愤,无妄言妄动,固宜引为同类。倘或不然,则同斋割席⑩,勿与亲昵为要。

——节录自咸丰十年《与孝威孝宽》

【注释】

①辄:犹"即"。

②句读（dòu）：文辞语意已尽处为句，语意未进而须停顿处为读，书面上用圈（句号）和点（逗号）来标记。

③奥旨：要旨。

④詈（lì）：骂。

⑤陶桓公：指陶侃，晋浔阳人，在军营40余年，果毅善断，死后谥桓。"大禹惜寸阴，吾辈当惜分阴"：系陶侃教导士卒励志之语。

⑥韩文公：指韩愈，又称韩昌黎，是古文大家，死后谥文。"业精于勤而荒于嬉"：此语见《昌黎先生集》。

⑦悛改：悔改。

⑧傅训：老师的训导。

⑨出必告，反必面：出去必须告诉家人，返回后必须当面禀复。

⑩同斋：共同在一所学校读书。割席：《世说新语·德行》："（管宁、华歆）尝同席读书，有乘轩冕过门者，宁读如故，歆废书出看。宁割席分坐，曰：'子非吾友也。'"后因称朋友绝交为"割席"。

【译文通解】

外面世界的局势如何，家中事情如何，都没有必要和你们谈。我唯有时刻放心不下的，就是你们近年来读书没有什么进展，品性没有发生好的转变；我害怕你们这样一天天下去，将要寻求做一个平常人家的子弟都不可能，白白辜负了我对你们一片殷切期望之心。夜晚考虑到这个问题时，总是睡不着。今又为了这个问题对你们讲一讲。你们能不能接受我的意见，我则不能强求之，然而我作为你们的父亲，没有理由不对你们说一说这个问题。

读书必须要做到眼到、口到、心到这三个方面。你们读书不先看清字划偏旁，不辨明一篇文章的句读，不能记清书中每段每句的头和尾，这就是眼不到。你们的喉、舌、唇、牙、齿五音，都不清晰伶俐，朦胧含糊，使人听不明白，或者多几个字，或者少几个字，全不在意，只图混日子过，这就是口不到。古代经传的精义要旨，初学时固然不能全通，至于大略粗解，基本意思本来是易于明白的。如果稍微肯用心体会，一字求一字的下落，一句求一句的道理，一事求一事的缘由，虚字审察其神气，实字推测其义理，这样自然渐渐有所明白。一时思索不得其意，就请先生加以解说；一时尚未融会贯通，就将上下文或者把其他章节部分义理相近者反复推敲寻研，务期了解并体会于自己的心中，了解并体会于自己的口中，直至如此才罢休。总要将这个心思运用于书中字里行间，经常反复思索考究，这就叫作心到。现今你们读书总是混日子过，身虽坐在书桌前面，耳目却不知道用到哪里去了。你们心中胡思乱想，全无收束沉静之时，悠悠忽忽，日复一日，好像读书是为了应付人家对你们的请求，是敷衍应付人家、掩饰人家耳目的勾当。你们昨天不知不能的事情，今天仍是不知不能；去年不知不能的事情，今年仍是不知不能。孝威今年已有15岁了，孝宽今年也有14岁了，转眼工夫你们就要长大成人了。你们从前所知道所能做的事情，究竟能否比得上乡下那些农家子弟中的优秀者，你们自己去想一想吧。

读书做人，先要树立一个好志向，想一想，自古以来那些圣贤豪杰在我这个年纪的时候，是一种什么样子呢？是一种什么样的学问呢？是一种什么样的才干呢？我现在哪一样可以同他们相比较呢？想一想父母送我读书学习，聘请先生教我功课，是一种什么样的目的和愿望呢？是一番什么样的心意呢？我哪一件事情可以无悔于父母双亲呢？看一看与我同一辈的人中，父母经常背地夸奖的，是一种什么样的人呢？父母经常斥骂的，又是一种什么样的人呢？别人的好样子要学，坏样子则万万不可学。心里要对这个问题想个明白，打定主意，时时要学好，事事要学好，把自己的恶习一概加以深刻省悟悔改，绝不能对其有少许姑息袒护，不可照旧不改，得过且过。务期与古代圣贤豪杰少年时的志气一样，才可以使父母心情愉快，免得被他人耻笑。值得忧虑的是不能树立志向，尤其值得忧虑的是立了志又不坚决。偶然听到别人的一段好话，听到一件好事情，也知道喜爱羡慕，当时也表示我要与他一样做个好人。没过多久，这个想法就糊里糊涂地消失了。这是你们立志不坚决，更是你们没有立志的缘故。如果你们一心奋发向上，有什么事业不能做成呢？晋代浔阳人陶侃对他的士卒们说过：

"大禹爱惜一寸光阴，我们这些人应当爱惜一分光阴。"古代的人用心之勤实在如此。唐代大学问家、思想家韩愈说过："一个人的事业成功在于他的勤奋，事业荒废失败在于他的懒怠玩耍。"世界上的任何一件事都是这样，不仅读书如此，而且读书更要勤奋刻苦，才能有所收获。为什么呢？各行各业，医学、农学都是一回事，此中道理是容易明白的；至于我们这些人读书，天下之物无不为己任，宇宙古今之事理，都须融会贯通于自己的心中，然后施展其才能才会有来源。一个人的一生中读书的那些日子最为重要，你们能不能成材，就在这几年中见分晓。假若仍然如从前那样混日子过，再过几年依然如故，还能够冒读书这个名分去充当读书人吗？你们要对这个问题进行一番慎重的思考啊！

　　孝威气质轻浮无实，心思不能沉静下来，年纪已经过了童年而童心仍未开化，耳闻目睹，一言一行，无非表现出一种轻薄浮躁的习气。多次经我批评，仍不知改过。孝宽气质糊涂懒惰，表面愚顽，内心虚骄，又贪玩耍，没有一点好样。学习时昏昏

附录 帝王将相家训

沉沉,一点也没有振作的精神。一到偷闲玩耍时,便觉得格外有精神。年已14岁了,还不知诗文是什么东西,字画则丑劣不堪。见到别人好的地方,不知自愧,真不知将来会成为什么样的人物!我在家里时已经常常教训督促,却未见悔改。我今天身在外面,想起你们这样顽皮愚钝不成人才的样子,心中片刻都放不下。你们如有人心,想想你们的父亲这段爱护你们的苦心,也知道自愧自恨自己的过错,以求得痛改前非来安慰我吗?在我们那些亲戚朋友的子弟中,优秀者不多,我不在你们身边,你们在学校读书,不要和别人交际往来,在学校里接受先生的训导,在家里听从母亲的吩咐就行了。

　　读书用功,最重要的是要做到专一无间断。……今特郑重告诫你们:自二月初一日起,你们要将每天的功课按月各写一小本寄到我这里一次,以便我查阅。如果先生哪一天不在学校,也须注明,使我心中有数。屋前街道,屋后菜园,不准你们擅自到处行走。如经你们的母亲批准外出,也须速去速归。"出去必须告诉家里,返归必须当面回报",绝对不能任意往来。同学中之朋友,如果是诚实,发愤向上,没有不正当的言行者,当然可以引以为知己。倘若不是这样的人,虽同在一个学校读书,也要与之绝交,远离他们一些为妙。

【经典心裁】

左宗棠这篇家书在旧社会影响很大,曾被作为范文选入中学语文课本。篇中特别强调读书要目到、口到、心到,并指出"人生读书之日最难得",应当抓住青少年时期发愤读书,学习做人。

学做圣贤不在科名一途

【原典精读】

尔年已渐长,读书最为要事。所贵读书者,为能明白事理。学作圣贤不在科名一路,如果是品端学优之君子,即不得科第亦自尊贵。若徒然写一笔时派字,作几句工致诗,摹几篇时下八股①,骗一个秀才、举人、进士、翰林,究竟是甚么人物?尔父二十七岁以后即不赴会试②,只想读书课子以绵世泽,守此耕读家风,作一个好人,留些榜样与后辈看而已。生尔等最迟,盼尔等最切。前因尔等不知好学,故尝以科名歆动尔③,其实尔等能向学作好人,我岂望尔等科名哉!来书言每日作文一篇,三、六、九日作文两篇。虽见尔近来力学远胜从前,然但想赴小试做秀才,志趣尚非远大。且尔向来体气薄弱,自去春病后,形容憔悴,尚未复元,我与尔母每以为忧,尔亦知之矣。

读书能令人心旷神怡，聪明强固，盖义理悦心之效也。若徒然信口诵读而无得于心，如和尚念经一般，不但毫无意趣，且久坐伤血，久读伤气，于身体有损。徒然揣摩时尚腔调而不求之于理，如戏子演戏一般，上台是忠臣孝子，下台仍一贱汉。且描摹刻画，钩心斗角，徒耗心神，尤于身体有损。近来时事日坏，都由人才不佳。人才之少，由于专心做时下科名之学者多，留心本原之学者少。且人生精力有限，尽用之科名之学，到一旦大事当前，心神耗尽，胆气薄弱，反不如乡里粗才尚能集事，尚有担当。试看近时人才有一从八股出身者否？八股愈做得入格，人才愈见庸下。此我阅历有得之言，非好骂时下自命为文人学士者也。读书要循序渐进，熟读深思，务在从容涵泳，以博其义理之趣，不可只做苟且草率工夫。所以养心者在此，所以养身者在此。府试、院试如尚未过④，即不必与试。我不望尔成个世俗之名，只要尔读书明理，将来做一个好秀才，即是大幸。

家中大小事件亦宜留意，家有长子曰"家督"⑤，尔责非轻。长一岁年纪，须增一岁志气，须去尽童心为要。

——节录自咸丰十一年正月初二日《与孝威》

【注释】

①八股：明清科举考试的文体之一，也称制艺、制义、时艺、时文、八股文。

②会试：明清时每三年一次会集各省举人在京城举行的考试。

③歆动：谓动情。

④府试：又称府考。明清时考取生员（秀才）前的预备性考试之一。由知府主持，报名手续、考试方法等皆与县试大同小异。府试通过者准续考院试。院试：又称郡试、道试。明清科举取得生员（秀才）资格的考试，在府城或直属省州治所举行。

⑤家督：此语出自《史记·越王勾践世家》，称长子督理家事。

【译文通解】

孝威你年纪已逐渐长大，读书学习是一件最为重要的事情。读书之所以重要，就在于它能使人明白世上许多事理。人们学习做圣贤豪杰，不在于科举成名一条道路，如果是一个品行端正、学问优异的正人君子，即使未取得科举名分也自然是至尊至贵的。如果徒然写得一笔时髦流行的字体，作得几句工整雅致的诗句，临摹几篇入时的酸臭八股文，骗取得一个什么秀才、举人、进士、翰林之类的虚名，到底是一个什么样的人物？我在27岁以后就不再参加在京城举行的会试，一心只想一边读有用之书一边设馆教导子弟以延续祖先遗留下来的恩惠，守住这种半耕半读的良好家风，做一个有用的人，留一些好榜样给子孙后代看看而已。生你们的时候我的年纪已经较大了，因此盼望你们成人的心情最为迫切。以前因为你们不知道好好学习，所以曾经以科举成名来激励你们的兴趣，其实你们如果能够喜爱学习做好人，我怎么会一心指望你们去追逐科举成名啊！你在书信中说每天做文章一篇，逢三、逢六、逢九等日做文章两篇。虽然从这里可以看出你近来致力于学习远远胜过了从前，然而你仅仅想到经历一次小的考试取得一个秀才的名分，那你的志气兴趣并不远大。况且你一向体质和气质都很虚弱，自去年春天生病以后，形容憔悴，身体还没有恢复元气，我与你母亲每当想到此就为之深深忧虑不安，你自己也是知道这种情况的。

读书能够使人心旷神怡，聪明强壮，原因就在于其中的道理有能使人心情舒畅的效果。如果徒然凭一时心血来潮背诵朗读而不能融会于精神深处，像和尚念经一般，不但没有一点意趣，而且久坐会损害血液之循环，久读会损害自身的元气，对于身体是十分不利的。徒然追求模仿那种时尚的怪腔调而不去求得其中的道理所在，就像那些演员在台上演戏一样，在台上是忠臣孝子，在台下仍是一个低贱无知的莽汉。况且，描摹刻画别人，与人钩心斗角，空费了心力精神，尤其对身体不利。近来局势一天天变坏，都是由于没有品学兼优的人才的缘故。品学兼优的人才之所以不多，是由于专心致力于追寻科举成名的学问的人太多，而留心于实际学问的人太少。而且一个人的生命有限，尽用于科举成名的学问，一旦到了大事当前，就会出现心力和精神均已耗尽的情况。胆气薄弱，反不如乡村中那些粗野之人还能应付事变，还能担当所尽之责。你试想想看，近时有用的人才中有一个是科举出身的吗？八股文章做得越合符规范，人才就会越来越显得庸俗低下。这是我从实践中得来的看法，并不是我喜欢咒骂当今那些自命为文人学士的人。读书要做到循序渐进，熟读深思，务必在从容涵泳上下功夫，以求得其精深要旨之趣味，不能只做苟且草率的功夫。所以说能养心的道理在于此，所以说能养身的道理在于此。准备考秀才和取得秀才资格的考试如果没有通过，你就不必再去赴考了。我不希望你取得不切实际的功名，只要你读书能够明白事理，将来做一个有用的秀才，那就感到很欣慰了。

家里的大大小小的事情你也应当时刻留意，家有长子叫"督理家事"，你的责任不轻。增长一岁年纪，就应当增长一岁志气，就应当做到去尽童稚之心为要。

【经典心裁】

左宗棠35岁时得长子左孝威，希望其子成人的心情自然是很迫切的。他反复告诫其子不要刻意追逐虚名，做那两耳不闻窗外事的酸腐文人，重要的是要做到读书明理，读书做一个有用的人。

志气要远大,但不能徒尚空谈

【原典精读】

小时志趣要远大,高谈阔论固自不妨,但须时时反躬自问①:我口边是如此说话,我胸中究有者②般道理否?我说人家作得不是,我自己作事时又何如?即如看人家好文章,亦要仔细去寻他思路,摩他笔路,仿他腔调。看时就要着想:要是我做者篇文字必会是如何,他却不然,所以比我强。先看通篇,次则分起,节节看下去,一字一句都要细心体会,方晓得他的好处,方学得他的好处,亦是不容易的。心思能如此用惯,则以后遇大小事到手便不至粗浮苟且。我看尔喜看书,却不肯用心。我小来亦有此病,且曾自夸目力之捷,究竟未曾仔细,了无所得,尔当戒之。

子弟之资分各有不同,总是书气不可少。好读书之人自有书气,外面一切嗜好不能诱之。世之所贵读书寒士者，以其用心苦（读书），境遇苦（寒士），可观成材也。若读书不耐苦，则无所用心之人；境遇不耐苦，则无所成就之人。

我在军中，作一日是一日，作一事是一事，日日检点，总觉得自己多少不是，多少欠缺，方知陆清献公诗"老大始知气质驳"一句真是阅历后语。少年志高自大，我最喜欢。却愁心思一放，便难收束，以后恃才傲物、是己非人种种毛病都从此出。如学生荒疏之后，看人好文章总觉得不如我，渐成目高手低之病。人家背后讪笑，自己反得意也，尔当识之。

——节录自同治二年正月初六日《与孝威》

【注释】

①反躬：回过身来。

②者：此处意为"这"、"此"。

【译文通解】

一个人小时候志趣要远大，高谈阔论自然不会有什么问题，但须时刻回过头来问问自己：我嘴上是这么说的，我的心里究竟是不是也有这样的道理？我说别人做得不是，我自己做的事情又怎么样？即如看别人写的好文章，也要仔细去领会他的思路，揣摩他的笔路，模仿他的腔调。看别人写的好文章时就要想一想：要是我自己做这篇文字一定会怎样？他却不一样，所以比我强。先看别人这篇文章的全文，再看分段，一节一节地仔细看下去，一字一句都要细心体会，才晓得他写这篇文章的优点，才学得到他写这篇文章的优点，这也是不容易的。心思如能这样坚持不懈，那么你以后遇到什么大大小小的事情，就不至于粗浮苟且了。我发现你喜欢看书，但不肯用心思。我小的时候也有这种毛病，而且曾经自夸目力敏捷，到底未曾仔细，走马观花，收获不大，你应当引以为戒。

同胞兄弟中的天赋各有不同，然而读书学习的习气却不能少。好读书的人自然有读书学习的兴趣，外面一切具有吸引力的东西都不能动摇他的志向。世界上所重要的是那些用功读书的贫寒之士，他们以其用心苦读书，所处环境条件很差，这样的人就有可能成为有用的人。如果读书耐不得苦，则是无所用心的人；对恶劣的环境条件耐不得苦，则是无所成就的人。

我在军营里，待一天就认真待一天，做一件事就认真做一件事，每天加以检点，总觉得自己有不完满的地方，有不周到的地方，真正知道了陆清献在诗中说的"年纪大了才知道自己品性不纯静"一句，确是从实践中得来的至理名言。少年人志气高远，说话没有顾忌，我是最喜欢的。但忧虑的却是，这种人如果忘乎所以，便会难于收束自己，以后就会自恃才识过人而看不起人家，总认为自己的对别人的错，种种缺点都由这种忘乎所以的习气引发而来。正如一个学生久不读书学习之后，看别人写的好文章总以为不如自己，逐渐养成一种眼高手低的毛病。别人背后耻笑他，他自己反而自鸣得意，你应当看到这一点。

【经典心裁】

左孝威17岁考中秀才后，又考中湖南乡试第三十二名举人，左宗棠在高兴之余一再告诫他要正确看待自己的才识,时时看到自己的不足,绝不可恃才傲物、眼高手低,以至于不思上进,招人耻笑。

谦虚使人进步，骄傲使人落后

【原典精读】

　　自古功名振世之人，大都早年备尝辛苦，至晚岁事权到手乃有建树，未闻早达而能大有所成者。天道非翕聚不能发舒①，人事非历练不能通晓。《孟子》"孤臣孽子"一章②，原其所以达之故，在于操心危、虑患深，正谓此也。儿但知吾频年事功之易，不知吾频年涉历之难；但知此日肃清之易，不知吾后此负荷之难。观儿上尔母书谓"闽事当易了办"一语，可见儿之易视天下事也。《书》曰③："思其艰以图其易。"又曰："臣克艰厥臣。"古人建立丰功伟绩无不本其难其慎之心出之，事后尚不敢稍自放恣，则事前更可知矣。少年意气正盛，视天下无难事，及至事务盘错，一再无成，而后爽然自失，岂不可惜？

　　至交游必择胜我者，一言一动必慎其悔，尤为切近之图。断不可旷言高论，自蹈轻浮恶习，不可胡思乱作，致为下流之归。儿当谨记吾言，不复多告。

——节录自同治三年十月二十九日《与孝威》

【注释】

①翕：和顺。

②《孟子》：书名。系孟轲弟子所纂辑，宋以后与《大学》、《论语》、《中庸》合称为"四书"。

③《书》：指儒家经典之一——《尚书》。

【译文通解】

自古以来那些功名影响很大的人，大都是早年历尽千辛万苦，到了晚年做事的权能掌握以后才有所建树，没有听到过早年通晓事理而能建立起伟大功业的。自然界的规律是，不和顺合聚就不能表现自如，人世间的事情不经过反复磨炼就不能普遍知晓。《孟子》一书中的"孤臣孽子"一章，推源所以通达事理的缘故，就在于平时考虑的问题多、思索的问题深刻，说的正是这个意思。你只知道我多年做事的功劳来得容易，却不晓得我多年遇到许多艰难困苦；只知道这个时候清平的容易，却不晓得我以后在这方面的责任重大。看到你给你的母亲的书信中说"福建发生的事情当容易了结"一句话，可见你轻看天下事情的艰难。《尚书》中说："今天思考其艰难图的就是明天的容易"。又说："臣克服艰难是为了臣自己。"古人建立丰功伟绩无不本守艰难容易这两个方面的精神而任大事，事后还不敢稍微放任自为、忘乎所以，而在处事之前考虑之多更可想而知了。少年人意气正当旺盛，认为世界上没有什么难事，一旦事务复杂，多次处事无成，而后就会很快缺乏自信心，难道不可惜吗？

至于交往他人，必须选择比我做得好的人，一言一行必须慎重考虑到后果如何，这是尤其重要的。绝对不能高谈阔论，自己流于轻浮不讲实际的坏习气；绝对不能胡思乱为，陷入不好的境地。你应当牢牢记住我说的这些话，其他我就不想多讲了。

【经典心裁】

左宗棠在篇中引用古人的例子，结合他本人的经历，温言细语，不厌其烦地反复告诫其子不要自满，不要把世界上的事情看得很容易，应当做到谦虚谨慎，不骄不躁。在结交朋友方面，必须选择品性端庄的人，更重要的是约束自己的言行，做一个正人君子，做一个务实的才德高尚的人。这种教育方法，没有生硬的说教，充满着哲理。

不要仰赖父辈余荫而败坏家风

【原典精读】

吾愿尔兄弟读书做人，宜常守我训。兄弟天亲①，本无间隔，家人之离起于妇子。外面和好，中无实意，吾观世俗人多由此而衰替也。我一介寒儒，忝窃方镇②，功名事业兼而有之，岂不能增置田产以为子孙之计？然子弟欲其成人，总要从寒苦艰难中做起，多蕴酿一代，多延久一代也。西事艰阻万分③，人人望而却步，我独一力承当，亦是欲受尽苦楚，留点福泽与儿孙，留点榜样在人世耳。尔为家督④，须率诸弟及弟妇加意刻省，菲衣薄食，早作夜思，各勤职业。樽节有余⑤，除奉母外润赠宗党，再有余则济穷乏孤苦。其自奉也至薄，其待人也必厚。兄弟之间情文交至，妯娌承风，毫无乖异⑥，庶几能支门户矣。时时存一倾覆之想，或可保全；时时存一败裂之想，或免颠越。断不可恃乃父，乃父亦无可恃也。

——节录自同治八年四月二十四日《与孝成》

【注释】

①天亲：天生的亲近。

②忝（tiǎn）窃方镇：愧居掌握一方兵权的军事长官。

③西事：指镇压陕西、甘肃等地捻军和回民起义。

④家督：指家中长子督理家事。

⑤樽节：节省。樽，抑止。

⑥乖异：离异。

【译文通解】

我很希望你们兄弟诸人读书做人，随时谨守我对你们的教训之言。兄弟之间天然亲近，本来是没有隔阂的，家中内部的人之所以分离往往起因于媳妇。表面上和和气气，其实却貌合神离，矛盾重重，我看一般人家大都由此而衰败。我区区一个贫寒读书人，愧居一方的军政大员，功名和事业都有所成就，怎么不可以去增置田产为子孙后代做点打算呢？然而子弟想要成人，总要从寒苦艰难的事情做起，多积聚一代，就能多延绵一代。削平陕甘捻军、回民起事，很多艰难困苦，人人望而却步，我一个人则鼎力担当，也是要多吃点苦楚，留点福泽与儿孙，留点榜样在人世上。你为长子督理家事，必须带领各位弟弟及弟媳妇们加意刻苦节省，省衣节食，早起夜思，大家专事自己的职业。节省有余，除了奉母命资助亲朋好友外，再有盈余则接济穷乏孤苦乡邻。对自己的生活必须尽量省俭，对待别人则必须宽厚周到。兄弟之间感情言语都要无微不至，哥哥和弟弟各自的妻子之间发扬这种好的风气，彼此之间没有半点矛盾不和，这就差不多能支撑一个大家庭了。大家心中时时刻刻存有一种害怕败坏名声的念头，或许可以保全延续良好的家风；大家心中时时刻刻存有一种害怕家门衰败离散的念头，或许可以避免那种颠倒越离的现象发生。绝对不可以依恃我的余荫过日子，况且我也没有什么可以让你们依恃的。

【经典心裁】

左宗棠在篇中强调,生长在官宦人家的子弟,彼此之间应当讲究团结和睦,秉承半耕半读之良好家风,勤俭节省,自食其力,读书明理,做一个有用的人和名声好的人,绝对不能依恃父辈的"余荫"混日子。

铺张奢侈之风万不可长

【原典精读】

家中加盖后栋已觉劳费，见又改作轿厅，合买地基及工料等费，又须六百余两。孝宽竟不禀命，妄自举动，托言尔伯父所命。无论旧屋改作非宜，且当此西事未宁、廉项将竭亡时，兴此可已不已之工，但求观美，不顾事理，殊非我意料所及。据称欲为我作六十生辰，似亦古人洗腆之义①，但不知孝宽果能一日仰承亲训，默体亲心否？养口体不如养心志，况数千里外张筵受祝②，亦忆及黄沙远塞、长征未归之苦况否？贫寒家儿忽染脑满肠肥习气，令人笑骂，惹我恼恨。计尔到家，工已就矣。成事不说，可出此谕与尔诸弟共读之。今年满甲之日③，不准宴客开筵，亲好中有来祝者照常款以酒面，不准下帖，至要，至要。

——节录自同治十一年二月十一日《与孝威》

【注释】

①洗腆：洗涤器皿，陈设丰盛饮食。
②筵：酒席。
③满甲：指一个人满了60岁年纪。

【译文通解】

家中前之加盖后栋房屋已经感到花费太多，今又将其改作置放轿子的厅屋，合计买地基及工料等费用，又需花去600余两。孝宽竟然不经请示批准，擅自作主为之，假托遵照你二伯父的吩咐。无论如何，旧屋改作也是不应该的，况且在西北一带秩序极不安宁，经费即将用尽之时，兴此可动可不动之工程，只求美观大方，不顾事理，绝不是我意料所及的。据说这是要为我做60大寿，似乎有古代人陈设丰盛饮食来孝敬父母的意思，但不知孝宽真的能不能每天悉心遵照父母的教诲之言，仔细体会父母的殷切心情？赡养父母的躯体不如顺养父母的精神，况且在我离家数千里之外大摆酒席接受别人的祝贺，是否也还想到老父在满目黄沙的塞外远征未归、备尝辛苦的景况？贫寒人家的儿子忽然沾染一种吃喝玩乐的坏习气，引起别人的耻笑谩骂，惹起我对你们的恼恨之情。估计孝威到家时，建房工程已经就绪了。既成事实不说，你可以把我这封信与你的各位弟弟共同看看。我今年60生辰那天，不准邀请宾客大摆酒席，亲朋好友之中有来祝寿者，按照常规招待酒饭，不准正式发出邀请书，这点特别重要。

【经典心裁】

左宗棠在篇中着意强调勤俭节约的重要性，官宦人家的子弟更不应该铺张浪费，引起别人的耻笑。在他60大寿即将到来之前，不仅是家里人而且是一般亲朋好友们觉得是显示家势的大好时机，而左宗棠考虑的是国事艰难，考虑的是讲排场不如讲究俭朴实际，重要的是培养子弟的良好品性。这在政治腐败的清朝末年确实是难得的。

耕读二字为子孙自谋生计之本

【原典精读】

　　吾积世寒素，近乃称巨室。虽屡申儆不可沾染世宦积习①，而家用日增，已有不能撙节之势。我廉金不以肥家，有余辄随手散去②，尔辈宜早自为谋。大约廉余拟作五分，以一为爵田③，余作四分均给尔辈，已与勋、同言之，每分不得过五千两也。爵田以授宗子袭爵者，凡公用均于此取之。吾平生志在务本，耕读而外别无所尚。三试礼部④，即无意仕进，时值危乱，乃以戎幕起家⑤。厥后以不求闻达之人，上动天鉴，建节锡封⑥。

　　忝窃非分⑦。嗣复以乙科入阁，在家世为未有之殊荣，在国家为特见之旷典⑧，此岂天下拟议所能到？此生梦想所能期？子孙能学吾之耕读为业，务本为怀，吾心慰矣。若必谓功名事业、高官显赫爵无忝乃祖，此岂可期必之事，亦岂数见之事哉？

或且以科名为门户计,为利禄计,则并耕读务本之素志而忘之,是谓不肖矣⑨!

——节录自光绪二年五月元日《与孝宽》

【注释】

①申儆(jǐng):一再提醒。

②辄:犹"即"。

③爵田:爵位的田地。

④礼部:官署名,专管国家的典章法度。

⑤戎幕:军事幕府。

⑥锡封:皇帝赐予的官位。

⑦忝窃:谦辞,意即有愧于所封官职。

⑧旷典:罕见难逢的典礼。

⑨不肖:不才,不正派。

【译文通解】

我们家世代以来就贫穷寒微,近来才称得上富裕之家。我对你们虽然一再提醒不能沾染那些官宦人家不好的习气,而家中用费却日益增加,已有不能节减的势头。我的薪金不用来养肥自家,有剩余就随手散去,你们自己要早做打算。剩下来的钱准备分作五份,以一份留作为爵位的田地,以四份平均分给你们兄弟,已经同孝勋、孝同讲过,每份不得超过5000两。爵位的田地以接济嫡长子一系中那些继承官位的人,凡公用都取之于这份田地。我平生志在着力于根本,除耕田读书外不再崇尚其他。我三次参加礼部考试以后,已经再无兴趣于仕途,时值国家危乱之际,乃以军营幕僚而发迹。后来以不求做显达的人,却有劳皇上明察,执持符节赐予官位,愧居所封官位。

随后又以举人资格进入内阁,这在我们整个家世来说是从来没有过的特殊荣誉,在整个国家来说也是非常罕见的典礼。这是天下人所能想象得到的吗?是我这一生梦想所能期望的吗?子孙能学我以耕读为业,以专心根本为怀,我就得到安慰了。如果硬要你们以功名事业、高官显爵来无愧于你们的祖父辈,这怎么能够期望它是必然之事?又怎么能说是经常见到的事呢?又或者为了门户、为了利禄去猎取功名,并且把祖辈耕读务本的宿志全部忘掉,那就成了我们左家的不肖子孙了。

【经典心裁】

左宗棠仅是举人出身，没有中过进士，但他的功名和业绩、地位和权势却远远超过了一般进士出身的人。这在封建时代是罕见的事例，自然是时代环境和条件造就的结果，同时也是他注重实际、讲求实效，为朝廷卖命的结果。他根据自己的切身体会，反复强调"读书只要明理，不必望以科名"，子孙贤达不在科名，不在文字好坏。因此，他谆谆告诫子孙后代必须致力于耕田读书这两件根本大事。他严格要求子孙后代不要追求钱财，不要讲究豪华奢侈，不要坐享清福，应当自己早作谋生之路。这一观点至今仍有借鉴意义。

李鸿章家训

【撰主简介】

李鸿章（1823—1901年），字少荃，安徽合肥人。清道光年间进士。咸丰三年（1853年）随侍郎吕贤基回老家合肥举办团练，与太平军为敌。咸丰八年入曾国藩幕府，襄办营务。咸丰十一年奉曾国藩命编练淮军，悉法湘军。从此以后，拜巡抚，升总督，晋大学士，授爵一等伯，任首席封疆大吏兼北洋大臣达25年，主持海军衙署达10年之久，握清廷水陆兵权，出将入相，位尊名显。一生深受清廷殊恩，经久不衰。汉族大臣中，生受荣，死受荣，除了他的老师曾国藩之外，没有几个人能与他比肩。他在清末内阁大学士中，地位最高。自清乾隆以降，汉人为文华殿大学士、位居内阁首辅者，仅他一人而已。他被清廷赏戴三眼花翎，除王公贵族之外，在汉人官僚中是绝无仅有的。他死后被立专祠于京师，也是汉族官僚中独一无二的人。这是因为，在中国近代史上几乎所有重大的历史事件都与他相关：他曾参与镇压过太平天国和捻军起义，主持洋务运动和筹办海防事务，在中法战争、甲午中日战争中国失败的过程中起过举足轻重的作用，并亲身经历了戊戌维新运动和八国联军侵华之役，扮演了不光彩的角色。尤其突出的是，他受命与西方列强签订了一系列丧权辱国的不平等条约：19世纪70年代主持订立了中英《烟台条约》，80年代订立了《中法新约》，90年代代表清政府亲赴日本签订了《马关条约》，继则去俄国签订了《中俄密约》，1901年即在他去世之前还与西方主要帝国主义国家签订了标志着中国近代半殖民地屈辱地位完全确立的《辛丑条约》。从而，他以"议和专家"而闻名中外，在中国近代外交史上，他成了一个理应谴责的人物。然而，在李鸿章的一生中也有值得肯定的地方，即他主持从事洋务自强新政30余年，其民用企业中出现的中国第一个大型兵工厂，第一座近代化炼钢炉，第一条铁路，第一个大型煤矿、金矿，第一个大型纺织厂，第一支近代海军舰队……

读经书以研寻义理为本

【原典精读】

朱子家训内①，有"子孙虽愚，经书不可不读"，兄意亦然。兄少时从徐明经游，常告读经之法：穷经必专一经，不可泛骛②。读经以研寻义理为本，考据名物为末。读经有一"耐"字诀：一句不通，不看下句；今日不通，明日再读；今年不精，明年再读；此所谓"耐"也。弟亦不妨照此行之。经学之道，不患不精焉。

——节录自《清代四名人家书》

【注释】

①朱子家训：指宋代理学大师朱熹的家训。
②骛（wù）：乱跑。

【译文通解】

宋代理学家朱熹的家训内，有"儿孙虽然天赋不高，但博大精深的经典之书不可不读"。为兄我也是这样认为。我在年少的时候跟随徐明经先生到处求学，他常常告诉我如何阅读经籍的方法。掌握经学之义理所在就是必须专攻一经，不可三心二意，泛泛而读。学习经书以探寻义理为主，考证名号物色为次。阅读经书有一不厌烦、不急躁的诀窍。一句意思未弄懂，绝不看下句；今天未弄懂，明天继续阅读；今年未深入理解，明年继续阅读。这就是所说的不厌烦、不急躁的意思。弟弟你不妨照这个方法去实行。如能做到这样，那么对于经学中所说的道理，就不会担心不深入理解了。

【经典心裁】

篇中强调阅读中国古代经典之书籍，要做到李鸿章掌握和深入理解其义理所在,就必须讲究正确的学习方法。这个方法的关键就是要有一个"耐",对所学之书不厌烦、不急躁,日积月累,专攻一门,就会受益无穷。这种对于做学问须专、尤须耐得住寂寞的观点,至今仍有借鉴意义。

练书法应因人而异并博采众长

【原典精读】

三弟笔性颇佳,习颜、柳各体似太拘束①,活泼之气不能现于纸上,最宜改习赵字而参以北海之《云麾碑》②,则大有可观。

——节录自《清代四名人家书》

【注释】

①颜:指颜真卿,唐临沂人。开元年间进士,累官至监察御史,后又任刑部尚书,封鲁郡公,世人称之为颜鲁公。他的书法自成一体,又善正、草各书,笔力沉着雄浑,称为"颜体"。柳:指柳公权,唐华原人,官至太子少师。善正、行各体,"体势劲媚,自成一家,"世人称之为"柳体"。

②赵字:指元代赵孟頫之字。赵孟頫字子昂,系浙江吴兴人。书法初以钟绍京、王羲之为宗,至

晚稍入李邕，篆隶真行草各书无不冠绝一时，遂以书名天下。所写碑版甚多，回转遒丽，人称"赵字"或"赵体"。北海：指唐李邕，江苏扬州人，唐玄宗时历任户部郎中、御史中丞、陈州刺史和汲郡、北海太守，世人称之为李北海。工文，善书，尤擅以行、楷写碑，初学王羲之，后乃摆脱其形迹，自具风格。《云麾碑》：指李邕的著名碑刻《云麾将军李思训碑》。

【译文通解】

三弟爱好书法是件好事，但学习颜真卿、柳公权各种字体似乎过于拘谨、呆板，活泼洒脱的气势不能在纸上体现出来，最适合于改习赵孟𫖯之字体，而配合练习李邕留下的真迹碑刻《云麾将军李思训碑》帖。如能坚持做到这样，你的书法必定会大有长进。

【经典心裁】

篇中强调学书法应结合各人的实际，博采众长，选择适宜于自己的特点去坚持实践。这不仅反映出李鸿章对中国书学历史有着深入的研究，而且使我们可以看到，他对中国传统文化采取了兼收并蓄的态度。

学书法须有恒心

【原典精读】

三弟来函,既改习赵字,慰甚。惟以功夫太浅,不能深得其意。此天然之理,不足道。只须有恒,不必多写。多写则生厌,厌则无功。每日临赵松雪《道教碑》三页足矣①。尚有一言以相告,临过之后,默思赵字之结构,以指画之,多看亦易进步。所临之字不可废,至朔日斋集订成一册②,以之比较,自有心得。

——节录自《清代四名人家书》

【注释】

①赵松雪:松雪为赵孟頫之号。《道教碑》:指赵孟頫的书迹《道德经》。

②朔日:指农历每月初一日。斋集:在书房汇合收拢。

【译文通解】

三弟在来信中说,已经听从我的建议改习"赵体",非常令人高兴。

只是根底太浅,不能做到深刻体会赵氏书法之真谛。这是很自然的事情,算不了什么大问题,只需长期坚持,持之以恒,并不一定要每天写很多字。写得太多就会有厌恶感,厌恶感一产生,就不会有收获。每天临摹赵孟頫所书《道德经》碑帖3页就足够了。还有一句话要提醒你,临摹一次书法之后,静静思考寻求赵字基本结构,以手指头照样作出重点划记,多看也容易有收益。每次临摹过的字,不可丢弃,到农历每月初一日在书房里汇集装订成一册,彼此比较,自然就会有心得。

【经典心裁】

李鸿章在篇中告诫其弟,练书法不要急于求成,贪多终将徒劳无功,关键的问题在于持之以恒,才不至于产生厌恶感。在坚持"赵体"的同时,每次练毕之后静加思索其每一字下笔的基本结构，找出特点，反复推敲，必定日有收获。并且要求其弟将练过之习作保存起来，按月收订成册以作比较。这种关于练字的方法，很具体，很切要。

读书不必急于求成

【原典精读】

体气多病,得名人文集,静心读之,亦足以养病。凡读书有难解者,不必遽求甚解①。有一字不能记者,不必苦求强记,只需从容涵吟②。今日看几篇,明日看几篇,久久自然有益。但于已阅过者,自作暗号,略批几字,否则历久忘其为阅未阅矣。

——节录自《清代四名人家书》

【注释】

①遽(jù)求:急于求得。
②涵吟:深入体会诵读。

【译文通解】

身体多病之时,有必要把名人的文集静心加以阅读，因为这也完全可以起到养病的作用。凡是读书碰到有疑难的地方，不必急于求得理解。有一字不能记的，不必苦苦寻求、死记硬背，只要深入体会诵读其意就行了。今天看几篇，明天看几篇，时间一长自然会有收获。但应将已经读过的篇章，自己作出记号，稍微批点几个字在书上，不然时间一久就会记不起究竟是读过还是没有读过。

【经典心裁】

篇中强调人一患病，就需要休养，而适当读一些中国古代名人的文章，可以起到养病的作用。因为读名人之文章，可以使人静心入境，神志专一，身心也就会日渐健壮，抵御病毒的继续蔓延。当然，读书不要死记硬背，强求速效，只要持之以恒，且多记批点摘录，就会印象日深，不致浪费光阴。这种读书方法，是李鸿章对治学经验的总结，同时对于我们今天做学问也有一定的启发意义。

人须立志自强自立

【原典精读】

曾夫子致其弟函曰①:"余蒙祖宗遗泽,祖法教训,幸得科名,内顾无所忧②,外遇无不如意③,一无所觖矣④。所望者,再得诸弟强立,同心一力。何患令名之不显⑤?何患家运之不兴?"余意与曾公之意正同。余与诸弟虽隔千里,盼望诸人之心未尝或断⑥。每间一月,乃作一函训诸弟,未知诸弟对余意如何?

——节录自《清代四名人家书》

【注释】

①曾夫子:指曾国藩。1847年,李鸿章初试于京城时,因其诗文作得好而被曾氏所器重,李即拜曾为老师。

②内顾:人在外而对家事的顾念。

③外遇：外边碰到的事情。

④觖：不满。

⑤令名：好的名声。

⑥尝：曾经。

【译文通解】

曾国藩老师在写给他弟弟的书信中说："我承受着祖宗遗留下来的恩惠，熟知效法先人的教导，有幸获得科举考试的成功，家里的事情没有什么需要挂念的，外边碰到的事情也没有什么不顺心的，可以说没有一件事不满意。我所希望的，是需要各位弟弟立志自强自立，齐心合力。如能做到这样，就不必去忧虑好的名声不会表现出来，不必去忧虑家庭运气之不兴盛。"我的想法与曾国藩老师的想法正相吻合。我与各位弟弟虽然相隔千里之远，但盼望你们自强自立的心愿未曾间断。每隔一月，我就写一封信开导你们，不知你们对我的想法是如何理解的？

【经典心裁】

李鸿章借用曾国藩家训的话语，以平等的姿态反复开导他的弟弟们要立志自强自立,个个学好,人人功成名就。这虽然是从一家一姓之兴旺发达这个目的出发的,但从中可以看出李鸿章对治家的理论颇有研究,抓住了问题的要点所在。因为兄弟之间的言行好坏,是否立志自强自立,关系到长辈的榜样作用如何的问题。

有恒则终身家居自读也可成名

【原典精读】

为学之道,勿求外出,亦可成名。昔婺源王双鱼先生家贫如洗,在三十岁之前为窑工画碗,三十岁之后读书训蒙到老①,终身不应科举,著作逾百,为本朝杰出名儒。彼一生未拜师友,不出闾里②。故余所望诸弟亦如是,惟不出"恒"之一字耳。

——节录自《清代四名人家书》

【注释】

①训蒙:教育儿童。
②闾里:乡里。

【译文通解】

做学问的方法,不寻求到外面去,也可以成就名声。从前婺源有一个叫王双鱼的先生，家里很穷，在30岁之前为烧窑的工人画碗，30岁以后他一边读书做学问，一边开设私塾教育儿童，终身从没有参加过一次科举考试，但著作超过100种，是清朝杰出的著名学者。他一生从未拜过老师、交过朋友，足迹不出乡里。因此，我所寄希望于各位弟弟的也是这样，强调做学问不外乎一个"恒"字。

【经典心裁】

篇中强调做学问不一定要拜师交友，游学外地，也不是单纯为了应付科举考试，重要的是在于做真学问，持之以恒。这里反映出的踏踏实实自学的观点，在一定程度上说是很有道理的。

应了解中国书学流派特点

【原典精读】

四弟来示言书法云,"钩联顿挫,纯用孙过庭草法①,而间架纯用赵法②。柔中寓刚,绵里藏针,动合自然"等语。弟亦欣慰此说。子昂集古今之大成③,于初唐四家内师虞永兴④,而参以钟绍京⑤,因此以上窥二王⑥,下法庭间⑦。此一径也。唐中叶师李北海⑧,参以颜真卿、季斯之沉着⑨。又一径也。晚唐师苏灵芝⑩,亦一径也。

由虞永兴以溯二王,以及六朝诸家,世称南派。

由李北海以溯欧阳询、褚遂良及魏、北齐诸家⑪,世称北派。欲学书者,先明二派之所以分。南派以神韵胜,北派以魄力胜。宋之苏东坡、黄山谷⑫,似近南派;米襄阳⑬、蔡襄⑭,似近北派;子昂合二派而为一。嘱四弟从赵法入门,他日趋南派或北派,庶不迷于所往也⑮。望将此意转告二弟,大哥于公退之余,可随时指导诸弟、侄。甚盼。

——节录自《清代四名人家书》

【注释】

①孙过庭:唐代书法家、书学理论家。字虔礼,陈留(今属河南)人。工正、行、草各书,尤以善于草书名世。所撰《书谱》阐述正、草二体书法,有精辟独到见解,历代书家很重视这部书文并茂的书学理论著作。

②赵法:指元代赵孟頫的书法体裁。

③子昂:赵孟頫,字子昂。

④虞永兴:唐初书法家虞世南。字伯施,越州余姚(今属浙江)人。贞观七年(633年)授秘书监,封永兴县子,人称"虞秘监"或"虞永兴"。工于书法,亲承智永传授,勤于学。骨王羲之力遒劲,温润圆浑,世以其与欧阳询并称"欧虞"。

⑤钟绍京:唐代书法家。虔州赣人,官至户部尚书、太子詹事。平生研究前人书法颇深,集王羲

之、王献之、褚遂良各体于一身,并多有创造,自成一体。

⑥二王:指晋代书法家王羲之、王献之父子。

⑦庭间:孙过庭的字体间架布局。

⑧李北海:指唐代书法家李邕。

⑨颜真卿:唐代书法家。字清臣,擅长行书、楷书。季斯:人名。待考。

⑩苏灵芝:人名。待考。

⑪欧阳询:唐代书法家,字信本,潭州临湘(今属长沙)人。累官至银青光禄大夫、太子率更令、弘文馆学士等。书法宗循王羲之、王献之及北齐三公郎中刘王民。劲险刻厉,于平正中见险绝,自成面目,人称"欧体"。对后世影响很大,与虞世南、褚遂良、薛稷并称为唐初四大书法家。褚遂良:唐代书法家,字登善,钱塘(今属杭州)人。贞观末年受唐太宗命辅政,高宗继位被封为河南县公,人称"褚河南"。工于隶、楷二体,初学史陵、欧阳询,继学虞世南,终取法二王,融会汉隶。遒劲温婉,丰美富艳,自成一家。

⑫苏东坡:北宋文学家、书画家苏轼,字子

赡,号东坡居士,眉山(今属四川)人。官至翰林院学士兼侍读、龙图阁学士。善行书、楷书,用笔丰腴跌宕,得天真烂漫之趣,与黄庭坚、蔡襄、米芾并称为"宋四家"。黄山谷:黄庭坚,宋代书法家,字鲁直,号涪翁,又号山谷,分宁(今属江西)人。善行书、草书,纵横奇崛,有独特之处。

⑬米襄阳:宋代书画家米芾,字元章,号海岳外史、襄阳漫士等。世居太原,迁襄阳。徽宗时召为书画学博士,人称"米南宫"。妙于翰墨,用笔俊迈,尤得王献之笔意。

⑭蔡襄:北宋书法家,字君谟,兴化仙游(今属福建)人。官至端明殿学士,工正、行二书。正楷端重沉着,行书温淳婉媚,并以散笔作草书,谓之散草,其法皆生于飞白,自成一格。

⑮庶:将近,差不多。

【译文通解】

四弟来信中谈论书法说:"钩联顿挫,纯用唐代书法家孙过庭的草书体法,而字体间架纯用元代书法家赵孟頫回转遒丽体法。柔弱之中包含着刚劲，软绵里面隐藏着坚硬，动合自然、伸缩自如"等语。我也赞同这种集古今书法之大成，于唐代初期四大书法家虞世南、欧阳询、褚遂良、薛稷中间专学虞永兴之体，而参与唐代书法家钟绍京之法，所以能够做到往上看得清王羲之、王献之父子书法之真谛，往后仿效孙过庭间架之法。这是一条路子。唐代中期书法家中则效法李邕之行、楷体裁，而参考颜真卿和季斯等人沉着雄厚之笔法。这又是一条路子。晚唐则师法苏灵芝，这也是一条路子。由虞永兴而追溯王羲之、王献之以及六朝书法各名家，人们称之为南派。由李邕而追溯唐代书法家欧阳询、褚遂良以及魏、北齐时代书法各名家，人们称之为北派。想要学习书法的人，必须首先明了书学史上这南、北两派的区别所在。南派以其风度气质占优势，北派以其坚劲有力占优势。宋代之苏轼、黄庭坚，风格似乎接近南派；米芾、蔡襄，风格似乎接近北派；赵孟頫集聚这两派之长而合为一体。我嘱咐四弟从学赵孟頫书法起步，有了基础之后再向南派或北派深入发展，才有可能不迷失方向。希望你将我这个意见转告二位弟弟,你在公事办完的空闲时间里,可以随时随地指导各位弟弟和侄儿。我很盼望你能这样做。

【经典心裁】

在封建科举考试中字写得如何是一个很重要的内容。字写得不好,即使在京城经过会试,也很难取得进士的资格。李鸿章跻身于进士之列,自然对中国书学历史进行过详细的考究,他在这封书信中所述就是明证。由于他对中国书学史流派之优长有着中肯的评价,所以他能够有针对性地指导弟、侄们练好书法。

再述书学史源流及其特点

【原典精读】

兄从涤生夫子游时①,授书法云:"其落笔结体,以珠圆玉润四字为主。"前以"活"字济弟不足,今后以"圆"字成其功。欧、虞、颜、柳四大书家②,如天地之日星江河也。弟有志学书,须窥寻四人门径,用油纸临摹,间架则易进。

——节录自《清代四名人家书》

【注释】

①涤生:指曾国藩,号涤生。夫子:旧时指先生。
②欧、虞、颜、柳:指唐代四大书法家欧阳询、虞世南、颜真卿、柳公权。

【译文通解】

我跟随我的老师曾国藩游学之时,他教给我有关书法理论说："书法中的落笔结体，以珠圆玉润四个字为主。"我以前以"活"字帮助和指导弟弟你解决学书法所遇到的问题；今后则专心在"圆"字上下功夫取得成功。唐代书法家欧阳询、虞世南、颜真卿、柳公权，就如同自然界存在的太阳、星星和大江、大河。你有志于学习书法，必须洞察探求这4个人书法的源流和特点，用油纸加以临摹，字体间隔距离即整体框架就会容易取得进步。

【经典心裁】

学习书法了解其各流派特点，吸取众长，很有必要。李鸿章嘱咐其弟在练书法初有成效之后，应着重掌握每个字的整体布局，反复练习直至自成一体。这一观点很有道理。

宜从字形、训诂、音韵入手

【原典精读】

小学之道①,非深用功夫,仅得其面目。来函:"弟今后研究小学。"

颇好。今以小学门径略告我弟②,俾易入手。小学约分三大宗。言字形者,以《说文》为宗③。古书惟大小徐二本④,至本朝而段氏特开生面⑤,而钱坫、王筠、桂馥之作⑥,亦可参观。言训诂者,以《尔雅》为宗⑦。古书惟郭注⑧、邢疏⑨,至本朝而邵二云之《尔雅正义》⑩、王怀祖之《广雅疏证》⑪、郝兰皋之《尔雅义疏》⑫,皆称不朽之作。言音韵者,以《唐韵》为宗⑬。

古书惟《广韵》⑭、《集韵》⑮,至本朝而顾氏《音学五书》⑯,乃为不刊之典⑰。而慎修⑱、东原⑲、茂堂⑳、怀祖㉑、巽轩㉒、晋三㉓诸作,亦可参观。弟欲小学,钻研古义,则三宗如顾、江、段、邵、郝、王六家之书㉔,均不可不涉猎而探讨之,则小学自可入门焉㉕。

——节录自《清代四名人家书》

【注释】

①小学:汉代称文字学为小学。隋唐以后,范围扩大,成为训诂学、文字学、音韵学的总称。

②门径:进入治学的路子。

③《说文》:《说文解字》的简称。文字学书。东汉许慎撰,系我国第一部系统地分析字形和考究字源的字书。

④大小徐:指宋代徐铉、徐锴兄弟,精于小学,尤擅长治文字学。铉为大徐,锴为小徐。铉所校订《说文解字》,世称"大徐本"。锴著有《说文解字系传》、《说文解字篆韵谱》等书。

⑤段氏:指清代学者段玉裁。师事戴震,学通经史,精于音韵训诂,积数十年精力,专研《说文》。著有《说文解字读》、《说文解字注》、《六书音韵表》、《古文尚书撰异》等书。

⑥钱坫:清代书法家。著有《诗音表》、《车制考》、《说文斠诠》等书。王筠:清代学者。博涉经史,尤精《说文》之学,与段玉裁、桂馥、

朱骏声同称为文字学四大家。著有《说文释例》、《说文句读》、《说文系传校录》、《文字蒙求》等书。桂馥：清代学者。精于文字学，与段玉裁等合称为文字学四大家。著有《说文义证》、《缪篆分韵》、《札礼》等书。

⑦《尔雅》：中国最早的一部词典，所收集的材料早至西周，晚至西汉，在很长一段时间内，经过许多人的不断增补，最后成书于西汉初年，在唐宋时被列为13种经籍之一。

⑧郭注：指晋代学者郭璞所作《尔雅注》。

⑨邢疏：指北宋经学家邢昺所著《尔雅义疏》。

⑩邵二云：指清代学者邵晋涵，著有《尔雅正义》一书。

⑪王怀祖：指清代学者王念孙，所著《广雅疏证》订补讹缺，因声求义，甚为精审。

⑫郝兰皋：指清代学者郝懿行。

⑬《唐韵》：系唐代孙愐以陆法言等《切韵》为底本，增字加注，对部目也有所增订，重刊后改书名为《唐韵》。

⑭《广韵》：宋代陈彭年、邱雍等所著，本为

增广《切韵》而作，故名为《大宋重修广韵》，简称为《广韵》。按四声分卷，其中平声较多，分作上下，共计5卷。

⑮《集韵》：宋代丁度等奉命对《广韵》重加修订而成。全书按4声分卷，平声四卷，上、去、入各2卷，共计10卷。其注文虽较《广韵》为简，但保存的语言训诂材料弥足珍贵。

⑯顾氏：指明末清初学者顾炎武，著有《音学五书》等书，阐述音韵学源流，离析《唐韵》而求古音，分古韵为十部，为清代古音学的发展奠定了基础。

⑰不刊：刊，削除。古时书文字于竹简上，有误则削去。不刊，就是无可改易的意思。

⑱慎修：指清代音韵学家江永，著有《古韵标准》、《音学辨微》等书。

⑲东原：指清代学者戴震，著有《声韵考》、《声类表》、《方言疏证》等书。

⑳茂堂：指清代学者段玉裁。

㉑怀祖：指清代学者王念孙。

㉒巽轩：清代学者孔广森。

㉓晋三：清音韵学家江有诰。著有《音学

十书》。

㉔顾：指顾炎武。江：指江永和江有诰。段：指段玉裁。邵：指邵晋涵。郝：指郝懿行。王：指王念孙。

㉕焉：文言助词。

【译文通解】

训诂学、文字学、音韵学的道理，如果不深下苦功，则只能了解其皮毛。你来信中说："弟今后拟研究小学这一门学问。"

这是好的。我今天要把进入小学的方法大略告诉你，使你容易入手。小学大略可以分为三个大流派。说字形者，以《说文解字》一书为本源。过去有关这方面的著作，只有徐铉、徐锴兄弟俩的版本。到了我们清朝，著名文字学者段玉裁特开生面，而文字学者钱坫、王筠、桂馥等人的著作，也可以参考浏览。说训诂之学者，以《尔雅》为本源。过去有关这类的著作，只有晋代学者郭璞所写的《尔雅注》、邢昺所写的《尔雅义疏》。到了我们清朝，邵晋涵所写的《尔雅正义》、王念孙所写的《广雅疏证》，郝懿行所写的《尔雅义疏》，都可以称得上是流芳百世的学术专著。说音韵之学者，以《唐韵》为本源。

过去有关这方面的著作只有《广韵》、《集韵》。到了我们清朝，由顾炎武所写的《音学五书》，实在是不需修改就可以作为典范的书籍。而江永、戴震、段玉裁、王念孙、孔广森和江有诰等人所写的著作，也可参考浏览。你要做训诂、文字、音韵的学问，钻研古书的意旨所在，则这三个学术流派中如顾炎武、江永、江有诰、段玉裁、邵晋涵、郝懿行、王念孙这六家所写的书，均不可不广泛阅读而加以深入探求，如果这样则训诂、文字、音韵的学问自然可以入门了。

【经典心裁】

篇中充分体现了李鸿章在学术方面的深刻见解，表明了他对中国传统文化加以继承和发展的基本观点，没有空洞的说教，而是经过仔细的学术考察得出的实在之言，使人易于接受。

学书应探取本原

【原典精读】

羲、献父子书法①，自唐初君相推崇，遂风行千古。唐代诸贤其孙曾②，而赵宋诸家以下，无非其云仍也③。顾世人徒占占于转展翻刻之诸丛帖中袭取其面目④，而不知探取本原，学古人之所学。故惜阴先生既述其逸事⑤，而兄以经验述其途径及方法，以授诸弟。羲之《题卫夫人笔阵图后》云⑥："夫字，先须引入八分，章草入隶字中⑦，发人意气。若直取俗字⑧，则不能先发意气⑨。"兄少时学卫夫人书，将谓大能。及北游名山，见李斯、曹喜等书⑩；又之许下⑪，见钟繇、梁鸿书⑫；又之洛下⑬，见蔡邕石经三体书⑭；又于涤笙夫子处见张昶《华岳碑》⑮，始知学卫夫人书徒费年月耳。羲之于五十三岁时改本师，手众碑学习，恐风烛奄及⑯，聊遗教于子孙耳⑰。又《笔势论》云："穷研篆籀⑱，功省而易成；纂集精专⑲，形彰而势显[20]。"存意学者，半载可见其功。如吾弟笔性灵敏，旬月亦知其本。羲之《笔阵图》云："每书，欲十迟五急，十曲五直，十藏五出，十起五伏，方可谓书[21]。若直点急牵急裹，此暂看似书，久味无力[22]。仍须用笔着墨不过三分，不得深浸，毛弱无力。墨用松节研之，久久不动弥佳矣。直点急牵急裹，俗书类然[23]，教者学者或且以为能事，此宜切戒者也。"其十迟五急云云，首句极言运笔宜缓，万勿轻率，此最易解者也。十藏五出，则谓用笔务取中锋迎入。此必多习籀篆分隶乃悟[24]，如世所传二王及欧褚诸家书法佳拓[25]，其圆浑藏锋之笔[26]，多从篆分得来。不习篆分者，每苦不得其门而入，今兄授诸弟。若从籀篆隶入手，再学欧虞诸家[27]，神似不难，区区藏锋之法，何足为奇！其十起十伏之法，则必虚掌、圆腕、悬肩者能之。盖执笔法不讲，任令五指如猢狲爬树[28]，手腕如乌龟上阶沿，恶态如矛发戈斫[29]。盖执笔贵有力，而运笔贵灵活，果能使笔如优于技击者之用器，则方圆屈伸自无不神似矣。至十曲五直之法，向苦不得的解[30]，盖世俗通行之正草隶篆[31]，无不绢光削滑，从未有凹凸作钱串形，见钟鼎、石鼓、石门诸拓本乃恍然㉜。十曲五直者，直以笔著纸之后㉝，竖则一左一右，屈曲则向左行去；横则一上一下，屈曲则向右行去，而笔满画中之意亦悟。夫用此十曲五直之法以行笔，笔势不必凹凸如钱串形也，而笔量之沉厚，自与轻牵急裹者迥别。兄意用笔着墨不过三分，不可深浸毛弱之利病，兄以为不易之法，用长锋羊毫最妙。涤笙夫子曰："写字，不熟则不速，不速则不能敏以图功。"吾弟其细察而仿行之。

——节录自《清代四名人家书》

【注释】

①羲、献父子：王羲之、王献之父子。王羲之，东晋书法家。其书博采众长，备精诸体，尤擅正、行，字势雄强多变化，为历代学者所崇尚，影响极大。王献之，东晋书法家。王羲之第七子。书法兼精诸体，尤以行草擅名。其书英俊豪迈，饶有气势，对后世影响很大。与其父王羲之齐名，并称"二王"。

②孙曾：孙和曾孙。

③云仍：远孙。《尔雅·释亲》："昆孙之子为仍孙，仍孙之子为云孙。"

④顾：但，特。占占：通"沾沾"，得意貌。转展：即"辗转"，多次移转之意。

⑤惜阴先生：人名。不详。逸事：世人不甚知道的事迹，多指未经史书记载的事迹。

⑥卫夫人：东晋女书法家。姓卫，名铄，字茂漪。王羲之少时，曾从她学书。

⑦章草：流行于东汉时的一种草书。是隶书的草写，但字不连写，可以用于章奏，故称章草。

⑧俗字：在民间流行的异体字，别于正体字而言。

⑨意气：意态，气概。

⑩李斯：秦代政治家。秦统一六国后，任丞相。工书，泰山、琅琊等刻石，传说均为他所手书。曹喜：东汉书法家。字仲则，扶风（今陕西兴平东南）人。善书法，工篆书。

⑪许：古国名。亦作鄦。公元前11世纪周分封的诸侯国。

⑫钟繇：三国魏大臣，书法家。字元常，颍川长社（今河南长葛东）人。其书博采众长，兼善各体，尤精于隶、楷。与晋王羲之并称"钟王"。梁鸿：东汉初扶风平陵（今陕西咸阳西北）人，

字伯鸾。

⑬洛：洛阳的简称。我国古都之一。

⑭蔡邕：东汉文学家、书法家。字伯喈，陈留圉（今河南杞县南）人。工篆、隶，尤以篆书著称。熹平四年（175年），灵帝诏许邕与堂豁典等写定"六经"文字，部分由邕自书丹于石，立学门外，世称"熹平石经"。三体书：也叫"正始石经"、"魏石经"。三国魏曹芳正始二年（241年）刊立，刻有《尚书》、《春秋》和《左传》（未刊全）。碑文皆用古文、小篆和汉隶3种字体书写，故称"三体石经"。

⑮涤笙：曾国藩，清末湘军首领。号涤生，湖南湘乡人。张昶：东汉书法家。字文舒，敦煌酒泉（今属甘肃）人。大书法家张芝之弟。书类其兄，时人谓之"亚圣"。华岳碑：全称《华岳庙祠堂碑》，张昶所书。

⑯风烛：风中的烛焰容易熄灭，旧时常用来比喻人事无常，生命短促。奄：忽，遽。

⑰聊：姑且。

⑱篆：汉字的一种字体。籀：汉字的一种字体，亦名大篆。

⑲纂：编纂。

⑳彰：明显。

㉑方：才。书：书法。

㉒味：研究体会。

㉓俗：一般的。类然：都是这样。

㉔分：即八分书，也叫分书，汉字书体名。

㉕二王：指王羲之、王献之父子俩。欧：欧阳询，唐书法家。字信本，潭州临湘（今湖南长沙）人。工书法，学二王，劲险刻厉，于平正中见险绝，自成面目，人称"欧体"，对后世影响很大。褚：褚遂良，唐大臣、书法家。字登善。钱塘（今浙江杭州）人，一作阳翟（今河南禹县）人。博涉文史，尤工书法。其书法继二王、欧（阳询）、虞（世南）以后，别开生面。正书丰艳，自成一家，对后代书风影响很大。

㉖圆浑：圆满。

㉗虞：虞世南，唐初书法家。越州余姚（今属浙江）人。能文辞，尤工书法，亲承王羲之七世孙僧智永传授，妙得其体。所书笔致圆融遒逸，外柔内刚，风神肃散，别开生面。

㉘猢狲：猴子的别称。

1449

㉙斫（zhuó）：砍，削。

㉚的（dí）：确切。

㉛正：正书，即楷书。草：草书。

㉜钟鼎：古铜器之总称。上面铭刻有文字，称"钟鼎文"。石鼓：指石鼓文。中国现存最早的刻石文字。在10块鼓形的石上，每块各刻四言诗一首，内容歌颂秦国君游猎情况，因也称"猎碣"。书体为大篆，即籀文。石门：指石门颂或石门铭。石门颂，东汉摩崖刻石。为隶书。因在陕西褒城北石门崖壁上，故名。石门铭，北魏摩崖刻石。正书。在今陕西汉中石门东壁。拓（tà）本：指以湿纸紧覆在碑帖或金石文物上，用墨打拓其文字或图形的印刷品。恍然：猛然领悟。

㉝著："着"的本字。

【译文通解】

　　王羲之、王献之父子的书法，从唐初起国君和宰相便加以推崇，于是风行千古。但唐代众多书法家不过如同二王的孙子和曾孙，而赵宋众多书法家，就如同二王的云孙和仍孙罢了。但世人徒然自我得意于多次移转翻刻的众多丛帖之中去袭取他们

附录　帝王将相家训

的表象，却不知探取他们的本源，学古人之所学。惜阴先生已经陈述了二王的一些不为世人所知道的事迹，而我也凭个人的经验来陈述二王成功的途径和方法来传授给弟弟们。王羲之《题卫夫人笔阵图后》说："写字，首先必须将八分书和章草的写法引入到隶字之中，引发人的意气。如果径直采用俗字的写法，就不能先引发人的意气。"我年轻的时候学习卫夫人的书法，认为自己会大有成就。等到向北游览名山，见到李斯、曹喜等人的书法；又到许下，见到钟繇、梁鸿的书法；又到洛下，见到蔡邕的石经三体书；又在曾国藩老师那里见到张昶所书《华岳碑》，才知道学卫夫人书法白白浪费年月。王羲之年少时曾从卫夫人学习书法，53岁时，改变初学，亲手向众碑学习，他是恐怕自己忽然死去，姑且遗教给子孙罢了。他又在《笔势论》中说："详尽地研究篆书和籀文，既省功又容易有所成就；编纂精心专一，成功的形势也就十分明显。有意学习的人，半年就可以见到功效。"如我弟笔性灵敏，十天一月也就知道他的本源。王羲之《笔阵图》说："每逢写字，希望十迟五急，十曲五直，十藏五出，十起五伏，才可以叫作书法。如果直点急牵急裹,这初看类似书法,但经久体味,就感觉无力。仍须在用笔着墨时不得超过三分,不能把笔深浸在墨中,使笔毛软弱无力。墨用松节来磨,久久不动更好。直点急牵急裹,一般的书法都是这样。学的人、教的人有的把这看成能事,这是应当切戒的啊。"他所谓十迟五急等话,第一句详尽地说明运笔应当迟缓,千万不要轻率,这是最容易理解的。十藏五出,就是说用笔一定要从中锋迎入,这一定要多练习籀书、篆书、八分书和隶书的人才能悟彻。像世人所传的二王和欧阳褚等书法家的书法佳拓,他们圆满藏锋的笔法,大多从篆书和八分书得来。不熟习篆书和八分书的人,每每苦于不得其门而入,现在我把这个诀窍传授给你们。如果从学习籀书、篆书、隶书入手,再学习欧、虞等书法家的书法,要求神似不难,小小的藏锋之法,又何足为奇!其十起五伏之法,就一定要虚掌、圆腕、悬肩的人才能做到。大概执笔法不讲,听凭五个手指如同猴子爬树,手腕如同乌龟上阶沿,那种丑恶的姿态就如同矛发戈砍。大概执笔贵有力,而运笔贵灵活。如果真能做到用笔比技击者的使用器械还要灵活,那么方圆屈伸,自然没有不神似的了。至于十曲五直之法，一向苦于得不到确切的解释。世间通行的正书、草书、隶书、篆书，没有不像绸绢一样、刀削一样光滑的，从来没有凹凸不平作钱串形的。见到了钟鼎文、石鼓文以及石门颂、石门铭那些拓本，才猛然领悟。所谓十曲五直，说的是用笔着纸以后，写竖就一左一右，屈曲时笔就向左走；写横就一上一下，屈曲时就向右走，而笔满画中的道理也领悟了。用这十曲五直的方法来行笔，笔势不必凹凸像钱串形，而笔量的沉厚，自然和轻牵急裹远别了。我的意思，用笔着墨不超过三分，不可深浸笔毛，使其软弱无力，我认为这是不可改变的法则，使用长锋羊毫笔最妙。曾国藩老师说："写字，不熟练就不能写快，写不快就不能敏捷而收到功效。"弟弟你要仔细体察这话的含义，并且仿照去实行。

【经典心裁】

李鸿章在信中谈的虽然是关于如何学习书法的问题，但对我们其他方面的学习同样很有启发。他认为，学习二王书法，不能只袭取其面目，应探取其本原。这话很有见地。此外，他还认为，一个人拜师学习，应当从多方面学习，博采众长，兼收并蓄，才能有所成就。这同样是十分有益的意见。

周济亲族用以报昔日之功

【原典精读】

吾弟来书，说起周济亲族事①，兄亦颇赞成。前吾祖父穷且困，至年终时，索债者几如过江之鲫②，祖父无法以偿，惟有支吾以对③。支吾终非久长之计，即向亲友商借，借无还期，亦渐为亲友所厌。其时幸有姻太伯父周菊初者稍有积蓄④，时为周济，并劝祖父以勤俭，并亟命儿孙就学⑤。

吾祖父从其言，得有今日。吾弟年少，此事或未之详也⑥。吾与诸弟能有功名，非有周姻太伯，焉克至此⑦？吾虽服役在外，未尝敢一刻或忘。今周姻太伯之后亦如吾祖父之穷困，亟应筹款接济⑧，以报昔日之功。今特命使者携银五十两送去，暂济涸辙⑨。至吾祖父所欠未偿者尚多，兄至年终当更筹百两。吾弟景况亦非昔比，当可分任其劳。至大哥处⑩，兄亦去信矣。吾弟兄四人将来能积资十万，仿范文正之例开办义庄⑪，庶族中贫有养、孤有教也⑫。

——节录自《清代四名人家书》

【注释】

①周济：救济。

②过江之鲫：形容讨债的人很多。

③支吾：用含混闪烁的言语搪塞。

④姻：泛指有婚姻关系的亲戚。太：高一辈。

⑤亟：屡次。

⑥或：语助词。加强否定语气。

⑦焉：哪里；怎么。克：能。

⑧亟：迫切。

⑨涸辙："涸辙之鲋"的简称，用以喻处于困境、急待救援的人。语出《庄子·外物》。

⑩大哥：李翰章。

⑪范文正：范仲淹，北宋政治家、文学家。字希文，吴县（今苏州市吴中区）人。卒谥文正。义庄：中国旧时封建大家族为加强宗法统治秩序而设立的田庄。范仲淹在苏州所置田庄，为最早见于记载的义庄。

⑫庶：希冀之词。

【译文通解】

你来信说起救济亲族一事,我也很赞成。以前我们祖父贫穷困窘,到年终的时候,讨债的人差不多如同过江之鲫。祖父没有办法还债,只好用一些含混闪烁的话搪塞应付。但搪塞应付终究不是长久的办法,于是就向亲友商借。借债以后,又没有偿还的日期,也渐渐被亲友所讨厌。当时幸亏有一位姻太伯父叫周菊初的稍微有些积蓄,时常给祖父一些救济,并劝祖父注意勤俭,还多次命儿孙就学。

我们的祖父听从了他的话,才能有今天这个样子。你当时年龄小,对这件事知道得不清楚。我和你们能够有功名,如果没有周姻太伯,又怎么能到这种地步?我虽然在外面服役,也不曾敢一刻忘掉这件事。今天周姻太伯的后代也如同我们祖父一样穷困,迫切需要筹集钱款加以接济,来报答以前周姻太伯的功德。今特命使者带银50两送去,暂解其燃眉之急。至于我们祖父所欠的债没有偿还的还多,我到年终一定筹措银百两。你的景况也今非昔比,应当可以分担一些责任。至于大哥那里,我也去了信。我们兄弟四人将来能集资10万,仿照范仲淹开办义庄的办法,希望能使我们族中贫穷的人能够得到抚养,孤儿能够受到教育。

【经典心裁】

在信中,李鸿章教育自己的弟弟要知恩图报,当自己处于顺境的时候,不要忘了接济那些处于困境、亟待救援的亲友。作为一位封建官吏,能有这种认识和态度,还是难得的。

文章贵含蓄 写字应有始有终

【原典精读】

日前寄母亲大人一禀中①,言及文墨能定人生夭寿②,想两弟均能神会。盖长于新奇藻丽③,短于含蓄雍容④,以之取科第则有余⑤,享天年则不足。譬如出水芙蓉,光华夺目,曾几何时,无复当初颜色;苍松翠柏,视似平常,而百年不谢也。此外于写字一层,极宜留意。如有始无终,则迟暮之年,难得善果。此曾夫子时时论及⑥,因转告吾弟,望善自为之。

兄远客京师,晨昏定省⑦,不得不有劳两弟。兹得胡君晋甫南旋之便⑧,托渠带回毛颖二十管⑨,每管银一钱,望分赠亲友,留作纪念。试期在迩⑩,余不多述。

——节录自《清代四名人家书》

【注释】

①禀:下对上言事曰禀。

②文墨：文辞。夭：短命，早死。

③藻：文采。

④雍容：形容态度大方，从容不迫。

⑤科第：科举考试。

⑥曾夫子：曾国藩。

⑦晨昏定省：亦作"昏定晨省"。《礼记·曲礼上》："凡为人子之礼，冬温而夏清，昏定而晨省。"指子女晚间服侍父母就寝，早上向父母省视问安。

⑧胡晋甫：人名，不详。旋：归，还。

⑨渠：他。毛颖：毛笔。唐代韩愈作《毛颖传》，以毛笔拟人，为笔作传，后因以"毛颖"为毛笔的代称。

⑩迩：近。

【译文通解】

几天前寄给母亲大人的一封信中，谈到文辞能够决定一个人一生是短命还是长寿，想两弟都能领会。大概文辞新奇华丽，但欠缺含蓄大方，用这样的文辞来参加科举考试则绰绰有余，而用来享用人的自然的年寿就还不足。譬如出水芙蓉，光华夺目，但要不了多久，就再也没有当初那种鲜艳的颜色；而苍松翠柏，看起来好像很平常，但经过100年也不会凋谢。此外对于写字，最应当留意。如果有始无终，那么到了晚年，就很难有好的结果。曾国藩老师时时谈到这一点，我转告给你，希望你好自为之。我远离家乡，作客京城，早晚向父母请安，不得不有劳两位弟弟。现在趁胡晋甫君南归，托他带回毛笔20支，每支一钱银子，希望你分别赠送给亲友，留作纪念。就要举行科举考试，其余就不多说了。

【经典心裁】

这封家书认为写文章不可追逐"新奇藻丽"，而应讲求"含蓄雍容"。李鸿章虽然是从养生之道的角度谈的这个问题，但他的意见是中肯的。华而不实的文章，不仅对个人本身无益，对社会、对他人也没有好处。此外，李鸿章在这封信中还谈到写字不能有始无终。不仅写字如此，做任何事都是这样。只有始终如一，坚持不懈，才能卓有成效。

对功名不要耿耿于怀

【原典精读】

兄蒙曾夫子垂爱①,荐馆于何仲高幕府②。居停系初年翰林③,学问渊博,晨昏清讲,实获吾心④;公子亦少年好学。读上月初九日两弟手书并《感怀》八章,足征刻苦用功⑤,远人闻之,无任欣悦⑥。惟功名有迟早,无须介介也⑦。细玩《感怀诗》中⑧,词锋未免太露。母亲大人前望晨昏奉侍,千万留意,以慰旅人⑨。兹托同年朱吉甫寄上银六十两⑩,以充家用,到后速即作复,免足悬系。

——节录自《清代四名人家书》

【注释】

①蒙:受。曾夫子:指曾国藩。垂爱:看重,见爱。

②馆:书塾。何仲高:人名。不详。幕府:地

方军政大臣的府署。

③居停:指居住于幕馆的主人,即指何仲高。初年:一年之初。翰林:清代翰林院属官侍读学士、侍讲学士、侍读、侍讲、修撰、编修、检讨、庶吉士的通称。

④获:得到。

⑤征:证验,证明。

⑥任:胜,堪。

⑦介介:心有所不安,不能忘怀。

⑧玩:研习。

⑨旅人:在外作客的人。

⑩同年:科举考试中称同科考中的人。

【译文通解】

我受到曾国藩老师的看重,被荐举到何仲高的府署教书。先生早年出身翰林,学问渊博,早晚和他交谈议论,他的观点和我实在相同;何府公子也是少年好学之人。读了上月初九两位弟弟的来信以及《感怀诗》八章,足足证明你们刻苦用功。我这远离家乡的人看了,有说不出的高兴。

只是功名有迟有早,没有必要对这不能忘怀。

我仔细玩味《感怀诗》，觉得词锋未免太显露。对于母亲大人，我前次信中希望你们早晚侍候，千万要加留意，以安慰我这在外作客的人。现在拜托我的同年朱吉甫寄上银60两，以充家用，收到后望迅速回信，以免我挂念。兄鸿章手具。

【经典心裁】

自隋唐开设科举考试以来，知识分子中那些热衷于功名利禄的人，都把科举当成入仕的途径，而甘心受统治阶级的收买和笼络，即使老死科场也毫无怨恨。李鸿章在信中告诫两位弟弟对功名不要耿耿于怀，在八股文统治科场的清末，能有这种认识，确属难能可贵。

学业才识不日进则日退

【原典精读】

学业才识,不日进,则日退,须随时随事留心着力为要。事无大小,均有一定当然之理,即事穷理,何处非学?昔人云:"此心如水,不流即腐。"张乖崖亦云:"人当随时用智。"此为无所用心一辈人说法。果能日日留心,则一日有一日之长进;事事留心,则一事有一事之长进。由此而日积月累,何患学业才识之不能及人也?作官能称职,颇不容易。做一件好事,亦须几番盘根错节①,而后有成。昔人事业到手,即能处措裕如②,均由平常留心体验,能明其理,习于其事所致,未有当前遇事放过,而日后有成者也。弟于此层,最宜留意。

——节录自《清代四名人家书》

【注释】

①盘根错节:树木的根干枝节盘曲交错,不易

砍伐。多用以比喻事情繁难复杂,不易处理。

②处措:处置,处理。裕如:从容不费力。

【译文通解】

学业才识,不一天天进步,就会一天天退步,必须随时随事加以留心,花上气力,这至为重要。事无大小,都有一定当然的道理。就一件事抓住不放,穷究它的道理,什么地方没有学问呢?古人说:"人的心就如同水一样,不流动就会腐臭。"张乖崖也说:"一个人应当随时运用自己的聪明才智。"这些话是针对无所用心一班人说的。如果真能做到日日留心,那么一天就有一天的长进;事事留心,那么一事就有一事的长进。由此而日积月累,又何必担忧学业才识不如别人呢?做官能称职,很不容易。做一件好事,也必须经过一些艰难挫折,然后才会成功。古人事业一到手,就能从容处理,毫不费力,这都是由于平常留心体验,对所处理的事了如指掌所致。从来没有遇上一件事轻易放过,而日后有所成就的。你对于这层道理,最应当加以留意。

【经典心裁】

李鸿章这封信告诫自己的弟弟,做任何事情,都必须经过一些艰难挫折,然后才能有所成就。那些舍不得花工夫、下气力,只图一蹴而就的人,是不可能在事业上取得成功的。

人应有强健之身体

【原典精读】

人虽有文章、名誉、金钱，而无强健之身体，亦何所用之？故养生之术，不可不注意也。养生非求不死，求暂时之康健而处安乐之境耳。常人不知养生，其最易致病而促寿者有十六条，愿我弟细阅之。

一、终年懒于洗浴，污垢堵塞，皮肤几无排泄之功用，肺于臂之负担较重。

二、每日晏起，一起身即以点心朝饭饱塞胃部。

三、一日三餐皆贪美味，食之过饱。《淮南子》曰①："五味乱口，使口损伤。"傅休奕曰②："病从口入。"

四、一日三餐之前后，皆食点心及一切闲食，使胃肠无休息之时。《博志》曰③："所食愈少，心愈开，年愈益；所食愈多，心愈塞，年愈损。"

五、每次食物均不细嚼，且咽下甚速，使胃作咀嚼之功。

六、晚餐甫毕即就寝④，就寝时，饱食干点心。

七、深夜坐谈，或狂饮，或赌博，至来夜方就寝。

八、终日终夜紧闭卧室之窗门，凡灯火、衣服、便桶、便壶等发生之浊气及人体放出臭气，皆郁积于房内。

九、终日坐卧，不甚运动，不出门户，不见日光。

十、终日畏风，所呼吸者惟屋内之浊空气，卧时又以被覆其首。

十一、吸水烟、旱烟或鸦片，使内脏及血液皆染烟毒及鸦片者。

十二、饮酒狂醉，使心脏积多脂肪，以致疑心跳动，使脑积血，或脑出血（卒中）之原因。此外如肝、胃、肺、脏、血液，无不大受其损。

十三、终年饱食肉类，血内蕴毒既多，一日为外症或传染症所侵袭，则轻症变为重症而死。《吕氏春秋》曰⑤："肥肉厚酒，务必自强。命曰：烂肠之食。"方今各派提倡素食者渐众，且集会素食者有之，吾弟慎勿轻信，迷于信佛也。

十四、看淫剧，犯手淫，以致神经衰弱。其余有碍风化之事，悉能挑动色欲之端。

十五、宿娼买妾，无有不发生花柳者⑥。幸而免焉，则事过度，旦旦伐之，生健忘心跳、不消化等；继则阳萎、血薄、肺痨，而大命乃倾。

十六、大便闭结，往往三四日一次，甚有七八日一次、十余日一次者。粪块压迫大肠，致真阳郁血而有痔疮之患⑦，粪毒亦吸入血内。

——节录自《清代四名人家书》

【注释】

①《淮南子》：书名。西汉淮南王刘安及其门客苏非、李尚、伍被等著。亦称《淮南鸿烈》。

②傅休奕：傅玄。西晋哲学家、文学家。

③《博志》：书名。疑为《博物志》之误。《博物志》，笔记。西晋张华撰。10卷。多取材于古书，分类记载异境奇物及古代琐闻杂事，也宣扬神仙方术。

④甫：才，方。

⑤《吕氏春秋》：书名。亦称《吕览》。战国末秦相吕不韦集合门客共同编写，杂家代表著作。

⑥花柳：旧社会指娼妓，因称性病为"花柳病"。

⑦真阳：中医学名词，即"肾阳"。指肾脏的阳气。

【译文通解】

一个人即使有文章、名誉和金钱，但没有强健的身体，又有什么用处？所以养生之术，不可不加以注意。养生并不是求得不死，而是求暂时的身体健康，并且处在安乐的环境之中罢了。一般人不知道养生，而最容易致病而减短寿命的有16条，愿我弟仔细阅读它。

一是一年到头懒得洗澡，致使污垢堵塞全身，皮肤几乎丧失了排泄的功能，肺部对于手臂的负担也较重。

二是每天起得很晚，一起床就用点心、早饭饱塞胃部。

三是一天三餐都贪食美味，并且吃得过饱。《淮南子》说："五味乱口，使口损伤。"傅玄也说:"病从口入。"

四是一天三餐饭前饭后,都吃点心和一切闲食,使肠胃没有休息的时候。《博志》上说:"所吃越少,心愈开朗,寿命愈长;所吃越多,心愈堵塞,寿命越短。"

五是每次吃东西,都不细嚼,并且咽下很快,使胃再来做咀嚼之功。

六是晚餐才吃完就睡觉,或就寝时饱吃干点心。

七是深夜座谈,或狂饮,或赌博,到第二天晚上才睡觉。

八是一天到晚紧闭卧室的门窗,凡灯火、衣服、便桶、便壶等发生的浊气,以及人体放出的臭气,都郁积在房内。

九是一天到晚不是坐着,就是睡觉,不太运动,不出门户,不见日光。

十是整天怕风,所呼吸的只是屋内的浊空气,睡觉时又用被子蒙着头。

十一是吸水烟、旱烟或鸦片,使内脏和血液都染上烟毒和鸦片毒者。

十二是饮酒狂醉,使心脏积多脂肪,这是导致疑心跳动,使大脑积血,或脑出血的原因。此外,如肝、胃、肺、脏、血液，无不大受其损。

十三是一年到头饱食肉类，血内积毒已多，一旦被外症或传染症所侵袭，轻症就变成重症而死。《吕氏春秋》上说："肥肉和浓酒，一定要勉强自己少吃。命说：这些是烂肠之食。"现在各派提倡吃素食的渐渐多了起来，并且还有集会吃素食的，你要谨慎，切莫轻信，不要迷于信佛。

十四是看淫剧，犯手淫，以致神经衰弱。其他有碍风俗教化的事，都能挑动一个人的色欲。

十五是宿娼买妾，没有不发生性病的。侥幸能够避免，就房事过度。天天进行房事，产生健忘心跳、不消化等病，接着就阳痿、血薄、肺痨，而生命大受损伤。

十六是大便闭结，往往三四天一次，甚至有七八天一次、十多天一次的。粪块压迫大肠，导致肾阳积血而患上痔疮，粪毒也被吸入血内。

【经典心裁】

这封信谈的是养生保健应注意的事项。信中谈到的不晚睡、不贪食、不吸烟吸毒、不赌博、不狂饮酒等，这些都是我们平常生活中应当努力做到的。

应尊老爱幼

【原典精读】

我弟兄四人,惟吾弟年幼,尚在乡攻读,家中事务,全恃母亲主持。

老母年近古稀①,精神日退,兄服务在外,不能时时回来,吾弟年逾弱冠②,世务情形,当默自考察,佐母亲精力之不逮。昏晨侍奉,尤须必恭必敬。

倘有不满意事③,不可趁一时血气,以使母亲不悦。遇疑难事,尤宜与诸长辈商量,不可独断独行。谚云:"一人腹中无两人志。"是也。诸堂弟妹及侄等,平日须好好教训,勿令荒疏学业。

——节录自《清代四名人家书》

【注释】

①古稀:亦作"古希",70岁的代称。杜甫《曲江》诗:"酒债寻常行处有,人生七十古

来稀。"

②弱冠：《礼记·曲礼上》："二十曰弱，冠。"弱，年少。古代男子二十岁行冠礼，故用以指男子二十岁左右的年龄。

③倘：如果。

【译文通解】

我们兄弟四人，只有你最年幼，还在家乡攻读。家中事务，全靠母亲主持。

老母年近70，精神一天天减退。我在外面服务，不能时时回来。你年龄已经过了20岁，对于时务情形，应当自己默默地加以考察，辅佐母亲精力之所不及。每天早晚侍奉母亲，尤其须要毕恭毕敬。

如果有不满意的事情，绝不可以趁一时感情冲动，而使母亲不高兴。碰上疑难的事情，尤其应当和各位长辈商量，不可独断独行。谚语说："一个人的肚子里面没有两个人的智慧。"这话说得对。各位堂弟妹以及侄儿等人，你平日要好好教训，不要让他们荒废了学业。

【经典心裁】

　　李鸿章这篇家训,教育自己的弟弟要恭敬侍奉老母;遇疑难事,不可独断独行;要督促堂弟妹及侄子认真学习,等等。这些训诫,对后人都颇有教益。

读书作文宜从记叙文开始

【原典精读】

文儿来禀询文学,今为汝告。文字为思想之代表,思想为文字之基础,故二者之研练,相为表里者也。且夫思想为事实之母,今日学者所积之思想,他日皆将见诸事实者也。思想有不宜于事实者,则立身处世,安保无自误、误人之虑?是以读文宜先读纪叙文字,作文亦宜先作纪叙文字,参以文家法律,而平日要宜随时留心事物之实际。如此循序奋进,虽愚必明,虽柔必强,可预决焉。读文之选择,既以真确为标准,则八股既行以后[①],不如八股未行以前。(更细别之,道咸以前尚佳[②],道咸以后,乃每况愈下矣[③]。)唐、宋以后,尤不如汉、魏以前。盖古之文字于事实较切,后世之文字于事实多疏,不足为表示思想之模范,而汉、唐以上文字抑又为本国人素所尊信,择其尤切于世者阐明之,于全国人精神之联贯大有关系也。读文之法,可择爱熟诵之。每季必以能背诵者若干篇为目的,则字句之如何联合、篇段之如何布置,行思坐思,便可取象于收视反听之间。精神之研习既深,行文自极熟而流利,故高声朗诵与俯察沉吟种种功夫,万不可少也。所以须熟读者,以吾国人素无普及教育,言语与文字久离为二,非脑海中蓄有数百篇之佳文,三四千个可以分类(谓名、代、动、静、状、介、连、助、叹九类之文法)之字,心手必不能应。(寻常人说话所用之字[④],大约3000多,但无规律耳。)秉资虽有敏拙,习性虽有文野,而此熟读功夫,则不可少耳。

——节录自《清代四名人家书》

【注释】

①八股:即八股文。明清科举考试所规定的文体。每篇由破题、承题、起讲、入手、起股、中股、后股、束股八部分组成。自"起股"至"束股"这四段中,每段都有两股排比对偶的文字,合共八股,故叫"八股文"。

②道咸:道,道光,清宣宗年号。咸,咸丰,清文宗年号。

③每况愈下：原作"每下愈况"。语出《庄子·知北游》。比喻越从低微的事物上推求，就越能看出道的真实情况。后用作"每况愈下"，义亦转变，表示情况越来越坏的意思。

④寻常：平常。

【译文通解】

文儿来信询问文学，现在我告诉你。文字为思想之代表，思想为文字之基础，因此二者的研究练习，互为表里。况且思想为事实之母，今日学者所积累的思想，有一天都将在事实中表现出来。思想有不适合于事实的，那么立身处世，怎么能保证没有自误和误人的顾虑？因此读文章应先读记叙文，作文也应当先作记叙文，再参照文家法则，而平时应当随时留心事物之实际，如此循序奋进，即使愚笨也一定变得聪明，即使柔弱也一定变得刚强，这是可以事先判决的。读文章时的选择，既然以真实为标准，那么八股文推行以后，不如八股文未推行以前。（更详细地加以区别，道光、咸丰以前的文章还好，道光、咸丰以后，就越来越差了。）唐、宋以后的文章，尤其不如汉、魏以前。大概古代的文章，对于事实比较切合；后代的文章，对于事实多有疏忽，不足为表示思想的模范。而汉、唐以前的文章，又为本国人历来所尊信，选择其中最切合于世道的文章加以阐明，对于全国人精神的连贯，大有关系。读文章的方法，可以选择自己喜爱的加以熟诵，每个季度一定以能背诵若干篇为目的，那么字句怎样联合，篇段怎样布置，每时每刻地揣摩，就可以在收视反听之间得到一种作文的法式。精神的研究、练习已经深透，行文自然就很熟练、流利了。所以高声朗诵和俯察沉吟种种功夫，是万万不可以缺少的。之所以必须熟读的原因，是因为我国人民平素没有普及教育，言语和文字久离为二，不是脑海中储藏有几百篇好文章、三四千个可以分类（指名词、代词、动词、静词、状词、介词、连词、助词、叹词九类之文法）之字，作文时，心手一定不能运用自如（普通人说话所用之字，大约三千多，但没有规律）。一个人秉资虽然有聪敏与笨拙的区别，习性虽然有文雅与鄙野的区别，但这种熟读的功夫，对每个人都是不可缺少的。

【经典心裁】

在信中,李鸿章告诫自己的儿子,无论读书作文,都应当从记叙文开始。他还强调,人的秉资虽有优劣,习性虽有文野,但熟读的功夫对每个人都是不可缺少的。这些对我们无疑有着一定的启迪意义。家训中表现出的对八股文的蔑视态度,也是难能可贵的。

读书要一气读完

【原典精读】

汝兄弟来禀,以读书不得其法,颇为怅恨①。要知读古文,须从头至尾,一气读完,万不可分段读。盖文贵气魄,忌散漫,分段读,势必失通篇精警处②,而淡然无味也。既知读法,则一面读,应一面想。如李华《吊古战场文》③、李陵《答苏武书》④,能想到一幅凄凉图画,满纸生风。汉皇负德,只字泪寄千行,而为之声泪具下者⑤,可谓得读书之玄奥焉⑥。此层我与伯叔等时时论及,汝可翻阅长上之日记,就近请教四叔。汝兄弟家居,宜听诸长训言,读书写字,刻苦用功。我以身体不适,不能多及,他日当反复论之。

【注释】

①怅恨:怅,失意。恨,遗憾。
②精警:精深精辟。

③李华：唐散文家，古文运动的先驱者，有《李遐叔文集》。《吊古战场文》为其代表作。作者在文中描绘出一幅阴森凄凉的古战场画面，表达了反对战争，主张实行仁义王道的思想。

④李陵：汉名将李广孙，善骑射。武帝时，率兵出击匈奴贵族，兵败投降。世传《李陵答苏武书》系后人伪作。文中一方面描写了士卒的不怕牺牲，为国捐躯；一方面发泄了对朝廷的不满，抨击了当时黑暗的吏治。

⑤声泪具下：边诉说，边哭泣，形容极其悲恸。具，通"俱"。都，完全。

⑥玄奥：幽深奥妙。

【译文通解】

你们兄弟来信，谈到掌握不住读书的方法，感到失意和遗憾。要知道读古文，必须从头到尾，一气读完。因为文章贵气魄，忌散漫，分段读，势必失去通篇精深精辟的地方，从而感觉淡然无味。已经知道了读法，一边读，就应当一边想。如读李华《吊古战场文》、李陵《答苏武书》，就能想到一幅凄凉的图画，感觉满纸生风。汉皇有亏恩德，作者在每个字中寄托了自己的千行泪水,因而为之声泪俱下,这可以说是得到了读书的幽深奥妙之处了。对这个问题,我和你们的伯伯、叔叔时时谈论到,你可以翻阅长辈的日记,就近向四叔请教。你们兄弟住家的时候,应当听从各位长辈的训言,读书写字,刻苦用功。我因为身体不舒服,不能多谈,以后一定反复论述。

【经典心裁】

　　李鸿章告诫自己的儿子读书时,要一边读,一边想,不要让自己的脑子空下来。

择师交友之法须讲究

【原典精读】

顷见曾夫子涤笙书寄其世兄一笺①,亦颇可为吾儿训,录以转示,"凡做好人、做好官、做名将,俱要好师、好友、好榜样。"吾儿少蓄为官之志,颇好,惟行事尚未就于正轨。业师足为吾儿模范②,惟友朋辈尚嫌未足耳。师长常具畏惧之心,未敢朝亲夕近,虽有良师教训,难于转移学生性情。友朋等食则同席,出入同阶,惟有爱慕之心,不若师生间之敬惧而难于转移也。今尔友类都大家风气③,习俗殊生厌恶④,而有志为官者,亦所更忌者也。吾儿不可因恃父兄显贵而仗势欺人,尔知汝祖父穷乏之时,为人所凌暴,敢怒而不敢言,尔当念祖父之被困,而生反感焉。

——节录自《清代四名人家书》

【注释】

①曾夫子涤笙：曾国藩。世兄：旧时有世交之家，平辈相称为世兄。笺：精美的纸张，供题诗、写信用，引申为书信的代称。此处指书信。
②业师：本人受业的老师。
③大家：旧指高门贵族、大户人家。
④习俗：风俗习惯。此处作"一般人"解。

【译文通解】

不久前见到曾国藩先生寄给其世兄的一封信，也可以用来教育你，因此录下来转示给你。"凡做好人、好官、好名将，都要好师、好友、好榜样。"我儿从小就积聚有做官的志向，这很好，只是做事还没有走上正轨。业师足够作为我儿的榜样，只是朋友辈还嫌不足罢了。向老师学习却常常怀着畏惧老师的心理，不敢早晚和老师亲近，即使有好的老师来教训，也很难改变学生的性情。朋友之间（就不同）吃饭同一张桌子，出入同一个台阶，互相之间只有爱慕的心情，不像师生之间产生敬惧心理而难于改变性情。现在你交的朋友都有贵族风气，一般人都感到特别厌恶，有志于做官的，就更应当有所忌惮了。我儿不可以靠着父兄的显贵而仗势欺人，你知道你的祖父在贫穷困乏的时候，被别人欺凌，敢怒而不敢言，你应当想起你祖父贫困时被人欺凌，而对仗势欺人产生反感啊！

【经典心裁】

身居高位，能够在信中教育自己的儿子要选择良师，慎重交友，尤其不要靠父兄的显贵而仗势欺人，确实是难得的。

应努力学习外文

【原典精读】

吾儿来禀,书法渐有进境,叙事亦有头绪①,甚喜!甚喜!惟求学须有恒心,不可因稍得门径②,以为已足。余近在上海设立外国语言馆,聘请外国知名之士为教授,专授外国语言。吾儿待国学稍有成就③,可来申学习西文④。余未读蟹行文字⑤,每与外人交涉,颇感困难。吾儿他日当尽力研读之。余前与四叔书,谓祖母年老,家事不可再使其烦心。吾儿在家,攻读之外,每日至四叔处请安,并讨论学问。虽微小之事,亦可与四叔商量也。四叔之训,不可违背。

——节录自《清代四名人家书》

【注释】

①头绪:条理。

②门径:原意为门前的小路,这里指进入某种

境界的方法。

③国学：本国固有的学术文化。

④申：上海的别称。

⑤蟹行文字：指外文。

【译文通解】

我儿来信，书法渐有进步，叙事也有条理，我感到非常高兴。只是求学必须有恒心，不可以因为稍微找到了一点路子，就认为已经足够了。我最近于上海设立外国语言馆，聘请外国知名之士为教授，专门讲授外国语言。我儿等到国学稍有成就，可以来上海学习西文。我没有学过外文，每次和外国人交涉，很感困难。我儿以后应当努力研究它。我前次写给你四叔的信中，谈到你祖母年老，家事不可再使她烦心。我儿在家，除攻读之外，每天要到四叔那里请安，并和四叔讨论学问。即使是微小的事情，也可以和四叔商量。四叔的教训，你不可以违背。

【经典心裁】

李鸿章生活在晚清"西学东渐"的时代，能

够认识到学习外国语言的必要性和重要性，因而勉励自己的儿子要在学好本国文化的基础上，努力学习和研究外国语言文字。这种见解，较之当时一般人确实要高出一筹。

躬亲处事以期于月异而岁不同

【原典精读】

年来国势日非,吾等执政,虽竭力谋强盛,然未见效,深为可叹!国人思想,受毒根深,忽然一旦变化,固非易事,然受外人之凌辱,国人未能反省,非愚且钝乎?受人凌辱之原因,莫外乎不谙世事①,默守陈法,藏身于文字之间,而卑视工商②。岂知世界文明,工商业较重于文字,窥东西各国之强盛③,无独不然。今当局者渐醒,于是有遣使出洋考察之议。

然考察而未能仿行,等于不察。欲仿行而仍假手于外人④,等于不仿。故曾夫子涤笙等有上疏拟选聪颖子弟出洋习艺事⑤,各专所学,报效于国家也。或谓天津、上海、福州等处已设局仿造轮船、枪炮、军火;京师设同文馆⑥,选满汉子弟,延请学者教授;又上海开广方言馆⑦,选文童肄业⑧;似中国已有基绪,无须远涉重洋。不知设局制造开馆，所以图振奋之基也；远适肄业，集思广益，所以收远大之效也。西人学求实济，无论为士、为工、为兵，无不入塾读书，其明其理，习见其器，躬亲其事，各致其心思巧力，递相师授⑨，期于月异而岁不同⑩。中国欲取其长，一旦递图尽购其器，不惟力有不逮，且此中奥窔⑪，苟非遍览久习，则本原无由洞澈⑫，曲折无以自明。古人谓学齐语者，须引而置之庄岳之间⑬。又曰："百闻不如一见。"此物此志也。况诚得其法，归而触类引申，今日所为孜孜以求者⑭，不更扩充于无穷耶？余然曾夫子之说⑮，附其后，因疏圣上，并筹办法。吾儿身体不佳，宜自保重。每日工作，宜有定时，弗过度。余年老力衰，耳眼不灵，疏忽之处颇多，可恨可恨⑯！

——节录自《清代四名人家书》

【注释】

①谙：熟悉。

②卑视：鄙视，轻视。

③窥：观察，考察。

④假手：利用他人为自己做事。

⑤颖：才能秀出。聪颖：聪明，聪敏。

⑥京师：首都的旧称。同文馆：亦称"京师同文馆"。清末培养译员的学校。同治元年（1862年）在北京成立，附属于总理各国事务衙门。先后开设英文、法文、俄文、德文、日文、算学等馆。

⑦广方言馆：同治二年（1863年）江苏巡抚李鸿章仿北京同文馆例，经清政府批准，在上海设立外国语文学堂，称"广方言馆"，亦称"上海同文馆"。招收14岁以下文童入馆，学习外国语文及自然科学，3年毕业，分派洋务工作。

⑧文童：明清科举制度中童生的别称。对武童而言，表明文武考试体系之不同。亦称儒童。

⑨递：顺次，一个接一个。

⑩期：希望。

⑪奥窔（yào）：室内的深谙角落，西南隅曰奥，东南隅曰窔。引申为事物的深奥微妙之处。

⑫本原：根源。洞澈：洞彻，透彻了解。

⑬庄岳：春秋齐国临淄城内的街里名。"古人"句，见《孟子·滕文公下》。

⑭孜孜：努力不殆。

⑮然：赞同。

⑯恨：遗憾。

【译文通解】

　　近年来国势一天不如一天，我们这些当权的人虽然尽力谋求强盛，但是没有见效，深深感到叹惜。国人思想受毒害根深蒂固，忽然一旦发生变化，本来不是容易的事情，但是受外国人凌辱，国人不能反省，难道不是愚笨并且迟钝吗？受人凌辱的原因，不外乎不熟悉世事，墨守成规旧法，藏身在文字之间，而鄙视工商。他们哪里知道世界文明，工商业较重于文字，考察东西各国之强盛，没有不是这样。现在当局者渐渐醒悟，于是有派遣使者出洋考察的提议。但是只考察而没有能够仿照实行，等于不考察。打算仿照实行但仍然借助于外国人，等于没有仿照。因此曾国藩夫子等有上疏，打算选派聪敏秀颖子弟出洋习艺一事，使他们各专所学，以报效于国家。有人认为天津、上海、福州等地已经设局仿造轮船、枪炮、军火；首都设同文馆，选收满族和汉族子弟，延请学者教授；又上海开广方言馆，选文童肄业；好像中国已有基础，不需远涉重洋。这些人不知道设局制造和开馆，是为了图取国家振奋的基础；远涉重洋留学肄业，集思广益，是为了收取远大的效果。西人之学讲求实际效用，西人无论为士、做工或当兵，没有不进学校读书的。他们都明了自己所从事的事业，由于熟悉，都表现出各自的才干，亲自从事各自的事业，每个人都努力献出自己的心思巧力，互相进行师授。中国想取其所长，但一旦想购尽西人的器械，不只是力气上有所不及，况且其中的奥妙，如果不是普遍地阅览，长久地学习，那么其根源就没有办法透彻地了解，曲折的地方也没有办法自我明了。古人说过，学齐国语言，必须把他安置在齐国的临淄之间。古人又说："百闻不如一见。"同样的事，同样的理。况且确实能够得到西人之法，回国后加以触类引申，今天努力不殆所求取的东西，不是会更加扩充到无穷无尽的地步吗？我赞成曾夫子的说法，附和在他后面，于是也上疏皇上，并筹划办法。我儿身体不好，应当自己保重。每天的工作，应当有定时，不要过度。我年老体衰，耳朵、眼睛都不灵便，疏忽的地方很多，真是感到遗憾。

【经典心裁】

　　这篇家训从开办洋务的角度,强调了实践的重要性,确是有可取之处。家训中还对那些"不谙世事,默守陈法,藏身于文字之间"的人进行了批评,也是值得肯定的。但家训中却又认为"世界文明,工商业较重于文字"。李鸿章的这种认识,是洋务派生活在晚清那个长期处于落后挨打的特定时代,而又企图振兴国家和民族的思想产物。他的这种认识,过于偏重物质文明,这是我们在读这篇家训时,必须注意加以鉴别的。

一国法度当随时势为变迁

【原典精读】

朔日来禀①,谓古今五伦之不同②,尚属合理。其中尚有一二未明晰者,乘友人回乡之便,为侄剖解。吾国自古相传之伦理,曰君臣,曰父子,曰夫妇,曰兄弟,曰朋友。此五者之纲纪③,在家族封建时代,似可通行,然今已不甚适当。故三代盛时④,孔子亦只谓之小康⑤。洎乎封建既破为郡县⑥,此五者之伦理,更觉其不当,况乎大地交通、国家种族之竞争愈烈?故吾之古伦理,愈不适于世用,而吾国人犹泥之⑦,此地方所以不发达、邦国之所以日受人侮也⑧。夫吾国之所谓五伦非有谬也,但不周备耳⑨。今世界学者公定之伦理,大概为对于己、对于家庭、对于社会、对于邦国、对于世界,亦五大纲,而以个人与邦国之关系为最重。一国民法由此定,修身道德即以此为标准。此实吾国向者之伦理所不及也。吾国家族伦理,父子间但重孝养,故谚有"养儿防老"之说。西洋各国人重自立,养老自有储蓄,而对于教育,则有不可不尽之义务。故其人皆有学识,少家累,故能尽力于地方邦国,非不必养亲也。盖托生之社会国家,较二亲为尤重也,且人能自养,无须待养于子孙也。世界各国,成年自二十岁至二十五岁,各国不同,男子莫不有纳税、当兵之义务。既成婚,则自为一家之户主,籍有专职⑩,凡生死、婚姻、迁居,莫不确注于册,无漏无隐。吾国则以五代同堂为美事,有祖、父、子、孙、曾。即年长成材,亦不得为户主,与地方国家,毫无关系,是徒增家累,减国力,乌能适宜于此竞争之世乎?总之一国法度,当随时势为变迁,而道德即缘之为轻重⑪。今后一国之民族,乃趋乎适者生存之轨。凡此种种,非片楮可尽⑫,所愿吾侄注意及之。

——节录自《清代四名人家书》

【注释】

①朔日:夏历每月初一日。

②五伦:也称"五常"。中国古代封建宗法社会以君臣、父子、夫妇、兄弟、朋友为五伦。

③纲纪：纲要，制度。

④三代：指夏、商、周三代。

⑤小康：儒家所说的比"大同"理想较低级的一种社会。

⑥洎(jì)：及，到。封建：古代帝王把爵位、土地赐给诸侯，在封定的区域内建立邦国，与今天一般所说的"封建"，含义不同。

⑦泥：拘执。

⑧邦：古代诸侯国之称。

⑨周备：周全，完备。

⑩籍：登记名册。

⑪缘：循。

⑫楮(chǔ)：木名。皮可制桑片纸，因以为纸的代称。

【译文通解】

你初一日来信，认为古今五伦不同，还算说得合理，但其中还有一二处不清楚的地方，乘友人回乡之便，我替你剖解。我国自古相传的伦理，叫作君臣、父子、夫妇、兄弟、朋友。这五者的制度，在家族封建时代，好像可以通行，但于今已经不很适当。因此夏禹、商汤、周文王、武王三代兴盛的时候，孔子也只称之为"小康"时代。到了封建制变为郡县制，此五者之伦理，更加感觉不适当，何况在大地交通、国家种族之间的竞争更加激烈的年代呢？因此，我国古代的伦理，更加不适合于世用，而我国人还死守着它，这就是地方所以不发达、邦国所以一天天受外人欺侮的原因啊！我国的所谓五伦，并不是它本身有谬误，只是还不周全完备罢了。今天世界学者公定的伦理，大概为对于自己、对于家庭、对于社会、对于邦国、对于世界，也是五大纲，而以个人与邦国的关系，最为重要。一个国家的民法由这种关系制定，修身道德也以这种关系为标准。这实在是我国以前的伦理所不及的地方。我国家族伦理，父子之间只注重孝养，因此谚语有"养儿防老"的说法。西洋各国人注重自立，养老自有储蓄，而父母对于子女的教育，就有不可不尽的义务。所以西洋各国人都有学识，少家累，因此能尽力于地方和邦国，并不是不必要赡养双亲。大概（在西洋人看来）托身于社会国家，比较双亲来说，尤为重要，并且各人能够自养，也就无须等待子孙来赡养了。世界各国，成年自20

岁至 25 岁，各国不同，但男子没有谁不尽纳税和当兵义务的。已经成婚，就成为一家之户主，户籍上登记有专职，凡是生死、婚姻、迁居，都确切地注在册上，没有遗漏，也没有隐瞒。我国则以五代同堂为美事，有祖父、父亲、儿子、孙子和曾孙。就是长大成了材，也不能做户主，与地方国家，毫无关系。这只能徒然增家累，减国力，哪里能适宜于这个竞争的世界呢？总之，一国的法度，应当随着时势而变迁，而道德也以遵循它为轻重。今后一国之民族，都趋向于适者生存的轨道。凡此种种，不是片纸可以说得详尽的，愿我侄注意它。

【经典心裁】

作为封建官吏，能够认识到"一国法度，当随时势为变迁"，这说明，在晚清"西学东渐"之际，西方进化论思想在中国不同阶级、不同阶层的人物身上，确实造成了一定的影响。家训中对我国古代五伦的批判精神，也是应当予以肯定的。

身虽病但心志不能病

【原典精读】

汝今多病，我不忍以学业督汝，然病者身也，必志则不能病也。当病之时，宜息养其身，而不可灰颓其志气①，且安知夫病之久而不愈乎？夫病同而病之者异。古人有咏病鹤者、有咏病马者，鹤与马虽病，而其凌云之气②、追风逐电之心故在也。鸡犬岂必不病，而古人无咏之者，彼即不病，固无望其高远耳③。余向者抱病，志气不少衰，而病且等于无病，何也？立心坚确，阴阳亦退而听命也④。勖哉吾侄⑤，敬听我言⑥。

——节录自《清代四名人家书》

【注释】

①灰颓：沮丧，颓唐。

②凌云：直上云霄。

③固：本来。

④阴阳：中国哲学的一对范畴。古人常用它来解释万物化生，凡天地、日月、昼夜、男女以至腑脏、气血皆分属阴阳。

⑤勖（xù）：勉励。

⑥敬：戒慎，不怠慢。

【译文通解】

你现在身体多病，我不忍心拿学业来督促你，但是生病的只是身体，一个人的心志就不能病。一个人生病的时候，应当休息、保养他的身体，却不可以颓丧他的志气，况且又怎么知道生病久了却不会痊愈呢？生的病相同，但得病的人与物却不同。古人有咏病鹤的、有咏病马的，鹤与马即使病了，但是它们那种直上云霄的气概、追风逐电的心志仍然还在。鸡和狗难道一定就不病？但古人没有歌咏它们的。鸡和狗就算不得病，本来就没有谁企望它们能够高飞远跑的。我以前得病，志气一点也不衰退，就是病了也等于没有病。这是为什么呢？立心坚定不移，阴阳也退下听从你的驱使了。努力吧！我的侄儿，你一定要慎重地听从我的话。

【经典心裁】

　　在这篇家训中,李鸿章告诫自己的侄儿:即使身体得了病,心志也不能病。后世人也可从此训诫中得到教益。

张之洞家训

【撰主简介】

张之洞（1837—1909年），清直隶南皮（今属河北）人。字孝达，又字香涛，号无竟居士，晚号壶公抱冰。同治年间进士。历任翰林院编修、侍讲，山西巡抚，两广、湖广、两江总督，督办商务大臣，协办大学士，体仁阁大学士，军机大臣等要职。1879年，因激烈反对崇厚与俄国签订的《里瓦基亚条约》而崭露头角。1884年，中法战争期间，他升任两广总督，积极主战，极力筹划广东、福建等地海防，并起用冯子材等，在广西边境击败法军。他曾积极倡办洋务活动，在筹议海防时，主张购船、筹款、练将、设船厂、造炮台、大治水师。在湖广、两江总督任上，他开办了汉阳铁厂、湖北枪炮厂；设织布、纺纱、缫丝、制麻四局；创办两湖书院；筹办芦汉铁路；购进新式后膛炮、改筑西式炮台、练江南自强军等，成为后期洋务派的重要代表。1895年中日《马关条约》议订时，他上疏反对，提出要变通陈法，力除积弊。他也曾捐金而列名北京强学会，但又与维新派有着原则性分歧。1894年，他撰成《劝学篇》一书，提出"旧学为体，新学为用"。1900年，义和团运动兴起时，他力主镇压，并与两江总督刘坤一创东南互保，镇压两湖反洋教斗争和唐才常自立军起事。在清末新政期间，他多次提出各种方案，并同顽固守旧势力进行了一定的斗争，他的洋务思想也有一定的发展。如1901年，与刘坤一联衔会奏变法条陈。强调办学首重师范；国民生计莫要于农工商实业。由于他对教育的重视，对清末教育有过很大影响。1908年，督办粤汉铁路。1909年病逝。

诫努力学业并磨练身心

【原典精读】

吾儿知悉：汝出门去国，已半月余矣。为父未尝一日忘汝。父母爱子，无微不至。其言恨不一日离汝，然必令汝出门者，盖欲汝用功上进，为后日国家干城之器①、有用之才耳。

方今国是扰攘②，外寇纷来，边境屡失，腹地亦危。振兴之道，第一即在治国。治国之道不一，而练兵实为首端。汝自幼即好弄③，在书房中，一遇先生外出，即跳掷嬉笑，无所不为。今幸科举早废，否则汝亦终以一秀才老其身④，决不能折桂探杏⑤，为金马玉堂中人物也⑥。故学校肇开，即送汝入校。当时诸前辈犹多不以为然。

然余固深知汝之性情，知决非科甲中人⑦，故排万难以送汝入校。果也除体操外，绝无寸进。余少年登科，自负清流⑧。而汝若此，真令余愤愧欲死。然世事多艰，习武亦佳，因送汝东渡，入日本士官学校肄业，不与汝之性情相违。汝今既入此，应努力上进，尽得其奥⑨。勿惮劳，勿恃贵，勇猛刚毅，务必养成一军人资格。汝之前途，正亦未有限量。国家正在用武之秋⑩。汝纵患不能自立，勿患人之不已知。志之志之⑪，勿忘勿忘！

抑余又有诫汝者，汝随余在两湖，固总督大人之贵介子也⑫，无人不恭待汝。今则去国万里矣。汝平日所挟以傲人者，将不复可挟⑬。万一不幸肇祸，反足贻堂上以忧。汝此后当自视为贫民，为贱卒，苦身戮力⑭，以从事于所学。不特得学问上之益⑮，且可藉是磨练身心。即后日得余之庇，毕业而后，得一官一职，亦可深知在下者之苦，而不致予智自雄⑯。

余五旬外之人也，服官一品⑰，名满天下，然犹兢兢也⑱。常自恐惧，不敢放恣⑲。汝随余久，当必亲炙之⑳，勿自以为贵介子弟，而漫不经心。此则非天之所望于尔也，汝其慎之。

寒暖更宜自己留意，尤戒有狎邪赌博等行为㉑。即幸不被人知悉，亦耗费精神，抛荒学业。万一被人发觉，甚或为日本官吏拘捕，则余之面目，将何所在？汝固不足惜，而余则何如？更宜力除,至嘱,至嘱!

余身体甚佳,家中大小亦均平安。不必系念。汝尽心求学,勿妄外骛②。

汝苟竿头日上㉓,余亦心广体胖矣。

——节录自《张文襄公全集》

【注释】

①干城:干,盾。城,城郭。喻捍卫者或御敌立功的将领。

②国是:国家大计。此处同"国事"。扰攘:混乱,纷乱。

③好弄:喜欢玩乐。

④秀才:此处专指入县学之生员。

⑤折桂:指登科。探杏:指中举。此处指中举为进士。

⑥金马玉堂:指汉代金马门和玉堂殿。后以此称翰林院。

⑦科甲:原指科举,此处谓由举人及进士而入仕。

⑧清流:指负有时望清高的士大夫。

⑨奥:奥义,奥旨,即含义、要旨。

⑩用武：使用武力，用兵；施展才能。秋：在此作时机、日子讲。

⑪志：铭记。

⑫贵介：显贵。

⑬挟：夹持，拥有。此处作依仗讲。

⑭苦身：劳苦其身。戮力：勉力，努力。

⑮特：但，只。不特：不但，不只。

⑯予智自雄：妄自夸大。

⑰一品：清代官级，文官自正一品、从一品至正九品、从九品，凡十八级。一品乃最高等级。

⑱兢兢：小心戒慎的样子。

⑲放恣：骄横纵肆。

⑳亲炙：亲承教化。

㉑狭邪：即狭斜，原谓小街曲巷。后指娼妓住处。

㉒外骛（wù）：心思在外。指用心不专，追求外在的东西。

㉓苟：假如。竿头日上：指不断上进。

【译文通解】

我儿应知道，你离开家门、离开国门，已经半月多了,为父的不曾有一天忘记你。父母之爱子女,可以说是无微不至。他们常说,恨不得一天也不离开你们。然而,必定要你出门的原因,不外乎想让你用功读书,以求上进,日后成为国家的栋梁之材,成为一个有用之人。

当今国事纷乱,外敌纷纷而至,边境之地不断丧失,内地也在危险之中。振兴国家的办法,第一条就是要治理好国家。而治国之道多种多样,但把军队训练好,实在是首要之事。

你从小就好玩乐,在书房里,一遇上老师出外,就跳跳蹦蹦,丢这掷那,嬉笑不已,什么事都干得出来。幸而今天早已废除了科举,否则,你考到老充其量也只是一个秀才而已,绝不可能中举,成为进士,点中状元、探花,成为皇帝身边、翰林院里的人物。所以,学校开始创办之时,我就把你送去读书。当时,许多老前辈都对我的决定很不以为然。不过,我素来深知你的性情,知道你不属靠科举找出路之人。因此,我排除万难也要把你送进学校。果不出我所料,除体操课外,你的各科成绩毫无进步。我少年时即科场得意,以有时望的清高的士大夫而自负于人。可你却是这样一塌糊涂,真叫我又气愤，又惭愧，在人前恨不得一死了之。

但回过头来想想，现今世事多艰难，学武也会有出息的。因而送你东渡大海，让你进日本士官学校学习，这个专业不会与你的性情相抵触。

现在，你既已入校，就应当努力上进，掌握军事学的全部知识。不要怕辛苦劳累，不要以显贵子弟而自恃，要勇猛、刚毅，一定要培养出一种军人的资格来，你的前途，正是不可限量。因为，眼下正是国家不断用兵之时。虽然你可以担心自己不能自立，却不必顾虑别人不了解你的才干。切记！切记！勿忘！勿忘！

不过，我还要告诫你的是，你曾随我在两湖生活过，你作为总督大人这样显贵官员的儿子，没有人不对你表示恭敬之意。而现今，你已离开祖国有万里之遥，你平时所赖以自傲于人的条件，已不再可以依仗了。万一你不幸闯了祸，反倒会给父母亲造成忧患、麻烦。你此后应当把自己看作是一介贫民，是一个低贱的士兵，劳苦其身，尽力学习，把心力放到所学的课程上。那么，你不仅会在学问上收益不少，而且，可由此而磨练自己的身心。即使今后得到我的庇护，毕业后得到一官半职，也可因此而深知社会下层人民的痛苦，不至于妄自尊大。

我已是50岁开外的人，官居一品，名满天下，但我仍旧是兢兢业业，经常自觉恐惧，不敢有半点放肆。你在我身边为时不短，必当亲承教化，从我身上学到一些东西吧。万勿自以为是显贵子弟而漫不经心。这可不是上天所期望于你的！对此，你可要谨慎小心！你还须自己照顾自己，随时留意天气冷暖。特别要防止有嫖娼、赌博行为发生。这些事，即使有幸而不被别人知晓，但也将导致耗费精神，抛弃了学业。万一被别人发现，甚至于有可能被日本官吏拘捕，那我这副老面孔，将放到哪里去？你本不值得可惜，而我将怎么办呢？所以，这类行为必须尽力排除。这是我要特别叮嘱于你的。

我身体很好，家里人也都平安无事，你不必挂念。你只要一心求学，切勿三心二意。假如能不断上进，出人头地，我也就心宽体胖了。

【经典心裁】

张之洞从儿子的具体情况出发，突破常情，大胆送他进新式学堂，出洋留学，学习军事，可见这位封建官僚思想之趋时，并不守旧，并有着因材施教的思想。同时他又再三告诫其子要刻苦求学、勿沾染恶习，尤其要放下显贵子弟的架子，以等同于贫民、贱卒的身份去了解、体验下层生活，这将不仅有益于学业，更可磨练身心的想法，都说明其教子之道之高明。

节俭是求学与为人之本分

【原典精读】

示谕吾儿知悉。来信均悉。兹再汇日本洋五百元,汝收到后,即复我一言,以免悬念。

儿自去国至今,为时不过四月,何携去千金,业皆散尽①,是甚可怪。

汝此去,为求学也。求学宜先刻苦,又不必交友酬应②。即稍事阔绰③,不必与寒酸子弟相等④,然千金之资,亦足用一年而有余。何四月未满,即已告罄⑤。汝果用在何处乎?为父非吝此区区⑥,汝苟在理应用者,虽每日百金,力亦足以供汝,特汝不应若是耳。求学之时,即若是其奢华无度,到学成问世,将何以继?况汝如此浪费,必非只饮食之豪⑦、起居之阔,必另有所销耗⑧。一方之所销耗,则于学业一途必有所弃。否则用功尚不逮,何有多大光阴供汝浪费。故为父于此,即可断汝决非真肯用功者,否则必不若是也。

且汝亦尝读《孟子》乎？大有为者，必先苦其心志，劳其筋骨，饿其体肤，空乏其身，困心衡虑之后，而始能作⑨。吾儿恃有汝父庇荫，固不需此。然亦当稍知稼穑之艰难⑩，尽其求学之本分。非然者，即学成归国，亦必无一事能为，民情不知，世事不晓，晋帝之何不食肉糜⑪，其病即在此也。况汝军人也，军人应较常人吃苦尤甚，所以备僇力王家之用⑫。今尔若此，岂军人之所应为。余今而后恐无望于汝矣。

余固未尝一日履日本者也⑬，即后日得有机会东渡，亦必不能知其民间状况。非不欲知也，身分所在，欲知之而不得。然闻人言，一学生在东者⑭，每月有三十金，即足维持。即饮食起居，稍顺适者⑮，每月亦无过五十金。今汝倍之可也，亦何至千金之赀，不及四月而消亡殆尽？是必所用者，有不尽可告人之处。用钱事小，而因之怠弃学业，损耗精力，虚縻光阴⑯，则固甚大也。

余前曾致函戒汝，须努力用功。言犹在耳，何竟忘之？！虽然，成事不说⑰，来者可追。而今而后，速收尔邪心，努力求学，非遇星期，不必出校。即星期出校，亦不得擅宿在外。庶几开支可省,不必节俭而自节俭,学业不荒,不欲努力而自努力。光阴可贵,求学不易。儿究非十五六之青年,此中甘苦,应自知之。毋负老人训也。

儿近日身体如何?宜时时留意。父身体甚佳。家中大小,亦皆安康。

汝勿念!

——节录自《张文襄公全集》

【注释】

①业:既然,已经。

②酬应:酬对应答。

③阔:富贵豪奢。绰:宽裕。

④寒酸:形容穷书生贫窘之态。

⑤罄:尽,用光。

⑥区区:小,少。

⑦豪:此处作奢侈讲。

⑧销耗:同消耗。

⑨"必先苦其心志"句,出自《孟子·告子》下。苦:指磨练。心志:思想、志气。困心衡虑:语出《孟子·告子》下:"困于心,衡于虑,而后作。"指心意困苦,思虑阻塞。意谓尽心竭虑,经

过痛苦的思虑。

⑩稼穑：种谷曰稼。收获曰穑。泛指农业劳动。

⑪肉糜：肉粥。《晋书·惠帝纪》："及天下荒乱，百姓饿死，帝曰：'何不食肉糜？'"

⑫僇（lù）：通"戮"。僇力：尽力。

⑬履：踏，踩。

⑭在东：指在日本。

⑮顺适：顺从适合。此处作适应讲。

⑯糜：通"靡"，作浪费讲。虚糜：白白地浪费。

⑰成事不说：已成的事。《论语·八佾》："成事不说，遂事不谏，既往不咎。"

【译文通解】

写此信好让吾儿得知，来信都已收到。现再汇给你日本货币500元，你收到后，立刻回我一信，以免挂念。

你自从出国到今天，时间只不过4个月，为什么带去的千两银子，就已经全部用完了？这件事实在令人奇怪！

你去日本,是为了求取学问。求学就应该先学会刻苦生活,在那边又不必交朋结友应酬。哪怕是稍微阔绰、富裕一点,不必像那些家境贫穷的书生一样生活,那1000多两银钱,也够你用上一年,尚且有结余。为何4个月不到,就已用得一干二净了?你到底把钱用到什么地方去了?

我并非吝惜这为数不多的千两银钱,假如你钱花得在理、应该花,哪怕是每天要用百两之多,我也有力量保证供你所需。但只是你不该这样做。求学期间,就像这样奢华,毫无节制,到读完书,出来做事,你又将变成什么样子呢?

何况,你这样浪费钱财,一定不只是吃喝方面奢侈而已,必定另有花销。在别的方面既有所消耗,那你在学业上就一定有所舍弃。否则,用功读书尚感赶不上,哪有多少时间让你浪费呵!所以,我凭这一点,就可以推断,你一定不是那种真正肯下苦功夫读书的人。否则,你一定不会是这个样子!

你也曾读过《孟子》吧。这位贤人说过:大有作为之人,一定要先刻苦磨练自己的思想志向,锻炼其身体,让身体经受得住忍饥挨饿的考验,还要让他一贫如洗，无牵无挂，并在殚精竭虑、经过痛苦的思索之后，才能有所作为。

你仗恃有我的荫庇，固然不需要这样做，但也应当多少了解一下农家的艰辛，尽到自己求学的本分嘛。你做不到这一点，哪怕是学成回国，也一定一件事也干不了。不了解民情，不了解世事，晋惠帝所说的"为什么不吃肉粥"的历史笑话，他的毛病正出在这些问题上。

再说，你是一名军人。而军人就应当比平常人更能吃苦，以此而随时准备着尽全力为皇上效劳。像你现在这个样子，哪点是军人所应该做的？

我从今以后恐怕是要对你表示失望了。

我确实不曾到过日本，即便今后得到机会，也能够东渡日本，但我也一定不能够获知日本民间的状况。不是我不想知道，而是因为我的身份所在，想了解却办不到。不过，我曾听人说过，一个学生在日本生活，每月有30两，便够他维持了。即或是食住稍方便、舒适者，每月开销也不会超过50两。你现在每月100两也就罢了，何至于千两巨资，不到4个月便挥霍得一干二净？一定是所开销的地方，有不可告人之处。花钱事小，因乱花钱而耽误学业、损耗精力、虚度光阴，这才是大事！

此前，我曾写信告诫于你，要你努力用功。话还在耳边，你怎么就忘了？虽然如此，过去的事就不提它了，来日方长，还有机会。从今以后，赶快收敛节制你那邪恶之心，努力求学。不是星期天，就不必离校外出。

即或是星期天外出，也不许擅自在外留宿。倘如此，开销可大大减小，不待节俭就可节俭；学业不致荒废，不想努力而也就努力起来了。光阴极为珍贵，求学机会难得。你毕竟不是十五六岁之青年人，这里面的甘苦，我不说你也该明白。不要辜负老父我的教诲呀！

你近来身体如何？应当随时留心。我身体很好，家中大人小孩，也都安康。你不必挂念！

【经典心裁】

从古到今，官宦子弟居尊养优，往往形成骄奢淫逸、挥霍无度的坏习气。张之洞深知其子之为人，知他也难例外，但却不放松教育、管束。由千金巨资不及4个月便耗尽一事，便引起警觉，进而从光阴宝贵、求学不易、稼穑艰难、军人天职等方面晓以利害,加以劝导,还对症下药采取措施,如星期日少外出,更禁外宿,等等。他的苦口婆心,固然是想望子成龙,像他一样成为封建大官吏。但是这种诫子的方式和内容,时至今日仍有借鉴意义!